计 算 机 科 学 丛 书

神经网络建模与动态系统辨识

[俄罗斯] 尤里·蒂蒙塞维（Yury Tiumentsev）
米哈伊尔·埃戈尔切夫（Mikhail Egorchev） 著

蔡远利 邓逸凡 译

Neural Network Modeling and Identification of Dynamical Systems

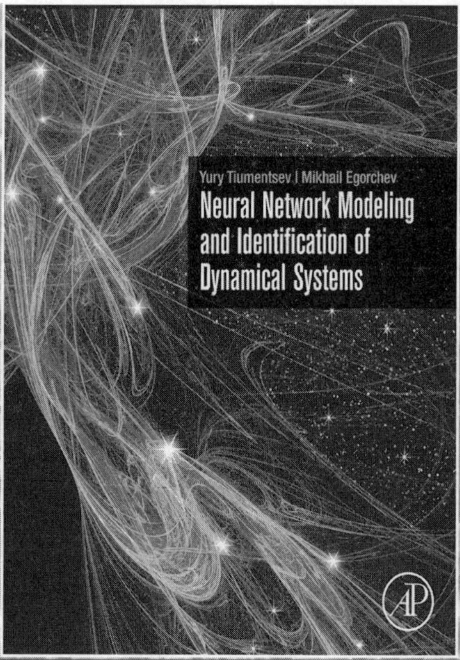

机械工业出版社
CHINA MACHINE PRESS

Neural Network Modeling and Identification of Dynamical Systems
Yury Tiumentsev, Mikhail Egorchev
ISBN: 9780128152546

《神经网络建模与动态系统辨识》（蔡远利 邓逸凡 译）
ISBN: 9787111756743

北京市版权局著作权合同登记 图字：01-2020-3428 号。

图书在版编目（CIP）数据

神经网络建模与动态系统辨识 /（俄罗斯）尤里・蒂蒙塞维（Yury Tiumentsev），（俄罗斯）米哈伊尔・埃戈尔切夫（Mikhail Egorchev）著；蔡远利，邓逸凡译．— 北京：机械工业出版社，2024.7
（计算机科学丛书）
书名原文：Neural Network Modeling and Identification of Dynamical Systems
ISBN 978-7-111-75674-3

Ⅰ. ①神… Ⅱ. ①尤… ②米… ③蔡… ④邓… Ⅲ. ①人工神经网络 - 研究 Ⅳ. ① TP183

中国国家版本馆 CIP 数据核字（2024）第 081828 号

机械工业出版社（北京市百万庄大街 22 号 邮政编码 100037）
策划编辑：曲 熠　　责任编辑：曲 熠
责任校对：曹若菲 张亚楠　　责任印制：郜 敏
三河市国英印务有限公司印刷
2024 年 7 月第 1 版第 1 次印刷
185mm × 260mm・17.75 印张・474 千字
标准书号：ISBN 978-7-111-75674-3
定价：99.00 元

电话服务
客服电话：010-88361066
010-88379833
010-68326294

网络服务
机 工 官 网：www.cmpbook.com
机 工 官 博：weibo.com/cmp1952
金 书 网：www.golden-book.com
机工教育服务网：www.cmpedu.com

译者序

动态系统建模是动态系统理论最基本的核心问题，在系统分析、设计与综合中有着非常重要的作用。传统上，主要有机理建模和数据建模两种方法。在机理建模方法中，一般采用关于研究对象的理论知识和相关原理，通过数学推导，获得对象的描述模型。例如，在机器人、飞行器等控制问题中，主要基于牛顿定律，建立对象的运动学和动力学方程；在燃煤电厂等复杂工业中，主要基于能量守恒、质量守恒等原理以及若干经验知识，建立煤炭燃烧、汽水交换、能量转换等方程。由于对象本身及其运行环境存在大量的不确定性，机理建模有许多局限性。传统的数据建模方法主要指基于实验数据的系统辨识，存在模型结构确定、参数估计等固有困难，此外所得模型的适应性完全取决于实验数据的精度和采集范围。人工神经网络技术的发展为动态系统的建模与控制提供了新的途径。本书对非线性动态系统的神经网络建模理论和技术进行了较全面的介绍。

书中首先对作为研究对象的动态系统进行了抽象和概括，引申讨论了参数自适应、结构自适应、对象自适应、控制目标自适应等主题。其次对动态系统建模与控制中的传统神经网络方法进行了总结和讨论，系统论述了学习算法、数据集获取等问题。涉及的内容和讨论方式在传统书籍中是不多见的。本书最主要的贡献是关于半经验神经网络的理论及应用，即在机理模型的基础上引入神经网络修正，构建了一个完整的理论体系。对基于神经网络的模型预测控制（MPC）、模型参考自适应控制（MRAC）以及连续时间情况的实时递归学习（RTRL）算法、时间反向传播（BPTT）算法、同伦延拓训练方法等都有很深入的研究和讨论。

本书的第一作者尤里·蒂蒙塞维教授是俄罗斯的著名学者，长期工作在莫斯科航空学院（MAИ）飞行动力学与控制系。我国许多航空航天领域的前辈，例如陈士橹院士、王永志院士、于本水院士、吕学富教授等，都曾在这里学习和工作过。可以说，作为俄罗斯顶尖的研究型大学，莫斯科航空学院对我国的航空航天事业和高级人才培养都起过非常积极的作用。在我国航空航天领域广泛使用的教科书、各种规范和标准以及坐标系、符号等中，仍然可循到 MAИ 的踪迹。今天我们再一次看到 MAИ 著名教授的专著，倍感亲切。

本书最大的特点是理论联系实际，既有丰富的先进理论，也有密切联系实际的应用，是一本不可多得的学术专著。书中的主要例子和大量计算实验都是针对各种典型飞行器展开的，涉及小型及微型 UAV、F-16 战斗机、X-43 高超声速飞行器、NASP 空天飞机等。对飞行器自适应控制系统以及气动参数辨识，也建立了一套完整的处理方法，并给出了富有启发意义的计算实验结果及深入分析。

本书可以作为人工智能、自动控制、飞行器设计、系统辨识、复杂系统建模与仿真等学科或方向的教学参考书，也可以为相关领域的工程技术人员提供有价值的参考。

原书中有少量明显的笔误或错误，我们在翻译中直接进行了更正。

由于书中涉及领域较多，加之译者的时间和水平有限，翻译中难免存在不妥甚至谬误之处，敬请广大读者批评指正。

蔡远利

2024 年 3 月于西安

全新工程系统开发过程中的一个关键步骤是建立数学与计算机模型，为创建和使用适当的技术系统提供解决方案。随着所创建系统复杂性的增加，对其模型复杂性的需求也随之增加，同时开发模型的成本也随之增加。

目前，数学与计算机建模的可能方法落后于许多工程领域的需求，这些领域包括航空航天技术、机器人技术及复杂生产过程控制等。来自这些领域的技术系统的特点是所建模对象和过程非常复杂，它们高维、非线性、非平稳，而且所建模对象实现的功能复杂多样。解决此类对象的建模问题非常复杂，必须考虑多种多样的不确定性，例如所模拟对象以及对象的运行条件的不完整和不准确的特征与特性。此外，由于设备故障和结构损坏，所模拟对象的特性可能发生变化，包括运行过程中突发的剧烈变化。此时，此前基于标称（“完好无损的”）状态构建的对象模型将不再合适。例如在对象控制系统中，如果采用基于标称状态的模型，将会出现极端危险的状况。

因此，为建模运行在各种各样不确定性下的非线性受控系统，寻找新的工具是合理的。新的建模方法为解决复杂动态系统的控制问题提供了新的机会。

本书引言中，针对运行在多种多样不确定性条件下的受控动态系统，论述了需要用新方法构建其数学与计算机模型，说明了在不确定性条件下解决动态系统控制问题需要动态系统模型具备一定的自适应性。传统的动态系统数学和计算机建模方法无法满足这一要求，而应用神经网络建模技术可以克服这一困难。然而，传统的ANN（人工神经网络）模型属于黑箱类型，无法为完成任务提供完整的解决方案。因此，有必要将黑箱类型的神经网络模型扩展为灰箱类型。

第1章介绍非线性动态系统受控运动的建模问题，涵盖的主题包括作为研究对象的动态系统、动态系统概念的形式化以及此类系统的行为和活动等。讨论了自适应性的概念，这是高级动态系统建模中一个重要的概念，特别是对于各种类型的机器人化飞行器。提出了一种解决动态系统建模问题的方法，给出了建模过程的总体方案，确定了建立动态系统模型时需要解决的主要问题。

第2章介绍动态系统建模和控制中的ANN方法，讨论了动态系统ANN模型的不同类型，包括静态（前馈）网络和动态（反馈）网络。确定了构建ANN模型过程中的三个主要环节：生成潜力丰富的模型类，其中包含作为基本单元的ANN模型（类实例）；获取调整ANN模型结构和参数所需的信息数据集；建立学习算法，对所构建的ANN模型进行结构调整和参数调整。此外，考虑了确保ANN模型的自适应性，这对于解决飞行器机器人化问题来说，是最重要的问题之一。

第3章专门针对飞行器，采用传统的ANN建模工具，研究了动态系统受控运动的建模问题。其中的模型仅基于模拟对象行为有关的实验数据，属于纯经验的（黑箱）模型。讨论了表示动态系统的两种主要策略，即状态空间表示和输入-输出表示。我们考虑了动态系统的建模和辨识问题，以及前馈网络和递归网络解决这个问题的能力。传统的（黑箱）网络用来解决控制问题，采用调整飞机动态特性这样一个简单问题作为示例。该方法的扩展是为多模态动态系统构建神经控制器的最优集成。

第4章给出了基于传统ANN黑箱模型的运动建模与控制问题的求解实例。采用NARX类型的 ANN 结构，从而可以建立飞行器运动模型及控制律。作为一个例子，考虑了飞行器受控纵向角运动的建模问题。针对这一问题，得到了不同类型飞行器的相应运动模型，并对其性能进行了评估。这些模型用于构建自适应控制系统，如模型参考自适应控制（MRAC）和模型预测控制（MPC），解决了一系列应用问题。所获结果使我们能够估计 ANN 模拟的潜在能力（在所考虑问题范围内）。结果表明，在某些情况下，这类模型在解决飞行器受控运动建模问题时存在不足。因此，需要对这类模型进行扩展，第 5 章和第 6 章对此进行了讨论。

第 5 章提出了一种 ANN 建模的变体，通过在模型中嵌入关于建模对象的已知理论知识，扩展了传统动态 ANN 模型的能力，由此产生的 ANN 组合模型称为半经验（灰箱）模型。这里考虑了这类模型的构造过程以及其中主要元素的实现，并用一个动态系统示例说明了它们的特殊性。此外，使用相同的例子，结合其复杂的变体，对受控动态系统半经验 ANN 的建模能力进行了初步的实验评估。该章还描述了连续时间状态空间半经验 ANN 模型的性质，然后讨论了计算误差函数导数所需的实时递归学习（RTRL）算法和时间反向传播（BPTT）算法的连续时间版本。还给出了半经验 ANN 模型的同伦延拓训练方法。最后，讨论了受控动态系统半经验模型的最优实验设计问题。

第 6 章介绍了在求解机动飞行器运动模拟和气动参数辨识相关的实际应用问题时获得的计算实验结果。结果表明，半经验方法可以有效地解决非线性动态控制系统的建模以及特征辨识。首先考虑了机动飞行器纵向短周期运动的简单建模问题。然后给出了机动飞行器完整角运动建模问题以及气动特性辨识问题的结果（升力和侧向力系数、滚动角系数、偏航角系数和俯仰角系数），它们都是多个变量的非线性函数。最后同时考虑了飞行器纵向轨迹和角运动的建模问题，从而辨识了飞行器的阻力系数。

附录给出了将基于 ANN 建模的 MRAC 和 MPC 自适应系统应用于不同类型飞行器的大量模拟结果。

尤里·蒂蒙塞维，米哈伊尔·埃戈尔切夫
莫斯科
2018 年 12 月

致谢

我们要感谢莫斯科航空学院的弗拉基米尔·布鲁索夫、弗拉基米尔·博布朗尼科夫、亚历山大·博塔科夫斯基、安德烈·切尔尼舍夫、亚历山大·埃夫雷莫夫、瓦莱里·格鲁蒙兹、米哈伊尔·克拉希奇科夫、尼古拉·马金、尼古拉·莫罗佐夫、瓦莱里·奥夫查伦科、安德烈·潘捷列耶夫、德米特里·雷维兹尼科夫、瓦伦丁·扎伊采夫等教授，与他们的讨论使我们受益匪浅。

我们还要感谢俄罗斯神经网络学会的同事，多年来，与他们的合作卓有成效，特别要提及加利纳·别什列布诺娃、亚历山大·多罗戈夫、维塔利·杜宁·巴尔科夫斯基、尤里·卡加诺夫、鲍里斯·克里扎诺夫斯基、列奥尼德·利廷斯基、尼古拉·马卡连科、奥尔加·米苏利纳、尤里·内切耶夫、弗拉基米尔·雷德科、谢尔盖·舒姆斯基、列夫·斯坦克·维希、德米特里·塔克霍夫、谢尔盖·特里霍夫、亚历山大·德瓦西里耶夫和弗拉基米尔·亚克诺等人。

本书中的结果是在我们研究团队成员的积极参与下获得的，成员包括阿列克谢·孔德拉蒂耶夫、德米特里·科兹洛夫、阿列克谢·卢卡诺夫和亚历山大·亚科文科等。

我们衷心感谢为本书出版提供宝贵支持和帮助的 Elsevier 团队：编辑项目经理安娜·瓦卢特克维奇，高级策划编辑克里斯·卡萨罗普洛斯，编辑项目经理莱蒂西亚·梅洛·加西亚·德利马，版权协调员乔西和希拉·伯纳丁·B.，参考文献制作项目经理安妮莎·西瓦拉吉，以及 Elsevier TeX 支持团队。

尤里·蒂蒙塞维，米哈伊尔·埃戈尔切夫

2018 年 12 月

$\mathbb{DS}$	确定性系统	MAC	平均气动弦长
$\mathbb{VS}$	不确定系统	MLP	多层感知器
$\mathbb{CS}$	可控系统	MDS	多模态动态系统
$\mathbb{AS}$	自适应系统	MIMO	多输入多输出
$\mathbb{IS}$	智能系统	MISO	多输入单输出
$\mathcal{SE}$	原型化环境	MPC	模型预测控制
$\mathcal{UE}$	不确定环境	MRAC	模型参考自适应控制
$\mathcal{RE}$	反作用环境	MSE	均方误差
$\mathcal{AE}$	自适应环境	NARMAX	具有移动平均和外部输入的非线性自回归
$\mathcal{IE}$	智能环境	NARX	具有外部输入的非线性自回归
AC	调整控制器	NASA	美国国家航空和航天局
ANN	人工神经网络	NASP	美国国家空天飞机
AWACS	机载报警与控制系统	NC	神经控制器
BPTT	时间反向传播	NLP	非线性规划
CMA-ES	协方差矩阵自适应进化策略	NM	网络模型
DAE	微分代数方程	ODE	常微分方程
DTDNN	分布式时延神经网络	PD，PI，PID	比例-微分，比例-积分，比例-积分-微分
EKF	扩展卡尔曼滤波器	RBF	径向基函数
ENC	神经控制器集成	RLSM	递归最小二乘法
FB	泛函基	RKNN	龙格-库塔神经网络
FTDNN	聚焦时延神经网络	RM	参考模型
GLONASS	俄罗斯全球导航卫星系统	RMLP	递归多层感知器
GS	增益调度	RMSE	均方根误差
GPS	全球定位系统	RTRL	实时递归学习
HRV	高超声速试验飞行器	SISO	单输入单输出
IVP	初值问题	TDL	时间延迟线，抽头延迟线
KM	卡尔曼滤波器	TDNN	时延神经网络
LDDN	分层数字动态网络	UAV	无人机

$\mathbb{U}=\mathbb{S}^* \cup \mathcal{E}^*$	推理论域	T	发动机推力
$\mathbb{S}^*$	动态系统	T_{ref}	发动机额定推力
$\mathcal{E}^*$	环境	T_{cr}	发动机当前推力
$\mathbb{K}=<\mathbb{S}, \mathcal{E}>$	系统复合体	T_{idle}	发动机空闲模式推力
$\mathbb{S}$	系统对象，$\mathbb{S}\subset\mathbb{S}^*$	T_{mil}	发动机军事模式推力
$\mathcal{E}$	系统环境，$\mathcal{E}\subset\mathcal{E}^*$	$T_{\max}$	发动机最大模式推力
$\boldsymbol{x}=(x_1,\cdots,x_n)\in\boldsymbol{X}$,		P_{c}	指令相对推力值
$x_1\in X_1\subseteq\mathcal{R},\cdots,x_n\in X_n\subseteq\mathcal{R}$,		P_{a}	实际相对推力值
$\boldsymbol{X}=\boldsymbol{X}_1\times\cdots\times\boldsymbol{X}_n\in\mathcal{R}^n$，系统 $\mathbb{S}$ 状态向量		δ_{th}	发动机节气门相对位置
$\mathcal{R}$	实数集	α	攻角
$\boldsymbol{y}=(y_1,\cdots,y_p)\in\boldsymbol{Y}$	系统 $\mathbb{S}$ 观测向量	β	侧滑角
$\boldsymbol{u}=(u_1,\cdots,u_m)\in\boldsymbol{U}$	系统 $\mathbb{S}$ 控制向量	ϕ	滚动角
$\boldsymbol{w}=(w_1,\cdots,w_s)\in\boldsymbol{W}$	系统 $\mathbb{S}$ 参数向量	ψ	偏航角
$\boldsymbol{\xi}=(\xi_1,\cdots,\xi_q)\in\boldsymbol{\Xi}$	系统 $\mathbb{S}$ 扰动向量	θ	俯仰角
$\boldsymbol{\zeta}=(\zeta_1,\cdots,\zeta_q)\in\boldsymbol{Z}$	系统 $\mathbb{S}$ 量测噪声向量	p	绕 x 轴角速度
$t\in T\subseteq\mathcal{R}$	时间	r	绕 y 轴角速度
$\boldsymbol{\lambda}(t_i)$	时刻 t_i 态势	q	绕 z 轴角速度
$\boldsymbol{\lambda}_{\text{ext}}(t_i)$	时刻 t_i 态势的外部分量	$\Delta_{q_{\text{turb}}}$	大气湍流引起的角速度 q 增量
$\boldsymbol{\lambda}_{\text{in}}(t_i)$	时刻 t_i 态势的内部分量	γ	飞行轨迹角
$\boldsymbol{\gamma}(t_i)$	时刻 t_i 系统目标	δ_a	副翼偏转角
D	气动阻力	δ_e	升降舵偏转角
L	升力	δ_r	方向舵偏转角
Y	侧向力	V	空速
C_D	阻力系数（气流坐标系）	M_0	来流马赫数
C_L	升力系数（气流坐标系）	H	飞行高度
C_Y	侧向力系数（气流坐标系）	q_p	动压
D	轴向力（体坐标系）	ρ	空气密度
Z	法向力（体坐标系）	p	大气压力
Y	横向力（体坐标系）	g	重力加速度
C_x	轴向力系数（体坐标系）	W	风速
C_y	横向力系数（体坐标系）	S	翼面积
C_z	法向力系数（体坐标系）	b	翼展
L	滚动力矩	$\bar{c}$	平均气动弦长（MAC）
M	俯仰力矩	m	飞行器质量
N	偏航力矩	W	飞行器重量
C_l	滚动力矩系数	I_x	绕滚动轴转动惯量
C_m	俯仰力矩系数	I_y	绕俯仰轴转动惯量
C_n	偏航力矩系数	I_z	绕偏航轴转动惯量
$C_{L_\alpha}=\dfrac{\partial C_L}{\partial\alpha};C_{y_\beta}=\dfrac{\partial C_y}{\partial\beta};C_{m_\alpha}=\dfrac{\partial C_m}{\partial\alpha};C_{m_q}=\dfrac{\partial C_m}{\partial q}$		I_{xz}	绕 ox 轴和 oz 轴的惯性积
		ω_{rm}	参考模型自然频率

受控动态系统丰富多彩，其中最重要的一类是传统上很难研究的各种飞行器。现代航空工程中，最具挑战性的问题是建造高度自主的机器人化无人机（Unmanned Aerial Vehicle, UAV），以完成各种不同条件下的民用和军事任务。这些任务包括巡逻、威胁探测、目标保护，电力线路、管道、森林的监测，航空摄影、冰面和渔区的监督与调查；各种装配作业、陆地和海上救援作业，在自然和技术性灾难恢复、各种军事行动中提供救援等。

目前，主要由载人飞行器（飞机和直升机）来完成这些任务。UAV 在该领域的应用数量不断增加，非常具有吸引力，原因如下：

- UAV 既不需要机组人员，也不需要飞行座舱和生命支持系统，相比载人飞机，它的有效载荷比要高许多；
- UAV 具有更高的极限过载，比载人飞机具有更高的机动性；
- 可以制造出小型 UAV，生产和运营成本都非常低廉；
- UAV 可以在人类无法或不能出现的环境（例如放射性危害及其他高风险环境等）完成任务。

当今几乎所有的 UAV 实际上都是遥控飞行器，需要位于地面控制站的操作员（或一组工作人员）来管理其飞行。然而，UAV 只有尽可能自主完成任务时才真正有效，最低程度的人工协助事项通常会降低为明确任务目标、监控任务完成情况、飞行途中调整任务。这是由遥控飞行器所需无线通信信道的潜在脆弱性造成的。此外，对复杂和快速变化的情况，操作员的反应能力具有一定的心理和生理限制（注意能力、反应时间）。高度自主性不仅指遵循预定飞行计划的能力，还包括适应高度不确定、动态变化的“智能”自主行为。目前，来自不同国家的众多研究人员正在努力解决智能自主问题，但仍然没有令人满意的解决办法。

因此，对 UAV 最重要的要求是完成任务时具有高度的独立性。为满足这些要求，机器人化 UAV 应能够：

- 考虑可能的对抗因素，在存在大量不确定性的高度动态环境中实现目标；
- 根据 UAV 行为控制系统中规定的价值取舍和调节机制（行为动机），调整目标并形成新的目标和目标集；
- 根据对外部和内部环境的多边感知评估当前态势，对态势发展做出预报；
- 获取新知识，积累解决各种任务的经验，从中学习，并根据所获得的知识和积累的经验修改行为；
- 学习如何解决系统原始设计中没有发现的问题；
- 组成团队，通过成员之间的交互解决某些问题。

为了使机器人化 UAV 与载人飞机在完成困难任务时具有同样的效率，需要对目前 UAV 行为控制算法的开发和管理方法进行彻底的修改。在机器人学中，机器人各类功能过程的总和通常称为机器人的行为。因此，考虑到不断发展的 UAV 机器人化趋势，可以将 UAV 行为控制任务视为实现上述目标任务所需的所有类型功能的实现。UAV 行为控制包括以下要素：

- 规划飞行任务，管理其实施，在情况发生变化时更新计划；
- 运动控制，包括 UAV 的轨迹运动（含导航与制导）和角运动；
- 管理目标任务的解决方案（控制观察及侦察设备的动作、控制执行集成操作的动作等）；

- 当任务由飞行器编组（包括一定的 UAV）完成时，管理与其他无人机和有人机的交互。

控制算法（构成控制动作与制定控制决策）应采用任务目标和态势信息作为输入数据，这些信息通过评估完成 UAV 任务所在的当前和预报态势来刻画。态势由外部分量（环境状态、合作伙伴及对手的状态和动作）和内部分量（飞行器状态数据、诊断数据，以及结构和飞行器系统的性能评估数据）两部分组成。获取这些基本信息的方法也应包括在实现机器人化 UAV 预期行为的复杂算法中。

只有当 UAV 的行为控制系统具备先进的机制，能够适应高度不确定的快速变化，同时基于当前 UAV 活动进行学习并获取未来知识时，才能满足上述要求。此类机制应该可以完成以下重要任务：

- 获得态势感知，包括当前态势评估和未来态势预测；
- 综合和实现 UAV 行为，作为对当前和预测态势有意识的反作用集。

这些机制的实现提供了构建自适应和智能系统以控制 UAV 行为的能力。采用这些系统，使实现高度自治的机器人化 UAV 成为可能，从而在不确定性条件下有效完成困难任务。UAV 行为的自适应和智能控制的另一个重要含义是，在机身严重损坏和机载系统故障时，有可能显著提高飞行器的生存能力。在实现上述功能时，无论是在不同类型飞行器的设计过程中，还是在后续的运行中，动态系统的行为分析、控制算法的综合以及未知或不准确已知特性的辨识都占据了重要的位置。在解决这三类问题时，动态系统的数学和计算机模型都起着至关重要的作用。

工程系统的传统数学模型包括常微分方程（ODE）（用于集总式参数系统）和偏微分方程（PDE）（用于分布式参数系统）。对于受控动态系统，作为建模工具的 ODE 获得了最广泛的应用。这些模型与适当的数值方法相结合，广泛用于解决各类飞行器受控运动的综合和分析问题。类似的工具也用于模拟其他类型动态系统的运动，包括水面和水下航行器以及地面运动车辆。

到目前为止，构造和使用传统类型模型的方法已得到充分发展，并成功地用于完成各种不同的任务。然而，对于现代先进的工程系统，出现了许多问题，传统方法无法提供解决方案。这些问题是由对应系统的属性及运行条件中各种各样的不确定性引起的，只有当所述系统具有自适应能力，即对于当前不断变化的态势，存在系统及其模型的运行调整手段时，问题才能避免。此外，有时由于求解问题的特殊性，对模型精度的要求超过了传统方法的能力。

经验表明，最适合这种情况的建模工具是人工神经网络（ANN）。这样的方法可以被视为传统动态系统建模方法的替代方法，提供了获得自适应模型的可能性。同时，传统的神经网络动态系统模型，特别是 NARX 和 NARMAX 模型，最常用于受控动态系统的模拟，是纯经验的（“黑箱”）模型，即仅基于对象行为的实验数据。然而，在复杂任务中，如典型的航空航天工业中，这种经验模型往往无法达到所需的精度水平。此外，由于此类模型结构组织的特殊性，它们无法解决动态系统特性（例如飞行器的气动特性）的辨识问题，这是此类模型的一个严重缺点。传统类型的 ANN 模型是纯经验模型，构建时需要涵盖动态系统行为的所有特征，这是其处理复杂工程系统问题时效率低下的一个重要原因。为此，必须建立一个足够高维的 ANN 模型（包含大量可调参数）。同时，根据 ANN 建模的经验可知，ANN 模型的维数越高，配置它所需的训练数据量就越大。其结果是，受限于复杂工程系统实际可以获得的实验数据，不可能训练此类模型以达到给定的精度水平。

这是传统模型（无论是微分方程形式还是 ANN 模型形式）的特点，为了克服这种困难，建议使用组合方法。只有这种基于 ANN 建模的变体才可能获得自适应模型。关于建模对象的理论知识，一般以 ODE 形式表示（例如飞行器运动的传统模型），我们以特殊的方式引入组合类型的 ANN 模型（半经验 ANN 模型）。同时，ANN 模型的一部分是基于已知理论知识构造的，不需要进一步调整（训练）。在生成 ANN 模型的学习过程中，只有那些包含不确定性的元素（如飞行器的气动特性）才需要进行调整或结构校正。

这种方法的结果是半经验 ANN 模型，该模型使得我们可以解决传统 ANN 方法无法解决的问题，大幅降低了 ANN 模型的维数，用比训练传统 ANN 模型少的学习数据达到了所希望的精度。此外，该方法能够对用多变量（例如气动力和力矩无量纲系数）非线性函数描述的动态系统进行特性辨识。

在后续章节中，我们将介绍这种方法的实现以及应用实例，用以模拟飞行器的运动并辨识其气动特性。

第 1 章阐述了非线性动态系统受控运动的建模问题。我们考虑的问题类型来自动态系统的开发和运行过程（分析、综合和辨识问题），并揭示了数学建模和计算机模拟在解决这些问题中的作用。随后的问题涉及动态系统的适应性问题。在这方面，我们分析了自适应的种类、自适应控制方案的基本类型以及模型在自适应控制问题中的作用。揭示了受控对象模型适应性的需求，以及自适应建模和控制算法神经网络实现的需求。

第 2 章介绍了动态系统建模与控制的神经网络方法。该章讨论了动态系统神经网络模型的类型及结构组织，包括静态（前馈）网络和动态（递归）网络。构建神经网络模型中另一个重要的问题和学习算法相关，本章研究了学习动态神经网络模型的算法，分析了伴随此类学习的困难以及解决办法。对所考虑 ANN 模型的基本要求之一是赋予它们自适应性，满足这一要求的方法包括使用具有中间神经元和中间神经元子网的 ANN 模型，以及 ANN 模型的增量构建法。在生成神经网络模型，特别是动态系统模型时，获取训练集是至关重要的问题之一。本章分析了动态系统神经网络建模训练集生成过程的特点，考虑了生成这些训练集的直接和间接方法。为获取代表性训练数据集，给出了为动态系统生成测试机动和测试激励信号的算法。

第 3 章讨论了解决动态系统建模相关问题的神经网络黑箱方法。我们研究了动态系统的状态空间表示和输入-输出表示，力图说明使用 ANN 技术可以高效地解决某些动态系统运动的非线性模型表示问题。利用这种表示，我们综合出了神经控制器，解决了受控对象（机动飞行器）动态特性的调整问题。本章解决的下一个问题和设计多模对象控制律相关，其中对象尤指飞机。我们在这里考虑了神经控制器集成（ENC）的概念，它与多模态动态系统（MDS）控制问题以及 ENC 最优综合问题有关。

第 4 章以飞行器受控运动为例，讨论了非线性动态系统的黑箱神经网络建模。首先，考虑了 ANN 经验动态系统模型的设计过程，该模型属于黑箱模型族。描述了这类模型的基本类型，并分析了考虑作用在动态系统上的扰动动作的方法。然后，基于多层神经网络建立了飞行器运动 ANN 模型。作为基础模型，考虑了具有反馈和延迟线的多层神经网络，特别是 NARX 和 NARMAX 模型，介绍了这些神经网络模型训练的批处理模式和实时模式。然后，以纵向短周期飞行器运动建模为例，对所获飞行器运动 ANN 模型的性能进行了评估。模型的性能评估是通过计算实验进行的。动态模型最重要的应用之一与系统的自适应控制问题有关。为了演示 ANN 模型的潜在能力，我们考虑了不确定性条件下非线性动态系统的自适应容错控制问题的解决办法。我们采用经验（黑箱）型 ANN 模型，应用模型参考自适应控制（MRAC）和模型预测控制（MPC）方法，进行了神经控制器综合。

第 5 章讨论了基于混合半经验（灰箱）神经网络的建模方法。半经验模型依赖于系统的理论知识以及系统行为的实验数据。大量计算实验结果表明，该模型具有较高的精度和计算速度。此外，半经验建模方法还可以描述和解决动态系统特性的辨识问题。这是一个非常重要的问题，传统上很难解决。这些基于半经验 ANN 的模型与纯经验模型一样，具有所需的自适应特性。首先，我们描述了连续时间状态空间半经验 ANN 模型的性质。然后，概述了模型设计过程的各个阶段，并给出了一个示例。我们讨论了连续时间对应的计算误差函数导数所需的实时递归学习（RTRL）算法和时间反向传播（BPTT）算法，还描述了半经验 ANN 模型的同伦延拓训练方法。最后，我们讨论了受控动态系统半经验模型的最优实验设计问题。

第 6 章给出了模拟结果，说明了半经验方法对于模拟受控动态系统及解决其特性辨识问题的有效性。首先，考虑了机动飞行器纵向短周期运动建模的简单任务。然后，解决了机动飞行器完整角运动建模问题，同时解决了气动特性（升力、侧向力系数，滚动、偏航和俯仰力矩系数）ANN 辨识问题，后者被表示为多变量的非线性函数。最后解决了另一个辨识问题，得到了机动飞行器气动阻力系数的神经网络表示。

附录给出了针对不同类型飞行器 MRAC 和 MPC 型自适应系统的大量计算实验结果。这些结果充分体现了以下主题：这些系统单个结构单元的影响以及这些单元性质对综合系统特性的影响；确保抵抗故障和损坏导致对象属性变化的系统能力；大气湍流对所考虑类型受控系统影响的评估；所考虑系统对源数据不确定性自适应能力的评估；针对飞行器角运动控制问题自适应机制重要性的评估。

第1章

Neural Network Modeling and Identification of Dynamical Systems

非线性动态系统受控运动的建模问题

1.1 作为研究对象的动态系统

我们首先在直观上建立动态系统的概念，然后给出形式化定义。

1.1.1 动态系统的一般概念

1.1.1.1 系统的概念及基本公理

下面介绍的内容基于一些公理，这些公理是源自一般系统理论思想的若干假设[1-5]。

公理1 **世界**是宏观宇宙的一部分，在某种程度上孤立存在。这个**世界**是我们推理中的论域$\mathbb{U}$。

公理2 **世界**（系统论域）由两个系统组成：**系统**$\mathbb{S}^*$（这是我们研究的主体）以及**环境**$\mathcal{E}^*$（它包括了所有其他要素）。换句话说，我们假设世界是这样安排的：有一个特定的系统$\mathbb{S}^*$，它是我们研究的主体，未包括在这个系统中的所有其他东西就是环境$\mathcal{E}^*$㊀。

公理3 系统$\mathbb{S}^*$和环境$\mathcal{E}^*$都是一些相互作用的较低层次系统（与$\mathbb{S}^*$和$\mathcal{E}^*$相比）形成的集合，这些系统又由更低层的系统组成，依此类推。

公理4 系统$\mathbb{S}^*$和环境$\mathcal{E}^*$**发生交互**。换言之，$\mathbb{S}^* \rightleftarrows \mathcal{E}^*$。这种交互可以是**静态**的（如果环境对系统的影响和系统对影响的反应是固定的），也可以是**动态**的（如果影响和反应随时间而变化）㊁。与这两类交互类型对应的系统通常分别称为静态系统和动态系统。绝大多数实际存在的系统是动态的，它们将是我们研究的主体㊂。

应该注意，就本书的目的而言，论域$\mathbb{U}$是一个过于笼统的结构，上文所解释的系统$\mathbb{S}^*$和环境$\mathcal{E}^*$都是冗余的。我们需要减少这种冗余来降低问题的复杂度。这可以基于以下考虑来实现：在论域$\mathbb{U}$中，系统$\mathbb{S}^*$描述为论域的所有固有属性；而环境$\mathcal{E}^*$，如上所述，是论域$\mathbb{U}$中未进入系统$\mathbb{S}^*$的部分。出于实用性考虑，这样的$\mathbb{S}^*$和$\mathcal{E}^*$组合显然是冗余的。

我们引入系统$\mathbb{S}^*$的部分表示，记为$\mathbb{S}$，并记系统与其部分表示之间的关系为$\mathbb{S} \subset \mathbb{S}^*$。

$\mathbb{S}^*$的“部分表示”$\mathbb{S}$仅考虑系统$\mathbb{S}^*$的一部分固有属性。在这种情况下，$\mathbb{S}$中仅考虑那些对所解决问题非常重要的$\mathbb{S}^*$的属性。和同一系统$\mathbb{S}^*$相关的不同问题需要考虑其不同属性，即

㊀ 一般来说，将系统论域$\mathbb{U}$划分为系统$\mathbb{S}^*$和环境$\mathcal{E}^*$多少有点武断。$\mathbb{S}^*$和$\mathcal{E}^*$之间的边界，不仅取决于要解决的问题（即我们希望从系统中得到什么），而且是**可移动的**，即在系统$\mathbb{S}^*$的生命周期内可以变化。在对象自适应（见1.2.1.3小节）中出现的情况就是这样一个例子。

㊁ 系统和环境之间的交互是**对称的**。在这个意义上，我们可以说环境对系统有影响，系统对这种影响有反应；同时，系统对环境有影响，环境对这种影响也有反应。

㊂ 事实上，自然界中可能根本不存在静态系统。即使是那些我们习惯上认为静态的（更准确地说，是非动态的）系统，例如各种各样的建筑物和结构，事实上也不是静态的。一些具体的例子，如电视塔、摩天大楼和其他高层建筑，它们的特点就是高层部分存在幅度相当大的振动（由于风的影响）。因此，“静态系统”只是动态系统的简化，只是在解决问题的前提下忽略了“动态”部分。在不丧失普遍性的情况下，我们只能讨论动态系统。

每次仅需$\mathbb{S}^*$的一部分属性。例如，当我们研究飞行器的纵向运动分析问题时，不必在模型中引入与飞行器横向运动相关的变量。

类似地，我们为环境$\mathcal{E}^*$引入部分表示$\mathcal{E}$，它与系统$\mathbb{S}$相互作用。将“$\mathcal{E}$是$\mathcal{E}^*$的部分表示”记为$\mathcal{E}\subset\mathcal{E}^*$。该表示也在很大程度上取决于所解决的问题。因此，某些问题中的“环境半径”可以是米级（例如考虑大气干扰对飞行器的影响），而其他问题中的可以是数百千米级［例如，AWACS（Airborne Warning And Control System，机载报警与控制系统）之类系统中的目标跟踪］。

对应地，我们不使用论域

$$\mathbb{U}=\mathbb{S}^*\cup\mathcal{E}^*$$

而考虑“缩减”版本的系统$\mathbb{S}\subset\mathbb{S}^*$和环境$\mathcal{E}\subset\mathcal{E}^*$的并集，并称此组合为“系统复合体”$\mathbb{K}$：

$$\text{系统复合体}\mathbb{K}=\text{系统对象}\mathbb{S}+\text{系统环境}\mathcal{E}$$

$$\mathbb{K}=\langle\mathbb{S},\mathcal{E}\rangle,\quad \mathbb{S}\rightleftarrows\mathcal{E}$$

1.1.1.2　系统对象和系统环境的概念

动态系统$\mathbb{S}$是在外部和内部因素影响下其状态随时间变化的系统[1,6-19]。外部因素的来源是动态系统运行所处的环境$\mathcal{E}$，内部因素的来源是表征系统的一组特征以及系统中发生的事件（例如影响系统动态特性的故障和损坏）。

通常动态系统$\mathbb{S}$不是孤立存在的，而是运行在某个环境$\mathcal{E}$中并与之相互作用㊀。系统对环境影响的反应可能是被动的㊁，也可能是主动的㊂。

与环境主动交互的动态系统是可控动态系统。此时，系统与环境交互的性质取决于系统的属性及其拥有的资源。我们可以将这种资源分为两类：内部资源和外部资源。以飞行器运动控制任务为例：

- 内部资源是控制律、数字地形图、惯性导航工具等；
- 外部资源是卫星导航系统（GLONASS㊃和GPS㊄）、遥控和无线电导航工具等。

系统对外部资源（信息源和控制指令）的依赖越少，其自主程度就越高。由于各类无人载具，特别是无人机（UAV）和无人车的快速发展，当前对高度自主控制系统的研究变得越来越重要。

我们假设，如果给定某些变量集（状态、控制、干扰等）、时间，以及依据系统当前和之前状态确定下一状态的规则，系统$\mathbb{S}$就完全定义了。我们将系统$\mathbb{S}$表示为有序的三元组

$$\begin{gathered}\mathbb{S}=\langle \boldsymbol{X}^S,\boldsymbol{\Phi}^S,W^S\rangle\\ \boldsymbol{X}^S=\{X_i^S\},i=1,\cdots,N_S;\ \boldsymbol{\Phi}^S=\{\Phi_j^S\},j=1,\cdots,N_R\\ W^S=\langle T^S,E^S\rangle,T^S\subseteq T\end{gathered}\tag{1.1}$$

其中$\boldsymbol{X}^S=\{X_i^S\}$（$i=1,\cdots,N_S$）是系统$\mathbb{S}$的**结构**集（术语“结构”在这里被视为一般数学意义

㊀ 在大多数应用问题中，只考虑了这种相互作用的一半，即环境$\mathcal{E}$对系统$\mathbb{S}$的影响。例如，可能是重力场和大气对飞机的影响。有时还需要考虑这种相互作用的另一半，即$\mathbb{S}$对$\mathcal{E}$的影响。特别是，这种相互作用会在飞机后面产生尾迹（尾迹湍流）。例如，为了解决与飞机编队飞行有关的问题，我们必须考虑这些因素。

㊁ 与环境被动交互的例子包括炮弹或无制导火箭的飞行等问题。

㊂ 对于主动交互，系统根据某种“控制律”对环境的影响产生并实施某种作用。例如，当垂直阵风影响飞机时，升降舵将发生偏转。

㊃ GLONASS，Global Navigation Satellite System，全球导航卫星系统。

㊄ GPS，Global Positioning System，全球定位系统。

上的集合，表示定义在集合上的关系的集合）；$\boldsymbol{\Phi}^S=\{\boldsymbol{\Phi}_j^S\}$ （$j=1,\cdots,N_R$）是系统$\mathbb{S}$的规则集（术语“规则”在这里用作所有变换，即映射、算法、推理过程等的通用名称）；$W^S=\langle T^S, E^S\rangle$ 是系统的**时钟**，即系统运行时刻（“系统时间”）的集合；T 是所有可能时刻（“世界时间”）的集合，具有线性顺序结构（即由≤关系排序）；E^S 是系统$\mathbb{S}$的活动机制（“时钟生成器”）。

系统对象$\mathbb{S}$不是孤立存在的，它与系统环境 $\mathcal{E}$ 相互作用。我们将系统环境 $\mathcal{E}$ 表示为有序的三元组

$$\mathcal{E}=\langle \boldsymbol{Q}^{\mathcal{E}}, \boldsymbol{\Psi}^{\mathcal{E}}, W^{\mathcal{E}}\rangle$$
$$\boldsymbol{Q}^{\mathcal{E}}=\{Q_i^{\mathcal{E}}\}, i=1,\cdots,M_{\mathcal{E}};\ \boldsymbol{\Psi}^{\mathcal{E}}=\{\Psi_j^{\mathcal{E}}\}, j=1,\cdots,M_R$$
$$W^{\mathcal{E}}=\langle T^{\mathcal{E}}, E^{\mathcal{E}}\rangle, T^{\mathcal{E}}\subseteq T \tag{1.2}$$

其中 $\boldsymbol{Q}^{\mathcal{E}}=\{Q_i^{\mathcal{E}}\}$ （$i=1,\cdots,M_{\mathcal{E}}$）是环境 $\mathcal{E}$ 的**结构**集，$\boldsymbol{\Psi}^{\mathcal{E}}=\{\Psi_j^{\mathcal{E}}\}$ （$j=1,\cdots,M_R$）是环境 $\mathcal{E}$ 的**规则**集，$W^{\mathcal{E}}=\langle T^{\mathcal{E}}, E^{\mathcal{E}}\rangle$是环境 $\mathcal{E}$ 的**时钟**，$T^{\mathcal{E}}\subseteq T$ 是环境运行时刻的集合，T 是所有可能时刻的集合，$E^{\mathcal{E}}$ 是环境 $\mathcal{E}$ 的活动机制。

1.1.1.3 系统复合体中的不确定性

求解系统复合体$\mathbb{K}$相关的问题时，需要考虑多种不确定因素：

- 作用在系统对象$\mathbb{S}$上的无控干扰引起的不确定性；
- 对系统对象$\mathbb{S}$的属性、特征及运行条件（即系统环境 $\mathcal{E}$ 的属性）的不完整、不准确的认识；
- 设备故障、结构损坏导致系统对象$\mathbb{S}$属性发生变化引起的不确定性。

我们可以区分以下几种典型的不确定性因素：

- 与描述系统对象$\mathbb{S}$的变量相关的**参数类**不确定性（例如当系统对象$\mathbb{S}$为飞行器时的质量 m 和惯性矩 I_x、I_y、I_z、I_{xz} 等）；
- 与系统对象$\mathbb{S}$的特性有关的**函数类**不确定性（例如当系统对象$\mathbb{S}$为飞行器时的气动力系数 C_x、C_y、C_z 和力矩系数 C_l、C_m、C_n，以及动力装置的推力 T 等）；
- 与系统环境 $\mathcal{E}$ 的影响有关的不确定性（例如空气密度ρ、大气压力p、风速 W、大气湍流等）。

参数类不确定性通常以区间形式定义为

$$\lambda\in[\lambda_{\min}, \lambda_{\max}]$$

其中 λ 为某个参数（m、I_x、I_y、I_z、I_{xz} 等），$\lambda_{\min}$ 和 $\lambda_{\max}$ 分别为参数 λ 可能的最小值和最大值。

我们可以将函数类不确定性定义为参数化的曲线族形式。例如，考虑以下表达式：

$$\varphi(x)=\varphi(x)_{\text{nom}}+\Delta\varphi(x)$$
$$\Delta\varphi(x)=w_0+w_1x+w_2x^2$$
$$w_0\in[w_0^{\min}, w_0^{\max}],\quad w_1\in[w_1^{\min}, w_1^{\max}],\quad w_2\in[w_2^{\min}, w_2^{\max}]$$

式中 $\varphi(x)$是飞行器的某个特性（C_x、C_y、C_z、C_l、C_m、C_n、T 等），$\varphi(x)_{\text{nom}}$ 是特性 $\varphi(x)$的标称值，$\Delta\varphi(x)$是特性的真实值 $\varphi(x)$与其标称值的偏差。

环境影响相关的不确定性，即空气密度ρ、大气压力p、风速 W、大气湍流等，通常根据得到广泛认可的概率模型确定。

我们用飞机的相关例子，说明设备故障、结构损坏导致系统对象$\mathbb{S}$属性发生变化引起的不

确定性的含义。

在飞机飞行过程中，因设备、系统的故障或机身、动力装置的损坏，可能产生各种异常（紧急）情况。其中某些故障和损坏会直接影响作为建模和控制对象的飞机的动态特性。

出于这些原因，需要改进飞机的控制算法，使其有可能适应飞机动态特性的变化。但即使有可能，要提前预测所有可能的故障和损坏及其组合也是极为困难的。至于机身和动力装置的损坏，原则上不可能预见所有的可能性。因此，对于飞机控制，将故障和损坏导致的飞机动态特性不可预测的急剧变化视为另一种不确定性似乎是合理的。用来补偿这些因素对飞机行为影响的是自适应机制。这些机制必须保证飞机的容错和容损控制正常，该控制能够适应故障或损坏引起的受控对象动态行为的变化。从飞行安全的角度来看，这种自适应的结果应将飞机的稳定性和操纵性恢复到可接受的水平。

1.1.2　动态系统的分类

本节将以系列定义的形式为系统对象类型构造一个递阶结构，各层按不同类型的能力级别排序。下面考虑的系统对象，在属性及相应的潜在能力级别上彼此不同。

我们采用以下特征来区分不同类别的系统：

- 系统中存在/不存在影响系统属性的不确定性；
- 系统能够/不能控制其行为以主动响应当前的和预测的态势变化；
- 系统能够/不能适应对象和环境的属性变化；
- 系统中存在/不存在目标设定能力。

1.1.2.1　确定性系统

系统$\mathbb{S}$的递阶结构的最低层是确定性动态系统$\mathbb{DS}$㊀，即那些以相同方式响应相同作用的系统。这类系统的性质保持不变或按固定的关系变化，例如带可分离助推器的非制导导弹、质量随燃油消耗而变化的无控飞行器。

我们假设系统$\mathbb{DS}$为三元组

$$\mathbb{DS}=\langle \boldsymbol{X}^{\mathrm{DS}},\boldsymbol{\Phi}^{\mathrm{DS}},T^{\mathrm{DS}}\rangle$$
$$\boldsymbol{X}^{\mathrm{DS}}\subseteq \boldsymbol{X},\quad T^{\mathrm{DS}}\subseteq T$$
$$\boldsymbol{\Phi}^{\mathrm{DS}}=\boldsymbol{\Phi}^{\mathrm{DS}}(\boldsymbol{x},t),\quad \boldsymbol{x}\in\boldsymbol{X}^{\mathrm{DS}},\quad t\in T^{\mathrm{DS}} \tag{1.3}$$

其中$\boldsymbol{X}$是系统（1.3）㊁的**相空间**（状态空间），其元素（“点”）$\boldsymbol{x}\in\boldsymbol{X}$是给定系统可能的**相态**（相向量），有$\boldsymbol{x}=(x_1,\cdots,x_n)^{\mathrm{T}}$、$x_1\in X_1,\cdots,x_n\in X_n$和$\boldsymbol{X}=X_1\times\cdots\times X_n$；$x_1,\cdots,x_n$是系统$\mathbb{DS}$的状态变量（相坐标）；$\boldsymbol{X}^{\mathrm{DS}}\subseteq\boldsymbol{X}$是系统（1.3）相态的容许取值范围；$T$是所有可能时刻（“世界时间”）的集合，具有线性顺序结构（由$\leqslant$关系排序），$T^{\mathrm{DS}}\subseteq T$是系统运行时刻（“系统时间”）的集合；$\boldsymbol{\Phi}^{\mathrm{DS}}=\boldsymbol{\Phi}^{\mathrm{DS}}(\boldsymbol{x},t)$（$\boldsymbol{x}\in\boldsymbol{X}^{\mathrm{DS}}$、$t\in T^{\mathrm{DS}}$）是在给定历史状态的条件下，确定系统（1.3）在任何时刻$t\in T^{\mathrm{DS}}$的状态所依据的规则㊂。$\mathbb{DS}$类系统是现代动态系统理论研究的主体（参见［7，20］）。

㊀ $\mathbb{DS}$是确定性系统（Deterministic System）的缩写。

㊁ 这里采用的术语可以追溯到力学的传统、动态系统理论以及控制和受控系统理论。基于在我们所考虑问题中动态系统的概念所起的重要作用，这看起来是相当合乎逻辑的。

㊂ 一般来说，这意味着规则$\boldsymbol{\Phi}^{S}$必须具有无限记忆，以便存储系统$\mathbb{S}$先前获得的所有状态。大多数情况下，根据所解决问题的具体情况，可以认为这一要求过高，使用有限长度的历史状态就足够了。在许多情况下，可以假设系统$\mathbb{S}$的所有未来状态（$t>t_i$；$t,t_i\in T^{S}$）仅根据其在当前时刻$t_i\in T^{S}$的状态$\boldsymbol{x}(t_i)$确定（当然，同时要根据规则$\boldsymbol{\Phi}^{S}$）。

1.1.2.2 不确定系统

$\mathbb{DS}$类系统描述的动态系统是罕见的特殊情况，更常见的是包含 1.1.1.3 节所述某种不确定性的动态系统。特别地，这些不确定性可能是由对对象特定属性认识不完整、不准确造成的。以飞行器为例，我们经常碰到的情况是其气动特性不精确、不完整（特别是缺少部分飞行状态的数据）。

系统$\mathbb{VS}$㊀和系统$\mathbb{DS}$对环境的影响都保持不可控并做出反应，有$\mathbb{VS}\rightleftarrows\mathcal{E}$，但前者包含与系统或环境有关的参数类和函数类的不确定性（见 1.1.1.3 节）。因此，我们可定义系统$\mathbb{VS}$如下：

$$\begin{gathered}\mathbb{VS}=\langle \boldsymbol{X}^{\mathrm{VS}},T^{\mathrm{VS}},\boldsymbol{\Phi}^{\mathrm{VS}}\rangle\\ \boldsymbol{X}^{\mathrm{VS}}\subseteq\boldsymbol{X},\quad T^{\mathrm{VS}}\subseteq T,\quad \boldsymbol{\Phi}^{\mathrm{VS}}=\boldsymbol{\Phi}^{\mathrm{VS}}(\boldsymbol{x},\boldsymbol{\xi},t)\\ \boldsymbol{x}\in\boldsymbol{X}^{\mathrm{VS}},\quad \boldsymbol{\xi}\in\boldsymbol{\Xi},\quad t\in T^{\mathrm{VS}}\subseteq T\end{gathered}\tag{1.4}$$

系统（1.4）使用的符号与上文介绍的系统（1.3）类似。两者的区别在于规则$\boldsymbol{\Phi}^{\mathrm{VS}}$包含不确定因素$\boldsymbol{\xi}=(\xi_1,\cdots,\xi_q)^{\mathrm{T}}\in\boldsymbol{\Xi}$。如 1.1.1.3 节所述，通常$\mathbb{VS}$类系统不仅包含由于系统特性及其可用信息产生的不确定性，还与本身包含不确定性的环境$\mathcal{E}$相互作用（这种环境的一个例子是飞行器飞行中的大气湍流）。因此，此时动态系统状态不仅取决于系统当前状态$\boldsymbol{x}(t_i)$和时间，还取决于向量$\boldsymbol{\xi}$（在某个域Ξ中取值）所描述的外部不可控干扰的大小。外部干扰的“不可控性”意味着系统$\mathbb{VS}$没有关于扰动特征的完整先验信息。在这种情况下，向量$\boldsymbol{\xi}$的相应分量可取随机值或模糊值。

1.1.2.3 可控系统

如上所述，动态系统$\mathbb{S}$与环境$\mathcal{E}$相互作用，即感知环境的影响并做出响应。系统对环境的响应可以是被动的或主动的。

例如，在重力和气动力作用下石块的移动、炮弹或无控火箭的飞行就是被动相互作用。准确地讲，这种相互作用是通过形如（1.3）的系统$\mathbb{DS}$和形如（1.4）的系统$\mathbb{VS}$实现的。

对于主动相互作用，受环境影响的系统对这种影响产生和实现系统响应。例如，偏转飞行器操纵面来补偿干扰。这意味着如果动态系统能够主动与环境交互，它就是一个**可控**系统。

可控动态系统$\mathbb{CS}$㊁主动响应环境的影响，并可以在一定范围内补偿$\mathbb{CS}\rightleftarrows\mathcal{E}$交互中产生的扰动。我们对该系统的描述如下：

$$\begin{gathered}\mathbb{CS}=\langle \boldsymbol{X}^{\mathrm{CS}},T^{\mathrm{CS}},\boldsymbol{\Phi}^{\mathrm{CS}}\rangle\\ \boldsymbol{X}^{\mathrm{CS}}\subseteq\boldsymbol{X},\quad T^{\mathrm{CS}}\subseteq T,\quad \boldsymbol{\Phi}^{\mathrm{CS}}=\boldsymbol{\Phi}^{\mathrm{CS}}(\boldsymbol{x},\boldsymbol{u},\boldsymbol{\xi},t)\\ \boldsymbol{x}\in\boldsymbol{X}^{\mathrm{CS}},\quad \boldsymbol{u}\in\boldsymbol{U}^{\mathrm{CS}},\quad \boldsymbol{\xi}\in\boldsymbol{\Xi},\quad t\in T^{\mathrm{CS}}\subseteq T\end{gathered}\tag{1.5}$$

与形如（1.4）的$\mathbb{VS}$一样，系统（1.5）使用的符号也类似于上面介绍的系统（1.3），差别同样体现在规则$\boldsymbol{\Phi}^{\mathrm{CS}}$的形式上。系统$\mathbb{CS}$的规则不仅取决于系统当前状态$\boldsymbol{x}(t_i)$、不可控干扰$\boldsymbol{\xi}$和时间$t$，还取决于所谓的控制变量$\boldsymbol{u}=(u_1,\cdots,u_m)^{\mathrm{T}}\in\boldsymbol{U}$，其在某个域$U^{\mathrm{CS}}$中取（瞬时）值。

因此，$\mathbb{CS}$类系统是一个动态、受控、有目的性的系统，有规律地响应环境$\mathcal{E}$的影响。在更一般的情况下，$\mathbb{CS}$类系统会受到多种不确定因素$\boldsymbol{\xi}\in\boldsymbol{\Xi}$的影响。此类系统的特征是，不同于后续两个递阶层次（自适应和智能），其控制目标是系统外部的，仅在控制律综合阶段考虑。

㊀ $\mathbb{VS}$是不确定系统（Vague System）的缩写，即包含某种不确定性的系统。

㊁ $\mathbb{CS}$是可控系统（Controllable System）的缩写。

1.1.2.4 自适应系统

$\mathbb{CS}$类系统与$\mathbb{VS}$和$\mathbb{DS}$类系统最重要的区别在于，系统$\mathbb{CS}$可以主动响应环境 $\mathcal{E}$ 的影响。但其能力受系统（1.5）中规则$\boldsymbol{\Phi}^{\mathrm{CS}}$（系统$\mathbb{CS}$的控制律）假设不变的限制。在系统（1.5）运行期间，没有办法修改此规则。如果不确定性范围 $\boldsymbol{\Xi}$“足够大”，又可能导致无法形成控制律，不能对任意的$\boldsymbol{\xi}\in\boldsymbol{\Xi}$取值提供所需的控制量。因此，在系统运行过程中，需要改变系统控制律（$\boldsymbol{\Phi}$ 规则）的形式。具有这种特性的系统$\mathbb{AS}$㊀称为**自适应**系统，通常可表示为

$$
\begin{gathered}
\mathbb{AS}=\langle \boldsymbol{X}^{\mathrm{AS}},T^{\mathrm{AS}},\boldsymbol{\Phi}^{\mathrm{AS}},\psi^{\mathrm{AS}},\boldsymbol{\Gamma}^{\mathrm{AS}}\rangle\\
\boldsymbol{X}^{\mathrm{AS}}\subseteq\boldsymbol{X},\quad T^{\mathrm{AS}}\subseteq T\\
\boldsymbol{\Phi}^{\mathrm{AS}}=\boldsymbol{\Phi}^{\mathrm{AS}}(\boldsymbol{x},\boldsymbol{u},\boldsymbol{\xi},t),\quad \psi^{\mathrm{AS}}=\psi^{\mathrm{AS}}(\boldsymbol{\gamma},t)\\
\boldsymbol{\Gamma}^{\mathrm{AS}}\subseteq\boldsymbol{\Gamma},\quad \boldsymbol{x}\in\boldsymbol{X}^{\mathrm{AS}},\quad \boldsymbol{u}\in\boldsymbol{U}^{\mathrm{AS}}\\
\boldsymbol{\xi}\in\boldsymbol{\Xi},\quad \boldsymbol{\gamma}\in\boldsymbol{\Gamma},\quad t\in T^{\mathrm{AS}}\subseteq T
\end{gathered}\tag{1.6}
$$

在自适应系统$\mathbb{AS}$的定义中，与$\mathbb{CS}$类可控系统相比，出现了两个新元素。第一个是 ψ^{AS} 规则（自适应规则），描述了如何修改规则$\boldsymbol{\Phi}^{\mathrm{AS}}$（它决定了所考虑系统的当前行为）。第二个新元素是目标集 $\boldsymbol{\Gamma}^{\mathrm{AS}}$，规则 ψ^{AS} 依照它而工作。

因此，$\mathbb{AS}$类系统是动态、受控、有目的性的系统，具有可调整控制律$\boldsymbol{\Phi}^{\mathrm{AS}}$，与环境定期地相互作用，也受到多种不确定因素的影响。$\mathbb{AS}$类系统中的目标集Γ^{AS} 负责管理行为，在系统运行中保持不变。

1.1.2.5 智能系统

与$\mathbb{CS}$类系统相比，由于规则 ψ^{AS} 会影响控制律$\boldsymbol{\Phi}^{\mathrm{AS}}$ 继而决定系统$\mathbb{AS}$的当前行为，因此自适应系统$\mathbb{AS}$能够在系统运行过程中直接修改自身行为。

然而，$\mathbb{AS}$的特点是在系统设计阶段确定用于修改行为模式的规则 ψ^{AS}，并且该规则在此后保持不变。我们根据特定的目标Γ^{AS} 选择规则 ψ^{AS}，实现该目标是系统$\mathbb{AS}$的开发目的。因此，只要目标Γ^{AS} 在不断变化的情况下保持关联性，系统$\mathbb{AS}$的行为就是合适的。

在具有高度不确定性的环境中，情况的变化可能需要我们使用更高级的自适应，即目标自适应（见1.2.1.4节）。然而，系统类型$\mathbb{AS}$无法实现这一操作，因为它们没有目标设定机制，即必要时生成新目标的机制。此外，$\mathbb{AS}$没有影响规则 ψ^{AS} 的工具，即调整$\mathbb{AS}$行为修改规则的机制。

因此，下一步是向系统$\mathbb{AS}$中添加一个新属性，即目标设定㊁。对于具有这一属性的系统$\mathbb{IS}$㊂，我们称之为**智能**的，并表示为

$$
\begin{gathered}
\mathbb{IS}=\langle \boldsymbol{X}^{\mathrm{IS}},T^{\mathrm{IS}},\boldsymbol{\Phi}^{\mathrm{IS}},\boldsymbol{\Psi}^{\mathrm{IS}},\boldsymbol{\Gamma}^{\mathrm{IS}},\Omega^{\mathrm{IS}},\Sigma^{\mathrm{IS}}\rangle\\
\boldsymbol{X}^{\mathrm{IS}}\subseteq\boldsymbol{X},\quad T^{\mathrm{IS}}\subseteq T\\
\boldsymbol{\Phi}^{\mathrm{IS}}=\boldsymbol{\Phi}^{\mathrm{IS}}(\boldsymbol{x},\boldsymbol{u},\boldsymbol{\xi},t),\quad \psi^{\mathrm{IS}}=\psi^{\mathrm{IS}}(\boldsymbol{\gamma},t)\\
\Gamma^{\mathrm{IS}}\subseteq\Gamma,\quad \Omega^{\mathrm{IS}}=\Omega^{\mathrm{IS}}(\boldsymbol{x},\boldsymbol{u},\boldsymbol{\xi},\boldsymbol{\gamma},t)\\
\boldsymbol{x}\in\boldsymbol{X}^{\mathrm{IS}},\quad \boldsymbol{u}\in\boldsymbol{U}^{\mathrm{IS}},\quad \boldsymbol{\xi}\in\boldsymbol{\Xi},\quad \boldsymbol{\gamma}\in\boldsymbol{\Gamma}\\
\boldsymbol{\Sigma}^{\mathrm{IS}}\subseteq\boldsymbol{\Sigma},\quad t\in T^{\mathrm{IS}}\subseteq T
\end{gathered}\tag{1.7}
$$

㊀ $\mathbb{AS}$是自适应系统（Adaptive System）的缩写。

㊁ 目标设定机制的开发是现代机器人技术最重要的课题之一。然而，还没有找到令人满意的解决办法。该领域的进展可见［21］。

㊂ $\mathbb{IS}$是智能系统（Intelligent System）的缩写。

与自适应系统$\mathbb{AS}$相比，智能系统$\mathbb{IS}$的定义中增加了规则Ω^{IS}，该规则描述了生成目标 $\boldsymbol{\gamma}\in\boldsymbol{\Gamma}$ 的方法。因此，智能系统$\mathbb{IS}$具有改变目标集 $\boldsymbol{\Gamma}$ 的方法，并具有另一结构Σ^{IS}，它规定了指导目标设定过程的量值、动机等要素。

因此，$\mathbb{IS}$类系统是一个动态、受控、有目的性的系统，具有目标设定的工具（机制）。这类系统，以及$\mathbb{CS}$和$\mathbb{AS}$类系统，不仅按常规方式与环境进行交互，也受多种不确定因素的影响。

1.1.3 环境的类型

与系统$\mathbb{S}$的类型类似，我们可以引进环境 $\mathcal{E}$ 的类型。在下述小节中，我们将按复杂性递增的顺序定义各个环境类型，假设它们与采取一般形式的系统$\mathbb{S}$相互作用。

1.1.3.1 常规环境

常规环境 $\mathcal{SE}$㊀位于环境递阶结构的最低层，它对系统$\mathbb{S}$施加常规的（即不包含任何不确定性）影响。在某种程度上，一些天体的中心引力场可被视为 $\mathcal{SE}$ 类环境的例子。

1.1.3.2 不确定环境

具有不确定性的环境 $\mathcal{UE}$㊁是环境递阶结构中的下一个层次，它的特征是对系统$\mathbb{S}$的影响包含许多不确定因素（即未知先验信息的因素）。系统$\mathbb{S}$无法操纵和测量这些因素。$\mathcal{UE}$ 类型环境的一个例子是大气湍流。

1.1.3.3 反作用环境

$\mathcal{SE}$ 与 $\mathcal{UE}$ 类环境是**被动的**，它们以某种方式作用于系统$\mathbb{S}$，但它们自身对系统$\mathbb{S}$的行为的响应非常有限且无目的性。例如，湍流大气会影响物体的轨迹并产生一定的响应，其结果表现为物体后面的扰动尾流。

后续类型的环境（递阶结构中后续层次）是**主动的**，它们以各种方式响应系统的行为。需强调的一个重点是，环境 $\mathcal{E}$ 与系统$\mathbb{S}$的主动交互可能有助于系统达成目标（例如，某些空中交通管制系统，作为环境与飞行中的运输机相互作用），也可能妨碍这些目标（例如保护某些对象免受空袭的防空系统）。环境与系统交互的另一种可能情况是环境“不干预”（不帮助，也不抵制）系统的活动。

第一类主动环境是反作用环境 $\mathcal{RE}$㊂。$\mathcal{RE}$ 类环境会随系统$\mathbb{S}$的行为而发生变化，但这些变化是无目的性的。特定技术系统运行在其中的自然环境（生物圈）的局部是这种环境的例子。

1.1.3.4 自适应环境

第二类主动环境是**自适应环境**类型 $\mathcal{AE}$㊃。这类环境对系统$\mathbb{S}$行为的主动和有**目的性**的响应是典型的。然而，指导环境 $\mathcal{AE}$ 活动的目标集一旦选定，在系统$\mathbb{S}$和环境 $\mathcal{AE}$ 的交互过程中将保持不变，使得 $\mathcal{AE}$ 类环境中不能生成新目标。

自适应环境的一个例子是高度自动化防空系统，特别是领土防空。这些防空系统应被视为突防飞行器（如飞机、巡航导弹等）的环境。

㊀ $\mathcal{SE}$ 是原型化环境（Stereotyped Environment）的缩写，即以某种常规、标准方式作用于系统$\mathbb{S}$的常规环境，在系统$\mathbb{S}$的生存期 T^S 内不会发生变化。

㊁ $\mathcal{UE}$ 是不确定环境（Uncertain Environment）的缩写，即包含一些不确定性因素（系统不能控制，在某些情况下甚至无法测量的因素）的环境。

㊂ $\mathcal{RE}$ 是反作用环境（Reacting Environment）的缩写，即以某种方式响应系统$\mathbb{S}$活动的环境。

㊃ $\mathcal{AE}$ 是自适应环境（Adaptive Environment）的缩写，即以某种方式主动、**有目的**地对系统$\mathbb{S}$的活动做出反应的环境。

1.1.3.5　智能环境

主动环境的第三类也是最高级的环境是**智能环境**类型 $\mathcal{IE}$㊀，这类环境包含目标设定机制。它们也有自己的兴趣（某种意义上的“意志自由”）。

和自适应环境的情况一样，我们可以用领土防空系统作为例子，但这里层次更高。该系统包括战斗机、防空导弹系统、目标探测和跟踪手段等，还包括操作人员。这种情况确保了环境反应在各种情况（包括非标准情况）下的可变性。另一个类似的例子是空中交通管制系统，尤其是在大型空港区域。

1.1.4　系统与环境的交互

上面介绍了以下几类动态系统：

- 确定性系统（$\mathbb{DS}$）；
- 不确定系统（$\mathbb{VS}$）；
- 可控系统（$\mathbb{CS}$）；
- 自适应系统（$\mathbb{AS}$）；
- 智能系统（$\mathbb{IS}$）。

根据潜在能力级别（按能力增加的顺序），这些系统类型的排序如下：

$$\mathbb{DS}\subset\mathbb{VS}\subset\mathbb{CS}\subset\mathbb{AS}\subset\mathbb{IS}$$

类似地，环境类型的递阶关系可以结构化如下：

$$\mathcal{SE}\subset\mathcal{UE}\subset\mathcal{RE}\subset\mathcal{AE}\subset\mathcal{IE}$$

如上所述，应考虑与环境 $\mathcal{E}$ 相互作用的系统$\mathbb{S}$。我们将这一论述符号化表示为

$$\text{系统复合体}\mathbb{K}=\text{系统对象}\mathbb{S}+\text{系统环境}\ \mathcal{E}$$
$$\mathbb{K}=\mathbb{S}\rightleftarrows\mathcal{E}$$

换言之，我们在最一般的意义上考虑系统复合体$\mathbb{K}$，它由两个相互作用的系统组成，即系统对象$\mathbb{S}$及其运行的系统环境 $\mathcal{E}$㊁，因此有

$$\mathbb{K}=\langle\mathbb{S},\mathcal{E},T,\Theta\rangle,\ \mathbb{S}\rightleftarrows\mathcal{E}\tag{1.8}$$

其中 Θ 是$\mathbb{S}$与 $\mathcal{E}$ 在时间 T 内相互作用依据的规则。

复合体（1.8）的具体形式取决于其组成部分$\mathbb{S}$、$\mathcal{E}$、T、Θ 的定义。例如可能有以下变体：

- 复合体$\mathbb{K}_{\mathbb{DS}}^{\mathcal{SE}}=\langle\mathbb{DS},\mathcal{SE}\rangle$，它包含不可控确定性动态系统$\mathbb{DS}$，该系统与确定性环境 $\mathcal{SE}$ 有规律地交互（例如运动在无大气天体的引力场中的对象）；
- 复合体$\mathbb{K}_{\mathbb{DS}}^{\mathcal{UE}}=\langle\mathbb{DS},\mathcal{UE}\rangle$，它包含不可控确定性动态系统$\mathbb{DS}$，与含不确定性因素的环境 $\mathcal{UE}$ 相互作用（例如运动在湍流大气中的无控导弹）；
- 复合体$\mathbb{K}_{\mathbb{CS}}^{\mathcal{SE}}=\langle\mathbb{CS},\mathcal{SE}\rangle$，它包含与确定性环境 $\mathcal{SE}$ 有规律地交互的可控确定性动态系统$\mathbb{CS}$(例如平稳大气中进行有控运动的飞行器)；
- 复合体$\mathbb{K}_{\mathbb{AS}}^{\mathcal{UE}}=\langle\mathbb{AS},\mathcal{UE}\rangle$，它包含与不确定性环境 $\mathcal{UE}$ 交互的自适应动态系统$\mathbb{AS}$(例如运

㊀ $\mathcal{IE}$ 是智能环境（Intelligent Environment）的缩写，即不仅能够以某种方式主动和有目的地对系统$\mathbb{S}$的运行做出反应，而且能够实现**目标生成**的环境。

㊁ 在下文中，为了简洁，我们将**系统复合体**简称为“复合体”，将**系统对象**简称为“系统”（动态系统）或“对象”（设备），将**系统环境**简称为“环境”。

行在不确定㊀环境中，而又可以快速适应的飞行器）。

1.1.5 动态系统概念的形式化

现在，我们以后面将使用的形式介绍系统𝕊的形式化概念。一般情况下，该描述必须定义以下与𝕊相关的要素：

- 描述𝕊及其运行条件的变量集（以及容许的变量取值范围）；
- 描述影响系统𝕊状态的因素的变量集（以及容许的变量取值范围）；
- 𝕊运行的时间；
- 𝕊的运行规则，即描述𝕊的全体变量随时间变化依据的规则集㊁。

描述系统𝕊的变量集包括以下内容：

- 描述系统𝕊状态的变量$x_1,\cdots,x_n$；
- 描述系统𝕊状态观测结果的变量$y_1,\cdots,y_p$。

描述系统𝕊状态的变量$x_1,\cdots,x_n$组合成一个集合（向量）$\boldsymbol{x}$，称为给定系统的状态（状态向量），即

$$\begin{gathered}\boldsymbol{x}=(x_1,\cdots,x_i,\cdots,x_n)\\ x_i\in X_i\subset\mathcal{R};\ \boldsymbol{x}\in\boldsymbol{R}_X\subset\boldsymbol{X}=X_1\times\cdots\times X_n\end{gathered}\tag{1.9}$$

其中$\boldsymbol{X}$是系统𝕊所有状态的可能范围（状态空间㊂），$\boldsymbol{R}_X$是系统𝕊所有容许状态的域，$\mathcal{R}$是实数集。

描述系统𝕊状态观测结果的变量$y_1,\cdots,y_p$组合为观测向量，即

$$\begin{gathered}\boldsymbol{y}=(y_1,\cdots,y_j,\cdots,y_p)\\ y_j\in Y_j\subset\mathcal{R};\ \boldsymbol{y}\in\boldsymbol{R}_Y\subset\boldsymbol{Y}=Y_1\times\cdots\times Y_p\end{gathered}\tag{1.10}$$

描述影响系统𝕊状态的因素的变量列表包括以下元素。

- 描述𝕊所受影响的变量，不仅有受控的，还有无控的，包括：
  - 控制$u_1,\cdots,u_m$表示对𝕊的可控影响，可以随系统的控制目标而变化；
  - 干扰$\xi_1,\cdots,\xi_q$表示对𝕊的不可控影响（它们具有已知或未知特性，而且可以是可测的，例如房屋温度调节问题中的室外气温；也可以是不可测的，例如大气湍流）；
  - 测量噪声$\zeta_1,\cdots,\zeta_r$，描述传感器引入的误差。
- 变量$w_1,\cdots,w_s$（常值或变值），描述系统𝕊的性质（它们的取值直接或间接由𝕊设计期间的决策决定），并通过演化规则（包括常参数和变参数规则）影响系统行为。系统常值（恒定）参数的例子有飞行器翼展、翼面积、长度等。系统变参数的例子有气动力和力矩系数，它们是多个变量（对象和环境的状态变量以及控制变量）的非线性函数。

描述作用于系统𝕊状态的控制行为的变量$u_1,\cdots,u_m$，被组合为$\boldsymbol{u}$，称为给定系统的控制（控制向量），即

$$\begin{gathered}\boldsymbol{u}=(u_1,\cdots,u_k,\cdots,u_m)\\ u_k\in U_k\subset\mathcal{R};\ \boldsymbol{u}\in\boldsymbol{R}_U\subset\boldsymbol{U}=U_1\times\cdots\times U_m\end{gathered}\tag{1.11}$$

㊀ 动态系统行为建模问题中可能出现的不确定性是多种多样的（参见［22-27］）。

㊁ 在动态系统理论［7，9］中，这个规则集通常也称为系统𝕊的演化规则。

㊂ 动态系统理论中的状态空间通常也称为相空间，系统的状态也称为相状态。

其中 $\boldsymbol{U}$ 是系统𝕊的控制的**所有可能取值**的域，$\boldsymbol{R}_U$ 是系统𝕊的控制的**所有容许取值**的域。

例 1.1（飞行器纵向爬升运动）　描述飞行器爬升阶段非匀速（$\dot{V}\neq 0$）、非直线（$\dot{\gamma}\neq 0$）运动的方程组可写为[28-34]：

$$m\frac{\mathrm{d}V}{\mathrm{d}t}=T-D-W\sin\gamma$$

$$mV\frac{\mathrm{d}\gamma}{\mathrm{d}t}=L-W\cos\gamma \tag{1.12}$$

其中 D 是气动阻力，L 是升力，T 是动力装置推力，γ 是飞行航迹倾角，V 是空速，$W=mg$ 是飞行器重量。

在爬升问题中，作为动态系统的飞行器的状态由两个变量描述：空速 V 和飞行航迹倾角 γ。因此，本例中状态向量 $\boldsymbol{x}\in\boldsymbol{X}$ 的形式为

$$\boldsymbol{x}=(x_1,x_2)=(V,\gamma)$$

例 1.2（飞行器水平面转弯飞行）　飞行器通过滚动和侧滑进行转弯时的运动方程组可以写为[28-34]

$$m\frac{\mathrm{d}V}{\mathrm{d}t}=T-D$$

$$mV\frac{\mathrm{d}\psi}{\mathrm{d}t}=-Y\cos\phi-L\sin\phi+T\sin\beta\cos\phi$$

$$0=L\cos\phi-W \tag{1.13}$$

其中 D 是气动阻力，L 是升力，Y 是侧向力，T 是动力装置推力，ψ 是偏航角，V 是空速，β 是侧滑角，ϕ 是滚动角，$W=mg$ 是飞行器重量。

通过滚动和侧滑执行转弯任务时，作为动态系统的飞行器的状态由空速 V 和偏航角 ψ 等变量描述。对应地，本例中状态向量 $\boldsymbol{x}\in\boldsymbol{X}$ 的形式为

$$\boldsymbol{x}=(x_1,x_2)=(V,\psi)$$

例 1.3（飞行器纵向角运动）　描述飞行器纵向短周期运动的方程组可以写为[28-34]：

$$\dot{\alpha}=q-\frac{\bar{q}S}{mV}C_L(\alpha,q,\delta_e)+\frac{g}{V}\cos\theta$$

$$\dot{q}=\frac{q_p S\bar{c}}{I_y}C_m(\alpha,q,\delta_e)$$

$$T^2\ddot{\delta}_e=-2T\zeta\dot{\delta}_e-\delta_e+\delta_{e_{\mathrm{act}}} \tag{1.14}$$

式中，α 是攻角（°），θ 是俯仰角（°），q 是俯仰角速度（°/s），δ_e 是控制舵偏角（°），C_L 是升力系数，C_m 是俯仰力矩系数，m 是飞行器质量（kg），V 是空速（m/s），$q_p=\rho V^2/2$ 是动态气压（$\mathrm{kg/m\cdot s^2}$），ρ 是空气密度（$\mathrm{kg/m^3}$），g 是重力加速度（$\mathrm{m/s^2}$），S 是翼面积（$\mathrm{m^2}$），$\bar{c}$ 是平均气动弦长㊀（m），I_y 是飞行器相对横轴的转动惯量（$\mathrm{kg\cdot m^2}$），无量纲系

㊀ Mean Aerodynamic Chroad，MAC。

数 C_L 和 C_m 为其参数的非线性函数，T 和 ζ 是执行器的时间常数和相对阻尼系数，$\delta_{e_{\text{act}}}$ 是全回转可控稳定器给执行器的指令信号（限制为±25°）。模型（1.14）中，变量 α、q、δ_e、$\dot{\delta}_e$ 是受控对象的状态，变量 $\delta_{e_{\text{act}}}$ 是控制。这里，$g(H)$ 和 $\rho(H)$ 是描述环境（分别是引力场和大气）状态的变量，其中 H 是飞行高度，m、S、$\bar{c}$、I_z、T、ζ 是所模拟对象的常参数，C_L 和 C_m 是所模拟对象的变参数。

我们通常对系统$\mathbb{S}$的状态值加以某些限制 R_X，并对控制值的适当组合加以限制 R_U。一般而言，对状态向量 $\boldsymbol{x}$ 和控制向量 $\boldsymbol{u}$ 的组合也有一定限制，即

$$\langle \boldsymbol{x},\boldsymbol{u}\rangle \in R_{XU} \subset \boldsymbol{X}\times\boldsymbol{U} = X_1\times\cdots\times X_n\times U_1\times\cdots\times U_p \tag{1.15}$$

考虑上述定义，系统$\mathbb{S}$可表示为如下一般形式：

$$\mathbb{S} = \langle \{\boldsymbol{U},\boldsymbol{\Xi},\boldsymbol{Z}\},\{F,G\},\{\boldsymbol{X},\boldsymbol{Y}\},T\rangle \tag{1.16}$$

式中 $\boldsymbol{U}$ 是对$\mathbb{S}$的可控影响，$\boldsymbol{\Xi}$ 和 $\boldsymbol{Z}$ 分别是对系统$\mathbb{S}$状态和输出的不可控影响，F 和 G 分别是限制系统$\mathbb{S}$状态和输出随时间演化的规则，$\boldsymbol{X}$ 和 $\boldsymbol{Y}$ 分别是系统$\mathbb{S}$的状态集和观测输出集。这些集合的元素记为 $\boldsymbol{u}\in\boldsymbol{U}$，$\boldsymbol{\xi}\in\boldsymbol{\Xi}$，$\boldsymbol{\zeta}\in\boldsymbol{Z}$，$\boldsymbol{x}\in\boldsymbol{X}$，$\boldsymbol{y}\in\boldsymbol{Y}$，$t\in T$。

在式（1.16）中，T 表示所研究系统$\mathbb{S}$的时间区间。该区间内的时间可以是连续的，即 $T\subset\mathcal{R}$，也可以是离散的。在离散时间的情况下，时刻序列由以下规则给出：

$$T = \{t_0,t_1,\cdots,t_{i-1},t_i,t_{i+1},\cdots,t_{N-1},t_N\},t_N = t_f$$
$$t_{i+1} = t_i + \Delta t,\quad i = 0,1,\cdots,N \tag{1.17}$$

下文中，除非另行说明，否则将使用离散时间（1.17）。在所研究问题范围内，这种方式看似相当自然。通常用常微分方程（ODE）或微分代数方程（DAE）描述使用连续时间的系统$\mathbb{S}$。然而，为了用数值方法求解此类系统的分析、辨识和控制综合问题，我们需要用相应递推格式（Runge-Kutta、Adams 等）给出的有限差分（离散时间）方程对其进行近似。因此，在求解这些问题时，必须从连续时间强制转换到离散时间。

类似地，现代先进飞机控制系统的机载实现是在数字环境中进行的，因此这些系统也将以离散时间方式运行。

此后文中符号 $\boldsymbol{u}(t)$ 表示变量 $\boldsymbol{u}$ 是时间 $t\in T$ 的函数。符号 $\boldsymbol{u}(t_i)$ 表示该变量在离散时刻 $t_i\in[t_0,t_f]$ 的瞬时值。我们还会使用简写 $\boldsymbol{u}_i$ 代替 $\boldsymbol{u}(t_i)$。符号 $u^{(j)}(t)$ 表示向量 $\boldsymbol{u}(t)$ 的第 j 个分量。类似地，$u^{(j)}(t_i)$ 或其简写 $u_i^{(j)}$，表示向量 $\boldsymbol{u}(t)$ 在离散时刻 $t_i\in[t_0,t_f]$ 的瞬时值的第 j 分量。同理可引入变量 $\boldsymbol{x}\in\boldsymbol{X}$、$\boldsymbol{y}\in\boldsymbol{Y}$、$\boldsymbol{\xi}\in\boldsymbol{\Xi}$、$\boldsymbol{\zeta}\in\boldsymbol{Z}$ 的相应表示。

如上所述，我们研究的对象是可控动态系统，它运行在不确定性条件下。我们可以将这些不确定性分为以下主要类型：

- 作用在对象上的不可控干扰产生的不确定性（例如大气湍流、阵风）；
- 对所模拟对象及其运行环境的不充分认识（例如，认识不足或未知的飞行器气动特性）；
- 因设备故障和结构损坏导致对象属性变化而产生的不确定性（例如，改变了对象属性的作战或运行结构损坏、飞行器设备故障）。

为描述复合体$\mathbb{K}$的当前（瞬时）状态，我们引入**态势**的概念，它包含描述系统$\mathbb{S}$状态和环境 $\mathcal{E}$ 状态的分量。描述系统$\mathbb{S}$的分量称为内部的，描述环境 $\mathcal{E}$ 的分量称为外部的，因此

态势 = 外部态势 + 内部态势

$$\boldsymbol{\lambda}(t_i)=\langle\boldsymbol{\lambda}_{\text{int}}(t_i),\boldsymbol{\lambda}_{\text{ext}}(t_i)\rangle$$

$$\boldsymbol{\lambda}(t_i)\in\boldsymbol{\Lambda},\quad \boldsymbol{\lambda}_{\text{int}}(t_i)\in\Lambda_{\text{int}},\quad \boldsymbol{\lambda}_{\text{ext}}(t_i)\in\Lambda_{\text{ext}}$$

在态势的相关概念中，**态势感知**起着重要的作用。态势的概念描述了客观现实（对象+环境），态势感知的概念描述了系统S对现实（即当前态势）的感知程度。态势感知概念描述了哪些数据通过观测获得，哪些数据可供系统S用于生成控制决策。对态势某些分量的感知通常不完备（未精确地知道它们的取值）或根本不存在（取值完全未知）。对有些分量的感知通过直接观测（测量）获得，有些通过算法获得，即基于其他分量的已知值估计而得。

因此，当我们考虑不确定性系统S时，实际上假设对它进行的是不完备态势感知，即对S态势的某些内部或外部分量是未知或未精确知道的。

1.1.6　系统的行为和活动

系统S的当前状态由式（1.9）中的变量集 $x_i\in X_i$ 描述（在所求解的问题中描述），该集合被视为长度为 n 的多元组，即

$$\boldsymbol{x}=\langle x_1,x_2,\cdots,x_n\rangle,\quad x_i\in X_i,\quad i=1,2,\cdots,n$$

或视作列向量 $\boldsymbol{x}=[x_1\quad x_2\quad\cdots\quad x_n]^{\mathrm{T}}$。其中

$$\boldsymbol{x}\in\boldsymbol{X},\quad \boldsymbol{X}\subseteq X_1\times X_2\times\cdots\times X_n$$

连续变量 x_i 的值域 X_i 通常是实数集 $\mathcal{R}$ 的子集。

描述系统S状态的集合（向量）$\boldsymbol{x}$ 中包含哪些变量 x_i，取决于给定系统的属性和所求解的问题。在不同问题中，相同系统S可以由包含不同变量 x_i 的不同集合 $\boldsymbol{x}$ 描述。例1.1和例1.2表明，在纵向爬升运动问题和水平面转弯飞行问题中，同一飞行器的状态由不同的变量描述。

状态空间中的点 $\boldsymbol{x}\in\boldsymbol{X}$ 是系统S在某时刻 $t\in T=[t_0,t_N]$ 的状态。对于连续时间 $t\in T$ 以及有限维状态向量 $\boldsymbol{x}\in\boldsymbol{X}\subseteq\mathcal{R}^n$，为确定所有时刻的状态，我们需要确定向量函数

$$\begin{aligned}\boldsymbol{x}(t)&=(x_1(t),x_2(t),\cdots,x_n(t))\\&=[x_1(t)\quad x_2(t)\quad\cdots\quad x_n(t)]^{\mathrm{T}}\end{aligned}\tag{1.18}$$

考虑到前面关于从连续时间 $t\in[t_0,t_N]$ 转换为离散时间（1.17）的论述，我们不使用连续相轨迹（1.18），而是考虑序列形式的离散表示

$$\boldsymbol{x}(t_i)=\{x_1(t_i),x_2(t_i),\cdots,x_n(t_i)\},\quad i=0,1,\cdots,N\tag{1.19}$$

系统S的**行为**是其相态 $\boldsymbol{x}(t_i)\in\boldsymbol{X}$ 的序列，与对应时刻 $t_i\in T$ 绑定，即

$$\{\langle\boldsymbol{x}(t_i),t_i\rangle\},\quad t_i\in[t_0,t_f]\subseteq T,\quad i=0,1,\cdots,N\tag{1.20}$$

系统S的**活动**是带有目的性的动作的序列，都是如下形式的响应

$$\langle\text{态势},\text{目标}\rangle\Rightarrow\text{动作}\Rightarrow\text{结果}$$

也就是

$$\{\langle\boldsymbol{\lambda}(t_i),\boldsymbol{\gamma}(t_i)\rangle\}\xrightarrow{\boldsymbol{\Phi}^S}\boldsymbol{\lambda}(t_{i+1}),\quad i=0,1,\cdots,N\tag{1.21}$$

或等效地，

$$\boldsymbol{\lambda}(t_{i+1})=\boldsymbol{\Phi}^S(\langle\boldsymbol{\lambda}(t_i),\boldsymbol{\gamma}(t_i)\rangle),\quad i=0,1,\cdots,N$$

其中 $\boldsymbol{\lambda}(t_i)\in\boldsymbol{\Lambda}$ 是当前态势，$\boldsymbol{\gamma}(t_i)\in\boldsymbol{\Gamma}$ 是当前目标，$\boldsymbol{\Phi}^S$ 是系统$\mathbb{S}$的演化规则。

系统$\mathbb{S}$的所有类型都表现出行为（1.20），无论它们是否可控，也无关乎不确定性因素。只有那些以某种形式包含控制目标公式的系统，才会有活动（1.21）。控制目标可以是恒定的（自适应系统$\mathbb{AS}$），也可以是自校正的（智能系统$\mathbb{IS}$）。

系统$\mathbb{S}$的行为控制是比其运动控制更一般的概念，行为控制中涉及的要素见引言部分。

机器人学借用了生命科学（生物学、心理学、行为学）中活动的概念。近年来，多种可控动态系统的机器人化研究得到了积极开展。因此，我们需要将动态系统建模和控制工具的功能从实现传统的运动控制任务扩展到实现此类系统的行为和活动控制任务。这些问题与高度自主的机器人化无人机（所谓“智能无人机”）和无人驾驶汽车尤其相关。

系统$\mathbb{S}$执行的动作不一定仅取决于态势 $\boldsymbol{\lambda}(t_i)$ 和目标 $\boldsymbol{\gamma}(t_i)$ 的当前（即 $t_i\in T$ 时刻）值。在更一般情况下，它取决于给定时刻 t_i 的态势集 $\boldsymbol{\Lambda}(t_i)$ 和目标集 $\boldsymbol{\Gamma}(t_i)$，即

$$\{\langle\boldsymbol{\Lambda}(t_i),\boldsymbol{\Gamma}(t_i)\rangle\}\xrightarrow{\boldsymbol{\Phi}^S}\boldsymbol{\lambda}(t_{i+1}),\quad i=0,1,2,\cdots,N$$
$$\boldsymbol{\Lambda}(t_i)\subset\boldsymbol{\Lambda}^S,\quad \boldsymbol{\Gamma}(t_i)\subset\boldsymbol{\Gamma}^S \tag{1.22}$$

这里，向态势 $\boldsymbol{\lambda}(t_{i+1})$ 的转变不仅取决于给定时刻 t_i 的当前态势 $\boldsymbol{\lambda}(t_i)$ 和当前目标 $\boldsymbol{\gamma}(t_i)$，还取决于过去的（历史）和未来的（预测）状态与目标，它们由对应的集合描述——给定时刻 t_i 的态势集 $\boldsymbol{\Lambda}(t_i)$ 和目标集 $\boldsymbol{\Gamma}(t_i)$。

1.2 动态系统和自适应问题

最重要的一类动态系统就是各种飞行器。现代先进飞行器必须确保在其参数、特性、飞行状态以及环境干扰等造成的显著且多样的不确定性下进行运动控制。此外，飞行中可能出现各种异常情况，特别是设备故障和结构损坏，其后果在大多数情况下需要通过重构飞行器控制系统和重置其控制面来补偿。

存在显著且多样的不确定性是使求解动态系统所有三个问题（分析、综合、辨识）变得复杂的最主要原因之一。问题在于系统的当前态势可能会急剧变化。此外，不确定性导致态势变化可能是不可预测的。在这些条件下，系统必须能够快速适应这样的态势变化，因此必须是自适应的。

我们需要阐明**系统自适应**概念的含义。所谓自适应是指系统能通过改变某些要素来快速适应变化的态势。我们认为这些要素包括动态系统实现的控制律以及受控对象的模型。这些要素的变化通常会同时影响控制律和模型的参数值及结构。多数情况下，这些要素的变化只涉及其参数值。有时，控制律和模型的结构也会发生变化。这些主题将在下一节详细讨论。

1.2.1 自适应的类型

依照［35］，我们将自适应的类型（递阶层次）分为：

- 参数自适应；
- 结构自适应；
- 对象自适应；
- 控制目标自适应。

1.2.1.1 参数自适应

参数自适应是通过调整系统$\mathbb{S}$中可调参数 $\boldsymbol{\vartheta}(t_i)\in\boldsymbol{\Theta}$ 的大小完成的，可调参数是系统参数 w

的子集，这些参数可以是控制器增益。

此时，我们认为规则 $\boldsymbol{\Phi}^S$ 不仅取决于 $\boldsymbol{x}$、$\boldsymbol{u}$、$\boldsymbol{\xi}$、t，还依赖于 $\boldsymbol{\vartheta}(t_i)\in\boldsymbol{\Theta}$。这表明 $\boldsymbol{\Phi}^S=\boldsymbol{\Phi}^S(\boldsymbol{\vartheta})$ 是一个参数函数族。如果设定向量 $\boldsymbol{\vartheta}(t_i)\in\boldsymbol{\Theta}$ 为某常值，就是在函数族中选定了函数 $\boldsymbol{\Phi}^S=\boldsymbol{\Phi}^S(\boldsymbol{x},\boldsymbol{u},\boldsymbol{\xi},t)$。规则 $\psi^S=\psi^S(\boldsymbol{\lambda},\boldsymbol{\gamma},t)$ 定义了转换为 $\boldsymbol{\Phi}^S=\boldsymbol{\Phi}^S(\boldsymbol{\vartheta}(t_i))$ 的 $\boldsymbol{\vartheta}(t_i)$，导致了系统$\mathbb{S}$对环境 $\mathcal{E}$ 影响的响应性变化，即系统行为变化。

在此不讨论改变系统$\mathbb{S}$参数向量 $\boldsymbol{\vartheta}(t_i)\in\boldsymbol{\Theta}$ 值的可能机制，留在之后几节中考虑。

系统$\mathbb{S}$参数向量 $\boldsymbol{\vartheta}(t_i)\in\boldsymbol{\Theta}$ 的值可以是分段常值，也就是说，它们的大小不仅对于单个有序对 $\langle\boldsymbol{\lambda}(t_i),\boldsymbol{\gamma}(t_i)\rangle\in\boldsymbol{\Lambda}\times\boldsymbol{\Gamma}$ 保持不变，而且对此域中全部子域 $\Lambda_i\times\Gamma_i\subset\boldsymbol{\Lambda}\times\boldsymbol{\Gamma}$ 保持不变。这种方法广泛用于控制系统中，我们称之为增益调度。

参数调整也可以是连续的，此时每对 $\langle\boldsymbol{\lambda}(t_i),\boldsymbol{\gamma}(t_i)\rangle\in\boldsymbol{\Lambda}\times\boldsymbol{\Gamma}$ 对应某个值 $\boldsymbol{\vartheta}(t_i)\in\boldsymbol{\Theta}$。

参数自适应概念对应生物学中的**顺应**（accommodation）概念。

1.2.1.2　结构自适应

然而，仅通过改变系统参数 $\boldsymbol{\vartheta}(t_i)\in\boldsymbol{\Theta}$ 的值，有时无法实现系统$\mathbb{S}$要求的行为改变。自适应系统的下一个层次是结构自适应的系统，即系统能够根据变化的态势 $\boldsymbol{\lambda}(t_i)\in\boldsymbol{\Lambda}^S$ 和目标 $\boldsymbol{\gamma}(t_i)\in\boldsymbol{\Gamma}^S$ 改变结构（系统$\mathbb{S}$要素集合以及要素之间的关系）。

在最简单的情况下，系统$\mathbb{S}$包括了规则 $\boldsymbol{\Phi}^S=\{\boldsymbol{\Phi}_p\}^S(p=1,\cdots,N^P)$ 的一组在结构上可替换的变体。在 t_i 时刻，使用索引为 p 的规则。该索引的取值由切换规则 $\psi^S=\psi^S(\boldsymbol{\lambda},\boldsymbol{\gamma},t)$ 决定。一个更加复杂但更令人兴奋的例子是在环境 $\mathcal{E}$（可能还有其他因素）的影响下，其结构表现出进化式变化的系统$\mathbb{S}$。

在生物学中，这种机制称为适应，意味着系统基因型的不可逆进化。另外，1.2.1.1 节中讨论的顺应是参数的可逆调整。

1.2.1.3　对象自适应

很可能系统$\mathbb{S}$的所有参数 $\boldsymbol{\vartheta}(t_i)\in\boldsymbol{\Theta}$ 或结构变化都不能让我们达到某些目标。这种情况相当合理，因为任何系统的潜在能力都是有限的，而且这些限制是由系统的“设计”造成的。如果出现这种情况，则会涉及下一层次的自适应，即对象自适应。

回顾公理2，我们称所谓的“其他要素”为（外部）环境。对象自适应包含了对象（即系统）与环境之间边界的变化。

这个层次自适应的主要思想是，不是和前面两种情况一样，只通过一个系统$\mathbb{S}$解决目标问题，而是通过相互作用的一组系统 $\{\mathbb{S}_\mu\}$（$\mu=1,\cdots,N^\mu$）。因此，对应于不同系统 $\mathbb{S}_\mu(\mu=1,\cdots,N^\mu)$，不是考虑单一的规则 $\boldsymbol{\Phi}^S=\boldsymbol{\Phi}^S(\boldsymbol{x},\boldsymbol{u},\boldsymbol{\xi},t)$，而是考虑一组交互的规则 $\boldsymbol{\Phi}^S=\{\boldsymbol{\Phi}_\mu\}^S$。

例 1.4　假设待求解的问题为空中目标拦截，包括群目标。如果空域面积和目标数量相对较小，那么在某些情况下，这个问题可以通过一架拥有导弹武器以及探测和跟踪目标多通道系统的截击机来解决。如果这些条件不满足，一架飞机的能力就不够了。

为解决该问题，我们需要使用面向协同求解共同问题的一组系统。这种方式的一个例子是米格 31[36,37] 复合拦截系统，其中该型号四架交互的飞机群负责它们前方 800~900km 的空域。对于改型米格 31B，复合拦截系统还能自动将战斗机探测到的目标数据传输到地基防空系统，以支持防空导弹瞄准目标。在这种情况下，通过调整复合系统与环境间的边界，实现了复合拦截系统的拓展。

例 1.5 对象自适应的一个类似例子是苏联首个复合拦截系统苏 9 的开发[36]。1960 年启用的该复合拦截系统针对的是“鞋底”（sole）截击机（即使带有导弹武器）无法有效拦截中远程空中目标的事实。自适应的做法是，在配备带机载雷达 TsD-30 和空对空制导导弹 RS-2-US 的苏 9 飞机的基础上，加入了地面自动制导系统“Vozdukh”（空中）。

1.2.1.4 控制目标自适应

如果系统$\mathbb{S}$的自适应不能解决给定的问题，即不能确保实现系统的目标，那么这些目标很可能对于$\mathbb{S}$来说是不可达的。此时，可以修改控制目标使其可达。这一操作利用的是规则$\Omega^S=\Omega^S(\boldsymbol{\lambda},\boldsymbol{\gamma},t)$基于动机要素集$\Sigma^{\text{rS}}\subseteq\Sigma$。控制目标自适应本质上是对控制对象需求的调整。

例 1.6 我们可以将控制目标自适应的本质解释为，假设有一架飞往某个天体的自推进式飞行器，需要考察某个特定目标。可能会发现给定的任务需要耗费太多资源，危及其他任务的完成。此时，从总体方案出发（例如，尽量加深对所研究天体的认识），系统$\mathbb{S}$可以用另一个目标替换原先指定的目标，搜索和无法探究的目标“类似”的目标，或者从项目的角度出发，切换到其他目标。

1.2.2 自适应控制问题的一般特征

众所周知[38-39]，传统控制理论要求对对象的数学模型有所认识，需要知道对象的参数和特性，以及对象运行环境的参数和特性。

实际上，我们并不总能满足这些要求。此外，在运行过程中，对象以及环境的参数和特性可能会大幅度变化。在这些情况下，传统方法常常无法得到满意的结果。

因此，需要在没有控制对象及其运行环境全部先验知识的条件下构建控制系统。这样的系统必须能够适应不断变化的对象性质和环境条件。自适应系统[40-54]可以满足这些要求，其中当前可用信息不仅用于生成控制动作（如传统非自适应系统），还用于改变（调整）控制算法。

我们通常将自适应系统分成两大类[41,44]。

- 自校正系统：运行过程中，控制算法的结构不发生变化，仅其参数改变。
- 自组织系统：在运行期间控制算法的结构发生改变。

自适应系统一般没有关于控制对象及其运行环境的参数和特性的完整知识。我们将这些不完整知识视为附加的不确定性因素，并归在相应的类别$\boldsymbol{\Xi}$中。

例如，与飞行器控制问题相关的不确定性因素可由以下三组参数定义：

$$
\begin{aligned}
\boldsymbol{W} &= W_1\times W_2\times\cdots\times W_p\\
\boldsymbol{V} &= V_1\times V_2\times\cdots\times V_q\\
\boldsymbol{\Xi} &= \Xi_1\times\Xi_2\times\cdots\Xi_r
\end{aligned}
\tag{1.23}
$$

式中，W_i、V_j、Ξ_k分别是w_i（定义飞行器参数的可能值）、v_j（定义飞行器特性的可能值）和ξ_k（定义大气和气流影响参数的可能值）的取值范围，即

$$
\begin{aligned}
&w_i\in W_i,\quad W_i=[w_i^{\min},w_i^{\max}],\quad i=1,2,\cdots,p\\
&v_j\in V_j,\quad V_j=[v_j^{\min},v_j^{\max}],\quad j=1,2,\cdots,q\\
&\xi_k\in\Xi_k,\quad \Xi_k=[\xi_k^{\min},\xi_k^{\max}],\quad k=1,2,\cdots,r
\end{aligned}
\tag{1.24}
$$

参数 w_i、v_j、ξ_k 的特定组合得到长度为 $p+q+r$ 的多元组 ω_s，即

$$\omega_s = \langle w_1, \cdots, w_p, v_1, \cdots, v_q, \xi_1, \cdots, \xi_r \rangle, \quad s = 1, 2, \cdots, p \cdot q \cdot r \tag{1.25}$$

描述动态系统控制问题[⊖]的不确定性因素的所有可能取值组合构成了多元组 ω_s 的集合 $\boldsymbol{\Omega}$，是集合 $\boldsymbol{W}$、$\boldsymbol{V}$、$\boldsymbol{\Xi}$ 的笛卡儿积，即

$$\boldsymbol{\Omega} = \boldsymbol{W} \times \boldsymbol{V} \times \boldsymbol{\Xi}, \quad \omega_s \in \boldsymbol{\Omega} \tag{1.26}$$

或者当只有部分多元组 ω_s 合理的时候，取子集 $\tilde{\boldsymbol{\Omega}} \subset \boldsymbol{\Omega}$。对于其他类型的动态系统，我们按类似的方式定义不确定性因素及其可能的组合。

考虑到所研究动态系统具有运行条件这样的定义，我们可以将自适应控制问题表述为：如果确保在有限的时间 T_a（称为自适应时间）之后，将达到控制目标，那么控制器在类型 $\boldsymbol{\Xi}$ 中就是自适应的。

1.2.3　自适应系统基本结构的变体

如前所述，如果系统的当前状态信息不仅用于生成控制动作（如非自适应系统的情况），而且用于改变（调整）控制算法，则视控制系统为自适应的。自适应系统的结构通常如图1-1所示。可以看到，控制器的调整动作 $\xi(t)$ 是由自适应机制生成的。该机制使用诸如控制 $u(t)$、对象输出 $y(t)$ 以及某些附加（“外部”）信息 $\psi(\lambda)$（$\lambda \in \Lambda$）等信号作为输入，需要在生成调整动作时考虑这些数据。例如在飞行器角运动控制问题中，这些数据可以包括空速和飞行高度。

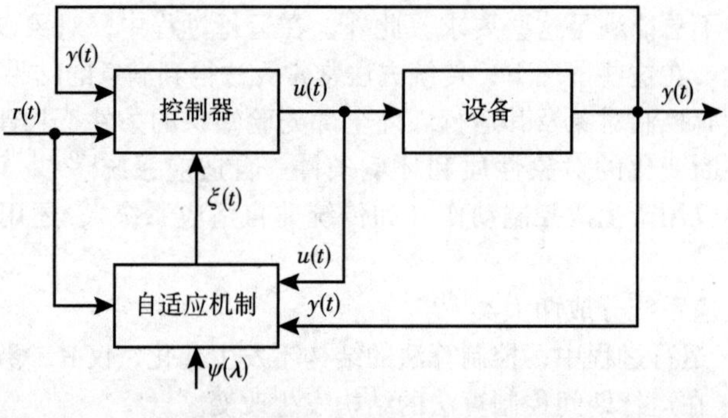

图1-1　控制律（控制器实现）可调的系统框图。$r(t)$ 为参考信号，$u(t)$ 为控制，$y(t)$ 是受控对象（设备）的输出，$\xi(t)$ 为控制器的调整动作，$\psi(\lambda)$（$\lambda \in \Lambda$）是生成调整动作时需考虑的附加信息（例如飞行器角运动控制中的空速和高度）

这种方案有多种可能的类型，区别在于用以生成调整动作 $\xi(t)$ 的输入数据组合不同。一种选择是仅基于“外部”数据 $\psi(\lambda)$ 进行调整，称为增益调度（GS）方法。该方法（图1-2）与完整版本的自适应方案（图1-1）的主要区别在于，GS中调整动作 ξ 的值作为 $\psi(\lambda)$ 的函数必须提前计算（离线），此后该函数在控制过程中保持不变。在完整版本的自适应方案中，调整算法在系统运行期间在线工作，且不仅考虑外部数据，还考虑受控对象状态相关的其他信息。

尽管GS方法的自适应能力有限，但在实践中经常使用。例如，高超声速飞行器X-43A

⊖　例如飞行器的飞行控制问题。

的试验飞行控制就采用了该方法[55]。该飞行器的纵向控制律增益以攻角和马赫数作为上述“外部数据”进行调度。

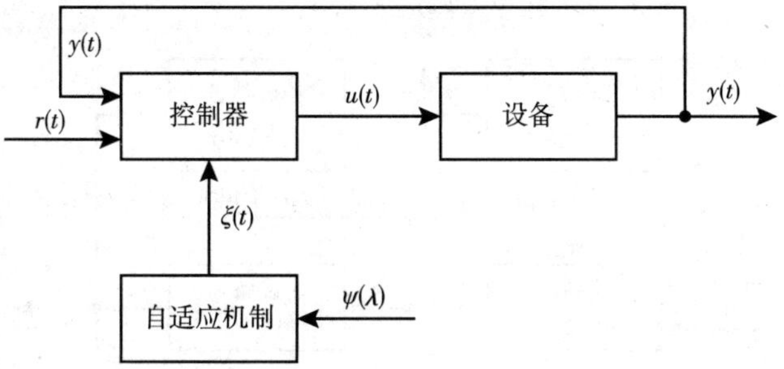

图 1-2 增益调度方案控制律参数调整框图。$r(t)$为参考信号，$u(t)$为控制，$y(t)$是受控对象的输出，$\xi(t)$为控制器的调整动作；$\psi(\lambda)$是用以生成调整动作的附加信息（来自［56］，经莫斯科航空学院许可使用）

自适应控制方案通常分为两大类：直接自适应控制和间接自适应控制。

直接自适应控制方案通常基于一定的参考模型（RM），由其给出所研究系统要求的（期望的）行为[⊖]。这样一个系统的结构如图 1-3 所示。在直接自适应控制系统中，控制器参数 $\theta_c(t)$由自适应律的算法来调整，它计算导数 $\dot{\theta}_c(t)$或差分 $\theta_c(t+1)-\theta_c(t)$的值。该计算直接基于跟踪误差值 $\varepsilon(t)=y(t)-y_m(t)$。

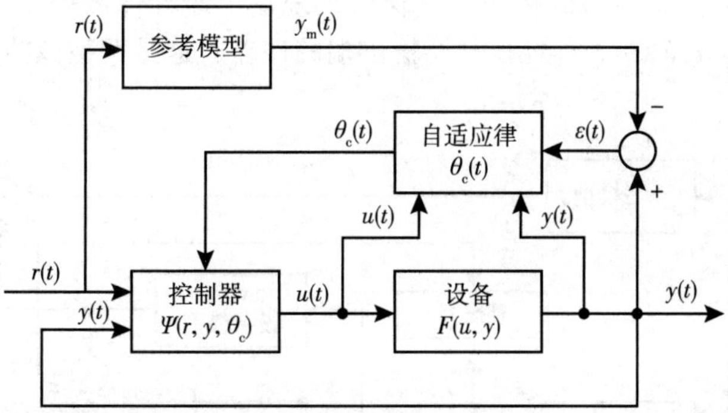

图 1-3 直接自适应控制框图。$r(t)$为参考信号，$u(t)$为控制，$y(t)$是受控对象的输出，$y_m(t)$是参考模型的输出，$\theta_c(t)$为控制器的可调参数，$\varepsilon(t)=y(t)-y_m(t)$为对象与参考模型输出之差［来自 Gang Tao 的 *Adaptive control design and analysis*（Wiley-InterScience，2003）］

在间接自适应控制系统中，计算控制器参数$\theta_c(t)$使用的是将对象参数估计值 $\hat{\theta}_p(t)$映射到 $\theta_c(t)$的耦合方程。通过在对象运行过程中计算导数 $\dot{\hat{\theta}}_p(t)$或差分 $\hat{\theta}_p(t+1)-\hat{\theta}_p(t)$来在线生成估计值 $\hat{\theta}_p(t)$。这样一个系统的结构如图 1-4 所示。

在直接和间接自适应控制方案中，基本思想都是把控制器参数（直接自适应控制）或对象（间接自适应控制）的理想值当作真实的控制器或对象的参数。由于这些参数的实际

⊖ 控制的目的是使动态系统行为尽可能接近参考模型定义的行为。这里可通过将参考模型替换为另一个参考模型来对 1.1.1.1 节中提到的控制目标进行校正。

值不可避免地将偏离理想值，从而出现误差而降低控制质量。下面将介绍一种补偿该误差的方法，它将该误差理解为作用于系统的某种干扰，并通过在系统中引入补偿回路来减少其影响。

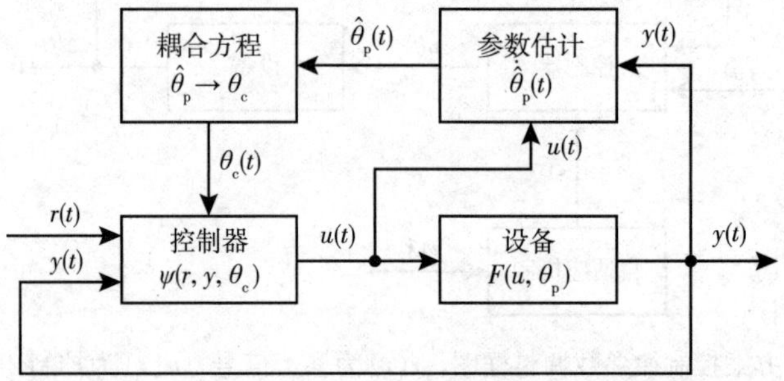

图 1-4 间接自适应控制框图。$r(t)$为参考信号，$u(t)$为控制，$y(t)$是受控对象的输出，$\theta_p(t)$为对象的待估计参数，$\hat{\theta}_p(t)$为对象的参数估计值，$\theta_c(t)$为控制器的可调参数［来自 Gang Tao 的 *Adaptive control design and analysis*（Wiley-InterScience，2003）］

1.2.4 自适应控制问题中模型的作用

通过自适应控制的例子，我们可以说明在动态系统相关问题求解中模型的关键作用。

图 1-5 展示了基于神经网络的模型参考自适应控制（MRAC）的总体结构。此时，人工神经网络（ANN）设备模型的作用是确保将系统输出端计算的误差（参考模型与 ANN 模型输出之间的偏差）转换为神经控制器输出端的误差，这是调整该控制器参数时必须要做的。

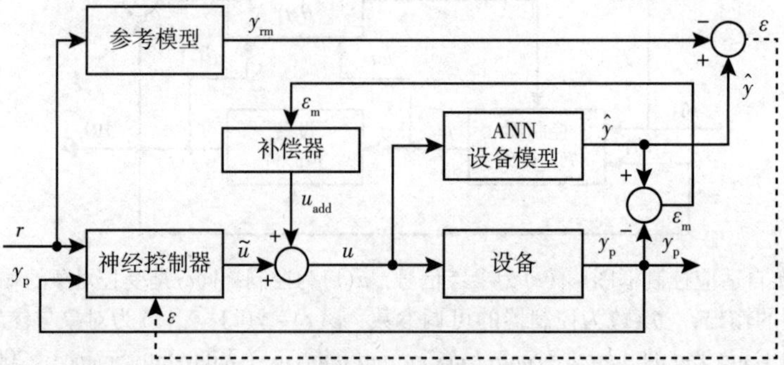

图 1-5 基于神经网络的模型参考自适应控制总体结构。$\tilde{u}$ 为神经控制器输出端控制信号，u_{add} 为来自补偿器的附加控制，u 为合成控制，y_p 为设备（受控对象）输出，$\hat{y}$ 为设备神经网络模型的输出，y_{rm} 为参考模型的输出，ε 为 ANN 模型与参考模型输出之间的偏差，ε_m 为设备与 ANN 模型输出之间的偏差，r 为参考信号（来自［56］，经莫斯科航空学院许可使用）

反映自适应控制中动态系统模型作用的第二个示例如图 1-6 所示，这里给出了基于神经网络的模型预测控制（MPC）的总体结构。

因此，被模拟对象的模型在自适应系统相关问题求解中起着关键作用。在求解一些重要子问题时，需要这些模型，例如下列问题。

- 作为 MPC 方法一部分的动态系统行为分析子问题：为了预测动态系统行为，以选择合适的控制动作，我们必须求解该子问题。

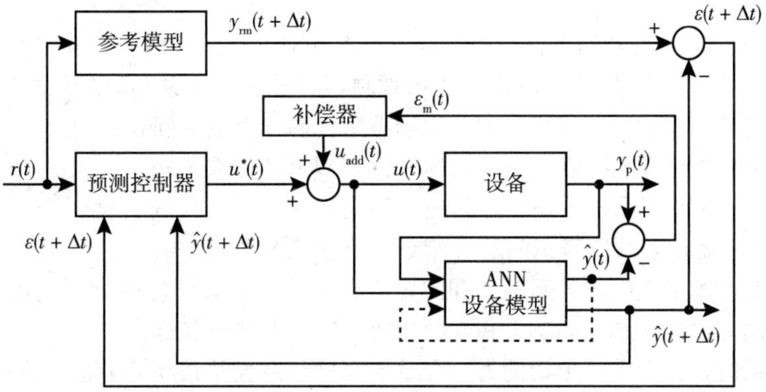

图 1-6 带预测模型（MPC）的神经网络自适应控制总体结构。u^* 是优化算法输出的控制信号，u_{add} 是来自补偿器的附加控制，u 是合成控制，y_p 是设备（受控对象）输出，$\hat{y}$ 是设备神经网络模型的输出，y_{rm} 是参考模型的输出，ε 是 ANN 模型与参考模型输出之间的偏差，r 是参考信号（来自［56］，经莫斯科航空学院许可使用）

- 将动态系统输出端误差转换为神经控制器输出端误差的子问题：在求解该子问题时，对于给定转换及传递到神经控制器输出端的误差而言，对象模型扮演着“技术环境”的角色。
- 控制系统重构子问题：此处，对象的标称行为模型用于检测异常情况的发生。

1.3 动态系统建模的通用方法

1.3.1 动态系统建模过程

我们需要回答以下关于系统$\mathbb{S}$的三个主要问题：

- 系统$\mathbb{S}$如何响应作用于它的各种影响？
- 我们怎样才能从$\mathbb{S}$得到期望的反应（响应）？
- 给定系统$\mathbb{S}$对某些影响响应的实验数据，系统结构可能是怎样的？

为获得这些问题的定量答案，我们需要对系统$\mathbb{S}$及其运行条件做一些约定。这里需要明确研究对象是什么，以及给定对象将执行什么任务。

第一个问题的答案是，研究对象是具有集中参数的动态系统，即被视为刚体或相互关联的刚体集（一组相互具有运动学或动力学关联的刚体）的系统。这种解释涵盖了不同科学和工程领域中的大量应用问题。这些动态系统的传统数学模型是 ODE 或 DAE 系统。

某些情况下，为了使模型合乎需求，不应将动态系统视为刚体。特别地，当被模拟对象的结构弹性起重要作用时，刚体假设就不成立了。此时，我们必须将动态系统看作具有分布参数的系统，并用偏微分方程（PDE）描述。下面介绍的动态系统建模方法可以扩展应用到这种情况。不过这类系统是独立的研究专题，本书不讨论。

为了回答将动态系统作为被模拟或受控对象时需要考虑的问题类别，我们以如下形式的有序三元组来说明系统$\mathbb{S}$的定义：

$$\mathbb{S}=\langle U,P,Y\rangle \tag{1.27}$$

式中 U 是被模拟/受控对象的输入，P 是被模拟/受控对象（设备），Y 是对象对输入影响做出的响应。

输入 U 包括对象 P 的初始条件、控制、不可控外部干扰。特别地，被模拟对象 P 可能是某种类型的飞行器。动态系统$\mathbb{S}$的输出 Y 表示观测到的对象 P 对输入动作 U 的反应。

基于这些定义，我们可以这样说明关于动态系统的三类主要问题：

- $\langle U,P,\boldsymbol{Y}\rangle$ 是动态系统行为分析问题（给定 U 和 P，求 $\boldsymbol{Y}$）；
- $\langle \boldsymbol{U},P,Y\rangle$ 是动态系统控制综合问题（给定 P 和 Y，求 $\boldsymbol{U}$）；
- $\langle U,\boldsymbol{P},Y\rangle$ 是动态系统辨识问题（给定 U 和 Y，求 $\boldsymbol{P}$）。

其中，问题 1 属于正问题，问题 2 和问题 3 属于系统动力学的逆问题。此时，问题 3 其实是动态系统模型设计问题，问题 1 和问题 2 使用这个模型来求解。

对于动态系统，我们需要考虑的另一个重要问题是系统及其环境中存在的不确定性。

不确定性可分为以下类型：

- 作用在对象上的不可控干扰引起的不确定性；
- 对被模拟对象及其环境的不完整认识；
- 设备故障和结构损坏导致的对象属性变化引起的不确定性。

分析运行在不确定性条件下的复杂系统开发相关的问题，得到的结论是需要采用自适应的思想。如上所述，被模拟对象的模型在自适应系统的开发过程中起着至关重要的作用。这些模型主要以实时甚至提前的方式用于机载系统（例如飞机控制系统），这就对它们提出了一些要求，即更高的精度、更快的计算速度和更强的适应性。

传统模型（ODE 或 DAE 形式）不能完全满足精度和计算速度方面的要求，并且根本不能满足适应性的要求。满足这些要求的可能途径如下：模型的精度和计算速度可以通过最大限度利用被模拟对象的知识和数据来保证，模型的适应性可以解释为通过结构或参数调整快速恢复其对于被模拟对象充分性（adequacy）的能力。

动态系统模型的开发过程归结为求解四个主要问题，即需要找到：

- 描述被模拟对象的一组变量；
- 一类（族）模型，其中包含要求的（期望的）模型；
- 从给定模型族中挑选特定模型的工具（模型的充分性判据及搜索算法）；
- 设计和评估模型所需的代表性实验数据集。

第一个问题，即描述被模拟对象的变量组的组成，是一个单独研究的主题，旨在理解如何将问题有意义地形式化为数学模型（参见**例 1.1** 和**例 1.2**）。下面我们只考虑其余三个问题。

设有一个作为建模对象的动态系统$\mathbb{S}$（图 1-7）。

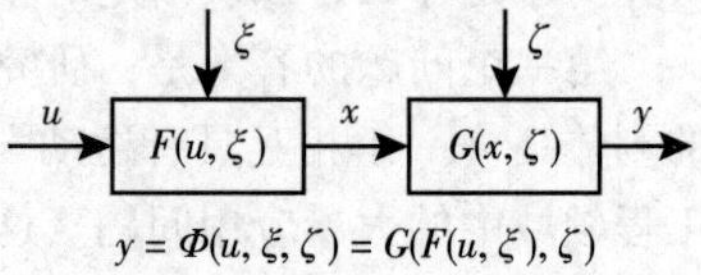

图 1-7　被模拟动态系统的一般结构（来自［56］，经莫斯科航空学院许可使用）

系统$\mathbb{S}$受到受控的 $u(t)$ 和不可控的 $\xi(t)$ 的影响。在这些影响下，$\mathbb{S}$根据其转换规则（映射）$F(u(t),\xi(t))$ 改变状态 $x(t)$。在初始时刻 $t=t_0$，系统$\mathbb{S}$的状态取值 $x(t_0)=x_0$。

观察者通过映射 $G(x(t),\zeta(t))$，将状态 $x(t)$ 转换为观测结果 $y(t)$，从而感知状态 $x(t)$。这些观测结果 $y(t)$ 代表系统$\mathbb{S}$的输出。进行状态测量的传感器引入了一些误差，对此我们通过附加的不可控影响 $\zeta(t)$（称为“测量噪声”）来描述。映射 $F(\cdot)$ 和 $G(\cdot)$ 的组合描述了系统$\mathbb{S}$的受控输入 $u(t)\in U$ 与输出 $y(t)\in Y$ 的关系，同时考虑了不可控干扰 $\xi(t)$ 和 $\zeta(t)$ 对系统的影响，即

$$y=\Phi(u(t),\xi(t),\zeta(t))=G(F(u(t),\xi(t)),\zeta(t))$$

假设我们对系统S进行了 N_p 次观测，即

$$\{y_i\} = \Phi(u_i,\xi,\zeta), i = 1,\cdots,N_p \tag{1.28}$$

并且记录了所有受控输入动作 $u_i = u(t_i)$ 和对应输出 $y_i = y(t_i)$ 的当前值。这些观测结果 $y(t_i)$，$t_i \in [t_0,t_f]$ 与对应的控制输入值 u_i 构成一组 N_p 个有序对，即

$$\{\langle u_i,y_i\rangle\},\quad u_i \in U,\quad y_i \in Y,\quad i = 1,\cdots,N_p \tag{1.29}$$

给定数据（1.29），我们需要找到系统S实现映射 $\Phi(\cdot)$ 的近似 $\hat{\Phi}(\cdot)$，以满足如下条件：

$$\begin{gathered}\|\hat{\Phi}(u(t),\xi(t),\zeta(t)) - \Phi(u(t),\xi(t),\zeta(t))\| \leqslant \varepsilon \\ \forall u(t_i) \in U,\quad \forall \xi(t_i) \in \Xi,\quad \forall \zeta(t_i) \in Z,\quad t \in [t_0,t_f]\end{gathered} \tag{1.30}$$

因此，根据式（1.30），期望的近似映射 $\hat{\Phi}(\cdot)$ 不仅必须以要求的精度再现观测（1.29），对所有有效值 $u_i \in U$ 也是如此。我们把映射 $\hat{\Phi}(\cdot)$ 的这一性质称为**泛化**。式（1.30）中存在元素 $\forall \xi(t_i) \in \Xi$ 和 $\forall \zeta(t_i) \in Z$，意味着只要任何时刻 $t \in [t_0,t_f]$ 作用在系统S上的不可控影响 $\xi(t)$ 和测量噪声 $\zeta(t)$ 都不超过允许的界限，$\hat{\Phi}(\cdot)$ 就具有所需的精度。

映射 $\Phi(\cdot)$ 对应所考虑的对象（动态系统S），映射 $\hat{\Phi}(\cdot)$ 指该对象的模型。对系统S我们还假设拥有形如式（1.29）的数据，可能还有一些关于映射 $\Phi(\cdot)$ "结构"的条件（由所考虑的系统来实现）。在这种情况下，强制数据具有特定类型（至少，对于测试模型 $\hat{\Phi}(\cdot)$ 必须这样），而对于开发模型 $\hat{\Phi}(\cdot)$ 来说，关于映射 $\Phi(\cdot)$ 的已知条件可以没有或不采用。

需要明确表达式（1.30）中范数 $\|\cdot\|$ 的意义是什么，即如何解释映射 $\hat{\Phi}(\cdot)$ 和 $\Phi(\cdot)$ 给出的结果之差的大小。

残差（1.30）的一种可能的定义是 $\hat{\Phi}(\cdot)$ 与 $\Phi(\cdot)$ 的最大偏差，即

$$\|\hat{\Phi}(u(t),\xi,\zeta) - \Phi(u(t),\xi,\zeta)\| = \max_{t_0 \leqslant t \leqslant t_n} |\hat{\Phi}(u(t),\xi,\zeta) - \Phi(u(t),\xi,\zeta)| \tag{1.31}$$

另一种更加普遍的方式是按如下形式的范数估计 $\hat{\Phi}(\cdot)$ 与 $\Phi(\cdot)$ 之间的差：

$$\|\hat{\Phi}(u(t),\xi,\zeta) - \Phi(u(t),\xi,\zeta)\| = \int_{t_0}^{t_n} [\hat{\Phi}(u(t),\xi,\zeta) - \Phi(u(t),\xi,\zeta)]^2 \mathrm{d}t \tag{1.32}$$

生成数据集（1.29）的可用实验次数是有限的。因此，作为式（1.32）的替代，应该采用一种已知形式的有限维版本，例如标准差形式

$$\|\hat{\Phi}(u,\xi,\zeta) - \Phi(u,\xi,\zeta)\| = \frac{1}{N_p}\sum_{i=0}^{N_p} [\hat{\Phi}(u_i,\xi,\zeta) - \Phi(u_i,\xi,\zeta)]^2 \tag{1.33}$$

或

$$\|\hat{\Phi}(u,\xi,\zeta) - \Phi(u,\xi,\zeta)\| = \sqrt{\frac{1}{N_p}\sum_{i=0}^{N_p} [\hat{\Phi}(u_i,\xi,\zeta) - \Phi(u_i,\xi,\zeta)]^2} \tag{1.34}$$

为了评估泛化性质，我们使用如下一组类似式（1.29）的有序对来测试映射 $\hat{\Phi}(\cdot)$：

$$\{\langle \tilde{u}_j,\tilde{y}_j\rangle\},\quad \tilde{u} \in U,\quad \tilde{y} \in Y,\quad j = 1,\cdots,N_T \tag{1.35}$$

必须满足条件 $u_i \neq \tilde{u}_j$，$\forall i \in \{1,\cdots,N_p\}$，$\forall j \in \{1,\cdots,N_T\}$，也就是说，集合

$$\{\langle u_i, y_i\rangle\}_{i=1}^{N_P}, \quad \{\langle \tilde{u}_j, \tilde{y}_j\rangle\}_{j=1}^{N_T}$$

之中的所有对必须不同。

使用测试集（1.35）时的误差计算方式与使用训练集（1.29）时相同，即

$$\|\hat{\Phi}(\tilde{u},\xi,\zeta)-\Phi(\tilde{u},\xi,\zeta)\|=\frac{1}{N_T}\sum_{j=0}^{N_T}[\hat{\Phi}(\tilde{u}_j,\xi,\zeta)-\Phi(\tilde{u}_j,\xi,\zeta)]^2 \tag{1.36}$$

也可以表示为

$$\|\hat{\Phi}(\tilde{u},\xi,\zeta)-\Phi(\tilde{u},\xi,\zeta)\|=\sqrt{\frac{1}{N_T}\sum_{j=0}^{N_T}[\hat{\Phi}(\tilde{u}_j,\xi,\zeta)-\Phi(\tilde{u}_j,\xi,\zeta)]^2} \tag{1.37}$$

现在我们可以描述动态系统$\mathbb{S}$的模型综合问题了。要求构建模型$\hat{\Phi}(\cdot)$能以所需的精度再现由系统$\mathbb{S}$实现的映射$\Phi(\cdot)$。这意味着，测试集（1.35）上的模拟误差（1.36）或（1.37）的大小不应超过条件（1.30）中为模型$\hat{\Phi}(\cdot)$规定的最大允许值ε。模型综合过程应基于用以调整（学习）模型的数据（1.29）和用以测试模型的数据（1.35）。此外，我们可以应用有关模拟系统$\mathbb{S}$的可用知识。

为了解决这个问题，假设我们需要从某些有限或无限的可选模型族（集合）$\hat{\Phi}_j(\cdot)$（$j=1,2,\cdots$）中选择最优（在某种意义上）的模型$\hat{\Phi}^*(\cdot)$。这就引出了以下两个问题：

- 给定的变体族$\hat{\Phi}^{(F)}=\{\hat{\Phi}_j(\cdot)\}$（$j=1，2，\cdots$）是什么？
- 如何从族$\hat{\Phi}^{(F)}$中选择$\hat{\Phi}^*(\cdot)$，使其满足条件（1.30）。

上述可选模型族应满足以下两个要求（通常可能是相互矛盾的）：

- 模型族$\{\hat{\Phi}_j(\cdot)\}$（$j=1,2,\cdots$）应该尽可能丰富，以便“有很多选项可供选择”；
- 模型族的编排应尽可能简化对模型$\hat{\Phi}^*(\cdot)$的选择过程。

作为搜索满足这些要求的解的基础，以下各节给出了一种有效结构化和参数化期望模型$\hat{\Phi}(\cdot)$的方法，蕴含着对结构的合理选择以及插入所需数目的可变参数（图1-8）。

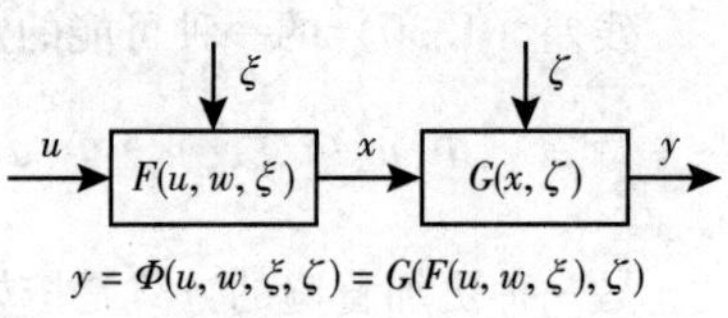

图1-8　模拟动态系统的参数化（来自［56］，经莫斯科航空学院许可使用）

1.3.2　动态系统模型设计中需要解决的主要问题

在动态系统模型的设计过程中，无论采用何种方法，都需要解决一些问题。具体地，要求设计：

- 描述被模拟对象的变量集；
- 包含所需模型的模型类（族）；
- 开发和测试模型使用的代表性（信息量大）实验数据集；
- 从给定类中挑选特定模型使用的工具（模型充分性准则和搜索算法）。

下面将简要描述这些问题，扩展自建议方法框架的解决方法详见第2、3、5章，一些应用示例见第4、6章。

1.3.2.1　设计描述建模对象的变量集

在动态系统模型设计阶段，首要工作是定义一组描述给定系统的变量。我们假设已经解决了这个问题，即已经确定了模拟中应该考虑哪些变量。

1.3.2.2 设计包含期望模型的模型族

为解决动态系统建模问题，我们首先需要设计一组（族）可选模型$\hat{\Phi}^{(F)}=\{\hat{\Phi}_j(\cdot)\}$（$j=1,2,\cdots$），然后从中选择最优（在一定意义上）选项$\hat{\Phi}^*(\cdot)$。如前所述，解决这部分动态系统建模问题需要我们回答以下两个问题：

- 所需的选项族$\hat{\Phi}^{(F)}=\{\hat{\Phi}_j(\cdot)\}$（$j=1,2,\cdots$）是什么？
- 如何从族$\hat{\Phi}^{(F)}$中选择满足条件$\|\hat{\Phi}(u(t),\xi,\zeta)-\Phi(u(t),\xi,\zeta)\|\leqslant\varepsilon(t\in[t_0,t_f],\forall u\in U,\xi\in\Xi,\zeta\in Z)$的$\hat{\Phi}^*(\cdot)$？

以下是回答这些问题的主要基础：

- 模型族$\hat{\Phi}^{(F)}$的关键特性是其经过了有效的结构化和参数化；
- 从集合$\hat{\Phi}^{(F)}$中选择$\hat{\Phi}^*(\cdot)$的关键算法是机器学习算法（包括神经网络学习算法）。

1.3.2.3 设计开发和测试模型使用的代表性实验数据集

在动态系统模型设计过程中，最关键的环节之一是获取数据集，数据集要在描述系统行为方面具有必要的完备性。我们将会看到，成功解决建模问题很大程度上取决于可用训练集的信息量。

1.3.2.4 设计选择给定类中特定模型使用的工具

当选定动态系统的模型族并获得描述其行为的代表性数据集之后，必须确定一种工具，让我们可以从该族中“提取”满足特定要求的特定模型。作为本方法框架中的手段，使用神经网络学习工具是很自然的。

1.4 参考文献

[1] Mesarovic MD, Takahara Y. General systems theory: Mathematical foundations. New York, NY: Academic Press; 1975.
[2] Lin Y. General systems theory: A mathematical approach. Systems science and engineering, vol. 12. New York, NY: Kluwer Academic Publishers; 2002.
[3] Skyttner L. General systems theory: Problems, perspectives, practice. 2nd ed. Singapore: World Scientific; 2005.
[4] van Gigch JP. Applied general systems theory. 2nd ed. New York, NY: Harper & Row, Publishers; 1978.
[5] Boyd DW. Systems analysis and modeling: A macro-to-micro approach with multidisciplinary applications. San Diego, CA: Academic Press; 2001.
[6] Kalman RE, Falb PL, Arbib MA. Topics in mathematical system theory. New York, NY: McGraw Hill Book Company; 1969.
[7] Katok A, Hasselblatt B. Introduction to the modern theory of dynamical systems. Encyclopedia of mathematics and its applications, vol. 54. Cambridge, Mass: Cambridge University Press; 1995.
[8] Hasselblatt B, Katok A. A first course in dynamics with a panorama of recent developments. Cambridge: Cambridge University Press; 2003.
[9] Ljung L, Glad T. Modeling of dynamic systems. Englewood Cliffs, NJ: Prentice-Hall; 1994.
[10] Holmgren RA. A first course in discrete dynamical systems. New York, NY: Springer; 1994.
[11] Pearson PK. Discrete-time dynamic models. New York–Oxford: Oxford University Press; 1999.
[12] Steeb WH, Hardy Y, Ruedi S. The nonlinear workbook. 3rd ed. Singapore: World Scientific; 2005.
[13] Khalil HK. Nonlinear systems. 3rd ed. Upper Saddle River, NJ: Prentice Hall; 2002.
[14] Hinrichsen D, Pritchard AJ. Mathematical systems theory I: Modeling, state space analysis, stability and robustness. Berlin, Heidelberg: Springer; 2005.
[15] Bennett BS. Simulation fundamentals. London, New York: Prentice Hall; 1995.
[16] Fishwick PA, editor. Handbook of dynamic system modeling. London, New York: Chapman & Hall/CRC; 2007.
[17] Kulakowski BT, Gardner JF, Shearer JL. Dynamic modeling and control of engineering systems. 3rd ed. Cambridge: Cambridge University Press; 2007.
[18] Marinca V, Herisanu N. Nonlinear dynamical systems in engineering: Some approximate approaches. Berlin, Heidelberg: Springer-Verlag; 2011.
[19] Ogata K. System dynamics. 4th ed. Upper Saddle River, New Jersey: Prentice Hall; 2004.
[20] Arnold VI. Mathematical methods of classical mechanics. 2nd ed. Graduate texts in mathematics, vol. 60. Berlin: Springer; 1989.
[21] Glazunov YT. Goal-setting modeling. Izhevsk: Regular and Chaotic Dynamics; 2012 (in Russian).
[22] Liu B. Theory and practice of uncertain programming. Studies in fuzziness and soft computing, vol. 102. Berlin: Springer; 2002.
[23] Martynyuk AA, Martynyuk-Chernenko YA. Uncertain dynamic systems: Stability and motion control. London: CRC Press; 2012.
[24] Ayyub BM, Klir GJ. Uncertainty modeling and analysis in engineering and the sciences. London, New York:

Chapman & Hall/CRC; 2006.
[25] Klir GJ. Uncertainty and information: Foundations of generalized information theory. Hoboken, New Jersey: John Wiley & Sons, Inc.; 2006.
[26] Klir GJ, Yuan B. Fuzzy sets and fuzzy logic: Theory and applications. Upper Saddle River, New Jersey: Prentice Hall; 1995.
[27] Piegat A. Fuzzy modeling and control. Studies in fuzziness and soft computing, vol. 69. Berlin: Springer; 2001.
[28] Etkin B, Reid LD. Dynamics of flight: Stability and control. 3rd ed. New York, NY: John Wiley & Sons, Inc.; 2003.
[29] Boiffier JL. The dynamics of flight: The equations. Chichester, England: John Wiley & Sons; 1998.
[30] Roskam J. Airplane flight dynamics and automatic flight control. Part I. Lawrence, KS: DAR Corporation; 1995.
[31] Roskam J. Airplane flight dynamics and automatic flight control. Part II. Lawrence, KS: DAR Corporation; 1998.
[32] Cook MV. Flight dynamics principles. Amsterdam: Elsevier; 2007.
[33] Hull DG. Fundamentals of airplane flight mechanics. Berlin: Springer; 2007.
[34] Stevens BL, Lewis FL, Johnson E. Aircraft control and simulation: Dynamics, control design, and autonomous systems. 3rd ed. Hoboken, New Jersey: John Wiley & Sons, Inc.; 2016.
[35] Rastrigin LA. Adaptation of complex systems: Methods and applications. Riga: Zinatne; 1981 (in Russian).
[36] Ilyin VE. Fighter aircraft. Moscow: Victoria-AST; 1997 (in Russian).
[37] Gordon Y. Mikoyan MiG-31. Famous Russian aircraft. Hinckley, England: Midland Publishing; 2005.
[38] Nise NS. Control systems engineering. 6th ed. New York, NY: John Wiley & Sons; 2011.
[39] Coughanowr DR, LeBlank SE. Process systems analysis and control. 3rd ed. New York, NY: McGraw-Hill; 2009.
[40] Astolfi A. Nonlinear and adaptive control: Tools and algorithms for the user. London: Imperial College Press; 2006.
[41] Astolfi A, Karagiannis D, Ortega R. Nonlinear and adaptive control with applications. Berlin: Springer; 2008.
[42] Gros C. Complex and adaptive dynamical systems: A primer. Berlin: Springer; 2008.
[43] Ioannou P, Fidan B. Adaptive control tutorial. Philadelphia, PA: SIAM; 2006.
[44] Ioannou P, Sun J. Robust adaptive control. Englewood Cliffs, NJ: Prentice Hall; 1995.
[45] Ioannou P, Sun J. Optimal, predictive, and adaptive control. Englewood Cliffs, NJ: Prentice Hall; 1994.
[46] Sastry S, Bodson M. Adaptive control: Stability, convergence, and robustness. Englewood Cliffs, NJ: Prentice Hall; 1989.
[47] Spooner JT, Maggiore M, Ordóñez R, Passino KM. Stable adaptive control and estimation for nonlinear systems: Neural and fuzzy approximator techniques. New York, NY: John Wiley & Sons, Inc.; 2002.
[48] Tao G. Adaptive control design and analysis. New York, NY: John Wiley & Sons, Inc.; 2003.
[49] Widrow B, Walach E. Adaptive inverse control: A signal processing approach. Hoboken, New Jersey: John Wiley & Sons, Inc.; 2008.
[50] Farrell JA, Polycarpou MM. Adaptive approximation based control: Unifying neural, fuzzy and traditional adaptive approximation approaches. Hoboken, New Jersey: John Wiley & Sons, Inc.; 2006.
[51] French M, Szepesváry C, Rogers E. Performance of nonlinear approximate adaptive controllers. Chichester, England: John Wiley & Sons, Inc.; 2003.
[52] Hovakimyan N, Cao C. $\mathcal{L}_1$ adaptive control theory: Guaranteed robustness with fast adaptation. Philadelphia, PA: SIAM; 2010.
[53] Lavretsky E, Wise KA. Robust and adaptive control with aerospace applications. London: Springer-Verlag; 2013.
[54] Tyukin I. Adaptation in dynamical systems. Cambridge: Cambridge University Press; 2007.
[55] Davidson J, et al. Flight control laws for NASA's Hyper-X research vehicle. AIAA–99–4124, 11.
[56] Brusov VS, Tiumentsev YuV. Neural network modeling of aircraft motion. Moscow: MAI; 2016 (in Russian).

动态神经网络：结构和训练方法

2.1 人工神经网络结构

2.1.1 人工神经网络设计的生成法

2.1.1.1 生成法的结构

生成法广泛用于计算数学和应用数学。这种由人工神经网络建模思想扩展而来的方法，作为一种灵活的动态系统建模工具非常有前景。

对生成法的进一步解释如下：我们可以将包含所需（生成的）动态系统模型的模型类视为一种工具集，它能生成满足某些特定需求的动态系统模型。该工具集满足两个主要要求。首先它必须生成丰富的潜在模型类型（即它必须提供广泛的选择可能性）。其次它应该有尽可能多的简单“编排”，以使这类模型的实施不“难以处理”。一般来说，这两项要求是相互排斥的。本节后面将讨论如何及使用什么工具来保证在它们之间达到可接受的平衡。

要生成任何模型，我们需要有以下资源：

- 基，即用于形成模型的一组元素；
- 通过适当组合基元素来形成模型时使用的规则，即
  - 结构化模型的规则；
  - 模型调参的规则。

生成法的一种变种[⊖]就是将泛函数关系 $y(x)$ 表示为泛函基 $\varphi_i(x)$（$i=1,\cdots,n$）的线性组合，即

$$y(x)=\varphi_0(x)+\sum_{i=1}^{n}\lambda_i\varphi_i(x),\quad \lambda_i\in\mathcal{R} \tag{2.1}$$

函数集 $\{\varphi_i(x)\}$（$i=1,\cdots,n$）称为泛函基（Functional Basis，FB）。式（2.1）形式的表达式是函数 $y(x)$ 关于泛函基 $\{\varphi_i(x)\}_{i=1}^{n}$ 的分解（展开）。

我们将进一步考虑 FB 展开的一般化，可通过改变可调参数，即改变展开式（2.1）中的系数 λ_i 来实现，每个 λ_i 的特定组合都代表一个解决方案。在式（2.1）中，用于组合 FB 元素的规则就是这些项的加权求和。

该技术广泛用于传统数学中。一般地，泛函展开可表示为

$$y(x)=\varphi_0(x)+\sum_{i=1}^{n}\lambda_i\varphi_i(x),\lambda_i\in\mathcal{R} \tag{2.2}$$

⊖ 其他变种的例子包括形式语法和形式语言理论中的生成语法[1-3]、模式识别理论中描述模式的句法方法[4-7]。

其中，基是函数集合$\{\varphi_i(x)\}_{i=0}^{n}$，组合基元素使用的规则是加权求和。所求的展开是 FB 元素函数 $\varphi_i(x)$ $(i=1,\cdots,n)$ 的线性组合。

这里我们给出一些泛函展开的例子，通常用于数学建模。

例 2.1　泰勒级数展开式

$$F(x)=a_0+a_1(x-x_0)+a_2(x-x_0)^2+\cdots+a_n(x-x_0)^n+\cdots \tag{2.3}$$

的基是$\{(x-x_0)^i\}_{i=0}^{\infty}$，组合 FB 元素使用的规则是加权求和。

例 2.2　傅里叶级数展开式

$$F(x)=\sum_{i=0}^{\infty}(a_i\cos(ix)+b_i\sin(ix)) \tag{2.4}$$

的基是$\{\cos(ix),\sin(ix)\}_{i=0}^{\infty}$，组合 FB 元素使用的规则是加权求和。

例 2.3　伽辽金级数展开式

$$y(x)=u_0(x)+\sum_{i=1}^{n}c_iu_i(x) \tag{2.5}$$

的基是$\{u_i(x)\}_{i=0}^{n}$，组合 FB 元素使用的规则是加权求和。

在所有这些例子中，生成的解由基元素的线性组合来表示，并由与每个 FB 元素相关的对应权重来参数化。

2.1.1.2　泛函展开的网络表示

可以给出泛函展开的网络解释，使得我们能够识别其变种间的相似性和差异性。这种描述提供了到 ANN 模型的进一步简单转换，还允许建立传统类型模型和 ANN 模型之间的相互关系。

单变量泛函关系表示为基元素 $f_i(x)$ $(i=1,\cdots,N)$ 的线性和非线性组合，其结构如图 2-1A 和图 2-1B 所示。

类似地，多变量标量值泛函关系表示为基元素 $f_i(x_1,\cdots,x_n)$ $(i=1,\cdots,N)$ 的线性和非线性组合，其结构如图 2-2A 和图 2-2B 所示。

在图 2-3 所示的网络表示中，多变量矢值泛函关系表示为基元素 $f_i(x_1,\cdots,x_n)$ $(i=1,\cdots,N)$ 的线性组合。非线性组合的表示类似，即使用非线性组合规则 $\varphi_i(f_1(x),\cdots,f_m(x))(i=1,\cdots,m)$，而不是线性规则$\Sigma_{i=1}^{N}(\cdot)$。

我们已经将上述传统泛函展开写为一般形式

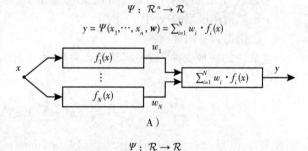

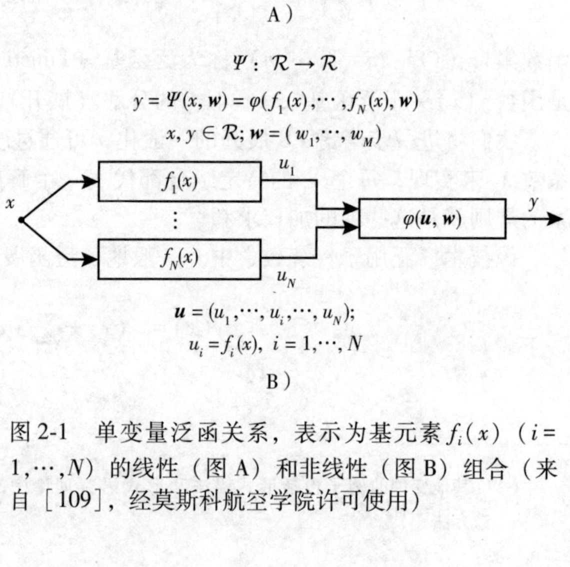

图 2-1　单变量泛函关系，表示为基元素 $f_i(x)$ $(i=1,\cdots,N)$ 的线性（图 A）和非线性（图 B）组合（来自［109］，经莫斯科航空学院许可使用）

$$y(x)=F(x_1,x_2,\cdots,x_n)=\sum_{i=1}^{m}\lambda_i\varphi_i(x_1,x_2,\cdots,x_n) \tag{2.6}$$

其中，函数 $F(x_1,x_2,\cdots,x_n)$ 是基元素 $\varphi_i(x_1,x_2,\cdots,x_n)$ 的（线性）组合。

形如式（2.6）的展开具有以下特点：

- 得到的分解是单层的；
- 作为基元素的函数 $\varphi_i:\mathcal{R}^n\to\mathcal{R}$ 仅有有限的灵活性（具有平移、压缩/拉伸等类型的可变性）或者是固定不变的。

传统泛函基的有限灵活性加上单层展开的性质，大大降低了得到某些“正确模型”[⊖]的可能性。

2.1.1.3 多层可调泛函展开

如前一节所述，使用传统展开获得正确模型的可能性受限于单层结构和死板的泛函基。因此，自然会想到要开发能克服这些缺点的建模方法。通过构造多层网络结构，并对该结构单元进行适当参数化，可使之具有要求的灵活性（以及生成所需模型变种的可变性）。

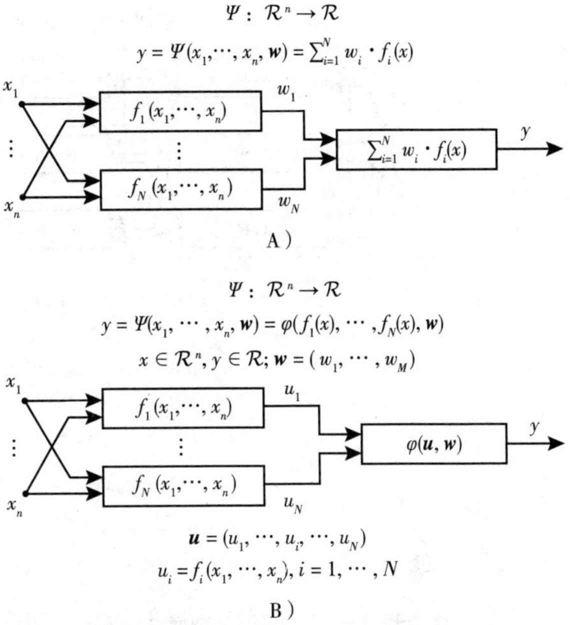

图 2-2 多变量标量值泛函关系，表示为基元素 $f_i(x_1,\cdots,x_n)$（$i=1,\cdots,N$）的线性（图 A）和非线性（图 B）组合（来自［109］，经莫斯科航空学院许可使用）

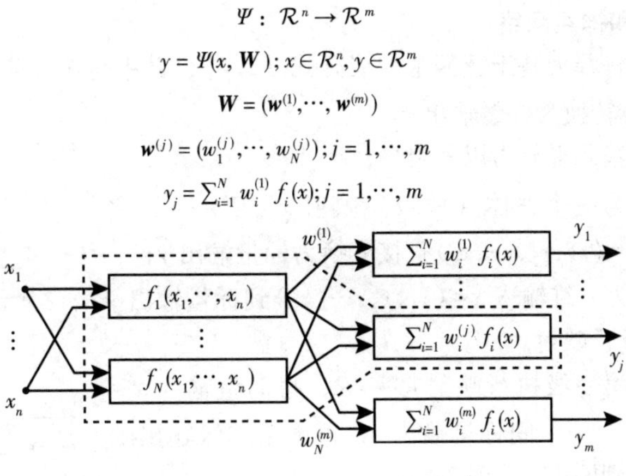

图 2-3 多变量矢值泛函关系，表示为基元素 $f_i(x_1,\cdots x_n)$（$i=1,\cdots,N$）的线性组合（来自［109］，经莫斯科航空学院许可使用）

图 2-4 展示了如何构建多层可调整的泛函展开。可见，此时的展开调整，不仅是改变线性组合的系数［如式（2.6）］，泛函基也被参数化了。因此，在求解问题的过程中，我们调

⊖ 在直观层面，正确模型是一个具有泛化属性的模型，这些属性足以满足我们所解决应用问题的需求。

整泛函基来获得满足准则（1.30）的动态系统模型。

$$y = \theta(u_1, \cdots, u_j, \cdots, u_M, \boldsymbol{w}^{(\theta)})$$

$$u_j = \varphi_j(v_1, \cdots, v_k, \cdots, v_K, \boldsymbol{w}^{(\varphi_j)})$$

$$v_k = \psi_k(x_1, \cdots, x_i, \cdots, x_N, \boldsymbol{w}^{(\psi_k)})$$

第 j 个基函数：

$$u_j = \varphi_j(v_1, \cdots, v_K, \boldsymbol{w}^{(\varphi_j)}) =$$
$$= \varphi_j(\psi_1(x_1, \cdots, x_N, \boldsymbol{w}^{(\psi_1)}), \cdots, \psi_K(x_1, \cdots, x_N, \boldsymbol{w}^{(\psi_K)}), \boldsymbol{w}^{(\varphi_j)})$$

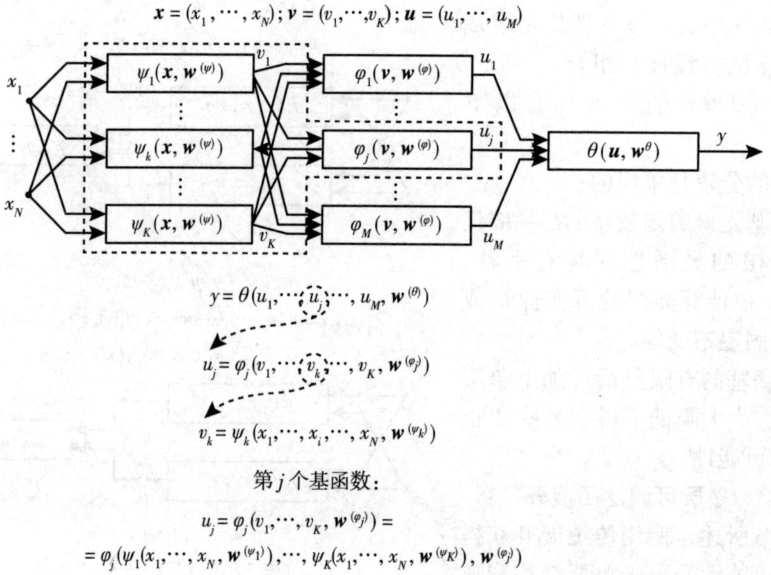

图 2-4　多层可调整的泛函展开（来自［109］，经莫斯科航空学院许可使用）

从图 2-4 可以发现，从单层分解过渡到多层分解的基础是用泛函基 $\{\psi_k(\boldsymbol{x}, \boldsymbol{w}^\psi)\}$（$k=1, \cdots, K$）分解每个元素 $\varphi_j(\boldsymbol{v}, \boldsymbol{w}^\varphi)$（$j=1, \cdots, M$）。类似地，可以用其他 FB 构造元素 $\psi_k(\boldsymbol{x}, \boldsymbol{w}^\psi)$ 的展开，依此类推，直到达到所需的次数。这种方法给出了具有所需层数的网络结构，以及 FB 元素所需的参数化。

2.1.1.4　泛函和神经网络

我们可以将模型解释为基于泛函基的展开式（2.6），其中每个元素 $\varphi_i(x_1, x_2, \cdots, x_n)$ 将 n 维输入 $\boldsymbol{x} = (x_1, \cdots, x_n)$ 转换为标量输出 y。

我们可以将泛函基元素分为以下类型：

- 将 FB 元素作为一个整体（单级）映射 $\varphi_i: \mathcal{R}^n \rightarrow \mathcal{R}$，它将 n 维输入 $\boldsymbol{x} = (x_1, x_2, \cdots, x_n)$ 直接变换为标量输出 y；
- 将 FB 元素作为 n 维输入 $\boldsymbol{x} = (x_1, x_2, \cdots, x_n)$ 到标量输出 y 的复合（两级）映射。

在两级版本中，第一级执行映射 $\mathcal{R}^n \rightarrow \mathcal{R}$，将向量输入 $\boldsymbol{x} = (x_1, x_2, \cdots, x_n)$ "压缩" 为中间标量输出 v，再由第二级输出映射 $\mathcal{R} \rightarrow \mathcal{R}$ 对其处理得到输出 y（图 2-5）。

根据构造网络模型（NM）时使用的 FB 元素，可得如下基本的模型变体：

- 单级映射 $\mathcal{R}^n \rightarrow \mathcal{R}$ 是泛函网络的元素；
- 两级映射 $\mathcal{R}^n \rightarrow \mathcal{R} \rightarrow \mathcal{R}$ 是神经网络的元素。

复合型的元素，即 n 维输入到标量输出的两级映射，是一个神经元。它是神经网络型泛函展开的特点，同时是这样的展开或者说所有 ANN 模型的 "标志性特征"。

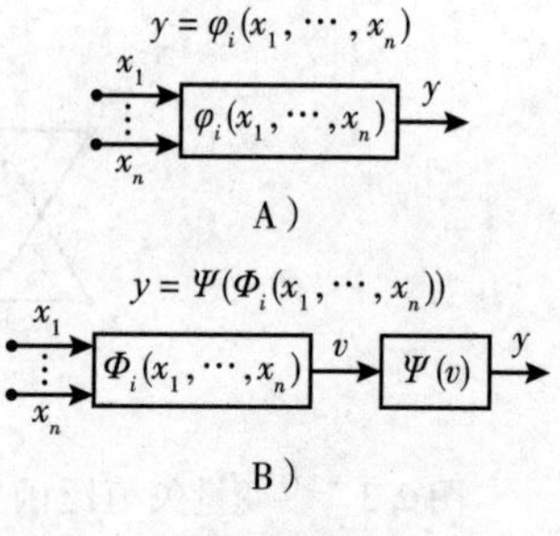

图 2-5　将 n 维输入 $\boldsymbol{x} = (x_1, x_2, \cdots, x_n)$ 变换为标量输出 y 的 FB 元素。A) 单级映射 $\mathcal{R}^n \rightarrow \mathcal{R}$。B) 两级（复合）映射 $\mathcal{R}^n \rightarrow \mathcal{R} \rightarrow \mathcal{R}$（来自 ［109］，经莫斯科航空学院许可使用）

2.1.2 神经网络模型的分层结构

2.1.2.1 神经网络模型分层结构组织准则

我们假设 ANN 模型一般情况下具有分层结构。该假设意味着可将构成 ANN 模型的整个神经元集合划分为不相交的子集，我们称之为**层**。对于这些层，我们引入符号 $L^{(0)},L^{(1)},\cdots,L^{(p)},\cdots,L^{(N_L)}$。

ANN 模型的分层结构决定了其神经元的激活逻辑。对于网络的不同结构变体，该逻辑也将不同。分层 ANN 模型[⊖]运算有以下特性：组成 ANN 模型的所有神经元逐层进行运算，也就是说，直到第 p 层的所有神经元都工作后，第（$p+1$）层的神经元才加入运算。下面将讨论的一般变体用于定义 ANN 模型中神经元的激活规则。

在分层网络结构组织的最简单变体中，所有层 $L^{(p)}$（从 0 到 N_L 编号）将按其编号顺序激活。这表示只要编号为 p 的网络层中有神经元未运算，第$(p+1)$层神经元就都在等待。按顺序，只有当第$(p-1)$层所有神经元都已经运算，第 p 层才能开始运算。

直观上，我们可以将这种结构表示为“层栈”，各层按其编号排序。在最简单的版本中，该“栈”看起来像图 2-6A 那样。其中 $L^{(0)}$ 层是输入层，其元素是 ANN 输入向量的分量。

任一层 $L^{(p)}(1\leqslant p<N_L)$都与相邻的两层连接，它从前一层 $L^{(p-1)}$层获取输入，并将输出传递给后一层 $L^{(p+1)}$层。$L^{(N_L)}$层是例外，它是 ANN 中最后一层（输出层），没有后继层。$L^{(N_L)}$层的输出是整个网络的输出。编号为 $0<p<N_L$ 的层 $L^{(p)}$ 称为**隐藏层**。

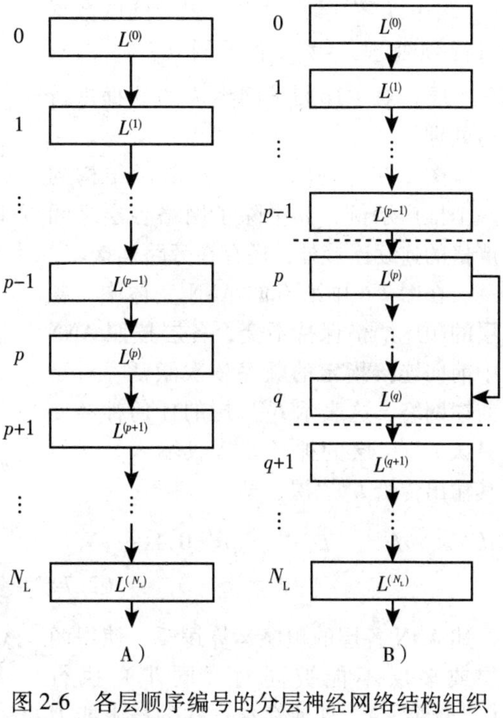

图 2-6 各层顺序编号的分层神经网络结构组织变体（前馈网络）。A）无旁路连接。B）有旁路连接（$q>p+1$）（来自［109］，经莫斯科航空学院许可使用）

图 2-6A 中的 ANN 是前馈网络，$L^{(0)}$层与 $L^{(N_L)}$层间的所有连接严格按顺序从前一层指向后一层，没有绕过相邻层的“跳跃”（旁路）和反向（反馈）连接。带有旁路连接的更复杂的 ANN 结构如图 2-6B 所示。

我们还假设，对于这类的网络，任何一对相连的神经元都在不同层。换句话说，任何处理层 $L^{(p)}(p=1,\cdots,N_L)$内部的神经元相互之间都没有连接。存在这种连接（称为横向连接）的神经网络变体需要单独考虑。

与图 2-6 所示方案相比较，我们可以复杂化分层网络的连接结构。

第一种可能的复杂化变体是在 ANN 结构中插入反馈连接，该反馈连接将网络得到的输出（即 $L^{(N_L)}$层的输出）“反向”传递到 ANN 的输入层。更准确地说，我们将网络的输出移动为网络的第一个处理层 $L^{(1)}$层的输入，如图 2-7A 所示。

⊖ 对于层与层按编号顺序排列而且层间没有反馈的情况，所有层将依次运算，而且只运算一次。

分层网络中引入反馈的另一种方式如图2-7B所示，其中输出层$L^{(N_L)}$反馈到任意层$L^{(p)}$($1<p<N_L$)。这种变体可以视为前馈网络($L^{(1)},\cdots,L^{(p-1)}$层）和图2-7A所示那种反馈网络（$L^{(p)},\cdots,L^{(N_L)}$层）的组合(串连)。

将反馈引入“层栈”类型结构中的最一般方式如图2-7C所示。其中，反馈从某隐藏层$L^{(q)}$($1<q<N_L$)传递到$L^{(p)}$($1<p<N_L$)层。类似图2-7A中的情形，这种变体可视为视为前馈网络($L^{(1)},\cdots,L^{(p-1)}$层)、反馈网络($L^{(p)},\cdots,L^{(q)}$层）和另一前馈网络（$L^{(q+1)},\cdots,L^{(N_L)}$层）的串连。举例来说，这种网络的运算可以解释为如下：递归子网（$L^{(p)},\cdots,L^{(q)}$层）是整个ANN的主要部分，第一个前馈子网($L^{(1)},\cdots,L^{(p-1)}$层）对进入主子网的数据进行预处理，第二个子网（$L^{(q+1)},\cdots,L^{(N_L)}$层）对主递归子网生成的数据进行后处理。

图2-7D表示了图2-7C所示结构的一个推广示例，其中除了网络各层之间严格的连续连接外，还存在旁路连接。

在图2-6中所有的ANN变体中，各层的顺序严格保持不变，各层按照ANN中前向连接指定的顺序依次激活。对于前馈网络，这表示$L^{(p)}$层的任何神经元只从$L^{(p-1)}$层的神经元接收输入，并将其输出传给$L^{(p+1)}$层，即

$$L^{(p-1)} \to L^{(p)} \to L^{(p+1)}, \quad p \in \{0,1,\cdots,N_L\} \tag{2.7}$$

上述ANN各层的顺序运算逻辑，使得两层或多层不能被同时（同步）执行(“激活”)，即使存在这样的技术能力(网络在并行计算系统上执行)。

反馈在各层的运算顺序中引入了循环。我们可以在所有层中实现这样的循环，即从$L^{(1)}$层直到$L^{(N_L)}$层，也可以在某个范围内实现，这些层的编号范围为$p_1 \leqslant p \leqslant p_2$。具体实现取决于反馈将覆盖ANN中哪些层。然而，在任何情况下，

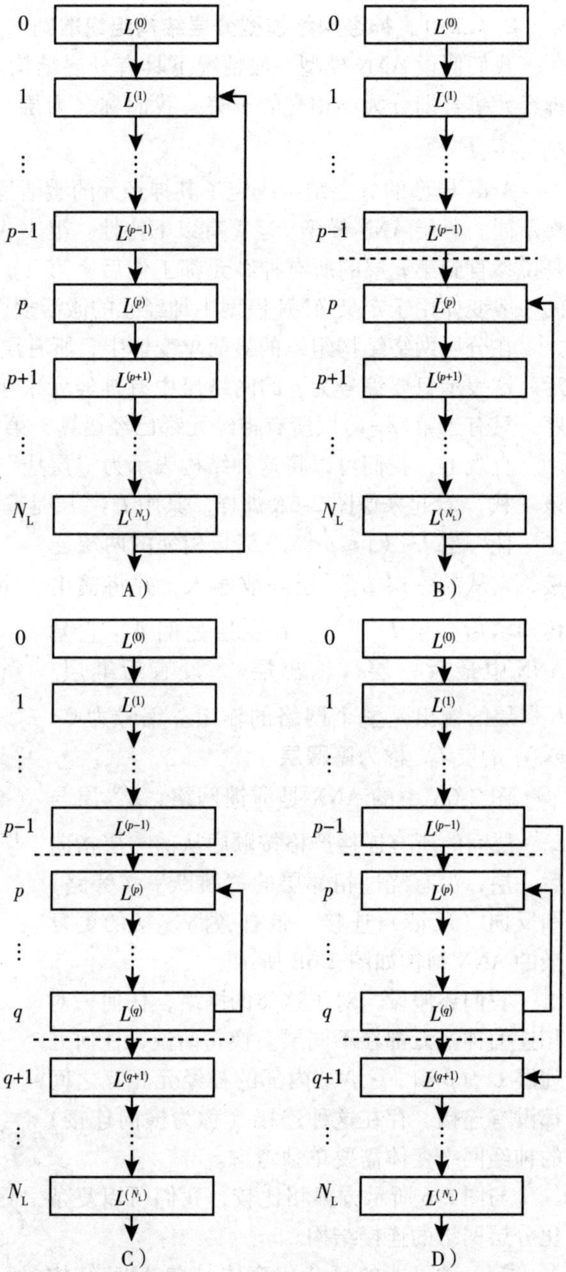

图2-7　各层顺序编号的分层神经网络结构组织变体。A）含有从输出层$L^{(N_L)}$到第一个处理层$L^{(1)}$的反馈。B）含有从输出层$L^{(N_L)}$到任意层$L^{(p)}$($1<p<N_L$)的反馈。C）含有从$L^{(q)}$($1<q<N_L$)层到$L^{(p)}$($1<p<N_L$)层的反馈。D）含有从$L^{(q)}$($1<q<N_L$)层到$L^{(p)}$($1<p<N_L$)层的反馈以及从$L^{(p-1)}$层到$L^{(q+1)}$层的旁路连接（来自[109]，经莫斯科航空学院许可使用）

各层都保持严格的运算顺序。如果 ANN 中某一层开始运算，那么在其运算完成之前，不会启动其他层的处理。

抛弃 ANN 各层的这种严格激发顺序，将导致网络在“层”这一级上出现并行性。在最一般的情况下，我们允许 $L^{(p)}$ 层的任意神经元和 $L^{(q)}$ 层的任意神经元建立任何类型的连接，即允许前向连接、后向连接（$p \neq q$）或横向连接（此时 $p=q$）。这里，暂且仍然考虑使用“层栈”那样的分层组织。

图 2-7 所示的 ANN 结构组织变体，使用相同的“层栈”方案排序各层。这里，在每个时间段，只有一个层的神经元在运算。其余的层要么已经运算，要么在等待轮到它们。这种方式不仅用于前馈网络，也用于递归网络。

以下变体使我们可以抛弃“层栈”方案，并换成更复杂的结构。作为说明这种结构的例子，图 2-8 中呈现了两个具有层级并行性的 ANN 结构变体[⊖]。

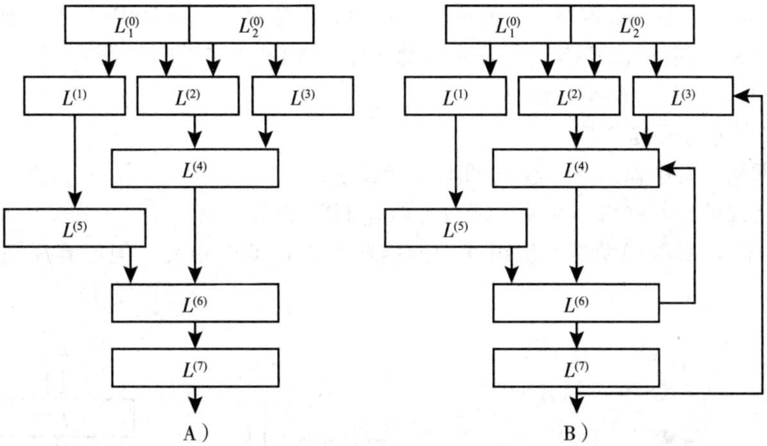

图 2-8　具有层级并行性的分层神经网络结构组织的示例。A）前馈 ANN。B）带反馈的 ANN

对于图 2-7 和图 2-8 所示的方案，显然，要激活其中第 p 层的神经元，该神经元必须先获得它所“等待”的所有输入值。为使神经元并行工作，必须满足相同的条件。也就是说，在给定时刻具有完整输入的所有神经元，都可以按任意顺序或并行方式（如果存在这样的技术手段）相互独立地运行。

假设我们有一个按照“层栈”方案组织而成的 ANN，该 ANN 中神经元的激活逻辑（即神经元运算的顺序和条件）确保没有相互冲突。如果我们在 ANN 中引入层级并行机制，那么为了支持这种无冲突网络运算，我们需要添加一些额外的同步规则。

也就是说，神经元一旦做好运算准备就可以开始运算，并且一旦它接收到所有输入值就算做好了准备。只要神经元做好了运行准备，就应该尽可能立刻启动它。这一点非常重要，因为该神经元的输出需要用于确保后续其他神经元做好了运算准备。

对于特定 ANN，可以指定（生成）一组因果关系（链），用来监控不同神经元的运行条件，以避免相互冲突。

对于具有图 2-7 所示结构的分层前馈网络，因果链将具有严格的线性结构，不含分支和

⊖　不采用“层栈”方案，意味着 ANN 中的某些层可以并行运算。也就是说，当有这样的技术可能性时，它们可以同步工作。

循环。在各层具有并行机制的结构中，如图 2-8 所示，可以同时存在前向“跳跃”和反馈连接。这种结构给因果链引入了非线性。特别地，它们提供了树结构和循环。

因果链应该表明哪些神经元将信号传递给被分析的神经元。换句话说，需要表明哪些前置神经元应该运算，以使指定的神经元收到完整的输入值。如上所述，这是准备运行给定神经元的必要条件，该条件是因果链的原因部分。同时，因果链应指示哪些神经元将获得“当前神经元”的输出，该指示是因果链的“结果”部分。

在所有考虑的 ANN 结构组织变体中，仅包含了前向和后向连接，即神经元对（其中的神经元属于不同层）之间的连接。

ANN 中神经元之间另一种可能的连接是横向连接，其中建立连接的两个神经元属于同一层。具有横向连接的 ANN 的一个例子是递归多层感知器（RMLP）网络[8-10]。

2.1.2.2 神经网络模型分层结构组织举例

静态型 ANN 模型（即无 TDL 单元或反馈，其中 TDL 为抽头延迟线）的可选结构组织示例如图 2-9 所示。ADALINE 网络[11] 为单层（即没有隐藏层）线性 ANN 模型，其结构如图 2-9A 所示。前馈神经网络（FFNN）比较一般的变体是 MLP（多层感知器）[10-11]，它是具有一个或多个隐藏层的非线性网络（图 2-9B）。

动态网络可分为两类[12-19]：

- 前馈网络，其中输入信号经由 TDL 单元馈送；
- 存在反馈的递归网络，在输入端也可能有 TDL 单元。

第一类动态型 ANN 模型结构组织（即网络输入端有 TDL 单元，但没有反馈）的例子如图 2-10 所示。

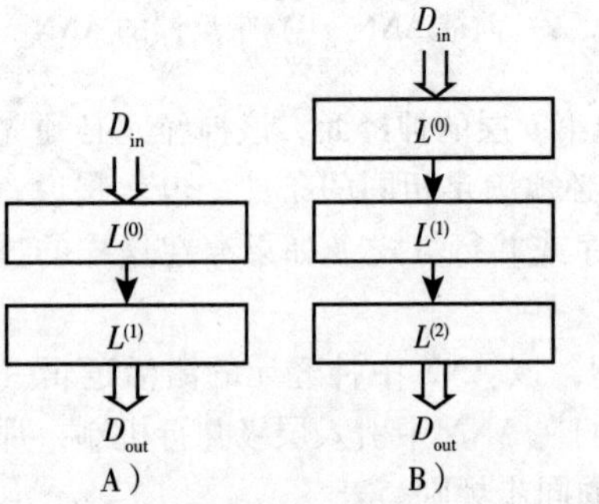

图 2-9 前馈静态神经网络结构组织示例。A）ADALINE（自适应线性网络）。B）MLP。D_{in} 为源（输入）数据，D_{out} 为输出数据（结果），$L^{(0)}$ 为输入层，$L^{(2)}$ 为输出层

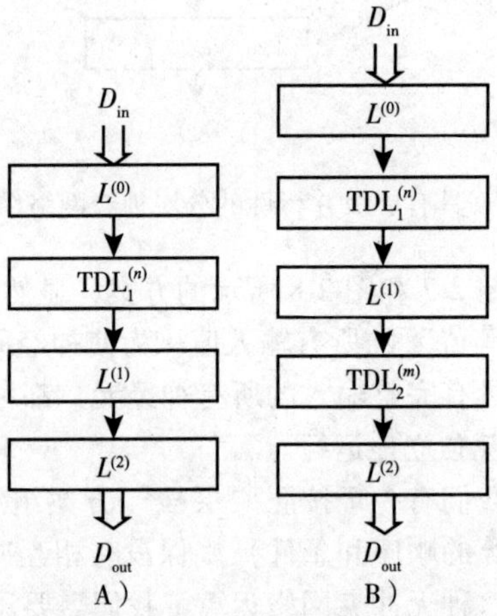

图 2-10 前馈动态神经网络结构组织示例。A）TDNN（时延神经网络）。B）DTDNN（分布式时延神经网络）。D_{in} 为源（输入）数据，D_{out} 为输出数据（结果），$L^{(0)}$ 为输入层，$L^{(1)}$ 为隐藏层，$L^{(2)}$ 为输出层，$TDL_1^{(n)}$ 和 $TDL_2^{(m)}$ 分别为 n 阶和 m 阶 TDL

这类 ANN 模型的典型变体包括 TDNN[10,20-27]，其结构见图 2-10A。类似地，在结构规划中，可构成 FTDNN（聚焦时延神经网络），以及 DTDNN[28]（见图 2-10B）。

第二类动态 ANN 模型（即递归神经网络，RNN）结构组织示例如图 2-11～图 2-13 所示。

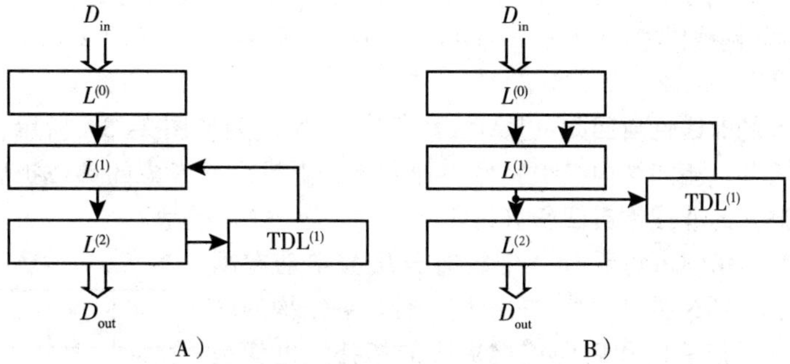

图 2-11　前馈动态神经网络结构组织示例。A）Jordan 网络。B）Elman 网络。D_{in} 为源（输入）数据，D_{out} 为输出数据（结果），$L^{(0)}$ 为输入层，$L^{(1)}$ 为隐藏层，$L^{(2)}$ 为输出层，$TDL^{(1)}$ 为 1 阶 TDL

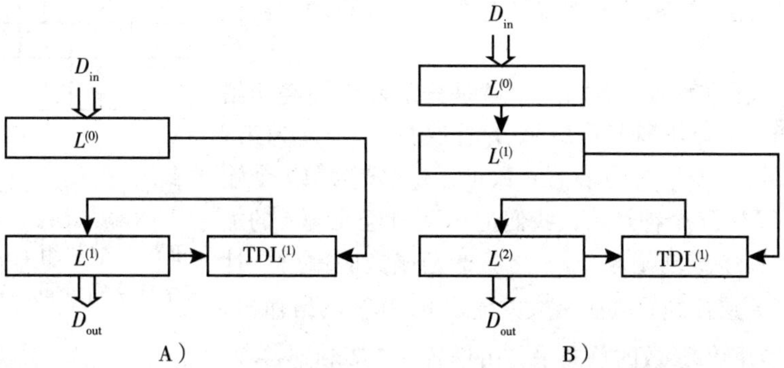

图 2-12　前馈动态神经网络结构组织示例。A）Hopfield 网络。B）Hamming 网络。D_{in} 为源（输入）数据，D_{out} 为输出数据（结果），$L^{(0)}$ 为输入层，$L^{(1)}$ 为隐藏层，$L^{(2)}$ 为输出层，$TDL^{(1)}$ 为 1 阶 TDL

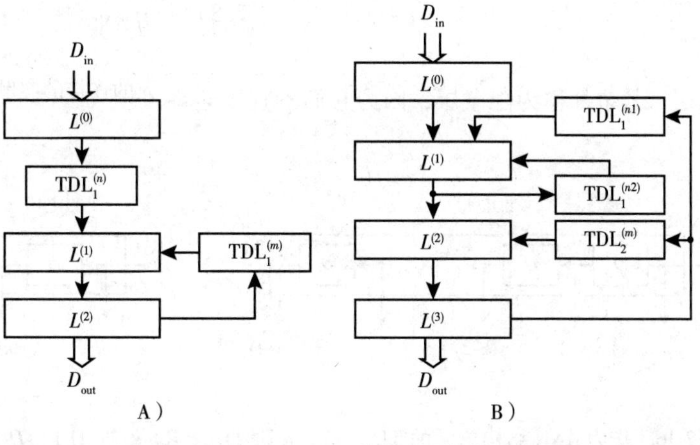

图 2-13　前馈动态神经网络结构组织示例。A）NARX（具有外部输入的非线性自回归）网络，B）LDDN（分层数字动态网络）。D_{in} 为源（输入）数据，D_{out} 为输出数据（结果），$L^{(0)}$ 为输入层，$L^{(1)}$ 为隐藏层，$L^{(2)}$ 为 NARX 网络的输出层以及 LDDN 隐藏层，$L^{(3)}$ 为 LDDN 的输出层，$TDL_1^{(m)}$、$TDL_2^{(m)}$、$TDL_1^{(n1)}$、$TDL_1^{(n2)}$ 分别为 m 阶、m 阶、$n1$ 阶、$n2$ 阶 TDL

递归网络的经典例子，在很大程度上是该研究领域的发展起源，包括 Jordan 网络[14-15]（图 2-11A）、Elman 网络[10,29-32]（图 2-11B）、Hopfield 网络[10-11]（图 2-12A）和 Hamming 网络[11,28]（图 2-12B）。

具有外部输入的非线性自回归（NARX）[33-41] ANN 模型如图 2-13A 所示，广泛用于动态系统建模和控制任务。相同结构组织有另一种变体，由组合所考虑的参数扩展而来，即**具有移动平均和外部输入的非线性自回归**（NARMAX）[42-43] ANN 模型。

在图 2-13B 中，我们可以看到一个具有**分层数字动态网络**（LDDN）结构的 ANN 模型[11,28]的示例。带这种结构的网络实际上可以具有任何前向和后向连接形成的拓扑，也就是说，在一定意义上，这种神经网络结构组织是最常见的。

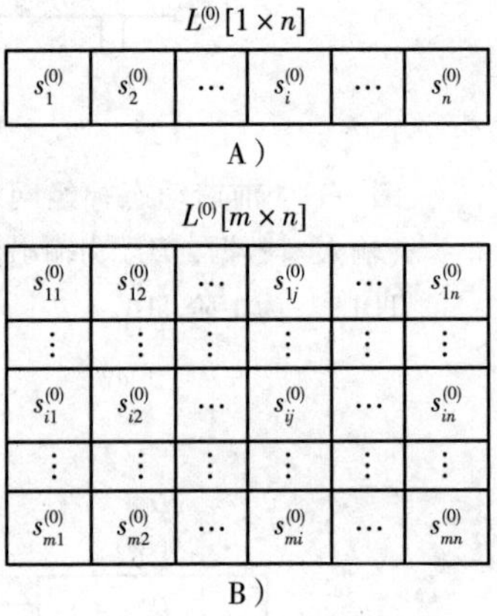

图 2-14 表示为数据结构的 ANN 输入层。A）一维数组。B）二维数组。$s_i^{(0)}$、$s_{ij}^{(0)}$ 为数字或字符变量

图 2-14~图 2-17 允许我们指定 ANN 模型各层的结构组织，这些层包括输入层（图 2-14）和工作层（隐藏层和输出层）（图 2-15）。图 2-16 中给出了 TDL 单元结构，图 2-17 展示了作为主要单元（是 ANN 模型工作层的一部分）的神经元结构。

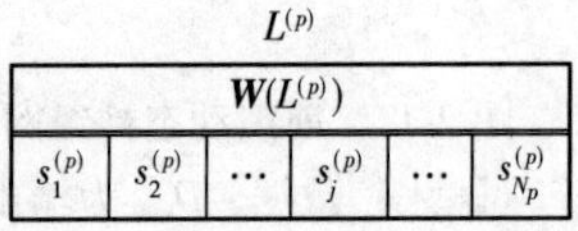

图 2-15 ANN 工作层（隐藏层和输出层）的一般结构。$s_i^{(p)}$ 为 ANN 第 p 层第 i 个神经元，W（$L^{(p)}$）是进入 $L^{(p)}$ 层神经元的连接的突触权重矩阵

最流行的静态神经网络架构之一就是**分层前馈神经网络**（LFNN）。我们引入以下符号：$L\in\mathbb{N}$ 为总层数，$S^l\in\mathbb{N}$ 为第 l 层的神经元数量，$S^0\in\mathbb{N}$ 为网络输入数量，$a_i^0\in\mathcal{R}$ 为第 i 个输入值。对于第 l 层第 i 个神经元，我们记 n_i^l 为神经元输入的加权和，φ_i^l：$\mathcal{R}\to\mathcal{R}$ 为激活函数，$a_i^l\in\mathcal{R}$ 是激活函数的输出（神经元状态）。第 L 层神经元激活函数的输出 a_i^L 称为网络输出。另外，$\boldsymbol{W}\in\mathcal{R}^{n_w}$ 为网络参数的总向量，由偏置 $b_i^l\in\mathcal{R}$ 和连接权重 $w_{i,j}^l\in\mathcal{R}$ 组成。因此，分层前馈神经网络是一个参数函数族，根据以下方程将网络输入 $\boldsymbol{a}^0$ 和参数 $\boldsymbol{W}$ 映射到输出 $\boldsymbol{a}^L$：

$$\left.\begin{aligned} n_i^l &= b_i^l + \sum_{j=1}^{S^{l-1}} w_{i,j}^l a_j^{l-1} \\ a_i^l &= \varphi_i^l(n_i^l) \end{aligned}\right\} l = 1,\cdots,L,\quad i = 1,\cdots,S^l \tag{2.8}$$

第 L 层称为输出层，其余都称为隐藏层，因为它们不直接连接到网络输出。

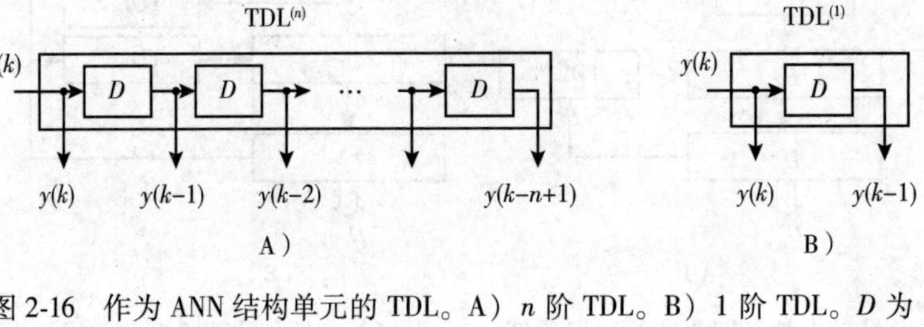

图 2-16 作为 ANN 结构单元的 TDL。A）n 阶 TDL。B）1 阶 TDL。D 为延迟（记忆）单元

隐藏层神经元激活函数的常见例子是双曲正切函数

$$\varphi_i^l(n_i^l) = \tanh(n_i^l) = \frac{e^{n_i^l} - e^{-n_i^l}}{e^{n_i^l} + e^{-n_i^l}}, \quad l = 1,\cdots,L-1, \quad i = 1,\cdots,S^l \tag{2.9}$$

和逻辑 S 型函数

$$\varphi_i^l(n_i^l) = \mathrm{logsig}(n_i^l) = \frac{1}{1+e^{-n_i^l}}, \quad l = 1,\cdots,L-1, \quad i = 1,\cdots,S^l \tag{2.10}$$

双曲正切更适合解决函数逼近问题，因为它有一个对称的值域 [-1,1]。逻辑 S 型函数常用于分类问题，因为其值域是 [0,1]。恒等函数经常用作输出层神经元激活函数，即

$$\varphi_i^l(n_i^l) = n_i^l, \quad i = 1,\cdots,S^l \tag{2.11}$$

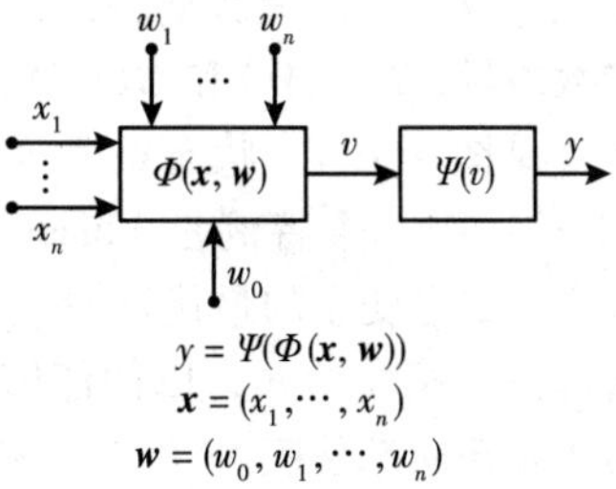

图 2-17 ANN 工作层（隐藏层和输出层）神经元的一般结构。Φ（$\boldsymbol{x}$, $\boldsymbol{w}$）是以突触权重 $\boldsymbol{w}$ 参数化的输入映射 $\mathcal{R}^n \to \mathcal{R}^1$（聚合映射），$\psi$（$v$）是输出映射 $\mathcal{R}^1 \to \mathcal{R}^1$（激活函数），$\boldsymbol{x}$ = (x_1, ⋯, x_n) 为神经元输入，$\boldsymbol{w}$ = (w_1, ⋯, w_n) 为突触权重，v 为聚合映射的输出，y 是神经元的输出

2.1.2.3 确定性离散时间非线性控制动态系统的输入-输出和状态空间 ANN 模型

- **具有外生输入的非线性自回归（NARX）网络**[44] 确定性离散时间非线性控制动态系统的一类流行模型是基于非线性自回归神经网络的输入-输出模型，即

$$\hat{\boldsymbol{y}}(t_k) = \boldsymbol{F}(\hat{\boldsymbol{y}}(t_{k-1}),\cdots,\hat{\boldsymbol{y}}(t_{k-l_y}),\boldsymbol{u}(t_{k-1}),\cdots,\boldsymbol{u}(t_{k-l_u}),\boldsymbol{W}), k \geqslant \max\{l_u, l_y\} \tag{2.12}$$

式中，$\boldsymbol{F}(\cdot,\boldsymbol{W})$是静态神经网络，$l_u$、$l_y$ 是用于预测的（过去的）控制和输出的数量（见图 2-18）。输入-输出建模方法存在严重的缺陷。首先，达到期望精度所需的最小时间窗口大小无法事先知道。其次，为了学习长期依赖关系，可能需要很大的时间窗口。再次，如果动态系统是非平稳的，最优时间窗口大小可能将随时间变化。

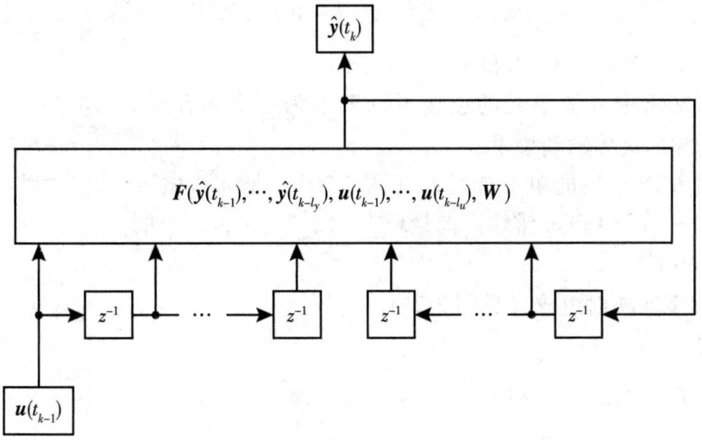

图 2-18 具有外生输入的非线性自回归网络

- **递归神经网络** 确定性离散时间非线性控制动态系统的另一类模型是基于状态空间神经网络的模型，通常指递归神经网络，即

$$\boldsymbol{z}(t_{k+1}) = \boldsymbol{F}(\boldsymbol{z}(t_k),\boldsymbol{u}(t_k),\boldsymbol{W})$$

$$\hat{\boldsymbol{y}}(t_k)=\boldsymbol{G}(\boldsymbol{z}(t_k),\boldsymbol{W}) \tag{2.13}$$

式中，$\boldsymbol{z}(t_k)\in\mathcal{R}^{n_z}$ 是状态变量（也称背景单元），$\hat{\boldsymbol{y}}(t_k)\in\mathcal{R}^{n_y}$ 是预测输出，$\boldsymbol{W}\in\mathcal{R}^{n_w}$ 是模型参数向量，$\boldsymbol{F}(\cdot,\boldsymbol{W})$ 和 $\boldsymbol{G}(\cdot,\boldsymbol{W})$ 是静态神经网络（见图 2-19）。状态空间递归神经网络式（2.13）的一个特例是 Elman 网络[30]。一般来说，状态变量的最优数量 n_z 是未知的。只需选择足够大的 n_z，以便能够以所需的精度描述未知动态系统。

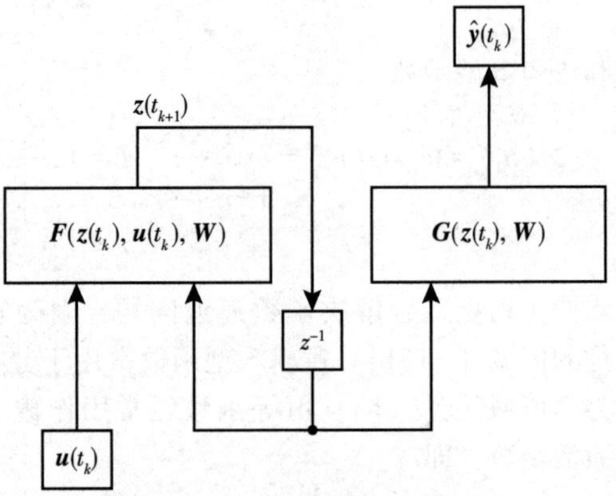

图 2-19　状态空间递归神经网络

2.1.3　作为 ANN 构造单元的神经元

ANN 中包含的所有单元（神经元）的集合 L_Σ 被划分为子集（层），即

$$L^{(0)},L^{(1)},\cdots,L^{(p)},\cdots,L^{(N_\mathrm{L})} \tag{2.14}$$

或更简明地记为

$$L^{(p)},p=0,1,\cdots,N_\mathrm{L}$$
$$L^{(p)},L^{(q)},L^{(r)},\quad p,q,r\in\{0,1,\cdots,N_\mathrm{L}\} \tag{2.15}$$

式中，N_L 是 ANN 单元集合被划分成的层数，p、q、r 是标记任意（当前）层的数字。

在列表（2.14）中，$L^{(0)}$ 是输入（零）层，其作用是将输入数据“分配”给各神经单元，执行初步的数据处理。$L^{(1)},\cdots,L^{(N_\mathrm{L})}$ 层执行从 ANN 输入到输出的处理。

假设 ANN 中有 N_L 层，每层记为$L^{(p)}(p=0,1,\cdots,N_\mathrm{L})$。

$L^{(p)}$ 层有 $N_\mathrm{L}^{(p)}$ 个神经单元 $S_j^{(p)}$，即

$$L^{(p)}=\{S_j^{(p)}\},\quad j=1,\cdots,N_\mathrm{L}{}^{(p)} \tag{2.16}$$

$S_j^{(p)}$ 单元有 $N_j^{(p)}$ 个输入 $x_{i,j}^{(p,q)}$ 和 $M_j^{(p)}$ 个输出 $x_{j,k}^{(p,q)}$。

$S_j^{(p)}$ 单元与网络中其他单元的连接可以表示为一个多元组，表明 $S_j^{(p)}$ 单元的输出被传输到哪里。

因此，作为 ANN 模块的单个神经元（图 2-20），是 n 维输入向量$\boldsymbol{x}^{(\mathrm{in})}=(x_1^{(\mathrm{in})},\cdots,x_n^{(\mathrm{in})})$到 m 维输出向量$\boldsymbol{x}^{(\mathrm{out})}=(x_1^{(\mathrm{out})},\cdots,x_m^{(\mathrm{out})})$的映射，即$\boldsymbol{x}^{(\mathrm{out})}=\boldsymbol{\Theta}(\boldsymbol{x}^{(\mathrm{in})})$。

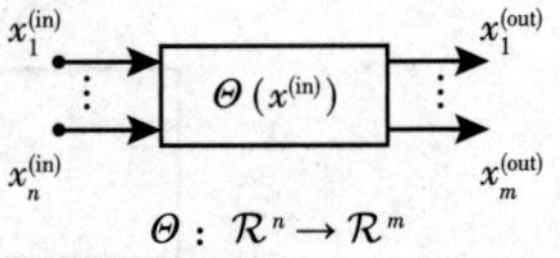

图 2-20　神经元作为将 n 维输入向量转化为 m 维输出向量的模块（来自[109]，经莫斯科航空学院许可使用）

映射 $\boldsymbol{\Theta}$ 由以下元映射组成（见图 2-21）。

1）输入映射$f_i(x_i^{(\mathrm{in})})$：

$$f_i:\mathcal{R}\to\mathcal{R},\quad u_i=f_i(x_i^{(\mathrm{in})}),\quad i=1,\cdots,n \tag{2.17}$$

2）聚合映射（“输入星形”）$\varphi(u_1,\cdots,u_n)$：

$$\varphi:\mathcal{R}^n\to\mathcal{R},\quad v=\varphi(u_1,\cdots,u_n) \tag{2.18}$$

3）转换器（激活函数）$\psi(v)$：

$$\psi:\mathcal{R}\to\mathcal{R},\quad y=\psi(v) \tag{2.19}$$

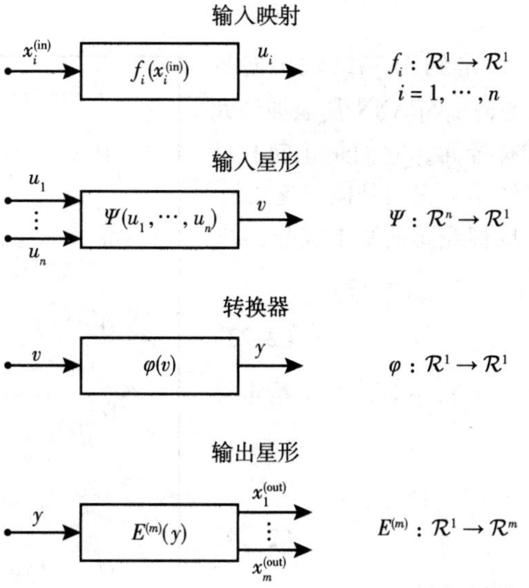

图 2-21 构成神经元的元映射（来自［109］，经莫斯科航空学院许可使用）

4）输出映射（“输出星形”）$E^{(m)}$：

$$E^{(m)}:\mathcal{R} \to \mathcal{R}^m,\quad E^{(m)}(y) = \{x_j^{(\text{out})}\},\quad j = 1,\cdots,m$$

$$x_j^{(\text{out})} = y,\quad \forall j \in \{j-1,\cdots,m\} \tag{2.20}$$

关系式（2.20）的解释如下：映射$E^{(m)}(y)$生成含 m 个元素的有序集$\{x_j^{(\text{out})}\}$，其中每个元素都取值 $x_j^{(\text{out})}=y$。

映射 Θ 由映射 $\{f_i\}$、ψ、φ、$E^{(m)}$ 组成（见图 2-22），即

$$x^{(\text{out})} = \Theta(x^{(\text{in})}) = E^{(m)}(\psi(\varphi(f_1^{(\text{in})}(x_1^{(\text{in})}),\cdots,f_n^{(\text{in})}(x_n^{(\text{in})})))) \tag{2.21}$$

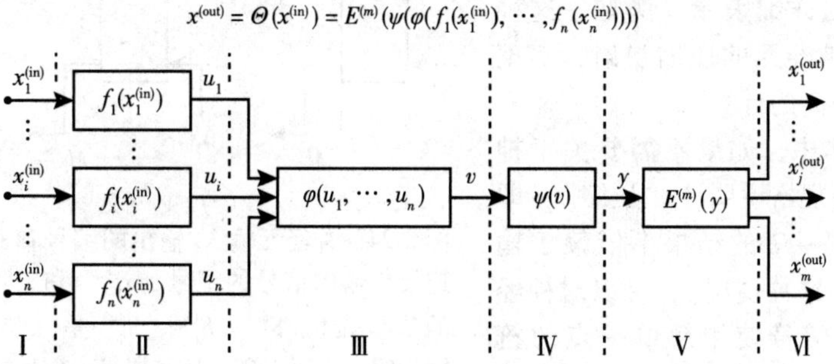

图 2-22 神经元的结构。Ⅰ为输入向量，Ⅱ为输入映射，Ⅲ为聚合映射，Ⅳ为转换器，Ⅴ为输出映射，Ⅵ为输出向量（来自［109］，经莫斯科航空学院许可使用）

形成神经元的元映射的相互作用如图 2-23 所示。

2.1.4 神经元的结构组织

神经网络结构的单个神经元 $S_j^{(p)}$（即第 p 层的第 j 个神经元）是采用如下形式的有序对：

$$S_j^{(p)} = \langle \Theta_j^{(p)}, R_j^{(p)} \rangle \qquad (2.22)$$

式中，$\Theta_j^{(p)}$ 是 $N_j^{(p)}$ 维输入向量到 $M_j^{(p)}$ 维输出向量的变换，$R_j^{(p)}$ 是 $S_j^{(p)}$ 单元的输出与 ANN 其他神经元间的连接（对于其他层的神经元，它们是正向和反向连接；对于同一层的神经元，它们是横向连接）。

变换 $\Theta_j^{(p)}(x_{i,j}^{(r,p)})$ 是构成神经元的基本成分，即

$$\Theta_j^{(p)}(x_{i,j}^{(r,p)}) = \Theta(\psi(\varphi(f_{i,j}^{(r,p)}(x_{i,j}^{(r,p)})))) \qquad (2.23)$$

神经元 $S_j^{(p)}$ 的连接 $R_j^{(p)}$ 是一组有序对，显示给定神经元输出到哪里，即

$$R_j^{(p)} = \{\langle q, k \rangle\}, q \in \{1, \cdots, N_L\}, k \in \{1, \cdots, N_L^q\} \qquad (2.24)$$

下面是关于神经元输入/输出的描述。

在拥有最详细描述（扩展的 ANN 描述）的变体中，我们采用了 $x_{(i,l),(j,m)}^{(r,p)}$ 形式的符号，它提供了表示任何 ANN 结构的可能性。它表示我们对从神经元 $S_i^{(r)}$（第 r 层的第 i 个神经元）传输到 $S_j^{(p)}$（第 p 层的第 j 个神经元）的信号进行了识别，对第 r 层第 i 个神经元的输出以及第 p 层第 j 个神经元的输入进行了再编号。根据编号规则，l 是 $S_i^{(r)}$ 单元输出的序号，m 是 $S_j^{(p)}$ 单元的输入序号。在输入/输出量的顺序很重要，即这些量的集合被解释为向量时，需要这样的详细表示。例如，这种表示用于 RBF 神经元的压缩映射，实现两个向量之间距离的计算。

在这种变体中，如果不需要关于神经元连接的完整规格说明 ［"压缩"（即"聚合"）$\varphi: \mathcal{R}^n \to \mathcal{R}$ 的结果不依赖于输入分量顺序就是这种情况］，可以对神经元的输入/输出信号使用简单一点的符号，形为 $x_{i,j}^{(r,p)}$。在这种情况下，仅表示从第 r 层第 i 个神经元到第 p 层第 j 个神经元的连接，而没有指定输入/输出分量的序号。

ANN 中神经元输入/输出的编号系统，以及中间神经元的连接，形象表示在图 2-24（基本描述）和图 2-25（扩展描述）中。

$$x^{(\text{out})} = \Theta(x^{(\text{in})}) = E^{(m)}(\psi(\varphi(f_1(x_1^{(\text{in})}), \cdots, f_n(x_n^{(\text{in})}))))$$

I $\qquad x^{(\text{in})} = (x_1^{(\text{in})}, \cdots, x_i^{(\text{in})}, \cdots, x_n^{(\text{in})})$

⇓⇓

II $\qquad u_1 = f_1(x_1^{(\text{in})}), \cdots, u_n = f_n(x_n^{(\text{in})})$

⇓⇓

III $\qquad v = \varphi(u_1, \cdots, u_n)$

⇓⇓

IV $\qquad y = \psi(v)$

⇓⇓

V $\qquad x^{(\text{out})} = E^{(m)}(y)$

⇓⇓

VI $\qquad x^{(\text{out})} = (x_1^{(\text{out})}, \cdots x_j^{(\text{out})}, \cdots, x_m^{(\text{out})})$

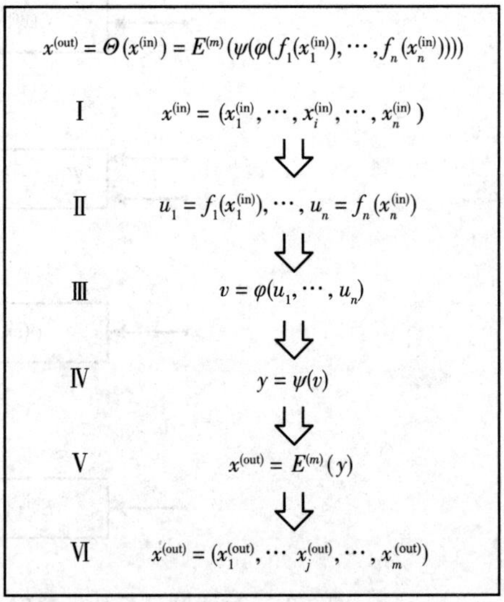

图 2-23 神经元实现的变换（元映射）序列。I 为输入向量，II 为输入映射，III 为聚合映射，IV 为转换器（激活函数），V 为输出映射，VI 为输出向量（来自 [109]，经莫斯科航空学院许可使用）

$r, p, q \in \{0, 1, \cdots, N_L\}$

$i = 1, \cdots, N^{(r)} \qquad j = 1, \cdots, N^{(p)} \qquad k = 1, \cdots, N^{(q)}$

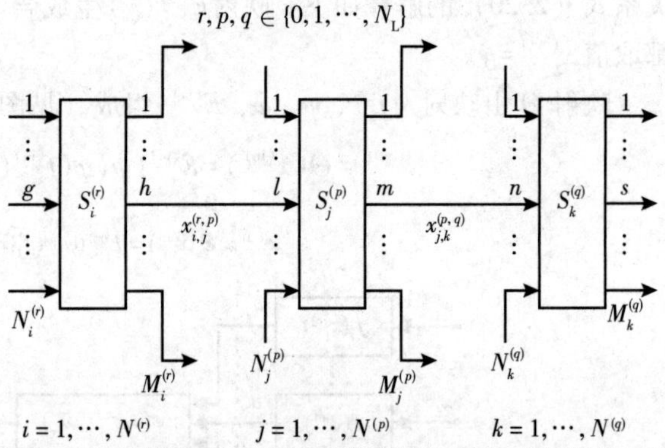

图 2-24 神经元输入/输出的编号和通过中间神经元连接传输的信号的记号（$x_{i,j}^{(r,p)}$ 和 $x_{j,k}^{(p,q)}$），这是 ANN 的基本描述。$S_i^{(r)}$、$S_j^{(p)}$、$S_k^{(q)}$ 是 ANN 的神经元（分别为第 r 层第 i 个、第 p 层第 j 个和第 q 层第 k 个）。$N_i^{(r)}$、$N_j^{(p)}$、$N_k^{(q)}$ 和 $M_i^{(r)}$、$M_j^{(p)}$、$M_k^{(q)}$ 分别为神经元 $S_i^{(r)}$、$S_j^{(p)}$、$S_k^{(q)}$ 的输入数目和输出数目。$x_{i,j}^{(r,p)}$ 是从第 r 层第 i 个神经元的输出传输到第 p 层第 j 个神经元的输入的信号。$x_{j,k}^{(p,q)}$ 是从第 p 层第 j 个神经元的输出传输到第 q 层第 k 个神经元的输入的信号。g、h、l、m、n、s 是神经元输入/输出的数目。N_L 是 ANN 的层数。$N^{(r)}$、$N^{(p)}$、$N^{(q)}$ 分别是第 r、p、q 层中的神经元数目（来自 [109]，经莫斯科航空学院许可使用）

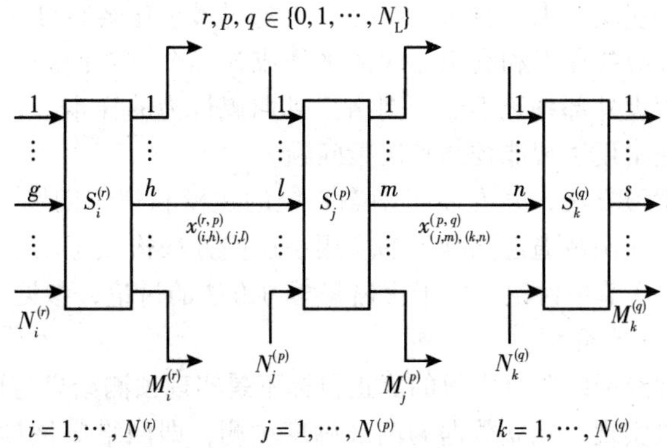

图 2-25　神经元输入/输出的编号和通过中间神经元连接传输的信号的记号（$x_{(i,h),(j,l)}^{(r,p)}$ 和 $x_{(j,m),(k,n)}^{(p,q)}$），这是 ANN 的扩展描述。$S_i^{(r)}$、$S_j^{(p)}$、$S_k^{(q)}$ 是 ANN 的神经元（分别为第 r 层第 i 个、第 p 层第 j 个和第 q 层第 k 个）。$N_i^{(r)}$、$N_j^{(p)}$、$N_k^{(q)}$ 和 $M_i^{(r)}$、$M_j^{(p)}$、$M_k^{(q)}$ 分别为神经元 $S_i^{(r)}$、$S_j^{(p)}$、$S_k^{(q)}$ 的输入数目和输出数目。$x_{(i,h),(j,l)}^{(r,p)}$ 是从第 r 层第 i 个神经元的第 h 个输出传输到第 p 层第 j 个神经元的第 l 个输入的信号。$x_{(j,m),(k,n)}^{(p,q)}$ 是从第 p 层第 j 个神经元的第 m 个输出传输到第 q 层第 k 个神经元的第 n 个输入的信号。g、h、l、m、n、s 是神经元输入/输出的数目。N_L 是 ANN 的层数。$N^{(r)}$、$N^{(p)}$、$N^{(q)}$ 分别是第 r、p、q 层中的神经元数目（来自［109］，经莫斯科航空学院许可使用）

2.2　人工神经网络训练方法

选择合适的神经网络结构后，为了实现所需的输入-输出行为，需要确定网络的参数值。对于神经网络来说，参数的修改过程通常称为**学习**或**训练**。因此，ANN 学习算法是一系列修改参数的动作，使网络能够完成某些特定的任务。

神经网络学习有几种主要方法：

- 无监督学习；
- 监督学习；
- 强化学习。

这些方法各有特点。

无监督学习中，只给定输入，没有指定的输出值。无监督学习旨在发现数据集中的固有模式，通常用于聚类和降维问题。

监督学习中，网络的期望行为由训练数据集明确定义。每个训练样本都将特定的期望输出与一定的输入相关联。学习的目标就是找到神经网络的参数值，使实际的网络输出与其期望的输出尽可能接近。该方法通常用于分类、回归和系统辨识问题。

如果事先不知道全部训练数据集，每次只提供一个样本，并且期望神经网络同步地运行和学习，则称它正进行**增量学习**。此外，如果假设环境是非平稳的，即对一定输入的期望响应可能随时间变化，那么训练数据集将变得前后矛盾，同时神经网络需要进行**自适应**。这种情况下就面临着一个稳定性-可塑性困境：网络如果缺乏可塑性，就不能快速适应变化；如果缺乏稳定性，就会遗忘以前学到的数据。

监督学习的另外一个变体是**主动学习**，它假设神经网络本身负责数据集的收集。也就是说，网络选择新的输入并从外部系统（例如传感器）查询与该输入对应的期望输出。因此，神经网络需要通过与环境交互来“探索”环境，并通过最小化某些目标来“利用”所获得的数据。在这种模式中，寻找探索和利用之间的平衡成为一个重要问题。**强化学习**将主动学习的思想推进一步，它假设外部系统不能给网络提供期望行为的样本，它只能对网络以前的行为进行评分。该方法通常用于智能控制和决策问题。

本书只涵盖监督学习方法，并专注于动态系统的建模和辨识问题。2.3.1 节介绍静态神经网络的训练方法及其在函数逼近问题中的应用。这些方法构成了动态神经网络训练算法的基础，该算法将在 2.3.3 节中讨论。关于无监督学习方法的讨论，参见［10］。强化学习方法在参考文献［45-48］中有介绍。

需要注意的是，神经网络监督学习的真正目标**不是**实现预测结果与训练数据的完美匹配，而是要在网络运行阶段实现对独立数据的高准确度预测，即网络应该具备**泛化**能力。为评估网络的泛化能力，我们将所有可用的实验数据分为**训练集**和**测试集**。模型学习仅基于训练集进行，而后基于独立的测试集进行评估。有时还预留另一个所谓**验证集**的子集，用于选择模型的超参数（如层数或神经元数）。

2.2.1 神经网络训练框架概述

假设网络参数用一个有限维向量 $\boldsymbol{W}\in\mathbb{R}^{n_w}$ 表示。监督学习方法旨在使误差函数（也称为目标函数、损失函数或代价函数）最小，误差函数表示网络的实际输出与它们的期望值之间的偏差。定义总误差函数 $\bar{E}$: $\mathbb{R}^{n_w}\to\mathbb{R}$ 为每个训练样本误差之和，即

$$\bar{E}(\boldsymbol{W})=\sum_{i=1}^{P}E^{(p)}(\boldsymbol{W}) \tag{2.25}$$

要使误差函数（2.25）关于神经网络参数 $\boldsymbol{W}$ 取最小值。因此，我们有如下无约束非线性优化问题：

$$\underset{\boldsymbol{W}}{\text{minimize}}\,\bar{E}(\boldsymbol{W}) \tag{2.26}$$

为使该最小化问题有意义，要求误差函数有下界。

我们采用各种数值迭代方法实现最小化。根据所求最小值的类型，优化方法可以分为全局方法和局部方法。全局优化方法寻求近似的全局最小值，而局部优化方法寻求精确的局部最小值。大多数全局优化方法（如模拟退火、进化算法、粒子群优化）都具有随机性，并且可以说肯定能够收敛（仅在极限情况下）。本书专注于基于梯度的确定性局部优化方法，在合理假设下保证快速收敛到局部解。为了应用这些方法，我们也要求误差函数足够光滑（只要所有激活函数是光滑的，神经网络通常就满足这点）。有关局部优化方法的更多详细信息，请参阅［49-52］。元启发式全局优化方法见［53-54］。

注意，局部优化方法需要参数值的初始猜测 $\boldsymbol{W}^{(0)}$。有多种方法初始化网络参数，例如可以从高斯分布中采样参数，即

$$W_i\sim\mathcal{N}(0,1),\quad i=1,\cdots,n_w \tag{2.27}$$

关于分层前馈神经网络（2.8），［55］中提出了下述的另一种初始化方法（称为 Xavier 初始化）：

$$\begin{gathered}b_i^l=0,\\ w_{i,j}^l\sim\mathcal{U}\left(-\sqrt{\frac{6}{S^{l-1}+S^l}},\sqrt{\frac{6}{S^{l-1}+S^l}}\right)\end{gathered} \tag{2.28}$$

优化方法也可按用于指导搜索过程的误差函数导数的阶次进行分类。零阶方法仅使用误差函数值，一阶方法依赖于一阶导数（梯度$\nabla \bar{E}$），二阶方法还利用二阶导数（黑塞矩阵$\nabla^2 \bar{E}$）。

基本下降法的形式如下：

$$\boldsymbol{W}^{(k+1)}=\boldsymbol{W}^{(k)}+\alpha^{(k)}\boldsymbol{p}^{(k)},\quad \bar{E}(\boldsymbol{W}^{(k+1)})<\bar{E}(\boldsymbol{W}^{(k)}) \tag{2.29}$$

式中，$\boldsymbol{p}^{(k)}$是搜索方向，$\alpha^{(k)}$代表步长，也称为学习率。注意，我们要求每一步都减小误差函数值。为保证误差函数值在任意的小步长下都减小，我们需要搜索下降方向，即满足$\boldsymbol{p}^{(k)\mathrm{T}}\nabla \bar{E}(\boldsymbol{W}^{(k)})<0$。

一阶下降法最简单的例子是**梯度下降（GD）法**，它使用负梯度搜索方向，即

$$\boldsymbol{p}^{(k)}=-\nabla\bar{E}(\boldsymbol{W}^{(k)}) \tag{2.30}$$

步长可以预先指定，即$\forall k$，有$\alpha^{(k)}\equiv\alpha$。但如果步长α太大，实际误差函数值可能会增大，迭代也许发散。例如，对于如下形式的凸二次型误差函数：

$$\bar{E}(\boldsymbol{W})=\frac{1}{2}\boldsymbol{W}^{\mathrm{T}}\boldsymbol{A}\boldsymbol{W}+\boldsymbol{b}^{\mathrm{T}}\boldsymbol{W}+c \tag{2.31}$$

式中，$\boldsymbol{A}$是最大特征值为$\lambda_{\max}$的对称正定矩阵，步长必须满足

$$\alpha<\frac{2}{\lambda_{\max}}$$

以保证梯度下降迭代的收敛性。另外，小步长α将导致收敛缓慢。为避免该问题，可以执行步长自适应：先选一“尝试”步，评估误差函数值是否减小；如果减小，则接受该尝试步，并增大步长；否则拒绝该尝试步，并减小步长。另一种方法是对最优步长执行**线搜索**，沿搜索方向尽可能地减小误差函数值，即

$$\alpha^{(k)}=\underset{\alpha>0}{\operatorname{argmin}}\bar{E}(\boldsymbol{W}^{(k)}+\alpha\boldsymbol{p}^{(k)}) \tag{2.32}$$

结合这种精确线搜索的GD方法称为**最陡梯度下降**。注意，这个单变量函数的全局最小值是很难找到的。事实上，即使搜索局部最小值的准确估计值也需要很多次的迭代。幸运的是，我们不需要找到沿指定方向的精确最小值，只要保证每次迭代中误差函数值充分减少，就可以实现整体最小化过程的收敛。如果搜索方向为下降方向，且步长满足Wolfe条件

$$\begin{gathered}\bar{E}(\boldsymbol{W}^{(k)}+\alpha^{(k)}\boldsymbol{p}^{(k)})\leqslant\bar{E}(\boldsymbol{W}^{(k)})+c_1\alpha^{(k)}\nabla\bar{E}(\boldsymbol{W}^{(k)})^{\mathrm{T}}\boldsymbol{p}^{(k)},\\ \nabla\bar{E}(\boldsymbol{W}^{(k)}+\alpha^{(k)}\boldsymbol{p}^{(k)})^{\mathrm{T}}\boldsymbol{p}^{(k)}\geqslant c_2\nabla\bar{E}(\boldsymbol{W}^{(k)})^{\mathrm{T}}\boldsymbol{p}^{(k)}\end{gathered} \tag{2.33}$$

其中$0<c_1<c_2<1$，那么从任意的初始猜测开始，迭代最终都将收敛到稳定点$\lim\limits_{s\to\infty}\|\nabla\bar{E}(\boldsymbol{W}^{(k)})\|=0$（即全局收敛稳定点）。注意，满足Wolfe条件的步长区间总是存在的。这证明了使用不精确线搜索方法的合理性，该搜索方法只需要较少次数的迭代来发现适当的步长，从而使误差函数值充分减小。不幸的是，GD方法只有线性收敛速率，收敛得非常慢。

另一种重要的一阶方法是**非线性共轭梯度（CG）法**。事实上，它是使用具有如下一般形式的搜索方向的一族方法：

$$\begin{gathered}\boldsymbol{p}^{(0)}=-\nabla\bar{E}(\boldsymbol{W}^{(0)}),\\ \boldsymbol{p}^{(k)}=-\nabla\bar{E}(\boldsymbol{W}^{(k)})+\beta^{(k)}\boldsymbol{p}^{(k-1)}\end{gathered} \tag{2.34}$$

根据所选标量$\beta^{(k)}$的不同，可以得到该方法的几种变体。$\beta^{(k)}$最常用的表达式如下：

- Fletcher-Reeves 方法

$$\beta^{(k)}=\frac{\nabla\bar{E}(\boldsymbol{W}^{(k)})^{\mathrm{T}}\nabla\bar{E}(\boldsymbol{W}^{(k)})}{\nabla\bar{E}(\boldsymbol{W}^{(k-1)})^{\mathrm{T}}\nabla\bar{E}(\boldsymbol{W}^{(k-1)})}\tag{2.35}$$

- Polak-Ribière 方法

$$\beta^{(k)}=\frac{\nabla\bar{E}(\boldsymbol{W}^{(k)})^{\mathrm{T}}(\nabla\bar{E}(\boldsymbol{W}^{(k)})-\nabla\bar{E}(\boldsymbol{W}^{(k-1)}))}{\nabla\bar{E}(\boldsymbol{W}^{(k-1)})^{\mathrm{T}}\nabla\bar{E}(\boldsymbol{W}^{(k-1)})}\tag{2.36}$$

- Hestenes-Stiefel 方法

$$\beta^{(k)}=\frac{\nabla\bar{E}(\boldsymbol{W}^{(k)})^{\mathrm{T}}(\nabla\bar{E}(\boldsymbol{W}^{(k)})-\nabla\bar{E}(\boldsymbol{W}^{(k-1)}))}{(\nabla\bar{E}(\boldsymbol{W}^{(k)})-\nabla\bar{E}(\boldsymbol{W}^{(k-1)}))^{\mathrm{T}}\boldsymbol{p}^{(k-1)}}\tag{2.37}$$

无论选择哪种$\beta^{(k)}$，第一个搜索方向$\boldsymbol{p}^{(0)}$都只是负梯度方向。如果假设误差函数是凸二次型(2.31)，那么该方法将生成一系列共轭搜索方向（即当$i\neq j$时，有$\boldsymbol{p}^{(j)^{\mathrm{T}}}\boldsymbol{A}\boldsymbol{p}^{(j)}=0$）。如果我们还假设线搜索是精确的，那么该方法将在$n_w$次迭代内收敛。在采用非线性误差函数的一般情况下，收敛速度是线性的。然而，具有非奇异黑塞矩阵的二次可微误差函数，在解的邻域内近似为二次型，这将导致快速收敛。还要注意搜索方向丧失共轭性的情况，此时我们需要执行所谓的“重新启动”，即取$\beta^{(k)}\leftarrow 0$。例如，当连续两个方向非正交$\left(\frac{|\boldsymbol{p}^{(k)^{\mathrm{T}}}\boldsymbol{p}^{(k-1)}|}{\|\boldsymbol{p}^{(k)}\|^2}>\varepsilon\right)$时，我们可以重置$\beta^{(k)}$。对于 Polak-Ribière 方法，当$\beta^{(k)}$变负时，我们也要对它进行重置。

基本的二阶方法是牛顿法

$$\boldsymbol{p}^{(k)}=-[\nabla^2\bar{E}(\boldsymbol{W}^{(k)})]^{-1}\nabla\bar{E}(\boldsymbol{W}^{(k)})\tag{2.38}$$

如果黑塞矩阵$\nabla^2\bar{E}(\boldsymbol{W}^{(k)})$是正定的，得到的搜索方向$\boldsymbol{p}^{(k)}$就是下降方向。如果误差函数为凸二次型，那么具有单位步长$\alpha^{(k)}=1$的牛顿法一步便能找到解。对于光滑非线性，且在解处具有正定黑塞矩阵的误差函数，只要初始猜测足够接近解，收敛速度就是二次的。如果黑塞矩阵具有负或零特征值，就需要修改它，以获得正定的近似值$\boldsymbol{B}$。例如，可以加上一个缩放的单位矩阵，从而得到

$$\boldsymbol{B}^{(k)}=\nabla^2\bar{E}(\boldsymbol{W}^{(k)})+\mu^{(k)}\boldsymbol{I}\tag{2.39}$$

由此产生的阻尼方法可被视为普通牛顿法($\mu^{(k)}=0$)和梯度下降法($\mu^{(k)}\to\infty$)的混合。

注意，黑塞矩阵的计算代价非常高，因此已经提出了多种近似方法。如果假设每个单独的误差都形如如下二次型：

$$E^{(p)}(\boldsymbol{W})=\frac{1}{2}\boldsymbol{e}^{(p)}(\boldsymbol{W})^{\mathrm{T}}\boldsymbol{e}^{(p)}(\boldsymbol{W})\tag{2.40}$$

那么梯度和黑塞矩阵可以表示为如下误差雅可比矩阵的形式：

$$\begin{aligned}\nabla E^{(p)}(\boldsymbol{W})&=\frac{\partial\boldsymbol{e}^{(p)}(\boldsymbol{W})^{\mathrm{T}}}{\partial\boldsymbol{W}}\boldsymbol{e}^{(p)}(\boldsymbol{W}),\\ \nabla^2E^{(p)}(\boldsymbol{W})&=\frac{\partial\boldsymbol{e}^{(p)}(\boldsymbol{W})^{\mathrm{T}}}{\partial\boldsymbol{W}}\frac{\partial\boldsymbol{e}^{(p)}(\boldsymbol{W})}{\partial\boldsymbol{W}}+\sum_{i=1}^{n_e}\frac{\partial^2e_i^{(p)}(\boldsymbol{W})}{\partial\boldsymbol{W}^2}e_i^{(p)}(\boldsymbol{W})\end{aligned}\tag{2.41}$$

忽略二阶项则得到黑塞矩阵的高斯-牛顿近似，即

$$\nabla^2 E^{(p)}(\boldsymbol{W}) \approx \boldsymbol{B}^{(p)} = \frac{\partial \boldsymbol{e}^{(p)}(\boldsymbol{W})^{\mathrm{T}}}{\partial \boldsymbol{W}} \frac{\partial \boldsymbol{e}^{(p)}(\boldsymbol{W})}{\partial \boldsymbol{W}} \tag{2.42}$$

得到的矩阵 $\boldsymbol{B}$ 可能退化，我们可以通过增加上面式（2.39）中提到的缩放单位矩阵，对其进行修改。于是，我们有

$$\boldsymbol{B}^{(p)} = \frac{\partial \boldsymbol{e}^{(p)}(\boldsymbol{W})^{\mathrm{T}}}{\partial \boldsymbol{W}} \frac{\partial \boldsymbol{e}^{(p)}(\boldsymbol{W})}{\partial \boldsymbol{W}} + \mu^{(k)} \boldsymbol{I} \tag{2.43}$$

该技术使我们引入 Levenberg-Marquardt 方法。

拟牛顿方法族通过累加梯度的变化来估计黑塞矩阵的逆。这些方法构造逆黑塞矩阵的近似 $\boldsymbol{H} \approx \nabla^2 \bar{E}(\boldsymbol{W})^{-1}$ 以满足割线方程

$$\begin{gathered} \boldsymbol{H}^{(k+1)} \boldsymbol{y}^{(k)} = \boldsymbol{s}^{(k)} \\ \boldsymbol{s}^{(k)} = \boldsymbol{W}^{(k+1)} - \boldsymbol{W}^{(k)} \\ \boldsymbol{y}^{(k)} = \nabla \bar{E}(\boldsymbol{W}^{(k+1)}) - \nabla \bar{E}(\boldsymbol{W}^{(k)}) \end{gathered} \tag{2.44}$$

然而，当 $n_w > 1$ 时，该方程组是欠定的，有无穷多个解。因此，需要施加额外约束，从而产生了多种拟牛顿法。其中大多要求逆黑塞矩阵近似$\boldsymbol{H}^{(k+1)}$ 对称正定，同时按某种范数$\boldsymbol{H}^{(k+1)} = \underset{\boldsymbol{H}}{\operatorname{argmin}} \|\boldsymbol{H} - \boldsymbol{H}^{(k)}\|$最小化与前一个估计$\boldsymbol{H}^{(k)}$ 的距离。拟牛顿法最流行的变体之一是 Broyden-Fletcher-Goldfarb-Shanno（BFGS）算法：

$$\begin{gathered} \boldsymbol{H}^{(k+1)} = (\boldsymbol{I} - \rho^{(k)} \boldsymbol{s}^{(k)} \boldsymbol{y}^{(k)\mathrm{T}}) \boldsymbol{H}^{(k)} (\boldsymbol{I} - \rho^{(k)} \boldsymbol{y}^{(k)} \boldsymbol{s}^{(k)\mathrm{T}}) + \rho^{(k)} \boldsymbol{s}^{(k)} \boldsymbol{s}^{(k)\mathrm{T}} \\ \rho^{(k)} = \frac{1}{\boldsymbol{y}^{(k)\mathrm{T}} \boldsymbol{s}^{(k)}} \end{gathered} \tag{2.45}$$

逆黑塞矩阵的初始猜测可以有不同的选择方式。例如，如果$\boldsymbol{H}^{(0)} = \boldsymbol{I}$，则第一个搜索方向对应 GD 法。注意，如果$\boldsymbol{H}^{(0)}$ 是正定的，且通过线搜索选择的步长可以满足 Wolfe 条件（2.33），那么得到的所有$\boldsymbol{H}^{(k)}$ 也是正定的。BFGS 算法具有超线性收敛速度。我们还需要注意，逆黑塞矩阵近似包含 n_w^2 个元素，当参数数目 n_w 较大时，可能无法写入内存。为了避免此问题，已经提出了一种**有限内存**版本的 BFGS（L-BFGS），它只存储 $m \ll n_w$ 个最新的向量对 $\{\langle \boldsymbol{s}^{(j)}, \boldsymbol{y}^{(j)} \rangle\}_{j=k-m}^{k-1}$，并用它们来计算搜索方向（不包括对$\boldsymbol{H}^{(k)}$ 的显式计算）。

另一种替代线搜索方法的策略是信赖域方法族[57]。这些方法重复构造误差函数的局部模型 $\bar{M}^{(k)}$，假设它在当前点$\boldsymbol{W}^{(k)}$ 的邻域内有效，然后在该邻域内将它最小化。使用误差函数的二阶泰勒级数近似

$$\bar{E}(\boldsymbol{W}^{(k)} + \boldsymbol{p}) \approx \bar{M}^{(k)}(\boldsymbol{p}) = \bar{E}(\boldsymbol{W}^{(k)}) + \boldsymbol{p}^{\mathrm{T}} \nabla \bar{E}(\boldsymbol{W}^{(k)}) + \frac{1}{2} \boldsymbol{p}^{\mathrm{T}} \nabla^2 \bar{E}(\boldsymbol{W}^{(k)}) \boldsymbol{p} \tag{2.46}$$

作为模型，并将半径为 $\boldsymbol{\Delta}^{(k)}$ 的球作为信赖域，可得如下受约束的二次型优化子问题：

$$\begin{aligned} & \underset{\boldsymbol{p}}{\operatorname{minimize}} \quad \bar{M}^{(k)}(\boldsymbol{p}) \\ & \text{s.t.} \quad \|\boldsymbol{p}\| \leqslant \Delta^{(k)} \end{aligned} \tag{2.47}$$

基于误差函数的预测减小值与实际减小值的比，自适应地调整信赖域半径，即

$$\rho^{(k)} = \frac{\bar{E}(\boldsymbol{W}^{(k)}) - \bar{E}(\boldsymbol{W}^{(k)} + \boldsymbol{p}^{(k)})}{\bar{M}(0) - \bar{M}(\boldsymbol{p}^{(k)})} \tag{2.48}$$

如果该比接近1，则信赖域半径按某个因子增加；如果比接近0，则减小半径。此外，如果 $\rho^{(k)}$ 为负或非常小，则拒绝该步。也可以使用 $\|\boldsymbol{D}\boldsymbol{p}\| \leqslant \Delta^{(k)}$ 形式的椭球信赖域，其中 $\boldsymbol{D}$ 是非奇异对角矩阵。

有许多求解受约束的二次型优化子问题（2.47）的方法。其中一种[58] 根据**线性共轭梯度**法求解关于 $\boldsymbol{p}$ 的线性方程组

$$\nabla^2 \bar{E}(\boldsymbol{W}^{(k)})\boldsymbol{p}^{(k)} = -\nabla \bar{E}(\boldsymbol{W}^{(k)})$$

可得到如下迭代：

$$\begin{gathered}
\boldsymbol{p}^{(k,0)} = 0 \\
\boldsymbol{r}^{(k,0)} = \nabla \bar{E}(\boldsymbol{W}^{(k)}) \\
\boldsymbol{d}^{(k,0)} = -\nabla \bar{E}(\boldsymbol{W}^{(k)}) \\
\alpha^{(k,s)} = \frac{\boldsymbol{r}^{(k,s)\mathrm{T}}\boldsymbol{r}^{(k,s)}}{\boldsymbol{d}^{(k,s)\mathrm{T}}\nabla^2 \bar{E}(\boldsymbol{W}^{(k)})\boldsymbol{d}^{(k,s)}} \\
\boldsymbol{p}^{(k,s+1)} = \boldsymbol{p}^{(k,s)} + \alpha^{(k,s)}\boldsymbol{d}^{(k,s)} \\
\boldsymbol{r}^{(k,s+1)} = \boldsymbol{r}^{(k,s)} + \alpha^{(k,s)}\nabla^2 \bar{E}(\boldsymbol{W}^{(k)})\boldsymbol{d}^{(k,s)} \\
\beta^{(k,s+1)} = \frac{\boldsymbol{r}^{(k,s+1)\mathrm{T}}\boldsymbol{r}^{(k,s+1)}}{\boldsymbol{r}^{(k,s)\mathrm{T}}\boldsymbol{r}^{(k,s)}} \\
\boldsymbol{d}^{(k,s+1)} = \boldsymbol{r}^{(k,s+1)} + \beta^{(k,s+1)}\boldsymbol{d}^{(k,s)}
\end{gathered}$$

如果迭代跨越了信赖域边界，即 $\|\boldsymbol{p}^{(k,s+1)}\| \geqslant \Delta^{(k)}$，或者发现了非正曲率方向，即 $\boldsymbol{d}^{(k,s)\mathrm{T}}\nabla^2 \bar{E}(\boldsymbol{W}^{(k)})\boldsymbol{d}^{(k,s)} \leqslant 0$，则提前终止迭代。此时的解对应当前搜索方向与信赖域边界的交点。重要的是，注意该方法不需计算整个黑塞矩阵，只需要 $\nabla^2 \bar{E}(\boldsymbol{W}^{(k)})\boldsymbol{d}^{(k,s)} \leqslant 0$ 形式的黑塞矩阵向量积，它可以通过下面描述的反向模式自动微分法更有效地计算。此类无黑塞矩阵方法已成功应用于神经网络训练[59-60]。

另一种求解式（2.47）的方法[61-62] 将子问题替换为同时寻找向量 $\boldsymbol{p} \in \mathbb{R}^{n_w}$ 和标量 $\mu \geqslant 0$ 的等效问题，使得

$$\begin{gathered}
(\nabla^2 \bar{E}(\boldsymbol{W}^{(k)}) + \mu \boldsymbol{I})\boldsymbol{p} = -\nabla \bar{E}(\boldsymbol{W}^{(k)}) \\
\mu(\Delta - \|\boldsymbol{p}\|) = 0
\end{gathered} \tag{2.49}$$

式中，$\nabla^2 \bar{E}(\boldsymbol{W}^{(k)}) + \mu \boldsymbol{I}$ 是半正定的。有两种可能：若 $\mu = 0$，那么有 $\boldsymbol{p} = -[\nabla^2 \bar{E}(\boldsymbol{W}^{(k)})]^{-1}\nabla \bar{E}(\boldsymbol{W}^{(k)})$ 和 $\|\boldsymbol{p}\| \leqslant \Delta^{(k)}$；若 $\mu > 0$，那么定义 $\boldsymbol{p}(\mu) = -[\nabla^2 \bar{E}(\boldsymbol{W}^{(k)}) + \mu \boldsymbol{I}]^{-1}\nabla \bar{E}(\boldsymbol{W}^{(k)})$ 并求解关于 μ 的一维方程 $\|\boldsymbol{p}(\mu)\| = \Delta$。

注意，由于误差函数（2.25）是所有单个训练样本误差之和，因此其梯度以及黑塞矩阵可表示为这些误差的梯度和黑塞矩阵之和，即

$$\nabla \bar{E}(\boldsymbol{W}) = \sum_{p=1}^{P} \nabla \bar{E}^{(p)}(\boldsymbol{W}) \tag{2.50}$$

$$\nabla^2 \bar{E}(\boldsymbol{W}) = \sum_{p=1}^{P} \nabla^2 \bar{E}^{(p)}(\boldsymbol{W}) \tag{2.51}$$

当神经网络参数数目 n_w 较大，且数据集包含大量训练样本 P 时，计算总误差函数值 $\bar{E}$ 及其导数可能非常耗时。因此，即使是简单的GD方法，权重的每次更新都要花费大量时间。所以，可以应用**随机梯度下降**（SGD）方法，它随机打乱训练样本并在其上进行迭代，使用单个误

差 $E^{(p)}$ 的梯度来更新参数：

$$\boldsymbol{W}^{(k,p)}=\boldsymbol{W}^{(k,p-1)}-\alpha^{(k)}\nabla E^{(p)}(\boldsymbol{W}^{(k,p-1)})$$
$$\boldsymbol{W}^{(k+1,0)}=\boldsymbol{W}^{(k,p)} \tag{2.52}$$

与之相反，通常的梯度下降法称为批处理法。需要注意，尽管第(k,p)步降低了第 p 个训练样本的误差，但它可能增加了其他样本的误差。尽管这可避开某些局部极小值，但想收敛到最终解将变得困难。为避免该问题，我们可以逐渐减小步长 $\alpha^{(k)}$。此外，为实现“更平滑”的收敛，我们可以基于训练样本的随机子集进行权重更新，称为“小批量”策略。随机或小批量方式也可应用于其他优化方法，见［63］。

我们还需要注意，在批处理或小批量更新策略下，计算总误差函数值及其导数可以有效地并行化。为此，我们需要将数据集划分为多个子集，在每个子集的训练样本上，并行地计算误差函数及其导数的部分和，然后对结果求和。这在随机更新的情况下是不可能的。在 SGD 情况下，我们可以通过每一层的神经元来并行化梯度计算。

最后，注意任何迭代方法都需要用于终止过程的停止判据。一个简单的判据选项是测试是否满足局部最小值的一阶必要条件，即

$$\|\nabla E(\boldsymbol{W}^{(k)})\|<\varepsilon_g \tag{2.53}$$

我们还可在看似不能取得进展，即

$$E(\boldsymbol{W}^{(k)})-E(\boldsymbol{W}^{(k+1)})<\varepsilon_E$$
$$\|\boldsymbol{W}^{(k)}-\boldsymbol{W}^{(k+1)}\|<\varepsilon_w \tag{2.54}$$

时终止迭代。为防止算法发散时出现无限循环，可以在达到某个最大迭代次数时终止，此时

$$k\geqslant\bar{k} \tag{2.55}$$

2.2.2 静态神经网络训练

本小节考虑函数逼近问题，问题描述如后。假设要逼近未知映射 $\boldsymbol{f}:\boldsymbol{x}\to\boldsymbol{y}$，其中 $\boldsymbol{x}\subset\mathbb{R}^{n_x}$ 和 $\boldsymbol{y}\subset\mathbb{R}^{n_y}$。假设给定如下形式的实验数据集：

$$\{\langle\boldsymbol{x}^{(p)},\tilde{\boldsymbol{y}}^{(p)}\rangle\}_{p=1}^{P} \tag{2.56}$$

式中，$\boldsymbol{x}^{(p)}\in\boldsymbol{x}$ 表示输入向量，$\tilde{\boldsymbol{y}}^{(p)}\in\boldsymbol{y}$ 表示观测的输出向量。注意，观测输出$\tilde{\boldsymbol{y}}^{(p)}$ 通常不等于真实输出$\boldsymbol{y}^{(p)}=\boldsymbol{f}(\boldsymbol{x}^{(p)})$。假设观测值受到加性高斯噪声污染，即

$$\tilde{\boldsymbol{y}}^{(p)}=\boldsymbol{y}^{(p)}+\boldsymbol{\eta}^{(p)} \tag{2.57}$$

式中，$\boldsymbol{\eta}^{(p)}$ 代表零均值随机向量 $\boldsymbol{\eta}\sim\mathcal{N}(0,\boldsymbol{\Sigma})$的采样点，具有对角协方差矩阵

$$\boldsymbol{\Sigma}=\begin{bmatrix}\sigma_1^2 & & \\ & \ddots & 0 \\ 0 & & \\ & & \sigma_{n_y}^2\end{bmatrix}$$

使用式（2.8）形式的分层前馈神经网络进行逼近。在上述观测噪声假设下，采用最小二乘误差函数是合理的。因此，我们可得式（2.25）形式的总误差函数，单个误差为

$$E^{(p)}(\boldsymbol{W})=\frac{1}{2}(\tilde{\boldsymbol{y}}^{(p)}-\hat{\boldsymbol{y}}^{(p)})^{\mathrm{T}}\boldsymbol{\Omega}(\tilde{\boldsymbol{y}}^{(p)}-\hat{\boldsymbol{y}}^{(p)}) \tag{2.58}$$

式中，$\hat{\boldsymbol{y}}^{(p)}$ 表示给定输入$\boldsymbol{x}^{(p)}$ 和权重 $\boldsymbol{W}$ 下的神经网络输出。“误差权重”固定的对角矩阵 $\boldsymbol{\Omega}$ 具有如下形式：

$$\boldsymbol{\Omega}=\begin{bmatrix}\omega_1 & & \\ & \ddots & 0 \\ 0 & & \\ & & \omega_{n_y}\end{bmatrix}$$

式中，ω_i 通常反比于噪声方差。

需要最小化关于神经网络参数 $\boldsymbol{W}$ 的总逼近误差 $\bar{E}$。如果所有神经元的激活函数都是光滑的，那么误差函数也是光滑的。因此，可使用 2.2.1 节所述的任何优化方法进行最小化。然而，为了应用这些方法，需要有效的算法来计算误差函数关于参数的梯度和黑塞矩阵。如前所述，总误差的梯度$\nabla\bar{E}$ 和黑塞矩阵$\nabla^2\bar{E}$ 可由单个误差的梯度$\nabla E^{(p)}$ 和黑塞矩阵$\nabla^2 E^{(p)}$ 来表示。那么，剩下的工作就是计算 $E^{(p)}$ 的导数了。为了符号使用方便，本节其余部分均省略样本索引 p。

存在多种计算误差函数导数的方法：

- 数值微分；
- 符号微分；
- 自动（或演算式）微分。

数值微分方法根据导数的定义，通过有限差分进行逼近。该方法非常容易实现，但存在截断和舍入误差。对于高阶导数尤其不准确。另外，需要许多次函数求值。例如，使用最简单的前向差分方案来估计误差函数关于 n_w 个参数的梯度时，我们需要 n_w+1 个点处的误差函数值。

符号微分应用链式法则，将原始函数的符号表达式（通常以计算图的形式表示）转换为其导数的符号表达式。得到的表达式可在任意点以需要的精度准确求值。然而，这些表达式常常有许多相同的子表达式，会导致重复计算（特别是需要关于多个参数的导数时）。为避免该问题，我们需要简化导数的表达式，这是一个非常重要的问题。

自动微分技术[64] 计算函数某点导数时，对对应数值采用链式法则，而非符号表达式。该方法能得到精确的导数值，就像符号微分一样，同时还容许一定的性能优化。注意，自动微分依赖于待微分函数的原始计算图。因此，如果原始图使用了一定的公共中间值，这些值将被微分过程高效地复用。自动微分对于神经网络训练特别有用，因它可以很好地拓展到多参数以及高阶导数情形下。本书采用自动微分方法。

自动微分包含两个不同的计算模式：正向模式和反向模式。**正向模式**计算所有变量关于输入变量的灵敏度：它从显式依赖于输入变量（嵌套最深的子表达式）的中间变量开始，应用链式法则“正向”推进，直到处理完输出变量。**反向模式**计算输出变量关于所有变量的灵敏度：它从显式依赖于输出变量的中间变量（最外层子表达式）开始，应用链式法则“反向”推进，直到处理完输入变量。两种模式各有其优缺点。正向模式可以在一轮计算中计算出函数值及其多阶导数。使用反向模式计算 r 阶导数时，事先需要所有低阶（$s=0,\cdots,r-1$）导数。正向模式中一阶导数的计算复杂度正比于输入数目，而反向模式中正比于输出数目。我们的情况只有一个输出（标量误差），有多个输入，因此反向模式远快于正向模式。如[65] 所述，在符合实际的假设下，用反向模式计算误差函数梯度的代价是五次（或更少）函数求值。还要注意，在 ANN 领域，正向和反向模式通常被称为正向传播和反向传播（或后向传播）。

本小节其余部分，我们将介绍在分层前馈神经网络（2.8）中计算平方误差函数（2.58）的梯度、雅可比矩阵和黑塞矩阵的自动微分算法。所有这些算法都需要激活函数的导数已知。例如，双曲正切激活函数（2.9）的导数为

$$\left.\begin{aligned}\varphi_i^{l\prime}(n_i^l) &= 1-(\varphi_i^l(n_i^l))^2\\ \varphi_i^{l\prime\prime}(n_i^l) &= -2\varphi_i^l(n_i^l)\varphi_i^{l\prime}(n_i^l)\end{aligned}\right\}\begin{aligned}l &= 1,\cdots,L-1\\ i &= 1,\cdots,S^l\end{aligned} \tag{2.59}$$

而逻辑函数（2.10）的导数为

$$\left.\begin{aligned}\varphi_i^{l\prime}(n_i^l) &= \varphi_i^l(n_i^l)(1-\varphi_i^l(n_i^l))\\ \varphi_i^{l\prime\prime}(n_i^l) &= -\varphi_i^{l\prime}(n_i^l)(1-2\varphi_i^l(n_i^l))\end{aligned}\right\}\begin{aligned}l &= 1,\cdots,L-1\\ i &= 1,\cdots,S^l\end{aligned} \tag{2.60}$$

恒等激活函数（2.11）的导数简单为

$$\left.\begin{aligned}\varphi_i^{L\prime}(n_i^L) &= 1\\ \varphi_i^{L\prime\prime}(n_i^L) &= 0\end{aligned}\right\} i = 1,\cdots,S^L \tag{2.61}$$

- **计算误差函数梯度的反向传播算法**　首先执行正向传递，根据方程（2.8）计算每一层（$l=1,\cdots,L-1$）所有神经元（$i=1,\cdots,S^l$）的加权和 n_i^l 及激活值 a_i^l。

  定义误差函数关于加权和 n_i^l 的灵敏度如下：

$$\delta_i^l \triangleq \frac{\partial E}{\partial n_i^l} \tag{2.62}$$

  输出层神经元的灵敏度可直接得到，即

$$\delta_i^L = -\omega_i(\tilde{y}_i - a_i^L)\varphi_i^{L\prime}(n_i^L) \tag{2.63}$$

  而隐藏层神经元的灵敏度在反向传递中计算，有

$$\delta_i^l = \varphi_i^{l\prime}(n_i^l)\sum_{j=1}^{S^{l+1}} \delta_i^{l+1} w_{j,i}^{l+1}, \quad l = L-1,\cdots,1 \tag{2.64}$$

  最后，误差函数关于参数的导数用灵敏度表示，即

$$\begin{aligned}\frac{\partial E}{\partial b_i^l} &= \delta_i^l\\ \frac{\partial E}{\partial w_{i,j}^l} &= \delta_i^l a_i^{l-1}\end{aligned} \tag{2.65}$$

  按类似的方式，我们可以计算关于网络输入的导数，即

$$\frac{\partial E}{\partial a_i^0} = \sum_{j=1}^{S^1} \delta_i^1 w_{j,i}^1 \tag{2.66}$$

- **计算网络输出雅可比矩阵的正向传播算法**　定义加权和的成对灵敏度如下：

$$v_{i,j}^{l,m} \triangleq \frac{\partial n_i^l}{\partial n_j^m} \tag{2.67}$$

  直接得到同一层神经元的成对灵敏度，即

$$\begin{aligned}v_{i,i}^{l,l} &= 1\\ v_{i,j}^{l,l} &= 0, \quad i \neq j\end{aligned} \tag{2.68}$$

由于 m 层中神经元的激活不影响前面层（$l<m$）的神经元，因此对应的成对灵敏度恒为零，即

$$v_{i,j}^{l,m}=0,\quad m>l \tag{2.69}$$

其余的成对灵敏度与加权和 n_i^l 及激活值 a_i^l 一同在正向传递中计算，即

$$v_{i,j}^{l,m}=\sum_{k=1}^{S^{l-1}} w_{i,k}^l \varphi_k^{l-1\prime}(n_k^{l-1}) v_{k,j}^{l-1,m}, l=2,\cdots,L \tag{2.70}$$

最后，神经网络输出关于参数的导数由成对灵敏度表示，即

$$\frac{\partial a_i^L}{\partial b_j^m}=\varphi_i^{L\prime}(n_i^L) v_{i,j}^{L,m}$$

$$\frac{\partial a_i^L}{\partial w_{j,k}^m}=\varphi_i^{L\prime}(n_i^L) v_{i,j}^{L,m} a_k^{m-1} \tag{2.71}$$

如果我们附加定义加权和关于网络输入的灵敏度

$$v_{i,j}^{l,0} \triangleq \frac{\partial n_i^l}{\partial a_j^0} \tag{2.72}$$

则可得到网络输出关于网络输入的导数。首先，在正向传递阶段计算附加灵敏度，即

$$v_{i,j}^{1,0}=w_{i,j}^1$$

$$v_{i,j}^{l,0}=\sum_{k=1}^{S^{l-1}} w_{i,k}^l \varphi_k^{l-1\prime}(n_k^{l-1}) v_{k,j}^{l-1,0},\quad l=2,\cdots,L \tag{2.73}$$

然后，网络输出关于网路输入的导数可由附加灵敏度表示，即

$$\frac{\partial a_i^L}{\partial a_j^0}=\varphi_i^{L\prime}(n_i^L) v_{i,j}^{L,0} \tag{2.74}$$

- **计算误差梯度和黑塞矩阵的反向传播算法**[66] 首先进行正向传递，根据式（2.8）计算加权和 n_i^l 及激活值 a_i^l，并根据式（2.68）~式（2.70）计算成对灵敏度 $v_{i,j}^{l,m}$。
定义误差函数关于加权和的二阶灵敏度如下：

$$\delta_{i,j}^{l,m} \triangleq \frac{\partial^2 E}{\partial n_i^l \partial n_j^m} \tag{2.75}$$

接下来，在反向传递中计算误差函数灵敏度 δ_i^l 以及二阶灵敏度 $\delta_{i,j}^{l,m}$。根据关于混合偏导数等式的施瓦茨定理，由于误差函数关于加权和的二阶偏导数的连续性，我们有 $\delta_{i,j}^{l,m}=\delta_{j,i}^{m,l}$。因此，我们只需要计算 $m\leqslant l$ 时的二阶灵敏度。

输出层神经元的二阶灵敏度是直接获得的，即

$$\delta_{i,j}^{L,m}=\omega_i[(\varphi_i^{L\prime}(n_i^L))^2-(\tilde{y}_i-a_i^L)\varphi_i^{L\prime\prime}(n_i^L)] v_{i,j}^{L,m} \tag{2.76}$$

而隐藏层神经元的二阶灵敏度在反向传递中计算，即

$$\delta_{i,j}^{l,m}=\varphi_i^{l\prime}(n_i^l)\sum_{k=1}^{S^{l+1}} w_{k,i}^{l+1}\delta_{k,j}^{l+1,m}+\varphi_i^{l\prime\prime}(n_i^l) v_{i,j}^{l,m}\sum_{k=1}^{S^{l+1}} w_{k,i}^{l+1}\delta_k^{l+1},\quad l=L-1,\cdots,1 \tag{2.77}$$

由于误差函数关于网络参数二阶偏导数的连续性，黑塞矩阵是对称的。因此，只需要计算

黑塞矩阵的下三角部分。用二阶灵敏度表示误差函数关于参数的二阶导数，有

$$\frac{\partial^2 E}{\partial b_i^l \partial b_k^m} = \delta_{i,k}^{l,m}$$

$$\frac{\partial^2 E}{\partial b_i^l \partial w_{k,r}^m} = \delta_{i,k}^{l,m} a_r^{m-1}$$

$$\frac{\partial^2 E}{\partial w_{i,j}^l \partial b_k^m} = \delta_{i,k}^{l,m} a_j^{l-1} + \delta_i^l \varphi_j^{l-1\prime}(n_j^{l-1}) v_{j,k}^{l-1,m}, \quad l > 1$$

$$\frac{\partial^2 E}{\partial w_{i,j}^1 \partial b_k^1} = \delta_{i,k}^{1,1} a_j^0$$

$$\frac{\partial^2 E}{\partial w_{i,j}^l \partial w_{k,r}^m} = \delta_{i,k}^{l,m} a_j^{l-1} a_r^{m-1} + \delta_i^l \varphi_j^{l-1\prime}(n_j^{l-1}) v_{j,k}^{l-1,m} a_r^{m-1}, \quad l > 1$$

$$\frac{\partial^2 E}{\partial w_{i,j}^1 \partial w_{k,r}^1} = \delta_{i,k}^{1,1} a_j^0 a_r^0 \tag{2.78}$$

如果我们额外定义误差函数相对网络输入的二阶灵敏度

$$\delta_{i,j}^{l,0} \triangleq \frac{\partial^2 E}{\partial n_i^l \partial a_j^0} \tag{2.79}$$

那么可得网络输出关于网络输入的二阶导数。首先，在反向传递时计算附加二阶灵敏度，即

$$\delta_{i,j}^{L,0} = \omega_i [(\varphi_i^{L\prime}(n_i^L))^2 - (\tilde{y}_i - a_i^L) \varphi_i^{L\prime\prime}(n_i^L)] v_{i,j}^{L,0}$$

$$\delta_{i,j}^{l,0} = \varphi_i^{l\prime}(n_i^l) \sum_{k=1}^{S^{l+1}} w_{k,i}^{l+1} \delta_{k,j}^{l+1,0} + \varphi_i^{l\prime\prime}(n_i^l) v_{i,j}^{l,0} \sum_{k=1}^{S^{l+1}} w_{k,i}^{l+1} \delta_k^{l+1}, \quad l = L-1, \cdots, 1 \tag{2.80}$$

那么误差函数关于网络输入的二阶导数可由以下附加的二阶灵敏度表示：

$$\frac{\partial^2 E}{\partial a_i^0 \partial a_j^0} = \sum_{k-1}^{S^1} w_{k,i}^1 \delta_{k,j}^{1,0}$$

$$\frac{\partial^2 E}{\partial b_i^l \partial a_k^0} = \delta_{i,k}^{l,0}$$

$$\frac{\partial^2 E}{\partial w_{i,j}^l \partial a_k^0} = \delta_{i,k}^{l,0} a_j^{l-1} + \delta_i^l \varphi_j^{l-1\prime}(n_j^{l-1}) v_{j,k}^{l-1,0}, \quad l > 1$$

$$\frac{\partial^2 E}{\partial w_{i,j}^1 \partial a_j^0} = \delta_{i,k}^{1,0} a_j^0 + \delta_i^1$$

$$\frac{\partial^2 E}{\partial w_{i,j}^1 \partial a_k^0} = \delta_{i,k}^{1,0} a_j^0, \quad j \neq k \tag{2.81}$$

2.2.3 动态神经网络训练

传统的动态神经网络，如 NARX 和 Elman 网络，表示离散时间受控动态系统。因此，自然能想到利用它们作为离散时间动态系统的模型。然而，在均匀时间步长 Δt 的假设下，它们也可以作为连续时间动态系统的模型。本书聚焦后一个问题。也就是说，我们希望训练动态神经网络，使其能够对动态系统行为进行精确的闭环多步超前预测。本小节将讨论动态神经

网络最一般的状态空间形式（2.13）。

假设给定实验数据集的形式为

$$\{\{\langle u^{(p)}(t_k),\tilde{y}^{(p)}(t_k)\rangle\}_{k=0}^{K^{(p)}}\}_{p=1}^{P} \tag{2.82}$$

式中，P 是总的轨迹数目，$K^{(p)}$ 是对应轨迹的时间步数，$t_k=k\Delta t$ 是离散时刻，$u^{(p)}(t_k)$是控制输入，$\tilde{y}^{(p)}(t_k)$是观测到的输出。另外，用 $\bar{t}^{(p)}=K^{(p)}\Delta t$ 表示第 p 个轨迹的总时长。

注意，一般观测到的输出 $\tilde{y}^{(p)}(t_k)$不等于真实输出 $y^{(p)}(t_k)$。假设观测值受加性高斯噪声污染，即

$$\tilde{y}^{(p)}(t)=y^{(p)}(t)+\boldsymbol{\eta}^{(p)}(t) \tag{2.83}$$

也就是说，$\boldsymbol{\eta}^{(p)}(t)$代表零均值且协方差函数为 $K_{\boldsymbol{\eta}}(t_1,t_2)=\delta(t_2-t_1)\boldsymbol{\Sigma}$ 的平稳高斯过程，其中

$$\boldsymbol{\Sigma}=\begin{bmatrix}\sigma_1^2 & & \\ & \ddots & 0 \\ 0 & & \\ & & \sigma_{n_y}^2\end{bmatrix}$$

每一轨迹的单个误差 $E^{(p)}$ 具有如下形式：

$$E^{(p)}(\boldsymbol{W})=\sum_{k=1}^{K^{(p)}}e(\tilde{y}^{(p)}(t_k),z^{(p)}(t_k),\boldsymbol{W}) \tag{2.84}$$

式中，$z^{(p)}(t_k)$是模型状态，$e^{(p)}:\mathbb{R}^{n_y}\times\mathbb{R}^{n_z}\times\mathbb{R}^{n_w}\to\mathbb{R}$ 表示时刻 t_k 的模型预测误差。在上述观测噪声假设下，采用如下瞬时误差函数 e 是合理的：

$$e(\tilde{\boldsymbol{y}},z,\boldsymbol{W})=\frac{1}{2}(\tilde{\boldsymbol{y}}-\boldsymbol{G}(z,\boldsymbol{W}))^{\mathrm{T}}\boldsymbol{\Omega}(\tilde{\boldsymbol{y}}-\boldsymbol{G}(z,\boldsymbol{W})) \tag{2.85}$$

式中，$\boldsymbol{\Omega}=\mathrm{diag}(\omega_1,\cdots,\omega_{n_y})$是误差权重对角矩阵，通常反比于测量噪声对应的方差。

我们需要最小化关于神经网络参数 $\boldsymbol{W}$ 的总预测误差 $\bar{E}$。同样地，只要我们能够计算误差函数关于参数的梯度和黑塞矩阵，就可使用 2.2.1 节所述的任何优化方法进行最小化。与静态神经网络情况一样，总的误差梯度$\nabla\bar{E}$ 和黑塞矩阵$\nabla^2\bar{E}$ 可由单个误差梯度$\nabla E^{(p)}$ 和黑塞矩阵$\nabla^2E^{(p)}$表示。因此，我们只描述计算 $E^{(p)}$ 导数的算法，并省略样本索引 p。

同样地，我们有两种不同的计算模式，是时间正向模式和时间反向模式，各有优缺点。时间正向方法理论上可以处理无限时长的轨迹，即随新数据到达进行在线自适应。实际上，这与时间反向方法相比，每次迭代的计算代价高得多。时间反向模式只适用于全部训练集事先可用时，但其运行要快得多。

- **计算误差函数梯度的时间反向传播（BPTT）算法**[67-69]　首先，我们执行正向传递，根据式（2.13）计算所有时间步$t_k(k=1,\cdots,K)$的预测状态 $z(t_k)$。并根据式（2.84）、式（2.85），计算误差 $E(\boldsymbol{W})$。

  定义时间步 t_k 处误差函数关于模型状态的灵敏度如下：

$$\boldsymbol{\lambda}(t_k)\triangleq\frac{\partial E(\boldsymbol{W})}{\partial z(t_k)} \tag{2.86}$$

在时间反向传递阶段，计算误差函数灵敏度，即

$$\boldsymbol{\lambda}(t_{K+1})=0$$

$$\boldsymbol{\lambda}(t_k)=\frac{\partial e(\tilde{\boldsymbol{y}}(t_k),\boldsymbol{z}(t_k),\boldsymbol{W})}{\partial \boldsymbol{z}}+\frac{\partial \boldsymbol{F}(\boldsymbol{z}(t_k),\boldsymbol{u}(t_k),\boldsymbol{W})}{\partial \boldsymbol{z}}^{\mathrm{T}}\boldsymbol{\lambda}(t_{k+1}),\quad k=K,\cdots,1 \tag{2.87}$$

最后，用灵敏度表示误差函数关于参数的导数，即

$$\frac{\partial E(\boldsymbol{W})}{\partial \boldsymbol{W}}=\sum_{k=1}^{K}\frac{\partial e(\tilde{\boldsymbol{y}}(t_k),\boldsymbol{z}(t_k),\boldsymbol{W})}{\partial \boldsymbol{W}}+\frac{\partial \boldsymbol{F}(\boldsymbol{z}(t_{k-1}),\boldsymbol{u}(t_{k-1}),\boldsymbol{W})}{\partial \boldsymbol{W}}^{\mathrm{T}}\boldsymbol{\lambda}(t_k) \tag{2.88}$$

瞬时误差函数（2.85）的一阶导数有如下形式：

$$\begin{aligned}\frac{\partial e(\tilde{\boldsymbol{y}},\boldsymbol{z},\boldsymbol{W})}{\partial \boldsymbol{W}}&=-\frac{\partial \boldsymbol{G}(\boldsymbol{z},\boldsymbol{W})}{\partial \boldsymbol{W}}^{\mathrm{T}}\boldsymbol{\Omega}(\tilde{\boldsymbol{y}}-\boldsymbol{G}(\boldsymbol{z},\boldsymbol{W}))\\ \frac{\partial e(\tilde{\boldsymbol{y}},\boldsymbol{z},\boldsymbol{W})}{\partial \boldsymbol{z}}&=-\frac{\partial \boldsymbol{G}(\boldsymbol{z},\boldsymbol{W})}{\partial \boldsymbol{z}}^{\mathrm{T}}\boldsymbol{\Omega}(\tilde{\boldsymbol{y}}-\boldsymbol{G}(\boldsymbol{z},\boldsymbol{W}))\end{aligned} \tag{2.89}$$

由于映射 $\boldsymbol{F}$ 和 $\boldsymbol{G}$ 用分层前馈神经网络表示，因此可以按 2.2.2 节所述计算它们的导数。

- **计算网络输出雅可比矩阵的实时递归学习（RTRL）算法**[68-70] 模型状态关于网络参数的灵敏度以及状态本身一同在时间正向传递阶段计算。我们有

$$\frac{\partial \boldsymbol{z}(t_0)}{\partial \boldsymbol{W}}=0$$

$$\frac{\partial \boldsymbol{z}(t_k)}{\partial \boldsymbol{W}}=\frac{\partial \boldsymbol{F}(\boldsymbol{z}(t_{k-1}),\boldsymbol{u}(t_{k-1}),\boldsymbol{W})}{\partial \boldsymbol{W}}+\frac{\partial \boldsymbol{F}(\boldsymbol{z}(t_{k-1}),\boldsymbol{u}(t_{k-1}),\boldsymbol{W})}{\partial \boldsymbol{z}}\frac{\partial \boldsymbol{z}(t_{k-1})}{\partial \boldsymbol{W}},\quad k=K,\cdots,1 \tag{2.90}$$

单一轨迹误差函数（2.84）的梯度等于

$$\frac{\partial E(\boldsymbol{W})}{\partial \boldsymbol{W}}=\sum_{k=1}^{K}\frac{\partial e(\tilde{\boldsymbol{y}}(t_k),\boldsymbol{z}(t_k),\boldsymbol{W})}{\partial \boldsymbol{W}}+\frac{\partial \boldsymbol{z}(t_k)}{\partial \boldsymbol{W}}^{\mathrm{T}}\frac{\partial e(\tilde{\boldsymbol{y}}(t_k),\boldsymbol{z}(t_k),\boldsymbol{W})}{\partial \boldsymbol{z}} \tag{2.91}$$

可得高斯-牛顿黑塞矩阵近似如下：

$$\begin{aligned}\frac{\partial^2 E(\boldsymbol{W})}{\partial \boldsymbol{W}^2}\approx\sum_{k=1}^{K}&\frac{\partial^2 e(\tilde{\boldsymbol{y}}(t_k),\boldsymbol{z}(t_k),\boldsymbol{W})}{\partial \boldsymbol{W}^2}+\frac{\partial \boldsymbol{z}(t_k)}{\partial \boldsymbol{W}}^{\mathrm{T}}\frac{\partial^2 e(\tilde{\boldsymbol{y}}(t_k),\boldsymbol{z}(t_k),\boldsymbol{W})}{\partial \boldsymbol{z}^2}\frac{\partial \boldsymbol{z}(t_k)}{\partial \boldsymbol{W}}+\\ &\frac{\partial^2 e(\tilde{\boldsymbol{y}}(t_k),\boldsymbol{z}(t_k),\boldsymbol{W})}{\partial \boldsymbol{W}\partial \boldsymbol{z}}\frac{\partial \boldsymbol{z}(t_k)}{\partial \boldsymbol{W}}+\frac{\partial \boldsymbol{z}(t_k)}{\partial \boldsymbol{W}}^{\mathrm{T}}\frac{\partial^2 e(\tilde{\boldsymbol{y}}(t_k),\boldsymbol{z}(t_k),\boldsymbol{W})}{\partial \boldsymbol{z}\partial \boldsymbol{W}}\end{aligned} \tag{2.92}$$

瞬时误差函数二阶导数对应的近似为

$$\begin{aligned}\frac{\partial^2 e(\tilde{\boldsymbol{y}},\boldsymbol{z},\boldsymbol{W})}{\partial \boldsymbol{W}^2}&\approx\frac{\partial \boldsymbol{G}(\boldsymbol{z},\boldsymbol{W})}{\partial \boldsymbol{W}}^{\mathrm{T}}\boldsymbol{\Omega}\frac{\partial \boldsymbol{G}(\boldsymbol{z},\boldsymbol{W})}{\partial \boldsymbol{W}}\\ \frac{\partial^2 e(\tilde{\boldsymbol{y}},\boldsymbol{z},\boldsymbol{W})}{\partial \boldsymbol{W}\partial \boldsymbol{z}}&\approx\frac{\partial \boldsymbol{G}(\boldsymbol{z},\boldsymbol{W})}{\partial \boldsymbol{W}}^{\mathrm{T}}\boldsymbol{\Omega}\frac{\partial \boldsymbol{G}(\boldsymbol{z},\boldsymbol{W})}{\partial \boldsymbol{z}}\\ \frac{\partial^2 e(\tilde{\boldsymbol{y}},\boldsymbol{z},\boldsymbol{W})}{\partial \boldsymbol{z}^2}&\approx\frac{\partial \boldsymbol{G}(\boldsymbol{z},\boldsymbol{W})}{\partial \boldsymbol{z}}^{\mathrm{T}}\boldsymbol{\Omega}\frac{\partial \boldsymbol{G}(\boldsymbol{z},\boldsymbol{W})}{\partial \boldsymbol{z}}\end{aligned} \tag{2.93}$$

- **计算误差梯度和黑塞矩阵的时间反向传播算法** 在时间反向传递阶段，误差函数二阶灵敏度如下：

$$\frac{\partial \boldsymbol{\lambda}(t_{k+1})}{\partial \boldsymbol{W}}=0$$

$$\frac{\partial \boldsymbol{\lambda}(t_k)}{\partial \boldsymbol{W}}=\frac{\partial^2 e(\tilde{\boldsymbol{y}}(t_k),\boldsymbol{z}(t_k),\boldsymbol{W})}{\partial \boldsymbol{z}\partial \boldsymbol{W}}+\frac{\partial^2 e(\tilde{\boldsymbol{y}}(t_k),\boldsymbol{z}(t_k),\boldsymbol{W})}{\partial \boldsymbol{z}^2}\frac{\partial \boldsymbol{z}(t_k)}{\partial \boldsymbol{W}}+$$
$$\sum_{i=1}^{n_z}\lambda_i(t_{k+1})\left[\frac{\partial^2 F_i(\boldsymbol{z}(t_k),\boldsymbol{u}(t_k),\boldsymbol{W})}{\partial \boldsymbol{z}\partial \boldsymbol{W}}+\right.$$
$$\left.\frac{\partial^2 F_i(\boldsymbol{z}(t_k),\boldsymbol{u}(t_k),\boldsymbol{W})}{\partial \boldsymbol{z}^2}\frac{\partial \boldsymbol{z}(t_k)}{\partial \boldsymbol{W}}\right]+\frac{\partial \boldsymbol{F}(\boldsymbol{z}(t_k),\boldsymbol{u}(t_k),\boldsymbol{W})}{\partial \boldsymbol{z}}^{\mathrm{T}}\frac{\partial \boldsymbol{\lambda}(t_{k+1})}{\partial \boldsymbol{W}},$$
$$k=K,\cdots,1 \tag{2.94}$$

单一轨迹误差函数（2.84）的黑塞矩阵等于

$$\frac{\partial^2 E(\boldsymbol{W})}{\partial \boldsymbol{W}^2}=\sum_{k=1}^{K}\frac{\partial^2 e(\tilde{\boldsymbol{y}}(t_k),\boldsymbol{z}(t_k),\boldsymbol{W})}{\partial \boldsymbol{W}^2}+\frac{\partial^2 e(\tilde{\boldsymbol{y}}(t_k),\boldsymbol{z}(t_k),\boldsymbol{W})}{\partial \boldsymbol{W}\partial \boldsymbol{z}}\frac{\partial \boldsymbol{z}(t_k)}{\partial \boldsymbol{W}}+$$
$$\sum_{i=1}^{n_z}\lambda_i(t_k)\left[\frac{\partial^2 F_i(\boldsymbol{z}(t_{k-1}),\boldsymbol{u}(t_{k-1}),\boldsymbol{W})}{\partial \boldsymbol{W}^2}+\right.$$
$$\left.\frac{\partial^2 F_i(\boldsymbol{z}(t_{k-1}),\boldsymbol{u}(t_{k-1}),\boldsymbol{W})}{\partial \boldsymbol{W}\partial \boldsymbol{z}}\frac{\partial \boldsymbol{z}(t_{k-1})}{\partial \boldsymbol{W}}\right]+$$
$$\frac{\partial \boldsymbol{F}(\partial^2 F_i(\boldsymbol{z}(t_{k-1}),\boldsymbol{u}(t_{k-1}),\boldsymbol{W}))}{\partial \boldsymbol{W}}^{\mathrm{T}}\frac{\partial \boldsymbol{\lambda}(t_k)}{\partial \boldsymbol{W}} \tag{2.95}$$

瞬时误差函数（2.85）的二阶导数的形式如下：

$$\frac{\partial^2 e(\tilde{\boldsymbol{y}},\boldsymbol{z},\boldsymbol{W})}{\partial \boldsymbol{W}^2}=\frac{\partial \boldsymbol{G}(\boldsymbol{z},\boldsymbol{W})}{\partial \boldsymbol{W}}^{\mathrm{T}}\boldsymbol{\Omega}\frac{\partial \boldsymbol{G}(\boldsymbol{z},\boldsymbol{W})}{\partial \boldsymbol{W}}-\sum_{i=1}^{n_y}\frac{\partial^2 G_i(\boldsymbol{z},\boldsymbol{W})}{\partial \boldsymbol{W}^2}\omega_i(\tilde{y}_i-G_i(\boldsymbol{z},\boldsymbol{W}))$$
$$\frac{\partial^2 e(\tilde{\boldsymbol{y}},\boldsymbol{z},\boldsymbol{W})}{\partial \boldsymbol{W}\partial \boldsymbol{z}}=\frac{\partial \boldsymbol{G}(\boldsymbol{z},\boldsymbol{W})}{\partial \boldsymbol{W}}^{\mathrm{T}}\boldsymbol{\Omega}\frac{\partial \boldsymbol{G}(\boldsymbol{z},\boldsymbol{W})}{\partial \boldsymbol{z}}-\sum_{i=1}^{n_y}\frac{\partial^2 G_i(\boldsymbol{z},\boldsymbol{W})}{\partial \boldsymbol{W}\partial \boldsymbol{z}}\omega_i(\tilde{y}_i-G_i(\boldsymbol{z},\boldsymbol{W}))$$
$$\frac{\partial^2 e(\tilde{\boldsymbol{y}},\boldsymbol{z},\boldsymbol{W})}{\partial \boldsymbol{z}^2}=\frac{\partial \boldsymbol{G}(\boldsymbol{z},\boldsymbol{W})}{\partial \boldsymbol{z}}^{\mathrm{T}}\boldsymbol{\Omega}\frac{\partial \boldsymbol{G}(\boldsymbol{z},\boldsymbol{W})}{\partial \boldsymbol{z}}-\sum_{i=1}^{n_y}\frac{\partial^2 G_i(\boldsymbol{z},\boldsymbol{W})}{\partial \boldsymbol{z}^2}\omega_i(\tilde{y}_i-G_i(\boldsymbol{z},\boldsymbol{W})) \tag{2.96}$$

在本小节剩余部分，我们将讨论与递归神经网络训练问题相关的各种困难。首先，我们注意到，执行 K 步超前预测的递归神经网络可在时间上“展开”，以产生等效的分层前馈神经网络（由相同子网络的 K 个副本组成），每个时间步一个。这些相同子网络的每一个都共享一组相同参数。

给定一个较大的预测范围，产生的前馈网络变得非常深。因此，所有与深度神经网络训练相关的困难，自然也是递归神经网络训练固有的。事实上，这些问题甚至变得更加严重，包括以下几个。

（1）梯度消失和爆炸[71-74]。注意递归神经网络（2.13）在 t_k 时刻的状态关于在 t_l（$l\ll k$）时刻状态的灵敏度具有以下形式：

$$\frac{\partial \boldsymbol{z}(t_k)}{\partial \boldsymbol{z}(t_l)}=\prod_{r=l}^{k-1}\frac{\partial \boldsymbol{F}(\boldsymbol{z}(t_r),\boldsymbol{u}(t_r),\boldsymbol{W})}{\partial \boldsymbol{z}} \tag{2.97}$$

如果$\frac{\partial \boldsymbol{F}(\boldsymbol{z}(t_r),\boldsymbol{u}(t_r),\boldsymbol{W})}{\partial \boldsymbol{z}}$的最大（绝对值）特征值在所有时间步$t_r(r=l,\cdots,k-1)$都小于 1，那么灵敏度$\frac{\partial \boldsymbol{z}(t_k)}{\partial \boldsymbol{z}(t_l)}$的范数将随 $k-l$ 呈指数衰减。因此，对应最近时间步的误差梯度项将主导误差

和。这就是为什么基于梯度的优化方法学习短期依赖关系比学习长期关系要快得多。另外，梯度爆炸（其范数呈指数增长）对应于在所有时间步特征值都超过 1 的情况。除非小心行事，否则梯度爆炸效应将导致优化方法发散。

特别地，如果映射 $\boldsymbol{F}$ 由分层前馈神经网络（2.8）表示，那么雅可比矩阵$\dfrac{\partial \boldsymbol{F}(\boldsymbol{z}(t_r),\boldsymbol{u}(t_r),\boldsymbol{W})}{\partial \boldsymbol{z}}$对应网络输出关于其输入的导数，即

$$\frac{\partial \boldsymbol{a}^L}{\partial \boldsymbol{a}^0}=\operatorname{diag}\{\boldsymbol{\varphi}^{L\prime}(\boldsymbol{n}^L)\}\boldsymbol{\omega}^L\cdots\operatorname{diag}\{\boldsymbol{\varphi}^{1\prime}(\boldsymbol{n}^1)\}\boldsymbol{\omega}^1 \tag{2.98}$$

假设所有激活函数$\boldsymbol{\varphi}^l$ 的导数都有常数界 η^l。记 $\lambda_{\max}^l$ 为第 l 层权重矩阵$\boldsymbol{\omega}^l$ 绝对值最大的特征值。如果不等式$\prod_{l=1}^{L}\lambda_{\max}^l\eta^l<1$ 成立，那么雅可比矩阵$\dfrac{\partial \boldsymbol{a}^L}{\partial \boldsymbol{a}^0}$的最大（绝对值）特征值小于 1。双曲正切激活函数以及恒等激活函数的导数，都以 1 为界。

加速训练的一种可能是使用二阶优化方法[59,74]。另一种选择是利用长短期记忆（LSTM）模型[72,75-80]，它们是专门设计来克服梯度消失效应的，使用了特殊的记忆细胞代替背景神经元。LSTM 网络已成功应用于语音识别、机器翻译和异常检测。然而，LSTM 在动态系统建模问题中的应用少有人关注[81]。

（2）递归神经网络的动态学分岔[82-84]。由于递归神经网络本身是动态系统，其相图可能在训练过程中发生质变。如果这些变化影响了实际预测轨迹，可能导致误差随参数的微小变化而显著变化（即梯度范数变得非常大），只要轨迹区间足够大。

为保证网络训练中完全没有分岔，我们需要对参数有很好的初始猜测，使得模型已经具有所需的渐近行为。鉴于该假设非常不现实，看来修改优化方法以增强稳定性更为合理。

（3）误差平面中的伪低谷[85-87]。所以称为伪低谷，是因为它们不依赖于输出 $\tilde{\boldsymbol{y}}(t_k)$ 的期望值，它们的位置仅由初始条件 $\boldsymbol{z}(t_0)$ 和控制 $\boldsymbol{u}(t_k)$ 确定。针对一些特殊情况已经对产生这样的低谷的原因有所研究。例如，如果递归神经网络（2.13）的初始状态 $\boldsymbol{z}(t_0)$ 在参数空间一定区域内是全局排斥子，那么无穷小控制 $\boldsymbol{u}(t_k)$ 会导致模型状态 $\boldsymbol{z}(t_k)$ 趋于无穷大，进而导致误差无限增大。现在假设参数空间的该区域内包含一条线，控制 $\boldsymbol{u}(t_k)$ 与 $\boldsymbol{F}$ 的神经元之间的连接权重沿着这条线恒等于零，即递归神经网络（2.13）不依赖于控制。沿这条线的参数导致模型状态具有平稳行为 $\boldsymbol{z}(t_k)\equiv\boldsymbol{z}(t_0)$，对应的预测误差保持在相对较低的水平。这样一条线就表示了误差平面上的一个伪低谷。

值得一提的是，使用大量轨迹进行训练可解决该问题。由于这些轨迹有不同的初始条件及不同的控制，对应的伪低谷也位于参数空间的不同区域。因此，在总的误差函数平面（2.25）上，这些低谷就被平滑掉了。此外，我们可以应用正则化方法改进误差函数，使低谷在某个方向上“倾斜”。

2.3 动态神经网络自适应方法

2.3.1 扩展卡尔曼滤波器

基于扩展卡尔曼滤波器的概念，可以建立另一类动态网络学习算法。

标准卡尔曼滤波器算法是为线性系统设计的。在状态空间中，考虑如下动态系统模型：

$$z(t_{k+1}) = F^{-}(t_{k+1})z(t_k) + \zeta(t_k)$$
$$\bar{y}(t_k) = H(t_k)z(t_k) + \eta(t_k)$$

其中$\zeta(t_k)$和$\eta(t_k)$为零均值且协方差矩阵分别为$Q(t_k)$和$R(t_k)$的高斯噪声。

先进行算法初始化，对$k=0$，取

$$\hat{z}(t_0) = E[z(t_0)]$$
$$P(t_0) = E[(z(t_0) - E[z(t_0)])(z(t_0) - E[z(t_0)])^{\mathrm{T}}]$$

然后，对$k=1$，2，…，计算下列值：

- 状态估计

$$\hat{z}^{-}(t_k) = F^{-}(t_k)\hat{z}(t_{k-1})$$

- 误差协方差估计

$$P^{-}(t_k) = F^{-}(t_k)P^{-}(t_{k-1})F^{-}(t_k)^{\mathrm{T}} + Q(t_{k-1})$$

- 增益矩阵

$$G(t_k) = P^{-}(t_k)H(t_k)^{\mathrm{T}}[H(t_k)P^{-}(t_k)H(t_k)^{\mathrm{T}} + R(t_k)]^{-1}$$

- 状态估计修正

$$\hat{z}(t_k) = \hat{z}^{-}(t_k) + G(t_k)(\bar{y}(t_k) - H(t_k)z^{-}(t_k))$$

- 误差协方差估计修正

$$P(t_k) = (I - G(t_k)H(t_k))P^{-}(t_k)$$

然而，动态 ANN 模型是非线性系统，因此标准卡尔曼滤波器算法是不适用的。我们对原始非线性系统进行线性化，就可以得到适用于非线性系统的扩展卡尔曼滤波器（EKF）。

为了获得 EKF 算法，状态空间模型写为如下形式：

$$z(t_{k+1}) = f(t_k, z(t_k)) + \zeta(t_k)$$
$$\bar{y}(t_k) = h(t_k, z(t_k)) + \eta(t_k)$$

其中$\zeta(t_k)$和$\eta(t_k)$为零均值且协方差矩阵分别为$Q(t_k)$和$R(t_k)$的高斯噪声。

此时

$$F^{-}(t_{k+1}) = \left.\frac{\partial f(t_k, z)}{\partial z}\right|_{z=\hat{z}(t_k)}$$

$$H(t_k) = \left.\frac{\partial h(t_k, z)}{\partial z}\right|_{z=\hat{z}^{-}(t_k)}$$

先进行 EKF 算法初始化，对$k=0$，取

$$\hat{z}(t_0) = E[z(t_0)]$$
$$P(t_0) = E[(z(t_0) - E[z(t_0)])(z(t_0) - E[z(t_0)])^{\mathrm{T}}]$$

然后，对$k=1,2,\cdots$，计算下列值：

- 状态估计

$$\hat{z}^{-}(t_k) = f(t_k, \hat{z}(t_{k-1}))$$

- 误差协方差估计

$$\boldsymbol{P}^{-}(t_k)=\boldsymbol{F}^{-}(t_k)\boldsymbol{P}^{-}(t_{k-1})\boldsymbol{F}^{-}(t_k)^{\mathrm{T}}+\boldsymbol{Q}(t_{k-1})$$

- 增益矩阵

$$\boldsymbol{G}(t_k)=\boldsymbol{P}^{-}(t_k)\boldsymbol{H}(t_k)^{\mathrm{T}}[\boldsymbol{H}(t_k)\boldsymbol{P}^{-}(t_k)\boldsymbol{H}(t_k)^{\mathrm{T}}+\boldsymbol{R}(t_k)]^{-1}$$

- 状态估计修正

$$\hat{\boldsymbol{z}}(t_k)=\hat{\boldsymbol{z}}^{-}(t_k)+\boldsymbol{G}(t_k)(\tilde{\boldsymbol{y}}(t_k)-\boldsymbol{h}(t_k,\hat{\boldsymbol{z}}^{-}(t_k)))$$

- 误差协方差估计修正

$$\boldsymbol{P}(t_k)=(\boldsymbol{I}-\boldsymbol{G}(t_k)\boldsymbol{H}(t_k))\boldsymbol{P}^{-}(t_k)$$

假设对于理想的 ANN 模型，观测过程是平稳的，即 $\boldsymbol{w}(t_{k+1})=\boldsymbol{w}(t_k)$，但其状态（权重 $\boldsymbol{w}(t_k)$）受噪声 $\boldsymbol{\zeta}(t_k)$ “污染”。

标准卡尔曼滤波器（KF）仅适用于被估计参数与观测结果是线性关系的系统，而神经网络的观测方程是非线性的，即

$$\boldsymbol{w}(t_{k+1})=\boldsymbol{w}(t_k)+\boldsymbol{\zeta}(t_k)$$
$$\hat{\boldsymbol{y}}(t_k)=\boldsymbol{f}(\boldsymbol{u}(t_k),\boldsymbol{w}(t_k))+\boldsymbol{\eta}(t_k)$$

式中，$\boldsymbol{u}(t_k)$是控制动作，$\boldsymbol{\zeta}$ 是过程噪声，$\boldsymbol{\eta}$ 是观测噪声。这些噪声是零均值且协方差矩阵为 $\boldsymbol{Q}$ 和 $\boldsymbol{R}$ 的高斯随机序列。

为使用卡尔曼滤波器，需要线性化观测方程。可以使用统计线性化，即关于数学期望的线性化。可得

$$\boldsymbol{w}(t_{k+1})=\boldsymbol{w}(t_k)+\boldsymbol{\zeta}(t_k)$$
$$\hat{\boldsymbol{y}}(t_k)=\boldsymbol{H}(t_k)\boldsymbol{w}(t_k)+\boldsymbol{\eta}(t_k)$$

式中，观测矩阵具有如下形式：

$$\boldsymbol{H}(t_k)=\left.\frac{\partial\hat{\boldsymbol{y}}}{\partial\boldsymbol{w}^{\mathrm{T}}}\right|_{\substack{w=w(t_k)\\ z=z(t_k)}}=-\frac{\partial\boldsymbol{e}(t_k)}{\partial\boldsymbol{w}(t_k)^{\mathrm{T}}}=-\boldsymbol{J}(t_k)$$

其中 $\boldsymbol{e}(t_k)$为第 k 个估计步的观测误差向量，即

$$\boldsymbol{e}(t_k)=\tilde{\boldsymbol{y}}(t_k)-\hat{\boldsymbol{y}}(t_k)=\tilde{\boldsymbol{y}}(t_k)-\boldsymbol{f}(\boldsymbol{z}(t_k),\boldsymbol{w}(t_k))$$

下一步估计 $\boldsymbol{w}(t_{k+1})$使用的扩展卡尔曼滤波器方程为

$$\boldsymbol{S}(t_k)=\boldsymbol{H}(t_k)\boldsymbol{P}(t_k)\boldsymbol{H}(t_k)^{\mathrm{T}}+\boldsymbol{R}(t_k)$$
$$\boldsymbol{K}(t_k)=\boldsymbol{P}(t_k)\boldsymbol{H}(t_k)^{\mathrm{T}}\boldsymbol{S}(t_k)^{-1}$$
$$\boldsymbol{P}(t_{k+1})=(\boldsymbol{P}(t_k)-\boldsymbol{K}(t_k)\boldsymbol{H}(t_k)\boldsymbol{P}(t_k))e^{\beta}+\boldsymbol{Q}(t_k)$$
$$\boldsymbol{w}(t_{k+1})=\boldsymbol{w}(t_k)+\boldsymbol{K}(t_k)\boldsymbol{e}(t_k)$$

其中 β 为遗忘因子，它决定了前面步骤的重要程度。

这里 $\boldsymbol{K}(t_k)$是卡尔曼增益，$\boldsymbol{S}(t_k)$是状态预测误差 $\boldsymbol{e}(t_k)$的协方差矩阵，$\boldsymbol{P}(t_k)$是权重估计误差($\hat{\boldsymbol{w}}(t_k)-\boldsymbol{w}(t_k)$)的协方差矩阵。

EKF 算法有其他变体，可以证明在解决所考虑问题时更有效，特别地

$$P^{-}(t_k) = P(t_k) + Q(t_{k-1})$$
$$S(t_k) = H(t_k)P^{-}(t_k)H(t_k)^{\mathrm{T}} + R(t_k)$$
$$K(t_k) = P^{-}(t_k)H(t_k)^{\mathrm{T}}S(t_k)^{-1}$$
$$P(t_{k+1}) = (I - K(t_k)H(t_k))P^{-}(t_k)(I - K(t_k)H(t_k))^{\mathrm{T}} + K(t_k)K(t_k)^{\mathrm{T}}$$
$$w(t_{k+1}) = w(t_k) + K(t_k)e(t_k)$$

EKF 的这种变体在计算方面更稳定，对舍入误差有鲁棒性，这对 ANN 模型学习过程的计算平稳性总体上有积极影响。

从决定 EKF 的关系可以看出，关键点仍然是计算网络误差对可调参数的雅可比矩阵$J(t_k)$。

学习神经网络时，EKF 中不能仅使用当前测量值，不然搜索精度将低到无法接受（噪声 ζ 和 η 的影响）。需要在观测区间上构造向量估计，使得矩阵 $P(t_k)$的更新更准确。

对于观测向量，我们可以在一定滑动区间内取一系列值，即

$$\hat{y}(t_k) = [\hat{y}(t_{i-l}), \hat{y}(t_{i-l+1}), \cdots, \hat{y}(t_i)]^{\mathrm{T}}$$

式中，l 是滑动区间的长度，标号 i 表示时间点（采样步），标号 k 表示评估序号。

ANN 模型的误差也是向量，即

$$e(t_k) = [e(t_{i-l}), e(t_{i-l+1}), \cdots, e(t_i)]^{\mathrm{T}}$$

2.3.2　具有中间神经元的 ANN 模型

从确保 ANN 模型自适应性的角度来看，加入中间神经元（内联神经元）及其子网络（互联子网）的想法是非常有成效的。

2.3.2.1　中间神经元的概念以及含中间神经元的 ANN 模型

基于中间神经元和预调网络的概念实现自适应 ANN 模型，这一有效方法是 A. I. Samarin[88] 提出的。如该文所述，ANN 模型的主要特性之一，就是网络可以变化以适应求解中的问题，这使它们成为解决各类应用问题吸引人的工具。ANN 模型的调整可朝以下方向进行：

- 可以训练神经网络，使之能改变可调参数（原则上是神经网络连接的突触权重）的值；
- 神经网络可以改变结构组织，通过添加或删除神经元以及重建中间神经连接；
- 可以动态调整神经网络以求解当前任务，通过将其组成部分（子网）替换为预先准备好的块（fragment），或者改变网络的设定值及其结构组织（根据事先准备的关系，该关系用于连接 ANN 模型变化需做的任务）。

这些选项中，第一个通向传统的 ANN 模型学习，第二个通向成长型网络，第三个通向预调网络。

对于第一种 ANN 模型调整方式（ANN 训练），其最重要的局限是，网络在开始学习前潜在适用于一大类问题，但在学习完成后，它就只能用于特定任务。对于另一个任务，需要重新训练网络，期间将失去解决前一个任务的能力。

第二种方式（成长型网络）只部分解决了该问题。也就是说，对于由第一种方式获得的 ANN 模型，如果出现与之不吻合的新训练样本，则该模型将组合新单元、增加适当的连接，然后进行额外的训练，而不影响以前构建的部分。

第三种方式（预调网络）是最强大也最复杂的。按照该方法，要么组织动态（即直接在 ANN 模型运行时）替换，根据任务变化将模型组件替换为预先准备的不同版本，要么将 ANN 模型组织为包含特殊结构单元的集成系统形式，该结构单元称为中间神经元和互联子网，其功能是作用于网络的运行单元，使其当前特性满足给定瞬间要完成的特殊任务的规格说明。

2.3.2.2 作为 ANN 模型自适应工具的互联子网

我们可以建立 NM（Network Model，网络模型）的概念，它一般化了 ANN 模型的记号。一个 NM 由一组相互关联的单元（NM 单元）组织而成，是很少数基元按一定规则构建的网络联合体。NM 单元的一个可能例子可以是单一人工神经元。

如果该方法遵循极简原则，那么如前所述，最有希望的方法就是构造非常有限的基本 NM 单元组。然后，用生成 ANN 模型所需的各种特殊类型 NM 单元，构造特殊的基本单元。

NM 处理单元有两种：工作单元和中间单元。两者最重要的区别在于，工作单元将输入数据转换为 ANN 模型的期望输出，即期望结果。换句话说，一组相互作用的工作单元实现了完成应用任务的算法。中间单元则不直接参与上述算法，它们作用于工作单元，例如通过调整工作单元的参数值，反过来改变该单元实现的变换特性。

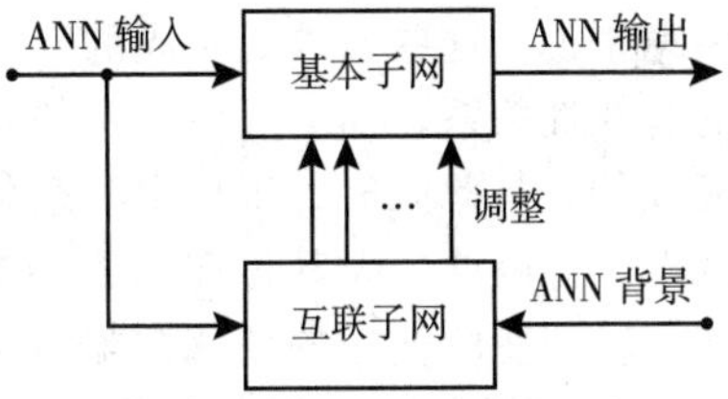

图 2-26　网络（复合）模型中的中间单元的功能

因此，我们在 NM 中引入中间单元，作为影响 NM 工作单元参数和特性的工具。使用中间单元是使网络（复合）模型能够自适应的最有效方法。中间单元的功能如图 2-26 所示，图中这些单元组合成一个中间的子网（互联子网）。可以看出，互联子网接收与工作中的 NM 工作子网相同的输入，后者实现处理输入数据的基本算法。此外，中间子网还可接收一定的附加信息，在此称为 NM 背景。根据接收的初始数据（ANN 模型的输入+背景），子网对工作子网进行调整，使该工作子网对应任务的变化。在 ANN 模型构建阶段提前训练子网，使得待完成任务改变时不需要额外训练（尤其是重新训练）工作子网，仅进行重构即可，所需时间很短。

2.3.2.3 ANN 模型的预设置及其可能变体

我们将区分两种可能的预设置：强预设置和弱预设置。

强预设置面向 ANN 模型在广泛条件下的自适应。此时 ANN 模型架构的特点是在处理单元中同时存在工作单元与 NM 单元，以及影响 NM 工作单元参数的插入单元。该方法可同时实现 ANN 模型参数和结构的自适应。

弱预设置不使用插入单元。此时，ANN 模型块是分离的，随着条件变化而变化，并根据两阶段策略对其进行调整。例如，考虑飞行器运动建模问题。作为所需模型的基础，用微分方程组来描述飞行器运动。根据 5.2 节给出的方法，将该方程组转换为 ANN 模型。这是一个一般模型，针对特定飞行器，要通过指定其几何外形、质量、惯量和气动等特性的具体值进行模型细化。最困难的问题是模拟飞行器的气动特性，因为不能完整准确地获知对应量。在此情况下，明智的做法是将这些特性表示为二元结构：第一部分基于先验知识（例如，通过风洞实验获得的数据），第二部分包含在飞行中直接获得的细化数据。此时，ANN 模型预设置基于如下事实：在 ANN 模型中从模拟特定飞行器迁移到模拟另一飞行器时，将基于先验知识替换气动特性相关的部分描述。该描述的声明部分就是 ANN 模型的自适应工具，已在建模对象的运行过程中实现。

在这两种变体中，不管是串行的还是并行的，都使用建模对象的可用已知条件，以离线模式提前训练先验模型。在对象运行过程中，已经根据在线接收的数据直接调整了细化模型。

在串行版本中（图 2-27A），先验模型对应特定输入向量 $\boldsymbol{x}$ 的输出 $\hat{f}(\boldsymbol{x})$ 是实现变换 $f(\hat{f}(\boldsymbol{x}))$ 的细化模型的输入。

在并行版本中（图 2-27B），先验模型和细化模型相互独立运行，根据输入向量 $\boldsymbol{x}$ 和建模对象的初始已知条件计算估计值 $\hat{f}(\boldsymbol{x})$，并考虑对象运行过程中的可用数据得到针对相同输入 $\boldsymbol{x}$ 的修正 $\Delta f(\boldsymbol{x})$。要求的 $f(\boldsymbol{x})$ 值是两部分之和，即 $f(\boldsymbol{x})=\hat{f}(\boldsymbol{x})+\Delta f(\boldsymbol{x})$。

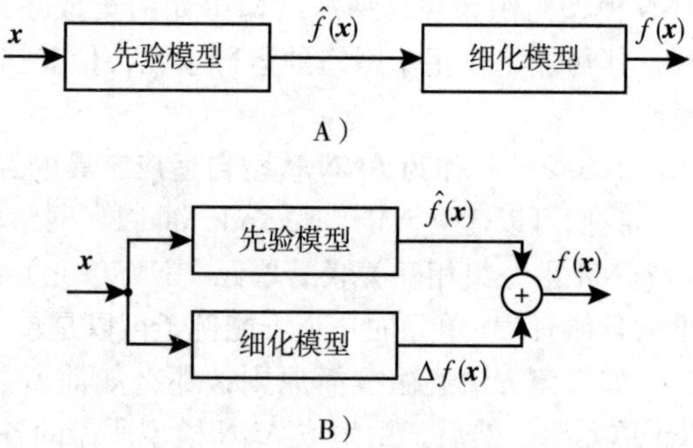

图 2-27　ANN 模型预设置的结构选项。A）串行。B）并行

应该强调的是，先验和细化模型的神经网络实现通常不同于吸引人的架构解决方案，尽管在特定情况下它们可能是相同的。例如，这两个模型都可以构造为具有 S 型激活函数的多层感知器的形式。这使我们能够最有效地满足需求，一般对于先验模型和细化模型来说，这些需求是不同的。特别地，先验模型的主要需求是能够以所需精度表示复杂的非线性关系，而学习所花费的时间并不重要，因为这种训练是在自主（离线）模式下完成的。与此同时，工作中的细化模型必须适应非常严格的实时（甚至提前的）时间尺度框架。因此，尤其是在绝大多数情况下，ANN 架构是不可接受的，需要进行完全的再训练，即使所使用的训练数据仅有微小的变化。在这种情况下，用增量方法训练和学习 ANN 模型更合适，不需要重新训练整个网络，仅需校正与改变的训练数据直接相关的单元。

2.3.3　ANN 模型的增量构造

调整 ANN 模型的工具之一是增量构造，它有两种变体：参数式和结构-参数式。

在于增量构造的参数式版本中，首先设置并固定 ANN 模型的结构组织，之后分几个阶段对其进行增量调整（基本的或附加学习的），如扩展动态系统的运行模式范围，模型以要求的精度在其中运行。

例如，如果我们采用飞行器运动的完整空间模型，同时考虑其轨迹和角运动，那么按照增量方法，首先在状态和控制变量取值相对较小的子域内进行模型的离线训练，然后以在线方式执行 ANN 模型的增量学习过程，在每个步骤中逐步扩展子区域。为了最终将给定子域扩展到变量的完整域，此后模型都是可操作的。

在增量构造的结构-参数式版本中，首先构造一个“截断”的 ANN 模型。这个初始模型只将一部分状态变量作为输入，并且训练数据集只覆盖定义域的一个子集。然后通过引入新的变量，随后进行进一步训练逐步扩展初始模型。

例如，初始模型是飞行器纵向角运动模型，通过添加纵向轨迹运动对其进行扩展，再添加横向运动部分，也就是说，经过几个步骤将模型拓展为所需的完整空间运动模型。

ANN 模型增量构造的结构-参数式版本让我们从一个简单的模型开始，例如根据右图方案，逐渐使其复杂化。

质点
⇓
刚体
⇓
弹性体
⇓
刚体/弹性体耦合体

这使得在结构意义上一步一步地建立模型成为可能。

2.4 动态神经网络训练集获取问题

2.4.1 训练动态神经网络所需数据集构造过程的细节

在 ANN 模型构造问题中，获取具有所需信息量的训练集是至关重要的一步。如果某些动态特征（行为）没有反映在训练集中，模型将不会再现。在系统辨识指导原则中，这表述为一条**基本辨识规则**："如果不在数据中，则无法辨识"（见［89］）。

构造动态系统 ANN 模型所需的训练数据集应饱含信息（代表性）。此后，如果训练集中包含的数据足以生成一个 ANN 模型，且该模型具有所需的准确度，可以在刻画系统行为的变量及其导数的整个可能取值范围内再现动态系统的行为，那么我们认为该训练集是饱含信息的。为确保满足此条件，在构造训练集时，不仅需要获取参量数据的变化，还要获取参量数据的变化速率。也就是说，如果获得的 ANN 模型不仅在表征动态系统行为的参量的整个变化范围内再现了系统的行为，还再现了它们的导数（以及这些参量及其导数值的所有容许组合），那么我们可以认为对应的训练集具有所需的信息量。

这种对训练集信息量的直观理解将得到进一步细化。

2.4.2 训练动态神经网络所需数据集构造过程的直接方法

2.4.2.1 构造训练数据集的直接方法的一般特征

我们将明晰训练集饱含信息的概念，并估算提供必要信息量所需的体量。首先，我们基于构造训练集的直接方法开展讨论，并在下一节扩展到间接方法。

考虑如下形式的可控动态系统：

$$\dot{\boldsymbol{x}} = \boldsymbol{F}(\boldsymbol{x}, \boldsymbol{u}, t) \tag{2.99}$$

式中，$\boldsymbol{x}=(x_1,x_2,\cdots,x_n)$是状态变量，$\boldsymbol{u}=(u_1,u_2,\cdots,u_m)$是控制变量，$t\in T=[t_0,t_f]$是时间。

在特定时刻 $t_k\in T$ 的变量 $x_1,x_2,\cdots,x_n$ 和 $u_1,u_2,\cdots,u_m$，分别表征给定时刻动态系统的状态及控制动作。每个值都在对应区域内取值，即

$$\begin{aligned} &x_1(t_k)\in X_1\subset\mathcal{R},\cdots,x_n(t_k)\in X_n\subset\mathcal{R}\\ &u_1(t_k)\in U_1\subset\mathcal{R},\cdots,u_m(t_k)\in U_m\subset\mathcal{R}\end{aligned} \tag{2.100}$$

此外，通常这些变量组合的值受某些限制，即

$$\begin{aligned} \boldsymbol{x} &= \langle x_1,x_2,\cdots,x_n\rangle\in R_X\subset X_1\times\cdots\times X_n\\ \boldsymbol{u} &= \langle u_1,u_2,\cdots,u_m\rangle\in R_U\subset U_1\times\cdots\times U_m\end{aligned} \tag{2.101}$$

以及

$$\langle \boldsymbol{x},\boldsymbol{u}\rangle\in R_{XU}\subset R_X\times R_U \tag{2.102}$$

训练集中包含的样本应体现动态系统对某些$\langle \boldsymbol{x},\boldsymbol{u}\rangle$组合的响应。我们将通过这种响应来理解 $\boldsymbol{x}(t_{k+1})$（状态 $\boldsymbol{x}(t_k)$及控制动作 $\boldsymbol{u}(t_k)$通过动态系统（2.99）得到），写为

$$\langle \boldsymbol{x}(t_k),\boldsymbol{u}(t_k)\rangle \xrightarrow{\boldsymbol{F}(\boldsymbol{x},\boldsymbol{u},t)} \boldsymbol{x}(t_{k+1}) \tag{2.103}$$

相应地，训练集 P 中的某个样本 p 将包括两部分，即动态系统的输入（变量对$\langle \boldsymbol{x}(t_k),\boldsymbol{u}(t_k)\rangle$）和输出（响应 $\boldsymbol{x}(t_{k+1})$）。

2.4.2.2　训练集的信息

训练集应该（理想情况下）体现动态系统对满足条件（2.102）的任意 $\langle \boldsymbol{x}, \boldsymbol{u} \rangle$ 组合的响应。根据基本辨识规则，训练集将是饱含信息量的，即可以用模型再现所模拟动态系统的所有特定行为。[㊀]

我们来明晰这种情形。引入符号

$$p_i = \{\langle \boldsymbol{x}^{(i)}(t_k), \boldsymbol{u}^{(i)}(t_k) \rangle, \boldsymbol{x}^{(i)}(t_{k+1})\} \tag{2.104}$$

式中，$p_i \in P$ 是训练集 P 中的第 i 个样本。该样本中

$$\begin{aligned} \boldsymbol{x}^{(i)}(t_k) &= (x_1^{(i)}(t_k), \cdots, x_n^{(i)}(t_k)) \\ \boldsymbol{u}^{(i)}(t_k) &= (u_1^{(i)}(t_k), \cdots, u_m^{(i)}(t_k)) \end{aligned} \tag{2.105}$$

所考虑动态系统对样本 p_i 的响应 $\boldsymbol{x}^{(i)}(t_{k+1})$ 为

$$\boldsymbol{x}^{(i)}(t_{k+1}) = (x_1^{(i)}(t_{k+1}), \cdots, x_n^{(i)}(t_{k+1})) \tag{2.106}$$

类似地，我们引进另一样本 $p_j \in P$

$$p_j = \{\langle \boldsymbol{x}^{(j)}(t_k), \boldsymbol{u}^{(j)}(t_k) \rangle, \boldsymbol{x}^{(j)}(t_{k+1})\} \tag{2.107}$$

认为样本 p_i 和 p_j 的源数据不一样，即

$$\boldsymbol{x}^{(i)}(t_k) \neq \boldsymbol{x}^{(j)}(t_k), \boldsymbol{u}^{(i)}(t_k) \neq \boldsymbol{u}^{(j)}(t_k)$$

一般情况下，动态系统对这些样本原始数据的响应是不同的，即

$$\boldsymbol{x}^{(i)}(t_{k+1}) \neq \boldsymbol{x}^{(j)}(t_{k+1})$$

我们对 p_i 和 p_j 样本对引入 ε-邻近的概念。如果满足以下条件：

$$\| \boldsymbol{x}^{(i)}(t_{k+1}) - \boldsymbol{x}^{(j)}(t_{k+1}) \| \leqslant \varepsilon \tag{2.108}$$

则认为样本 p_i 和 p_j 是 ε-邻近的。式中，$\varepsilon > 0$ 是预先给定的实数。

我们从样本集 $P = \{p_i\}_{i=1}^{N_p}$ 中选取一个子集，其中包含所有与样本 p_s 具有 ε-邻近关系的样本，即

$$\| \boldsymbol{x}^{(i)}(t_{k+1}) - \boldsymbol{x}^{(j)}(t_{k+1}) \| \leqslant \varepsilon, \quad \forall s \in I_s \subset I \tag{2.109}$$

其中，I_s 为与样本 p_s 具有 ε-邻近关系的那些样本的序号集，有 $I_s \subset I = \{1, \cdots, N_p\}$。

如果对于整个样本集 $p_s(\forall s \in I_s)$，即对任意样本 $p_s(s \in I_s)$ 满足 ε-邻近条件，我们称样本 p_i 为 ε-代表[㊁]。相应地，我们现在可以替换样本集 $\{p_s\}(s \in I_s)$ 为单一的 ε-代表 p_i，而这样的替换引入的误差不会超过 ε。样本集合 $\{p_s\}(s \in I_s)$ 的输入部分将关系（2.102）定义的 R_{XU} 域划分为子域 $R_{XU}^{(s)}(s \in I_s)$，此时

$$\bigcup_{s=1}^{N_p} R_{XU}^{(s)} = R_{XU} \tag{2.110}$$

㊀ 应该注意的是，饱含信息量的训练集存在一个**潜在的**应用价值，可以获得一个足以模拟动态系统的模型。然而，这个潜在的价值仍然有待加以利用，这是另外一个非平凡的问题，其能否成功解决取决于所选的模型类和学习算法。

㊁ 这意味着样本 p_i 包括在样本集 $\{p_s\}(s \in I_s)$ 中。

我们现在可以这样表述：构建训练集就是收集 ε-代表，这些代表覆盖含所有 $\langle \boldsymbol{x},\boldsymbol{u}\rangle$ 变量对可能取值的 R_{XU} 域（2.102）。

关系式（2.110）是 R_{XU} 域训练集 P 的 ε-覆盖条件。称实现了 R_{XU} 域 ε-覆盖的集合 P 为具有 ε-信息的，或简称饱含信息的。

训练集 P 具有 ε-信息，意味着对于任意变量对 $\langle \boldsymbol{x},\boldsymbol{u}\rangle \in R_{XU}$，至少有一个样本 $p_i \in P$ 是给定对的 ε-代表。

对于 R_{XU} 域的 ε-覆盖（2.110），可以构造以下两个问题：

（1）给定训练集 P 中的样本数 N_p，求 R_{XU} 域中最小化误差 ε 的样本分布；

（2）给定允许误差 ε，获取保证得到 ε 的 N_p 个样本的最小集合。

2.4.2.3 训练集直接构建示例

假设研究的受控对象（设备）是由如下向量微分方程描述的动态系统[91-92]：

$$\dot{\boldsymbol{x}} = \boldsymbol{\varphi}(\boldsymbol{x},\boldsymbol{u},t) \tag{2.111}$$

其中，$\boldsymbol{x}=(x_1 \quad x_2 \quad \cdots \quad x_n)\in\mathcal{R}^n$ 是运算放大器的状态变量向量，$\boldsymbol{u}=(u_1 \quad u_2 \quad \cdots \quad u_m)\in\mathcal{R}^m$ 是运算放大器的控制变量向量，$\mathcal{R}^n$、$\mathcal{R}^m$ 分别是 n 维和 m 维的欧氏空间，$t\in[t_0,t_f]$是时间。

式（2.111）中，$\boldsymbol{\varphi}(\cdot)$是向量参数 $\boldsymbol{x}$、$\boldsymbol{u}$ 和标量参数 t 的非线性向量函数，假设它是给定的，并属于某类函数。这些函数保证对给定的位于所考虑设备状态空间中的 $\boldsymbol{x}(t_0)$ 和 $\boldsymbol{u}(t_k)$，式（2.111）的解存在。

设备行为，由设备动态特性决定，可以通过设置控制变量的修正量 $\Delta\boldsymbol{u}(\boldsymbol{x},\boldsymbol{u}^*)$ 来影响。使用 t_i 时刻的状态向量 $\boldsymbol{x}$ 和控制指令向量$\boldsymbol{u}^*$ 构建 t_{i+1} 时刻所需 $\Delta\boldsymbol{u}(\boldsymbol{x},\boldsymbol{u}^*)$ 时执行的运算为

$$\Delta\boldsymbol{u}(t_{i+1}) = \Psi(\boldsymbol{x}(t_i),\boldsymbol{u}^*(t_i)) \tag{2.112}$$

将在称为校正控制器（CC）的设备中执行。我们假设式（2.112）中变换 $\Psi(\cdot)$的特征由一定参数向量 $\boldsymbol{w}=(w_1 \quad w_2 \quad \cdots \quad w_{N_w})$ 的分量值及组合来确定。来自设备和 CC 的方程组，即式（2.111）和式（2.112）称为受控系统。

对于初始条件为 $x_0=\boldsymbol{x}(t_0)$ 的方程组（式（2.111）和式（2.112）），如果假设在 t_k 时刻观测到过程值 $\boldsymbol{x}(t_k)$，那么在控制 $\boldsymbol{u}(t)$ 作用下该方程组的行为是一个多步过程，即

$$\{\boldsymbol{x}(t_k)\},\quad t_k=t_0+k\Delta t,\quad k=0,1,\cdots,N_t,\quad \Delta t=\frac{t_f-t_0}{N_t} \tag{2.113}$$

在式（2.111）、式（2.112）中，一般来说可以使用如下数对作为训练样本：

$$\langle (x_0^{(e)},\boldsymbol{u}^{(e)}(t)),\{\boldsymbol{x}^{(e)}(t_k),k=0,1,\cdots,N_t\}\rangle$$

式中，$x_0^{(e)}$、$\boldsymbol{u}^{(e)}(t)$ 分别是系统（2.111）的初始值以及构造的控制律；$\{\boldsymbol{x}^{(e)}(t_k),k=0,1,\cdots,N_t\}$ 是在时间区间$[t_0,t_f]$内实现的多步过程（2.113），实现时应给定初始值 $x_0^{(e)}$ 并受某控制 $\boldsymbol{u}^{(e)}(t)$ 的影响。事实上，可以将过程$\{\boldsymbol{x}^{(e)}(t_k)\}$与过程$\{\boldsymbol{x}(t_k)\}$（基于相同初始条件 $x_0^{(e)}$ 及控制$\boldsymbol{u}^{(\mathrm{rusinde})}(t)$得到）进行比较，对于某固定的参数值 w，可以按一定的方法确定要求的和实际实现的过程之间的距离，然后通过改变参数值 w 来将其最小化。然而，这种“直截了当的”方法会导致 ANN 训练阶段的计算量急剧增加，特别是在构建相应训练集的阶段。

然而，如果考虑到方程组（2.111）和（2.112）在时间 $\Delta t=t_{i+1}-t_i$ 后进入的状态仅取决于 t_i 时刻的状态 $\boldsymbol{x}(t_i)$ 以及相同时刻的控制动作 $\boldsymbol{u}(t_i)$，就可能大幅减少这种计算量。在这种情况下，可将多步过程$\{\boldsymbol{x}^{(e)}(t_k)\}$（$k=0,1,\cdots,N_t$）替换为 N_t 个单步过程，这些单步过程都

包含方程组（2.111）和（2.112）从一定初值$x(t_k)$开始的一步，时长为Δt。

为了获得一组初始点$\boldsymbol{x}_t(t_0)$、$\boldsymbol{u}_t(t_0)$，它们在整个容许取值范围$R_{XU}\subseteq \boldsymbol{X}\times\boldsymbol{U}(\boldsymbol{x}\in\boldsymbol{X},\boldsymbol{u}\in\boldsymbol{U})$内完全表征了方程组（2.111）和（2.112）的行为，我们来构造相应的网格。

令方程（2.111）中的状态变量x_i（$i=1,\cdots,n$）在各自的定义范围内取值，即

$$x_i^{\min}\leqslant x_i\leqslant x_i^{\max},\quad i=1,\cdots,n \tag{2.114}$$

方程（2.111）中的控制变量u_j（$j=1,\cdots,m$）也有类似的不等式，即

$$u_j^{\min}\leqslant u_j\leqslant u_j^{\max},\quad j=1,\cdots,m \tag{2.115}$$

我们在此范围内定义网格$\{\Delta^{(i)},\Delta^{(j)}\}$如下：

$$\begin{aligned}&\Delta^{(i)}:x_i^{(s_i)}=x_i^{\min}+s_i\Delta x_i,\quad i=1,\cdots,n,\quad s_i=0,1,\cdots,N_i\\&\Delta^{(j)}:u_j^{(p_j)}=u_j^{\min}+p_j\Delta u_j,\quad j=1,\cdots,m,\quad p_j=0,1,\cdots,M_j\end{aligned} \tag{2.116}$$

在表达式（2.116）中，我们有

$$\Delta x_i=\frac{x_i^{\max}-x_i^{\min}}{N_i},\quad i=1,\cdots,n$$

$$\Delta u_j=\frac{u_j^{\max}-u_j^{\min}}{M_j},\quad j=1,\cdots,m$$

这里的符号如下：N_i为状态变量x_i（$i=1,\cdots,n$）取值范围的分段数；M_j为控制变量u_j（$j=1,\cdots,m$）取值范围的分段数。

该网格的节点是长度为（$n+m$）、形式为$\langle x_i^{(s_i)},u_j^{(p_j)}\rangle$的多元组，其中分量$x_i^{(s_i)}$（$i=1,\cdots,n$）取自式（2.116）中对应的$\Delta^{(i)}$，分量$u_j^{(p_j)}$（$j=1,\cdots,m$）取自对应的$\Delta^{(j)}$。$R_{XU}$域是笛卡儿积$\boldsymbol{X}\times\boldsymbol{U}$的子集，这可以通过从网格（2.116）中排除“多余的”多元组来考虑。

文献［90］中考虑了一个求解ANN建模问题的例子，其中训练集是按上述方法构建的。例子中的原始运动模型是如下形式的方程组：

$$\begin{aligned}m(\dot{V}_z-qV_x)&=Z\\I_y\dot{q}&=M\end{aligned} \tag{2.117}$$

式中，Z是气动法向力，M是气动俯仰力矩，q是俯仰角速度，m是飞行器质量，I_y是俯仰转动惯量，V_x、V_z分别是纵向和法向速度。这里力Z和力矩M取决于攻角α。但对于水平直线飞行，攻角等于俯仰角θ。而俯仰角与速度V_z和空速V有如下运动学关系：

$$V_z=V\sin\theta$$

因此，方程组（2.117）是闭合的。

式（2.117）中俯仰力矩M是全动稳定舵偏角的函数，即$M=M(\delta_e)$。

因此，方程组（2.117）描述了角速度和俯仰角的瞬态过程，该过程立即发生在稳态水平飞行对应的平衡遭到破坏后。

因此，对于所考虑的特殊案例，状态和控制变量的组成如下：

$$\boldsymbol{x}=[V_z\quad q]^{\mathrm{T}},\quad \boldsymbol{u}=[\delta_e] \tag{2.118}$$

对于问题（2.117），受控对象数学模型对应（2.114）的不等式为

$$V_z^{\min} \leqslant V_z \leqslant V_z^{\max}$$
$$q^{\min} \leqslant q \leqslant q^{\max} \tag{2.119}$$

不等式（2.115）可写为

$$\delta_e^{\min} \leqslant \delta_e \leqslant \delta_e^{\max} \tag{2.120}$$

网格（2.116）重写为

$$\Delta^{(V_z)}: V_z^{(s_{V_z})} = V_z^{\min} + s_{V_z}\Delta V_z, s_{V_z} = 0,1,\cdots,N_{V_z}$$
$$\Delta^{(q)}: q^{(s_q)} = q^{\min} + s_q\Delta q, s_q = 0,1,\cdots,N_q$$
$$\Delta^{(\delta_e)}: \delta_e^{(p_{\delta_e})} = \delta_e^{\min} + p_{\delta_e}\Delta\delta_e, p_{\delta_e} = 0,1,\cdots,N_{\delta_e} \tag{2.121}$$

如上所述，每个网格节点（2.116）被用作方程组（2.111）的初值$x_0 = \boldsymbol{x}(t_0)$和$u_0 = \boldsymbol{u}(t_0)$，由这些初始值整体向前一步，时长为$\Delta t$。初值$\boldsymbol{x}(t_0)$和$\boldsymbol{u}(t_0)$构成学习样本中的输入向量，结果值$\boldsymbol{x}(t_0+\Delta t)$为目标向量，即表示 HC 模型学习算法的向量样本，是给定起始条件$\boldsymbol{x}(t_0)$和$\boldsymbol{u}(t_0)$下 NS 的输出值。

在动态系统（2.111）（特别是特定案例（2.117））的神经网络近似问题中，构建学习集不是一项容易的任务。计算实验[90] 表明，学习过程的收敛性对网格步长Δx_i、Δu_j和时间步长Δt非常敏感。

我们以系统（2.117）为例来解释这种情况，令

$$\Delta x_1 = \Delta V_z, \quad \Delta x_2 = \Delta q, \quad \Delta u_1 = \Delta\delta_e$$

如图 2-28 所示，我们表示了部分网格$\{\Delta^{(V_z)}, \Delta^{(q)}\}$，其节点用作初始值（训练样本的输入部分）以获得训练样本的目标部分。图 2-28 中，网格节点用圆圈表示，叉号为系统（2.117）的状态，以积分步长Δt和初始条件$(V_z^{(i)}, q^{(j)})$按方程积分得到（稳定舵$\delta_e^{(k)}$位置固定）。

在一系列Δt为常值的计算实验中，神经控制器学习过程的收敛条件如下：

$$V_z(t_0 + \Delta t) - V_z(t_0) < \Delta V_z$$
$$q(t_0 + \Delta t) - q(t_0) < \Delta q \tag{2.122}$$

式中，ΔV_z、Δq为固定δ_e时对应状态变量的网格间隔（2.121）。

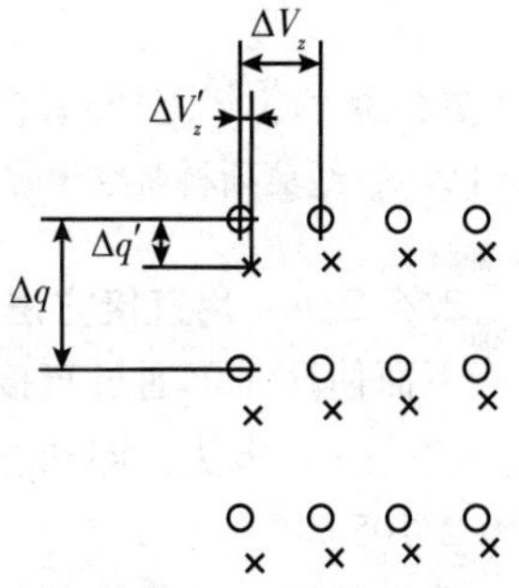

图 2-28 δ_e为常值时网格$\{\Delta^{(V_z)}, \Delta^{(q)}\}$的块。○代表起始网格节点，×代表网格目标点，$\Delta V_z$、$\Delta q$分别为状态变量$V_z$和$q$的网格间距，$\Delta V_z'$、$\Delta q'$是目标点相对网格节点产生的偏移（来自［90］，经莫斯科航空学院许可使用）

为$\Delta^{(\delta_e)}$中某个固定点$\delta_e^{(p)}$构建的网格$\{\Delta^{(V_z)}, \Delta^{(q)}\}$，可以用图 2-29 形象表示。这里，对于每个网格节点（表示为圆圈），也描绘了对应的目标点（叉号）。这些图像的集合（“束”）（每个图像对应一个值$\delta_e^{(p)} \in \Delta^{(\delta_e)}$），给出了关于系统（2.117）训练集结构的重要信息，有时可以由此大幅度地减少该集合的体量。

在构建网格（2.116）（对于纵向短周期运动为式（2.121））后，就可以建立相应的训练集，之后便可解决有监督的网络学习问题。文献［90］中完成了该项工作。该文中结果表明，构建训练集的直接方法可以成功用于解决低维问题（该维度由状态和控制向量的维数及其各分量容许值范围的大小决定）。

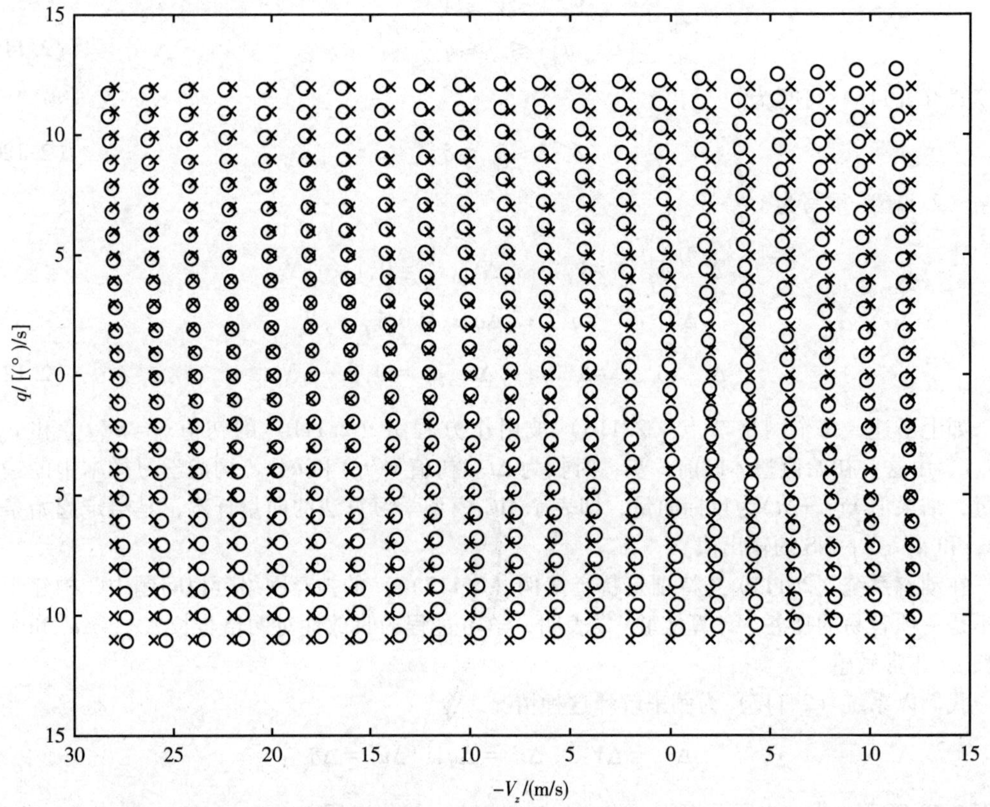

图2-29　$\{\Delta^{(V_z)}, \Delta^{(q)}\}$连同目标点的形象化网格表示（$\delta_e$ 为常值），该图对应 $\delta_e=-8$ 度（来自[90]，经莫斯科航空学院许可使用）

2.4.2.4　用直接方法构建的训练集的体量评估

下面估算一下通过直接方法构建的训练集的体量。我们首先考虑构建训练集最简单的直接方法——一步法，即动态系统（2.106）在时刻 t_{k+1} 的响应仅取决于时刻 t_k 的状态和控制变量（2.105）。

我们基于一个具体例子考虑这个问题，这个例子将在6.2节中解决（机动飞行器纵向短周期运动的ANN模型构建）。ODE方程组形式的初始运动模型如下：

$$\dot{\alpha} = q - \frac{\bar{q}S}{mV}C_L(\alpha, q, \delta_e) + \frac{g}{V}\cos\theta$$

$$\dot{q} = \frac{\bar{q}S\bar{c}}{I_y}C_m(\alpha, q, \delta_e)$$

$$T^2\ddot{\delta}_e = -2T\zeta\dot{\delta}_e - \delta_e + \delta_{e_{act}} \tag{2.123}$$

式中，α 是攻角（°），θ 是俯仰角（°），q 是俯仰角速度（°/s），δ_e 是全动稳定舵偏角（°），C_L 是升力系数，C_m 是俯仰力矩系数，m 是飞行器质量（kg），V 是空速（m/s），$q_p=\rho V^2/2$ 是动压（kg/m·s²），ρ 是空气密度（kg/m³），g 是重力加速度（m/s²），S 是翼面积（m²），$\bar{c}$ 是机翼的平均气动弦长（m），I_y 是飞行器相对横轴的惯量（kg·m²），无量纲系数 C_L 和 C_m 为其参数的非线性函数，T 和 ζ 是执行器的时间常数和相对阻尼系数，$\delta_{e_{act}}$ 是全动可控稳定舵给执行器的指令信号（限制为±25°）。模型（2.123）中，变量 α、q、δ_e、$\dot{\delta}_e$ 是受控对象的状态，变量 $\delta_{e_{act}}$ 是控制。

如上一节描述的那样，下面对所考虑动态系统进行离散化。为了降低问题的维数，我们只考虑变量 α、q、$\delta_{e_{act}}$（它们直接表征了所考虑动态系统的行为），并将变量 δ_e、$\dot{\delta}_e$ 视为"隐藏"变量。

如果对 δ_e、$\dot{\delta}_e$ 的依赖关系是"隐藏"的，那么对其余变量 α、q、$\delta_{e_{act}}$ 分别设置 N_α、N_q、$M_{\delta_{e_{act}}}$（对应变量的点数）。假设这些变量值的所有组合都是容许的，则不同样本数 N_α、N_q、$M_{\delta_{e_{act}}}$（简单起见，假设 $N_\alpha=N_q=M_{\delta_{e_{act}}}=N$）对应的总样本数 $N_\Sigma=N_\alpha\cdot N_q\cdot M_{\delta_{e_{act}}}$ 为

$$
\begin{aligned}
N = 20:&\quad 20\times 20\times 20 = 8000\\
N = 25:&\quad 25\times 25\times 25 = 15\ 625\\
N = 30:&\quad 30\times 30\times 30 = 27\ 000
\end{aligned}
\tag{2.124}
$$

如果构建的动态系统模型中不仅需要考虑变量 α、q、$\delta_{e_{act}}$，还需要考虑 δ_e、$\dot{\delta}_e$，那么获得的训练集体量估计为

$$
\begin{aligned}
N = 20:&\quad 20\times 20\times 20\times 20\times 20 = 3\ 200\ 000\\
N = 25:&\quad 25\times 25\times 25\times 25\times 25 = 9\ 765\ 625\\
N = 30:&\quad 30\times 30\times 30\times 30\times 30 = 24\ 300\ 000
\end{aligned}
\tag{2.125}
$$

从这些估计可以看出，从训练集体量的角度出发，只有那些状态少、控制量少以及中等采样规模的动态系统变体才是可接受的［式（2.124）中第一种和第二种］。即使这些参数值只有稍微增加［见式（2.125）］，也会导致训练集的体量不可接受。

在那些特别需要 ANN 建模的实际应用问题中，结果更令人印象深刻。

特别地，在飞行器角运动完整模型中（这种情况对应的 ANN 模型将在 6.3 节中考虑），我们有 14 个状态变量和 3 个控制变量，因此由直接方法构建的训练集体量在 $N_w=N_q=M_{\delta_e}=20$ 时将为 $N_\Sigma=20^{17}=1.3\times10^{22}$，这显然完全不能接受。

因此，在构建训练集以建模动态系统方面，直接方法的"市场"非常小，只可能应用于低维的简单问题。有一类间接方法可更好地适用于复杂的高维问题，该方法的基本思想是将一组特别设计的控制信号应用于感兴趣的动态系统。下一节将详细讨论此方法。间接方法有自己的优点和缺点。当训练数据的获取需要实时甚至提前进行的情况下，间接方法是唯一可行的选择。但是，在获取和处理训练数据方面没有严格时间限制的情况下，最合适的方法是混合方法，即直接和间接方法的混合。

2.4.3 获取动态神经网络训练数据集的间接方法

2.4.3.1 获取训练数据集间接方法的一般特征

间接方法的基本思想是施加一组专门设计的控制信号于动态系统，而不是直接采样状态和控制变量的可行值域 R_{XU}。

通过这种方法，动态系统的实际运动$(\boldsymbol{x}(t),\boldsymbol{u}(t))$由运动$(\boldsymbol{x}^*(t),\boldsymbol{u}^*(t))$（由控制信号$\boldsymbol{u}^*(t)$生成）以及运动$(\tilde{\boldsymbol{x}}(t),\tilde{\boldsymbol{u}}(t))$（由附加扰动动作$\tilde{\boldsymbol{u}}(t)$生成）的程序（测试机动）组成，即

$$\boldsymbol{x}(t)=\boldsymbol{x}^*(t)+\tilde{\boldsymbol{x}}(t),\quad \boldsymbol{u}(t)=\boldsymbol{u}^*(t)+\tilde{\boldsymbol{u}}(t) \tag{2.126}$$

测试机动的例子包括：

- 匀速水平直线飞行；
- 攻角单调递增飞行；
- 水平面内U形转弯；
- 螺旋上升/下降。

下面将讨论测试扰动动作$\tilde{\boldsymbol{u}}(t)$的可能变体。

式（2.126）中，测试机动$(\boldsymbol{x}^*(t),\boldsymbol{u}^*(t))$的类型决定了状态和控制变量值的变化范围，$\tilde{\boldsymbol{u}}(t)$是这些范围内的不同例子。

训练集的理想形式是什么？而现实中又如何通过间接方法获得呢？我们分几个阶段考虑该问题，从动态系统的最简单版本开始，之后的版本逐渐复杂。

首先考虑一个较简单的无控动态系统情况（图2-30）。

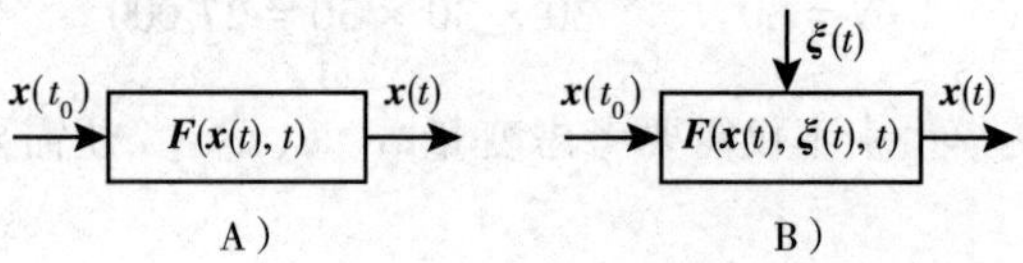

图2-30 无控动态系统。A）无外部扰动。B）有外部扰动

设有一个动态系统，即状态随时间变化的系统。该动态系统是不可控的，其行为仅受初始条件以及一些可能的外部扰动（动态系统所处并与之交互的环境的作用）的影响。这类动态系统的一个例子是炮弹，其飞行轨迹受射击初始条件的影响，此时炮弹运动所处的重力场以及大气决定了介质的作用。

所研究动态系统在特定时刻$t\in T=[t_0,t_f]$的状态由一组值$\boldsymbol{x}=(x_1,\cdots,x_n)$表示，这组量的组成由有关动态系统的问题决定。

在初始时刻，动态系统的状态取值为$\boldsymbol{x}^0=\boldsymbol{x}(t_0)=(x_1^0,\cdots,x_n^0)$，其中$\boldsymbol{x}^0=\boldsymbol{x}(t_0)\in\boldsymbol{X}$。

变量$\{x_i\}_{i=1}^n$准确描述了一定的动态系统，根据动态系统的定义，它们随时间变化。也就是说，动态系统由变量集$\{x_i(t)\}_{i=1}^n(t\in T)$表征，该集合称为动态系统的行为（相轨迹或状态空间轨迹）。

如前所述，一个（无控）动态系统的行为，由其初始状态$\{x_i(t_0)\}_{i=1}^n$和“动态系统的性质”决定，后者指变量x_i按动态系统演变规律（运行规律）$\boldsymbol{F}(\boldsymbol{x},t)$相互关联的方式。已知以前时刻的系统状态，由该演变规律决定（$t+\Delta t$）时刻的状态。

2.4.3.2 测试机动集合的构建

作为测试机动的一部分，选定的程序运动（参考轨迹）决定了训练数据的状态变量取值范围。需要选择覆盖动态系统状态变量值整个变化范围的参考轨迹集合。该集合中所需的轨迹数目由动态系统相轨迹的ε-邻近条件决定，即

$$\|x_i(t)-x_j(t)\|\leqslant\varepsilon,\quad x_i(t),x_j(t)\in\boldsymbol{X},\quad t\in T \tag{2.127}$$

定义一族动态系统参考轨迹

$$\{x_i^*(t)\}_{i=1}^{N_R},\quad x_i^*(t)\in\boldsymbol{X},\quad t\in T \tag{2.128}$$

如果$X_i\subset\boldsymbol{X}$中每条相轨迹$\boldsymbol{x}(t)\in X_i$满足以下条件：

$$\|x_i^*(t)-\boldsymbol{x}(t)\|\leqslant\varepsilon,\quad x_i^*(t)\in X_i,\quad \boldsymbol{x}(t)\in X_i,\quad t\in T \tag{2.129}$$

则称参考轨迹$x_i^*(t)(i=1,\cdots,N_R)$是动态系统相轨迹族 $X_i \subset \boldsymbol{X}$ 的 ε-代表。动态系统的参考轨迹族$\{x_i^*(t)\}_{i=1}^{N_R}$ 必须满足

$$\bigcup_{i=1}^{N_R} X_i = X_1 \cup X_2 \cup \cdots \cup X_{N_R} = \boldsymbol{X} \tag{2.130}$$

式中，$\boldsymbol{X}$ 是动态系统可能实现的所有相轨迹（状态空间轨迹）形成的族（集合）。该条件意味着参考轨迹族$\{x_i^*(t)\}_{i=1}^{N_R}$ 应该代表了动态系统行为的所有可能变体。可以将该条件作为动态系统行为可能的变体域的轨迹支撑 ε-覆盖完备性条件。

动态系统行为可能变体域 $\boldsymbol{X}$ 的最优 ε-覆盖问题，可描述为最小化集合$\{x_i^*(t)\}_{i=1}^{N_R}$ 中参考轨迹数目的问题，即

$$\{x_i^*(t)\}_{i=1}^{N_R^*} = \min_{N_R}\{x_i^*(t)\}_{i=1}^{N_R} \tag{2.131}$$

使得在确保训练集信息量的前提下体量最小。

另一个希望（但难以实现）的条件是

$$\bigcap_{i=1}^{N_R} X_i = X_1 \cap X_2 \cap \cdots \cap X_{N_R} = \varnothing \tag{2.132}$$

2.4.3.3 测试激励信号的构建

式（2.126）中测试机动的类型决定了状态和控制变量值的变化范围，而扰动动作的种类提供了该范围内的各种样本。后续几节将以获得动态系统训练数据信息集的方式，考虑测试激励扰动的构建问题（会给定测试机动）。

系统辨识使用的典型测试激励信号

通过细化（重建）ANN 模型中包含的若干元素（例如描述飞行器气动特性的函数）消除 ANN 模型中的不确定性，是辨识系统的一个典型问题[44,93-99]。在解决可控动态系统的辨识问题时，采用了大量的典型测试扰动。其中，最常见的是下列扰动[89,100-103]：

- 阶跃激励；
- 脉冲激励；
- 双态信号（信号类型 1-1）；
- 三态信号（信号类型 2-1-1）；
- 四态信号（信号类型 3-2-1-1）；
- 随机信号；
- 多谐波信号。

阶跃激励（图 2-31A）是在某时刻 t_i 从 $u=0$ 变为 $u=u^*$ 的函数 $u(t)$，即

$$u(t)=\begin{cases}0, & t<t_i\\ u^*, & t\geqslant t_i\end{cases} \tag{2.133}$$

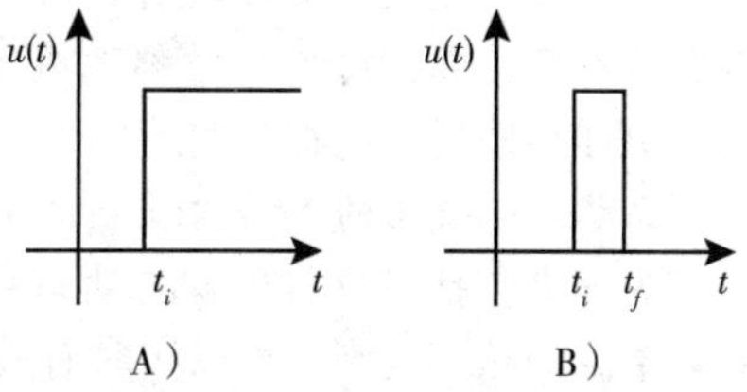

图 2-31　可控系统动态研究中使用的典型测试激励信号。A）阶跃激励。B）矩形脉冲激励（来自［109］，经莫斯科航空学院许可使用）

令 $u^*=1$，则式（2.133）为单位阶跃函数 $\sigma(t)$。使用它可以定义另一种测试激励——矩形脉冲（图 2-31B）：

$$u(t)=A(\sigma(t)-\sigma(t-T_r))\tag{2.134}$$

式中，A 是脉冲幅值，$T_r=t_f-t_i$ 是脉冲宽度。

在矩形脉冲信号（2.134）的基础上，可形成振荡性的扰动效果，它由一系列周期间有确定关系的矩形振荡组成。这类最常用的扰动包括双态信号（图2-32A）、三态信号（图2-32B）和四态信号（图2-32C）。

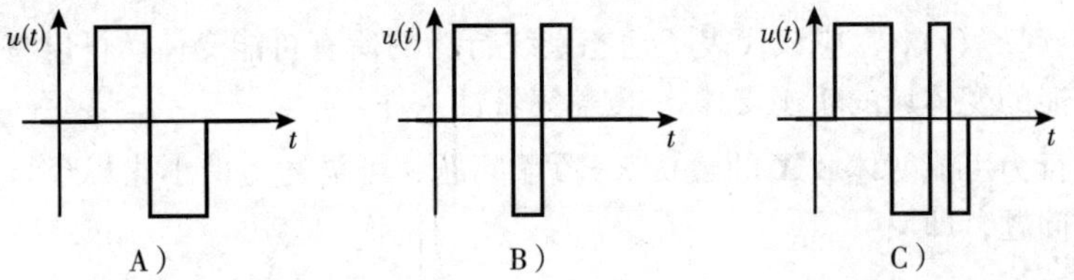

图2-32　可控系统动态研究中使用的典型测试激励信号。A）双态信号（信号类型1-1）。B）三态信号（信号类型2-1-1）。C）四态信号（信号类型3-2-1-1）（来自［109］，经莫斯科航空学院许可使用）

双态信号（也记为1-1型信号）是一个周期为 $T=2T_r$ 的完整矩形波，周期等于矩形脉冲宽度的两倍。

三态信号（2-1-1型信号）是宽度为 $T=2T_r$ 的矩形脉冲和周期为 $T=T_r$ 的完整矩形振荡的组合。

四态信号（3-2-1-1型信号）由在三态信号原点增加宽度为 $T=3T_r$ 的矩形脉冲形成。此外，还可以使用三态信号和四态信号的变体，其中信号的各个组成部分都是全周期振荡（见图2-33）。

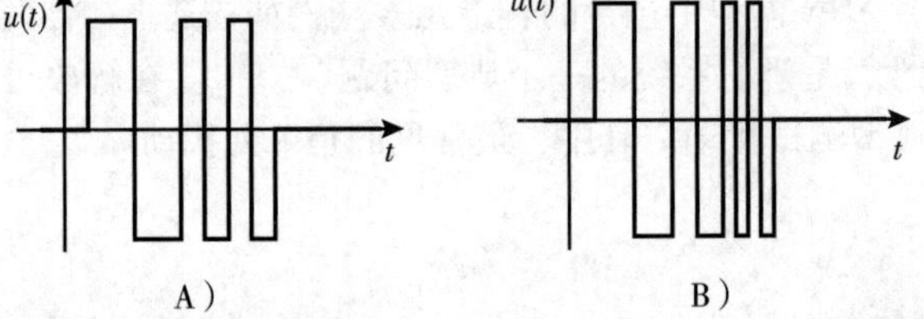

图2-33　可控系统动态研究中使用的测试激励信号修改版本。A）三态信号。B）四态信号（来自［109］，经莫斯科航空学院许可使用）

另一种典型激励信号如图2-34A所示。其值在所有时间间隔(t_i,t_{i+1})（$i=0,1,\cdots,n-1$）内保持不变，而在每个 t_i 时刻随机改变。下面将通过飞行器纵向角运动ANN模拟问题的示例，更详细地讨论这种类型的信号。

系统辨识使用的多谐波激励信号

为解决包括飞行器在内的动态系统辨识问题，频率法得到了成功应用。现有结果表明，对于给定的频率范围，可以实时有效地估计动态系统模型的参数[104–107]，如图2-34B所示。

确定动态系统频域建模所需的实验组成是辨识问题的重要部分。实验应借助对动态系统输入施加激励信号来进行，并覆盖预定的频率范围。

在实时估计动态系统参数的情况下，希望对动态系统的激励作用较小。如果满足此条件，则动态系统（特别地，飞机）对激励输入的响应强度，将与对大气湍流等的反应强度相当。这样，测试激励的影响将与自然扰动无甚差别，不会给机组人员带来不必要的担忧。

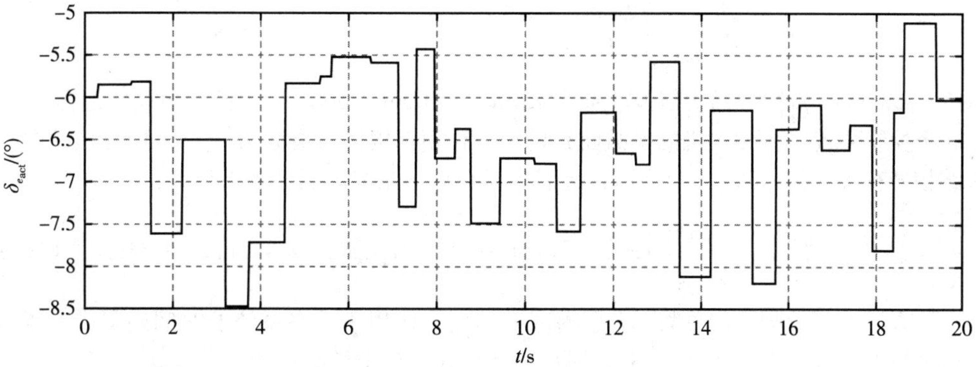

A）

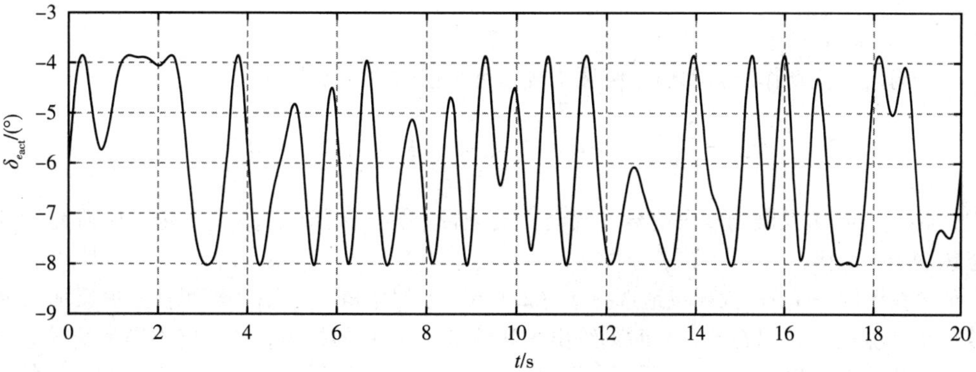

B）

图 2-34　研究受控系统动态使用的测试激励函数（关于时间）。A）随机信号。B）多谐波信号。其中，$\varphi_{e_{act}}$ 是示例（2.123）中飞行器升降舵（全动水平尾翼）指令信号（来自［109］，经莫斯科航空学院许可使用）

现代飞机作为最重要的动态系统之一，具有大量的控制装置（方向舵等）。当获取频率分析和动态系统辨识所需的数据时，非常希望能同时向所有部件施加测试激励信号，以减少数据收集花费的总时间。

Schröder 的工作[108] 表明了为此使用多谐波激励信号的前景，该信号是一组相位相对不同的正弦信号。这样的信号使得获得具有丰富频谱和低峰值因子（幅度系数）的激励信号成为可能。这种信号称为 Schröder 扫描信号。

峰值因子是输入信号最大振幅与输入信号能量之比。低峰值因子输入是有效的，因其提供了动态系统响应良好的频谱，而动态系统的时域输出（反应）信号振幅不大。

论文［107］发展了一种生成 Schröder 扫描信号的方法，可以在几个控制同步工作情况下获得这样的信号，并优化它们的峰值因子。该方法是面向实时工作的。

文献［107］中产生的激励信号在时域和频域上相互正交，可以理解为附加在实现动态系统给定行为所需控制输入对应的值之上的扰动。

为产生测试激励信号，仅需要的先验信息是动态系统固有频带的近似估计，以及正确缩放输入信号幅值的相对控制效率。

产生一组多谐波激励信号

影响第 j 个控制的输入扰动信号 $\boldsymbol{u}_j$ 的数学模型为谐波多项式

$$\boldsymbol{u}_j = \sum_{k\in I_k} A_k \sin\left(\frac{2\pi kt}{T} + \varphi_k\right), \quad I_k \subset K, \quad K = \{1,2,\cdots,M\} \tag{2.135}$$

是基波 $A_1\sin(\omega t+\varphi_1)$ 和高次谐波 $A_2\sin(\omega t+\varphi_2)$、$A_3\sin(\omega t+\varphi_3)$ 等的有限线性组合。

m 个控制装置（例如飞机的操纵面）的输入作用都构造为谐波信号（正弦波）的和，每个谐波信号有各自的相移 φ_k。对应第 j 个控制器的输入信号 $\boldsymbol{u}_j$ 具有如下形式：

$$\boldsymbol{u}_j = \sum_{k\in I_k} A_k \sin\left(\frac{2\pi kt}{T} + \varphi_k\right), \quad j=1,\cdots,m, \quad I_k \subset K, \quad K = \{1,2,\cdots,M\} \tag{2.136}$$

式中，M 是谐波相关频率的总数，T 是测试激励信号作用于动态系统的时间间隔，A_k 是第 k 个正弦分量的振幅。表达式（2.136）写成离散形式（N 个样本）为

$$\boldsymbol{u}_j = \{u_j(0), u_j(1), \cdots, u_j(i), \cdots, u_j(N-1)\}$$

式中，$u_j(i) = u_j(t(i))$。

m 个输入（扰动作用）都由正弦波构成，每个正弦波的频率为

$$\omega_k = \frac{2\pi k}{T}, \quad k\in I_k, \quad I_k \subset K, \quad K = \{1,2,\cdots,M\}$$

式中，$\omega_M = 2\pi M/T$ 是激励输入信号（扰动）的频带上界。区间 $[\omega_1, \omega_M]$ 规定了所研究飞机的动态预期频率范围。

如果在区间 $(-\pi, \pi]$ 内随机地选择式（2.136）中的相角 φ_k，则一般而言，被累加的单个谐波分量（振荡）可以在 $t(i)$ 时刻给出求和信号 $u_j(i)$ 的幅值，该处将不满足受扰运动与参考运动的邻近条件。

在式（2.136）中，必须选择每个谐波分量的相移 φ_k 使峰值因子㊀（幅度因子）$\mathrm{PF}(\boldsymbol{u}_j)$ 较小，峰值因子定义为

$$\mathrm{PF}(\boldsymbol{u}_j) = \frac{(u_j^{\max} - u_j^{\min})}{2\sqrt{(\boldsymbol{u}_j^{\mathrm{T}}\boldsymbol{u}_j)/N}} \tag{2.137}$$

或

$$\mathrm{PF}(\boldsymbol{u}_j) = \frac{(u_j^{\max} - u_j^{\min})}{2\mathrm{rms}(\boldsymbol{u}_j)} = \frac{\|\boldsymbol{u}_j\|_\infty}{\|\boldsymbol{u}_j\|_2} \tag{2.138}$$

式中后一个等号只在 $\boldsymbol{u}_j$ 相对于0对称振荡时成立。关系式（2.137）和式（2.138）中

$$u_j^{\min} = \min_i [u_j(i)], \quad u_j^{\max} = \max_i [u_j(i)]$$

对于式（2.135）中的单个正弦分量，如果峰值因子 $\mathrm{PF} = \sqrt{2}$，那么对应的相对峰值因子㊁（相对幅度因子）$\mathrm{RPF}(\boldsymbol{u}_j)$ 定义为

$$\mathrm{RPF}(\boldsymbol{u}_j) = \frac{(u_j^{\max} - u_j^{\min})}{2\sqrt{2}\,\mathrm{rms}(\boldsymbol{u}_j)} = \frac{\mathrm{PF}(\boldsymbol{u}_j)}{\sqrt{2}} \tag{2.139}$$

㊀ PF——Peak Factor（峰值因子）。

㊁ RPF——Relative Peak Factor（相对峰值因子）。

通过选择所有 k 个适当的相移 φ_k 来最小化指数（2.139），可防止上述受扰运动偏离参考运动产生无效值。

生成多谐波激励信号的步骤

为给定的一组控制装置生成多谐波输入的过程包括以下步骤。

（1）设置时间区间 T，期间将对控制对象的输入施加扰动。T 的大小决定了频率的最小分辨率 $\Delta f=1/T$，以及最小频率限制 $f_{\min}\geqslant 2/T$。

（2）设置频率范围 $[f_{\min},f_{\max}]$，将从中选择动态系统扰动作用的频率。它对应于该系统对所施加作用的期望反应的频率范围。这些作用以步长 Δf 均匀覆盖区间 $[f_{\min},f_{\max}]$。使用的频率总数为

$$M=\left\lfloor \frac{f_{\max}-f_{\min}}{\Delta f}\right\rfloor+1$$

式中，$\lfloor\cdot\rfloor$ 表示实数的整数部分。

（3）将索引集 $K=\{1,2,\cdots,M\}$ 划分为元素数目大致相等的子集 $I_j\subset K$，每个子集决定了对应第 j 个装置的频率集。这种划分应使不同控制装置的频率交替取值。例如，对于两个控制装置，集合 $K=\{1,2,\cdots,12\}$ 依此规则划分为子集 $I_1=\{1,3,\cdots,11\}$ 和 $I_2=\{2,4,\cdots,12\}$，对于三个控制装置则划分为子集 $I_1=\{1,4,7,10\}$、$I_2=\{2,5,8,11\}$ 和 $I_3=\{3,6,9,12\}$。该方法保证对单个输入信号生成小峰值因子，还能使每个信号都均匀覆盖频率范围 $[f_{\min},f_{\max}]$。如有必要，可以避开这种均匀性，例如，在需要强调一定的频率，或必须消除某些频率分量（特别是，为了避免引起控制对象的意外反应）时。文献［106］根据经验发现，如果将序号集 I_j 构造为包含大于 1 的数字、2 或 3 的倍数（例如，$k=2,4,6$ 或 $k=5,10,15,20$）的集合，则可以优化相移，使对应输入动作的相对峰值因子非常接近 1，甚至在某些情况下小于 1。子集 I_j 上的序号分布，必须满足如下条件：

$$\bigcup_j I_j=K,\quad K=\{1,2,\cdots,M\},\quad \bigcup_j I_j=\varnothing$$

每个序号 $k\in K$ 必须只使用一次。遵守此条件可同时确保输入动作在时域和频域中的相互正交性。

（4）根据式（2.136）生成每个控制装置的输入动作 u_j，然后根据 Schröder 方法计算初始相位角 φ_k，假设满足功率谱的均匀性。

（5）对每个输入动作 u_j，求最小化相对峰值因子的相角 φ_k。

（6）对于每个输入动作 u_j，进行一维搜索，寻找时间偏移常数，使相应的输入信号从幅值为 0 开始。该操作相当于沿时间轴移动输入信号的波形，使得该波形与横坐标轴（即时间轴）交于原点。对应该偏移的相移被加到输入动作 u_j 的所有正弦分量（谐波）的 φ_k 值中。要注意，为获得所有分量 u_j 的常值时间偏移，各分量的相移大小将不同，因为每个分量都有与其他分量不同的频率。由于信号 u_j 的所有分量在振荡周期 T 内都具有相同基频的谐波，因此如果改变所有分量的相角 φ_k 使输入信号的初值为 0，那么它在最终时刻的值也将为 0。在此情况下，输入信号的能量谱、正交性和相对峰值因子保持不变。

（7）返回步骤（5），并重复适当的操作，直到相对峰值因子达到规定值，或迭代次数达到限制。例如，相对峰值因子的目标值可以设为 1.01，最大迭代次数可以设为 50。

在动态系统参数估计问题中，有许多方法可以优化输入（测试）信号的频谱。但是，所有这些方法都需要大量计算、有关于所研究动态一定程度的知识，并通常与系统一定的标称状态相关。对于本章所考虑的情况，这些方法是无用的，因为我们的任务是在大范围变化的

各种功能模式下实时辨识系统动态。此外，在完成发生故障和损坏的动态对象控制系统重构任务时，需要解决系统动态发生重大和不可预测变化下的辨识问题。在这些条件下，输入动作频谱优化的费力计算是没有意义的，且在某些情况下是不可能的，因为无法满足实时性。为了对动态系统施加充分的激励作用，我们将为所有生成的输入动作选择在给定频率范围内均匀分布的频谱。

上述过程的步骤（6）提供了添加到所选主控制动作（例如平衡飞行器或执行预定机动）中的输入扰动信号。

2.5 参考文献

[1] Ollongren A. Definition of programming languages by interpreting automata. London, New York, San Francisco: Academic Press; 1974.

[2] Brookshear JG. Theory of computation: Formal languages, automata, and complexity. Redwood City, California: The Benjamin/Cummings Publishing Co.; 1989.

[3] Chiswell I. A course in formal languages, automata and groups. London: Springer-Verlag; 2009.

[4] Fu KS. Syntactic pattern recognition. London, New York: Academic Press; 1974.

[5] Fu KS. Syntactic pattern recognition and applications. Englewood Cliffs, New Jersey: Prentice Hall, Inc.; 1982.

[6] Fu KS, editor. Syntactic methods in pattern recognition, applications. Berlin, Heidelberg, New York: Springer-Verlag; 1977.

[7] Gonzalez RC, Thomason MG. Syntactic pattern recognition: An introduction. London: Addison-Wesley Publishing Company Inc.; 1978.

[8] Tutschku K. Recurrent multilayer perceptrons for identification and control: The road to applications. University of Würzburg, Institute of Computer Science, Research Report Series, Report No. 118; June 1995.

[9] Heister F, Müller R. An approach for the identification of nonlinear, dynamic processes with Kalman-filter-trained recurrent neural structures. University of Würzburg, Institute of Computer Science, Research Report Series, Report No. 193; April 1999.

[10] Haykin S. Neural networks: A comprehensive foundation. 2nd ed. Upper Saddle River, NJ, USA: Prentice Hall; 1998.

[11] Hagan MT, Demuth HB, Beale MH, De Jesús O. Neural network design. 2nd ed. PSW Publishing Co.; 2014.

[12] Graves A. Supervised sequence labelling with recurrent neural networks. Berlin, Heidelberg: Springer; 2012.

[13] Hammer B. Learning with recurrent neural networks. Berlin, Heidelberg: Springer; 2000.

[14] Kolen JF, Kremer SC. A field guide to dynamical recurrent networks. New York: IEEE Press; 2001.

[15] Mandic DP, Chambers JA. Recurrent neural networks for prediction: Learning algorithms, architectures and stability. New York, NY: John Wiley & Sons, Inc.; 2001.

[16] Medsker LR, Jain LC. Recurrent neural networks: Design and applications. New York, NY: CRC Press; 2001.

[17] Michel A, Liu D. Qualitative analysis and synthesis of recurrent neural networks. London, New York: CRC Press; 2002.

[18] Yi Z, Tan KK. Convergence analysis of recurrent neural networks. Berlin: Springer; 2004.

[19] Gupta MM, Jin L, Homma N. Static and dynamic neural networks: From fundamentals to advanced theory. Hoboken, New Jersey: John Wiley & Sons; 2003.

[20] Lin DT, Dayhoff JE, Ligomenides PA. Trajectory production with the adaptive time-delay neural network. Neural Netw 1995;8(3):447–61.

[21] Guh RS, Shiue YR. Fast and accurate recognition of control chart patterns using a time delay neural network. J Chin Inst Ind Eng 2010;27(1):61–79.

[22] Yazdizadeh A, Khorasani K, Patel RV. Identification of a two-link flexible manipulator using adaptive time delay neural networks. IEEE Trans Syst Man Cybern, Part B, Cybern 2010;30(1):165–72.

[23] Juang JG, Chang HH, Chang WB. Intelligent automatic landing system using time delay neural network controller. Appl Artif Intell 2003;17(7):563–81.

[24] Sun Y, Babovic V, Chan ES. Multi-step-ahead model error prediction using time-delay neural networks combined with chaos theory. J Hydrol 2010;395:109–16.

[25] Zhang J, Wang Z, Ding D, Liu X. H_∞ state estimation for discrete-time delayed neural networks with randomly occurring quantizations and missing measurements. Neurocomputing 2015;148:388–96.

[26] Yazdizadeh A, Khorasani K. Adaptive time delay neural network structures for nonlinear system identification. Neurocomputing 2002;77:207–40.

[27] Ren XM, Rad AB. Identification of nonlinear systems with unknown time delay based on time-delay neural networks. IEEE Trans Neural Netw 2007;18(5):1536–41.

[28] Beale MH, Hagan MT, Demuth HB. Neural network toolbox: User's guide. Natick, MA: The MathWorks, Inc.; 2017.

[29] Čerňanský M, Beňušková L. Simple recurrent network trained by RTRL and extended Kalman filter algorithms. Neural Netw World 2003;13(3):223–34.

[30] Elman JL. Finding structure in time. Cogn Sci 1990;14(2):179–211.

[31] Elman JL. Distributed representations, simple recurrent networks, and grammatical structure. Mach Learn 1991;7:195–225.

[32] Elman JL. Learning and development in neural networks: the importance of starting small. Cognition 1993;48(1):71–99.

[33] Chen S, Wang SS, Harris C. NARX-based nonlinear system identification using orthogonal least squares basis hunting. IEEE Trans Control Syst Technol 2008;16(1):78–84.

[34] Sahoo HK, Dash PK, Rath NP. NARX model based nonlinear dynamic system identification using low

complexity neural networks and robust H_∞ filter. Appl Soft Comput 2013;13(7):3324–34.
[35] Hidayat MIP, Berata W. Neural networks with radial basis function and NARX structure for material lifetime assessment application. Adv Mater Res 2011;277:143–50.
[36] Wong CX, Worden K. Generalised NARX shunting neural network modelling of friction. Mech Syst Signal Process 2007;21:553–72.
[37] Potenza R, Dunne JF, Vulli S, Richardson D, King P. Multicylinder engine pressure reconstruction using NARX neural networks and crank kinematics. Int J Eng Res 2017;8:499–518.
[38] Patel A, Dunne JF. NARX neural network modelling of hydraulic suspension dampers for steady-state and variable temperature operation. Veh Syst Dyn: Int J Veh Mech Mobility 2003;40(5):285–328.
[39] Gaya MS, Wahab NA, Sam YM, Samsudin SI, Jamaludin IW. Comparison of NARX neural network and classical modelling approaches. Appl Mech Mater 2014;554:360–5.
[40] Siegelmann HT, Horne BG, Giles CL. Computational capabilities of recurrent NARX neural networks. IEEE Trans Syst Man Cybern, Part B, Cybern 1997;27(2):208–15.
[41] Kao CY, Loh CH. NARX neural networks for nonlinear analysis of structures in frequency domain. J Chin Inst Eng 2008;31(5):791–804.
[42] Billings SA. Nonlinear system identification: NARMAX methods in the time, frequency and spatio-temporal domains. New York, NY: John Wiley & Sons; 2013.
[43] Pearson PK. Discrete-time dynamic models. New York–Oxford: Oxford University Press; 1999.
[44] Nelles O. Nonlinear system identification: From classical approaches to neural networks and fuzzy models. Berlin: Springer; 2001.
[45] Sutton RS, Barto AG. Reinforcement learning: An introduction. Cambridge, Massachusetts: The MIT Press; 1998.
[46] Busoniu L, Babuška R, De Schutter B, Ernst D. Reinforcement learning and dynamic programming using function approximators. London: CRC Press; 2010.
[47] Kamalapurkar R, Walters P, Rosenfeld J, Dixon W. Reinforcement learning for optimal feedback control: A Lyapunov-based approach. Berlin: Springer; 2018.
[48] Lewis FL, Liu D. Reinforcement learning and approximate dynamic programming for feedback control. Hoboken, New Jersey: John Wiley & Sons; 2013.
[49] Gill PE, Murray W, Wright MH. Practical optimization. London, New York: Academic Press; 1981.
[50] Nocedal J, Wright S. Numerical optimization. 2nd ed. Springer; 2006.
[51] Fletcher R. Practical methods of optimization. 2nd ed. New York, NY, USA: Wiley-Interscience. ISBN 0-471-91547-5, 1987.
[52] Dennis J, Schnabel R. Numerical methods for unconstrained optimization and nonlinear equations. Society for Industrial and Applied Mathematics; 1996.
[53] Gendreau M, Potvin J. Handbook of metaheuristics. International series in operations research & management science. US: Springer. ISBN 9781441916655, 2010.
[54] Du K, Swamy M. Search and optimization by metaheuristics: Techniques and algorithms inspired by nature. Springer International Publishing. ISBN 9783319411927, 2016.
[55] Glorot X, Bengio Y. Understanding the difficulty of training deep feedforward neural networks. In: Teh YW, Titterington M, editors. Proceedings of the Thirteenth International Conference on Artificial Intelligence and Statistics. Proceedings of machine learning research, vol. 9. Chia Laguna Resort, Sardinia, Italy: PMLR; 2010. p. 249–56. http://proceedings.mlr.press/v9/glorot10a.html.
[56] Nocedal J. Updating quasi-Newton matrices with limited storage. Math Comput 1980;35:773–82.
[57] Conn AR, Gould NIM, Toint PL. Trust-region methods. Philadelphia, PA, USA: Society for Industrial and Applied Mathematics. ISBN 0-89871-460-5, 2000.
[58] Steihaug T. The conjugate gradient method and trust regions in large scale optimization. SIAM J Numer Anal 1983;20(3):626–37.
[59] Martens J, Sutskever I. Learning recurrent neural networks with Hessian-free optimization. In: Proceedings of the 28th International Conference on International Conference on Machine Learning. USA: Omnipress. ISBN 978-1-4503-0619-5, 2011. p. 1033–40. http://dl.acm.org/citation.cfm?id=3104482.3104612.
[60] Martens J, Sutskever I. Training deep and recurrent networks with Hessian-free optimization. In: Neural networks: Tricks of the trade. Springer; 2012. p. 479–535.
[61] Moré JJ. The Levenberg–Marquardt algorithm: Implementation and theory. In: Watson G, editor. Numerical analysis. Lecture notes in mathematics, vol. 630. Springer Berlin Heidelberg. ISBN 978-3-540-08538-6, 1978. p. 105–16.
[62] Moré JJ, Sorensen DC. Computing a trust region step. SIAM J Sci Stat Comput 1983;4(3):553–72. https://doi.org/10.1137/0904038.
[63] Bottou L, Curtis F, Nocedal J. Optimization methods for large-scale machine learning. SIAM Rev 2018;60(2):223–311. https://doi.org/10.1137/16M1080173.
[64] Griewank A, Walther A. Evaluating derivatives: Principles and techniques of algorithmic differentiation. 2nd ed. Philadelphia, PA, USA: Society for Industrial and Applied Mathematics. ISBN 0898716594, 2008.
[65] Griewank A. On automatic differentiation. In: Mathematical programming: Recent developments and applications. Kluwer Academic Publishers; 1989. p. 83–108.
[66] Bishop C. Exact calculation of the Hessian matrix for the multilayer perceptron. Neural Comput 1992;4(4):494–501. https://doi.org/10.1162/neco.1992.4.4.494.
[67] Werbos PJ. Backpropagation through time: What it does and how to do it. Proc IEEE 1990;78(10):1550–60.
[68] Chauvin Y, Rumelhart DE, editors. Backpropagation: Theory, architectures, and applications. Hillsdale, NJ, USA: L. Erlbaum Associates Inc.. ISBN 0-8058-1259-8, 1995.
[69] Jesus OD, Hagan MT. Backpropagation algorithms for a broad class of dynamic networks. IEEE Trans Neural Netw 2007;18(1):14–27.
[70] Williams RJ, Zipser D. A learning algorithm for continually running fully recurrent neural networks. Neural Comput 1989;1(2):270–80.
[71] Bengio Y, Simard P, Frasconi P. Learning long-term dependencies with gradient descent is difficult. Trans Neural Netw 1994;5(2):157–66. https://doi.org/10.1109/72.279181.

[72] Hochreiter S, Bengio Y, Frasconi P, Schmidhuber J. Gradient flow in recurrent nets: The difficulty of learning long-term dependencies. In: Kolen J, Kremer S, editors. A field guide to dynamical recurrent networks. IEEE Press; 2001. p. 15.
[73] Kremer SC. A field guide to dynamical recurrent networks. 1st ed. Wiley-IEEE Press. ISBN 0780353692, 2001.
[74] Pascanu R, Mikolov T, Bengio Y. On the difficulty of training recurrent neural networks. In: Proceedings of the 30th International Conference on International Conference on Machine Learning, vol. 28. JMLR.org; 2013. pp. III–1310–III–1318.
[75] Hochreiter S, Schmidhuber J. Long short-term memory. Neural Comput 1997;9:1735–80.
[76] Gers FA, Schmidhuber J, Cummins F. Learning to forget: Continual prediction with LSTM. Neural Comput 1999;12:2451–71.
[77] Gers FA, Schmidhuber J. Recurrent nets that time and count. In: Proceedings of the IEEE-INNS-ENNS International Joint Conference on Neural Networks. IJCNN 2000. Neural computing: new challenges and perspectives for the New Millennium, vol. 3; 2000. p. 189–94.
[78] Gers FA, Schraudolph NN, Schmidhuber J. Learning precise timing with LSTM recurrent networks. J Mach Learn Res 2003;3:115–43. https://doi.org/10.1162/153244303768966139.
[79] Graves A, Schmidhuber J. Framewise phoneme classification with bidirectional LSTM networks. In: Proceedings. 2005 IEEE International Joint Conference on Neural Networks, 2005, vol. 4; 2005. p. 2047–52.
[80] Greff K, Srivastava RK, Koutník J, Steunebrink BR, Schmidhuber J. LSTM: A search space odyssey. CoRR 2015;abs/1503.04069. http://arxiv.org/abs/1503.04069.
[81] Wang Y. A new concept using LSTM neural networks for dynamic system identification. In: 2017 American Control Conference (ACC), vol. 2017; 2017. p. 5324–9.
[82] Doya K. Bifurcations in the learning of recurrent neural networks. In: Proceedings of 1992 IEEE International Symposium on Circuits and Systems, vol. 6; 1992. p. 2777–80.
[83] Pasemann F. Dynamics of a single model neuron. Int J Bifurc Chaos Appl Sci Eng 1993;03(02):271–8. http://www.worldscientific.com/doi/abs/10.1142/S0218127493000210.
[84] Haschke R, Steil JJ. Input space bifurcation manifolds of recurrent neural networks. Neurocomputing 2005;64(Supplement C):25–38. https://doi.org/10.1016/j.neucom.2004.11.030.
[85] Jesus OD, Horn JM, Hagan MT. Analysis of recurrent network training and suggestions for improvements. In: Neural Networks, 2001. Proceedings. IJCNN '01. International Joint Conference on, vol. 4; 2001. p. 2632–7.
[86] Horn J, Jesus OD, Hagan MT. Spurious valleys in the error surface of recurrent networks: Analysis and avoidance. IEEE Trans Neural Netw 2009;20(4):686–700.
[87] Phan MC, Hagan MT. Error surface of recurrent neural networks. IEEE Trans Neural Netw Learn Syst 2013;24(11):1709–21. https://doi.org/10.1109/TNNLS.2013.2258470.
[88] Samarin AI. Neural networks with pre-tuning. In: VII All-Russian Conference on Neuroinformatics. Lectures on neuroinformatics. Moscow: MEPhI; 2005. p. 10–20 (in Russian).
[89] Jategaonkar RV. Flight vehicle system identification: A time domain methodology. Reston, VA: AIAA; 2006.
[90] Morozov NI, Tiumentsev YV, Yakovenko AV. An adjustment of dynamic properties of a controllable object using artificial neural networks. Aerosp MAI J 2002;(1):73–94 (in Russian).
[91] Krasovsky AA. Automatic flight control systems and their analytical design. Moscow: Nauka; 1973 (in Russian).
[92] Krasovsky AA, editor. Handbook of automatic control theory. Moscow: Nauka; 1987 (in Russian).
[93] Graupe D. System identification: A frequency domain approach. New York, NY: R.E. Krieger Publishing Co.; 1976.
[94] Ljung L. System identification: Theory for the user. 2nd ed. Upper Saddle River, NJ: Prentice Hall; 1999.
[95] Sage AP, Melsa JL. System identification. New York and London: Academic Press; 1971.
[96] Tsypkin YZ. Information theory of identification. Moscow: Nauka; 1995 (in Russian).
[97] Isermann R, Münchhoh M. Identification of dynamic systems: An introduction with applications. Berlin: Springer; 2011.
[98] Juang JN, Phan MQ. Identification and control of mechanical systems. Cambridge, MA: Cambridge University Press; 1994.
[99] Pintelon R, Schoukens J. System identification: A frequency domain approach. New York, NY: IEEE Press; 2001.
[100] Berestov LM, Poplavsky BK, Miroshnichenko LY. Frequency domain aircraft identification. Moscow: Mashinostroyeniye; 1985 (in Russian).
[101] Vasilchenko KK, Kochetkov YA, Leonov VA, Poplavsky BK. Structural identification of mathematical model of aircraft motion. Moscow: Mashinostroyeniye; 1993 (in Russian).
[102] Klein V, Morelli EA. Aircraft system identification: Theory and practice. Reston, VA: AIAA; 2006.
[103] Tischler M, Remple RK. Aircraft and rotorcraft system identification: Engineering methods with flight-test examples. Reston, VA: AIAA; 2006.
[104] Morelli EA, In-flight system identification. AIAA–98–4261, 10.
[105] Morelli EA, Klein V. Real-time parameter estimation in the frequency domain. J Guid Control Dyn 2000;23(5):812–8.
[106] Morelli EA, Multiple input design for real-time parameter estimation in the frequency domain, in: 13th IFAC Conf. on System Identification, Aug. 27–29, 2003, Rotterdam, The Netherlands. Paper REG-360, 7.
[107] Smith MS, Moes TR, Morelli EA, Flight investigation of prescribed simultaneous independent surface excitations for real-time parameter identification. AIAA–2003–5702, 23.
[108] Schroeder MR. Synthesis of low-peak-factor signals and binary sequences with low autocorrelation. IEEE Trans Inf Theory 1970;16(1):85–9.
[109] Brusov VS, Tiumentsev YuV. Neural network modeling of aircraft motion. Moscow: MAI; 2016 (in Russian).

第3章

Neural Network Modeling and Identification of Dynamical Systems

动态系统建模与控制的神经网络黑箱方法

3.1 动态系统开发和维护相关的典型问题

如前所述，我们的研究对象是运行在各种不确定性条件下的受控动态系统。在解决受控动态系统相关问题时，需考虑的主要不确定类型如下：

- 作用在对象上的不可控干扰引起的不确定性；
- 对模拟对象及其运行环境的不完整和不准确的认识；
- 设备故障和结构损坏导致的对象属性变化引起的不确定性。

系统行为在很大程度上取决于当前和预测的态势，包括外部和内部两部分，即

$$\text{态势} = \text{外部态势(环境)} + \text{内部态势(对象)}$$

主要问题是，由于存在不确定性，动态系统的当前态势可能会发生重大的和不可预测的变化。我们在对系统进行建模和行为控制时，都必须考虑这种情况。

在第 1 章中，动态系统$\mathbb{S}$被定义为如下形式的有序三元组：

$$\mathbb{S} = \langle U, P, Y \rangle \tag{3.1}$$

式中 U 是被模拟/受控对象的输入，P 是被模拟/受控对象（设备），Y 是对象对输入信号的响应。在该定义中：

- 输入作用 U 包括初始条件、作用在对象 P 上的控制和不可控外部干扰；
- 被模拟/受控对象 P 是飞行器或其他类型的可控动态系统；
- 动态系统$\mathbb{S}$的输出 Y 是观测到的对象 P 对输入作用 U 的反应。

考虑到定义（3.1），我们可以将动态系统相关问题分为如下主要类型：

（1）动态系统行为分析 $\langle U, P, \boldsymbol{Y} \rangle$（给定 U 和 P，求 $\boldsymbol{Y}$）；

（2）动态系统控制综合 $\langle \boldsymbol{U}, P, Y \rangle$（给定 P 和 Y，求 $\boldsymbol{U}$）；

（3）动态系统辨识 $\langle U, \boldsymbol{P}, Y \rangle$（给定 U 和 Y，求 $\boldsymbol{P}$）。

问题 2 和 3 属于逆问题类型。问题 3 是生成动态系统模型相关的问题，而问题 1 和问题 2 与利用事先开发的模型相关。

3.2 解决动态系统相关问题的神经网络黑箱方法

传统上，我们采用微分方程（对连续时间系统）或差分方程（对离散时间系统）作为动态系统的模型。这些模型在某些情况下不能满足特定的要求，尤其是自适应的要求，这对将模型应用于机载控制系统的情形是必要的。另一种方法是采用 ANN 模型，它非常适合各种自适应算法的应用。

本节考虑传统的经验型 ANN 模型，即动态系统的黑箱型模型[1-11]。在第 5 章中，我们将通过在模型中嵌入与模拟系统相关的可用理论知识，将这些模型扩展为半经验（灰盒）模型。

3.2.1 模型的主要类型

表示（描述）动态系统有两种主要方法[12-14]：

- 在状态空间中表示动态系统（状态空间表示）；
- 按输入-输出关系表示动态系统（输入-输出表示）。

为简化描述动态系统的建模方法，我们将假设所考虑系统具有单一输出。所得结果可以毫无困难地扩展到具有向量值输出的动态系统中。

对于离散时间情况（这对 ANN 建模最重要），如果模型具有以下形式：

$$\begin{aligned}\boldsymbol{x}(k)&=\boldsymbol{f}(\boldsymbol{x}(k-1),\boldsymbol{u}(k-1),\boldsymbol{\xi}_1(k-1))\\ y(k)&=g(\boldsymbol{x}(k),\boldsymbol{\xi}_2(k))\end{aligned}\tag{3.2}$$

我们称模型是动态系统的状态空间表示。式中，向量$\boldsymbol{x}(k)$是动态系统的状态向量（也称为相向量），其分量是描述t_k时刻对象状态的变量；向量$\boldsymbol{u}(k)$以动态系统的输入控制变量为分量；向量$\boldsymbol{\xi}_1(k)$和$\boldsymbol{\xi}_2(k)$描述影响动态系统的干扰；标量变量$y(k)$是动态系统的输出；$\boldsymbol{f}(\cdot)$和$g(\cdot)$分别是非线性的向量值函数和标量值函数。状态向量的维数（即该向量中状态变量的数目）通常称为模型的阶次。状态变量可以对观测和测量可见，也可以不可见。一种特殊情况是，动态系统的输出可能等于它的一个状态变量。干扰$\boldsymbol{\xi}_1(k)$和$\boldsymbol{\xi}_2(k)$会影响动态系统的输出值和状态值。与输入控制动作相反，这些干扰是不可观测的。

动态系统状态空间模型的设计过程包括使用系统的可用数据找到函数$f(\cdot)$和$g(\cdot)$的近似表示。对于设计黑盒模型的情况（也就是说，我们不使用所模拟系统性质和特征的先验知识），这样的数据表示为系统输入和输出变量值的序列。

如果动态系统模型具有以下形式：

$$\boldsymbol{y}(k)=h(\boldsymbol{y}(k-1),\cdots,\boldsymbol{y}(k-n),\boldsymbol{u}(k-1),\cdots,\boldsymbol{u}(k-m),\boldsymbol{\xi}(k-1),\cdots,\boldsymbol{\xi}(k-p))\tag{3.3}$$

则称为具有输入-输出表示（根据系统的输入和输出表示系统）。式中，$h(\cdot)$是一个非线性函数，n是模型的阶次，m和p是正整数常数，$\boldsymbol{u}(k)$是动态系统的输入控制信号向量，$\boldsymbol{\xi}(k)$是干扰向量。当状态向量的所有分量可观测并且作为动态系统的输出信号时，输入-输出表示可以被视为状态空间表示的一种特殊情况。

当所模拟系统是线性的且具有时间不变性时，状态空间表示和输入-输出表示是等价的[12-13]。因此，我们可以从待解决问题的角度来判断哪一个更方便、更有效。反之，如果所模拟系统是非线性的，则状态空间表示更普遍，同时比输入-输出表示也更合理。然而，状态空间模型的实现通常稍微比输入-输出模型困难，因为它需要获得式（3.2）中两个映射$\boldsymbol{f}(\cdot)$和$g(\cdot)$的近似表示，而不是式（3.3）中的单一映射$h(\cdot)$。

在建模非线性动态系统时，选择合适的模型表示（状态空间或输入-输出模型）并不是唯一需要做出的设计选择。如何考虑干扰也起着重要作用，有三种可能的考虑方法：

- 干扰影响动态系统的状态；
- 干扰影响动态系统的输出；
- 干扰同时影响动态系统的状态和输出。

如［14］所示，作用于动态系统的干扰的性质显著影响着所构建模型的最优结构、学习所需算法的类型以及所生成模型的运行模式。我们将在下一节中更详细地考虑这些问题。

3.2.2 对作用在动态系统上的干扰的考虑方法

如前所述，我们对模型中干扰的影响的考虑方式显著影响着模型的结构及其训练算法。

3.2.2.1 动态系统的输入-输出表示

我们首先考虑干扰影响动态系统状态的情况。假设所需的动态系统表示具有如下形式：

$$\boldsymbol{y}_p(k)=\boldsymbol{\psi}(\boldsymbol{y}_p(k-1),\cdots,\boldsymbol{y}_p(k-n),\boldsymbol{u}(k-1),\cdots,\boldsymbol{u}(k-m))+\boldsymbol{\xi}(k) \tag{3.4}$$

式中，$\boldsymbol{y}_p(k)$是动态系统所描述过程的观测（测量）输出。

我们假设动态系统的输出受到加性噪声的影响，并且输出信号与噪声相加之后才作为反馈信号。这种情况下，时间步 k 处的系统输出将受到时间步 k 及其之前 n 个时间步的噪声信号的影响。

当函数 ψ 由前馈神经网络表示时，表达式（3.4）对应 NARX 型模型（具有外生输入的**非线性自回归**网络）[15-23]，即具有外部输入的非线性自回归的串-并行形式（见图 3-1B）。

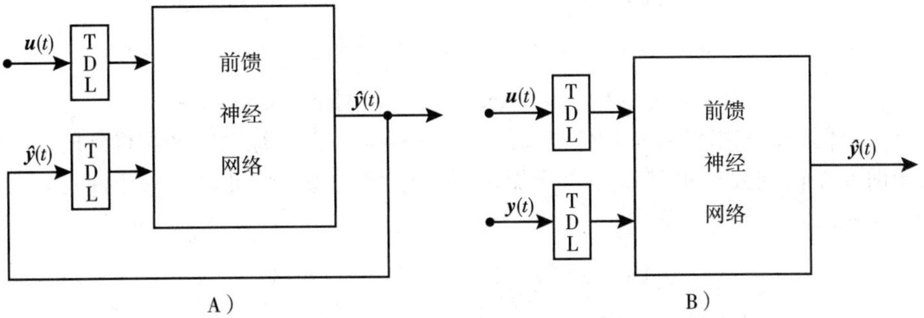

图 3-1 NARX 模型的总体结构。A）并行架构模型。B）串-并行架构模型

如上所述，我们考虑的情况是，影响动态系统输出的加性噪声不仅直接在当前时间步 k 影响输出，还经由先前 n 个时间步的输出产生影响。要求必须考虑先前输出，因为理想情况下，第 k 步的模拟误差应等于相同时刻的噪声值。因此，在设计动态系统模型时，有必要考虑过去时刻的系统输出，以补偿已产生的噪声影响。相应的理想模型可以采用前馈神经网络的形式，该网络实现以下映射：

$$\boldsymbol{g}(k)=\boldsymbol{\varphi}_{\mathrm{NN}}(\boldsymbol{y}_p(k-1),\cdots,\boldsymbol{y}_p(k-n),\boldsymbol{u}(k-1),\cdots,\boldsymbol{u}(k-m),\boldsymbol{w}) \tag{3.5}$$

式中，$\boldsymbol{w}$ 是参数向量，$\boldsymbol{\varphi}_{\mathrm{NN}}(\cdot)$是前馈网络实现的函数。

假设网络参数 $\boldsymbol{w}$ 的值是通过使$\boldsymbol{\varphi}_{\mathrm{NN}}(\cdot)=\boldsymbol{\varphi}(\cdot)$（即使网络准确地再现模拟动态系统的输出），训练网络计算得到的。此时，对于所有时刻 k，关系

$$\boldsymbol{y}_p(k)-\boldsymbol{g}(k)=\boldsymbol{\xi}(k),\quad \forall k\in\{0,N\}$$

成立，即模拟误差等于影响动态系统输出的噪声。该模型准确地反映了动态系统过程的确定部分，并且没有再现使系统输出信号失真的噪声，从这种意义上说可称为理想模型。该模型的输入是控制变量值，以及动态系统所实现过程的测量输出。此时，理想模型，也就是一个一步超前预测器，被训练为前馈神经网络，而不是递归网络。因此，在这种情况下为了获得最优模型，建议使用静态 ANN 模型的监督学习方法。

由于预测器网络的输入除了控制值外，还包括动态系统执行过程的输出测量（观察）值，所以我们所考虑的这类模型的输出只能朝前计算一个时间步（这是这种类型的预测器通

常称为一步超前预测器的原因)。如果生成的模型应该在超过一步的时域内反映动态系统的行为,那么我们必须将预测器在前一时刻的输出反馈到它当前时刻的输入中。这样一来,由于预测误差的累积,预测器将不再具有理想模型的特性。

需要考虑的另一类作用于系统的噪声类型,对应于噪声影响动态系统输出的情况。此时,对动态系统所执行过程的相应描述具有以下形式:

$$\begin{gathered}\boldsymbol{x}_p(k)=\boldsymbol{\varphi}(\boldsymbol{x}_p(k-1),\cdots,\boldsymbol{x}_p(k-n),\boldsymbol{u}(k-1),\cdots,\boldsymbol{u}(k-m))\\ \boldsymbol{y}_p(k)=\boldsymbol{x}_p(k)+\boldsymbol{\xi}(k)\end{gathered}\tag{3.6}$$

这种模型结构组织意味着加性噪声是直接加到动态系统输出信号中的(这是 NARX 型模型架构的并行版本,见图 3-1A)。因此,某时间步 k 的噪声信号仅影响同一时刻 k 的动态系统输出。

由于模型在时间步 k 的输出仅取决于同一时刻的噪声,所以最优模型不需要动态系统在之前时刻的输出值,使用模型本身生成的估计值就足够了。因此,这种情况下的“理想模型”由递归神经网络表示,它实现如下形式的映射:

$$\boldsymbol{g}(k)=\boldsymbol{\varphi}_{\mathrm{NN}}(\boldsymbol{g}(k-1),\cdots,\boldsymbol{g}(k-n),\boldsymbol{u}(k-1),\cdots,\boldsymbol{u}(k-m),\boldsymbol{w})\tag{3.7}$$

式中,与式(3.5)一样,$\boldsymbol{w}$ 是参数向量,$\boldsymbol{\varphi}_{\mathrm{NN}}(\cdot)$是前馈网络实现的函数。

同样,我们假设网络参数 $\boldsymbol{w}$ 的值是通过使$\boldsymbol{\varphi}_{\mathrm{NN}}(\cdot)=\boldsymbol{\varphi}(\cdot)$,训练网络计算得到的。我们还假设,对于前 n 个时间点,预测误差等于影响动态系统的噪声。此时,对于所有时刻 $k(k=0,\cdots,n-1)$,关系

$$\boldsymbol{y}_p(k)-\boldsymbol{g}(k)=\boldsymbol{\xi}(k),\quad \forall k\in\{0,n-1\}$$

成立。因此,模拟误差在数值上等于影响动态系统输出的噪声,也就是说,该模型准确地反映了动态系统过程的确定部分,并且没有再现使系统输出信号失真的噪声,从这种意义上可称为理想模型。

如果不满足建模初始条件(初始时刻的精确输出值不可用),但满足条件$\boldsymbol{\varphi}_{\mathrm{NN}}(\cdot)=\boldsymbol{\varphi}(\cdot)$,并且模型相对于初始条件是稳定的,那么随着时间步 k 的增加,模拟误差将减小。

从上述关系可以看出,加性输出噪声假设下的理想模型是闭环递归网络,这与状态噪声下的情况相反,它的理想模型由静态前馈网络表示。

因此,为了训练并行类型的模型,通常需要应用为动态网络设计的方法,当然,它比静态网络使用的学习方法困难。不过,对于所讨论的模型类型,可以提出利用模型特性的学习方法,降低传统动态网络学习方法的计算复杂性。构造这类方法的可能途径见第 2 章和第 5 章。

作用在并行模型运行过程中的噪声所产生影响的特性,使得它们不仅可以用作一步超前预测器(如同串-并行模型的情况),还可以作为完整的动态系统模型,允许我们分析这些系统在要求的持续时间内的行为,而不仅是一步超前。

噪声影响所模拟系统的最后一类,是噪声同时影响动态系统的输出和状态。这对应如下形式的模型:

$$\begin{gathered}\boldsymbol{y}(k)=\boldsymbol{\varphi}(\boldsymbol{x}_p(k-1),\cdots,\boldsymbol{x}_p(k-n),\boldsymbol{u}(k-1),\cdots,\boldsymbol{u}(k-m),\boldsymbol{\xi}(k-1),\cdots,\boldsymbol{\xi}(k-p))\\ \boldsymbol{y}_p(k)=\boldsymbol{y}(k)+\boldsymbol{\xi}(k)\end{gathered}\tag{3.8}$$

这类模型属于 NARMAX 类(**具有移动平均和外生输入的非线性自回归网络**)[1,24],即表示具有移动平均和外部(控制)输入的非线性自回归。此时,所开发的模型同时考虑动态系统过

去的测量输出值和模型自身估计的以往输出值。因为这样的模型是前面考虑的两个模型的组合，所以它只能用作一步超前预测器，类似于噪声影响状态的模型。

3.2.2.2 动态系统的状态空间表示

在上一节中，我们讨论了考虑干扰的几种方法，并展示了这一设计选择是如何影响输入-输出模型结构及其训练过程的。现在我们考虑动态系统的状态空间表示，在非线性系统建模时它比输入-输出表示更普遍[12-14]。

我们首先考虑噪声影响动态系统输出的情况，假设所需的动态系统表示具有如下形式：

$$\begin{aligned}\boldsymbol{x}(k) &= \boldsymbol{\varphi}(\boldsymbol{x}(k-1),\boldsymbol{u}(k-1))\\ \boldsymbol{y}(k) &= \boldsymbol{\psi}(\boldsymbol{x}(k)) + \boldsymbol{\xi}(k)\end{aligned} \tag{3.9}$$

由于这种情况下噪声仅存在于观测方程中，所以不会影响所模拟对象的动态。基于类似上文动态系统输入-输出表示情况的讨论，此时理想模型由递归网络表示，定义如下：

$$\begin{aligned}\boldsymbol{x}(k) &= \boldsymbol{\varphi}_{\mathrm{NN}}(\boldsymbol{x}(k-1),\boldsymbol{u}(k-1))\\ \boldsymbol{y}(k) &= \boldsymbol{\psi}_{\mathrm{NN}}(\boldsymbol{x}(k))\end{aligned} \tag{3.10}$$

式中，$\boldsymbol{\varphi}_{\mathrm{NN}}(\cdot)$是函数$\boldsymbol{\varphi}(\cdot)$的精确表示，$\boldsymbol{\psi}_{\mathrm{NN}}(\cdot)$是函数$\boldsymbol{\psi}(\cdot)$的精确表示。

下面考虑另一类噪声假设，即噪声影响动态系统状态的情况。此时，动态系统所实现过程的相应描述具有以下形式：

$$\begin{aligned}\boldsymbol{x}(k) &= \boldsymbol{\varphi}(\boldsymbol{x}(k-1),\boldsymbol{u}(k-1),\boldsymbol{\xi}(k-1))\\ \boldsymbol{y}(k) &= \boldsymbol{\psi}(\boldsymbol{x}(k))\end{aligned} \tag{3.11}$$

基于与动态系统输入-输出表示相同的考虑，我们可以得出结论，在这种情况下，理想模型的输入除了控制 $\boldsymbol{u}$ 外，还必须包括动态系统的状态变量。有两种可能的情况：

- 状态变量可观测，因此可以将其视为系统的输出，问题简化为之前考虑的输入-输出表示情况。理想模型是前馈神经网络，可以用作一步超前预测器。
- 状态变量不可观测，因此无法构建理想模型。在这种情况下，我们应该使用输入-输出表示（失去一些一般性），或者构建某种递归模型，尽管此时它不是最优的。

噪声影响模拟系统的最后一类，是噪声同时影响动态系统的输出和状态。这一假设导致模型具有如下形式：

$$\begin{aligned}\boldsymbol{x}(k) &= \boldsymbol{\varphi}(\boldsymbol{x}(k-1),\boldsymbol{u}(k-1),\boldsymbol{\xi}_1(k-1))\\ \boldsymbol{y}(k) &= \boldsymbol{\psi}(x(k)) + \boldsymbol{\xi}_2(k)\end{aligned} \tag{3.12}$$

与上文类似，有两种可能的情况：

- 如果状态变量可观测，则可视为动态系统的输出，问题简化为之前考虑的输入-输出表示情况。
- 如果状态变量不可观测，理想模型应同时包括系统的状态和观测输出。

3.3 基于 ANN 的动态系统建模与辨识

3.3.1 动态系统建模的前馈神经网络

构建动态系统模型最自然的方法是使用递归神经网络。这种网络本身就是动态系统，这决定了这种方法的有效性。然而，动态网络的学习非常困难。因此，在可能的情况下，建议使用学习过程更简单的前馈网络。

前馈网络既可用于动态系统建模任务，也可用于此类系统的控制。在第一种情况中，我们解决某些不受控动态系统的建模问题，系统实现的轨迹只依赖于初始条件（以及可能作用于系统的干扰）。对于初始条件的单个变体，问题的解将是某个函数（通常是非线性的）描述的轨迹。众所周知[14,25-29]，前馈网络具有万有逼近似特性，也就是说本问题中，描述动态系统行为的任务简化为构建适当架构和训练前馈神经网络的任务。

在实际问题中，单个初始条件变体并不是典型情况。通常，所考虑动态系统的相关初始条件位于一定范围。在这种情况下，我们可以参数化系统实现的轨迹，其参数就是初始条件。最简单的变体是将初始条件的合理取值范围用“典型值”的有限集合覆盖，并构造一束与这些初始条件对应的轨迹。此时，我们将这样的束构造成轨迹之间距离不超过预定阈值。然后，当初始条件与任何可用集合都不重叠时，我们从集合中取最接近该初始条件的值。这种方法在概念上接近于第5章中，在给动态ANN模型生成训练数据的任务中构建参考轨迹集合的方法。基于前馈神经网络的使用，这种方法以及其他一些方法，在解决动态系统建模和辨识问题中有一定的应用[30-38]。

第二种情况与面向块的系统建模方法有关。通过这种方法，动态系统被表示为一组相互关联并相互作用的块。其中一些块表示某些函数的实现，这些函数通常是非线性的。这些非线性函数可以通过多种方式实现，包括前馈神经网络的形式。神经网络方法在这种情况下的价值在于，通过使用适当的学习算法，可以基于所模拟系统的实验数据“恢复”特定类型的神经网络函数。

这种面向块的方法的典型例子是维纳（Wiener）型、哈默斯坦（Hammerstein）型、维纳-哈默斯坦（Wiener-Hammerstein）型和哈默斯坦-维纳（Hammerstein-Wiener）型的非线性可控系统（图3-2）[39-50]。这些系统是“静态非线性”（实现为非线性函数）和“线性动态”（实现为线性微分方程组或线性递归网络）类型的块集。维纳模型（图3-2A）包含一个第一类的非线性块（N）后接一个第二类的线性块（L）形成的组合（N-L结构），哈默斯坦模型（图3-2B）用L-N型结构来表示。由三个块组成的组合变体包括哈默斯坦-维纳模型中的两个第一类块加一个第二类块（N-L-N结构，图3-2C），维纳-哈默斯坦模型中的两个第二类块加一个第一类块（L-N-L结构，图3-2D）。这种面向块的方法适用于SISO㊀、MISO㊁和MIMO㊂类型的系统。有些研究[39-50]展示了这些模型种类的ANN实现。

与传统方法相比，使用ANN方法来实现上述种类模型有以下优点：

- 静态非线性函数可以具有几乎任意的复杂度，特别是可以是多维的（多个变量的函数）。
- 实现基于块的方法（通常用于解决各种应用问题）所需的$F(\cdot)$变换，是通过在表征所考虑动态系统行为的实验数据上训练形成的。也就是说，在建模过程开始之前，不需要费力地去构建这些关系。
- ANN模型的一个特征是“固有的适应性”，通过网络学习过程实现。在某些条件下，它提供了在动态系统运行过程中及时在线调整模型的可能性。

㊀ SISO，Single Input Single Output，单输入单输出。
㊁ MISO，Multiple Input Single Output，多输入单输出。
㊂ MIMO，Multiple Input Multiple Output，多输入多输出。

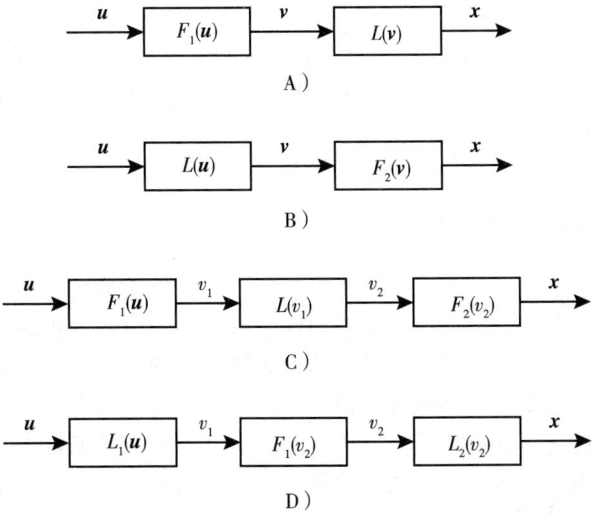

图 3-2　面向块的可控动态系统模型。A）维纳模型（N-L）。B）哈默斯坦模型（L-N）。C）哈默斯坦-维纳模型（N-L-N）。D）维纳-哈默斯坦模型（L-N-L）。其中 $F(\cdot)$、$F_1(\cdot)$、$F_2(\cdot)$ 是静态非线性函数，$L(\cdot)$、$L_1(\cdot)$、$L_2(\cdot)$ 是线性动态系统（微分方程组或线性 RNN）

3.3.2　动态系统建模的递归神经网络

ANN 可分为两类：静态 ANN 和动态 ANN。

分层前馈网络是静态网络，特征是它们的输出仅依赖于输入，也就是说，要计算这种 ANN 的输出，只需要输入变量的当前值。

动态 ANN 的输出则不单取决于输入的当前值。动态 ANN 计算输出时，要考虑网络输入、状态以及输出的当前值和过去值。具有不同架构的动态 ANN，使用这些值的不同组合。我们在第 2 章给出了相应例子。这类动态网络之所以出现，是因为在其结构中以某种方式引入了存储器（例如，作为 TDL 单元），这允许我们保存网络的输入、状态和输出值，供进一步使用。动态网络中存在的存储器使我们能够处理时序值，这对于动态系统的 ANN 模拟至关重要。因此，使用一些变量值（作为系统时间或状态函数的控制变量）或这种值的集合作为 ANN 模型的输入成为可能。系统及相应模型的响应也将表示一定的变量集，换句话说，表示系统在状态空间中的轨迹。

至于用来给受控系统行为建模的动态网络的可能选择，有两个主要方向：

- 通过在传统的前馈网络输入中加入 TDL 单元而衍生的动态网络（模型），这使得考虑输入（控制）信号的动态变化成为可能。这是因为不仅输入信号的当前值，还有若干过去时刻的（历史）值也将被馈送到 ANN 模型的输入中。这类模型包括第 2 章讨论的 TDNN（FTDNN）和 DTDNN 等网络。4.2 节将讨论使用 TDNN 类型模型解决特定应用问题的例子。[51-58] 还考虑了使用此类网络解决其他一些应用问题。
- 具有反馈的动态网络（递归网络）是建模受控动态系统更加强大的工具。这种能力体现在，它不仅可以考虑控制信号（输入）的历史，还可以考虑输出和内部状态（隐藏层的输出）的历史。对于解决非线性动态系统建模、辨识和控制问题，NARX[15-23] 和 NARMAX[1,24] 类型的递归网络最为常用。我们将在第 4 章讨论若干利用 NARX 网络解决飞行器运动模拟问题的例子。非线性动态系统 ANN 模型结构组织的更一般的形式是具有 LDDN 架构的网络[29]。个别情况下，这种架构几乎包含了其他任何神经架构（前馈和递归），包括 NARX 和 NARMAX。LDDN 架构，以及采用这种架构网络的学习算法，不仅可以构建传统风格的 ANN 模型（黑盒型），还可以构建混合 ANN 模型（灰盒型）。我们将在第 5 章中讨论这类模型，并在第 6 章中给出它们的范例。

3.4 基于 ANN 的动态系统控制

开发复杂受控系统产生了一些仅靠传统控制理论无法解决的问题。这些任务主要与系统运行条件中的不确定性相关，需要执行决策程序，这是具有启发式推理、学习和积累经验能力的人的特征。当待解决问题的复杂性或其运行条件的不确定水平不允许提前求解时，就会出现训练需求。在这些情况下，训练可以积累系统运行期间的信息，并用它们来形成解决方案，动态地满足当前态势。我们称实现这些功能的系统为**智能控制系统**。

近年来，智能控制（研究构建和实施智能控制系统的方法与工具）是一个跨学科的热点研究领域，它基于传统控制理论、人工智能、模糊逻辑、ANN、遗传算法以及其他搜索和优化算法的思想、技术及工具。

复杂的航空航天系统，特别是飞机，全部属于复杂受控系统。近几十年来，自动控制理论及其在航空航天方面的应用取得了重大进展。特别是在计算装备领域，取得了相当大的进展，使得可以进行大量机载计算。

然而，尽管有这些成功，但到目前为止，适用于现代先进飞机技术的控制律综合仍是一项具有挑战性的任务。主要是因为现代多用途高机动性飞机应在宽泛的飞行条件、质量和惯性特性下运行，飞机的气动特性和动态特性具有显著的非线性特征。

因此，在智能控制提供的方法的基础上，尝试扩大传统上用于解决飞机控制问题的方法和工具的范围，看起来是有意义的。一种这样的方法是利用 ANN。

3.4.1 利用人工神经网络调整受控对象的动态特性

在本节中，我们力图展示如何使用 ANN 技术高效地给出飞机非线性运动模型的适当表示（近似）。然后，使用这种近似，我们可以综合神经控制器来解决一些受控对象（飞机）的动态特性调整问题。

首先，我们基于利用参考模型间接评估受控对象（设备）的动态特性，来阐述这些动态特性的调整问题。有人提出通过改变控制器参数值，产生对设备的调整动作，来解决这一问题。

然后，利用对象行为的参考模型，给出改变调整（校正）控制器参数的结构图。可以看到，我们必须用另一个计算复杂度大大降低的模型代替非线性 ODE 形式的传统飞机运动模型。我们需要该代替，以确保所提出控制方案的有效运行。对于这样一个代替模型，我们建议使用 ANN。

在后面几节中，我们将描述飞机运动所用 ANN 模型的主要特征，并给出其构建技术。接下来，将考虑动态系统 ANN 模型的一种可能应用，即用以调整对象动态特性的控制神经网络（神经控制器）的综合。我们将构建飞机运动的参考模型，神经控制器会尝试引导原始对象响应该模型的行为。我们将给出一个神经控制器的示例，它产生信号来调整飞机纵向短周期运动的行为。该示例主要基于对象的 ANN 模拟结果。

3.4.1.1 受控对象动态特性调整问题

假设所考虑的受控对象（设备）是由如下形式的向量微分方程描述的动态系统[59-61]：

$$\dot{\boldsymbol{x}} = \boldsymbol{\varphi}(\boldsymbol{x},\boldsymbol{u},t) \tag{3.13}$$

在式（3.13）中，$\boldsymbol{x}=[x_1 \quad x_2 \quad \cdots \quad x_n]^{\mathrm{T}} \in \mathcal{R}^n$ 是对象的状态向量；$\boldsymbol{u}=[u_1 \quad u_2 \quad \cdots \quad u_m]^{\mathrm{T}} \in \mathcal{R}^m$ 是对象的控制向量；$\mathcal{R}^n$、$\mathcal{R}^m$ 分别是 n 维和 m 维欧几里得空间；$t \in [t_0, t_f]$ 是时间。

在式（3.13）中，$\boldsymbol{\varphi}(\cdot)$ 是向量参数 $\boldsymbol{x}$、$\boldsymbol{u}$ 和标量参数 t 的非线性向量函数。假设它是给定的，并且属于某类函数（对于在对象状态空间所考虑范围内给定的 $\boldsymbol{x}(t_0)$ 和 $\boldsymbol{u}(t)$，该函数认为式（3.13）的解存在）。

受控对象，即式（3.13）由一组固有动态特性来表征[59,61]。这些特性通常取决于某些典型测试动作下对象的响应。例如，当对象是飞机时，该动作可以是其升降舵按规定角度做的阶跃偏转。动态特性由对象运动的稳定性及过渡过程质量来描述。

对象运动的稳定性，对于变量 $x_i(i=1,\cdots,n)$ 来说，取决于干扰消失后随时间返至某个未扰动值 $x_i^{(0)}(t)$ 的能力[61]。

对于为对象响应阶跃动作而产生的过渡过程，其特性以适当的性能指标（质量指标）来估计，通常包括调节时间、过渡过程最大偏差、超调量、自由振荡频率、上升时间以及过渡过程中的振荡次数[59,61]。

我们不采用这些指标，而是使用基于某些参考模型的间接方法来评估对象的动态特性。可以通过利用上述过渡过程质量指标，以及一些可能的额外考虑因素（如飞行员对飞机操纵质量的评估）来获得。

使用参考模型，我们可以这样估计对象的动态特性：

$$I = \sum_{i=1}^{n} \int_0^{\infty} [x_i(t) - x_i^{(\mathrm{ref})}(t)]^2 \mathrm{d}t \tag{3.14}$$

或

$$I = \sum_{i=1}^{n} \lambda_i \int_0^{\infty} [x_i(t) - x_i^{(\mathrm{ref})}(t)]^2 \mathrm{d}t \tag{3.15}$$

式中 $\boldsymbol{\lambda}_i$ 是加权系数，设定了不同状态变量变化的相对重要性。

我们可以使用线性参考模型

$$\dot{\boldsymbol{x}}^{(\mathrm{ref})} = \boldsymbol{A}\boldsymbol{x}^{(\mathrm{ref})} + \boldsymbol{B}\boldsymbol{u} \tag{3.16}$$

其中矩阵 $\boldsymbol{A}$ 和 $\boldsymbol{B}$ 适当匹配（例如，见［62］）。还可以使用原始非线性模型（3.13），其中向量函数 $\boldsymbol{\varphi}(\cdot)$ 仍然保持非线性，通过校正它以获得所需的瞬时过程质量，即

$$\dot{\boldsymbol{x}}^{(\mathrm{ref})} = \boldsymbol{\varphi}^{\mathrm{ref}}(\boldsymbol{x}^{\mathrm{ref}},\boldsymbol{u},t) \tag{3.17}$$

我们将进一步基于非线性参考模型（3.17），使用间接方法评估对象的动态特性。

假设有一个对象，其行为由式（3.13）描述，期望的行为模型由式（3.17）给出。

通过设置控制变量的校正值 $\Delta\boldsymbol{u}(\boldsymbol{x},\boldsymbol{u}^*)$，可以影响由动态特性决定的对象行为。使用 t_i 时刻的状态向量 $\boldsymbol{x}$ 和指令控制向量 $\boldsymbol{u}^*$，构建 t_{i+1} 时刻所需 $\Delta\boldsymbol{u}(\boldsymbol{x},\boldsymbol{u}^*)$ 的运算为

$$\Delta\boldsymbol{u}(t_{i+1}) = \boldsymbol{\psi}(\boldsymbol{x}(t_i),\boldsymbol{u}^*(t_i)) \tag{3.18}$$

我们将在称之为**调整控制器**（AC）的器件中执行。假设式（3.18）中变换 $\boldsymbol{\psi}(\cdot)$ 的特性由某个向量 $\boldsymbol{w}=[w_1 \quad w_2 \quad \cdots \quad w_{N_w}]^{\mathrm{T}}$ 的分量取值及组合决定。对象和调整控制器的组合（式（3.13）、式（3.18））称为**受控系统**（图 3-3）。

问题是如何选择控制器实现的变换 $\boldsymbol{\psi}$，以使控制系统展现最接近参考模型的行为。我们称这一任务为对象的**动态特性调整任务**。

对象的动态特性调整可以视为最小化某个**误差函数** $E(\boldsymbol{w})$，即

$$E(\boldsymbol{w}^*)=\min_{\boldsymbol{w}} E(\boldsymbol{w})$$

式中 $\boldsymbol{w}^*$ 是使函数 $E(\boldsymbol{w})$ 具有最小值的向量 $\boldsymbol{w}$，$E(\boldsymbol{w})$ 可以定义为

$$E(\boldsymbol{w})=\int_{t_0}^{t_f}[\boldsymbol{x}^{(\mathrm{ref})}(t)-\boldsymbol{x}(\boldsymbol{w},t)]^2\mathrm{d}t \tag{3.19}$$

或者

$$E(\boldsymbol{w})=\max_{t\in[t_0,t_f]}|\boldsymbol{x}^{(\mathrm{ref})}(t)-\boldsymbol{x}(\boldsymbol{w},t)| \tag{3.20}$$

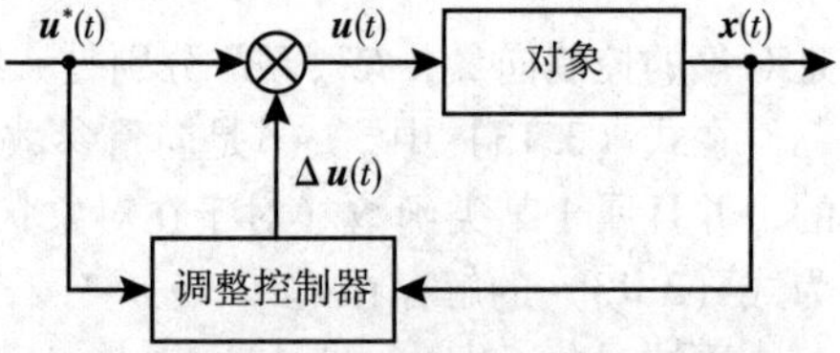

图 3-3　调整受控对象（设备）动态特性的结构图。$\boldsymbol{x}$ 是设备状态变量的向量。$\boldsymbol{u}^*$、$\Delta\boldsymbol{u}$ 分别是设备控制向量的指令和调整分量。$\boldsymbol{u}=\boldsymbol{u}^*+\Delta\boldsymbol{u}$ 是设备控制变量的向量（来自［99］，经莫斯科航空学院许可使用）

解决这类问题我们有两种办法，它们的不同之处在于改变调整控制器中参数 $\boldsymbol{w}$ 的方法不同。

在第一种方法中，$\boldsymbol{w}$ 的选择是自主进行的，所得的 $\boldsymbol{w}$ 值会加载到调整控制器中，并在控制系统整个运行过程中保持不变。

在第二种方法中，系数 $\boldsymbol{w}$ 的选择是以在线模式进行的，即直接在所考虑控制系统的运行中进行。

为了详细描述分析过程，考虑飞机的纵向运动，即没有滚动和侧滑的垂直平面内运动。

通过将向量方程投影到机体固连坐标系的轴上（例如，参见［63-66］），可获得如下形式纵向运动数学模型：

$$\begin{gathered} m(\dot{V}_x-V_z q)=X \\ m(\dot{V}_z+V_x q)=Z \\ I_y\dot{q}=M_y \\ \dot{\theta}=q \\ \dot{H}=V\sin\theta \end{gathered} \tag{3.21}$$

式中，X、Z 是作用于飞机的合力分别在 Ox 轴和 Oz 轴上的投影，M_y 是作用于飞机的合力矩在 Oy 轴上的投影，q 是俯仰角速度，m 是飞行器的质量，I_y 是飞行器相对 Oy 轴的惯性矩，V 是空速，V_x、V_z 分别是空速在 Ox 轴和 Oz 轴上的投影，H 是飞行高度。

通过选择运动轨迹以及飞机的固有物理特征，可以简化方程组（3.21）。我们首先考虑飞机以给定空速 V 在给定高度 H 的平稳水平飞行。众所周知[63-66]，此时求解方程组

$$\begin{gathered} X(\alpha,V,H,T,\delta_e)=0 \\ Z(\alpha,V,H,T,\delta_e)=0 \\ M_y(\alpha,V,H,T,\delta_e)=0 \end{gathered}$$

可以导出飞行所需的攻角 α_0、发动机推力 T_0 和升降舵（全动稳定舵）偏转角 $\delta_e^{(0)}$。假设在时刻 t_0，稳定舵偏转角（或相应指令信号值）改变了 $\Delta\delta_e$。稳定舵位置的改变干扰了作用在飞机上的力矩平衡，结果是飞机的空间角位置先发生改变，然后影响飞机速度向量的变化。这意味着，对俯仰角速度 q 和俯仰角 θ 过渡过程的研究，可以假设 $V=$ 常数。在这种情况下，$\dot{V}_x$ 和 $\dot{V}_z$ 的方程与方程 $\dot{\theta}=q$ 等价，由此我们可以使用两个方程组，即 q 的方程和上述任一等

价方程。

这里，我们选择方程组

$$m(\dot{V}_z + V_x q) = Z$$
$$I_y \dot{q} = M_y \tag{3.22}$$

方程组（3.22）是封闭的，因为在所考虑的情况下 Z 和 M 表达式中的攻角 α 与俯仰角 θ 是相同的，角 θ 与 V_z 通过以下运动学关系关联：

$$V_y = -V\sin\theta$$

因此，方程组（3.22）描述了与俯仰角和角速度有关的过渡过程，该过程立即发生在平稳水平飞行平衡被破坏后。

我们将方程组（3.22）简化为柯西范式，即，

$$\frac{\mathrm{d}V_z}{\mathrm{d}t} = \frac{Z}{m} - V_x q$$
$$\frac{\mathrm{d}q}{\mathrm{d}t} = \frac{M_y}{I_y} \tag{3.23}$$

式（3.23）中，俯仰力矩 M_y 是控制变量的函数，该变量是升降舵（或全动稳定舵）的偏转角，即 $M_y = M_y(\delta_e)$。

因此，在所考虑的特定情况下，状态变量和控制变量的组成如下：

$$\boldsymbol{x} = [V_z \quad q]^{\mathrm{T}}, \quad \boldsymbol{u} = [\delta_e] \tag{3.24}$$

如上所述，我们的分析使用的是间接方法，基于非线性参考模型（3.17）来估计对象的动态特性。对于方程组（3.23）的情况，参考模型采用以下形式：

$$\frac{\mathrm{d}V_z^{(\mathrm{ref})}}{\mathrm{d}t} = \frac{Z}{m} - V_x q^{(\mathrm{ref})}$$
$$\frac{\mathrm{d}q^{(\mathrm{ref})}}{\mathrm{d}t} = \frac{M_y^{(\mathrm{ref})}}{I_y} \tag{3.25}$$

上述方程组（3.23）中 M_y 的条件对方程组（3.25）也成立。

参考模型（3.25）与原始模型（3.23）的不同之处在于俯仰力矩 $M_y^{(\mathrm{ref})}$ 的表达式不同，与模型（3.23）中的 M_y 相比，它增加了额外的阻尼，从而使控制对象的行为变得非周期。

关于方程组（3.23）、方程组（3.25），为了简化讨论，我们假设表征对象（3.23）及其参考（未受扰动）运动的参数值（这些参数是 I_y、m、V、H 等）保持不变。

出于同样的目的，我们假设系数 $\boldsymbol{w}$ 的调整是自主选择的，是冻结的，而且在控制系统运行期间都不会改变。

3.4.1.2　利用人工神经网络近似受控对象初始数学模型

在所采用的对象动态特性调整方案（图 3-3）中，所考虑的控制系统由受控对象（设备）以及给对象输入提供校正指令的调整控制器组成。如上所述，我们采用基于参考模型的间接方法来评估对象的动态特性。

根据间接方法，我们可以将调整控制器中调整参数 $\boldsymbol{w}$（选择其值）的结构表示为图 3-4。

对于这里所示系统的运行过程，对象和参考模型从 t_i 时刻始于相同的状态，即 $\boldsymbol{x}(t_i) = \boldsymbol{x}^{(\mathrm{ref})}(t_i)$。然后，例如为了实现所需运动的长周期分量，发送相同的指令信号 $\boldsymbol{u}^*(t_i)$ 到对象和

参考模型的输入端。由扰动引起的短周期运动的过渡过程质量，必须对应于参考模型的给定 $\boldsymbol{x}^{(\mathrm{ref})}(t_i)=\boldsymbol{x}(t_i)$ 和 $\boldsymbol{u}^*(t_i)$，它在时间 $\Delta t=t_{i+1}-t_i$ 后转到状态 $\boldsymbol{x}^{(\mathrm{ref})}(t_{i+1})$。同时，对象的状态将变为 $\boldsymbol{x}(t_{i+1})$。现在，我们可以求出对象和参考模型输出之间的不一致 $\|\boldsymbol{x}(t_{i+1})-\boldsymbol{x}^{(\mathrm{ref})}(t_{i+1})\|$，并在此基础上构造误差函数 $E(\boldsymbol{w})$。进行本操作基于的是以下考虑（另见式（3.19）、式（3.20））。

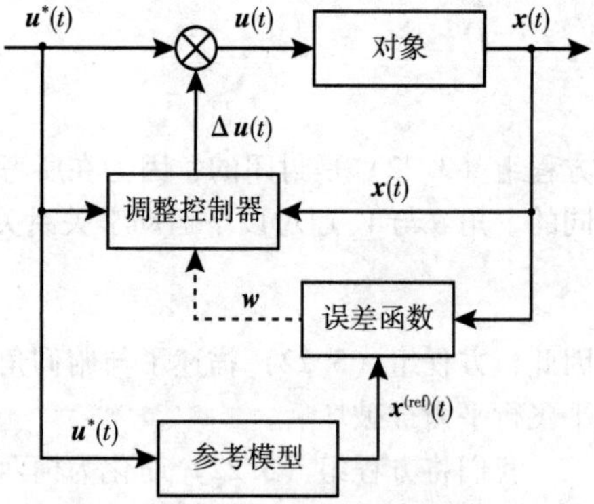

图 3-4　调整控制器的参数调整。$\boldsymbol{x}$ 是对象状态向量，$\boldsymbol{x}^{(\mathrm{ref})}$ 是参考模型状态变量向量，$\boldsymbol{u}^*$、$\Delta\boldsymbol{u}$ 分别是对象控制向量的指令和校正分量，$\boldsymbol{u}=\boldsymbol{u}^*+\Delta\boldsymbol{u}$ 是对象的控制变量向量，$\boldsymbol{w}$ 是调整控制器的一组可选择参数（来自［99］，经莫斯科航空学院许可使用）

在我们的控制方案中，参考模型是不变的，其在 t_{i+1} 时刻的输出取决于 t_i 时刻的参考模型状态，即 $\boldsymbol{x}^{(\mathrm{ref})}(t_i)$，还取决于同一时刻指令信号 $\boldsymbol{u}^*(t_i)$ 的值。

与参考模型不同，对对象的控制作用由指令信号 $\boldsymbol{u}^*(t_i)$ 和附加信号

$$\Delta\boldsymbol{u}(t_i)=\psi(x(t_{i-1}),\boldsymbol{u}^*(t_i))$$

组成。其中函数 $\psi(\cdot)$ 的特征，如上所述，取决于其中参数 $\boldsymbol{w}$ 的构成及取值。

因此，误差函数 $E(\cdot)$ 取决于参数向量 $\boldsymbol{w}$，通过改变其分量，我们可以选择分量的变化方向使 $E(\boldsymbol{w})$ 减小。

如图 3-4 所示，误差函数 $E(\boldsymbol{w})$ 定义在对象的输出端。前面已经指出，调整对象动态特性问题的目标是最小化关于参数 $\boldsymbol{w}$ 的函数 $E(\boldsymbol{w})$，即

$$E(\boldsymbol{w}^*)=\min_{w}E(\boldsymbol{w}) \tag{3.26}$$

一般来说，我们可以将问题（3.26）作为一个传统的优化问题，即非线性规划（NLP）问题，这在理论上已经得到充分研究，已有大量的求解算法和软件包。然而，存在着严重限制这种方法实际适用性的情况。

也就是说，这些算法（例如基于梯度搜索的算法）的计算复杂度为 $O(N_w^2)$ 量级[67-68]，即与问题中变量数目的平方成比例增长。因此，求解具有大量变量的 NLP 问题通常极其困难。对于传统 NLP 问题，这种情况甚至在 N_w 为 10 的数量级时就会出现，尤其是在单次计算目标函数 $E(\boldsymbol{w})$ 都需要大量计算成本的情况下。

同时，为了跟踪对象的复杂非线性动态，模型中可能需要有相当多的“自由度”。这个数字随着神经控制器配置参数目增加而增长。计算实验表明，即使对相对简单的问题，所需的变量数目也达几十数量级。

为了应对这种情况，我们需要为调整控制器构建数学模型，它在求解问题（3.26）时比求解上述传统 NLP 问题计算复杂度更低。这种数学模型的一个可能变体是 ANN。以 ANN 实现的调整控制器，此后称为**神经控制器**。

下面将详细讨论 ANN 结构的主要性质及利用方式。现在我们只是指出，使用这种方法来表示调整控制器的数学模型，将问题（3.26）的计算复杂度量级降低为大约 $O(N_w)$[14,28,29]，即正比于变量数目 N_w 的一次方。还有可能降低复杂度[27]。

如前所述，在所采用的方案中，最小误差函数 $E(\boldsymbol{w})$ 不是定义在调整控制器（例如以 ANN 形式实现）的输出端，而是在对象的输出端。但是，下面将要看到，为了组织 ANN 参

数的选择过程，有必要直接知道调整控制器输出端的误差 $\tilde{E}(\boldsymbol{w})$。

因此，我们需要解决以下问题。假设对象模型的输出不同于期望（“参考”）输出，我们必须能回答以下问题：如何改变对象模型的输入，使其输出朝着减小误差 $E(\boldsymbol{w})$ 的方向变化？

以这种方式调整的模型输入成为神经控制器的目标输出。改变 ANN 中参数 $\boldsymbol{w}$，以最小化当前 ANN 输出与目标输出的偏差，即最小化误差 $\tilde{E}(\boldsymbol{w})$。因此，需要解决某些对象的动态逆问题。如果对象模型是传统的非线性 ODE 方程组，那么这个问题的求解是非常复杂的。另一种选择是使用某种神经网络作为对象模型，该逆问题的求解通常不会有严重困难。

因此，问题求解的神经网络方法需要使用两个 ANN：一个用作神经控制器，另一个用作对象模型。

为了用上述方法解决对象动态特性调整问题，我们需要做到的第一件事是近似源微分方程组（3.13）（或者所讨论的特定问题（3.23））。我们可以把这个问题看作对象数学模型辨识的常规任务[59,69]，只不过对象输出（状态变量）值不由测量结果获得，而是借助于相应微分方程组的数值解得到。

使用 ANN 近似对象数学模型（特别是飞机运动数学模型）的方法已越来越常见[4,31,34,38,70-72]。

关于这类模型的结构、训练数据的采集以及学习算法，已在第 2 章针对前馈网络和递归网络做了讨论。

对于形如式（3.23）的对象，即做纵向短周期运动的飞机，经过一些计算实验，得到的近似运动模型（3.23）的神经网络如图 3-5 所示。

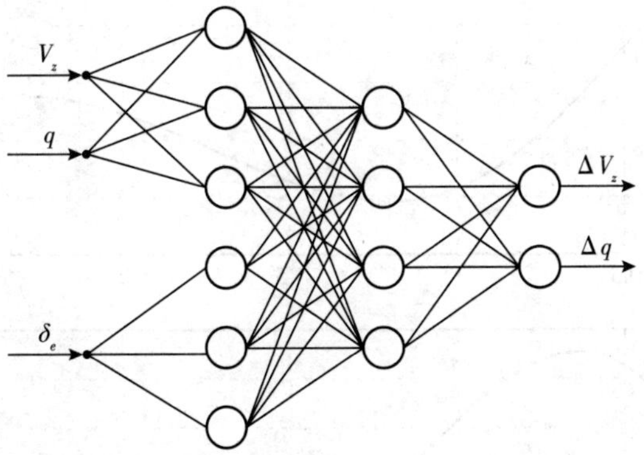

图 3-5　飞机纵向短周期运动神经网络模型。V_z、q 是 t_i 时刻飞机状态变量值、δ_e 是 t_i 时刻稳定舵偏转角值，ΔV_z、Δq 是 $t_i+\Delta t$ 时刻飞机状态变量值的增量（来自［99］，经莫斯科航空学院许可使用）

图 3-5 中 ANN 的输入是两个状态变量（t_i 时刻机体固连坐标系中的垂直速度 V_z 和俯仰角速度 q）以及控制变量（t_i 时刻的稳定舵偏转角 δ_e）。状态变量 V_z、q 的值进入第一个隐藏层（即输入信号的预处理层）的一组神经元，控制变量 δ_e 的值进入该层的另一组神经元。预处理的结果作用于第二个隐藏层的所有四个神经元。在 ANN 的输出端，ΔV_z、Δq 的值是 $t_i+\Delta t$ 时刻飞机状态变量值的增量。图 3-5 中 ANN 隐藏层的神经元具有高斯型激活函数，输出层神经元为线性激活函数。

飞机短周期运动模型（3.23）包含作为控制变量的全动稳定舵偏转角 δ_e。在模型

(3.23) 中未考虑 δ_e 形成过程的特征。然而，该过程由受控稳定舵（升降舵）执行器的动态特性决定，可能对所建立受控系统动态特性产生重大影响。

该问题中稳定舵执行器的动态由以下微分方程描述：

$$\dot{\delta}_e = x$$
$$\dot{x} = \frac{1}{T_1^2}(\delta_{e_{\text{act}}} - 2\xi T_1 x - \delta_e) \qquad (3.27)$$

其中，$\delta_{e_{\text{act}}}$ 是稳定舵偏转角的指令值，T_1 是执行器时间常数，ξ 是阻尼系数。

套用与上节对运动模型（3.23）相同的考虑，也需要为执行器模型（3.27）构建神经网络近似。图 3-6 显示了在一系列计算实验中获得的神经网络稳定舵执行器模型的结构。在该神经网络中，输入层包含三个神经元，唯一的隐藏层包含六个具有高斯激活函数的神经元，输出层包含一个具有线性激活函数的神经元。

在形如式（3.23）的数学模型的神经网络近似技术的开发中，［73］针对操纵灵活的苏-17 飞机开展了计算实验。(见图 3-7、图 3-8。)

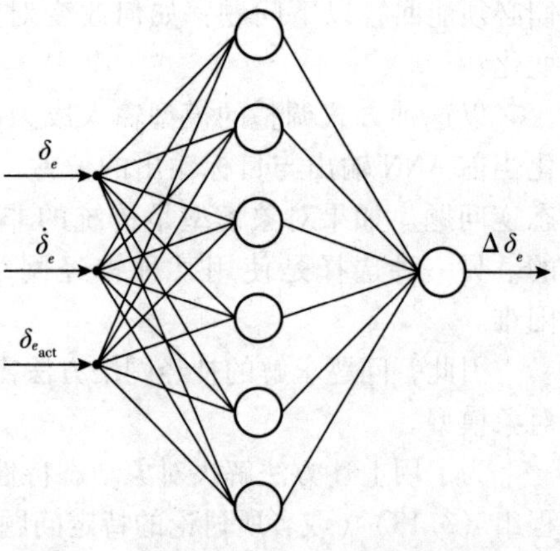

图 3-6　稳定舵执行器的神经网络模型。δ_e、$\dot{\delta}_e$、$\delta_{e_{\text{act}}}$ 分别是 t_i 时刻的稳定舵偏转角、稳定舵偏转角速度和稳定舵偏转角指令。$\Delta\delta_e$ 是 $t_i+\Delta t$ 时刻稳定舵偏转角值的增量（来自［99］，经莫斯科航空学院许可使用）

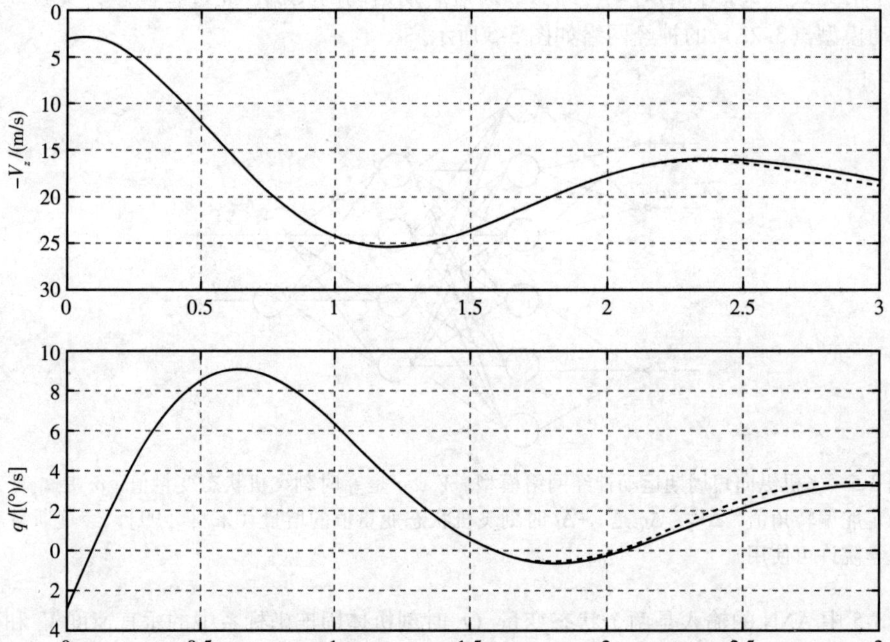

图 3-7　网络（14 个神经元、S 型激活函数、缩短的训练集）与数学模型(3.23)的运算对比。实线是模型(3.23)的输出，虚线是神经网络模型的输出，目标均方误差为 1×10^{-7}，V_z 是速度向量沿 Oz 轴的分量，q 是俯仰角速度，t 是时间，稳定舵偏转角 δ_e 取值-8grad（来自［99］，经莫斯科航空学院许可使用）

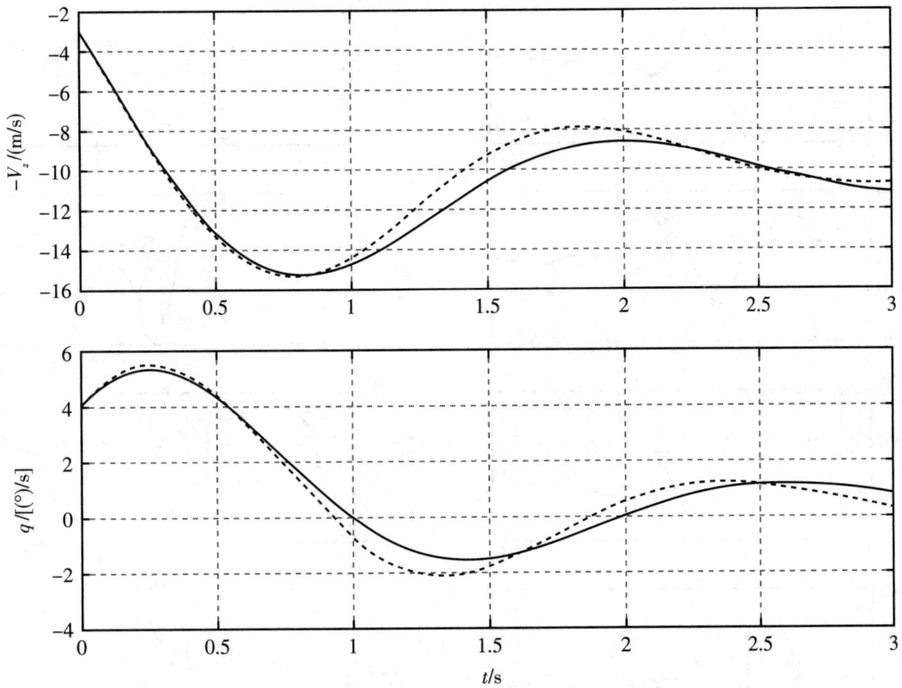

图 3-8　网络（28 个神经元、S 型激活函数、缩短的训练集）与数学模型(3.23)的运算对比。实线是模型(3.23)的输出，虚线是神经网络模型的输出，目标均方误差为 1×10^{-8}，V_z 是速度向量沿 Oz 轴的分量，q 是俯仰角速度，t 是时间，稳定舵偏转角 δ_e 取值-8grad（来自［99］，经莫斯科航空学院许可使用）

进行这些实验所需的第一步操作是生成训练集。它是一个输入-输出矩阵对，第一个矩阵指定飞机变量所有可能取值的集合，第二个矩阵指定给定时间间隔（假设为 0.01s）内相应变量的变化。

模型（3.23）中被视为常数的参数取值如下（线速度和角速度在机体固连坐标系中给出）：

- H=5000m 是飞行高度；
- T_a=0.75 是发动机相对推力；
- V_x=235m/s 是飞行速度 V 在机体固连坐标系 Ox 轴上的投影。

变量变化范围选取如下（这里给出了每个变量的起始值、步长和最终值）：

- q=-12∶1∶14°/s；
- V_z=-28∶2∶12m/s；
- δ_e=-26∶1∶22°。

因此，在所考虑的情况下，训练集是 3×41 013 维的输入矩阵，且相应输出矩阵为 2×41 013 维。该案例中，网络输入是 q、V_z、δ_e，输出是经过时间间隔 Δt=0.01s 后的变化 Δq、ΔV_z。

该网络建模结果与模型（3.23）计算结果的比较如图 3-9（此处仅考虑模型（3.23），不考虑全动稳定舵执行器动态）和图 3-10（包括了模型（3.27），即稳定舵执行器动态）所示。

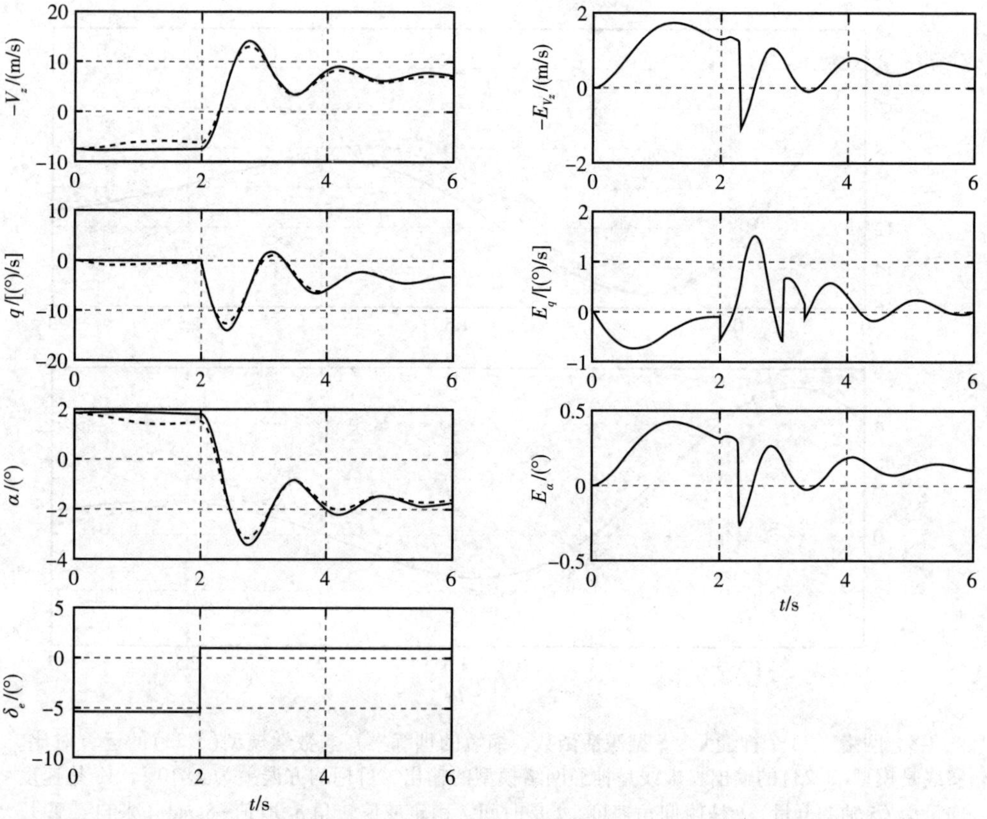

图 3-9 具有预处理层的网络运算（不含稳定舵执行器模型）与数学模型(3.23)的对比。实线是模型(3.23)的输出，虚线是神经网络模型的输出，V_z 是速度向量沿 Oz 轴的分量，q 是俯仰角速度，α 是攻角，δ_e 是稳定舵偏转角，t 是时间，E_{V_z}、E_q、E_α 分别是偏差 $|V_z-V_z^{(\mathrm{ref})}|$、$|q-q^{(\mathrm{ref})}|$、$|\alpha-\alpha^{(\mathrm{ref})}|$（来自［99］，经莫斯科航空学院许可使用）

过渡过程中的攻角变化如图 3-9 和图 3-10 所示。根据如下关系式计算：

$$\alpha = -\arctan(V_y/V_x)$$

图 3-11 展示了训练集构建错误对同一 ANN（见第 2 章）的影响。

3.4.1.3 提供受控对象动态特性所需调整的神经控制器综合

动态系统模型的神经网络近似有着广泛的应用，包括构建适用于飞机和实时模拟器的紧凑快速的数学模型。

此外，这种模型一个更重要的应用是构建神经控制器，用于校正受控对象的动态特性。

下面我们给出若干计算实验结果，展示解决一类这种问题的可能性。在本实验中，除了受控对象的神经网络模型（见图 3-5），还使用了飞机运动的参考模型（3.25）以及神经控制器，如图 3-12 所示。

神经控制器是一个控制神经网络，其输入由参数 q、V_z、δ_e（全动水平尾翼偏转角）给出，输出是 $\Delta\delta_{e,k}$，目的是使神经网络模型的行为尽可能接近参考模型的行为。

为创建参考模型，对苏-17 飞机运动的初始模型进行微小修改，引入一个附加阻尼系数，选取该系数使得过渡过程具有显著的非周期性质。

参考模型（3.25）与原始模型（3.23）对比的测试结果如图 3-13 所示。

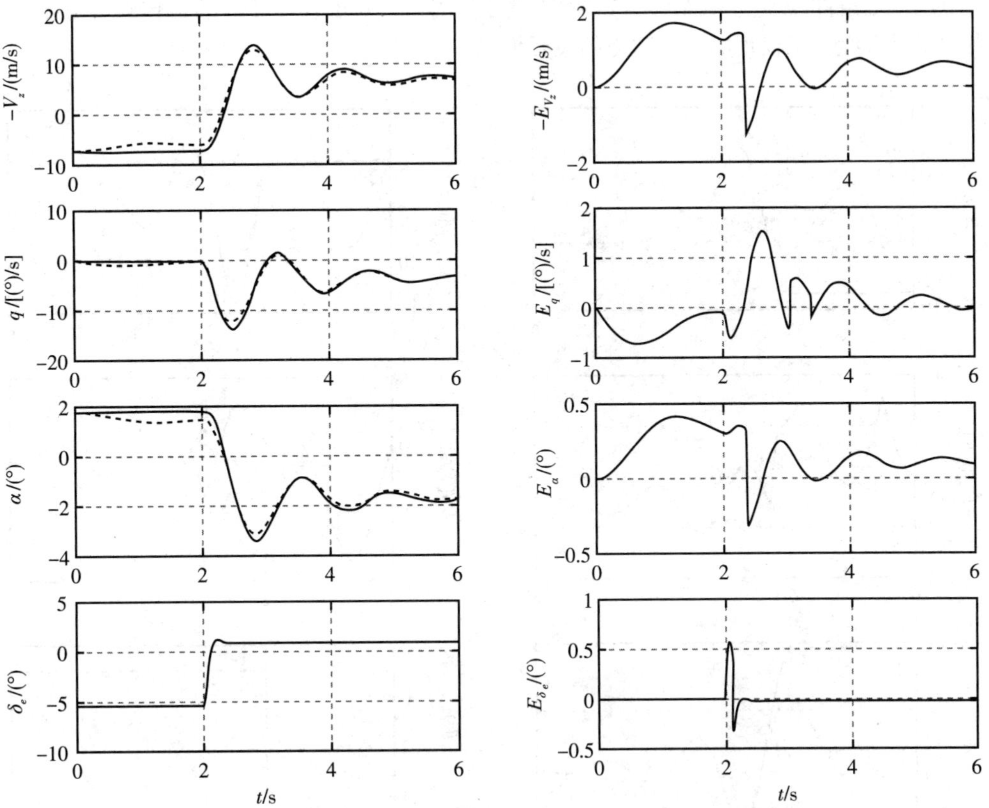

图 3-10　具有预处理层的网络运算（含稳定舵执行器模型）与数学模型(3.23)的对比。实线是模型(3.23)的输出，虚线是神经网络模型的输出，V_z 是速度向量沿 Oz 轴的分量，q 是俯仰角速度，α 是攻角，δ_e 是稳定舵偏转角，t 是时间，E_{V_z}、E_q、E_α 分别是偏差 $|V_z-V_z^{(\mathrm{ref})}|$、$|q-q^{(\mathrm{ref})}|$、$|\alpha-\alpha^{(\mathrm{ref})}|$（来自［99］，经莫斯科航空学院许可使用）

神经控制器综合任务中的训练集生成与数学模型辨识任务中的原理相同。

在训练神经控制器网络时，禁止更改神经网络运动模型的权重 $\boldsymbol{W}$ 和偏差 $\boldsymbol{b}$，该模型是组合网络（ANN 设备模型+神经控制器）的一部分。

只允许改变神经控制器对应的网络参数部分。网络中神经元连接按如下方式来组织：神经控制器的输出 $\Delta\delta_{e,k}$ 馈送给神经网络模型的输入 δ_e，作为全动水平稳定舵初始（指令）位置的附加信号，输入信号同时到达神经控制器的输入端和神经网络模型的输入端。

图 3-14 显示了结合神经网络模型的神经控制器的测试结果。

从前面章节中，我们可以看到神经网络成功处理了动态系统模型的近似问题，以及调整受控对象动态特性以趋向给定参考模型的任务。

应该强调的是，在所考虑的情况下，ANN 完成这项任务时甚至没有涉及自适应等工具，包括在飞机飞行中直接对神经控制器突触权重进行在线调整。这种自适应构成了提高调节质量的重要储备，以及受控系统对不断变化的运行条件的适应性[74-82]。

3.4.2　多模态飞机的神经控制器最优集成综合

尽管控制理论和实现这些控制律的机载计算机的能力都有了重大的进步，但为多模态对象（尤其是飞机）控制系统设计控制律仍然是一项具有挑战性的任务。这种情况归因于飞机的大范围使用条件（空速和高度、飞行质量等），例如，基于各种任务的最佳解决方案要求，存在大量具有经人工校正的飞机动态的飞行模式。

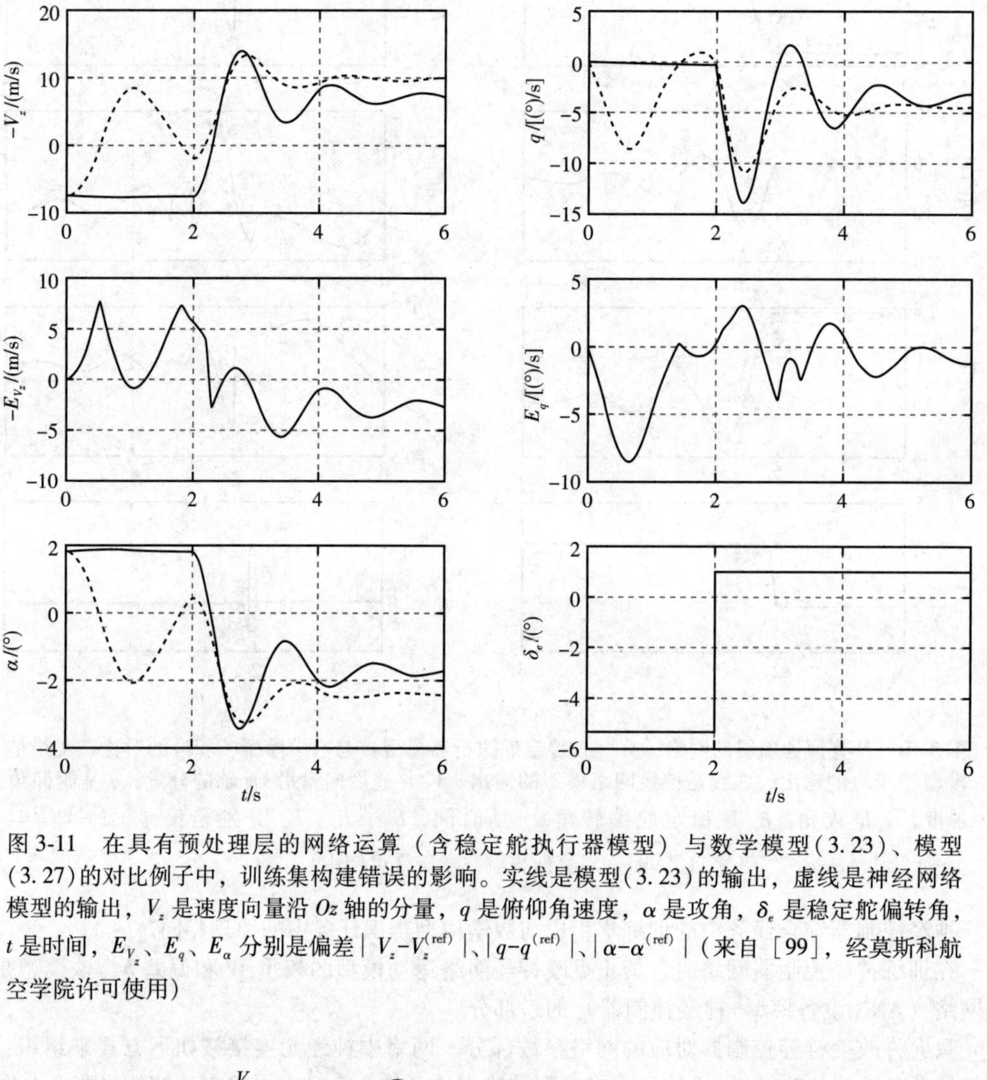

图 3-11　在具有预处理层的网络运算（含稳定舵执行器模型）与数学模型(3.23)、模型(3.27)的对比例子中，训练集构建错误的影响。实线是模型(3.23)的输出，虚线是神经网络模型的输出，V_z 是速度向量沿 Oz 轴的分量，q 是俯仰角速度，α 是攻角，δ_e 是稳定舵偏转角，t 是时间，E_{V_z}、E_q、E_α 分别是偏差 $|V_z-V_z^{(\text{ref})}|$、$|q-q^{(\text{ref})}|$、$|\alpha-\alpha^{(\text{ref})}|$（来自［99］，经莫斯科航空学院许可使用）

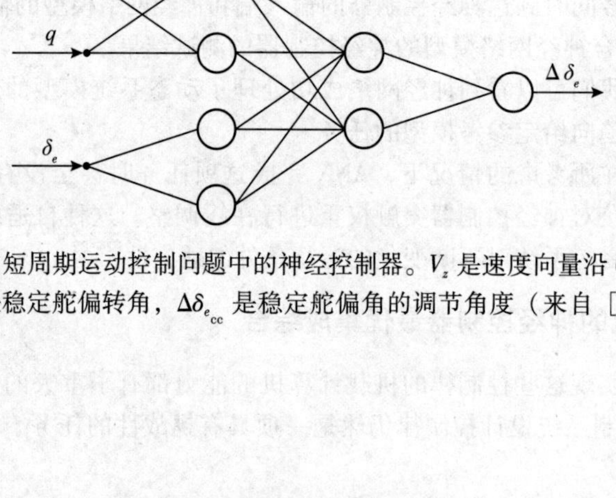

图 3-12　飞机纵向短周期运动控制问题中的神经控制器。V_z 是速度向量沿 Oz 轴的分量，q 是俯仰角速度，δ_e 是稳定舵偏转角，$\Delta\delta_{e_{cc}}$ 是稳定舵偏角的调节角度（来自［99］，经莫斯科航空学院许可使用）

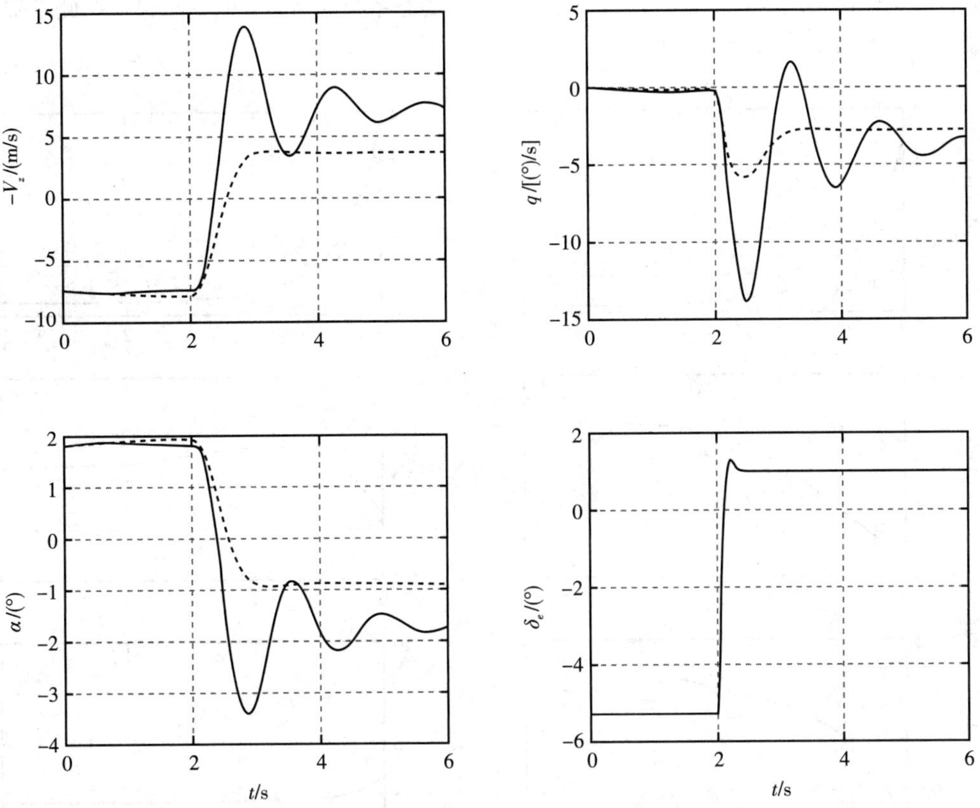

图 3-13　飞机运动参考模型(3.25)与原始模型(3.23)的行为特性对比。实线是模型(3.23)的输出，虚线是(3.25)的输出，V_z 是速度向量沿 Oz 轴的分量，q 是俯仰角速度，α 是攻角，δ_e 是稳定舵偏转角（来自［99］，经莫斯科航空学院许可使用）

3.4.2.1　控制问题中采用人工神经网络的基本方法

在控制系统中采用人工神经网络有三种主要方法[83-86]。

第一种方法（“保守”）中，控制系统的结构组织保持不变，如同使用传统方法设计系统获得的那样。在这种情况下，ANN 扮演一个根据系统运行条件校正控制系统特定参数（例如增益）的模块的角色。第二种方法（“激进”）中，整个控制系统或其中完整的功能块用 ANN 系统来实现。第三种方法（“折中”）是保守和激进方法的结合，或者更准确地说，是两者之间的某种折中。

一般情况下，最有效的方法（就应用问题而言）当然是激进方法。然而，不那么强大的保守方法不仅存在，而且由于各种主客观原因，目前更可取。也就是说，保守方法有可能快速获得有实际意义的结果，因为这种方法不是从头创建新的控制系统，而是升级现有系统。此外，现在很难想象载机（例如飞机）上能允许有完全基于 ANN 的控制系统。首先，为了证明 ANN 可以存在于关键的机载系统上，能提高（或至少不降低）控制设施运行的有效性和安全性，我们必须克服某种“新奇障碍”（虽然是心理上的，但相当现实）。

为此，后面各节中，主要的注意力将放在采用 ANN 作为控制系统一部分的保守方法上。然后将展示在激进和折中方法下如何实现制定的规划。

3.4.2.2　多模态动态系统的神经控制器集成与神经控制器综合

考虑关于 MDS（多模态动态系统）控制问题的 ENC（神经控制器集成）的概念。为此，我们首先创建该系统的一个模型，然后考虑单模态动态系统的神经控制器构建。在此基础上，构建神经控制器集成来控制 MDS。

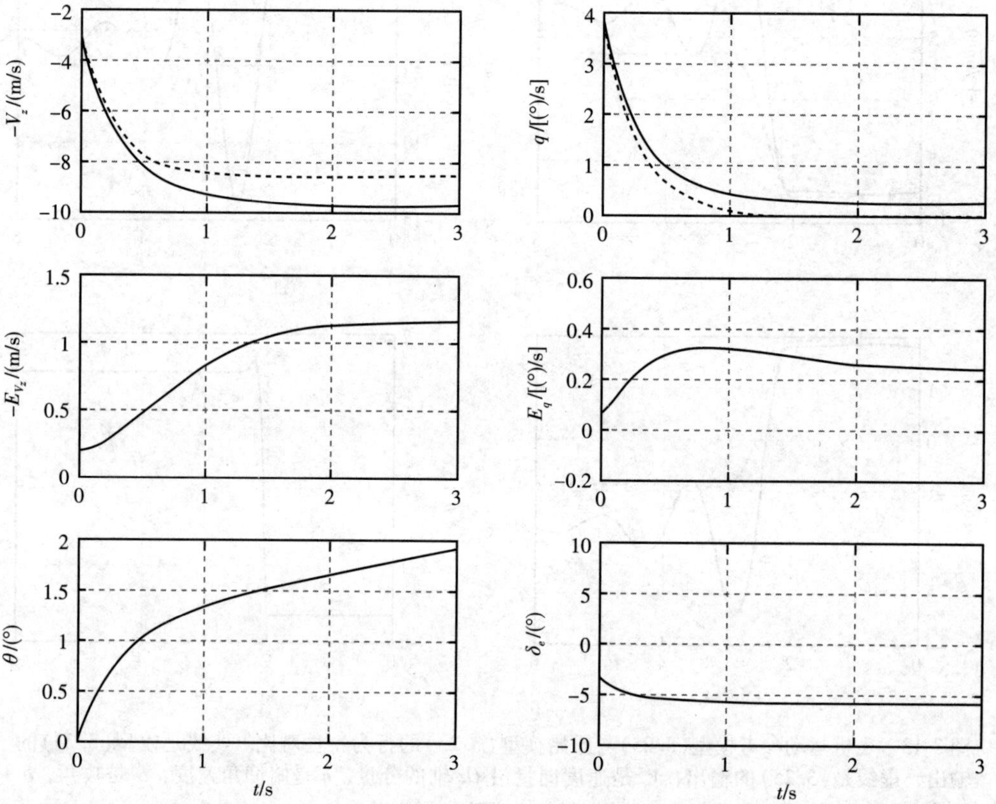

图 3-14　神经控制器与受控对象的神经网络模型组合的测试结果。实线是模型(3.25)的输出，虚线是神经网络模型的输出，V_z 是速度向量沿 Oz 轴的分量，q 是俯仰角速度，θ 是俯仰角，δ_e 是稳定舵偏转角，t 是时间，E_{V_z}、E_q 分别是偏差 $|V_z-V_z^{(\mathrm{ref})}|$、$|q-q^{(\mathrm{ref})}|$（来自［99］，经莫斯科航空学院许可使用）

受控多模态动态系统模型

考虑由向量微分方程描述的受控动态系统

$$\dot{\bar{\boldsymbol{x}}} = \boldsymbol{\Psi}(\bar{\boldsymbol{x}},\bar{\boldsymbol{u}},\boldsymbol{\theta},\boldsymbol{\lambda},t) \tag{3.28}$$

式中，$\bar{\boldsymbol{x}}=[\bar{x}_1,\cdots,\bar{x}_n]^{\mathrm{T}}\in \boldsymbol{X}\subset\mathcal{R}^n$ 是动态系统的状态向量；$\bar{\boldsymbol{u}}=[\bar{u}_1,\cdots,\bar{u}_m]^{\mathrm{T}}\in\boldsymbol{U}\subset\mathcal{R}^m$ 是动态系统的控制向量；$\boldsymbol{\theta}=[\theta_1,\cdots,\theta_l]^{\mathrm{T}}\in\boldsymbol{\Theta}\subset\mathcal{R}^l$ 是动态系统的常值参数向量；$\boldsymbol{\lambda}=[\lambda_1,\cdots,\lambda_s]^{\mathrm{T}}\in\boldsymbol{\Lambda}\subset\mathcal{R}^s$ 是问题的“外部”参数向量，系统设计者无法选择；$t\in[t_0,t_f]$是时间。

设

$$\begin{aligned}\bar{\boldsymbol{x}}^0&=\bar{\boldsymbol{x}}^0[t,\boldsymbol{\theta},\boldsymbol{\lambda},t,(i,f)]\\ \bar{\boldsymbol{u}}^0&=\bar{\boldsymbol{u}}^0[t,\boldsymbol{\theta},\boldsymbol{\lambda},t,(i,f)]\end{aligned} \tag{3.29}$$

为系统（3.28）的某个参考运动。根据［87］的工作，式（3.29）中(i,f)表示动态系统（3.28）的运动应满足的边界条件。

我们假设系统（3.28）相对于参考（程序）运动（3.29）的扰动运动由如下向量描述：

$$\tilde{\boldsymbol{x}} = \tilde{\boldsymbol{x}}^0 + \boldsymbol{x}, \quad \tilde{\boldsymbol{u}} = \tilde{\boldsymbol{u}}^0 + \boldsymbol{u} \tag{3.30}$$

假设向量的范数$\|\boldsymbol{x}\|$和$\|\boldsymbol{u}\|$很小，我们可以得到对象（3.28）的扰动运动线性化方程

$$\dot{\boldsymbol{x}} = \boldsymbol{A}\boldsymbol{x} + \boldsymbol{B}\boldsymbol{u} \tag{3.31}$$

其中矩阵$\boldsymbol{A}$和$\boldsymbol{B}$的元素是程序运动（3.29）的参数、$\boldsymbol{\lambda}\in\boldsymbol{\Lambda}\subset\mathcal{R}^s$，可能还有时间$t$的函数，即

$$\|a_{ij}\| = [a_{i,j}(\tilde{\boldsymbol{x}}^0, \tilde{\boldsymbol{u}}^0, \boldsymbol{\lambda}, t)]$$
$$\|b_{ik}\| = [b_{i,k}(\tilde{\boldsymbol{x}}^0, \tilde{\boldsymbol{u}}^0, \boldsymbol{\lambda}, t)]$$
$$i,j\in\{1,\cdots,n\}, \qquad k\in\{1,\cdots,m\}$$

在所考虑的问题中，向量$\boldsymbol{\lambda}\in\boldsymbol{\Lambda}$是选择动态系统运行模式时不确定性的来源，即多模态行为的根源。我们需要说明向量$\boldsymbol{\lambda}\in\boldsymbol{\Lambda}$引入的不确定性的性质。稍后，在神经控制器综合中，假设该向量是完全可观测的。然而，在综合过程中，我们没有$\boldsymbol{\lambda}$值在每个时刻$t_0\leqslant t_i\leqslant t_f$的先验数据，而仅知道$t_i$时刻的这些值，为此必须为其生成相应的控制$\boldsymbol{u}(t_i)$。

我们假设所考虑的系统由受控对象（设备）、产生控制信号的指令装置（控制器）以及对给定控制信号产生控制动作的执行器系统组成。

我们用下列方程描述执行器系统：

$$\dot{z}_1 = z_2$$
$$\dot{z}_2 = k_\vartheta\varphi(\sigma) - T_1\dot{z}_1 - T_2 z_1 \tag{3.32}$$

其中T_1、T_2是时间常数；k_ϑ是增益；$\varphi(\sigma)$是所需的控制律，即控制器使用的一些运行算法。例如，函数$\varphi(\sigma)$可以采用如下形式：

$$\varphi(\sigma) = \sigma \tag{3.33}$$
$$\varphi(\sigma) = \sigma + k_{n+1}\sigma^3 \tag{3.34}$$
$$\varphi(\sigma) = \sigma + k_{n+1}\sigma^3 + k_{n+2}\sigma^5 \tag{3.35}$$
$$\sigma = \sum_{j=1}^{n} k_j x_j$$

通过调整设备、指令装置、执行器系统的参数向量$\boldsymbol{\theta}\in\boldsymbol{\Theta}$，以及控制律中包含的系数$\boldsymbol{k} = (k_1,\cdots,k_n)^{\mathrm{T}}\subset\mathcal{R}^n$，实现对扰动运动控制质量的影响。

本案例的任务是，通过考虑参数$\boldsymbol{\lambda}$的不确定性，使扰动运动（$\tilde{\boldsymbol{x}},\tilde{\boldsymbol{u}}$）趋于参考运动（$\tilde{\boldsymbol{x}}^0$，$\tilde{\boldsymbol{u}}^0$）。我们必须按在一定意义上最优的方式在参考信号$\tilde{\boldsymbol{u}}^0$中添加控制$\boldsymbol{u}$，来解决这个问题。我们只知道参数$\boldsymbol{\lambda}$属于某个域$\boldsymbol{\Lambda}\subset\mathcal{R}^s$，最多知道$\boldsymbol{\lambda}\in\boldsymbol{\Lambda}$中个别元素出现的频率$\rho(\boldsymbol{\lambda})$。

依照［88］，我们称域$\boldsymbol{\Lambda}$为动态系统（3.28）的**外部集**。在笛卡儿积$\boldsymbol{X}\times\boldsymbol{U}\times\boldsymbol{\Lambda}$的子集上运行的系统是MDS。我们可以通过改变指令装置的参数值$\boldsymbol{k}\in\boldsymbol{K}$来影响这种MDS的控制效率。如果所考虑MDS的外部集“足够大”，那么一般来说，会出现找不到对所有$\boldsymbol{\lambda}\in\boldsymbol{\Lambda}$都适用的$\boldsymbol{k}\in\boldsymbol{K}$的情况（在确保所需控制效率的意义上）。对于这种情况，我们可以采用的方法是对不同的$\boldsymbol{\lambda}$使用不同的$\boldsymbol{k}$[89-91]。此时，通过使用控制系统模块（称为校正装置或简称校正器），来实现关系$\boldsymbol{k}=\boldsymbol{k}(\boldsymbol{\lambda})(\forall\boldsymbol{\lambda}\in\boldsymbol{\Lambda})$。指令装置和校正器的组合被称为控制器。

单模态动态系统的神经控制器及其效率

使用校正器实现依赖关系$\boldsymbol{k}=\boldsymbol{k}(\boldsymbol{\lambda})(\forall\boldsymbol{\lambda}\in\boldsymbol{\Lambda})$是一项非常耗时的任务。实现依赖关系$\boldsymbol{k}=\boldsymbol{k}(\boldsymbol{\lambda})$的传统方法包括对数表进行近似或者插值。对于高维的向量$\boldsymbol{\lambda}$和大的外部集$\boldsymbol{\Lambda}$，依赖关系$\boldsymbol{k}(\boldsymbol{\lambda})$通常非常复杂，严重阻碍了在飞机上实现该依赖关系。为了克服这种困难，我们力图最小化向量$\boldsymbol{\lambda}$的维数。此时，我们通常只考虑不超过两个或三个参数，有时仅采用一个参数，

例如飞机运动控制任务中的动压。然而，这种方法降低了控制效率，因为它没有考虑很多影响效率的因素。

同时，我们由 ANN 理论（例如参见［25-27］）可知，具有一个或两个隐藏层的前馈神经网络可以建模（近似）任何连续的 N 输入 M 输出非线性函数关系。对 RBF 网络以及其他类型的 ANN 也能得到类似结果（例如参见［92］）。基于这些结果，［89］中提出使用 ANN（具有两个隐藏层的 MLP 网络）来综合所需的连续非线性映射，将整定控制器参数 $\boldsymbol{\lambda}$ 映射到控制律系数，即构建依赖关系 $\boldsymbol{k}(\boldsymbol{\lambda})$。依赖关系 $\boldsymbol{k}=\boldsymbol{k}(\boldsymbol{\lambda})$ 的神经网络实现，对该依赖关系的复杂性以及向量 $\boldsymbol{\lambda}$ 和 $\boldsymbol{k}$ 的维数都明显不那么重要，因此无须最小化控制器整定参数的数量。我们有机会大幅扩展这种参数的列表，例如引入动压（如上所述，有时它是唯一的整定参数），马赫数、攻角和侧滑角、飞机质量，以及在某些飞行状态下影响控制器系数的其他变量。以同样的简单方式，通过引入附加参数，就有可能考虑上述运动模型的变化（飞机动态类型的变化）。

此外，即使控制器整定参数列表经历了显著扩展，也不会极大地提高控制律综合过程及控制器使用中的复杂性。

以采用 ANN 为基的校正模块变体称为**神经校正器**，控制器和神经校正器的聚合称为神经控制器。

我们假设神经控制器是以下形式的有序五元组：

$$\Omega=(\boldsymbol{\Lambda},\boldsymbol{K},\boldsymbol{W},\boldsymbol{V},J) \tag{3.36}$$

式中 $\boldsymbol{\Lambda}\subset\mathcal{R}^s$ 是动态系统的外部集，它是神经校正器输入向量的值域；$\boldsymbol{K}\subset\mathcal{R}^n$ 是所需控制器系数（即神经校正器输出向量）的取值范围；$\boldsymbol{W}=\{W_i\}(i=1,\cdots,p+1)$ 是神经校正器突触权重的矩阵集合（这里 p 是神经校正器中隐藏层的数量）；$\boldsymbol{v}=(v_1,\cdots,v_q)\in\boldsymbol{V}\subset\mathcal{R}^q$ 是神经校正器的一组附加参数变量，例如激活函数中的整定参数；J 是误差函数，定义为所需运动和所实现运动的残差，它决定了神经校正器训练的性质。

为了评估 ANN 控制的质量，需要有一个合适的性能指标。该指标（神经控制器的最优性判据）显然不仅应考虑神经控制器存在来自 $\boldsymbol{W}$ 与 $\boldsymbol{V}$ 中的参数变量，还应考虑具有给定神经控制器的动态系统是多模态的这一事实，即应考虑外部集 $\boldsymbol{\Lambda}$ 的存在。

根据［88］中提出的方法，在域 $\boldsymbol{\Lambda}$ 上构建神经控制器的最优性标准，将基于“给定点”处（即对固定值 $\boldsymbol{\lambda}^*\in\boldsymbol{\Lambda}$，或者换句话说，对单模态版本的动态系统）的神经控制器效率评估来实现。

为此，我们构造泛函 $J=J(\boldsymbol{x},\boldsymbol{u},\boldsymbol{\theta},\boldsymbol{\lambda})$，或者考虑向量 $\boldsymbol{u}\in\boldsymbol{U}$ 由控制器系数向量 $\boldsymbol{k}$ 唯一确定，故取 $J=J(\boldsymbol{x},\boldsymbol{k},\boldsymbol{\theta},\boldsymbol{\lambda})$。假设“给定点”处的控制目标是最大化所考虑动态系统实现的运动与某个参考模型（动态系统某种“理想”行为的模型）确定的运动的匹配度。该模型可以考虑动态系统状态变量变化的期望性质以及对其运行性质的各种要求（例如对飞机操纵质量的要求）。

由于我们讨论“给定点”处的控制，因此参考模型可以是局部的，定义了使用单值 $\boldsymbol{\lambda}\in\boldsymbol{\Lambda}$ 时动态系统运行的所需特性。我们将这些 $\boldsymbol{\lambda}$ 值称为运行模式，它们代表了以某种方式选择的域 $\boldsymbol{\Lambda}$ 的特征点。

对于参考模型，我们将使用如下形式的线性模型：

$$\dot{\boldsymbol{x}}_e=\boldsymbol{A}_e\boldsymbol{x}_e+\boldsymbol{B}_e\boldsymbol{u}_e \tag{3.37}$$

式中（$\boldsymbol{x}_e,\boldsymbol{u}_e$）是动态系统所需的“理想”运动。

利用系统（3.31）和系统（3.37）的解，我们可以定义泛函 J 来估计所实现运动（$\boldsymbol{x},\boldsymbol{u}$）

与所需运动（$\boldsymbol{x}_e,\boldsymbol{u}_e$）的偏差度。如［88，93］所示，这种估计的所有可能变体可归为两种可能情况：

- 保证型判据

$$J(\boldsymbol{x},\boldsymbol{k},\boldsymbol{\theta},\boldsymbol{\lambda})=\max_{t\in[t_0,t_f]}(|(\boldsymbol{x}(t)-\boldsymbol{x}_e(t))|) \tag{3.38}$$

- 积分型判据

$$J(\boldsymbol{x},\boldsymbol{k},\boldsymbol{\theta},\boldsymbol{\lambda})=\int_{t_0}^{t_f}\boldsymbol{\Xi}((\boldsymbol{x}(t)-\boldsymbol{x}_e(t))^2)\mathrm{d}t \tag{3.39}$$

从判据（3.38）可以看出，保证型方法将时间区间$[t_0,t_f]$上$\Delta x_i=\mu_i(t)|(x_i(t)-x_{ei}(t))|$的最大偏差，看作对真实运动（$\boldsymbol{x},\boldsymbol{u}$）与所需运动（$\boldsymbol{x}_e,\boldsymbol{u}_e$）接近程度的度量。对于积分型方法，该度量是$\boldsymbol{x}$和$\boldsymbol{x}_e$之差的平方的积分。其中，系数$\mu_i$和规则$\boldsymbol{\Xi}$确定了不同时刻$t\in[t_0,t_f]$的偏差$\Delta x_i$相对于动态系统对应状态变量的重要性（相对意义）。

根据应用任务的具体情况，有时不仅需要考虑受控对象状态变量的偏差，还要考虑所需的控制“成本”，则判据（3.38）、判据（3.39）将采用以下形式：

- 保证型判据

$$J(\boldsymbol{x},\boldsymbol{k},\boldsymbol{\theta},\boldsymbol{\lambda})=\max_{t\in[t_0,t_f]}(|(\boldsymbol{x}(t)-\boldsymbol{x}_e(t))|,\ \boldsymbol{\mu}(t)|(\boldsymbol{u}(t)-\boldsymbol{u}_e(t))|) \tag{3.40}$$

- 积分型判据

$$J(\boldsymbol{x},\boldsymbol{k},\boldsymbol{\theta},\boldsymbol{\lambda})=\int_{t_0}^{t_f}\boldsymbol{\Xi}((\boldsymbol{x}(t)-\boldsymbol{x}_e(t))^2,(\boldsymbol{u}(t)-\boldsymbol{u}_e(t))^2)\mathrm{d}t \tag{3.41}$$

应该强调的是，泛函（3.38）、泛函（3.40）或泛函（3.39）、泛函（3.41）“指导”了神经控制器（3.36）所用 ANN 的学习过程，因为在神经控制器学习过程中要最小化这些值。

讨论用于获取$\mu_i(t)$、$\boldsymbol{\mu}(t)$依赖关系和$\boldsymbol{\Xi}$规则的方法时，会涉及向量型效率判据的决策制定领域。该方法基于［88，94］中获得的结果，超出了本书的讨论范围。

作为考虑动态系统多模态特性工具的神经控制器集成

依赖关系$\boldsymbol{k}(\boldsymbol{\lambda})$，包括其 ANN 版本，可能过于复杂而无法在飞机上实现，因为可分配给它们的计算资源有限。如果$\boldsymbol{k}$改变时$\boldsymbol{\lambda}$“变化不大”，则我们可以尝试找到一些“典型”值$\boldsymbol{\lambda}$，确定相应的$\boldsymbol{k}^*$，然后用该值$\boldsymbol{k}^*$替代$\boldsymbol{k}(\boldsymbol{\lambda})$。然而，当$\boldsymbol{\lambda}$与其典型值有很大不同时，这种方式获得的控制器调节质量可能不满足设计要求。

为克服这个困难，我们可以使用$\boldsymbol{k}(\boldsymbol{\lambda})$的分段近似（分段常值、分段线性、分段多项式等）变体。我们将在 3.4.2.3 节中说明有关调节质量评估的内容。

作为实现这种近似的工具，我们引入**神经控制器集成**（ENC）：

$$\boldsymbol{\Omega}=(\Omega_0,\Omega_1,\cdots,\Omega_N) \tag{3.42}$$

式中每个神经控制器$\Omega_i(i\in\{1,\cdots,N\})$有其自己的适用域$\boldsymbol{D}_i\subset\boldsymbol{\Lambda}$，我们称其为神经控制器$\Omega_i$的**专业域**：

$$\boldsymbol{D}_i\subset\boldsymbol{\Lambda},\quad \bigcup_{i=1}^{N}\boldsymbol{D}_i=\boldsymbol{\Lambda},\quad \boldsymbol{D}_i\bigcap_{i\neq j}\boldsymbol{D}_j=\varnothing,\quad \forall i,j\in\{1,\cdots,N\}$$

我们使用**分布函数**$E(\boldsymbol{\lambda})$确定从一个神经控制器到另一个的转换规则，其参数是外部向量$\boldsymbol{\lambda}\in\boldsymbol{\Lambda}$，而其整数值分别是专业域和作用在其上的神经控制器的序号，即

$$E(\boldsymbol{\lambda}) = i, \quad i \in \{1, \cdots, N\}$$
$$\boldsymbol{D}_i = \{\boldsymbol{\lambda} \in \boldsymbol{\Lambda} \mid E(\boldsymbol{\lambda}) = i\} \tag{3.43}$$

分布函数 $E(\boldsymbol{\lambda})$ 由神经控制器集成 $\boldsymbol{\Omega}$ 的 Ω_0 元素根据式（3.43）实现。

需要强调的是，ENC（3.42）是一组**相互一致**的神经控制器。所有这些神经控制器都具有相同的当前外部向量 $\boldsymbol{\lambda} \in \boldsymbol{\Lambda}$ 值。

ENC（3.42）中有两种类型的神经控制器。第一类神经控制器形成集合 $\{\Omega_1, \cdots, \Omega_N\}$，其成员实现相应的控制律。第二类神经控制器（$\Omega_0$）是 ENC Ω_1，…，Ω_N 的一种“指挥员”。这个神经控制器对每个当前 $\boldsymbol{\lambda} \in \boldsymbol{\Lambda}$ 根据式（3.43）产生序号 $i(1 \leqslant i \leqslant N)$，即指示给定 $\boldsymbol{\lambda} \in \boldsymbol{\Lambda}$ 时必须由哪一个神经控制器 $\Omega_i(i \in \{1, \cdots, N\})$ 进行控制。

因此，ENC $\boldsymbol{\Omega}$ 是神经控制器的**相互一致集**，其中所有神经控制器都获得外部向量的当前值 $\boldsymbol{\lambda} \in \boldsymbol{\Lambda}$ 作为输入。此外，神经控制器 Ω_0 利用当前 $\boldsymbol{\lambda} \in \boldsymbol{\Lambda}$ 根据式（3.43）生成序号 i（$1 \leqslant i \leqslant N$），指示对给定 $\boldsymbol{\lambda} \in \boldsymbol{\Lambda}$ 必须由哪一个神经控制器进行控制。

3.4.2.3　多模态动态系统神经控制器集成的优化

ENC 的优化是非常重要的。对于给定的外部集，即对于给定的 MDS 运行模式范围，要确保集成中的神经控制器数量最少。如果出于某种原因，除了 MDS 外部集，还指定了 ENC 中神经控制器的数量，那么对它的优化允许选择神经控制器参数值以最小化 ENC 产生的误差。与任何优化问题一样，这里的关键问题，是为所考虑的系统构建一个最优性判据。

多模态动态系统神经控制器集成最优性判据的构建

求解 ENC 优化问题时，最重要的一点就是构建最优性判据 $F(\boldsymbol{\Lambda}, \boldsymbol{\Omega}, J, E(\boldsymbol{\lambda}))$，要考虑前述 MDS 和 ENC 的所有性质。基于［88］所获结果，很容易知道，对于 ENC 中神经控制器的固定集 $\{\Omega_i\}(i=1, \cdots, N)$[⊖] 以及函数 $E(\boldsymbol{\lambda})$ 的固定分布，如果知道如何计算所考虑系统在外部集 $\boldsymbol{\Lambda}$ 的当前点 $\boldsymbol{\lambda}$ 处的效率，就可以构造出这样的判据。另外，我们需要知道形式为式（3.38）、式（3.40）或式（3.39）、式（3.41）的函数。在这些假设下，描述 ENC 效率的函数

$$f = f(\boldsymbol{\lambda}, \boldsymbol{\Omega}, J, E(\boldsymbol{\lambda})), \quad \forall \boldsymbol{\lambda} \in \boldsymbol{\Lambda} \tag{3.44}$$

称为 ENC 的**判据函数**。由于式（3.44）实际上只依赖于 $\boldsymbol{\lambda} \in \boldsymbol{\Lambda}$，并且可以以某种方式视所有其他参数为冻结参数，本节中为了简化表达，我们将式（3.44）替换为

$$f = f(\boldsymbol{\lambda}) \tag{3.45}$$

并用 $F = F(\boldsymbol{\Lambda})$ 替代 $F(\boldsymbol{\Lambda}, \boldsymbol{\Omega}, J, E(\boldsymbol{\lambda}))$。

因此，寻找 ENC 最优性判据数值的问题分为两个子任务：首先，我们要能够考虑以上假设，并计算 $f=f(\boldsymbol{\lambda})(\forall \boldsymbol{\lambda} \in \boldsymbol{\Lambda})$；其次，必须确定（生成）使我们能找到 $F(\boldsymbol{\Lambda})$ 的规则 $\boldsymbol{\Phi}$，也就是在整个外部集 $\boldsymbol{\Lambda}$ 上的 ENC 最优性判据，这个任务基于 $f(\boldsymbol{\lambda})$，即

$$F(\boldsymbol{\Lambda}) = \boldsymbol{\Phi}[f(\boldsymbol{\lambda})] \tag{3.46}$$

我们首先考虑构造判据函数 $f(\boldsymbol{\lambda})$ 的问题。如果对于每个神经控制器 $\{\Omega_i\}(i=1, \cdots, N)$，我们知道突触权重矩阵的集合 $\boldsymbol{W}^{(i)} = \{W_j^{(i)}\}(i=1, \cdots, N, j=1, \cdots, p^{(i)}+1)$，其中 $p^{(i)}$ 是神经控制器 Ω_i 使用的 ANN 中隐藏层的数量，以及该神经控制器的附加调整参数向量 $\boldsymbol{v}^{(i)} \in \boldsymbol{V}$ 的值，那么我们认为定义了 ENC。假设我们还有 MDS 的外部集 $\boldsymbol{\Lambda} \subset \mathcal{R}^s$。如果我们也将“点” $\tilde{\boldsymbol{\lambda}} \in \boldsymbol{\Lambda}$ 冻结，

⊖　也就是，对于 ENC $\boldsymbol{\Omega}$ 中神经控制器 Ω_i 给定的数量 N，及参数 $\boldsymbol{W}$ 和 $\boldsymbol{V}$ 的值。

我们就得到了单模态系统控制律综合的常规问题。求解这个问题，得到$\tilde{\boldsymbol{k}}^*\in\boldsymbol{K}$，即调节器参数向量（3.33）~（3.35）在条件$\tilde{\boldsymbol{\lambda}}\in\boldsymbol{\Lambda}$下的最优值。此时，泛函$J$取值为

$$J^*(\tilde{\boldsymbol{\lambda}})=J(\tilde{\boldsymbol{\lambda}},\tilde{\boldsymbol{k}}^*)=\min_{k\in K}(\tilde{\boldsymbol{\lambda}},\tilde{\boldsymbol{k}})$$

如果我们在$\boldsymbol{\lambda}\in\boldsymbol{\Lambda}$点应用参数向量为$\tilde{\boldsymbol{k}}^*\in\boldsymbol{K}$的神经控制器（对$\tilde{\boldsymbol{\lambda}}\in\boldsymbol{\Lambda}$点最优），则函数$J^*$为

$$J^*=J(\boldsymbol{\lambda},\tilde{\boldsymbol{k}}^*)$$

如果对于$\tilde{\boldsymbol{\lambda}}\in\boldsymbol{\Lambda}$ $\tilde{\boldsymbol{k}}^*\in\boldsymbol{K}$是泛函$J$取绝对最小值的点，则有以下不等式成立：

$$J(\boldsymbol{\lambda},\tilde{\boldsymbol{k}}^*)\geqslant J(\tilde{\boldsymbol{\lambda}},\tilde{\boldsymbol{k}}^*),\quad \forall\boldsymbol{\lambda}\in\boldsymbol{\Lambda} \tag{3.47}$$

基于条件（3.47），我们将判据函数$f(\boldsymbol{\lambda},\boldsymbol{k})$的表达式写成

$$f(\boldsymbol{\lambda},\boldsymbol{k})=J(\boldsymbol{\lambda},\boldsymbol{k})-J(\boldsymbol{\lambda},\boldsymbol{k}^*) \tag{3.48}$$

对任意容许的$\boldsymbol{\lambda}\in\boldsymbol{\Lambda}$和$\boldsymbol{k}\in\boldsymbol{K}$，式中$J(\boldsymbol{\lambda},\boldsymbol{k})$是泛函$J$的值，并且$J(\boldsymbol{\lambda},\boldsymbol{k}^*)$对给定$\boldsymbol{\lambda}\in\boldsymbol{\Lambda}$是最优的，是泛函$J$对神经控制器参数向量$\boldsymbol{k}^*\in\boldsymbol{K}$的最小值。

求$J(\boldsymbol{\lambda},\boldsymbol{k})$的值不会产生任何困难，可以连同式（3.31）一起，通过一阶 ODE 方程组柯西问题的一种数值求解方法进行计算。而计算$J(\boldsymbol{\lambda},\mathbf{k}^*)$的值就困难得多了，因为此时我们需要求解单模态动态系统最优控制律综合的问题。在所考虑的情况中，该问题与相应神经控制器校正模块所使用 ANN 的训练有关。

现在我们考虑确定规则（构造函数）$\boldsymbol{\Phi}$的问题，使我们能求出给定 ENC $\boldsymbol{\Omega}$后最优性判据$F(\boldsymbol{\Lambda})$的值，只要我们知道$f(\boldsymbol{\lambda},\boldsymbol{k})(\forall\boldsymbol{\lambda}\in\boldsymbol{\Lambda},\forall\boldsymbol{k}\in\boldsymbol{K})$。

假设构造函数是对称的，即

$$\boldsymbol{\Phi}(\eta,v)=\boldsymbol{\Phi}(v,\eta)$$

而且满足结合律，即

$$\boldsymbol{\Phi}(\eta,\boldsymbol{\Phi}(v,\xi))=\boldsymbol{\Phi}(v,\boldsymbol{\Phi}(\eta,\xi))=\boldsymbol{\Phi}(\xi,\boldsymbol{\Phi}(\eta,v))$$

给构造函数附加这些性质是为确保判据$F(\boldsymbol{\Lambda})$与集合$\boldsymbol{\Lambda}$上元素的组合顺序无关。

函数$\boldsymbol{\Phi}(\eta,v)$给出了一种办法来计算 MDS 的 ENC $\boldsymbol{\Omega}$的效率$F(\boldsymbol{\Lambda}_{\alpha\beta})$，其外部集为

$$\boldsymbol{\Lambda}_{\alpha\beta}=\boldsymbol{\Lambda}_\alpha\cup\boldsymbol{\Lambda}_\beta$$

已知系数$f(\boldsymbol{\Lambda}_\alpha)$和$f(\boldsymbol{\Lambda}_\beta)$，式中$\boldsymbol{\Lambda}_\alpha\subset\boldsymbol{\Lambda}$和$\boldsymbol{\Lambda}_\beta\subset\boldsymbol{\Lambda}$，即

$$F(\boldsymbol{\Lambda}_\alpha\cup\boldsymbol{\Lambda}_\beta)=\boldsymbol{\Phi}(f(\boldsymbol{\Lambda}_\alpha),f(\boldsymbol{\Lambda}_\beta))$$

按同样的方式我们可以在外部集

$$\boldsymbol{\Lambda}_{\alpha\beta\gamma}=(\boldsymbol{\Lambda}_\alpha\cup\boldsymbol{\Lambda}_\beta)\cup\boldsymbol{\Lambda}_\gamma,\quad \boldsymbol{\Lambda}_\gamma\subset\boldsymbol{\Lambda}$$

上定义系统的效率，即

$$\begin{aligned}F(\boldsymbol{\Lambda}_{\alpha\beta\gamma})&=F((\boldsymbol{\Lambda}_\alpha\cup\boldsymbol{\Lambda}_\beta)\cup\boldsymbol{\Lambda}_\gamma)\\&=\boldsymbol{\Phi}(f(\boldsymbol{\Lambda}_\gamma),\boldsymbol{\Phi}(\boldsymbol{\Lambda}_\alpha\cup\boldsymbol{\Lambda}_\beta))\end{aligned}$$

进一步重复该运算，我们得到

$$F(\boldsymbol{\Lambda}_1\cup(\boldsymbol{\Lambda}_2\cup(\boldsymbol{\Lambda}_3\cdots(\boldsymbol{\Lambda}_{N-1}\cup\boldsymbol{\Lambda}_N)\cdots)\cdots)=\boldsymbol{\Phi}(f(\boldsymbol{\Lambda}_1),\boldsymbol{\Phi}(f(\boldsymbol{\Lambda}_2),\boldsymbol{\Phi}(f(\boldsymbol{\Lambda}_3),\cdots)))$$

考虑到

$$\boldsymbol{\Lambda}_1\bigcup(\boldsymbol{\Lambda}_2\bigcup(\boldsymbol{\Lambda}_3\cdots(\boldsymbol{\Lambda}_{N-1}\bigcup\boldsymbol{\Lambda}_N)\cdots))=\boldsymbol{\Lambda}$$

我们可得

$$F(\boldsymbol{\Lambda})=\Phi(f(\boldsymbol{\Lambda}_1),\Phi(f(\boldsymbol{\Lambda}_2),\Phi(f(\boldsymbol{\Lambda}_3),\cdots))) \tag{3.49}$$

构造式（3.49）中规则 Φ 的方法在［88］中有介绍，有了它我们便能知道 $f(\boldsymbol{\lambda},\boldsymbol{k})$（$\forall\boldsymbol{\lambda}\in\boldsymbol{\Lambda}$，$\forall\boldsymbol{k}\in\boldsymbol{K}$），并能求得在整个外部集 $\boldsymbol{\Lambda}$ 上一般形式多模态系统的最优性判据 $F(\boldsymbol{\Lambda})$ 的值。这里指出，外部集上系统有效性估计的所有可能类型都归为两类：

- 保证型估计，此时最优性判据 $F(\boldsymbol{\Lambda})$ 的形式为

$$F(\boldsymbol{\Lambda})=\max_{\substack{\boldsymbol{\lambda}\in\boldsymbol{\Lambda},\\ \boldsymbol{k}=\text{const}}}[\rho(\boldsymbol{\lambda})f(\boldsymbol{\lambda},\boldsymbol{k})] \tag{3.50}$$

- 积分型估计，其 $F(\boldsymbol{\Lambda})$ 的表达式为

$$F(\boldsymbol{\Lambda})=\sum_{\substack{\boldsymbol{\lambda}\in\boldsymbol{\Lambda},\\ \boldsymbol{k}=\text{const}}}[\rho(\boldsymbol{\lambda})f(\boldsymbol{\lambda},\boldsymbol{k})] \tag{3.51}$$

式中 $\rho(\boldsymbol{\lambda})$ 是元素 $\boldsymbol{\lambda}\in\boldsymbol{\Lambda}$ 的相对重要度。

考虑上述情况，判据函数 $f(\boldsymbol{\lambda},\boldsymbol{k})$ 可视为 MDS 运行于模式 $\boldsymbol{\lambda}\in\boldsymbol{\Lambda}$ 的 ENC 的**非最优度**。那么，我们可以说，对于形如式（3.50）的判据，具有外部集 $\boldsymbol{\Lambda}$ 的 MDS 的 ENC $\boldsymbol{\Omega}$ 的非最优度最小化问题可解。我们有

$$F_{\mathrm{G}}^{*}=F_{\mathrm{G}}(\boldsymbol{\Omega}^{*})=\min_{\boldsymbol{\Omega}}\max_{\substack{\boldsymbol{\lambda}\in\boldsymbol{\Lambda},\\ \boldsymbol{k}=\text{const}}}[\rho(\boldsymbol{\lambda})f(\boldsymbol{\lambda},\boldsymbol{k})] \tag{3.52}$$

对于积分型判据，ENC 优化问题简化为作用在外部集 $\boldsymbol{\Lambda}$ 上的 MDS 的 ENC $\boldsymbol{\Omega}$ 的非最优度最小化问题，即

$$F_{\mathrm{I}}^{*}=F_{\mathrm{I}}(\boldsymbol{\Omega}^{*})=\min_{\boldsymbol{\Omega}}\int_{\substack{\boldsymbol{\lambda}\in\boldsymbol{\Lambda},\\ \boldsymbol{k}=\text{const}}}[\rho(\boldsymbol{\lambda})f(\boldsymbol{\lambda},\boldsymbol{k})]\mathrm{d}\boldsymbol{\lambda} \tag{3.53}$$

应用于积分型判据（3.53），式（3.49）的规则 Φ 实际上定义了权重函数 $\rho(\boldsymbol{\lambda})$，它规定了外部集 $\boldsymbol{\Lambda}$ 中元素 $\boldsymbol{\lambda}$ 的相对重要性。因此，当在大范围内构建积分型判据（3.51）、优化问题（3.53）时，可根据应用任务的具体情况改变它们。

给定上述公式，现在可以阐明 3.4.2.2 节末尾提到的概念，即 ENC $\boldsymbol{\Omega}$ 中神经控制器 Ω_i（$i\in\{1,\cdots,N\}$）的相互一致性。

也就是说，ENC（3.42）中神经控制器的相互一致性可按如下方式理解：

- 每个神经控制器 Ω_i（$i\in\{1,\cdots,N\}$）的参数，是考虑所有其他神经控制器 Ω_j（$j\neq i,i,j\in\{1,\cdots,N\}$），并基于 MDS 的 ENC $\boldsymbol{\Omega}$ 的最优性判据（3.50）或判据（3.51）施加的要求而选择的。
- 可以保证对每个模式（待解决的任务）$\boldsymbol{\lambda}\in\boldsymbol{\Lambda}$，由神经控制器计算出 ENC（3.42）中最有效的神经控制器 Ω_i（$i\in\{1,\cdots,N\}$），其判别函数（神经控制器 Ω_i 的非最优度）值 $f_i(\boldsymbol{\lambda},\boldsymbol{k})$（由表达式（3.48）定义）对于给定的 $\boldsymbol{\lambda}\in\boldsymbol{\Lambda}$ 和 $\boldsymbol{k}\in\boldsymbol{K}$ 最小。

使用保守方法的神经控制器集成的优化任务

关于 ENC 的优化，可制定以下主要任务：

(1) ENC 的最优分布问题:

$$F(\boldsymbol{\Lambda},\boldsymbol{\Omega},J,E^*(\boldsymbol{\lambda}))=\min_{\substack{E(\boldsymbol{\lambda}),\\ N=\text{const},\\ k=\text{const}}}F(\boldsymbol{\Lambda},\boldsymbol{\Omega},J,E(\boldsymbol{\lambda}))\tag{3.54}$$

(2) ENC 所包含神经控制器参数的最优选取问题:

$$F(\boldsymbol{\Lambda},\boldsymbol{\Omega}^*,J,E^*(\boldsymbol{\lambda}))=\min_{\substack{E(\boldsymbol{\lambda},\boldsymbol{\Omega}),\\ N=\text{const}}}F(\boldsymbol{\Lambda},\boldsymbol{\Omega},J,E(\boldsymbol{\lambda}))\tag{3.55}$$

(3) ENC 的一般优化问题:

$$F(\boldsymbol{\Lambda},\boldsymbol{\Omega}^*,J,E^*(\boldsymbol{\lambda}))=\min_{\substack{E(\boldsymbol{\lambda},\boldsymbol{\Omega}),\\ N=\text{var}}}F(\boldsymbol{\Lambda},\boldsymbol{\Omega},J,E(\boldsymbol{\lambda}))\tag{3.56}$$

在最优分布问题(3.54)中,有一个动态系统运行模式 $\boldsymbol{\lambda}$ 所处的域 $\boldsymbol{\Lambda}$(系统的外部集)和 N 个给定的神经控制器 $\Omega_i(i=1,\cdots,N)$。需要为每个神经控制器 Ω_i 分配其专属的域 $\boldsymbol{D}_i\subset\boldsymbol{\Lambda}$,

$$\boldsymbol{D}_i=\boldsymbol{D}(\Omega_i)=\{\boldsymbol{\lambda}\in\boldsymbol{\Lambda}\mid E(\boldsymbol{\lambda})=i\},\quad i\in\{1,\cdots,N\}$$

$$\bigcup_{i=1}^{N}\boldsymbol{D}_i=\boldsymbol{\Lambda},\quad \boldsymbol{D}_j\bigcap_{j\neq k}\boldsymbol{D}_k=\varnothing,\quad \forall j,k\in\{1,\cdots,N\}$$

式中,神经控制器 Ω_i 相比其他神经控制器 $\Omega_j(j\neq i,i,j\in\{1,\cdots,N\})$ 更适合使用。将 $\boldsymbol{\Lambda}$ 域划分为专属域 $\boldsymbol{D}_i\subset\boldsymbol{\Lambda}$ 是由定义在集合 $\boldsymbol{\Lambda}$ 上并且取整数值 $1,2,\cdots,N$ 的分布函数 $E(\boldsymbol{\lambda})$ 进行的。函数 $E(\boldsymbol{\lambda})$ 给每个 $\boldsymbol{\lambda}\in\boldsymbol{\Lambda}$ 分配对应给定模式的神经控制器序号,使得其判据函数(3.44)对于这个 $\boldsymbol{\lambda}\in\boldsymbol{\Lambda}$ 的值比 ENC 剩余其他神经控制器的判据函数值都小。

ENC $\boldsymbol{\Omega}$ 中包含的神经控制器 $\Omega_i(i=1,\cdots,N)$ 参数最优选取问题(3.55),有一个最优分配问题(3.54)的子问题。它包括选择 ENC $\boldsymbol{\Omega}$ 中包含的神经控制器 $\Omega_i(i=1,\cdots,N)$ 的参数 $\boldsymbol{W}^{(i)}$ 和 $\boldsymbol{V}^{(i)}$,根据相应应用任务的类型,使得 ENC 最优性判据(3.50)、判据(3.52)或判据(3.51)、判据(3.53)的值最小。从待解决问题之外的任何考虑因素出发,我们假设 ENC $\boldsymbol{\Omega}$ 中的神经控制器数量 N 是固定的。

在 ENC $\boldsymbol{\Omega}$ 的一般优化问题(3.56)中,我们去掉了神经控制器 $\Omega_i(i=1,\cdots,N)$ 的数量 N 为固定值的条件,这样一来,就也可能通过改变(选择)ENC 中神经控制器的数量,来最小化最优性判据(3.50)、判据(3.52)或判据(3.51)、判据(3.53)的值。显然,ENC 参数优化问题(3.55)以及由此产生的最优分布问题(3.54)作为子任务包含在一般优化问题(3.56)中。

求解最优分布问题(3.54)使得可以将所考虑 MDS 的外部集 $\boldsymbol{\Lambda}$ 最佳划分(在判据(3.50)、判据(3.52)或判据(3.51)、判据(3.53)的意义上)为专属域 $\boldsymbol{D}_i\subset\boldsymbol{\Lambda}(i=1,\cdots,N)$,指定使用每个神经控制器 $\Omega_i(i=1,\cdots,N)$ 的最佳位置。

通过每次改变 ENC 中神经控制器的参数并求解最优分配问题,可以减小判据(3.50)、判据(3.52)或判据(3.51)、判据(3.53)的值,它们从整个外部集 $\boldsymbol{\Lambda}$ 上评估 ENC $\boldsymbol{\Omega}$ 的效率。一般而言,取消对 ENC 中神经控制器数量的限制可进一步提高 ENC 的有效性值。在一般情况下,对于具有固定外部集的同一 MDS,以下关系成立:

$$F^{(1)}(\boldsymbol{\Lambda})\geqslant F^{(2)}(\boldsymbol{\Lambda})\geqslant F^{(3)}(\boldsymbol{\Lambda})$$

式中 $F^{(1)}(\boldsymbol{\Lambda})$、$F^{(2)}(\boldsymbol{\Lambda})$、$F^{(3)}(\boldsymbol{\Lambda})$ 是对给定 MDS 分别求解最优分布问题(3.54)、参数优化问题(3.55)、一般优化问题(3.56),得到的最优性判据(3.50)、判据(3.52)或判据

(3.51)、判据(3.53)的值。

一般来说，所需的控制器系数对状态描述参数的依赖关系可立即借助神经网络，对 MDS 运行模式整个域（即整个外部集）进行近似。然而，这里有必要考虑为此须付出的“代价”。对于现代飞机，尤其是高性能先进飞机，所需的依赖关系是多维的，并且具有非常复杂的特征。如果飞机需要执行对应于需解决的不同类型问题的各类行为，这也会相当复杂。因此，综合的神经网络无法满足控制系统设计者的要求，例如，网络维数太高，以致难以使用飞机机载工具实现该网络，甚至无法实现，并且使得解决 ANN 的训练问题非常复杂。此外，当使用串行或有限并行硬件实现网络（是目前的主要变体）时，ANN 的维数越大，对给定输入信号的响应时间就越长。

所考虑的方法正是面向这种情况的，据此求解将一个 ANN（以及相应的一个神经控制器）分解为一个相互协调的神经控制器集合（实现为 ANN 集成）的问题。我们已经展示了如何在 ENC 的三类（级）任务优化框架内最优地进行这种分解。

这里我们描述了关于在控制问题中使用 ANN 的保守方法的最优 ENC 构建。这种构建只需经少量适应处理就可适用于多模态动态系统神经控制的激进方法，从而也适用于解决该问题的折中方法。

此外，我们稍微重新表述所讨论的方法，也可以理解它为 ANN 分解的方法，面向不确定性条件下的问题求解，也就是将一个“大”网络替换为相互一致的“小”网络的集合（集成），并且可能以最优方式实现这种分解。在一般情况下，这样的集成可能是不同类的，包含不同架构的 ANN（原则上这是提高解决复杂应用问题效率的额外资源）。

应该注意的是，事实上，ENC 是一种神经网络实现，是众所周知的**增益调度**方法[95-97]的扩展，广泛用于解决各种应用问题。

3.4.2.4 简单多模态动态系统神经控制器集成的构建例子

我们举例说明上述概括的主要内容，以简单非周期受控对象（设备）的最优 ENC 为综合例子，这里的受控对象描述为

$$\dot{x} = -\frac{1}{\tau(\lambda)}x + u, \quad t \in [t_0, \infty) \tag{3.57}$$

其中

$$\tau(\lambda) = c_0 + c_1\lambda + c_2\lambda^2, \qquad \lambda \in [\lambda_0, \lambda_k] \tag{3.58}$$

对象(3.57)的控制律取为

$$u = -kx, \qquad k_- \leqslant k \leqslant k_+ \tag{3.59}$$

实现控制律(3.59)的控制器必须将受控对象的状态 x 保持在 0 附近，即对期望的（参考）对象运动(3.57)，我们假设

$$x_e(t) \equiv 0, \quad u_e(t) \equiv 0, \quad \forall t \in [t_0, \infty) \tag{3.60}$$

MDS(3.57)~MDS(3.60)的质量判据（性能指标，泛函）J 可写为

$$J(\lambda, k) = \frac{1}{2}\int_{t_0}^{\infty} (ax(\lambda)^2 + bu(k)^2)\,\mathrm{d}t \tag{3.61}$$

基于附加的要求，即通过采用不超过“$u_{\max}^2 = \text{const}$”的控制 u^2，保持 x^2 低于指定的“$x_{\max}^2 = \text{const}$”，式中 $a = 1/x_{\max}^2$ 和 $b = 1/u_{\max}^2$。

在所考虑的问题中，调节器参数值的外部集 $\boldsymbol{\Lambda}$ 和域 $\boldsymbol{K}$ 是一维的，即

$$\boldsymbol{\Lambda} = [\lambda_0, \lambda_k] \subset \mathcal{R}^1$$
$$\boldsymbol{K} = [k_-, k_+] \subset \mathcal{R}^1 \tag{3.62}$$

按照式（3.48），判据函数$f(\lambda,k)(\lambda\in\boldsymbol{\Lambda},k\in\boldsymbol{K})$写为

$$f(\lambda,k) = J(\lambda,k) - J(\lambda,k^*) \tag{3.63}$$

对于任意容许的对$(\lambda,k)(\lambda\in\boldsymbol{\Lambda},k\in\boldsymbol{K})$，用于系统（3.28）~系统（3.33）的表达式$J(\boldsymbol{\lambda},\boldsymbol{k})$形式为

$$J(\lambda,k) = \frac{(a^2 + bk^2)x_0^2}{4(1/\tau(\lambda) + k)} \tag{3.64}$$

由于函数（3.64）对$\forall \boldsymbol{x}\in\boldsymbol{X}$是凸的，我们可以取$x_0 = x_{\max}$。

根据［98］，通过给定$k^*(\lambda)$的表达式，即

$$k^*(\lambda) = \sqrt{\frac{1}{\tau^2(\lambda)} + \frac{a}{b}} - \frac{1}{\tau(\lambda)} \tag{3.65}$$

我们可以获得任意$\lambda\in\boldsymbol{\Lambda}$的泛函值$J(\lambda,k^*)$。

在这个问题中，控制器实现控制律（3.59），神经校正器再现根据$\lambda\in\boldsymbol{\Lambda}$当前值调整系数$k^*$的依赖关系（3.65），并且这个调节器和神经校正器共同成为神经控制器Ω_1，是ENC $\boldsymbol{\Omega}$中的唯一成员。

这里，我们可以使用带有一个或两个隐藏层的MLP网络或一定的RBF网络作为神经校正器。由于在所考虑的情况下，构建相应ANN的过程非常简单，因此不再讨论过程细节。

通过已知的判据函数（3.63），我们现在可以为所考虑的情况构建神经控制器的最优性判据（3.50）或判据（3.51）（从而建立ENC）。明确起见，我们使用保证型方法来评估MDS（3.57）~MDS（3.62）（见式（3.52））的ENC效率，即所需的判据形式为

$$F(\boldsymbol{\Lambda}) = \max_{\substack{\lambda\in\boldsymbol{\Lambda},\\ k=\text{const}}} f(\lambda,k) \tag{3.66}$$

此时，$\boldsymbol{\Omega}=(\Omega_0,\Omega_1)$，神经控制器$\Omega_0$实现分布函数$E(\lambda)=1$（$\forall\lambda\in\boldsymbol{\Lambda}$）。

如果所获ENC的最大非最优度（3.57）的值大于所解决应用的条件许可值，则可以增加$\boldsymbol{\Omega}$中神经控制器$\Omega_i(i=1,\cdots,N)$的数量N，从而降低指标（3.66）的值。例如，设$N=3$，那么

$$\boldsymbol{\Omega} = (\Omega_0, \Omega_1, \Omega_2, \Omega_3)$$
$$E(\lambda) = \begin{cases} 1, & \lambda_0 \leqslant \lambda \leqslant \lambda_{12} \\ 2, & \lambda_{12} < \lambda \leqslant \lambda_{23} \\ 3, & \lambda_{23} < \lambda \leqslant \lambda_k \end{cases}$$

为了获得数值估计，我们设$a=b=1$、$c_0=1$、$c_1=2$、$c_2=5$、$x_{\max}^2=10$、$\lambda_0=0$、$\lambda_k=1$。可以发现，给定问题中$k_-\approx0.4$、$k_+\approx0.9$。在所考虑的情况下，对于$N=1$的ENC，参数优化问题（3.55）中的指标（3.66）为$F^*=F(\boldsymbol{\Lambda},k^*)\approx0.42$。对于$N=3$的ENC（即ENC中有三个“工作”神经控制器和一个“切换”单元），$F^*=F(\boldsymbol{\Lambda},k^*)\approx0.28$。

3.5 参考文献

[1] Billings SA. Nonlinear system identification: NARMAX methods in the time, frequency and spatio-temporal domains. New York, NY: John Wiley & Sons; 2013.

[2] Codrons B. Process modelling for control: A unified framework using standard black-box techniques. London: Springer; 2005.

[3] Narendra KS, Parthasarathy K. Identification and control of dynamic systems using neural networks. IEEE Trans Neural Netw 1990;1(1):4–27.

[4] Chen S, Billings SA. Neural networks for nonlinear dynamic systems modelling and identification. Int J Control 1992;56(2):319–46.

[5] Sjöberg J, Zhang Q, Ljung L, Benveniste A, Deylon B, Glorennec PY, et al. Nonlinear black-box modeling in system identification: A unified overview. Automatica 1995;31(12):1691–724.

[6] Juditsky A, Hjalmarsson H, Benveniste A, Deylon B, Ljung L, Sjöberg J, et al. Nonlinear black-box modeling in system identification: Mathematical foundations. Automatica 1995;31(12):1725–50.

[7] Rivals I, Personnaz L. Black-box modeling with state-space neural networks. In: Zbikowski R, Hint KJ, editors. Neural Adaptive Control Technology. World Scientific; 1996. p. 237–64.

[8] Billings SA, Jamaluddin HB, Chen S. Properties of neural networks with applications to modelling nonlinear dynamic systems. Int J Control 1992;55(1):193–224.

[9] Chen S, Billings SA. Representation of nonlinear systems: The narmax model. Int J Control 1989;49(3):1013–32.

[10] Chen S, Billings SA. Nonlinear system identification using neural networks. Int J Control 1990;51(6):1191–214.

[11] Chen S, Billings SA, Cowan CFN, Grant PM. Practical identification of narmax using radial basis functions. Int J Control 1990;52(6):1327–50.

[12] Kalman RE, Falb PL, Arbib MA. Topics in mathematical system theory. New York, NY: McGraw Hill Book Company; 1969.

[13] Mesarovic MD, Takahara Y. General systems theory: Mathematical foundations. New York, NY: Academic Press; 1975.

[14] Dreyfus G. Neural networks: Methodology and applications. Berlin ao.: Springer; 2005.

[15] Chen S, Wang SS, Harris C. NARX-based nonlinear system identification using orthogonal least squares basis hunting. IEEE Trans Control Syst Technol 2008;16(1):78–84.

[16] Sahoo HK, Dash PK, Rath NP. NARX model based nonlinear dynamic system identification using low complexity neural networks and robust H_∞ filter. Appl Soft Comput 2013;13(7):3324–34.

[17] Hidayat MIP, Berata W. Neural networks with radial basis function and NARX structure for material lifetime assessment application. Adv Mater Res 2011;277:143–50.

[18] Wong CX, Worden K. Generalised NARX shunting neural network modelling of friction. Mech Syst Signal Process 2007;21:553–72.

[19] Potenza R, Dunne JF, Vulli S, Richardson D, King P. Multicylinder engine pressure reconstruction using NARX neural networks and crank kinematics. Int J Eng Res 2017;8:499–518.

[20] Patel A, Dunne JF. NARX neural network modelling of hydraulic suspension dampers for steady-state and variable temperature operation. Veh Syst Dyn: Int J Veh Mech Mobility 2003;40(5):285–328.

[21] Gaya MS, Wahab NA, Sam YM, Samsudin SI, Jamaludin IW. Comparison of NARX neural network and classical modelling approaches. Appl Mech Mater 2014;554:360–5.

[22] Siegelmann HT, Horne BG, Giles CL. Computational capabilities of recurrent NARX neural networks. IEEE Trans Syst Man Cybern, Part B, Cybern 1997;27(2):208–15.

[23] Kao CY, Loh CH. NARX neural networks for nonlinear analysis of structures in frequency domain. J Chin Inst Eng 2008;31(5):791–804.

[24] Pearson PK. Discrete-time dynamic models. New York–Oxford: Oxford University Press; 1999.

[25] Cybenko G. Approximation by superposition of a sigmoidal function. Math Control Signals Syst 1989;2(4):303–14.

[26] Hornik K, Stinchcombe M, White H. Multilayer feedforward networks are universal approximators. Neural Netw 1989;2(5):359–66.

[27] Gorban AN. Generalized approximation theorem and computational capabilities of neural networks. Sib J Numer Math 1998;1(1):11–24 (in Russian).

[28] Haykin S. Neural networks: A comprehensive foundation. 2nd ed.. Upper Saddle River, NJ, USA: Prentice Hall; 1998.

[29] Hagan MT, Demuth HB, Beale MH, De Jesús O. Neural network design. 2nd ed.. PSW Publishing Co.; 2014.

[30] Sandberg IW, Lo JT, Fancourt CL, Principe JC, Katagiri S, Haykin S. Nonlinear dynamical systems: Feedforward neural network perspectives. Wiley; 2001.

[31] Levin AU, Narendra KS. Recursive identification using feedforward neural networks. Int J Control 2013;61(3):533–47.

[32] Thibault J. Feedforward neural networks for the identification of dynamic processes. Chem Eng Commun 1991;105:109–28.

[33] Kuschewski JG, Hui S, Zak SH. Application of feedforward neural networks to dynamical system identification and control. IEEE Trans Control Syst Technol 1993;1(1):37–49.

[34] Ranković VM, Nikolić IZ. Identification of nonlinear models with feedforward neural network and digital recurrent network. FME Trans 2008;36:87–92.

[35] Mironov K, Pongratz M. Applying neural networks for prediction of flying objects trajectory. Vestn UGATU 2013;17(6):33–7.

[36] Malki HA, Karayiannis NB, Balasubramanian M. Short-term electric power load forecasting using feedforward neural networks. Expert Syst 2004;21(3):157–67.

[37] Messai N, Riera B, Zaytoon J. Identification of a class of hybrid dynamic systems with feed-forward neural networks: About the validity of the global model. Nonlinear Anal Hybrid Syst 2008;2:773–85.

[38] Baek S, Park DS, Cho J, Lee YB. A robot endeffector tracking system based on feedforward neural networks. Robot Auton Syst 1999;28:43–52.

[39] Janczak A. Identification of nonlinear systems using

neural networks and polynomial models: A block-oriented approach. Berlin, Heidelberg: Springer-Verlag; 2005.
[40] Giri F, Bai EW. Block-oriented nonlinear system identification. Berlin, Heidelberg: Springer-Verlag; 2010.
[41] Janczak A. Comparison of four gradient-learning algorithms for neural network Wiener models. Int J Syst Sci 2003;34(1):21–35.
[42] Ozer S, Zorlu Y, Mete S. System identification application using Hammerstein model. Int J Syst Sci 2016;4(6):597–605.
[43] Sut HT, McAvoy TJ. Integration of multilayer perceptron networks and linear dynamic models: A Hammerstein modeling approach. Ind Eng Chem Res 1993;32:1927–36.
[44] Peng J, Dubay R, Hernandez JM, Abu-Ayyad M. A Wiener neural network-based identification and adaptive generalized predictive control for nonlinear SISO systems. Ind Eng Chem Res 2011;4:7388–97.
[45] Wills A, Schön TB, Ljung L, Ninness B. Identification of Hammerstein–Wiener models. Ind Eng Chem Res 2012;49:70–81.
[46] Peia JS, Smyth AW, Kosmatopoulos EB. Analysis and modification of Volterra/Wiener neural networks for the adaptive identification of non-linear hysteretic dynamic systems. J Sound Vib 2004;275:693–718.
[47] Li S, Li Y. Model predictive control of an intensified continuous reactor using a neural network Wiener model. Neurocomputing 2016;185:93–104.
[48] Lawryńczuk M. Practical nonlinear predictive control algorithms for neural Wiener models. J Process Control 2013;23:696–714.
[49] Tan AH, Godfrey K. Modeling of direction-dependent processes using Wiener models and neural networks with nonlinear output error structure. IEEE Trans Instrum Meas 2004;53(3):744–53.
[50] Michalkiewicz J. Modified Kolmogorov neural network in the identification of Hammerstein and Wiener systems. IEEE Trans Neural Netw Learn Syst 2012;23(4):657–62.
[51] Lin DT, Dayhoff JE, Ligomenides PA. Trajectory production with the adaptive time-delay neural network. Neural Netw 1995;8(3):447–61.
[52] Guh RS, Shiue YR. Fast and accurate recognition of control chart patterns using a time delay neural network. J Chin Inst Ind Eng 2010;27(1):61–79.
[53] Yazdizadeh A, Khorasani K, Patel RV. Identification of a two-link flexible manipulator using adaptive time delay neural networks. IEEE Trans Syst Man Cybern, Part B, Cybern 2010;30(1):165–72.
[54] Juang JG, Chang HH, Chang WB. Intelligent automatic landing system using time delay neural network controller. Appl Artif Intell 2003;17(7):563–81.
[55] Sun Y, Babovic V, Chan ES. Multi-step-ahead model error prediction using time-delay neural networks combined with chaos theory. J Hydrol 2010;395:109–16.
[56] Zhang J, Wang Z, Ding D, Liu X. H_∞ state estimation for discrete-time delayed neural networks with randomly occurring quantizations and missing measurements. Neurocomputing 2015;148:388–96.
[57] Yazdizadeh A, Khorasani K. Adaptive time delay neural network structures for nonlinear system identification. Neurocomputing 2002;77:207–40.
[58] Ren XM, Rad AB. Identification of nonlinear systems with unknown time delay based on time-delay neural networks. IEEE Trans Neural Netw 2007;18(5):1536–41.
[59] Ljung L, Glad T. Modeling of dynamic systems. Englewood Cliffs, NJ: Prentice Hall; 1994.
[60] Arnold VI. Mathematical methods of classical mechanics. 2nd ed.. Graduate texts in mathematics, vol. 60. Berlin: Springer; 1989.
[61] Krasovsky AA, editor. Handbook of automatic control theory. Moscow: Nauka; 1987 (in Russian).
[62] Brumbaugh, R.W. An aircraft model for the AIAA control design challenge, AIAA Guidance, Navigation and Control Conf., New Orleans, LA, 1991. AIAA Paper–91–2631, 12.
[63] Etkin B, Reid LD. Dynamics of flight: Stability and control. 3rd ed.. New York, NY: John Wiley & Sons, Inc.; 2003.
[64] Boiffier JL. The dynamics of flight: The equations. Chichester, England: John Wiley & Sons; 1998.
[65] Cook MV. Flight dynamics principles. Amsterdam: Elsevier; 2007.
[66] Hull DG. Fundamentals of airplane flight mechanics. Berlin: Springer; 2007.
[67] Gill PE, Murray W, Wright MH. Practical optimization. London, New York: Academic Press; 1981.
[68] Varela L, Acuña S. Handbook of optimization theory: Decision analysis and applications. New York: Nova Science Publishers, Inc.; 2011.
[69] Ljung L. System identification: Theory for the user. 2nd ed.. Upper Saddle River, NJ: Prentice Hall; 1999.
[70] Conti M, Turchetti C. Approximation of dynamical systems by continuous-time recurrent approximate identity neural networks. Neural Parallel Sci Comput 1994;2(3):299–320.
[71] Elanayar S, Shin YC. Radial basis function neural network for approximation and estimation of nonlinear stochastic dynamic systems. IEEE Trans Neural Netw 1994;5(4):594–603.
[72] Pal C, Kayaba N, Morishita S, Hagiwara I. Dynamic system identification by neural network: A new fast learning method based on error back propagation. JSME Int J Ser C, Dyn Control Robot Des Manuf 1995;38(4):686–92.
[73] Ilyin VE. Attack aircraft and fighter-bombers. Moscow: Victoria-AST; 1998 (in Russian).
[74] Astolfi A. Nonlinear and adaptive control: Tools and algorithms for the user. London: Imperial College Press; 2006.
[75] Astolfi A, Karagiannis D, Ortega R. Nonlinear and adaptive control with applications. Berlin: Springer; 2008.
[76] Gros C. Complex and adaptive dynamical systems: A primer. Berlin: Springer; 2008.
[77] Ioannou P, Fidan B. Adaptive control tutorial. Philadelphia, PA: SIAM; 2006.
[78] Ioannou P, Sun J. Robust adaptive control. Englewood Cliffs, NJ: Prentice Hall; 1995.
[79] Ioannou P, Sun J. Optimal, predictive, and adaptive control. Englewood Cliffs, NJ: Prentice Hall; 1994.
[80] Sastry S, Bodson M. Adaptive control: Stability, convergence, and robustness. Englewood Cliffs, NJ: Prentice Hall; 1989.
[81] Spooner JT, Maggiore M, Ordóñez R, Passino KM. Stable adaptive control and estimation for nonlinear systems: Neural and fuzzy approximator techniques. New York, NY: John Wiley & Sons, Inc.; 2002.
[82] Tao G. Adaptive control design and analysis. New York, NY: John Wiley & Sons, Inc.; 2003.
[83] Omatu S, Khalid M, Yusof R. Neuro-control and its applications. London: Springer; 1996.

[84] Leondes CT. Control and dynamic systems: Neural network systems techniques and applications. San Diego, London: Academic Press; 1998.

[85] Omidvar O, Elliott DL. Neural systems for control. San Diego, London: Academic Press; 1997.

[86] Nguyen HT, Prasad NR, Walker CL, Walker EA. A first course in fuzzy and neural control. London, New York: Chapman & Hall/CRC; 1997.

[87] Letov AM. Flight dynamics and control. Moscow: Nauka Publishers; 1969 (in Russian).

[88] Piyavsky SA, Brusov VS, Khvilon EA. Optimization of parameters for multipurpose aircraft. Moscow: Mashinostroyeniye Publishers; 1974 (in Russian).

[89] DiGirolamo R. Flight control law synthesis using neural network theory. In: AIAA Guid., Navig. and Control Conf., Hilton Head Island, S.C., Aug. 10–12, 1992: Collect. Techn. Pap. Pt. 1. AIAA–92–4390–CP. Washington (D.C.); 1992. p. 385–94.

[90] Tanaka T, Chuang CH. Scheduling of linear controllers for X-29 by neural network and genetic algorithm. In: AIAA Guidance, Navigation and Control Conf., Baltimore, Md., Aug.7–10, 1995: Collect. Techn. Pap. Pt 2. AIAA–95–3270—CP. Washington (D.C.); 1995. p. 891–900.

[91] Jacobs RA, Jordan MI. Learning piecewise control strategies in a modular neural network architecture. IEEE Trans Syst Man Cybern 1993;23(2):337–45.

[92] Hush DR, Horne BG. Progress in supervised neural networks. IEEE Control Syst 1993;10(1):8–39.

[93] Germeyer YB. Introduction to the theory of operations research. Moscow: Nauka Publishers; 1971 (in Russian).

[94] Brusov VS, Baranov SK. Optimal design of aircraft: A multipurpose approach. Moscow: Mashinostroyeniye Publishers; 1989 (in Russian).

[95] Rotondo D. Advances in gain-scheduling and fault tolerant control techniques. Berlin: Springer; 2018.

[96] Palm R, Driankov D, Hellendoorn H. Model based fuzzy control: Fuzzy gain schedulers and sliding mode fuzzy controllers. Berlin: Springer; 1997.

[97] Bianchi FD De Battista H, Mantz RJ. Wind turbine control systems: Principles, modelling and gain scheduling design. Berlin: Springer; 2007.

[98] Bryson Ay, Ho YC. Applied optimal control. Toronto, London: Blaisdell Publishing Company; 1969.

[99] Morozov NI, Tiumentsev YV, Yakovenko AV. An adjustment of dynamic properties of a controllable object using artificial neural networks. Aerosp MAI J 2002;(1):73–94 (in Russian).

非线性动态系统神经网络黑箱建模：飞机受控运动

4.1 基于多层神经网络的飞机运动 ANN 模型

许多自适应控制方案都要求有受控对象模型。要获得这样的模型，需要解决动态系统辨识的经典问题[1]。经验表明，解决非线性系统该问题的一种最有效方法是使用 ANN[2-4]。神经网络建模使我们能够建立合理准确且计算高效的模型。

4.1.1 基于多层神经网络的飞机运动 ANN 模型的一般结构

ANN 是一种算法上通用的数学模型[5-7]。正因此，ANN 模型的计算效率才高。它使我们能够以任意预定的精度，将任何非线性映射 φ：$\mathcal{R}^n \to \mathcal{R}^m$ 表示为一定的 ANN 模型。⊖

非线性受控动态系统的 ANN 模型设计问题，进一步具体为飞机运动原始数学模型的神经网络近似问题。原始模型以某种方式定义，通常采用微分方程组的形式。该问题对应的受控系统神经网络辨识过程结构图如图 4-1 所示。

指导 ANN 模型学习的误差信号 $\boldsymbol{\varepsilon}$，是控制信号为 $\boldsymbol{u}$ 的受控对象输出 $\boldsymbol{y}_p$ 与神经网络模型输出 $\boldsymbol{y}_m$ 的平方差。训练后的 ANN 模型实现一种递归关系，允许我们根据过去时刻的 $\hat{\boldsymbol{y}}$ 和 $\boldsymbol{u}$ 计算 t_{i+1} 时刻的输出 $\hat{\boldsymbol{y}}$。

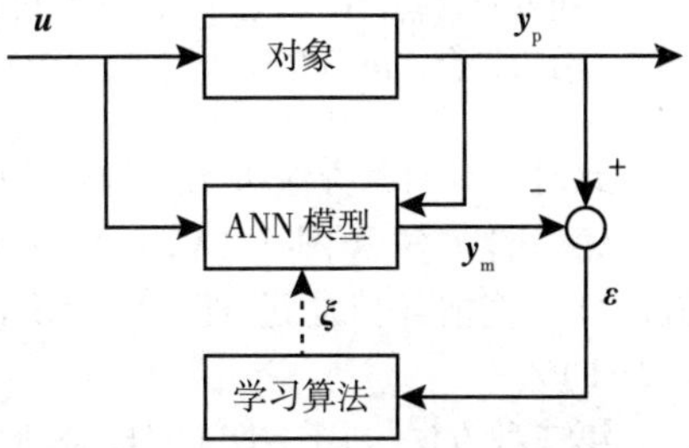

图 4-1 受控对象神经网络辨识过程结构图。其中 $\boldsymbol{u}$ 是控制，$\boldsymbol{y}_p$ 是受控对象（设备）的输出，$\boldsymbol{y}_m$ 是对象 ANN 模型的输出，$\boldsymbol{\varepsilon}$ 是设备输出与 ANN 模型输出的偏差（误差信号），$\boldsymbol{\xi}$ 是调整动作

我们使用**具有外部输入的非线性自回归（NARX）网络**作为动态系统的模型，因为它符合所考虑的飞行控制问题的性质（见图 4-2）。它是一个动态递归分层 ANN 模型，在网络输入端具有延迟单元（TDL，即时间延迟线），并且具有从输出层到输入层的反馈连接。

NARX 模型实现如下形式差分方程描述的动态映射：

$$\hat{\boldsymbol{y}}(t)=f(\hat{\boldsymbol{y}}(t-1),\hat{\boldsymbol{y}}(t-2),\cdots,\hat{\boldsymbol{y}}(t-N_y),\boldsymbol{u}(t-1),\boldsymbol{u}(t-2),\cdots,\boldsymbol{u}(t-N_u)) \tag{4.1}$$

式中，在给定时刻 t 的输出信号值 $\hat{\boldsymbol{y}}(t)$，是利用该信号过去一系列时刻的输出值 $\hat{\boldsymbol{y}}(t-1)$，$\hat{\boldsymbol{y}}(t-2),\cdots$，$\hat{\boldsymbol{y}}(t-N_y)$，以及输入（控制）信号值 $\boldsymbol{u}(t-1)$，$\boldsymbol{u}(t-2),\cdots$，$\boldsymbol{u}(t-N_u)$（NARX 模型外部输入）计算得到的。通常情况下，输出与控制的时间窗口长度可能不一致，即 $N_y \neq N_u$。

为了近似表示式(4.1)中的 $f(\cdot)$ 映射，实现 NARX 模型的一种简便方法是使用 MLP 类型的多层前馈网络，附加延迟线（TDL 单元）$\hat{\boldsymbol{y}}(t-1),\hat{\boldsymbol{y}}(t-2),\cdots,\hat{\boldsymbol{y}}(t-N_y)$ 和 $\boldsymbol{u}(t-1),\boldsymbol{u}(t-2),\cdots,\boldsymbol{u}(t-N_u)$。NARX 模型神经网络实现的具体形式如图 4-2 所示，可以用来模拟飞机的运

⊖ 即任何 n 维输入向量到 m 维输出向量的非线性映射。

动。可以看到，这个 NARX 模型是两层网络，隐藏层神经元具有非线性（S 型）激活函数，输出层神经元具有的线性激活函数。

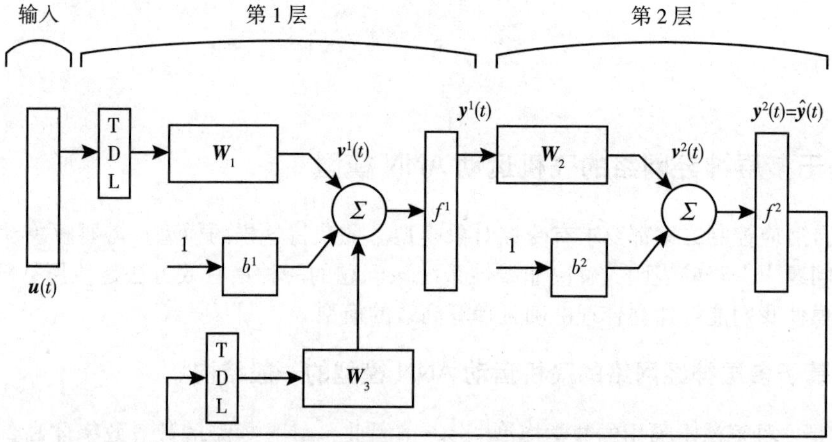

图 4-2　受控对象神经网络 NARX 模型结构图。其中 TDL 是时间延迟线，$\boldsymbol{W}_1$ 是 ANN 的输入与第一个处理层之间连接的突触权重矩阵，$\boldsymbol{W}_2$ 和 $\boldsymbol{W}_3$ 是 ANN 处理层之间连接的突触权重矩阵，b^1 和 b^2 是 ANN 层的偏置集合，f^1 和 f^2 是 ANN 层的激活函数集合，Σ 是 ANN 层的求和单元集合，$\boldsymbol{v}^1(t)$ 和 $\boldsymbol{v}^2(t)$ 是求和单元标量输出的集合，$\boldsymbol{y}^1(t)$ 和 $\boldsymbol{y}^2(t)$ 是激活函数标量输出的集合，$\boldsymbol{u}(t)$ 是输入信号，$\hat{\boldsymbol{y}}(t)$ 是 ANN 模型的输出

此时，有两种方法可用来构建 NARX 模型的学习过程。

第一种方法（图 3-1A）中，NARX 模型的输出可视为所模拟非线性系统输出的估计值 $\hat{\boldsymbol{y}}(t)$。该估计值通过 TDL 单元反馈到 NARX 模型的输入端，以预测系统下一刻的输出 $\hat{\boldsymbol{y}}(t+1)$。

第二种方法（图 3-1B）中，我们考虑了神经网络 NARX 模型完成监督学习的事实。该事实意味着可用的信息不仅有模型输入 $\boldsymbol{u}(t)$，还有对应这些输入的系统输出 $\boldsymbol{y}(t)$。因此，可以馈送这些输出值 $\boldsymbol{y}(t)$ 到 NARX 模型的输入端，而不是像前一种方法那样使用估计值 $\hat{\boldsymbol{y}}$。这种方法有两个主要优点。首先，得到的 NARX 模型精度提高了。其次，可以使用通常的误差反向传播静态方法进行训练，而对于纯并行架构的 NARX 模型学习，我们需要使用某种形式的动态误差反向传播方法。

4.1.2　飞机运动神经网络模型的批处理学习

按照标准的方法训练 ANN 模型[5-6]，训练被视为优化问题，即误差 $\boldsymbol{e}=\boldsymbol{y}-\hat{\boldsymbol{y}}$ 的最小化问题。目标函数是全体训练样本的误差平方和

$$\boldsymbol{E}(\boldsymbol{w})=\frac{1}{2}\boldsymbol{e}^{\mathrm{T}}(\boldsymbol{w})\boldsymbol{e}(\boldsymbol{w}),\quad \boldsymbol{e}=(e_1,e_2,\cdots,e_N)^{\mathrm{T}}$$

式中 $\boldsymbol{e}(\boldsymbol{w})=\boldsymbol{y}-\hat{\boldsymbol{y}}(\boldsymbol{w})$，$\boldsymbol{w}$ 是 M 维可配置网络参数向量，N 是样本数量。

我们使用 Levenberg-Marquardt 方法进行目标函数 $E(w)$ 相对于向量 $\boldsymbol{w}$ 的最小化。在每个优化步骤中，向量 $\boldsymbol{w}$ 的调整如下：

$$\boldsymbol{w}_{n+1}=\boldsymbol{w}_n+(\boldsymbol{J}^{\mathrm{T}}\boldsymbol{J}+\mu\boldsymbol{E})^{-1}\boldsymbol{J}^{\mathrm{T}}\boldsymbol{e}$$

式中，$\boldsymbol{E}$ 是单位矩阵；$\boldsymbol{J}=\boldsymbol{J}(\boldsymbol{w}_n)$ 是一个 $(N\times M)$ 的雅可比矩阵，它的第 i 行是函数 e_i 的梯度向量的转置。

训练过程中最耗时的是每一步雅可比矩阵的计算。该运算使用误差反向传播算法[5]，占用了模型学习的大部分时间。

4.1.3 飞机运动神经网络模型的实时学习

在本章讨论的 ANN 模型中，隐藏层神经元采用了 S 型激活函数。这种全局激活函数为 ANN 模型提供了良好的泛化特性。然而，修改任何可调参数都会改变网络在整个输入域的行为。这一事实意味着网络对新数据的适应性可能会导致模型在先前数据上的精度降低。因此，为考虑后续的测量，这种类型的 ANN 模型应该在非常多的样本上进行训练，这从计算角度来看是不合理的。

为了解决这个问题（即不仅适应当前的测量，还适应一定的滑动时间窗），我们可以使用递归最小二乘法（RLSM），在估计常数参数时它可以视为卡尔曼滤波器（KF）的一种特殊情况。然而，KF 和 RLSM 仅能直接用于观测相对于估计参数是线性方程的系统，而神经网络观测方程是非线性的。因此，为了使用 KF，观测方程必须线性化。特别地，为此可使用统计线性化。

文献［5］中详细描述了该方法在 ANN 建模中的应用。我们再次看到，正如 ANN 模型的批处理训练那样，雅可比阵 $\boldsymbol{J}_k$ 的计算是整个过程中最耗时的运算。

为了获得所需精度的模型，我们将训练数据取为某个滑动观测窗口中的一系列值

$$\hat{\boldsymbol{y}}_k=(\hat{y}_{i-l},\hat{y}_{i-l+1},\cdots,\hat{y}_i)^{\mathrm{T}}$$

式中，l 是滑动窗口的长度，索引 i 表示时刻（采样步），索引 k 表示估计序号。

为节省时间，我们不是每个采样步都进行参数估计，而是每十步进行一次估计（采样步长为 0.01s，网络参数以 0.1s 更新）。计算实验表明，这种粗化处理是可以接受的，它不会显著影响模型精度。

4.2 基于多层神经网络飞机运动 ANN 模型的性能评估

我们以飞机的纵向角运动为例，对所考虑 ANN 模型进行性能评估，前面该运动由传统的飞行动态数学模型描述[8-13]。

由于解决自适应控制算法的综合与分析问题必须针对不同类型的飞机，因此我们考虑该模型的两个版本。一个版本中考虑了攻角 α 和发动机推力 T_{cr} 之间的关系，这对高超声速飞行器是典型情况。另一个版本应用于 F-16 高机动飞机等，由于这一关系非本质就没有纳入考虑。

第一个考虑的模型（“单通道”）使用变量值 α 和 T_{cr} 之间的隐式关系，通过系数 $m_z(\alpha, T_{\mathrm{cr}})$ 的值给出。该模型没有考虑推力对攻角的影响及攻角对推力的影响产生的附加变化，也没有引入推力控制，而且控制用于单通道。该通道提供变化的 $\delta_{e_{\mathrm{act}}}$，这是升降舵执行器的指令信号。该模型具有如下形式[8-13]：

$$\begin{aligned}
\dot{\alpha}&=q-\frac{\bar{q}S}{mV}C_L(\alpha,\delta_e)+\frac{g}{V}\cos\theta\\
\dot{q}&=\frac{\bar{q}S\bar{c}}{I_z}C_m(\alpha,q,\delta_e)\\
T^2\ddot{\delta}_e&=-2T\zeta\dot{\delta}_e-\delta_e+\delta_{e_{\mathrm{act}}}
\end{aligned}\tag{4.2}$$

式中，α 是攻角(°)，θ 是俯仰角(°)，q 是俯仰角速度(°/s)，δ_e 是升降舵（受控稳定舵）偏角(°)，C_L 是升力系数，C_m 是俯仰力矩系数，m 是飞行器质量（kg），V 是空速（m/s），$\bar{q}=\rho V^2/2$ 是动压（kg/(m·s^2)），ρ 是空气密度（kg/m^3），g 是重力加速度（m/s^2），S 是翼面积(m^2)，$\bar{c}$ 是平均气动弦长（m），I_z 是飞行器相对横轴的惯性矩（kg·m^2），无量纲系数 C_L 和 C_m 为其参数的非线性函数，T 和 ζ 是执行器的时间常数和相对阻尼系数，$\delta_{e_{act}}$ 是控制器给执行器的指令信号（限制为±25°）。模型(4.2)中，变量 α、q、δ_e、$\dot{\delta}_e$ 是控制对象的状态，变量 $\delta_{e_{act}}$ 是控制。

第二个运动模型（“双通道”）仅用于高超声速试验机 X-43 和 NASP，是模型(4.2)的一个版本，通过包含推力控制通道、攻角与发动机推力之间的显式关系，以及上述隐式关系进行了扩展。因此，除了指令信号 $\delta_{e_{act}}$ 之外，该模型还引入了通过指令信号 δ_{th} 实现的发动机推力控制。该模型形式为

$$
\begin{aligned}
\dot{\alpha} &= q-\frac{\bar{q}S}{mV}C_L(\alpha,\delta_e)+\frac{T_{cr}\sin\alpha}{mV}+\frac{g}{V}\cos\theta \\
\dot{q} &= \frac{\bar{q}S\bar{c}}{I_z}C_m(\alpha,q,\delta_e)+\frac{T_{cr}h_T}{I_z} \\
T^2\ddot{\delta}_e &= -2T\zeta\dot{\delta}_e-\delta_e+\delta_{e_{act}} \\
\dot{T}_{cr} &= \omega_{eng}(T_{ref}(\delta_{th})-T_{cr}) \\
n_x &= -\frac{\bar{q}S}{mg}C_D(\alpha,\delta_e)+\frac{T_{cr}\cos\alpha}{mg}
\end{aligned}
\tag{4.3}
$$

这里 $T_{ref}=T_{ref}(\delta_{th})$ 是额定推力大小（线性函数），T_{cr} 是当前推力；ω_{eng} 是非周期链路的频率，它描述了发动机的动态（这里假设 $\omega_{eng}=1$）。推力矩力臂假设等于 $h_T=0.5$m，是相对于飞机在垂直平面内质心计算的，因此 δ_{th} 改变会引起攻角变化。在模型(4.3)中，变量 α、q、δ_e、$\dot{\delta}_e$、T_{cr} 是受控对象的状态，$\delta_{e_{act}}$ 和 δ_{th} 是其控制；n_x 是切向过载因子，即沿飞机速度向量的过载因子。

我们进行了一系列计算实验，以评估所考虑 ANN 模型的性质及其对飞机运动建模的适用性。为了说明自适应控制在各种条件下的效率，我们选择了本质上相异的飞机作为例子：高机动飞机 F-16[14-15]、重型高超声速飞行器（其中的一种选项[16-18]，被纳入 NASA 的 NASP 计划框架，目标是建造水平发射的单级空天飞机，将有效载荷送至人造地球卫星轨道，而且水平着陆）、高超声速试验机 X-43[19-25]，以及微型和迷你型 UAV“003”与 X-04[26]。建模所需的源数据，包括这些飞机的相应参数和特性，取自论文［14-15］(F-16 飞机)、［21-25］（高超声速研究飞行器 X-43）、［16-18］（NASP 研究飞行器）和［26］(UAV)。

为了评估相应 ANN 模型的性能，我们对上述每种飞机进行了计算实验。关于 F-16 的部分实验结果如图 4-3 所示，关于 UAV 的部分实验结果如图 4-4、图 4-5 所示。

在图 4-3A、图 4-4A、图 4-5A 中，给出了用于 ANN 模型学习的训练样本例子。可以看到，为了构建每个样本，纵向运动控制单元（UAV 的升降副翼、F-16 的控制稳定舵）运行得非常主动，表现为指令控制信号 $\delta_{e_{act}}$ 相邻值有显著差异，频繁变化（该指令信号是随机生成的）。使用该方法综合训练集的目的，是为所建模系统提供尽可能广泛的状态种类（尽可能均匀且密集地覆盖系统的整个状态空间），以及尽可能反映所模拟系统动态的时间导数值。

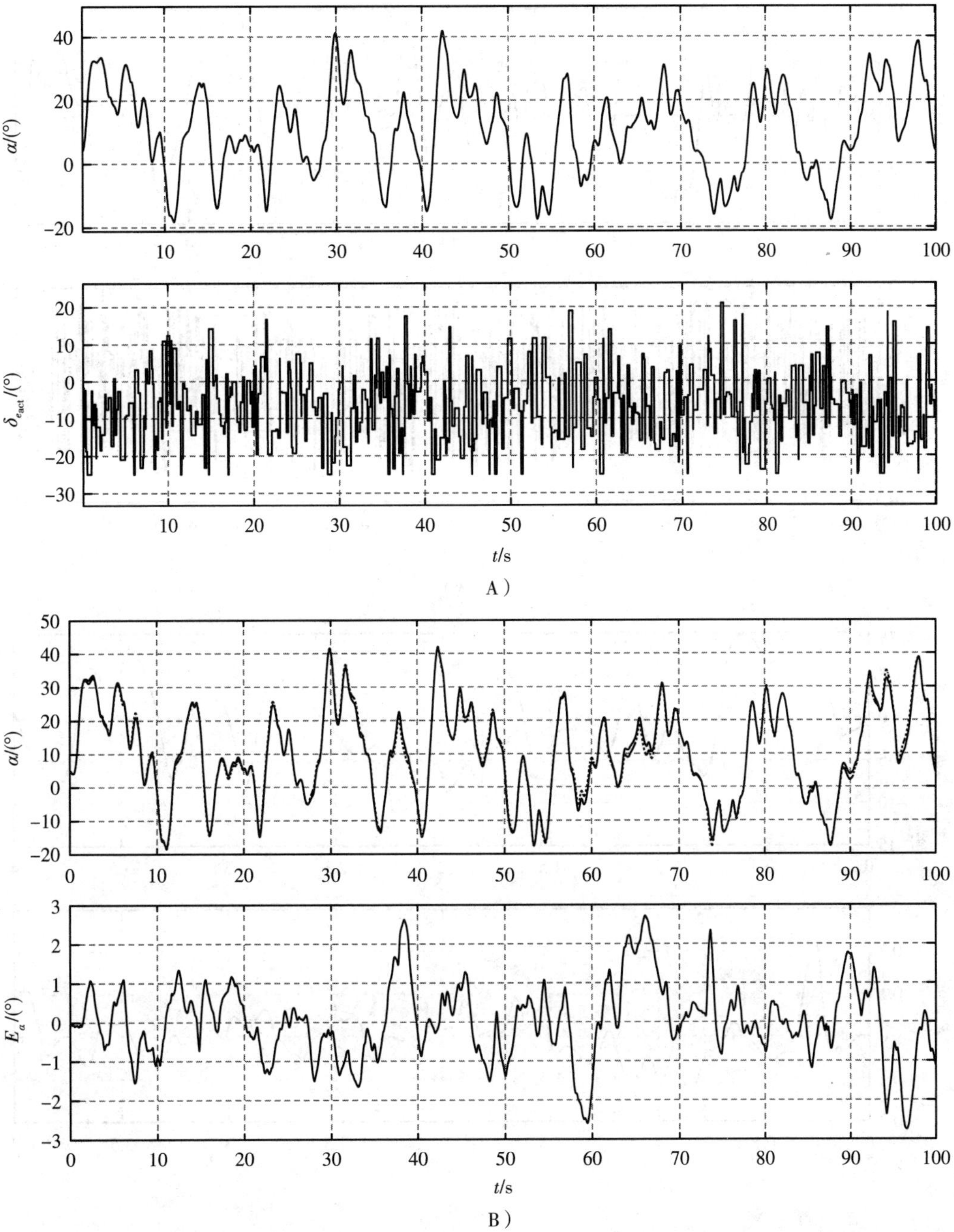

图 4-3　F-16 飞机的神经网络模型设计，飞行状态为空速 $V_i=500\mathrm{km/h}$。A）ANN 模型的训练样本。B）闭环 ANN 模型的效率测试。其中 α 是攻角(°)；E_α 是跟踪误差，即对象和 ANN 模型的攻角值之差(°)；$\delta_{e_{act}}$ 是升降舵执行器的指令信号；t 是时间（s）；实线是对象的输出；虚线是 ANN 模型的输出

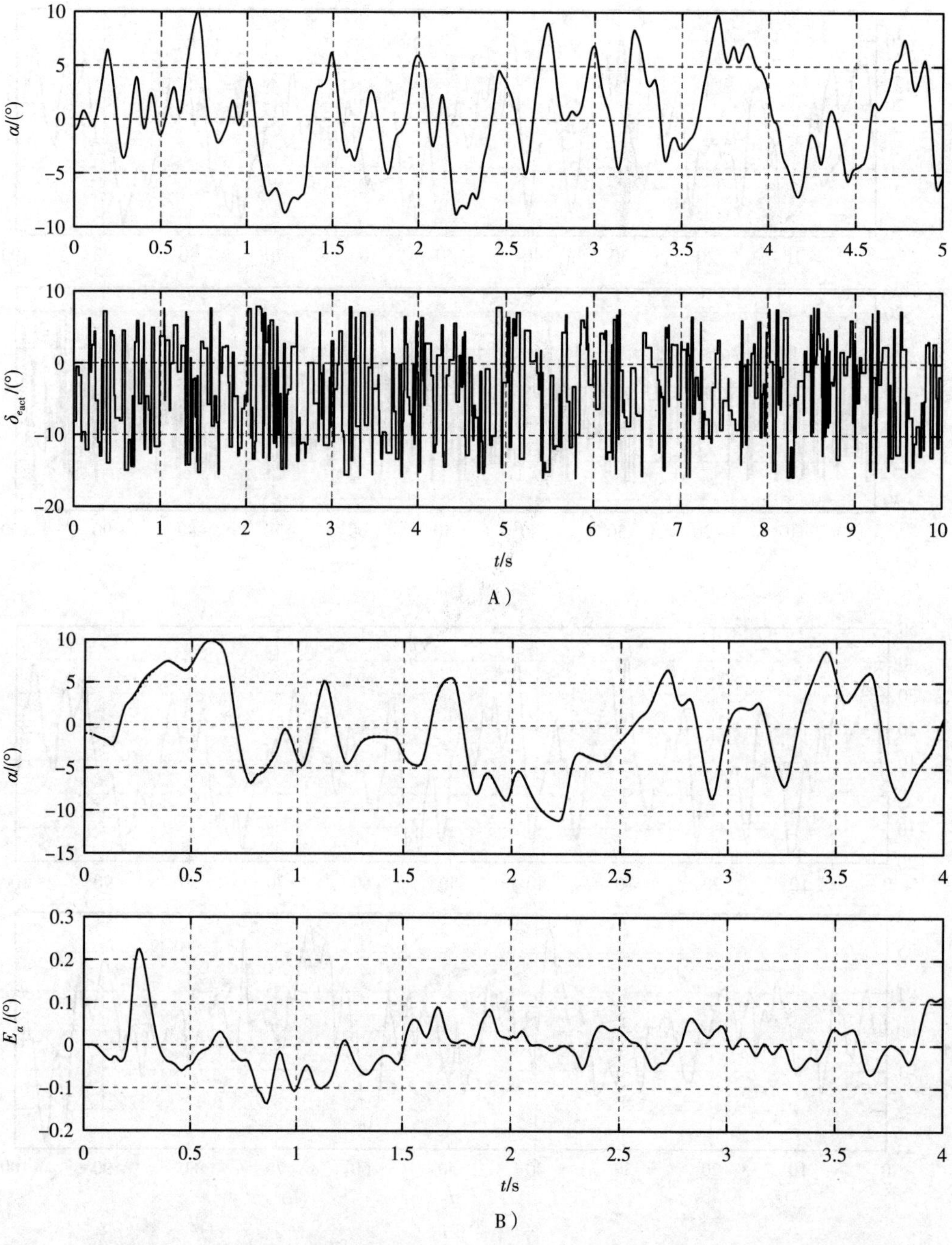

图4-4　微型 UAV“003”的神经网络模型设计，飞行状态为空速 $V_i = 30\text{km/h}$。A） ANN 模型的训练样本。B）闭环 ANN 模型的效率测试。其中 α 是攻角(°)；E_α 是跟踪误差，即对象和 ANN 模型的攻角值之差(°)；$\delta_{e_{act}}$ 是升降舵执行器的指令信号；t 是时间（s）；实线是对象的输出；虚线是 ANN 模型的输出

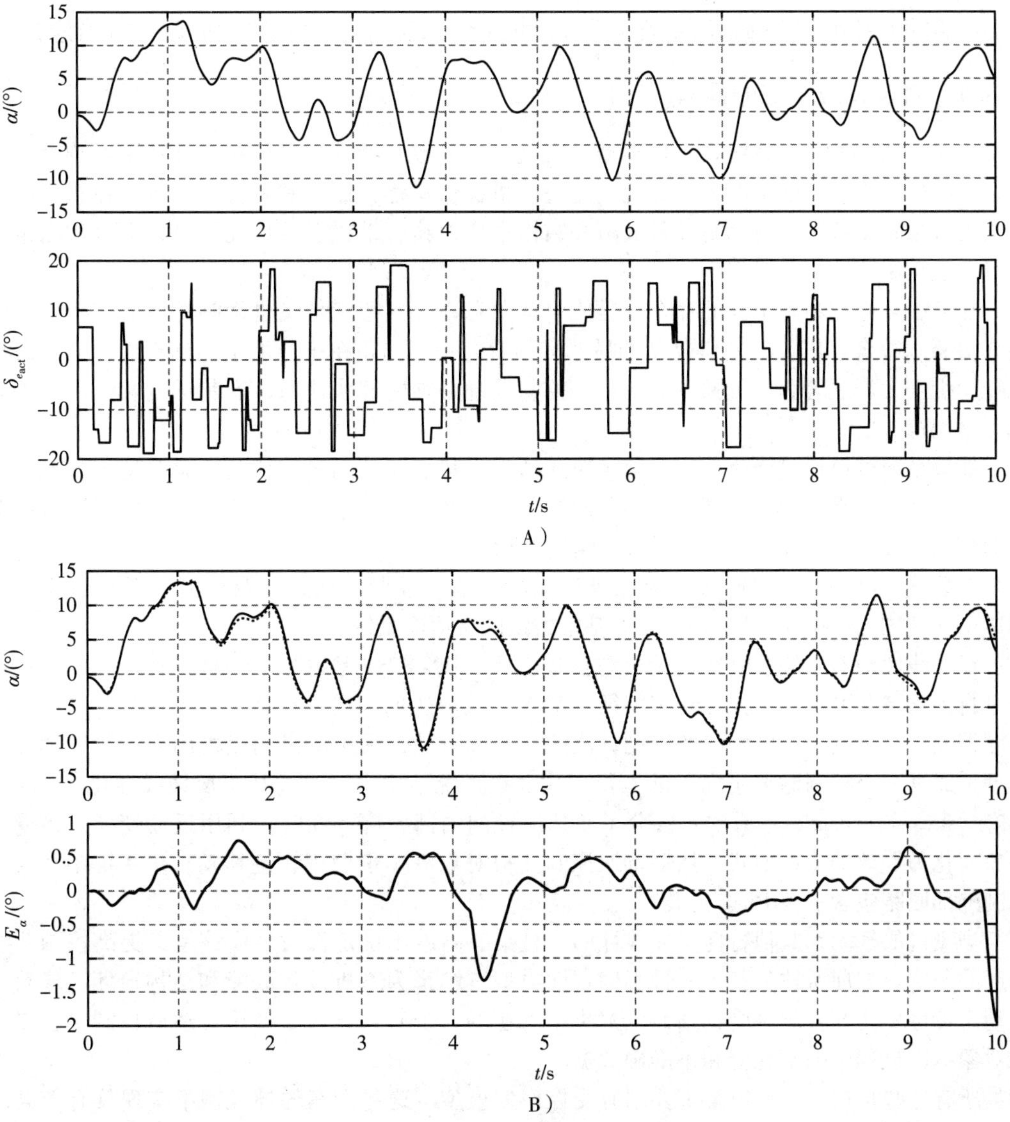

图 4-5 迷你 UAV X-04 的神经网络模型设计，飞行状态为空速 $V_i=70$km/h。A）ANN 模型的训练样本。B）闭环 ANN 模型的效率测试。其中 α 是攻角(°)；E_α 是跟踪误差，即对象和 ANN 模型的攻角值之差(°)；$\delta_{e_{act}}$ 是升降舵执行器的指令信号；t 是时间（s）；实线是对象的输出；虚线是 ANN 模型的输出

我们考虑攻角的最优跟踪控制问题，通过比较受控对象［微分方程组(4.2)或(4.3)］的真实轨迹与由 ANN 模型预测的轨迹（攻角），评估所设计模型的精度。我们通过误差 E_α——受控对象与 ANN 模型在同一时刻的攻角偏差，来估计模型的精度。

从这些例子可以发现，所提出的方法可以建立合理准确的 ANN 模型［E_α 值在±(0.5~0.7)°范围内］。然而，在某些情况下，精度有所下降，从而导致综合的神经控制器的自适应性能不好。我们将在第 5 章和第 6 章中讨论克服这些困难的方法。

4.3 ANN模型在不确定性条件下非线性动态系统自适应控制问题中的应用

4.3.1 对自适应系统的需求

最重要的一种动态系统是各种类型的飞机。在参数和特性、飞行状态和环境影响存在显著、多样的不确定性的情况下，为现代先进飞机提供运动控制至关重要。此外，在飞行中可能出现各种紧急情况，特别是设备故障和结构损坏，其后果在多数情况下可以通过适当重新配置飞机控制系统来应对。

显著、多样的不确定性的存在，是使求解动态系统，特别是飞机面临的所有三个经典问题（分析、综合、辨识）变得复杂的最恶劣因素之一。问题在于，由于不确定性，当前态势可能发生巨大、显著和不可预测的变化。控制系统必须能够快速适应态势的变化，以确保系统正常运行。

如果系统可以通过修改一些元素来快速适应态势变化，则我们认为它是自适应的。我们假设这种修改通常应用于控制系统实现的控制律以及受控对象模型。这些系统的修改可能会影响相应的参数值以及控制律或系统模型的结构。

在后续的小节中，我们将分析飞机运动的自适应控制算法，涉及模型参考自适应控制（MRAC）和模型预测控制（MPC）等基本类型的自适应系统。

在非线性动态系统控制所讨论的方法框架下，[27-28]考虑了另一种选择。其中，我们通过自动化来获取飞机可控性特定特征。ANN工具解决的问题是在整个飞行模式范围内的高精度控制。对于基于神经网络的控制算法的综合和测试，采用了机动飞机的完整非线性数学模型，通过三个控制通道实现当前飞行模式。在系统结构中，通过基于反馈线性化[29]的**逆动态**（inverse dynamics）方法，区分了角速度控制内部轮廓。同时，利用反馈变换，将受控对象简化为等效的线性形式，然后选取控制使得对象沿预定期望轨迹移动。该系统中，攻角控制外部回路包含一个PI控制器。

当飞机的气动和其他特性是非线性的，且具有高度不确定性时，应该考虑提高控制系统精度的问题。如前所述，其中一种不确定性类型可解释为飞机设备故障和结构损坏，导致飞机动态特性变化和其驾驶受到妨碍。解决该问题的一个有效方法是使用自适应控制律，以填补对象运行过程中的不充分和不准确数据。

所有这些自适应控制方案都要求有受控对象模型。这些方案的神经网络实现具有较高的计算效率，要求受控对象的模型也表示为神经网络。

自适应控制方案通常基于一定的参考模型，它指定了所考虑系统的期望行为。本章描述的研究结果就是基于这一变体。使用这种方法的自适应控制系统，根据由自适应律实现的算法，去修改调节器参数 $\theta_c(t)$。该修改直接基于跟踪误差 $\boldsymbol{\varepsilon}(t)=\boldsymbol{y}_m(t)-\boldsymbol{y}(t)$，其中 $\boldsymbol{y}_m(t)$ 是参考模型的输出，$\boldsymbol{y}(t)$ 是设备（受控对象）的输出。

应用上述自适应控制方案的亲身经验表明，参考模型参数的选择对所获得结果的性质具有根本影响。这些参数的不正确选取，可能导致控制系统无法工作。如果合适地选择参考模型参数，则可以得到一个能够很好地解决所分配任务的控制系统。我们将在4.3.2.4节中，给出参考模型参数对综合控制系统效率影响的分析结果。

我们所研究的自适应控制方案，本质上是将受控对象ANN模型作为有关该对象行为的信息源。由于ANN模型的近似特性，描述对象运动所用变量的实际值将不可避免地不同于ANN模型的输出，继而出现会降低控制质量的误差。我们将在4.3.2.3节中，提出一种减少这种误差的可能方法。该方法将神经网络模型的不准确性视为作用于系统的干扰，它导致实际对象的轨迹偏离参考轨迹。我们试图通过在系统中引入补偿回路来减少这种影响。

4.3.2 模型参考自适应控制

4.3.2.1 模型参考自适应控制的总体方案

对于 MRAC 问题，我们采用 NARX 型 ANN 来将控制器实现为神经网络（神经控制器）。神经控制器的训练旨在使受控系统输出尽可能接近参考模型输出。需要对象的神经网络模型来实现神经控制器的学习过程。

MRAC 方案（图 4-6）的神经网络实现涉及两个神经网络模块：控制器网络（神经控制器）和对象模型（ANN 模型）。首先我们求解受控对象辨识问题，然后使用获得的 ANN 模型来训练神经控制器，它应该尽可能准确地跟踪参考模型输出。

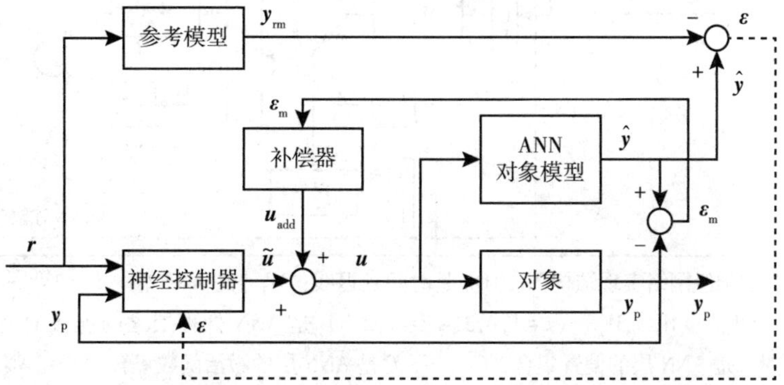

图 4-6 基于神经网络的 MRAC 方案。其中，$\tilde{u}$ 是神经控制器输出的控制信号，u_{add} 是来自补偿器的附加控制，u 是最终的控制，y_p 是受控对象（设备）的输出，$\hat{y}$ 是设备神经网络模型的输出，y_{rm} 是参考模型的输出，ε 是设备与参考模型输出之差，ε_m 是设备与 ANN 模型输出之差，r 是参考信号

神经控制器是一个两层网络，输入包含经由时间延迟线（TDL 单元）馈送的参考输入信号 $r(t)$、受控对象输出 $y_p(t)$，有时候也包含神经控制器输出 $\tilde{u}(t)$（图中未显示此连接）。

受控对象的 ANN 模型结构如图 4-2 所示，接收经由时间延迟线馈送来的神经控制器的控制信号，以及受控对象输出，见图 4-7。

4.3.2.2 模型参考自适应控制的神经控制器综合

神经控制器方程具有如下形式（对于静态控制器）：

$$u_k=f(r_k,r_{k-1},\cdots,r_{k-d},y_k,y_{k-1},\cdots,y_{k-d}) \tag{4.4}$$

式中，y 是设备输出，r 是参考信号。

类似于线性系统的模型参考控制方案，神经控制器方程看起来稍微有点不同，即

$$u_k=f(r_k,u_{k-1},\cdots,u_{k-d},y_k,y_{k-1},\cdots,y_{k-d}) \tag{4.5}$$

模拟实验表明这两种实现的结果类似，但前者学习稍快。因此，我们主要采用神经控制器的静态版本（4.4）。

应用 MRAC 方案，需要以某种方式确定合适的参考模型，以反映开发者对系统“良好”行为的期待，从而神经控制器会尽量让受控系统做出此期望行为。

我们有多种方式来定义参考模型。本章将结合高阻尼振荡型单元与非周期型单元来建立参考模型。

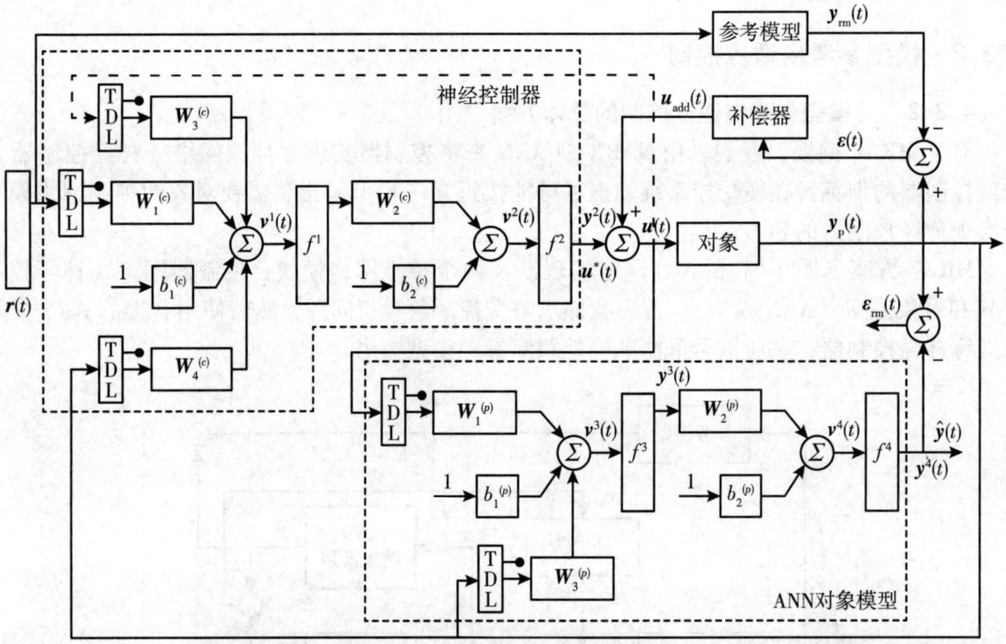

图 4-7　MRAC 的神经网络实现结构图。TDL 是时间延迟线；$\boldsymbol{W}_1^{(c)}$ 是 ANN 输入层和第一个处理层之间连接的突触权重矩阵，$\boldsymbol{W}_i^{(c)}$、$\boldsymbol{W}_j^{(p)}$ （$i=1,2,3,4,j=1,2,3$）是 ANN 处理层之间连接的突触权重矩阵，$b_1^{(c)}$、$b_2^{(c)}$、$b_1^{(p)}$、$b_2^{(p)}$ 是 ANN 层的偏置集合，f^1，…，f^4是 ANN 层的激活函数集合，$\boldsymbol{\Sigma}$ 是 ANN 层的求和单元集合，$\boldsymbol{v}^i(t)(i=1,\cdots,4)$ 是求和单元标量输出的集合，$\boldsymbol{y}^j(t)(j=1,2,3,4)$ 是激活函数标量输出的集合，$r(t)$是参考信号，$\boldsymbol{y}_{\mathrm{p}}(t)$是对象的输出，$\hat{\boldsymbol{y}}(t)$是 ANN 模型的输出，$\boldsymbol{y}_{\mathrm{rm}}(t)$是参考模型的输出，$\boldsymbol{u}^*(t)$是由神经控制器产生的控制，$\boldsymbol{u}_{\mathrm{add}}(t)$是来自补偿器的附加控制，$\boldsymbol{u}(t)$是用作对象输入的控制，$\boldsymbol{\varepsilon}(t)=\boldsymbol{y}_{\mathrm{p}}(t)-\boldsymbol{y}_{\mathrm{rm}}(t)$是设备与参考模型输出之差

对于式(4.2)描述的飞机运动，参考模型定义如下：

$$
\begin{aligned}
\dot{\boldsymbol{x}}_1 &= \boldsymbol{x}_2\\
\dot{\boldsymbol{x}}_2 &= \boldsymbol{x}_3\\
\dot{\boldsymbol{x}}_3^{*} &= \omega_{\mathrm{act}}(-\boldsymbol{x}_3-2\omega_{\mathrm{rm}}\zeta_{\mathrm{rm}}\boldsymbol{x}_2+\omega_{\mathrm{rm}}^2(\boldsymbol{r}-\boldsymbol{x}_1))
\end{aligned}
\tag{4.6}
$$

其中，$\omega_{\mathrm{act}}=40$，$\omega_{\mathrm{rm}}=3$，$\zeta_{\mathrm{rm}}=0.8$。本例中，状态向量为 $\boldsymbol{x}=(\alpha_{\mathrm{rm}},\dot{\alpha}_{\mathrm{rm}},\varphi_{\mathrm{act}})$。

与参考模型(4.6)类似，参考模型的另一种版本也是一个三阶线性系统，由如下形式的传递函数定义：

$$
W_{\alpha}=\frac{\omega_{\mathrm{rm}}^2}{((1/\omega_{\mathrm{act}})p+1)(p^2+2\omega_{\mathrm{rm}}\zeta_{\mathrm{rm}}p+\omega_{\mathrm{rm}}^2)} \tag{4.7}
$$

图 4-8 展示了参考模型（4.7）给出的受控对象预期行为[⊖]。计算实验表明，参考模型（4.6）的行为与模型（4.7）非常相似。

⊖　我们可以由图 4-8 看到该模型的时域和频域特性。

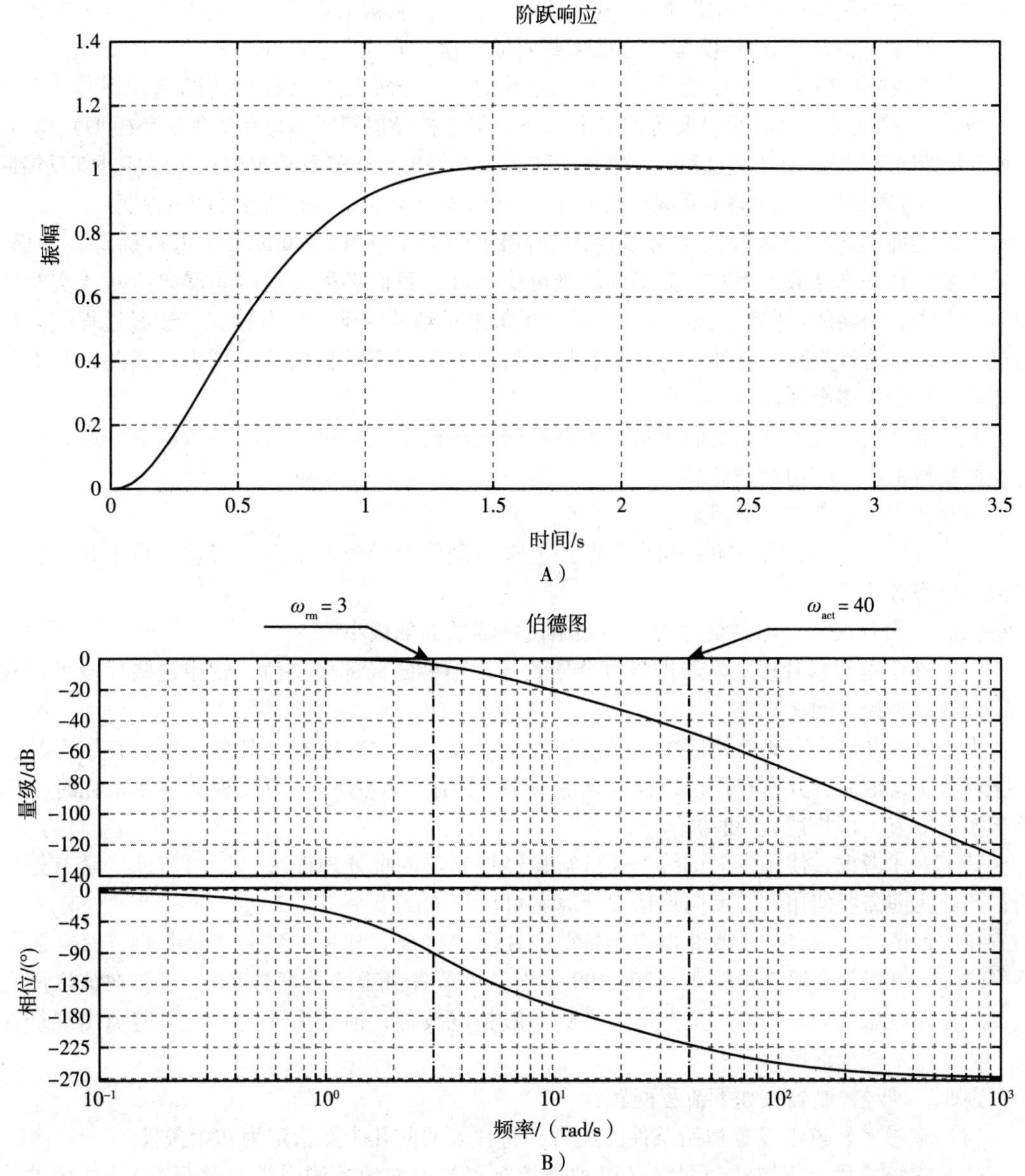

图 4-8　形如式（4.7）的参考模型的特性。A）模型的瞬时响应。B）模型的频率特性

如果飞机的运动由式(4.3)描述，那么除了描述攻角通道的系统（4.6）外，我们还必须添加切向过载通道的参考模型，即

$$\begin{aligned}\dot{\boldsymbol{x}}_1&=\boldsymbol{x}_2\\ \dot{\boldsymbol{x}}_2&=-2\omega_{\mathrm{rm}}\zeta_{\mathrm{rm}}\boldsymbol{x}_2+\omega_{\mathrm{rm}}^2(\boldsymbol{r}-\boldsymbol{x}_1)\end{aligned}\tag{4.8}$$

传递函数形式为

$$W_{n_x}=\frac{\omega_{\mathrm{rm}}^2}{(p^2+2\omega_{\mathrm{rm}}\zeta_{\mathrm{rm}}p+\omega_{\mathrm{rm}}^2)}\tag{4.9}$$

该模型中，$\omega_{\mathrm{rm}}=1$，$\zeta_{\mathrm{rm}}=0.9$，状态向量为 $\boldsymbol{x}=(n_{x_\alpha \mathrm{rm}},\dot{n}_{x_\alpha \mathrm{rm}})$，$\boldsymbol{r}$ 是参考信号。

配置神经控制器以最小化误差 $y_{rm}-\hat{y}$，即由耦合了控制器的设备模型响应来逼近参考模型的行为。对于一个好的ANN模型，这意味着要最小化“真实”误差 $y_{rm}-y$ 至一定大小。

虽然神经控制器是静态的，但它作为动态系统的一部分而工作，因此我们需要将其作为整个递归网络的一部分来配置。该可配置网络由两个子网（神经控制器本身和对象闭环模型）组成，由外部反馈回路闭环。在配置过程中，模型子网的参数不变，即ANN模型仅用于闭环外部反馈回路，并以神经网络形式表示整个系统（以估计受控对象输出对神经控制器参数的灵敏度）。

在批处理模式下，这种网络可以使用相同的Levenberg-Marquardt方法进行训练。然而，此处需要计算动态导数。因此，为了计算雅可比矩阵，我们必须应用时间反向传播或实时递归学习方法。网络的递归形式给ANN学习过程带来了额外困难：样本越多，学习过程陷入局部极小值的可能性越高。这种可能性随着样本数量增加以灾难性的速度增大。因此，我们将全体样本划分为多个片段。

为了唯一地配置参数，我们要求带控制器的闭环网络从每个片段的参考轨迹开始，因为神经控制器不能影响初始条件。

因此，有必要考虑如下因素：

（1）在小片段（少于500~1000个点）上学习网络会导致网络只学习这一特定片段，而忘记其他所有片段。

（2）在大片段上学习网络经常会导致出现糟糕的局部极小值。

（3）在中等规模片段上学习网络也会导致出现糟糕的局部极小值，轮用这些片段可以在一定程度上避免该问题。

由于这些原因，有必要使用中等规模片段，对每个片段执行3~7轮的训练，在所有片段上循环数次，最后合并所有片段以提高训练效果。因此，ANN的学习过程变得非常耗时（取决于实现细节，可长达数小时）。

基于上述考虑，使用序贯训练模式进行神经控制器的批处理训练（即预训练）是有好处的，此处我们需要使用动态反向传播来计算雅可比矩阵。

在这种情况下，卡尔曼滤波器充当将单个片段“缝合”到一个数据阵列中的“缝合器”。进一步地，可以将片段选得较小（30~100个点，可节省可观的计算时间），只要在该区间上能反映受控对象的动态即可。虽然序贯方法一般精度较低，但更重要的是它可避免出现局部极小值，以及减少训练时间。

因此，神经控制器按如下流程配置：

（1）在参考轨迹上设置初始条件。通常，将片段的前几个点指定为初始条件。

（2）在该片段上模拟耦合网络（以神经控制器当前参数预测受控对象行为），估计参考模型跟踪误差，计算该误差关于神经控制器参数的雅可比矩阵。

（3）在当前片段上应用卡尔曼滤波方程调整参数。

在实时模式下，神经控制器按相同的方案进行学习，但有一些不同：

（1）相邻片段组成一个滑动窗（通常是0.5s的50个点）。并非每个模拟步长（0.01s）都更新参数，而是0.1s更新一次。

（2）同步训练ANN模型，模型子网参数随之变化。

需要注意的是，神经控制器学习控制的不是对象本身，而是其模型。因此，如果ANN模型没有所需的精度，将不会得到满意的控制性能。

由于神经网络方法只提供了近似解，模型不可能像理想的那样精确，因此借助这种“单纯”的方法，不可能实现精确控制（精确跟踪参考模型输出）。

图4-9中表明了这一结果。为进行对比，同一张图中给出了作用于训练对象（ANN模

型）的神经控制器的性能。我们可以看到，神经控制器对真实对象的控制精度有所降低，这表明真实对象的行为与 ANN 模型的行为存在偏差。我们将在下一小节，针对这种情况，讨论一种改善神经控制器性能的方法。

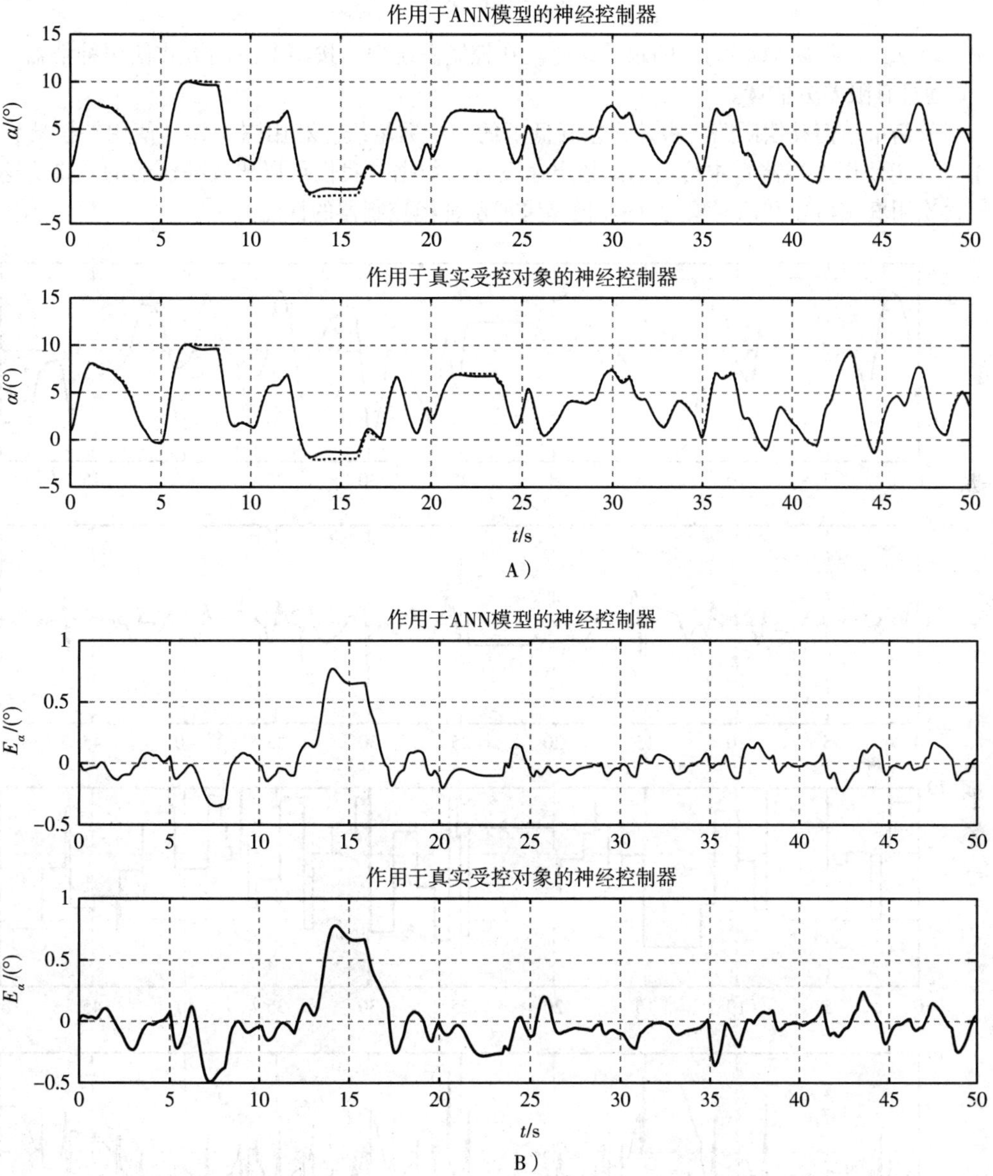

图 4-9 作用于真实受控对象与作用于 ANN 模型的神经控制器性能特征（高超声速试验机 X-43，飞行状态为 $M=6$）。A）性能对比。B）参考信号跟踪误差值。其中 $E_\alpha=\alpha-\alpha_{rm}$ 是跟踪误差（受控对象和参考模型的攻角值之差）。实线为真实对象，虚线为 ANN 模型

4.3.2.3 模型参考自适应控制中的补偿回路

我们可以将神经网络模型引入的误差理解为导致受控对象轨迹偏离参考轨迹的附加扰动。为了减小跟踪误差，我们可以使用补偿器（附加的简单反馈控制器）。这种简单的反馈控制器不依赖于模型预测，因此它对扰动更加鲁棒，而无关乎扰动的性质。这种补偿器能很好地

集成到 MRAC 系统中。

在最简单的情况下，补偿器（PD 补偿器）实现以下形式的附加反馈控制律[30]（也可见图 4-6 和图 4-14）：

$$\delta_{e_{\mathrm{add}}}=K_p\boldsymbol{e}+K_d\dot{\boldsymbol{e}} \tag{4.10}$$

式中，$\boldsymbol{e}=\boldsymbol{y}_{\mathrm{rm}}-\boldsymbol{y}$ 是参考模型 $\boldsymbol{y}_{\mathrm{rm}}$ 的跟踪误差。在控制系统中，按离散时间方式使用补偿器。因此，$\dot{\boldsymbol{e}}$ 通过有限差分估算。

尽管简单，但补偿回路将跟踪误差降低了约一个数量级。利用图 4-10（使用补偿器）和图 4-11（未使用补偿器）中给出的高超声速飞行器数据，我们可以比较补偿器的效果。这里我们再次用真实对象和该对象的 ANN 模型来展示神经控制器的性能。

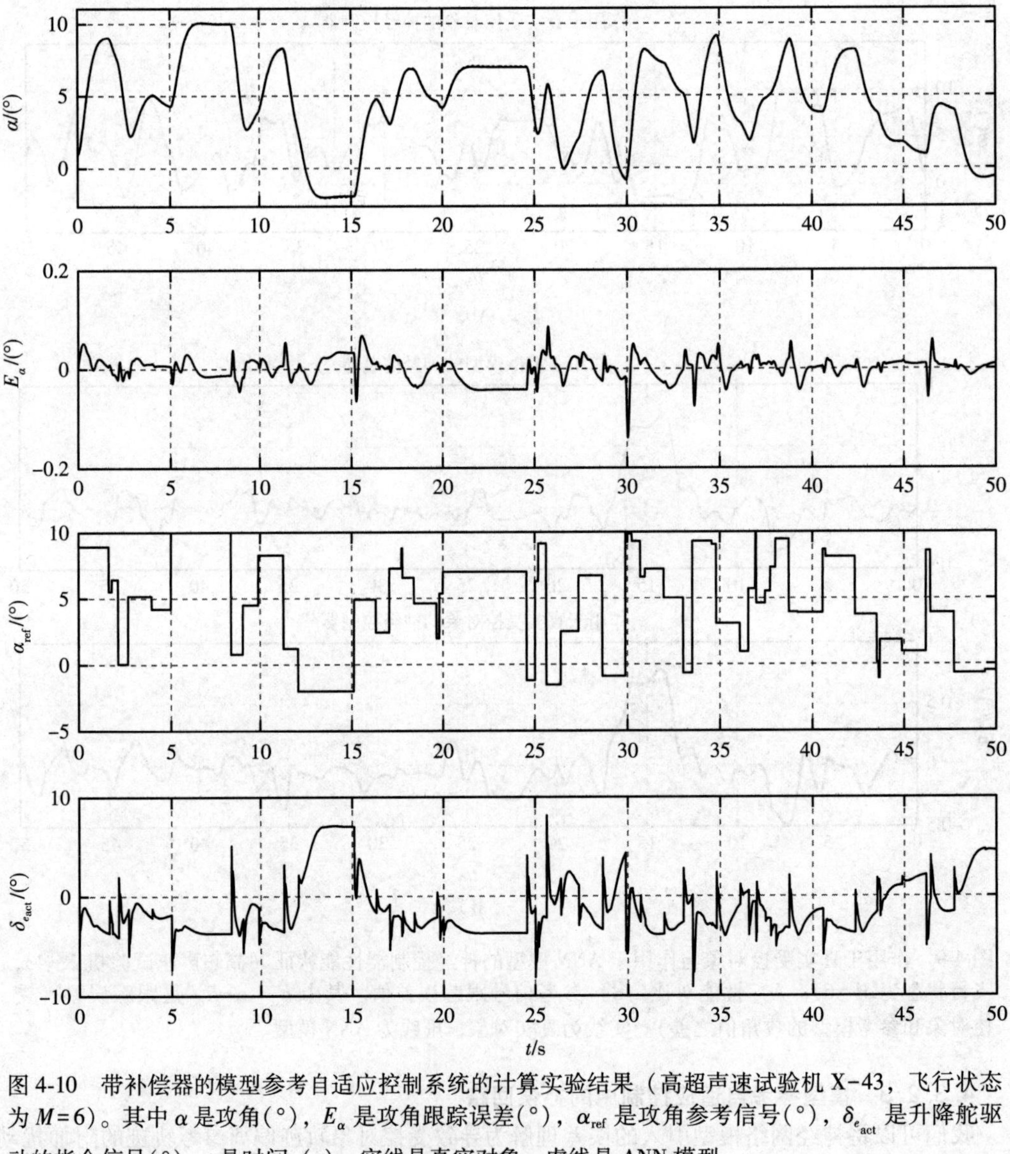

图 4-10　带补偿器的模型参考自适应控制系统的计算实验结果（高超声速试验机 X-43，飞行状态为 $M=6$）。其中 α 是攻角(°)，E_α 是攻角跟踪误差(°)，α_{ref} 是攻角参考信号(°)，$\delta_{e_{\mathrm{act}}}$ 是升降舵驱动的指令信号(°)，t 是时间（s）。实线是真实对象，虚线是 ANN 模型

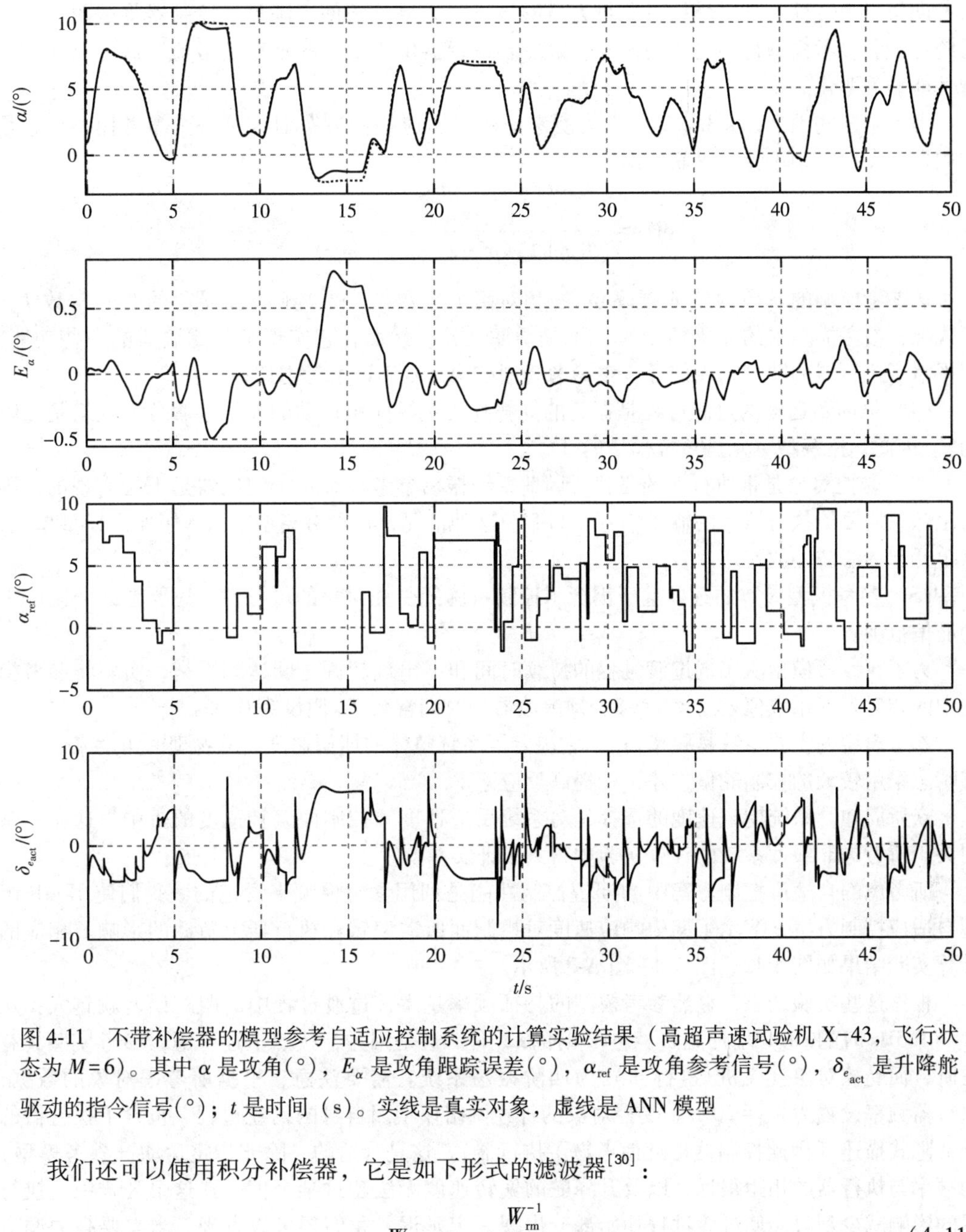

图 4-11 不带补偿器的模型参考自适应控制系统的计算实验结果（高超声速试验机 X-43，飞行状态为 $M=6$）。其中 α 是攻角(°)，E_α 是攻角跟踪误差(°)，α_{ref} 是攻角参考信号(°)，$\delta_{e_{act}}$ 是升降舵驱动的指令信号(°)；t 是时间（s）。实线是真实对象，虚线是 ANN 模型

我们还可以使用积分补偿器，它是如下形式的滤波器[30]：

$$W_{comp}=\frac{W_{rm}^{-1}}{(\tau p+1)^{n-m}-1} \tag{4.11}$$

式中，n 是参考模型传递函数分子的阶数；m 是分母的阶数；τ 是任意常数，是补偿回路的一个手动可调参数（与增益成反比）。

采用积分补偿器，可以消除稳态误差，完全抑制常值干扰。

然而，对于非稳态情况，积分补偿器可获得的性能与 PD 补偿器类似。由于所考虑类别系统的稳态状况不是典型的，故对这些系统使用更简单的 PD 补偿器看来是合理的。

4.3.2.4 估计参考模型参数对综合控制系统效率的影响

所考虑系统的期望行为由参考模型定义。计算实验表明，选取参考模型时，要使它所确

定的期望行为特性与真实受控对象行为足够接近。如果该条件不满足，控制器将试图最小化系统行为和参考模型行为之间的差异，给控制执行器生成太大的指令信号值，这可能导致控制性能显著恶化。

考虑到这些因素，4.3.2.2 节中为所考虑的自适应控制方案引入了一个参考模型，它是非周期型和振荡型单元的串联，即

$$W_{rm}=\frac{\omega_{rm}^2}{(T_{pf}p+1)(p^2+2\zeta_{rm}\omega_{rm}p+\omega_{rm}^2)}$$

该参考模型的参数为特征频率 ω_{rm}、相对阻尼系数 ζ_{rm} 和“预滤波器”的时间常数 T_{pf}。形式上，参考模型中的非周期型单元不是预滤波器。然而，它实现了预滤波器的一些功能，即平滑了执行器的陡峭输入信号。该参考模型结构是基于以下考虑选择的：

（1）纵向角运动的过渡过程是振荡的（描述飞机纵向角运动的非线性微分方程组是二阶的）。因此，振荡型单元是参考模型的基础。

（2）受控对象是带执行器的飞机。因此，纯振荡参考模型对于控制器是无法实现的，因为跟踪它需要给执行器大的输入信号。为避免这种情况，在参考模型中引入了非周期型单元，该单元起预滤波器的作用。

（3）参考模型参数的选择基于耦合了控制系统的受控对象的可行性，还要考虑控制所需的舵偏范围。

为了在参考模型所实现过渡过程的持续时间和不出现超调之间达到平衡，实验将参考模型中的相对阻尼系数值 ζ_{rm} 选为 0.8。预滤波器的时间常数 T_{pf} 假设为 0.05s。

参考模型的主要参数是频率 ω_{rm}，它决定了系统整体的期望速度。从物理的角度来看，只有瞬态采用较大的控制舵偏，才可能提高反应速率。

众所周知，系统期望速度的选择是对系统反应速度和控制面偏转速度的折中。这在一系列关于所考虑非线性系统的计算实验中得到了证实。

所考虑的自适应控制方案中的期望控制性能是利用参考模型来设定的。我们使用 MRAC 型自适应控制方案，演示了期望响应速度对控制面所需偏转和执行器上负载的影响。相应的计算实验结果如图 4-12、图 A-1～图 A-3 所示。

根据这些实验结果，显然参考模型的特征频率越大，过渡过程中的跟踪误差就越大：从 $\omega_{rm}=1.5$Hz 时的±0.1°增加到 $\omega_{rm}=4$Hz 时的±2.1°。这是因为，按照上述考虑，参考模型具有三阶，而受控对象（飞机+执行器）为四阶振荡系统。需要注意，根据所考虑对象的数据，执行器频率设置为 $\omega_{pf}=20$Hz。受控对象的神经网络模型因自身的构建过程，包含了执行器的近似隐式描述（因此控制器也近似考虑了执行器），这是合适的，除非指定运动（参考模型）的频率与执行器的相距很远，以及升降舵的偏转速度无法超过某个值。在这个公式中，执行器的影响减少到只会使过渡过程初始部分出现一定延迟。我们还可以发现，当需要高的调节速度时，要增加升降副翼的偏转。我们针对高超声速试验机进行了实验，结果如图 4-12、图 A-1～图 A-3 所示。在该飞机升降舵作用时，升降副翼有效性将较低。此外，在不同攻角下平衡飞机需要很大的控制舵偏。因此，为了给控制面偏转留出一定裕度，将参考模型频率限制为 $\omega_{rm}=1.5$Hz 似乎是合理的。

得到的结果还表明，在某些情况下，执行器达到了规定的速度限制（±60°/s），这将影响过渡过程（图 A-3），并在与期望运动偏差较大时导致不稳定。为降低所用的执行器速度，可以增加参考模型的时间常数 T_{pf}，但这会导致系统延迟增加，而（对于给定执行器）参考模型的频率 ω_{rm} 越大，执行器对瞬时过程时间的影响就越大。

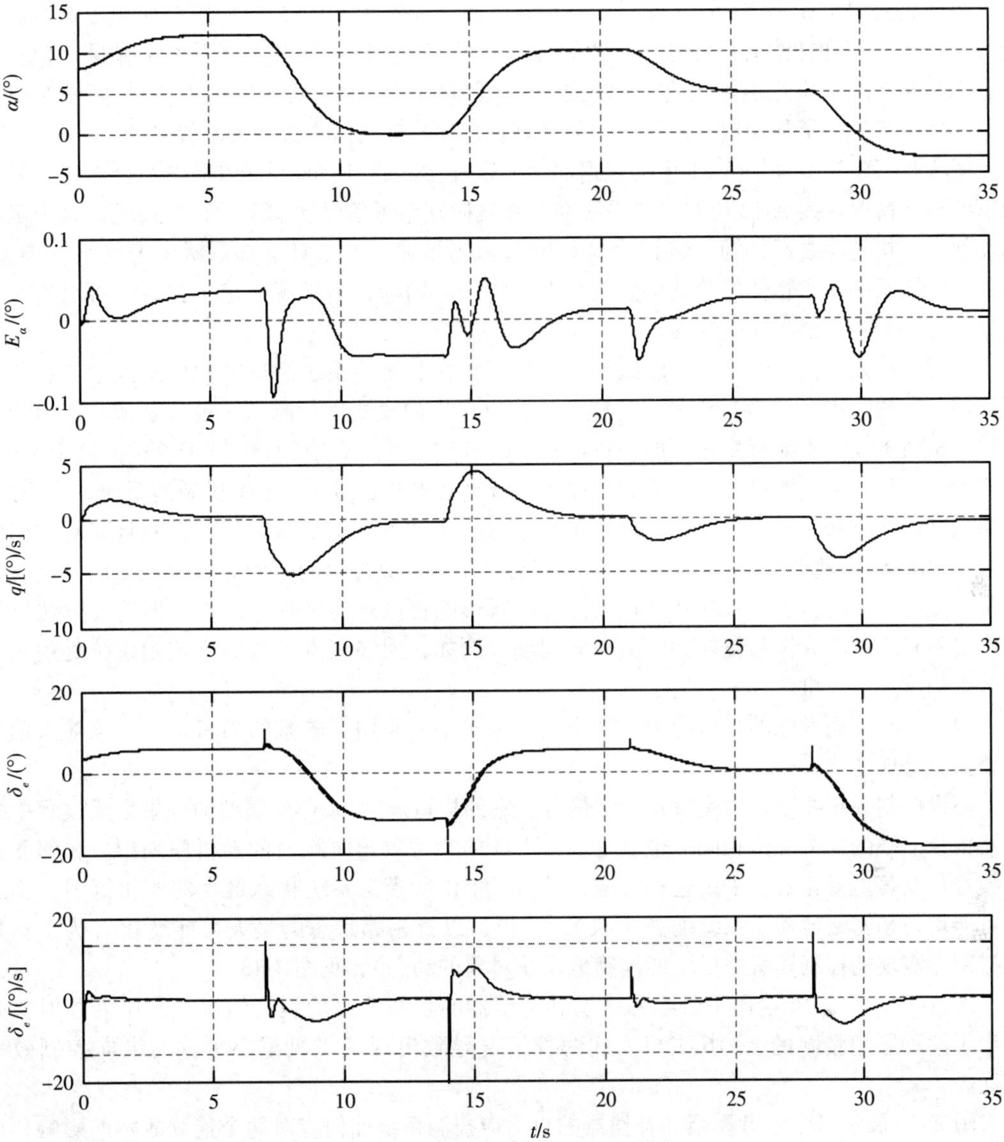

图 4-12 应用于高超声速试验机 X-43 的 MRAC 型控制系统的计算实验结果，用于估计参考模型自然频率 ω_{rm} 的影响（$\omega_{\text{rm}}=1.5$；攻角上的阶跃参考信号；飞行状态为 $M=6$，$H=30\text{km}$）。其中 α 是攻角(°)；E_α 是攻角跟踪误差(°)；q 是俯仰角速度(°/s)；δ_e 子图中，实线是执行器的指令信号（$\delta_{e_{\text{act}}}$），虚线是升降舵的偏转角（δ_e）；$\dot{\delta}_e=\mathrm{d}\delta_e/\mathrm{d}t$ 是升降舵的偏转角速度(°/s)；t 是时间（s）

4.3.2.5 应用于飞机角运动的模型参考自适应控制

我们进行了一系列计算实验来评估所设计 MRAC 系统的性能，前面给出了部分实验结果。特别在图 4-9 中，针对应用于高超声速试验机 X-43（以 $M=6$ 飞行）的情景，给出了 ANN 模型精度对所得 ANN 模型性能的影响。

图 A-4～图 A-7 中的结果对应同一飞机，说明了在 MRAC 系统中引入补偿回路的效果。本案例中，图 A-7 给出了该实验中的参考信号 α_{ref}，以及为实现该参考信号施加给升降舵执行器

的指令信号值 $\delta_{e_{act}}$。

其他数据如图 A-8～图 A-12 所示。特别是，图 A-8 表明了 ANN 模型精度如何影响控制系统（带参考模型和补偿器）的特性。我们可以从图 A-9 看到，所用 ANN 模型有缺陷，但控制质量仍然非常高（跟踪误差值在-0.2°到+0.2°之间），虽然这低于更精确 ANN 模型对应的值。这些事实说明了补偿器的好处，如果没有补偿器，误差值会大到无法接受。

图 A-9、图 A-10 和图 A-11 中的数据演示了带补偿器的 MRAC 系统在传统阶跃参考信号影响下的运行情况。图 A-12 说明了该系统在一系列阶跃参考信号影响下的运行情况，每个区间都在前一干扰消除之后，即可以认为这些阶跃影响是独立的。对于本章所考虑的系统类型，这种对受控系统动态特性的验证仍然是必不可少的。因为，当出现一定干扰时，可以直观地观察和评估受控系统响应的性质。

传统线性系统使用的是独立阶跃干扰。然而，在非线性系统测试的现代实践中，我们必须使用复杂的输入（参考）信号，这样允许按更严格的模式进行测试。也就是说，产生的输入信号幅值不断发生显著变化，即使在与对第$(i-1)$个(可能还有第$(i-2)$个、第$(i-3)$个……)干扰的响应有关的过渡过程结束之前，控制系统也必须开始对第 i 个干扰做出反应。换言之，采用这种测试方法，要求系统不仅要规律性地对任意的单一干扰做出反应，而且要对它们的组合（"混合"）做出反应，组合分量处于组合产生的过渡过程的不同完成阶段，而且组合是随机变化的。此时，控制系统必须在比传统阶跃影响更困难的条件下工作，但这种方法更适合解决不确定性非线性系统控制中出现的问题。例如，大气湍流不会等到控制系统处理完前面的影响再影响飞机。

因此，在下面考虑的自适应控制算法测试例子中，采用了较难的参考信号。该输入信号频繁且显著地变化。

假设控制系统要跟踪的是攻角参考信号，它的构造规则与 ANN 模型训练集生成过程中执行器指令信号的构造规则相同。也就是说，生成的参考攻角阶跃值的随机序列中，相邻元素值频繁且显著地变化着。采用这种方法，是为了提供所模拟系统状态最大的变化范围（为了尽可能均匀和密集地覆盖系统的整个状态空间），以及相邻状态的最大可能变化（为了在神经控制器实现的控制算法中尽可能准确地反映对象的动态），见图 4-13。

图 A-13～图 A-16 给出了带参考模型和补偿器的控制系统的运行情况，其中受控对象是发生了两种紧急情况的 F-16 飞机，这两种情况导致出现了飞机重心平移与纵向控制效率降低。

图 A-17 展示了带参考模型和补偿器的自适应控制系统如何应对两个连续故障的影响，该故障对高超声速试验机 X-43 的动态产生了显著影响。第一个故障导致重心平移了 5%（$t=20$s），第二个故障导致纵向运动控制效率降低了 50%（$t=50$s）。我们可以看到，在第一个故障出现前，自适应方案的运行误差较小（$E_\alpha \approx \pm 0.05°$）。对所引起的对象动态变化，自适应进行得足够快（约 1.2～1.5s）。之后误差变大（直到第二个故障发生），但基本上维持在 $E_\alpha \approx \pm 0.2°$范围内，保持了系统运行的稳定性。第二个故障后，稳定性仍然得以保持，但误差值明显变大（$E_\alpha \approx \pm 0.5°$）。

在图 A-18～图 A-21 中，我们针对 NASP 计划高超声速飞机展示了类似的计算实验结果。

在上面研究的计算实验中，我们使用了形如式(4.2)的飞机运动模型，具有单个控制变量 $\delta_{e_{act}}$。在该模型中，通过俯仰力矩系数 $C_m(\alpha, T_{cr})$，引入了攻角 α 和推力 T_{cr} 之间的关系。我们没有考虑推力对攻角和攻角对推力的附加影响，也没有引入推力控制。

我们还进行了另外的一系列计算实验，以评估上述测试中没有考虑因素的重要性。这些附加实验同样针对高超声速试验机 X-43，巡航马赫数 $M=6$。

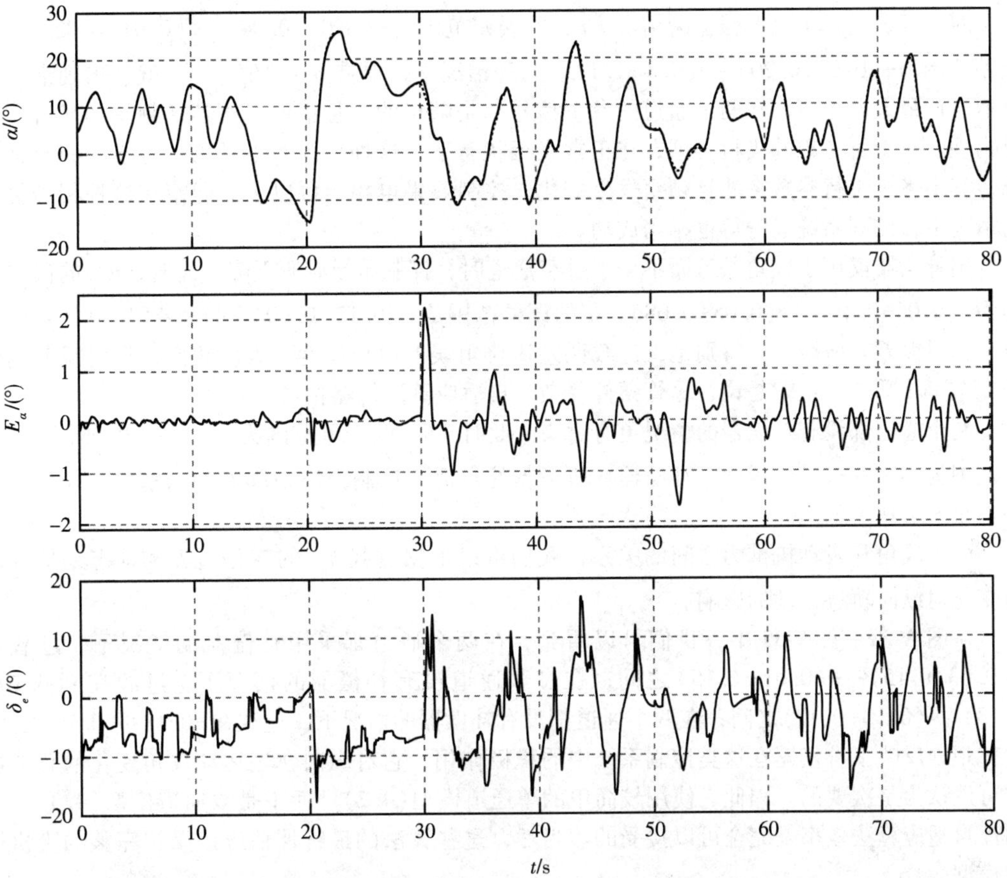

图 4-13　带补偿器的 MRAC 型控制系统的计算实验结果（F-16 飞机，飞行模式为测试速度 V_{ind} = 600km/h）。为自适应受控对象的动态变化，中心后移 10%（t = 30s），控制效率降低 50%（t = 50s）。其中 α 是攻角(°)；E_α 是攻角跟踪误差(°)；δ_e 是稳定舵的偏转角(°)；t 是时间（s）

在这一系列实验中，运动模型采用式(4.3)的形式，即考虑了攻角和推力的相互作用。此外，除了攻角控制（指令信号 $\delta_{e_{act}}$）之外，我们还引入了发动机推力控制 δ_{th}，以消除攻角和切向过载的误差。

我们也研究了双通道参考信号的各种组合，以及控制方案的不同版本（在单通道或双通道中，带补偿器或不带补偿器）。所有实验均针对 MRAC 方案进行，包括：

（1）常值参考过载 $n_x=0$，随机参考攻角，双通道都包含补偿器；

（2）常值参考过载 $n_x=0$，随机参考攻角，过载通道没有补偿器；

（3）常值参考攻角（2°），随机参考过载，双通道都包含补偿器；

（4）常值参考攻角（2°），随机参考过载，过载通道没有补偿器；

（5）两个参考信号都为随机阶跃，双通道都包含补偿器；

（6）两个参考信号都为随机阶跃，过载通道没有补偿器；

（7）两个参考信号都为随机阶跃，双通道都没有补偿器。

上述条件下的计算实验结果如图 A-22~图 A-35 所示。每个变体都有 8 幅图，前 4 幅展示对象行为、参考模型行为和控制信号，后 4 幅展示跟踪误差和参考信号。

根据这一系列的实验结果，我们可以得出结论。当采用扩展运动模型(4.3)时，攻角的跟踪精度有所降低。

对于双通道都采用补偿器的情况，n_{x_α} 的误差范围为-(0.02÷0.04)~+(0.01÷0.02)，α 的误差范围为-(0.05÷0.20)~+(0.7÷1.1)。这种情况下，保持 α=常值=2°，就会出现最小误差值。而最大误差值，在两个通道的参考信号都是随机的，且幅值有剧烈、频繁和显著变化时出现。对于所考虑的飞机类型，在正常飞行状态下，这种行为并不常见。对于一些异常状况，其中飞机飞行参数突然且频繁发生变化，控制效果也相当可以了。即使在这种相当复杂的情况下，控制系统运行得也相当成功。

当补偿器仅用于攻角通道而不用于过载通道时，控制质量有所下降。此时，n_{x_α} 的误差范围为-(0.06÷0.10)~+(0.05÷0.08)，α 的误差范围为-(0.12÷0.60)~+(0.4÷1.2)。可以看出，相对误差有所增加。特别是，过载误差比攻角误差增加程度更大。然而，绝对误差仍然是完全可接受的，也就是说，尽管条件复杂，自适应算法仍然相当有效。

两个通道都没有补偿器的情况更有意义。此时，n_{x_α} 的误差范围为-0.10~+0.08，α 的误差范围为-1.2~+2.1。因此，补偿器在所考虑的自适应控制方案中起着相当重要的作用，但并不是不可缺少的。

由于攻角和发动机推力之间的关系，我们可以根据过载 n_{x_α} 的变化边界和动态来估计攻角变化对纵向轨迹运动的影响。

从图 A-22~图 A-35 中，我们可以看到，在两个通道都采用补偿器的情况下，过载在-(0.03÷0.15)~+(0.01÷0.15)之间；在过载通道没有补偿器的情况下，过载在-(0.10÷0.18)~+(0.10÷0.17)之间；在两个通道都没有补偿器的情况下，过载在-0.18~+0.19之间。这直观地反映了补偿器在这类控制系统中的积极作用，它对纵向轨迹运动攻角变化的总体影响可以认为是次要的。因此，使用较简单的单通道模型(4.2)，而不是双通道模型(4.3)，来估计自适应算法效率是完全可以接受的。当然，这些算法的最终评估应该采用完整的飞机运动模型。

图 A-36~图 A-39 给出了另一类飞机，即微型 UAV 和迷你 UAV 的模拟结果。图 A-36 和图 A-37 展示了在正常运行条件下自适应控制系统的运行过程，图 A-38 和图 A-39 展示了带补偿器的 MRAC 系统如何应对严重影响对象动态的两次连续故障。第一次故障导致中心后移 10%（微型 UAV“003”在 5s，迷你 UAV X-04 在 10s），第二次故障导致纵向运动控制效率降低 50%（微型 UAV 在 10s，迷你 UAV 在 20s）。我们可以看到，第一次故障出现前，自适应方案的运行误差很小（大概 $E_\alpha \approx \pm 0.05°$）。对第一次故障引起的对象动态变化，自适应相当快（约 1.2~1.5s）。现在误差变大（在第二次故障出现之前），但基本上在 $E_\alpha \approx \pm 0.2°$ 范围内，系统运行稳定性不变。在第二次故障后，稳定性仍然保持，但误差变得非常大（几乎都在 $E_\alpha \approx \pm 0.5°$ 范围内）。

本节给出的模拟结果清楚地表明，在大多数情况下，结构如图 4-6 所示的自适应神经网络控制系统成功地完成了它的任务。它可以考虑攻角和飞机发动机推力之间的关系，并且在故障情况下，重构运动控制算法，使我们快速消除设备故障和飞行器结构损坏的影响。

4.3.3 模型预测控制

4.3.3.1 模型预测控制的总体方案

带预测模型的控制问题（MPC）采用对象的模型预测其未来行为，并使用优化算法来选择提供所预测系统特性最佳值的控制动作。

带预测模型的控制基于的是滚动时域方法。根据该方法，ANN 模型预测受控对象在预定时间间隔（预报时域）之后的输出。数值优化算法利用所得预报结果来求解控制 $\boldsymbol{u}$，以在给定预报时域上最小化如下控制质量指标：

$$\boldsymbol{J}=\sum_{j=N_1}^{N_2}(\boldsymbol{y}_{\mathrm{r}}(t+j)-\boldsymbol{y}_{\mathrm{m}}(t+j))^2+\rho\sum_{j=1}^{N_u}(\boldsymbol{u}'(t+j-1)-\boldsymbol{u}'(t+j-2))^2$$

其中，N_1、N_2、N_u 是确定预报时域的数值参数，跟踪误差和控制信号增量在该预报时域内估计。$\boldsymbol{y}_{\mathrm{r}}$、$\boldsymbol{y}_{\mathrm{m}}$ 分别是受控对象的期望输出和 ANN 模型的输出，$\boldsymbol{u}'$是试验控制动作用。ρ 是加权因子，它决定了控制变化对效率指标 $\boldsymbol{J}$ 总值的相对贡献。

除了预报时域外，MPC 方案中的第二个重要参数是控制时域，即优化算法输出控制信号所处的时间区间，该控制信号值在下一个控制时域到达之前保持不变。

一般来说，控制时域与预报时域并不一致。计算实验表明，这两个时域的比例在很大程度上决定了 MPC 算法的稳定性。根据获得的实验数据，可以将控制时域选取得远小于预报时域。特别地，在一次实验中（实验结果下面给出），控制时域采用最小值（等于一个时间步长 Δt），并认为在预报时域内控制保持恒定。这种选择简化了每步生成控制所需的计算，并且提高了 MPC 方案中优化算法的稳定性。

在下面介绍的实验中，我们采用了 30 个时间步（0.3s）的预报时域，基于的是以下考虑。MPC 方案中的优化算法试图最小化偏离参考轨迹的预测偏差。我们假设存在初始偏差时，预测轨迹应在预测区间结束时收敛到参考轨迹。这一事实意味着预报时域越小，为了将预测偏差从参考模型减小到零，作用于对象的控制效果就越大。因此，根据 MPC 方案中的跟踪误差，预报时域决定了有效增益的大小：预报时域越小，该增益越大。所以，预测的最小时域受限于动态系统的稳定性，如果该系数超过特定阈值，系统将丧失稳定性。另外，由于生成控制信号的计算复杂性、跟踪精度和预测本身具有的近似性质，增加预报时域将受到限制，这与预报时域内控制的持续性有关。在数值实验过程中，我们找到了一个折中解。据此，在所要解决的先进高超声速试验机问题中，预报时域应为 30 个时间步。

带预测模型的自适应控制总体方案如图 4-14 所示。

4.3.3.2 模型预测控制的神经控制器综合

在自适应 MPC 方案中，仅用到一个多层神经网络，就是对象的 ANN 模型。控制器在这里由优化算法表示。带预测模型的系统结构方案如图 4-14 所示。

该系统的质量指标是预报区间（5~7 步）中的均方根误差，即不考虑控制的增量。我们有

$$E(\boldsymbol{u})=\frac{1}{2}\boldsymbol{e}^{\mathrm{T}}\boldsymbol{e},\quad \boldsymbol{e}(\boldsymbol{u})=\boldsymbol{y}_{\mathrm{rm}}-\hat{\boldsymbol{y}}(\boldsymbol{u})$$
$$\boldsymbol{e}=[e_{k+2},e_{k+3},\cdots,e_{k+T}]^{\mathrm{T}}$$
$$\boldsymbol{u}=[u_{k+1},u_{k+2},\cdots,u_{k+T-1}]^{\mathrm{T}} \tag{4.12}$$

式中，T 是预报区间的长度。

指标中没有控制项，使得可以用高斯-牛顿法在每步只进行一次迭代。

因此，这里最小化 ANN 模型行为与参考模型的偏差，不是通过神经控制器的参数（这里它们根本不存在），而是直接通过预报区间上的控制实现。为应用有效的优化方法，我们需要计算动态控制相关的雅可比矩阵，即

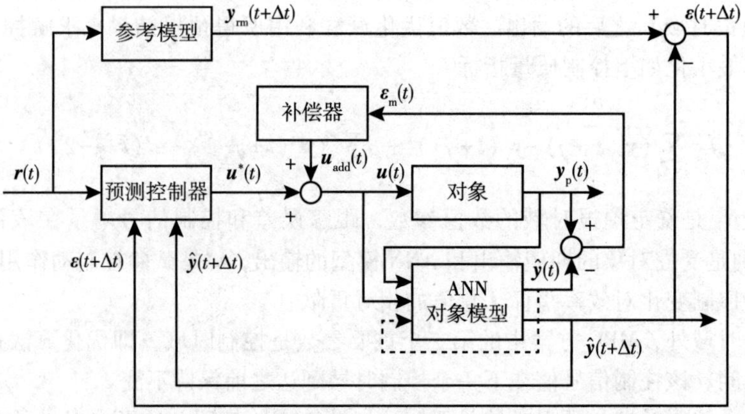

图 4-14 自适应模型预测控制方案。其中 r 是参考信号，y_p 是对象的输出，$\hat{y}$ 是 ANN 模型的输出，y_{rm} 是参考模型的输出，$\bar{u}$ 是预测控制器基于优化算法生成的控制信号，u_{add} 是补偿器生成的附加控制信号，u 是作用于对象的组合控制输入，ε_m 是对象输出与 ANN 模型输出之差

$$J_u = \begin{bmatrix} \dfrac{\partial e_{k+2}}{\partial u_{k+1}} & \dfrac{\partial e_{k+2}}{\partial u_{k+2}} & \cdots & \dfrac{\partial e_{k+2}}{\partial u_{k+T-1}} \\ \dfrac{\partial e_{k+3}}{\partial u_{k+1}} & \dfrac{\partial e_{k+3}}{\partial u_{k+2}} & \cdots & \dfrac{\partial e_{k+3}}{\partial u_{k+T-1}} \\ \vdots & \vdots & & \vdots \\ \dfrac{\partial e_{k+T}}{\partial u_{k+1}} & \dfrac{\partial e_{k+T}}{\partial u_{k+2}} & \cdots & \dfrac{\partial e_{k+T}}{\partial u_{k+T-1}} \end{bmatrix} \tag{4.13}$$

这是通过闭环神经网络模型的误差时间反向传播（BPTT，Back Propagation Through Time）方法完成的。

高斯-牛顿法与 Levenberg-Marquardt 法非常类似，不同之处仅在于系数 μ 不变。我们针对待解决问题进行实验来选择该系数，即

$$u_{n+1}=u_n+(J_u^{T}J_u+\lambda E)^{-1}J_u^{T}e \tag{4.14}$$

考虑到这些事实，按照以下流程计算每个积分步的控制：

（1）建立预报区间内的期望行为。为此，在此区间上使用常值参考信号计算参考模型（指定信号 $r_{k+1}\cdots r_{k+T-1}=r_k$，这是由于缺乏更巧妙的选项，因此做最简单的选择，即该信号最后一个可用值）。

（2）根据 ANN 模型，朝前数步预测受控对象行为。模型的初始条件是参考轨迹和使用控制器获得的前面的控制值。

（3）确定误差向量，计算误差函数对每个时刻控制的雅可比矩阵。

（4）采用任意优化方法（这里是高斯-牛顿法）调整控制向量。步骤 2~4 代表优化过程的一次迭代，执行优化直到预报误差适当减少。

（5）选取预报区间的第一个控制（即 u_{k+1}），作为下一步（优化过程是每一步的组成部分）的控制（作用于真实对象）。在下一步中，初始控制近似向量所有元素取相同的值。

4.3.3.3 应用于飞机角运动的模型预测控制

飞机在 MPC 系统控制下的行为与在 MRAC 系统控制下的行为非常相似。

为了评估自适应 MPC 算法的有效性，我们进行了一系列的计算实验。首先，测试 MPC 算法的攻角阶跃参考信号。需要综合高超声速原型飞行器 X-43 纵向角运动的控制律，在马赫数和高度特性的各种组合下，为输入指令信号要求的迎角提供高精度的稳定控制。该系列结果的一个例子如图 A-40 所示，一组扩展如图 A-41～图 A-48 所示。根据所得的结果，我们可以看出，带模型预测的自适应机制综合的控制律提供了非常好的控制质量。对于所研究的所有飞行状态，给定攻角信号急剧变化达 12°时，对它的跟踪误差不超过±0.27°，有时下降至±0.08°。当攻角成功过渡至新值后，跟踪误差值几乎在所有情况下都降低到±(0.01÷0.02)°。

通过比较输入升降舵执行器的指令信号值与升降舵的偏转角，以上结果还说明了高超声速试验机（使用升降副翼作为升降舵）纵向控制面的操纵特性，这是实现控制律综合所需的。此外，通过分析实现所得控制律要求的升降副翼偏转速度数据，可以确定对升降舵执行器的要求。计算实验结果表明，所需的升降副翼偏转速率在±50°/s 范围内。

这些数据可以与对高超声速试验机 X-43（以马赫数 $M=6$ 飞行）进行实验的结果相比较，后者见图 A-49，该图给出了无故障和损坏，且激励信号特性比较复杂（随机）时系统的运行情况。在有两次影响高超声速试验机动态的连续故障条件下，所考虑系统的操纵性如图 A-50 所示。这些故障导致在 $t=30$s 时中心后移了 5%，随后在 $t=60$s 时控制效率降低了 30%。

我们还在高机动 F-16 飞机及 UAV 上，针对带预测模型的自适应控制系统进行了类似的计算实验。高机动 F-16 飞机上实验的结果如图 A-51、图 A-52 和图 A-53 所示，UAV（MPC 控制系统工作在标称模式）上实验的结果见图 A-54 和图 A-55，故障情况见图 A-56。

根据本节计算实验结果得到的结论大体上与根据 MRAC 系统得到的结论类似。也就是说，结构如图 4-14 所示的自适应神经网络控制系统，在大多数情况下能够成功地完成任务，包括在紧急情况下。

比较 MRAC 与 MPC 方案，并不能说哪一个更好，它们各有优缺点。只有针对特定的应用问题，经过非常广泛的计算实验，才能做出倾向哪一个的最终决定。

4.3.4 不确定性条件下飞机角运动的自适应控制

4.3.4.1 大气湍流对飞机纵向运动自适应控制系统效率的影响

自适应控制系统的一个传统难题是它们如何承受外部随机影响的干扰。

本节力图对 MRAC 系统进行评估，评估综合的系统如何有效地应对干扰，包括突发事件。

我们采用著名的 Dryden 模型作为大气湍流模型，它的描述见 MIL-F-8785C 标准，在 MATLAB 软件包航空航天工具箱（Aerospace Toolbox）的 Simulink 模块中有实现。湍流效应通过垂直速度 V_z 和俯仰角速度 q 的附加分量体现。

我们获得了高机动 F-16 飞机上的所有实验结果（飞行状态为 $H=100$m 和 $V=600$km/h），如图 A-57～图 A-60 所示。

考虑了两种情况：

（1）±10m/s 范围内的 $\Delta V_{z,\mathrm{turb}}$ 以及±0.2°/s 范围内的 Δq_{turb} 的干扰效应（图 A-57 和图 A-58）。

（2）±20m/s 范围内的 $\Delta V_{z,\mathrm{turb}}$ 以及±2°/s 范围内的 Δq_{turb} 的干扰效应（图 A-59 和图 A-60）。

为了评估大气湍流对受控系统特性的影响，针对所考虑的每种情况都计算了有湍流和无湍流两个版本的结果。

在所有的变体中，研究了与4.3.2.5节相同的两次连续故障情况下的系统行为。第一次（$t=20\text{s}$）表现为中心平移+10%，第二次（$t=50\text{s}$）为纵向控制效率降低50%。

4.3.4.2　源数据不确定性的自适应

源数据中存在的不确定性会导致对神经网络模型和神经控制器的调整不准确，这种不准确会对控制质量产生负面影响。

在进行的计算实验中，基于模拟开始时为ANN模型或神经控制器的调整指定了不同的飞行模式，来模拟对飞机动态的不准确认识。因此，在一种飞行模式（马赫数和飞行高度）下综合控制律，而控制律工作于其他完全不同的工作条件。计算实验中控制律综合的飞行状态与控制律测试的飞行状态的对应关系如表4-1所示。

表4-1　高超声速试验机神经控制器（NC）综合和测试中使用的飞行状态对应关系表

NC测试的飞行状态	NC综合的飞行状态	NC测试的飞行状态	NC综合的飞行状态
$M=5$，$H=32\text{km}$	$M=7$，$H=30\text{km}$	$M=7$，$H=32\text{km}$	$M=5$，$H=28\text{km}$
$M=5$，$H=30\text{km}$	$M=7$，$H=28\text{km}$	$M=6$，$H=32\text{km}$	$M=7$，$H=28\text{km}$
$M=6$，$H=30\text{km}$	$M=5$，$H=28\text{km}$	$M=6$，$H=28\text{km}$	$M=7$，$H=32\text{km}$
$M=7$，$H=30\text{km}$	$M=5$，$H=32\text{km}$	$M=5$，$H=28\text{km}$	$M=7$，$H=30\text{km}$
$M=7$，$H=28\text{km}$	$M=6$，$H=32\text{km}$		

考虑了两种情况：

在第一种变体中，自适应机制（第1章中讨论了其主要特征）被激活，允许修正与其所处工作条件相关的控制律。

第二种方法通过揭示引入的自适应机制对在不断变化的工作条件下确保必要控制质量的总体任务的贡献，评估该自适应机制的重要性。为实现该方法，将自适应机制断开，也就是不调整控制律，完全由鲁棒性机制确保系统控制质量，包括在4.3.2.3节中引入系统的补偿回路。

下面两段将给出上述第一种变形的计算实验结果。第二种方法在实验中进行分析，其结果在后面给出。

在考虑两种分析方法中的第一种时，实际上需要解决受控对象的实时辨识问题，以获得控制动作对受控对象行为影响特性的可靠信息。

为使实时辨识过程收敛，需要给系统输入一段时间（此时对应系统自适应时间）的测试（非目标）信号。该信号可以是为配置ANN模型而作用在执行器上的某个附加信号。然而，对于非线性系统，适当调整的条件也是从系统运行的状态空间中考虑尽可能多的状态。因此，不是通过控制面的偏转，而是通过在状态空间中精确确定并经过控制系统的参考信号引入ANN模型的测试信号。在神经控制器中，输入信号直接是参考信号，也就是说，为了在所考虑情况下设置控制器，输入的测试信号是与攻角有关的时变参考信号。

因此，在所考虑的方法中，不需要控制面（高超声速试验机中的为升降副翼）偏转形式的单独测试信号。然而，这一事实并不能消除对干扰受控对象的外部影响的需要，通过这种影响，我们可以获得给定对象对控制动作的反应信息。该信息是所使用控制律自适应调整的基础。我们使用攻角参考信号作为这类影响的一种。对该信号的主要要求是它必须完整覆盖所研究系统的状态空间。此外，必须通过改变各个状态之间的转移速率来考虑系统的动态。大量计算实验说明了该方法的有效性。

我们将在接下来两节中给出MRAC和MPC方案的所有计算实验结果，其中控制系统的运行都以相同的方式设置。前20s，给控制系统输入一定的干扰参考信号，这是解决辨识问题所必需的。在接下来的20s，我们测试系统。在该测试中，我们采用了一定的阶跃影响序列，这些影响在时间上彼此隔开，使得一个干扰的过渡过程完成后再进行下一个干扰。

模型参考自适应控制

图 A-61～图 A-69 给出了估计源数据精度对 MRAC 系统控制特性所产生影响的计算实验数据。

如图 A-61～图 A-69 所示的计算实验结果展示了在两个均为 20s 的时间区间上控制系统的运行情况：在第一个区间，控制律的自适应通过向控制系统输入端馈送产生干扰的影响（高度变化的攻角信号）来实现；在持续时间相同的第二个区间，采用了一系列阶跃输入信号对系统进行测试，它们在时间上隔开，使得施加信号引起的干扰运动衰减后再施加下一个信号。如果满足这一条件，则我们可以认为系统一次就用一组相互独立的阶跃输入信号（幅值不同）进行了测试。

基于 4.3.2.4 节所述的原因，这些试验中参考模型的固有频率选取为 2/s。

分析图 A-61～图 A-69 所示数据，可得出以下结论。控制质量由给定攻角的跟踪误差估计，在大多数情况下，从调整控制律过程到改变飞行条件，3～5s 内就可以达到可接受值。因此，长 20s 的控制系统自适应时间区间，显然是冗余的。原则上，可以大幅度减少到几秒。

所考虑的自适应机制提供了足够高的控制精度，给定攻角的跟踪误差原则上处于±0.25°～±0.45°范围，对于 MRAC 和 MPC 方案都是如此。在测试中的稳态区间（当阶跃干扰的扰动已衰减时），攻角跟踪误差实际上为零。同时，某些情况下的初始误差（自适应机制激活时刻）可达±1°。从表 4-1 可以看到，控制律综合与测试所用的飞行状态差距足够大：马赫数高达 2，飞行高度高达 4km。然而，在几乎所有情况下，自适应机制（MPC 方案和 MRAC 方案）都成功完成了调整控制律以适应变化的飞行条件、恢复对预定攻角跟踪准确性的任务。

模型预测控制

对有关自适应 MPC 方案的初始模型不准确产生的影响进行估计的计算实验结果如图 A-70～图 A-78 所示。

4.3.4.3 飞机角运动控制问题中自适应机制重要性的估计

本章研究的神经网络控制系统变体由两部分组成：合适的神经网络和附加补偿回路。这两部分是独立的，它们各自执行特定的功能。神经网络部分是自适应的，其任务是提供期望的系统动态。补偿单元减少由于 ANN 模型不准确所产生的误差，为系统提供鲁棒性。

如 4.3.2.3 节所述，补偿元件对 MRAC 和 MPC 自适应控制方案至关重要。这些方案中的基本思想是，我们在建立调节器的参数值时使用 ANN 模型作为受控对象行为信息的来源。由于 ANN 模型的近似性，使用其获得的结果不可避免地与描述对象运动的变量实际值不同。4.3.2.3 节提出了补偿这种误差的方法。根据这种方法，我们将 ANN 模型的不精确性理解为作用在系统上的干扰，它使真实对象的轨迹偏离参考轨迹。我们在系统中嵌入一个补偿回路（补偿器）来试图减小这一偏差。将补偿回路嵌入自适应系统提高了其鲁棒性，不然的话，在态势不至于从紧急情况发展为灾难的时间窗口内，自适应算法可能无法应对控制律的调整。在许多情况下，受控对象和其运行条件的动态变化并不显著。此时，其鲁棒性将足以满足系统的正常运行，并且可能不使用自适应机制。因此，出现了关于自适应机制重要性的疑问。我们需要知道，与没有自适应机制但使用补偿回路提高鲁棒性的系统版本相比，该机制提供了什么。

为了评估自适应性和鲁棒性对系统行为的贡献，我们进行了实验。我们在这些实验中停用自适应机制。与先前的情况（分析源数据的不确定性对综合系统特性的影响）一样，系统最初设置为不正确的。在 4.3.4.2 节描述的一系列实验中，控制系统能自适应受控对象运行所需的条件变化。为此，在结果如图 A-61～图 A-69（MRAC 方案）和图 A-70～图 A-78（MPC 方案）所示的实验中，我们设置了调整控制律所需的 20s 干扰参考信号，其后是估计调整质量的测试阶跃信号。在一系列实验（结果下面给出）中，控制系统继续以最初获得的“不正确”设置运行，不进行自适应调整，只依赖于鲁棒性（MRAC系统见图A-79~图A-81，MPC系统见图A-82~图A-84）。

在开展的实验（结果见图A-79~图A-84）中，与前面情况一样，系统运行时间分为各20s的两段。与攻角有关的控制动作特性与前面的情况相同，即前20s的指令信号是攻角频繁变化的随机序列。在这样的信号下，来自输入信号的干扰还没有足够的时间衰减，下一信号就开始作用于对象。这样的复杂信号使我们能估计多个干扰（系统对它们的响应在时间上交叉）的累积效应，也就是说，它允许我们在相当恶劣的条件下测试控制系统。与前面的情况不同，没有执行控制律的调整，即禁用了自适应机制。

在第二个时间区间内，使用更传统的输入信号测试控制系统，可以评估独立阶跃干扰下的系统行为。

结果表明，不精确的调整对系统的稳定性并非至关重要，但会导致与参考轨迹的显著偏差。稳态时，采用积分补偿器可以将这些偏差减小到零。但在过渡过程中，无法这样处理，提高精度的唯一方法是激活自适应机制，从而将误差降低到预定水平以下。

正如我们可以从图A-79~图A-84所示的结果中看到的，缺乏自适应机制将导致控制质量急剧恶化。此时，相对于攻角参考信号的跟踪误差范围是±2°，在某些情况下甚至达到±4°。

因此，自适应机制允许在更大的状态空间域内（对于非线性系统）减小跟踪误差，并能扩展跟踪误差不超过预定值的频带。也就是说，赋予系统自适应性，它就能够处理受控对象中更广泛类型的参数不确定性。

我们可以从4.3.4节获得的结果中得到一些结论：各种不同参考模型和预测模型的自适应-鲁棒建模与控制方法，是解决不确定条件下飞机运动容错控制问题的强大且有前景的工具。

4.4　参考文献

[1] Ljung L. System identification: Theory for the user. 2nd ed. Upper Saddle River, NJ: Prentice Hall; 1999.

[2] Narendra KS, Parthasarathy K. Identification and control of dynamic systems using neural networks. IEEE Trans Neural Netw 1990;1(1):4–27.

[3] Chen S, Billings SA. Neural networks for nonlinear dynamic systems modelling and identification. Int J Control 1992;56(2):319–46.

[4] Heister F, Müller R. An approach for the identification of nonlinear, dynamic processes with Kalman-filter-trained recurrent neural structures. Research report series, Report No. 193, University of Würzburg, Institute of Computer Science; April 1999.

[5] Haykin S. Neural networks: A comprehensive foundation. 2nd ed. Upper Saddle River, NJ, USA: Prentice Hall; 1998.

[6] Hagan MT, Demuth HB, Beale MH, De Jesús O. Neural network design. 2nd ed. PSW Publishing Co.; 2014.

[7] Gorban AN. Generalized approximation theorem and computational capabilities of neural networks. Sib J Numer Math 1998;1(1):11–24 (in Russian).

[8] Etkin B, Reid LD. Dynamics of flight: Stability and control. 3rd ed. New York, NY: John Wiley & Sons, Inc.; 2003.

[9] Boiffier JL. The dynamics of flight: The equations. Chichester, England: John Wiley & Sons; 1998.

[10] Roskam J. Airplane flight dynamics and automatic flight control. Part I. Lawrence, KS: DAR Corporation; 1995.

[11] Roskam J. Airplane flight dynamics and automatic flight control. Part II. Lawrence, KS: DAR Corporation; 1998.

[12] Cook MV. Flight dynamics principles. Amsterdam: Elsevier; 2007.

[13] Hull DG. Fundamentals of airplane flight mechanics. Berlin: Springer; 2007.

[14] Nguyen LT, Ogburn ME, Gilbert WP, Kibler KS, Brown PW, Deal PL. Simulator study of stall/post-stall characteristics of a fighter airplane with relaxed longitudinal static stability. NASA TP-1538, Dec. 1979.

[15] Sonneveld L. Nonlinear F-16 model description. The Netherlands: Control & Simulation Division, Delft University of Technology; June 2006.

[16] Shaughnessy JD, Pinckney SZ, et al. Hypersonic vehicle simulation model: Winged-cone configuration. NASA–TM–102610, November 1990.

[17] Boyden RP, Dress DA, Fox CH. Subsonic static and dynamic stability characteristics of the test technique demonstrator NASP configuration. In: 31st Aerospace Sciences Meeting & Exhibit, January 11–14, 1993, Reno, NV, AIAA-93-0519.

[18] Boyden RP, Dress DA, Fox CH, Huffman JK, Cruz CI.

Subsonic static and dynamic stability characteristics of a NASP configuration. J Aircr 1994;31(4):879–85.

[19] Davidson J. et al., Flight control laws for NASA's Hyper-X research vehicle. AIAA–99–4124.

[20] Engelund WC. Holland SD, et al., Propulsion system airframe integration issues and aerodynamic database development for the Hyper-X flight research vehicle. ISOABE–99–7215.

[21] Engelund WC, Holland SD, Cockrell CE, Bittner RD, Aerodynamic database development for the Hyper-X airframe integrated scramjet propulsion experiments. In: AIAA 18th Applied Aerodynamics Conference, August 14–17, 2000, Denver, Colorado. AIAA 2000–4006.

[22] Holland SD, Woods WC, Engelund WC. Hyper-X research vehicle experimental aerodynamics test program overview. J Spacecr Rockets 2001;38(6):828–35.

[23] Morelli, E.A. Derry, S.D. Smith, M.S. Aerodynamic parameter estimation for the X-43A (Hyper-X) from flight data. In: AIAA Atmospheric Flight Mechanics Conference and Exhibit, August 15–18, 2005. San Francisco, CA. AIAA 2005-5921.

[24] Davis MC, White JT. X-43A flight-test-determined aerodynamic force and moment characteristics at Mach 7.0. J Spacecr Rockets 2008;45(3):472–84.

[25] Morelli EA. Flight test experiment design for characterizing stability and control of hypersonic vehicles. J Guid Control Dyn 2009;32(3):949–59.

[26] Brusov VS, Petruchik VP, Morozov NI. Aerodynamics and flight dynamics of small unmanned aerial vehicles. Moscow: MAI-Print; 2010 (in Russian).

[27] Kondratiev AI, Tyumentsev YV. Application of neural networks for synthesizing flight control algorithms. I. Neural network inverse dynamics method for aircraft flight control. Russ Aeronaut (IzVUZ) 2013;56(2):23–30.

[28] Kondratiev AI, Tyumentsev YV. Application of neural networks for synthesizing flight control algorithms. II. Adaptive tuning of neural network control law. Russ Aeronaut (IzVUZ) 2013;56(3):34–9.

[29] Khalil HK. Nonlinear systems. 3rd ed. Upper Saddle River, NJ: Prentice Hall; 2002.

[30] Ioannou P, Sun J. Robust adaptive control. Englewood Cliffs, NJ: Prentice Hall; 1995.

第 5 章 | Neural Network Modeling and Identification of Dynamical Systems

受控动态系统的半经验神经网络模型

5.1 半经验 ANN 动态系统建模方法

理论（“白箱”）建模方法依赖于一些基本关系的知识（如力学定律、热力学等）以及所模拟系统结构的知识。由于对所模拟系统及其运行环境特性的不完整和不准确认识，理论模型可能缺乏所需的精度。此外，这种模型无法适应所模拟系统特性的变化。

第 3 章和第 4 章中描述的经验（“黑箱”）建模方法，仅依赖于所模拟系统行为相关的实验数据。这种方法有其优点，在对所建模系统的性质、运行机制及其行为本质没有先验知识的情况下，它是唯一可能的选择。然而，本章给出的结果表明，动态系统的经验 ANN 模型在所解决问题的复杂程度上有严重局限。为了打破这些局限，我们需要减少 ANN 模型的参数数量，同时保留其灵活性。

所以，传统的理论和经验建模方法都存在一定的缺陷。一方面，人工设计的理论模型往往缺乏所需的精度，因为考虑所有的因素非常难。此外，这样的模型不适合实时自适应。因此，所模拟系统或其运行环境中的任何变化都会导致模型精度的降低。另一方面，经验模型需要获取和预处理大量的实验数据。并且，经验模型族的不当选择，很可能会导致因过拟合产生泛化能力弱的非简约模型。我们提出了一种混合半经验（“灰箱”）建模方法，同时利用了专业领域的理论知识以及系统行为相关的实验数据[1-3]。

在本书中，我们假设所提到的关于建模对象的专业领域知识以 ODE 形式给出。该方法还有一种扩展，适合专业知识采取 DAE 形式的情况[4-6]。这种方法还可以扩展到建模对象由偏微分方程（PDE）描述的情况下，但本书不考虑这一变体。

文献［7-15］中提出了另一种动态系统的半经验建模方法，它也同时基于建模对象的理论知识及其行为相关的实验数据。这种有趣且有前景的方法，使我们可以处理由传统 ODE 以及 PDE 描述的对象。

为了描述我们的技术，首先考虑实现函数近似的半经验方法。回想纯经验方法，关于待近似函数的唯一假设是其连续性。按这种方法，我们选取具有万有近似性质的函数（即在欧氏空间紧子集上的连续函数空间中处处稠密的函数集）的参数族，例如分层前馈神经网络族。最后，根据预先定义的目标函数，通过数值优化方法来搜索这个参数族的最佳近似。对于半经验方法，除了连续性之外，我们假设对未知函数还有一些额外的先验知识。这些知识用于缩小搜索空间，也就是说，用于更有针对性地选择函数参数族，以简化目标函数的最优化。通过这种方式，我们将原始问题正则化，减少了模型的自由参数数量，同时保留了其准确性。因此，半经验模型是一个参数函数族，其元素包括：

- 反映某些依赖关系确切知识的特殊非参数函数；
- 属于具有特定属性（加权线性组合、三角多项式等）的参数族的函数，这些属性反映了某些依赖关系的一般性知识；
- 属于一般参数族的函数，在欧氏空间紧子集上的连续函数空间（前馈神经网络、多项式等）中处处稠密，能反映某些依赖关系先验知识的缺失。

可用的实验数据也用于调整模型参数、调整模型结构以提高精度，并在未知函数非平稳时执行自适应。

一般情况下，这种半经验模型不必是连续函数的万有近似器。然而，它们允许我们近似模型结构定义的特定类型（反过来，由理论知识给出）的函数，直到达到任意预设的精度，如以下定理所示。

定理1 设 m 是一个正整数，$\mathcal{X}_i$ 是 $\mathbb{R}^{n_{x_i}}$ 的紧子集、$\mathcal{Y}_i$ 是 $\mathbb{R}^{n_{y_i}}$ 的紧子集（$i=1,\cdots,m$），$\mathcal{Z}$ 是 $\mathbb{R}^{n_z}$ 的紧子集。设 $\mathcal{F}_i$ 是从 $\mathcal{X}_i$ 到 $\mathcal{Y}_i$ 的连续向量值函数空间的子空间，且 $\hat{\mathcal{F}}_i$ 是一组在 $\mathcal{F}_i$ 中处处稠密的向量值函数。最后，设 $\mathcal{G}$ 是从 $\mathcal{Y}_1\times\cdots\times\mathcal{Y}_m$ 到 $\mathcal{Z}$ 的 Lipschitz 连续向量值函数的子空间，且 $\hat{\mathcal{G}}$ 是一组在 $\mathcal{G}$ 中处处稠密的向量值函数。那么，向量值函数集 $\hat{\mathcal{H}}=\{\hat{\boldsymbol{g}}(\hat{\boldsymbol{f}}_1(\boldsymbol{x}_1),\cdots,\hat{\boldsymbol{f}}_m(\boldsymbol{x}_m))\mid \boldsymbol{x}_i\in\mathcal{X}_i,\hat{\boldsymbol{f}}_i\in\hat{\mathcal{F}}_i,\hat{\boldsymbol{g}}\in\hat{\mathcal{G}}\}$ 在空间 $\mathcal{H}=\{\boldsymbol{g}(\boldsymbol{f}_1(\boldsymbol{x}_1),\cdots,\boldsymbol{f}_m(\boldsymbol{x}_m))\mid \boldsymbol{x}_i\in\mathcal{X}_i,\boldsymbol{f}_i\in\mathcal{F}_i,\boldsymbol{g}\in\mathcal{G}\}$ 中处处稠密。

证明 因为向量值函数集 $\hat{\mathcal{F}}_i$ 在各自的空间 $\mathcal{F}_i$ 中处处稠密，所以对任意向量值函数 $\boldsymbol{f}_i\in\mathcal{F}_i$ 和任意正实数 ε_i，存在向量值函数 $\hat{\boldsymbol{f}}_i\in\hat{\mathcal{F}}_i$，使得

$$\|\boldsymbol{f}_i(\boldsymbol{x}_i)-\hat{\boldsymbol{f}}_i(\boldsymbol{x}_i)\|<\varepsilon_i,\quad \forall\boldsymbol{x}_i\in\mathcal{X}_i$$

同样地，对任意向量值函数 $\boldsymbol{g}\in\mathcal{G}$ 和任意正实数 ε，存在向量值函数 $\hat{\boldsymbol{g}}\in\hat{\mathcal{G}}$，使得

$$\|\boldsymbol{g}(\boldsymbol{y}_1,\cdots,\boldsymbol{y}_m)-\hat{\boldsymbol{g}}(\boldsymbol{y}_1,\cdots,\boldsymbol{y}_m)\|<\varepsilon,\quad \forall\boldsymbol{y}_i\in\mathcal{Y}_i,\quad i=1,\cdots,m$$

根据定理的假设，所有的函数 $\boldsymbol{g}\in\mathcal{G}$ 满足 Lipschitz 条件

$$\|\boldsymbol{g}(\boldsymbol{y}_1,\cdots,\boldsymbol{y}_i,\cdots,\boldsymbol{y}_m)-\boldsymbol{g}(\boldsymbol{y}_1,\cdots,\hat{\boldsymbol{y}}_i,\cdots,\boldsymbol{y}_m)\|\leqslant M_i\|\boldsymbol{y}_i-\hat{\boldsymbol{y}}_i\|$$

其中 M_i 为某非负实常数，称为 Lipschitz 常数。应用三角形不等式，我们可得

$$\begin{aligned}
&\|\boldsymbol{g}(\boldsymbol{f}_1(\boldsymbol{x}_1),\cdots,\boldsymbol{f}_m(\boldsymbol{x}_m))-\hat{\boldsymbol{g}}(\hat{\boldsymbol{f}}_1(\boldsymbol{x}_1),\cdots,\hat{\boldsymbol{f}}_m(\boldsymbol{x}_m))\|\\
\leqslant\ &\|\boldsymbol{g}(\boldsymbol{f}_1(\boldsymbol{x}_1),\cdots,\boldsymbol{f}_m(\boldsymbol{x}_m))-\boldsymbol{g}(\hat{\boldsymbol{f}}_1(\boldsymbol{x}_1),\cdots,\hat{\boldsymbol{f}}_m(\boldsymbol{x}_m))\|+\\
&\|\boldsymbol{g}(\hat{\boldsymbol{f}}_1(\boldsymbol{x}_1),\cdots,\hat{\boldsymbol{f}}_m(\boldsymbol{x}_m))-\hat{\boldsymbol{g}}(\hat{\boldsymbol{f}}_1(\boldsymbol{x}_1),\cdots,\hat{\boldsymbol{f}}_m(\boldsymbol{x}_m))\|\\
\leqslant\ &\|\boldsymbol{g}(\boldsymbol{f}_1(\boldsymbol{x}_1),\cdots,\boldsymbol{f}_m(\boldsymbol{x}_m))-\boldsymbol{g}(\hat{\boldsymbol{f}}_1(\boldsymbol{x}_1),\boldsymbol{f}_2(\boldsymbol{x}_2),\cdots,\boldsymbol{f}_m(\boldsymbol{x}_m))\|+\\
&\|\boldsymbol{g}(\hat{\boldsymbol{f}}_1(\boldsymbol{x}_1),\boldsymbol{f}_2(\boldsymbol{x}_2),\cdots,\boldsymbol{f}_m(\boldsymbol{x}_m))-\hat{\boldsymbol{g}}(\hat{\boldsymbol{f}}_1(\boldsymbol{x}_1),\hat{\boldsymbol{f}}_2(\boldsymbol{x}_2),\boldsymbol{f}_3(\boldsymbol{x}_3),\cdots,\hat{\boldsymbol{f}}_m(\boldsymbol{x}_m))\|+\cdots+\\
&\|\boldsymbol{g}(\hat{\boldsymbol{f}}_1(\boldsymbol{x}_1),\cdots,\hat{\boldsymbol{f}}_{m-1}(\boldsymbol{x}_{m-1}),\boldsymbol{f}_m(\boldsymbol{x}_m))-\hat{\boldsymbol{g}}(\hat{\boldsymbol{f}}_1(\boldsymbol{x}_1),\cdots,\hat{\boldsymbol{f}}_m(\boldsymbol{x}_m))\|+\\
&\|\boldsymbol{g}(\hat{\boldsymbol{f}}_1(\boldsymbol{x}_1),\cdots,\hat{\boldsymbol{f}}_m(\boldsymbol{x}_m))-\hat{\boldsymbol{g}}(\hat{\boldsymbol{f}}_1(\boldsymbol{x}_1),\cdots,\hat{\boldsymbol{f}}_m(\boldsymbol{x}_m))\|\\
<\ &\sum_{i=1}^{m}M_i\|\boldsymbol{f}_i(\boldsymbol{x}_i)-\hat{\boldsymbol{f}}_i(\boldsymbol{x}_i)\|+\varepsilon<\sum_{i=1}^{m}M_i\varepsilon_i+\varepsilon
\end{aligned}$$

□

然而，在一定条件下，针对半经验模型的万有近似性质成立。

定理2 设 $\mathcal{X}$ 是 $\mathbb{R}^{n_x}$ 的紧子集，$\mathcal{F}$ 是从 $\mathcal{X}$ 到 $\mathbb{R}^{n_y}$ 的连续向量值函数空间，$\hat{\mathcal{F}}$ 是一组在 $\mathcal{F}$ 中处处稠密的向量值函数。设 $\mathcal{G}$ 是从 $\mathbb{R}^{n_y}$ 到 $\mathbb{R}^{n_y}$ 的具有连续逆的 Lipschitz 连续向量值函数的子空间，且 $\hat{\mathcal{G}}$ 是一组在 $\mathcal{G}$ 中处处稠密的向量值函数。那么，向量函数集 $\hat{\mathcal{H}}=\{\hat{\boldsymbol{g}}(\hat{\boldsymbol{f}}(\boldsymbol{x}))\mid \boldsymbol{x}\in\mathcal{X},\hat{\boldsymbol{f}}\in\hat{\mathcal{F}},\hat{\boldsymbol{g}}\in\hat{\mathcal{G}}\}$ 在 $\mathcal{F}$ 中处处稠密。

证明 根据该定理的假设，对任意向量值函数 $\boldsymbol{g}\in\mathcal{G}$，存在连续逆 $\boldsymbol{g}^{-1}$。因此，对任意连续向量值函数 $\boldsymbol{f}\in\mathcal{F}$，复合函数 $\boldsymbol{g}^{-1}\circ\boldsymbol{f}$ 也是连续的。这意味着存在 $\hat{\boldsymbol{f}}\in\hat{\mathcal{F}}$，使得

$$\|\hat{\boldsymbol{f}}(\boldsymbol{x})-\boldsymbol{g}^{-1}(\boldsymbol{f}(\boldsymbol{x}))\|<\varepsilon_1,\quad \forall \boldsymbol{x}\in\mathcal{X}$$

由于向量值函数 $\boldsymbol{g}$ 是 Lipschitz 连续的，因此对某非负的 Lipschitz 实常数 M，如下条件成立：

$$\|\boldsymbol{g}(\hat{\boldsymbol{f}}(\boldsymbol{x}))-\boldsymbol{f}(\boldsymbol{x})\|=\|\boldsymbol{g}(\hat{\boldsymbol{f}}(\boldsymbol{x}))-\boldsymbol{g}(\boldsymbol{g}^{-1}(\boldsymbol{f}(\boldsymbol{x})))\|\leqslant M\|\hat{\boldsymbol{f}}(\boldsymbol{x})-\boldsymbol{g}^{-1}(\boldsymbol{f}(\boldsymbol{x}))\|<M\varepsilon_1$$

进一步地，存在向量值函数$\hat{\boldsymbol{g}}\in\hat{\mathcal{G}}$，使得

$$\|\boldsymbol{g}(\boldsymbol{y})-\hat{\boldsymbol{g}}(\boldsymbol{y})\|<\varepsilon_2,\quad \forall \boldsymbol{y}\in\mathbb{R}^{n_y}$$

最后，我们应用三角形不等式并得到

$$\|\hat{\boldsymbol{g}}(\hat{\boldsymbol{f}}(\boldsymbol{x}))-\boldsymbol{f}(\boldsymbol{x})\|\leqslant\|\hat{\boldsymbol{g}}(\hat{\boldsymbol{f}}(\boldsymbol{x}))-\boldsymbol{g}(\hat{\boldsymbol{f}}(\boldsymbol{x}))\|+\|\boldsymbol{g}(\hat{\boldsymbol{f}}(\boldsymbol{x}))-\boldsymbol{f}(\boldsymbol{x})\|<\varepsilon_2+M\varepsilon_1 \qquad \square$$

对于动态系统建模问题，与黑箱模型（例如具有抽象上下文单元的 Elman 递归网络）不同，对象的理论知识可用来选择有意义的状态变量（即用专业领域术语可解释的状态变量）。因此，可以通过附加的测量或校准过程，在收集训练数据集的同一实验期间，估计这些状态变量的初始值。如第2章所述，状态变量的初始值也可以随模型参数一起进行优化，但即使如此，这样的估计也可以作为一个很好的初始猜测。因此，半经验模型训练所需的实验数据集包括初始时刻状态变量的估计值。此外，该数据集还包含采样时刻 t 的值。实验数据集具有如下形式：

$$\left\{\left\langle\left\langle\bar{\boldsymbol{x}}^{(p)}(0),\boldsymbol{u}^{(p)}(0),\tilde{\boldsymbol{y}}^{(p)}(0)\right\rangle,\left\{\left\langle t_k^{(p)},\boldsymbol{u}^{(p)}(t_k^{(p)}),\tilde{\boldsymbol{y}}^{(p)}(t_k^{(p)})\right\rangle\right\}_{k=1}^{K^{(p)}}\right\rangle\right\}_{p=1}^{P} \tag{5.1}$$

这里，我们假设 $t_0^{(p)}\equiv 0$。

由于半经验模型的状态变量可用专业领域术语解释，因此通常可以利用所模拟对象内部结构的附加理论知识。这些知识可能使我们以足够的精度确定状态变量、控制和可观测输出之间某些关系的特定形式。这些准确已知的关系将嵌入映射 $\hat{\boldsymbol{f}}$ 和 $\hat{\boldsymbol{g}}$ 中，就如函数近似的情况一样。例如，在第6章讨论的飞行器运动建模问题中，状态变量和可观测输出之间的关系理论上知道得足够准确。因此，观测方程中的函数 $\hat{\boldsymbol{g}}$ 与理论模型对应的 $\boldsymbol{g}$ 完全匹配，没有任何需要调整的参数。这些问题中状态方程的函数 $\hat{\boldsymbol{f}}$ 也包括从理论模型函数 $\boldsymbol{f}$ 中借用的一些已知依赖关系，以及对未知依赖关系的神经网络近似。

我们考虑如下连续时间状态空间半经验模型族：

$$\begin{aligned}\frac{\mathrm{d}\hat{\boldsymbol{x}}(t,\boldsymbol{w})}{\mathrm{d}t}&=\hat{\boldsymbol{f}}(\hat{\boldsymbol{x}}(t,\boldsymbol{w}),\boldsymbol{u}(t),\boldsymbol{w})\\ \hat{\boldsymbol{y}}(t,\boldsymbol{w})&=\hat{\boldsymbol{g}}(\hat{\boldsymbol{x}}(t,\boldsymbol{w}),\boldsymbol{w})\end{aligned} \tag{5.2}$$

式中，$\hat{\boldsymbol{x}}:[0,\bar{t}]\times\mathbb{R}^{n_w}\to\mathbb{R}^{n_x}$ 是对状态空间轨迹的估计，$\hat{\boldsymbol{y}}:[0,\bar{t}]\times\mathbb{R}^{n_w}\to\mathbb{R}^{n_y}$ 是对可观测输出轨迹的估计，$\hat{\boldsymbol{f}}:\mathbb{R}^{n_x}\times\mathbb{R}^{n_u}\times\mathbb{R}^{n_w}\to\mathbb{R}^{n_x}$ 和 $\hat{\boldsymbol{g}}:\mathbb{R}^{n_x}\times\mathbb{R}^{n_w}\to\mathbb{R}^{n_y}$ 是参数化的函数族，例如分层前馈神经网络或基于半经验神经网络的函数近似器。

以下定理描述了该模型族的功能。

定理3 设 $\mathcal{U}$ 是$\mathbb{R}^{n_u}$ 的紧子集，$\mathcal{X}$ 是$\mathbb{R}^{n_x}$ 的紧子集，$\mathcal{Y}$ 是$\mathbb{R}^{n_y}$ 的子集。另外，设 $\mathcal{F}$ 是从 $\mathcal{X}\times\mathcal{U}$ 到$\mathbb{R}^{n_x}$ 的连续向量值函数空间的子空间，关于其所有参数具有局部 Lipschitz 连续性。$\hat{\mathcal{F}}$ 是一组在 $\mathcal{F}$ 中处处稠密的向量值函数。类似地，设 $\mathcal{G}$ 是从 $\mathcal{X}$ 到$\mathbb{R}^{n_y}$ 的连续向量值函数的子空间，关于其所有参数具有局部 Lipschitz 连续性。$\hat{\mathcal{G}}$ 是一组在 $\mathcal{G}$ 中处处稠密的向量值函数。那么，对

所有向量值函数 $\boldsymbol{f}\in\mathcal{F}$、$\boldsymbol{g}\in\mathcal{G}$ 和所有正实数 $\bar{t}$、ε，存在正实数 δ 和向量值函数 $\hat{\boldsymbol{f}}\in\hat{\mathcal{F}}$、$\hat{\boldsymbol{g}}\in\hat{\mathcal{G}}$，使得对任意 $\boldsymbol{x}^S\in\mathcal{X}$、任意包含在 $\boldsymbol{x}^S$ 的 δ 邻域中的 $\tilde{\boldsymbol{x}}^S$、任意 $\tilde{t}\in(0,\bar{t}]$ 以及任意可测、局部可积函数 $\boldsymbol{u}:[0,\tilde{t}]\to\mathcal{U}$，右函数为 $\boldsymbol{f}^u(t,\boldsymbol{x}(t))\equiv\boldsymbol{f}(\boldsymbol{x}(t),\boldsymbol{u}(t))$ 且初始条件为 $\boldsymbol{x}(0)=\boldsymbol{x}^S$ 的 ODE 方程组的初始值问题（Initial Value Problem，IVP）的解 $\boldsymbol{x}:[0,\tilde{t}]\to\mathcal{X}$ 在整个区间 $[0,\tilde{t}]$ 上存在，且与其 ε 邻域的闭包一同包含于 $\mathcal{X}$ 中。下列条件成立：

$$\left.\begin{array}{l}\|\boldsymbol{x}(t)-\hat{\boldsymbol{x}}(t)\|<\varepsilon\\ \|\boldsymbol{y}(t)-\hat{\boldsymbol{y}}(t)\|<\varepsilon\end{array}\right.,\ \forall t\in[0,\tilde{t}]$$

式中，$\hat{\boldsymbol{x}}:[0,\tilde{t}]\to\mathbb{R}^{n_x}$ 是右函数为 $\hat{\boldsymbol{f}}^u(t,\hat{\boldsymbol{x}}(t))\equiv\hat{\boldsymbol{f}}(\hat{\boldsymbol{x}}(t),\boldsymbol{u}(t))$ 且初始条件为 $\hat{\boldsymbol{x}}(0)=\tilde{\boldsymbol{x}}^S$ 的 ODE 方程组的初始值问题的解，$\boldsymbol{y}(t)=\boldsymbol{g}(\boldsymbol{x}(t))$，$\hat{\boldsymbol{y}}(t)=\hat{\boldsymbol{g}}(\hat{\boldsymbol{x}}(t))$。

证明 对于任意向量值函数 $\boldsymbol{f}\in\mathcal{F}$ 和 $\hat{\boldsymbol{f}}\in\hat{\mathcal{F}}$，向量值函数 $\boldsymbol{f}^u$ 和 $\hat{\boldsymbol{f}}^u$ 满足初始值问题解的存在唯一性定理的所有条件（见［16］中的定理 54），基于以下考虑：

- 向量值函数 $\boldsymbol{u}(t)$ 是可测的，而向量值函数 $\boldsymbol{f}(\boldsymbol{x},\boldsymbol{u})$ 和 $\hat{\boldsymbol{f}}(\hat{\boldsymbol{x}},\boldsymbol{u})$ 对于 $\boldsymbol{u}$ 是连续的。因此，对所有 $\hat{\boldsymbol{x}}^*$，复合函数 $\boldsymbol{f}^u(t,\boldsymbol{x}^*)$ 和 $\hat{\boldsymbol{f}}^u(t,\hat{\boldsymbol{x}}^*)$ 关于 t 是可测量的。
- 向量值函数 $\boldsymbol{u}(t)$ 是局部可积的，向量值函数 $\boldsymbol{f}(\boldsymbol{x},\boldsymbol{u})$ 和 $\hat{\boldsymbol{f}}(\hat{\boldsymbol{x}},\boldsymbol{u})$ 对于 $\boldsymbol{u}$ 是局部 Lipschitz 连续的。因此，对所有 $\hat{\boldsymbol{x}}^*$，复合函数 $\boldsymbol{f}^u(t,\boldsymbol{x}^*)$ 和 $\hat{\boldsymbol{f}}^u(t,\hat{\boldsymbol{x}}^*)$ 对于 t 是局部可积的。
- 向量值函数 $\boldsymbol{f}(\boldsymbol{x},\boldsymbol{u})$ 和 $\hat{\boldsymbol{f}}(\hat{\boldsymbol{x}},\boldsymbol{u})$ 对于 $\boldsymbol{x}$ 是连续且局部 Lipschitz 连续的。因此，对所有 t^*，向量值函数 $\boldsymbol{f}^u(t^*,\boldsymbol{x})$ 和 $\hat{\boldsymbol{f}}^u(t^*,\hat{\boldsymbol{x}})$ 也对于 $\boldsymbol{x}$ 连续且局部 Lipschitz 连续。

因此，右函数为 $\boldsymbol{f}^u$ 且初始条件为 $\boldsymbol{x}(0)=\boldsymbol{x}^S$ 的 ODE 方程组初始值问题存在唯一解 $\boldsymbol{x}$，右函数为 $\hat{\boldsymbol{f}}^u$ 且初始条件为 $\hat{\boldsymbol{x}}(0)=\tilde{\boldsymbol{x}}^S$ 的 ODE 方程组初始值问题存在唯一解 $\hat{\boldsymbol{x}}$。根据定理的假设，解 $\boldsymbol{x}$ 在整个区间 $[0,\tilde{t}]$ 上存在，且与其 ε 邻域的闭包一同包含于 $\mathcal{X}$ 中。

由于向量值函数集 $\hat{\mathcal{F}}$ 在空间 $\mathcal{F}$ 中处处稠密，因此对任意向量值函数 $\boldsymbol{f}\in\mathcal{F}$ 和任意正实数 ε^f，存在向量值函数 $\hat{\boldsymbol{f}}\in\hat{\mathcal{F}}$，使得

$$\|\boldsymbol{f}(\boldsymbol{x}^*,\boldsymbol{u}^*)-\hat{\boldsymbol{f}}(\boldsymbol{x}^*,\boldsymbol{u}^*)\|<\varepsilon^f,\quad \forall\boldsymbol{x}^*\in\mathcal{X},\forall\boldsymbol{u}^*\in\mathcal{U}$$

下面，我们来估计 ODE 方程组右函数近似误差的上界，在整个时间段上真实状态空间轨迹 $\boldsymbol{x}(t)$ 的每个点处进行评估。我们有

$$\begin{aligned}&\sup_{t\in[0,\tilde{t}]}\left\|\int_0^t[\boldsymbol{f}^u(s,\boldsymbol{x}(s))-\hat{\boldsymbol{f}}^u(s,\boldsymbol{x}(s))]\mathrm{d}s\right\|\\ \leqslant&\sup_{t\in[0,\tilde{t}]}\int_0^t\|\boldsymbol{f}^u(s,\boldsymbol{x}(s))-\hat{\boldsymbol{f}}^u(s,\boldsymbol{x}(s))\|\mathrm{d}s\\ =&\int_0^{\tilde{t}}\|\boldsymbol{f}^u(s,\boldsymbol{x}(s))-\hat{\boldsymbol{f}}^u(s,\boldsymbol{x}(s))\|\mathrm{d}s<\int_0^{\tilde{t}}\varepsilon^f\mathrm{d}s\\ =&\tilde{t}\varepsilon^f\end{aligned}$$

根据定理的假设，初始条件 $\tilde{\boldsymbol{x}}^S$ 包含于 $\boldsymbol{x}^S$ 的 δ 邻域中，即

$$\|\boldsymbol{x}^S-\tilde{\boldsymbol{x}}^S\|<\delta$$

另外，我们已假设所有向量值函数 $\hat{\boldsymbol{f}}\in\hat{\mathcal{F}}$、$\hat{\boldsymbol{g}}\in\hat{\mathcal{G}}$ 满足 Lipschitz 条件，即对一定的非负实 Lipschitz

常数 M^f、M^g，有

$$\|\hat{\boldsymbol{f}}(\boldsymbol{x}',\boldsymbol{u}^*)-\hat{\boldsymbol{f}}(\boldsymbol{x}'',\boldsymbol{u}^*)\|\leqslant M^f\|\boldsymbol{x}'-\boldsymbol{x}''\|,\quad \forall\,\boldsymbol{u}^*\in\mathcal{U}$$
$$\|\hat{\boldsymbol{g}}(\boldsymbol{x}')-\hat{\boldsymbol{g}}(\boldsymbol{x}'')\|\leqslant M^g\|\boldsymbol{x}'-\boldsymbol{x}''\|,\quad \forall\,\boldsymbol{x}',\boldsymbol{x}''\in\mathcal{X}$$

让我们再假设

$$\delta=\frac{\varepsilon}{3M^g}\mathrm{e}^{-M^f\bar{t}}$$

$$\varepsilon^f=\frac{\varepsilon}{3M^g\bar{t}}\mathrm{e}^{-M^f\bar{t}}$$

注意到，由于 $\bar{t}<\tilde{t}$，故以下不等式成立

$$\frac{\varepsilon}{3M^g}\mathrm{e}^{-M^f\bar{t}}<\frac{\varepsilon}{3M^g}\mathrm{e}^{-M^f\tilde{t}}$$

$$\frac{\varepsilon}{3M^g\bar{t}}\mathrm{e}^{-M^f\bar{t}}<\frac{\varepsilon}{3M^g\tilde{t}}\mathrm{e}^{-M^f\bar{t}}$$

因此初始值问题的适定性定理（见[16]中的定理 55）表明，右函数为$\hat{\boldsymbol{f}}^u$ 且初始条件为 $\hat{\boldsymbol{x}}(0)=\bar{\boldsymbol{x}}^S$ 的 ODE 方程组初始值问题在整个区间$[0,\tilde{t}]$上存在唯一解$\hat{\boldsymbol{x}}$。这也意味着该解一致接近于原初始值问题的解，即

$$\|\boldsymbol{x}(t)-\hat{\boldsymbol{x}}(t)\|\leqslant\frac{2\varepsilon}{3M^g}<\varepsilon,\quad \forall\,t\in[0,\tilde{t}]$$

根据定理的假设，解 $\boldsymbol{x}$ 在整个区间$[0,\tilde{t}]$上存在，且与其 ε 邻域的闭包一同包含于 $\mathcal{X}$ 中，因此解$\hat{\boldsymbol{x}}$ 包含于 $\mathcal{X}$ 中。

由于向量值函数集 $\hat{\mathcal{G}}$ 在空间 $\mathcal{G}$ 中处处稠密，因此对于任何向量值函数 $\boldsymbol{g}\in\mathcal{G}$ 和任何正实数 ε^g，存在向量值函数$\hat{\boldsymbol{g}}\in\hat{\mathcal{G}}$，使得

$$\|\boldsymbol{g}(\boldsymbol{x}^*)-\hat{\boldsymbol{g}}(\boldsymbol{x}^*)\|\leqslant\varepsilon^g,\forall\,\boldsymbol{x}^*\in\mathcal{X}$$

如果令 $\varepsilon^g=\frac{\varepsilon}{3}$，那么可得如下不等式

$$\begin{aligned}
&\|\boldsymbol{y}(t)-\hat{\boldsymbol{y}}(t)\|\\
&=\|\boldsymbol{g}(\boldsymbol{x}(t))-\hat{\boldsymbol{g}}(\hat{\boldsymbol{x}}(t))\|\\
&\leqslant\|\boldsymbol{g}(\boldsymbol{x}(t))-\hat{\boldsymbol{g}}(\boldsymbol{x}(t))\|+\|\hat{\boldsymbol{g}}(\boldsymbol{x}(t))-\hat{\boldsymbol{g}}(\hat{\boldsymbol{x}}(t))\|\\
&<\varepsilon^g+M^g\|\boldsymbol{x}(t)-\hat{\boldsymbol{x}}(t)\|\\
&<\frac{\varepsilon}{3}+M^g\frac{2\varepsilon}{3M^g}=\varepsilon,\quad t\in[0,\tilde{t}]
\end{aligned}$$

□

对于纯经验递归神经网络，文献[17]给出了类似结果。

可用各种数值方法求解模型(5.2)定义的 ODE 方程组的初始值问题，因此专业领域的理论知识以及这些数值方法性质相关的知识，对判断哪种方法可以应用于特定的问题有帮助。与此同时，形如式(2.13)的离散时间状态空间纯经验模型完全忽略了这些知识，因为这些模型中下一时刻的状态直接由黑箱参数化函数族 $\boldsymbol{F}$ 给出，$\boldsymbol{F}$ 起到了 ODE 右函数计算和 ODE 数值解算器的作用。因此，函数族 $\boldsymbol{F}$ 被隐含地强制学习每个问题的数值方法，导致了模型不必

要的复杂性。半经验方法不仅避免了这个问题，而且提供了额外的灵活性，因为它允许使用变步长的实验数据集来进行模型训练和测试，它还允许对数据集中的不同轨迹使用不同的ODE数值解算器。最后，训练后的模型还可以结合其他的ODE数值解算器，同时采用任意的时间步长。该方法的一个成功的应用例子是龙格-库塔神经网络（RKNN）模型，它基于显式四阶龙格-库塔方法[18]。

5.2 半经验ANN模型设计过程

半经验ANN模型的设计过程包括以下步骤：

(1) 设计系统的初始连续时间状态空间理论模型。

(2) 获取系统行为实验数据(5.1)。

(3) 利用可用的实验数据评估理论模型的精度。

(4) 用相应的离散时间模型近似初始连续时间理论模型。

(5) 将离散时间模型转换为神经网络形式。

(6) 训练离散时间神经网络模型。

(7) 评估训练后模型的精度。

(8) 调整神经网络模型结构。

为了说明该过程，我们考虑如下简单动态系统：

$$
\begin{aligned}
\frac{\mathrm{d}x_1(t)}{\mathrm{d}t} &= -(x_1(t)+2x_2(t))^2 + u(t) \\
\frac{\mathrm{d}x_2(t)}{\mathrm{d}t} &= 8.322\,109\sin x_1(t) + 1.135x_2(t) \\
y(t) &= x_2(t)
\end{aligned}
\tag{5.3}
$$

第一步，我们需要设计系统的初始连续时间理论模型。如前所述，在所有情况下我们都假设控制u精确已知。假设我们完全有x_1行为的理论知识，因此理论模型包含式(5.3)中的第一个方程。再假设我们不完全有x_2行为的知识，我们通过理论模型(5.3)中修正的第二个方程来模拟这种部分知识。最后，假设我们有状态变量与测量输出y之间关系的确切理论知识。因此，我们得到以下连续时间理论模型：

$$
\begin{aligned}
\frac{\mathrm{d}\hat{x}_1(t)}{\mathrm{d}t} &= -(\hat{x}_1(t)+2\hat{x}_2(t))^2 + u(t) \\
\frac{\mathrm{d}\hat{x}_2(t)}{\mathrm{d}t} &= 8.32\hat{x}_1(t) \\
\hat{y}(t) &= \hat{x}_2(t)
\end{aligned}
\tag{5.4}
$$

该简单问题的实验数据集由时段$t\in[0,100]$上的单一轨迹组成（以固定采样周期$\Delta t=0.025$采样）。初始条件精确已知，即$\tilde{x}_1(0)=x_1(0)=0, \tilde{x}_2(0)=x_2(0)=0$。控制信号$u(t_k)$是一系列幅值随机的阶跃。测量的输出值$y$受加性高斯白噪声$\eta$污染，即$\tilde{y}(t_k)=y(t_k)+\eta(t_k)$。噪声$\eta$的标准差等于$\sigma=0.01$。采用均方根误差（RMSE）作为衡量模型质量的指标。在可能的最好情况下，ANN模型精确匹配未知动态系统，建模误差与加性测量噪声一致。因此，我们可以使用测量噪声标准差作为建模误差均方根的目标值。

下一步是使用可用的实验数据集评估理论模型的精度。因此，我们需要数值求解由常微分方程组(5.4)，以及实验数据集给定的初始条件和控制函数定义的初始值问题。在本例中，我们将采用一阶显式单步欧拉法和四阶显式 Adams-Bashforth 多步法[19] 求初始值问题的解。计算实验表明，理论模型预测的 RMSE 分别等于 0.139 47（欧拉法）和 0.071 429（Adams-Bashforth 法），远大于目标值 0.01。为了提高模型精度，我们将利用可用的实验数据进行调整。

现在，我们需要将微分方程形式的初始连续时间理论模型，转换为差分方程形式的离散时间近似模型。对求解 ODE 的数值方法的充分研究[19]，为解决该问题提供了坚实的算法基础。我们采用上述显式有限差分方法——一阶欧拉法和四阶 Adams-Bashforth 法，将系统(5.4)转换为离散时间模型。因此，我们获得了如下初始理论模型对应的离散时间模型：

- 欧拉法：

$$
\begin{aligned}
\bar{x}_1(t_{k+1}) &= \bar{x}_1(t_k) + \Delta t[-(\bar{x}_1(t_k)+2\bar{x}_2(t_k))^2+u(t_k)]\\
\bar{x}_2(t_{k+1}) &= \bar{x}_2(t_k) + \Delta t[8.32\bar{x}_1(t_k)]\\
\bar{y}(t_k) &= \bar{x}_2(t_k)
\end{aligned}
\tag{5.5}
$$

- Adams-Bashforth 法：

$$
\begin{aligned}
r_1(t_k) &= -(\bar{x}_1(t_k)+2\bar{x}_2(t_k))^2+u(t_k)\\
r_2(t_k) &= 8.32\bar{x}_1(t_k)\\
\bar{x}_1(t_{k+4}) &= \bar{x}_1(t_{k+3}) + \frac{\Delta t}{24}[55r_1(t_{k+3})-59r_1(t_{k+2})+37r_1(t_{k+1})-9r_1(t_k)]\\
\bar{x}_2(t_{k+4}) &= \bar{x}_2(t_{k+3}) + \frac{\Delta t}{24}[55r_2(t_{k+3})-59r_2(t_{k+2})+37r_2(t_{k+1})-9r_2(t_k)]\\
\bar{y}(t_k) &= \bar{x}_2(t_k)
\end{aligned}
\tag{5.6}
$$

理论模型离散化后，要将所得差分方程转换为神经网络形式。为此，差分方程的元素被重新解释为神经网络模型的各个元素。结果，我们得到了与初始差分方程组一一对应的递归神经网络。然而，不同的连续时间模型会导致不同的差分方程，进而导致不同的递归神经网络模型。一般来说，这些神经网络模型可能具有完全不同的复杂架构。如果直接训练这类神经网络，通常需要开发不同的训练算法，不同的训练算法仅适合于对应的递归神经网络架构。为了统一训练方法，避免需要为每个特定递归神经网络修改训练算法，我们将递归神经网络模型转换为唯一的标准形式。在[2,20-21]中，作者提出了一种算法，可以将由连接图定义的离散时间动态系统模型转换为式(2.13)对应的状态空间模型，称为正则形式模型。获得的递归神经网络正则形式（图 5-1），由带单位延迟反馈回路的前馈分层神经网络组成，其中反馈回路连接网络的某些输出到它的某些输入。在图 5-1 中及以后，我们使用记号 z^{-1} 表示单位延迟元素。

注意，考虑由任意离散时间模型导出的递归神经网络时，就会出现上述困难。如果我们只考虑由显式一步有限差分法给出的正常形式的 ODE 组的离散时间近似得到的网络，那么得到的递归神经网络结构直接具有正则形式(2.13)。如果我们应用显式多步有限差分方法，则将模型变为正则形式所需的唯一转换是在前一时刻为 ODE 右函数的值附加时延元素。通过欧拉法(5.5)和 Adams-Bashforth 法(5.6)离散化初始理论模型(5.4)得到的递归神经网络的正则形式分别如图 5-2 和图 5-3 所示。

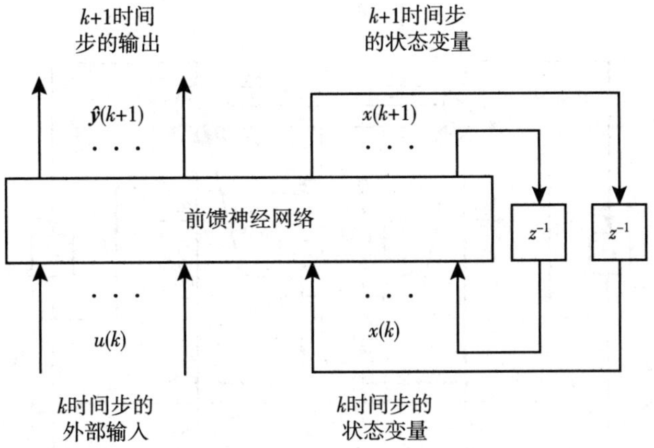

图 5-1 递归神经网络的正则形式（来自 G. Dreyfus 的 *Neural networks: Methodology and applications*, Springer-Verlag, 2005）

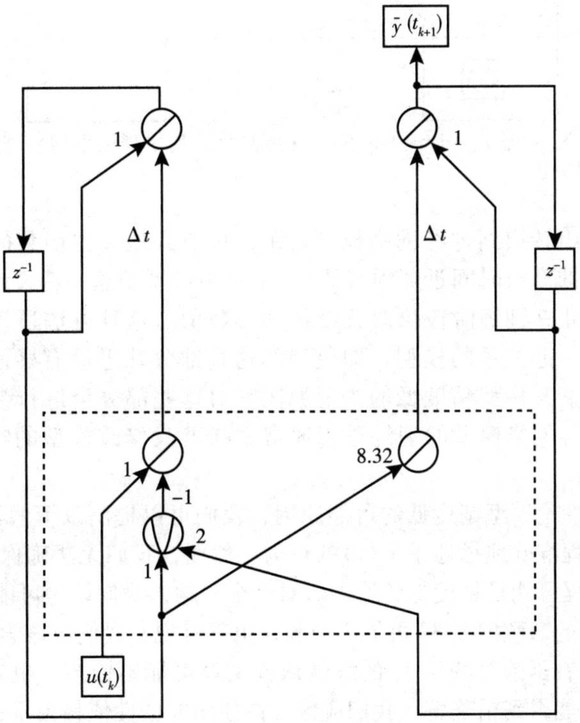

图 5-2 由显式欧拉法离散化的初始理论模型(5.5)的正则形式

图 5-2~图 5-9 中使用以下记号：方形元素代表外部输入（控制变量）、测量的输出和时延元素，圆形元素代表神经元，神经元激活函数表示为圆形元素中的图形（例如本例中我们使用了线性、二次和 S 型函数），元素之间的箭头表示相应的输入和输出连接，没有输入元素的箭头表示神经元偏置，偏置和连接权重的值沿箭头标注，粗箭头表示具有不同权重的连接。

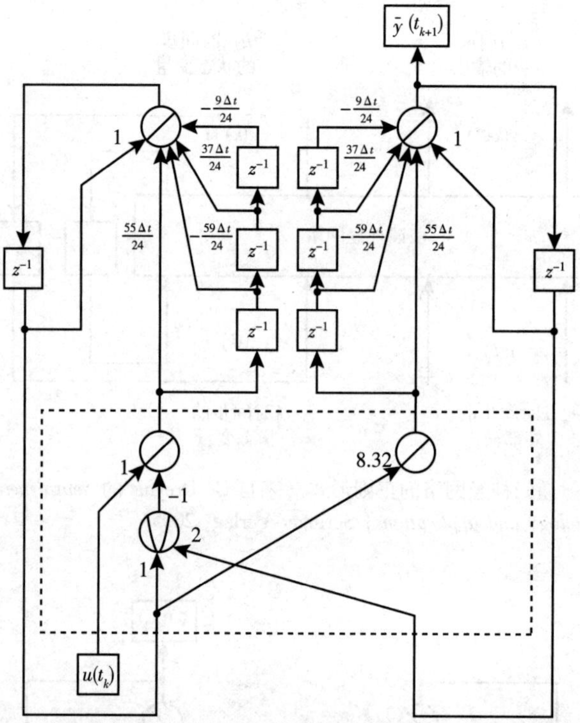

图5-3 由显式 Adams-Bashforth 法离散化的初始理论模型(5.5)的正则形式

从有限差分方程组转换到神经网络模型表示，可显式地保留函数的局部特性（原始连续时间模型以及相应的离散时间近似固有的）。半经验模型的这一特性允许我们“冻结”模型的特定部分，即禁止在训练阶段修改其结构和参数值。这种方法适用于包含根据精确的专业领域知识导出的一些关系的模型，即模型的这些部分几乎没有疑问。模型中可能存在疑问的其他部分被怀疑是模型精度低的主要原因，对这些部分会进行参数上和结构上的修改。因此，半经验神经网络模型的训练过程通常意味着只修改模型的特定部分，而保持其他部分不变。

进一步分析初始理论模型精度低的可能原因，我们可以提出以下假设。如前所述，初始理论模型的第一个方程准确地描述了 $x_1(t)$ 的行为。然而，我们无法确保模型(5.4)第二个方程的准确性，这个方程可能是精度低的原因。对这个问题，我们认为可能的原因如下：

- 第二个方程中的参数值 8.32 可能不准确，也就是说，我们应该尝试调整该参数值；
- 第二个方程的右函数对变量 x_1 的线性依赖关系可能不恰当，也就是说，如果上述参数值的调整不能得到精确解，我们应该尝试使用非线性依赖关系；
- 第二个方程的右函数可能缺少对 x_2 的依赖关系，也就是说，如果上面的尝试失败，我们应该在第二个方程中包含对 x_2 的依赖关系。

为了测试上述第一个可能的原因，我们将式(5.4)第二个方程中的数值常数 8.32 替换为一个可调参数，即权重 w（见图5-4、图5-5），然后对相应的神经网络模型进行训练。参数 w 的初始猜测值为 $w^{(0)}=8.32$。使用 Levenberg-Marquardt 优化方法进行训练，使用 RTRL 算法计算误差函数的雅可比矩阵。这样调整参数 w 略微提高了模型精度。对于使用欧拉法离散化的模型，预测误差从 0.139 47 减小到 0.135 93。对于使用 Adams-Bashforth 方法离散化的模型，预测误差从 0.071 43 减小到 0.071 04。

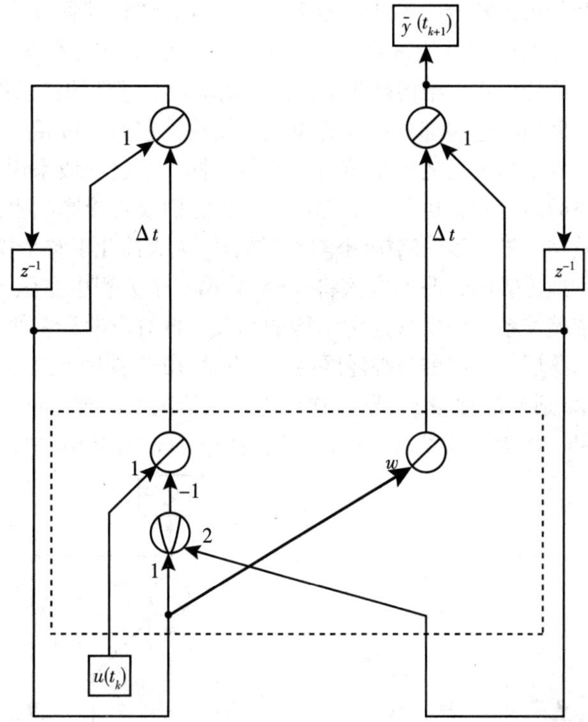

图 5-4　带有可调权重的半经验模型（欧拉法）正则形式

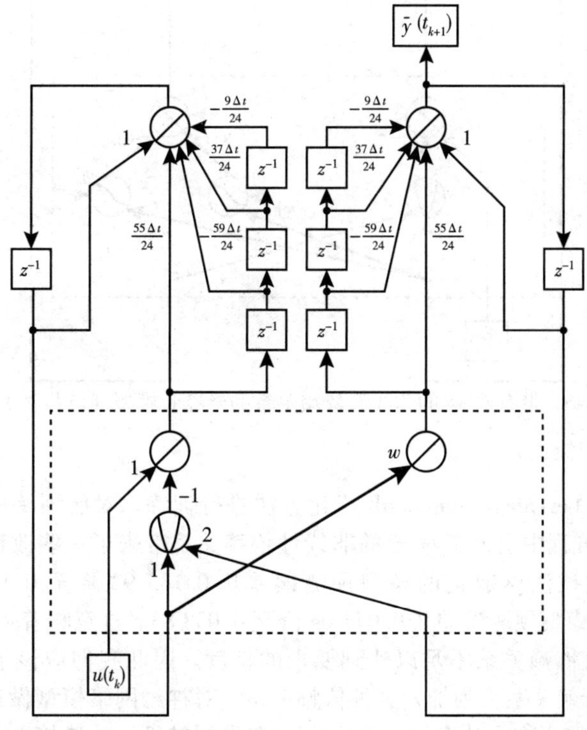

图 5-5　带有可调权重的半经验模型（Adams-Bashforth 法）正则形式

基于这些结果，我们可以断定，保持初始模型的结构并调整其参数值不可能达到所需的模型精度。因此我们需要修改模型结构本身。上述关于模型精度令人不满意的可能原因的假设，给出了这种结构修改的确切形式。结构修改是在模块化基础上进行的：只修改模型的特定部分，而其他部分保持不变。模型的这些部分可视为单独的模块，它们通过相应的输入和输出连接与模型的其他部分交互。各个模块的实现细节可能有所不同，不过一般来说，这对模型的其余部分没有影响。这些模块的结构调整也具有局部性，因为它们仅直接影响整个模型中各自所在的部分。这种模块化性质与一步一步的结构调整过程结合，大大简化了整个模型设计过程。

上述第二个可能的原因表明，我们应该将式(5.4)第二个方程中右函数对变量 x_1 的线性依赖关系替换为非线性依赖关系。为实现这种结构的修改，将对应的具有线性激活函数的单个神经元替换为具有一个隐藏层的分层前馈神经网络，它包含 10 个神经元且具有双曲正切激活函数(通过实验为神经元选取适当的数量)。显式欧拉差分法情况下的神经网络模型结构图如图 5-6 所示。显式 Adams-Bashforth 差分法情况下的神经网络模型修改遵循相同的模式，见图 5-7。

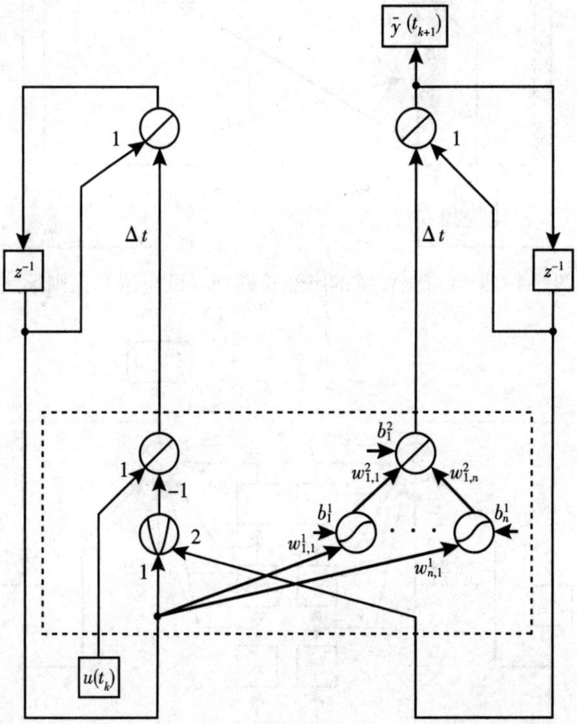

图 5-6　带有对 x_1 的非线性依赖关系的半经验模型（欧拉法）正则形式

这些模型也使用 Levenberg-Marquardt 优化方法进行训练。对所训练模型的评估表明，虽然在式(5.4)第二个方程中引入了对 x_1 的非线性依赖关系带来了一些改进，但模型精度仍然不令人满意：使用欧拉法离散化的模型预测误差从 0.135 93 降至 0.126 04，使用 Adams-Bashforth 法离散化的模型预测误差从 0.071 04 降至 0.038 83。这意味着式(5.4)第二个方程中右函数对 x_1 的非线性依赖关系不足以达到要求的精度。因此我们应该继续第三个可能的原因，再加入对 x_2 的依赖关系。为加入这种依赖关系，对神经网络模型做适当结构修改，即在分层前馈神经网络模块中加入从表示 x_2 的元素到隐藏层神经元的连接。显式欧拉差分法情况下的相应神经网络模型结构图如图 5-8 所示。显式 Adams-Bashforth 差分法情况下的神经网络模型修改按类似方式进行，见图 5-9。

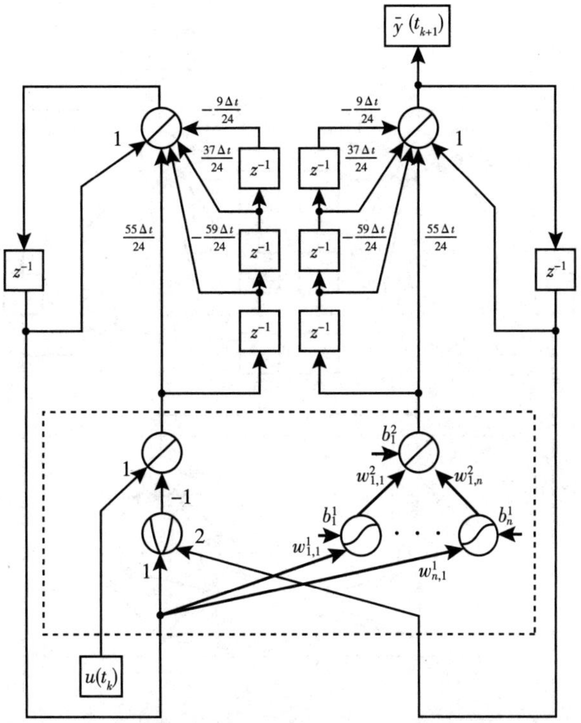

图 5-7　带有对 x_1 的非线性依赖关系的半经验模型（Adams-Bashforth 法）正则形式

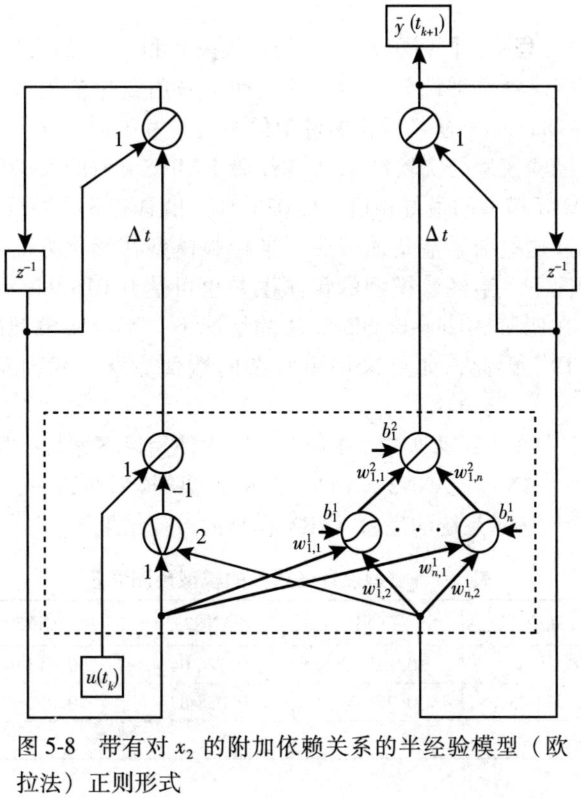

图 5-8　带有对 x_2 的附加依赖关系的半经验模型（欧拉法）正则形式

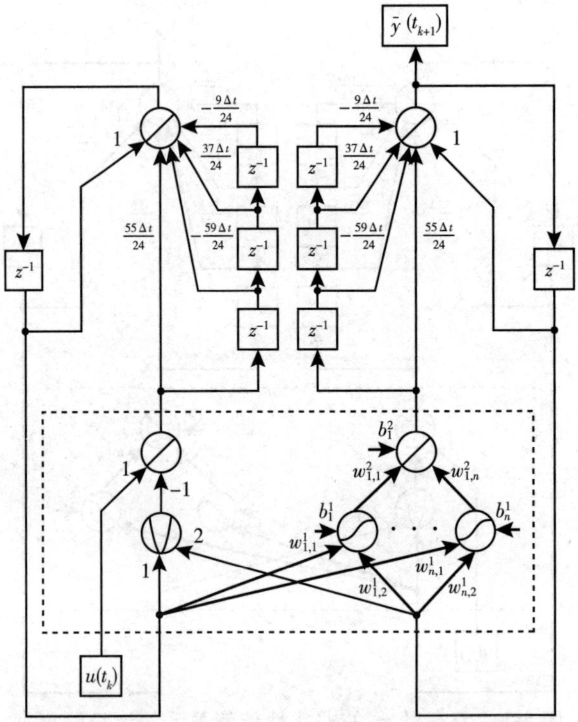

图5-9　带有对 x_2 的附加依赖关系的半经验模型（Adams-Bashforth 法）正则形式

在式(5.4)第二个方程中，同时引入对 x_1 的依赖关系和对 x_2 的附加依赖关系，使我们能够达到所需的模型精度。对所训练模型的评估表明，采用欧拉法离散化的模型预测误差为0.013 94，采用 Adams-Bashforth 法离散化的模型预测误差为0.012 19。

下面，我们对半经验模型的实验结果与纯经验 NARX 模型的实验结果进行比较。在我们的计算实验中，NARX 模型的最好精度（0.028 21）由具有3个隐藏层神经元和5个延迟反馈输入的模型达到。这些结果清楚地表明，半经验模型在泛化方面优于纯经验模型：即使在一阶欧拉法的情况下，半经验模型的预测误差也可达0.013 94，相比之下 NARX 模型的误差为0.028 21；在四阶 Adams-Bashforth 法的情况下，半经验模型的精度甚至更好——预测误差等于0.012 19。因此，如果采用更复杂的数值方法，我们预期可能得到更好的结果。

各个建模阶段的计算实验结果如表5-1所示。表中使用以下缩写：“理论”表示初始理论模型(5.4)的实验结果，ANN1、ANN2、ANN3 表示半经验模型在第一、第二和第三修正阶段后的实验结果，“经验”表示系统的经验 NARX 模型的最佳结果。

表5-1　模型设计各阶段的模型预测误差

	理论	ANN1	ANN2	ANN3	经验
欧拉	0.139 47	0.135 93	0.126 04	0.013 94	—
Adams-Bashforth	0.071 43	0.071 04	0.038 83	0.012 19	—
NARX	—	—	—	—	0.028 21

5.3 半经验 ANN 模型导数计算

与第 2 章中描述的离散时间纯经验模型相反，形如式(5.2)的半经验神经网络模型是连续时间模型。因此，这些模型的训练方法也是在连续时间内构造的。尽管这些算法的实际实现需要 ODE 的适当有限差分近似值，但连续时间算法版本为选择最合适的有限差分方法提供了额外灵活性。在训练集上评估的形如式(5.1)的总误差函数 $\bar{E}:\mathbb{R}^{n_w}\to\mathbb{R}$是单个轨迹误差 $E^{(p)}$：$\mathbb{R}^{n_w}\to\mathbb{R}$的总和：

$$\bar{E}(\boldsymbol{w})=\sum_{p=1}^{P}E^{(p)}(\boldsymbol{w}) \tag{5.7}$$

单个误差 $E^{(p)}$ 具有如下形式：

$$E^{(p)}(\boldsymbol{w})=\int_{0}^{\bar{t}^{(p)}}e(\tilde{\boldsymbol{y}}^{(p)}(t),\hat{\boldsymbol{x}}^{(p)}(t,\boldsymbol{w}),\boldsymbol{w})\,\mathrm{d}t \tag{5.8}$$

式中， $\bar{t}^{(p)}=t_{K^{(p)}}$是时段持续长度， $\tilde{\boldsymbol{y}}^{(p)}(t)$是可观测输出的目标值， $\hat{\boldsymbol{x}}^{(p)}(t,\boldsymbol{w})$是模型状态，$e^{(p)}:\mathbb{R}^{n_y}\times\mathbb{R}^{n_x}\times\mathbb{R}^{n_w}\to\mathbb{R}$表示 t 时刻的模型预测误差。在通常的加性高斯白测量噪声假设下，使用以下形式的瞬时误差函数 e 似乎是合理的：

$$e(\tilde{\boldsymbol{y}},\hat{\boldsymbol{x}},\boldsymbol{w})=\frac{1}{2}(\tilde{\boldsymbol{y}}-\hat{\boldsymbol{g}}(\hat{\boldsymbol{x}},\boldsymbol{w}))^{\mathrm{T}}\boldsymbol{\Omega}(\tilde{\boldsymbol{y}}-\hat{\boldsymbol{g}}(\hat{\boldsymbol{x}},\boldsymbol{w})) \tag{5.9}$$

式中 $\boldsymbol{\Omega}=\mathrm{diag}(\boldsymbol{\omega}_1,\cdots,\boldsymbol{\omega}_{n_y})$是误差权重的对角矩阵，其中权重通常与对应的测量噪声方差成反比。

误差函数(5.7)必须将半经验神经网络模型参数 $\boldsymbol{w}\in\mathbb{R}^{n_w}$ 最小化。误差函数的最小化可以使用前面介绍的各种数值优化方法来实现，例如使用 Levenberg-Marquardt 方法。因此，我们假设误差函数对于所有可调参数是二阶连续可微的。

由于误差函数(5.7)是各个单个轨迹误差的总和，因此其梯度及黑塞矩阵也可表示为这些误差的梯度和黑塞矩阵的总和，即

$$\frac{\partial\bar{E}(\boldsymbol{w})}{\partial\boldsymbol{w}}=\sum_{p=1}^{P}\frac{\partial E^{(p)}(\boldsymbol{w})}{\partial\boldsymbol{w}} \tag{5.10}$$

$$\frac{\partial^2\bar{E}(\boldsymbol{w})}{\partial\boldsymbol{w}^2}=\sum_{p=1}^{P}\frac{\partial^2E^{(p)}(\boldsymbol{w})}{\partial\boldsymbol{w}^2} \tag{5.11}$$

因此，下面给出的所有算法都在描述这些单个误差的导数计算，并省略轨迹编号 p。

与使用离散时间的情况一样，计算误差函数导数有两种方法：一种是前向时间运算，另一种是后向时间运算。我们首先描述连续时间对应的前向时间 RTRL 算法。

单个轨迹误差函数(5.8)的梯度等于

$$\frac{\partial E(\boldsymbol{w})}{\partial\boldsymbol{w}}=\int_{0}^{\bar{t}}\left[\frac{\partial e(\tilde{\boldsymbol{y}}(t),\hat{\boldsymbol{x}}(t,\boldsymbol{w}),\boldsymbol{w})}{\partial\boldsymbol{w}}+\frac{\partial\hat{\boldsymbol{x}}(t,\boldsymbol{w})}{\partial\boldsymbol{w}}^{\mathrm{T}}\frac{\partial e(\tilde{\boldsymbol{y}}(t),\hat{\boldsymbol{x}}(t,\boldsymbol{w}),\boldsymbol{w})}{\partial\hat{\boldsymbol{x}}}\right]\mathrm{d}t \tag{5.12}$$

黑塞矩阵等于

$$\frac{\partial^2 E(\boldsymbol{w})}{\partial \boldsymbol{w}^2}=\int_0^{\bar{t}}\Big[\frac{\partial^2 e(\tilde{\boldsymbol{y}}(t),\hat{\boldsymbol{x}}(t,\boldsymbol{w}),\boldsymbol{w})}{\partial \boldsymbol{w}^2}+\frac{\partial^2 e(\tilde{\boldsymbol{y}}(t),\hat{\boldsymbol{x}}(t,\boldsymbol{w}),\boldsymbol{w})}{\partial \boldsymbol{w}\partial \hat{\boldsymbol{x}}}\frac{\partial \hat{\boldsymbol{x}}(t,\boldsymbol{w})}{\partial \boldsymbol{w}}+$$
$$\frac{\partial \hat{\boldsymbol{x}}(t,\boldsymbol{w})}{\partial \boldsymbol{w}}^{\mathrm{T}}\frac{\partial^2 e(\tilde{\boldsymbol{y}}(t),\hat{\boldsymbol{x}}(t,\boldsymbol{w}),\boldsymbol{w})}{\partial \hat{\boldsymbol{x}}\partial \boldsymbol{w}}+$$
$$\frac{\partial \hat{\boldsymbol{x}}(t,\boldsymbol{w})}{\partial \boldsymbol{w}}^{\mathrm{T}}\frac{\partial^2 e(\tilde{\boldsymbol{y}}(t),\hat{\boldsymbol{x}}(t,\boldsymbol{w}),\boldsymbol{w})}{\partial \hat{\boldsymbol{x}}^2}\frac{\partial \hat{\boldsymbol{x}}(t,\boldsymbol{w})}{\partial \boldsymbol{w}}+$$
$$\sum_{i=1}^{n_x}\frac{\partial e(\tilde{\boldsymbol{y}}(t),\hat{\boldsymbol{x}}(t,\boldsymbol{w}),\boldsymbol{w})}{\partial \hat{\boldsymbol{x}}_i}\frac{\partial^2 \hat{\boldsymbol{x}}_i(t,\boldsymbol{w})}{\partial \boldsymbol{w}^2}\Big]\mathrm{d}t \tag{5.13}$$

瞬时误差函数（5.9）的一阶导数形式为

$$\frac{\partial e(\tilde{\boldsymbol{y}},\hat{\boldsymbol{x}},\boldsymbol{w})}{\partial \boldsymbol{w}}=-\frac{\partial \hat{\boldsymbol{g}}(\hat{\boldsymbol{x}},\boldsymbol{w})}{\partial \boldsymbol{w}}^{\mathrm{T}}\boldsymbol{\Omega}(\tilde{\boldsymbol{y}}-\hat{\boldsymbol{g}}(\hat{\boldsymbol{x}},\boldsymbol{w}))$$
$$\frac{\partial e(\tilde{\boldsymbol{y}},\hat{\boldsymbol{x}},\boldsymbol{w})}{\partial \hat{\boldsymbol{x}}}=-\frac{\partial \hat{\boldsymbol{g}}(\hat{\boldsymbol{x}},\boldsymbol{w})}{\partial \hat{\boldsymbol{x}}}^{\mathrm{T}}\boldsymbol{\Omega}(\tilde{\boldsymbol{y}}-\hat{\boldsymbol{g}}(\hat{\boldsymbol{x}},\boldsymbol{w})) \tag{5.14}$$

二阶导数为

$$\frac{\partial^2 e(\tilde{\boldsymbol{y}},\hat{\boldsymbol{x}},\boldsymbol{w})}{\partial \boldsymbol{w}^2}=\frac{\partial \hat{\boldsymbol{g}}(\hat{\boldsymbol{x}},\boldsymbol{w})}{\partial \boldsymbol{w}}^{\mathrm{T}}\boldsymbol{\Omega}\frac{\partial \hat{\boldsymbol{g}}(\hat{\boldsymbol{x}},\boldsymbol{w})}{\partial \boldsymbol{w}}-\sum_{i=1}^{n_y}\frac{\partial^2 \hat{\boldsymbol{g}}_i(\hat{\boldsymbol{x}},\boldsymbol{w})}{\partial \boldsymbol{w}^2}\boldsymbol{\omega}_i(\tilde{\boldsymbol{y}}_i-\hat{\boldsymbol{g}}(\hat{\boldsymbol{x}},\boldsymbol{w}))$$
$$\frac{\partial^2 e(\tilde{\boldsymbol{y}},\hat{\boldsymbol{x}},\boldsymbol{w})}{\partial \boldsymbol{w}\partial \hat{\boldsymbol{x}}}=\frac{\partial \hat{\boldsymbol{g}}(\hat{\boldsymbol{x}},\boldsymbol{w})}{\partial \boldsymbol{w}}^{\mathrm{T}}\boldsymbol{\Omega}\frac{\partial \hat{\boldsymbol{g}}(\hat{\boldsymbol{x}},\boldsymbol{w})}{\partial \hat{\boldsymbol{x}}}-\sum_{i=1}^{n_y}\frac{\partial^2 \hat{\boldsymbol{g}}_i(\hat{\boldsymbol{x}},\boldsymbol{w})}{\partial \boldsymbol{w}\partial \hat{\boldsymbol{x}}}\boldsymbol{\omega}_i(\tilde{\boldsymbol{y}}_i-\hat{\boldsymbol{g}}_i(\hat{\boldsymbol{x}},\boldsymbol{w}))$$
$$\frac{\partial^2 e(\tilde{\boldsymbol{y}},\hat{\boldsymbol{x}},\boldsymbol{w})}{\partial \hat{\boldsymbol{x}}^2}=\frac{\partial \hat{\boldsymbol{g}}(\hat{\boldsymbol{x}},\boldsymbol{w})}{\partial \hat{\boldsymbol{x}}}^{\mathrm{T}}\boldsymbol{\Omega}\frac{\partial \hat{\boldsymbol{g}}(\hat{\boldsymbol{x}},\boldsymbol{w})}{\partial \hat{\boldsymbol{x}}}-\sum_{i=1}^{n_y}\frac{\partial^2 \hat{\boldsymbol{g}}_i(\hat{\boldsymbol{x}},\boldsymbol{w})}{\partial \hat{\boldsymbol{x}}^2}\boldsymbol{\omega}_i(\tilde{\boldsymbol{y}}_i-\hat{\boldsymbol{g}}_i(\hat{\boldsymbol{x}},\boldsymbol{w})) \tag{5.15}$$

根据混合偏导数的 Schwarz 定理，

$$\frac{\partial^2 e(\tilde{\boldsymbol{y}},\hat{\boldsymbol{x}},\boldsymbol{w})}{\partial \boldsymbol{w}\partial \hat{\boldsymbol{x}}}=\frac{\partial^2 e(\tilde{\boldsymbol{y}},\hat{\boldsymbol{x}},\boldsymbol{w})}{\partial \hat{\boldsymbol{x}}\partial \boldsymbol{w}}^{\mathrm{T}}$$

此外，单个轨迹误差函数的梯度（5.12）取决于一阶灵敏度$\frac{\partial \hat{\boldsymbol{x}}(t,\boldsymbol{w})}{\partial \boldsymbol{w}}$，且黑塞矩阵（5.13）还取决于二阶灵敏度

$$\left\{\frac{\partial^2 \hat{\boldsymbol{x}}_i(t,\boldsymbol{w})}{\partial \boldsymbol{w}^2}\right\}_{i=1}^{n_x}$$

求半经验模型(5.2)的初始值问题关于参数 $\boldsymbol{w}$ 的微分，得到一阶灵敏度的初始值问题，即

$$\frac{\partial \hat{\boldsymbol{x}}(0,\boldsymbol{w})}{\partial \boldsymbol{w}}=0$$
$$\frac{\mathrm{d}}{\mathrm{d}t}\frac{\partial \hat{\boldsymbol{x}}(t,\boldsymbol{w})}{\partial \boldsymbol{w}}=\frac{\partial \hat{\boldsymbol{f}}(\hat{\boldsymbol{x}}(t,\boldsymbol{w}),\boldsymbol{u}(t),\boldsymbol{w})}{\partial \boldsymbol{w}}+\frac{\partial \hat{\boldsymbol{f}}(\hat{\boldsymbol{x}}(t,\boldsymbol{w}),\boldsymbol{u}(t),\boldsymbol{w})}{\partial \hat{\boldsymbol{x}}}\frac{\partial \hat{\boldsymbol{x}}(t,\boldsymbol{w})}{\partial \boldsymbol{w}} \tag{5.16}$$

类似地，二阶灵敏度表示为如下初始值问题的解（$i=1,\cdots,n_x$）：

$$\frac{\partial^2 \hat{\boldsymbol{x}}_i(0,\boldsymbol{w})}{\partial \boldsymbol{w}^2}=0$$

$$\begin{aligned}\frac{\mathrm{d}}{\mathrm{d}t}\frac{\partial^2 \hat{\boldsymbol{x}}_i(t,\boldsymbol{w})}{\partial \boldsymbol{w}^2}=&\frac{\partial^2 \hat{\boldsymbol{f}}_i(\hat{\boldsymbol{x}}(t,\boldsymbol{w}),\boldsymbol{u}(t),\boldsymbol{w})}{\partial \boldsymbol{w}^2}+\frac{\partial^2 \hat{\boldsymbol{f}}_i(\hat{\boldsymbol{x}}(t,\boldsymbol{w}),\boldsymbol{u}(t),\boldsymbol{w})}{\partial \boldsymbol{w}\partial \hat{\boldsymbol{x}}}\frac{\partial \hat{\boldsymbol{x}}(t,\boldsymbol{w})}{\partial \boldsymbol{w}}+\\&\frac{\partial \hat{\boldsymbol{x}}(t,\boldsymbol{w})}{\partial \boldsymbol{w}}^{\mathrm{T}}\frac{\partial^2 \hat{\boldsymbol{f}}_i(\hat{\boldsymbol{x}}(t,\boldsymbol{w}),\boldsymbol{u}(t),\boldsymbol{w})}{\partial \hat{\boldsymbol{x}}\partial \boldsymbol{w}}+\\&\frac{\partial \hat{\boldsymbol{x}}(t,\boldsymbol{w})}{\partial \boldsymbol{w}}^{\mathrm{T}}\frac{\partial^2 \hat{\boldsymbol{f}}_i(\hat{\boldsymbol{x}}(t,\boldsymbol{w}),\boldsymbol{u}(t),\boldsymbol{w})}{\partial \hat{\boldsymbol{x}}^2}\frac{\partial \hat{\boldsymbol{x}}(t,\boldsymbol{w})}{\partial \boldsymbol{w}}+\\&\sum_{j=1}^{n_x}\frac{\partial \hat{\boldsymbol{f}}_i(\hat{\boldsymbol{x}}(t,\boldsymbol{w}),\boldsymbol{u}(t),\boldsymbol{w})}{\partial \hat{\boldsymbol{x}}_j}\frac{\partial^2 \hat{\boldsymbol{x}}_j(t,\boldsymbol{w})}{\partial \boldsymbol{w}^2}\end{aligned}\tag{5.17}$$

去除式(5.13)中的二阶项，可以得到一种计算成本较低的高斯-牛顿黑塞矩阵近似，即

$$\begin{aligned}\frac{\partial^2 E(\boldsymbol{w})}{\partial \boldsymbol{w}^2}\approx\int_0^{\bar{t}}\Bigg[&\frac{\partial^2 e(\bar{\boldsymbol{y}}(t),\hat{\boldsymbol{x}}(t,\boldsymbol{w}),\boldsymbol{w})}{\partial \boldsymbol{w}^2}+\frac{\partial^2 e(\bar{\boldsymbol{y}}(t),\hat{\boldsymbol{x}}(t,\boldsymbol{w}),\boldsymbol{w})}{\partial \boldsymbol{w}\partial \hat{\boldsymbol{x}}}\frac{\partial \hat{\boldsymbol{x}}(t,\boldsymbol{w})}{\partial \boldsymbol{w}}+\\&\frac{\partial \hat{\boldsymbol{x}}(t,\boldsymbol{w})}{\partial \boldsymbol{w}}^{\mathrm{T}}\frac{\partial^2 e(\bar{\boldsymbol{y}}(t),\hat{\boldsymbol{x}}(t,\boldsymbol{w}),\boldsymbol{w})}{\partial \hat{\boldsymbol{x}}\partial \boldsymbol{w}}+\\&\frac{\partial \hat{\boldsymbol{x}}(t,\boldsymbol{w})}{\partial \boldsymbol{w}}^{\mathrm{T}}\frac{\partial^2 e(\bar{\boldsymbol{y}}(t),\hat{\boldsymbol{x}}(t,\boldsymbol{w}),\boldsymbol{w})}{\partial \hat{\boldsymbol{x}}^2}\frac{\partial \hat{\boldsymbol{x}}(t,\boldsymbol{w})}{\partial \boldsymbol{w}}\Bigg]\mathrm{d}t\end{aligned}\tag{5.18}$$

对式(5.15)进行同样的处理，可得

$$\begin{aligned}\frac{\partial^2 e(\bar{\boldsymbol{y}},\hat{\boldsymbol{x}},\boldsymbol{w})}{\partial \boldsymbol{w}^2}&\approx\frac{\partial \hat{\boldsymbol{g}}(\hat{\boldsymbol{x}},\boldsymbol{w})}{\partial \boldsymbol{w}}^{\mathrm{T}}\boldsymbol{\Omega}\frac{\partial \hat{\boldsymbol{g}}(\hat{\boldsymbol{x}},\boldsymbol{w})}{\partial \boldsymbol{w}}\\\frac{\partial^2 e(\bar{\boldsymbol{y}},\hat{\boldsymbol{x}},\boldsymbol{w})}{\partial \boldsymbol{w}\partial \hat{\boldsymbol{x}}}&\approx\frac{\partial \hat{\boldsymbol{g}}(\hat{\boldsymbol{x}},\boldsymbol{w})}{\partial \boldsymbol{w}}^{\mathrm{T}}\boldsymbol{\Omega}\frac{\partial \hat{\boldsymbol{g}}(\hat{\boldsymbol{x}},\boldsymbol{w})}{\partial \hat{\boldsymbol{x}}}\\\frac{\partial^2 e(\bar{\boldsymbol{y}},\hat{\boldsymbol{x}},\boldsymbol{w})}{\partial \hat{\boldsymbol{x}}^2}&\approx\frac{\partial \hat{\boldsymbol{g}}(\hat{\boldsymbol{x}},\boldsymbol{w})}{\partial \hat{\boldsymbol{x}}}^{\mathrm{T}}\boldsymbol{\Omega}\frac{\partial \hat{\boldsymbol{g}}(\hat{\boldsymbol{x}},\boldsymbol{w})}{\partial \hat{\boldsymbol{x}}}\end{aligned}\tag{5.19}$$

现在，我们来描述连续时间对应的后向时间 BPTT 算法，它基于**伴随灵敏度分析**的应用[22-24]。首先，我们将描述半经验模型动态的 ODE 方程组(5.2)视为一组约束。然后，我们将其与拉格朗日乘子 $\boldsymbol{\lambda}$ 一同引入初始单个轨迹误差函数，得到如下拉格朗日函数：

$$L(\boldsymbol{w})=\int_0^{\bar{t}}\left\{e(\bar{\boldsymbol{y}}(t),\hat{\boldsymbol{x}}(t,\boldsymbol{w}),\boldsymbol{w})-\boldsymbol{\lambda}(t,\boldsymbol{w})^{\mathrm{T}}\left[\frac{\mathrm{d}\hat{\boldsymbol{x}}(t,\boldsymbol{w})}{\mathrm{d}t}-\hat{\boldsymbol{f}}(\hat{\boldsymbol{x}}(t,\boldsymbol{w}),\boldsymbol{u}(t),\boldsymbol{w})\right]\right\}\mathrm{d}t\tag{5.20}$$

注意，由于状态变量预测$\hat{\boldsymbol{x}}$实际上是通过求解 ODE 方程组(5.2)的初始值问题来计算的，故这些新施加的约束在整个时段上得到了满足，并且式(5.20)的第二项等同于零。因此，单个轨迹误差函数的梯度和黑塞矩阵等同于拉格朗日函数的梯度和黑塞矩阵。拉格朗日函数梯度等于

$$\begin{aligned}\frac{\partial L(\boldsymbol{w})}{\partial \boldsymbol{w}}=\int_0^{\bar{t}}\Bigg\{&\frac{\partial e(\bar{\boldsymbol{y}}(t),\hat{\boldsymbol{x}}(t,\boldsymbol{w}),\boldsymbol{w})}{\partial \boldsymbol{w}}+\frac{\partial \hat{\boldsymbol{x}}(t,\boldsymbol{w})}{\partial \boldsymbol{w}}^{\mathrm{T}}\frac{\partial e(\bar{\boldsymbol{y}}(t),\hat{\boldsymbol{x}}(t,\boldsymbol{w}),\boldsymbol{w})}{\partial \hat{\boldsymbol{x}}}-\\&\Bigg[\frac{\mathrm{d}}{\mathrm{d}t}\frac{\partial \hat{\boldsymbol{x}}(t,\boldsymbol{w})}{\partial \boldsymbol{w}}-\frac{\partial \hat{\boldsymbol{f}}(\hat{\boldsymbol{x}}(t,\boldsymbol{w}),\boldsymbol{u}(t),\boldsymbol{w})}{\partial \boldsymbol{w}}-\end{aligned}$$

$$\frac{\partial\hat{\boldsymbol{f}}(\hat{\boldsymbol{x}}(t,\boldsymbol{w}),\boldsymbol{u}(t),\boldsymbol{w})}{\partial\hat{\boldsymbol{x}}}\frac{\partial\hat{\boldsymbol{x}}(t,\boldsymbol{w})}{\partial\boldsymbol{w}}\Bigg]^{\mathrm{T}}\boldsymbol{\lambda}(t,\boldsymbol{w})-$$
$$\frac{\partial\boldsymbol{\lambda}(t,\boldsymbol{w})}{\partial\boldsymbol{w}}^{\mathrm{T}}\left[\frac{\mathrm{d}\hat{\boldsymbol{x}}(t,\boldsymbol{w})}{\mathrm{d}t}-\hat{\boldsymbol{f}}(\hat{\boldsymbol{x}}(t,\boldsymbol{w}),\boldsymbol{u}(t),\boldsymbol{w})\right]\Bigg\}\mathrm{d}t \tag{5.21}$$

分部积分后，可得

$$\int_0^{\bar{t}}\frac{\mathrm{d}}{\mathrm{d}t}\frac{\partial\hat{\boldsymbol{x}}(t,\boldsymbol{w})}{\partial\boldsymbol{w}}^{\mathrm{T}}\boldsymbol{\lambda}(t,\boldsymbol{w})\mathrm{d}t=\frac{\partial\hat{\boldsymbol{x}}(\bar{t},\boldsymbol{w})}{\partial\boldsymbol{w}}^{\mathrm{T}}\boldsymbol{\lambda}(\bar{t},\boldsymbol{w})-\frac{\partial\hat{\boldsymbol{x}}(0,\boldsymbol{w})}{\partial\boldsymbol{w}}^{\mathrm{T}}\boldsymbol{\lambda}(0,\boldsymbol{w})-$$
$$\int_0^{\bar{t}}\frac{\partial\hat{\boldsymbol{x}}(t,\boldsymbol{w})}{\partial\boldsymbol{w}}^{\mathrm{T}}\frac{\mathrm{d}\boldsymbol{\lambda}(t,\boldsymbol{w})}{\mathrm{d}t}\mathrm{d}t \tag{5.22}$$

将式(5.22)代入式(5.21)并消去$\left[\frac{\mathrm{d}\hat{\boldsymbol{x}}(t,\boldsymbol{w})}{\mathrm{d}t}-\hat{\boldsymbol{f}}(\hat{\boldsymbol{x}}(t,\boldsymbol{w}),\boldsymbol{u}(t),\boldsymbol{w})\right]$项，得

$$\frac{\partial L(\boldsymbol{w})}{\partial\boldsymbol{w}}=\int_0^{\bar{t}}\Bigg\{\frac{\partial e(\tilde{\boldsymbol{y}}(t),\hat{\boldsymbol{x}}(t,\boldsymbol{w}),\boldsymbol{w})}{\partial\boldsymbol{w}}+\frac{\partial\hat{\boldsymbol{f}}(\hat{\boldsymbol{x}}(t,\boldsymbol{w}),\boldsymbol{u}(t),\boldsymbol{w})}{\partial\boldsymbol{w}}^{\mathrm{T}}\boldsymbol{\lambda}(t,\boldsymbol{w})+$$
$$\frac{\partial\hat{\boldsymbol{x}}(t,\boldsymbol{w})}{\partial\boldsymbol{w}}^{\mathrm{T}}\Bigg[\frac{\mathrm{d}\boldsymbol{\lambda}(t,\boldsymbol{w})}{\mathrm{d}t}+\frac{\partial\hat{\boldsymbol{f}}(\hat{\boldsymbol{x}}(t,\boldsymbol{w}),\boldsymbol{u}(t),\boldsymbol{w})}{\partial\hat{\boldsymbol{x}}}^{\mathrm{T}}\boldsymbol{\lambda}(t,\boldsymbol{w})+$$
$$\frac{\partial e(\tilde{\boldsymbol{y}}(t),\hat{\boldsymbol{x}}(t,\boldsymbol{w}),\boldsymbol{w})}{\partial\hat{\boldsymbol{x}}}\Bigg]\Bigg\}\mathrm{d}t+\frac{\partial\hat{\boldsymbol{x}}(0,\boldsymbol{w})}{\partial\boldsymbol{w}}^{\mathrm{T}}\boldsymbol{\lambda}(0,\boldsymbol{w})-$$
$$\frac{\partial\hat{\boldsymbol{x}}(\bar{t},\boldsymbol{w})}{\partial\boldsymbol{w}}^{\mathrm{T}}\boldsymbol{\lambda}(\bar{t},\boldsymbol{w}) \tag{5.23}$$

同样，由于在整个时段上都满足人工约束，故拉格朗日乘子是完全任意的。为了简化式(5.23)，我们将其定义为

$$\boldsymbol{\lambda}(\bar{t},\boldsymbol{w})=0$$
$$\frac{\mathrm{d}\boldsymbol{\lambda}(t,\boldsymbol{w})}{\mathrm{d}t}=-\frac{\partial\hat{\boldsymbol{f}}(\hat{\boldsymbol{x}}(t,\boldsymbol{w}),\boldsymbol{u}(t),\boldsymbol{w})}{\partial\hat{\boldsymbol{x}}}^{\mathrm{T}}\boldsymbol{\lambda}(t,\boldsymbol{w})-\frac{\partial e(\tilde{\boldsymbol{y}}(t),\hat{\boldsymbol{x}}(t,\boldsymbol{w}),\boldsymbol{w})}{\partial\hat{\boldsymbol{x}}} \tag{5.24}$$

式(5.24)中的ODE方程组称为伴随方程。注意这个初始值问题按反向时间求解。状态变量初始值不依赖于参数$\boldsymbol{w}$，因此对式(5.23)做进一步简化，有$\frac{\partial\hat{\boldsymbol{x}}(0,\boldsymbol{w})}{\partial\boldsymbol{w}}\equiv0$。最后，我们有

$$\frac{\partial E(\boldsymbol{w})}{\partial\boldsymbol{w}}=\frac{\partial L(\boldsymbol{w})}{\partial\boldsymbol{w}}=\int_0^{\bar{t}}\left[\frac{\partial e(\tilde{\boldsymbol{y}}(t),\hat{\boldsymbol{x}}(t,\boldsymbol{w}),\boldsymbol{w})}{\partial\boldsymbol{w}}+\frac{\partial\hat{\boldsymbol{f}}(\hat{\boldsymbol{x}}(t,\boldsymbol{w}),\boldsymbol{u}(t),\boldsymbol{w})}{\partial\boldsymbol{w}}^{\mathrm{T}}\boldsymbol{\lambda}(t,\boldsymbol{w})\right]\mathrm{d}t \tag{5.25}$$

于是，拉格朗日函数的黑塞矩阵等于

$$\frac{\partial^2E(\boldsymbol{w})}{\partial\boldsymbol{w}^2}=\frac{\partial^2L(\boldsymbol{w})}{\partial\boldsymbol{w}^2}=\int_0^{\bar{t}}\Bigg\{\frac{\partial^2e(\tilde{\boldsymbol{y}}(t),\hat{\boldsymbol{x}}(t,\boldsymbol{w}),\boldsymbol{w})}{\partial\boldsymbol{w}^2}+\frac{\partial\hat{\boldsymbol{f}}(\hat{\boldsymbol{x}}(t,\boldsymbol{w}),\boldsymbol{u}(t),\boldsymbol{w})}{\partial\boldsymbol{w}}^{\mathrm{T}}\frac{\partial\boldsymbol{\lambda}(t,\boldsymbol{w})}{\partial\boldsymbol{w}}+$$
$$\sum_{i=1}^{n_x}\boldsymbol{\lambda}_i(t,\boldsymbol{w})\frac{\partial^2\hat{\boldsymbol{f}}_i(\hat{\boldsymbol{x}}(t,\boldsymbol{w}),\boldsymbol{u}(t),\boldsymbol{w})}{\partial\boldsymbol{w}^2}+\Bigg[\frac{\partial^2e(\tilde{\boldsymbol{y}}(t),\hat{\boldsymbol{x}}(t,\boldsymbol{w}),\boldsymbol{w})}{\partial\boldsymbol{w}\partial\hat{\boldsymbol{x}}}+$$
$$\sum_{i=1}^{n_x}\boldsymbol{\lambda}_i(t,\boldsymbol{w})\frac{\partial^2\hat{\boldsymbol{f}}_i(\hat{\boldsymbol{x}}(t,\boldsymbol{w}),\boldsymbol{u}(t),\boldsymbol{w})}{\partial\boldsymbol{w}\partial\hat{\boldsymbol{x}}}\Bigg]\frac{\partial\hat{\boldsymbol{x}}(t,\boldsymbol{w})}{\partial\boldsymbol{w}}\Bigg\}\mathrm{d}t \tag{5.26}$$

求一阶灵敏度的初始值问题(5.24)关于参数 $\boldsymbol{w}$ 的微分，得到二阶灵敏度的初始值问题，即

$$\frac{\partial \boldsymbol{\lambda}(\bar{t},\boldsymbol{w})}{\partial \boldsymbol{w}}=0$$

$$\begin{aligned}\frac{\mathrm{d}}{\mathrm{d}t}\frac{\partial \boldsymbol{\lambda}(t,\boldsymbol{w})}{\partial \boldsymbol{w}}=&-\frac{\partial^2 e(\bar{\boldsymbol{y}}(t),\hat{\boldsymbol{x}}(t,\boldsymbol{w}),\boldsymbol{w})}{\partial \hat{\boldsymbol{x}}\partial \boldsymbol{w}}-\frac{\partial \hat{\boldsymbol{f}}(\hat{\boldsymbol{x}}(t,\boldsymbol{w}),\boldsymbol{u}(t),\boldsymbol{w})}{\partial \hat{\boldsymbol{x}}}^{\mathrm{T}}\frac{\partial \boldsymbol{\lambda}(t,\boldsymbol{w})}{\partial \boldsymbol{w}}-\\&\sum_{i=1}^{n_x}\boldsymbol{\lambda}_i(t,\boldsymbol{w})\frac{\partial^2 \hat{\boldsymbol{f}}_i(\hat{\boldsymbol{x}}(t,\boldsymbol{w}),\boldsymbol{u}(t),\boldsymbol{w})}{\partial \hat{\boldsymbol{x}}\partial \boldsymbol{w}}-\left[\frac{\partial^2 e(\bar{\boldsymbol{y}}(t),\hat{\boldsymbol{x}}(t,\boldsymbol{w}),\boldsymbol{w})}{\partial \hat{\boldsymbol{x}}^2}+\right.\\&\left.\sum_{i=1}^{n_x}\boldsymbol{\lambda}_i(t,\boldsymbol{w})\frac{\partial^2 \hat{\boldsymbol{f}}_i(\hat{\boldsymbol{x}}(t,\boldsymbol{w}),\boldsymbol{u}(t),\boldsymbol{w})}{\partial \hat{\boldsymbol{x}}^2}\right]\frac{\partial \hat{\boldsymbol{x}}(t,\boldsymbol{w})}{\partial \boldsymbol{w}}\end{aligned}\tag{5.27}$$

同样，初始值问题(5.27)按反向时间求解。因此，为了计算拉格朗日函数的梯度和黑塞矩阵，我们首先需要求解式(5.2)、式(5.16)（前向时间）的初始值问题，然后求解伴随方程(5.24)、方程(5.27)（反向时间）的初始值问题，最后积分式(5.25)、式(5.26)。

在上述方程中，假设已知向量值函数$\hat{\boldsymbol{f}}$、$\hat{\boldsymbol{g}}$ 关于状态变量$\hat{\boldsymbol{x}}$ 以及参数 $\boldsymbol{w}$ 的导数表达式。当这些向量值函数用分层前馈神经网络表示时，第 2 章给出了相应的导数。如果它们由更一般的半经验模型表示，则它们在所需点处的导数可利用**算法微分**技术来计算[25]。注意如下形式的黑塞矩阵与向量的乘积

$$\sum_{i=1}^{n_x}\boldsymbol{\lambda}_i(t,\boldsymbol{w})\frac{\partial^2 \hat{\boldsymbol{f}}_i(\hat{\boldsymbol{x}}(t,\boldsymbol{w}),\boldsymbol{u}(t),\boldsymbol{w})}{\partial \boldsymbol{w}^2}$$

要显著加快计算速度，可以使用结合正向和反向扫描的方法，而不是使用依赖于由前向扫描计算全二阶导数张量

$$\left\{\frac{\partial^2 \hat{\boldsymbol{f}}_i(\hat{\boldsymbol{x}}(t,\boldsymbol{w}),\boldsymbol{u}(t),\boldsymbol{w})}{\partial \boldsymbol{w}^2}\right\}_{i=1}^{n_x}$$

的直接方法。上述算法微分方法已有许多软件包实现，如 CppAD[26] 和 ADOL-C[27]。

RTRL 和 BPTT 算法的连续时间版本与离散时间版本具有相同的优缺点，即反向时间法在算法上更有效，因为它不需要对所有状态变量计算二阶灵敏度

$$\left\{\frac{\partial^2 \hat{\boldsymbol{x}}_i(t,\boldsymbol{w})}{\partial \boldsymbol{w}^2}\right\}_{i=1}^{n_x}$$

而仅需计算拉格朗日乘子的一阶灵敏度

$$\frac{\partial \boldsymbol{\lambda}(t,\boldsymbol{w})}{\partial \boldsymbol{w}}$$

例如在飞行器纵向角运动建模问题中，针对一个有 472 个权重的半经验神经网络模型的误差函数，用反向时间算法计算其黑塞矩阵比用正向时间算法加速了 11.8 倍。这种加速会随着参数数量 n_w 的增加进一步加大。另外，反向时间方法需要额外的内存来存储 $\hat{\boldsymbol{x}}(t,\boldsymbol{w})$ 和

$$\frac{\partial \hat{\boldsymbol{x}}(t,\boldsymbol{w})}{\partial \boldsymbol{w}}$$

且该方法仅适用于整个训练集事先可用的情况，而实时自适应问题不是如此。

误差函数值通过对方程（5.8）中的定积分进行数值积分来估计。注意可观测输出的目标值通常仅在某些离散时刻可用，因此如果数值积分过程需要其他时刻的被积函数值，那么我们需要对时间的向量值函数 $\tilde{\boldsymbol{y}}(t)$ 进行插值或近似。对模型给出的状态变量值 $\hat{\boldsymbol{x}}(t,\boldsymbol{w})$ 的估计通过 ODE 方程组(5.2)初始值问题的数值解来计算。特殊情况下，当所有时间步长 $(t_{k+1}^{(p)}-t_k^{(p)})$ 相等，并且定积分的值由相同步长的右黎曼和来近似时，式(5.8)给出的误差函数值估计相当于通常的误差函数残差平方和。还要注意，针对每个轨迹的所有这些计算可以并行执行。

尽管上述误差函数及其导数的方程是精确的，但数值方法应用于初始值问题求解、定积分估算和可观测输出目标值插值，会给计算值引入一些误差。该误差的大小取决于所使用的具体数值方法，以及积分时间步长和测量采样周期的大小。在本节的其余部分，我们分析时间前向方法中这些误差对时间步长大小的渐近行为，并假设不存在不可约的误差（即不存在测量噪声，这意味着 $\boldsymbol{y}(t)=\tilde{\boldsymbol{y}}(t)$）。

定理4　设 $\mathcal{U}$ 是 $\mathbb{R}^{n_u}$ 的紧子集，$\mathcal{X}$ 是 $\mathbb{R}^{n_x}$ 的紧子集，$\mathcal{Y}$ 是 $\mathbb{R}^{n_y}$ 的子集。假设未知动态系统的形式为

$$\frac{\mathrm{d}\boldsymbol{x}(t)}{\mathrm{d}t}=\boldsymbol{f}(\boldsymbol{x}(t),\boldsymbol{u}(t))$$

$$\boldsymbol{y}(t)=\boldsymbol{g}(\boldsymbol{x}(t))$$

式中向量值函数 $\boldsymbol{f}:\mathcal{X}\times\mathcal{U}\to\mathbb{R}^{n_x}$ 和 $\boldsymbol{g}:\mathcal{X}\to\mathcal{Y}$ 对其所有参数具有 r 阶连续导数（r 为某正整数）。

假设给定控制信号的有限集 $\{\boldsymbol{u}^{(p)}\}_{p=1}^{P}$，其中 $\boldsymbol{u}^{(p)}:[0,\bar{t}^{(p)}]\to\mathcal{U}$ 为分段定义的向量值时间函数，且在各个子区间具有 r 阶连续导数。假设 $\boldsymbol{x}^{(p)}:[0,\bar{t}^{(p)}]\to\mathcal{X}$ 和 $\boldsymbol{y}^{(p)}:[0,\bar{t}^{(p)}]\to\mathcal{Y}$ 代表未知动态系统（对应控制 $\boldsymbol{u}^{(p)}$）的状态和输出。

设给定形如式(5.1)的有限数据集。假设该数据集包含整个时段 $t_{K^{(p)}}^{(p)}=\bar{t}^{(p)}$ 上的控制 $\boldsymbol{u}^{(p)}(t_k^{(p)})$、初始状态 $\bar{\boldsymbol{x}}^{(p)}(0)=\boldsymbol{x}^{(p)}(0)$ 和可观测输出 $\tilde{\boldsymbol{y}}^{(p)}(t_k^{(p)})=\boldsymbol{y}^{(p)}(t_k^{(p)})$ 的精确值。记最大时间步长为 $\bar{\Delta}t=\max\limits_{p=1,\cdots,P}\max\limits_{k=1,\cdots,K^{(p)}}(t_k^{(p)}-t_{k-1}^{(p)})$。

设 $\mathcal{W}$ 是 $\mathbb{R}^{n_w}$ 的紧子集。假设定义了形如式(5.2)的半经验状态空间连续时间模型的参数化向量值函数族 $\hat{\boldsymbol{f}}:\mathcal{X}\times\mathcal{U}\times\mathcal{W}\to\mathbb{R}^{n_x}$ 和 $\hat{\boldsymbol{g}}:\mathcal{X}\times\mathcal{W}\to\mathcal{Y}$ 对其所有参数（包括参数 $\boldsymbol{w}\in\mathcal{W}$）具有 $r+2$ 阶连续导数。

设 $\hat{\boldsymbol{x}}^{(p)}:[0,\bar{t}^{(p)}]\to\mathcal{X}$ 和 $\hat{\boldsymbol{y}}^{(p)}:[0,\bar{t}^{(p)}]\to\mathcal{Y}$ 代表半经验模型在给定初始条件 $\hat{\boldsymbol{x}}^{(p)}(0)=\bar{\boldsymbol{x}}^{(p)}(0)$ 下的状态和输出。假设对于参数值 $\boldsymbol{w}$，每个初始条件 $\bar{\boldsymbol{x}}^{(p)}(0)$ 和控制 $\boldsymbol{u}^{(p)}$ 对应的初始值问题的解 $\hat{\boldsymbol{x}}^{(p)}$ 在整个时段 $[0,\bar{t}^{(p)}]$ 上存在，且与其 ε 邻域的闭包一同包含于 $\mathcal{X}$ 中（ε 为某正实数）。

假设误差函数值 $\bar{E}(\boldsymbol{w})$（式(5.7)）及其对参数 $\boldsymbol{w}$ 的导数 $\dfrac{\partial\bar{E}(\boldsymbol{w})}{\partial\boldsymbol{w}}$（式(5.10)）、$\dfrac{\partial^2\bar{E}(\boldsymbol{w})}{\partial\boldsymbol{w}^2}$（式(5.11)）的估计值采用以下过程进行数值计算。ODE 方程组(5.2)的初始值问题(5.16)、问题(5.17)通过显式单步法求解，当真解具有 r_1+1 阶连续时间导数时，其精度为 r_1 阶，解算器的时间步长选取为使所有控制不连续点与节点匹配的值。对关于时间变量的可观测输出的目标值 $\tilde{\boldsymbol{y}}^{(p)}(t_k^{(p)})$ 进行插值，当真函数具有 r_2+1 阶连续时间导数时，所用插值方法的精度为 r_2 阶。定积分(式(5.8)、式(5.12)、式(5.13))的值通过线性依赖于被积函数在某些节点处值的方法进行估计，当被积函数对积分变量具有 r_3 阶连续导数时，其精度为 r_3。数值积分步长

不超过 $\bar{\Delta t}$。最后，假设以下不等式成立：$r_1 \leqslant r$，$r_2 < r$，$r_3 \leqslant r$。

那么存在最大时间步长 $\Delta t = \Delta t(\varepsilon) \leqslant \bar{\Delta t}$，使得当初始值问题(5.2)、问题(5.16)、问题(5.17)的数值解算器使用的时间步长不超过 Δt 时，误差函数及其对参数的导数的估计值具有渐近误差 $O(\bar{\Delta t}^{\min\{r_1-1,r_2-1,r_3\}})$。

证明 由于总误差函数(5.7)是轨迹的有限集中每个单个轨迹误差(5.8)的总和，故其估计值的精度与单个轨迹误差估计值的阶数相同。同样的论点也适用于总梯度(5.10)和黑塞矩阵(5.11)。因此，方便起见，我们分析单个轨迹估计的精度，并省略相应的编号。

用于计算定积分的节点记为 τ_m（$m=0,\cdots,M$，$\tau_m \in [0, \bar{t}]$）。为了计算被积函数，我们需要对应初始值问题在 τ_m 时刻的解，因此我们需要数值解算器访问这些节点。只有初始值问题在这些节点的解的估计误差会影响定积分估计的总误差，因此此分析中不显式对待其他时刻。

由于向量值函数 $\boldsymbol{u}$、$\boldsymbol{f}$、$\hat{\boldsymbol{f}}$ 满足初始值问题解的存在唯一性定理的条件（见[16]中的定理54），故相应的初始值问题存在唯一解：$\boldsymbol{x}$ 和$\hat{\boldsymbol{x}}$。此外，根据该定理的假设，这些解在整个时段$[0,\bar{t}]$上存在并且包含于 $\mathcal{X}$ 中。由于控制 $\boldsymbol{u}$ 和演化函数 $\boldsymbol{f}$ 都有 r 阶连续导数，故未知动态系统的状态空间轨迹 $\boldsymbol{x}$ 具有对时间的 $r+1$ 阶连续导数。观测函数 $\boldsymbol{g}$ 具有 r 阶连续导数，意味着输出 $\boldsymbol{y}$ 也有 r 阶连续导数。类似地，由于控制具有 r 阶连续导数，且演化函数 $\hat{\boldsymbol{f}}$ 具有 $r+2$ 阶连续导数，故半经验模型的状态空间轨迹 $\hat{\boldsymbol{x}}$ 具有对时间的 $r+1$ 阶连续导数。向量值函数 $\hat{\boldsymbol{f}}$ 的额外 2 阶连续导数还为式(5.16)、式(5.17)的右函数提供了 r 阶连续导数，因此相应的灵敏度$\frac{\partial \hat{\boldsymbol{x}}}{\partial \boldsymbol{w}}$、$\frac{\partial^2 \hat{\boldsymbol{x}}}{\partial \boldsymbol{w}^2}$具有对时间的 $r+1$ 阶连续导数。此外，观测函数$\hat{\boldsymbol{g}}$ 具有 $r+2$ 阶连续导数，意味着 e 具有 $r+2$ 阶连续导数。因此，式(5.8)、式(5.12)、式(5.13)中的所有被积函数也有 r 阶连续导数。由于 r 是严格正的，故被积函数至少是连续的，相应的定积分是存在的。

由于向量值函数$\hat{\boldsymbol{x}}$、$\frac{\partial \hat{\boldsymbol{x}}}{\partial \boldsymbol{w}}$、$\frac{\partial^2 \hat{\boldsymbol{x}}}{\partial \boldsymbol{w}^2}$具有对时间的 $r+1$ 阶连续导数，且由于 $r_1 \leqslant r$，故由显式单步 r_1 阶方法给出的初始值问题数值解具有 $O(\Delta t^{r_1})$形式的全局截断误差。因此，对于这些解的离散时间近似，我们有如下不等式：

$$\|\hat{\boldsymbol{x}}(\tau_m,\boldsymbol{w}) - \check{\boldsymbol{x}}(\tau_m,\boldsymbol{w})\| = O(\Delta t^{r_1})$$

$$\left\|\frac{\partial \hat{\boldsymbol{x}}(\tau_m,\boldsymbol{w})}{\partial \boldsymbol{w}} - \frac{\partial \check{\boldsymbol{x}}(\tau_m,\boldsymbol{w})}{\partial \boldsymbol{w}}\right\| = O(\Delta t^{r_1})$$

$$\left\|\frac{\partial^2 \hat{\boldsymbol{x}}_i(\tau_m,\boldsymbol{w})}{\partial \boldsymbol{w}^2} - \frac{\partial^2 \check{\boldsymbol{x}}_i(\tau_m,\boldsymbol{w})}{\partial \boldsymbol{w}^2}\right\| = O(\Delta t^{r_1}),\quad i=1,\cdots,n_x \tag{5.28}$$

注意我们假设所有的矩阵范数为 Frobenius 范数。

因此，对于所有正实数 ε，存在小的时间步长 $\Delta t = \Delta t(\varepsilon) \leqslant \bar{\Delta t}$ 使得$\|\hat{\boldsymbol{x}}(\tau_m,\boldsymbol{w}) - \check{\boldsymbol{x}}(\tau_m,\boldsymbol{w})\| \leqslant \varepsilon$。根据该定理的假设，解$\hat{\boldsymbol{x}}$ 与其 ε 邻域的闭包一同包含于 $\mathcal{X}$ 中，因此近似解 $\check{\boldsymbol{x}}$ 包含于 $\mathcal{X}$中。初始值问题(5.16)、问题(5.17)的初始条件等于零。同时，相应的解$\frac{\partial \hat{\boldsymbol{x}}}{\partial \boldsymbol{w}}$、$\frac{\partial^2 \hat{\boldsymbol{x}}}{\partial \boldsymbol{w}^2}$（至少）表示为时间的连续向量值函数（定义在紧时间区间上）。因此，上述解包含于某个欧氏空间的紧子集中。向量值函数 $\boldsymbol{g}$ 是状态的连续函数，因此 $\boldsymbol{y}$ 的值包含于某个紧集中。根据不存在测量

噪声的假设，我们有 $\tilde{\boldsymbol{y}}(t)=\boldsymbol{y}(t)$，即 $\tilde{\boldsymbol{y}}$ 的值属于某个紧集。向量值函数$\hat{\boldsymbol{g}}$ 及其关于参数 $\boldsymbol{w}$ 的两个导数是状态和参数值的连续函数（注意参数也属于紧集 $\mathcal{W}$）。因此

$$e,\quad \frac{\partial e}{\partial \boldsymbol{w}},\quad \frac{\partial e}{\partial \hat{\boldsymbol{x}}},\quad \frac{\partial^2 e}{\partial \boldsymbol{w}^2},\quad \frac{\partial^2 e}{\partial \boldsymbol{w}\partial \hat{\boldsymbol{x}}},\quad \frac{\partial^2 e}{\partial \hat{\boldsymbol{x}}^2}$$

的值包含于某个紧集中。

模型输出及其导数取决于模型状态的值，因此它们的估计值受到相应初始值问题数值解的全局截断误差的影响。由于向量值函数$\hat{\boldsymbol{g}}$ 具有 $r+2$ 阶连续导数，故它和它在紧集 $\mathcal{X}$ 上的两个导数满足 Lipschitz 条件。使用式(5.28)，我们得到

$$\begin{aligned}
&\|\hat{\boldsymbol{g}}(\hat{\boldsymbol{x}}(\tau_m,\boldsymbol{w}),\boldsymbol{w})-\hat{\boldsymbol{g}}(\check{\boldsymbol{x}}(\tau_m,\boldsymbol{w}),\boldsymbol{w})\|=O(\Delta t^{r_1})\\
&\left\|\frac{\partial\hat{\boldsymbol{g}}(\hat{\boldsymbol{x}}(\tau_m,\boldsymbol{w}),\boldsymbol{w})}{\partial \boldsymbol{w}}-\frac{\partial\hat{\boldsymbol{g}}(\check{\boldsymbol{x}}(\tau_m,\boldsymbol{w}),\boldsymbol{w})}{\partial \boldsymbol{w}}\right\|=O(\Delta t^{r_1})\\
&\left\|\frac{\partial\hat{\boldsymbol{g}}(\hat{\boldsymbol{x}}(\tau_m,\boldsymbol{w}),\boldsymbol{w})}{\partial \hat{\boldsymbol{x}}}-\frac{\partial\hat{\boldsymbol{g}}(\check{\boldsymbol{x}}(\tau_m,\boldsymbol{w}),\boldsymbol{w})}{\partial \check{\boldsymbol{x}}}\right\|=O(\Delta t^{r_1})\\
&\left\|\frac{\partial^2\hat{\boldsymbol{g}}_i(\hat{\boldsymbol{x}}(\tau_m,\boldsymbol{w}),\boldsymbol{w})}{\partial \boldsymbol{w}^2}-\frac{\partial^2\hat{\boldsymbol{g}}_i(\check{\boldsymbol{x}}(\tau_m,\boldsymbol{w}),\boldsymbol{w})}{\partial \boldsymbol{w}^2}\right\|=O(\Delta t^{r_1}),\quad i=1,\cdots,n_x\\
&\left\|\frac{\partial^2\hat{\boldsymbol{g}}_i(\hat{\boldsymbol{x}}(\tau_m,\boldsymbol{w}),\boldsymbol{w})}{\partial \boldsymbol{w}\partial\hat{\boldsymbol{x}}}-\frac{\partial^2\hat{\boldsymbol{g}}_i(\check{\boldsymbol{x}}(\tau_m,\boldsymbol{w}),\boldsymbol{w})}{\partial \boldsymbol{w}\partial\check{\boldsymbol{x}}}\right\|=O(\Delta t^{r_1}),\quad i=1,\cdots,n_x\\
&\left\|\frac{\partial^2\hat{\boldsymbol{g}}_i(\hat{\boldsymbol{x}}(\tau_m,\boldsymbol{w}),\boldsymbol{w})}{\partial \hat{\boldsymbol{x}}^2}-\frac{\partial^2\hat{\boldsymbol{g}}_i(\check{\boldsymbol{x}}(\tau_m,\boldsymbol{w}),\boldsymbol{w})}{\partial \check{\boldsymbol{x}}^2}\right\|=O(\Delta t^{r_1}),\quad i=1,\cdots,n_x
\end{aligned}\tag{5.29}$$

根据可观测输出目标值相对于时间变量插值方法的假设，以及这些向量值函数具有 r 阶连续导数($r_2<r$)，可知插值误差满足

$$\|\tilde{\boldsymbol{y}}(t)-\check{\boldsymbol{y}}(t)\|=O(\bar{\Delta}t^{r_2}),\quad t\in[0,\bar{t}]\tag{5.30}$$

由三角形不等式可得

$$\begin{aligned}
&\|(\tilde{\boldsymbol{y}}(\tau_m)-\hat{\boldsymbol{g}}(\hat{\boldsymbol{x}}(\tau_m,\boldsymbol{w}),\boldsymbol{w}))-(\check{\boldsymbol{y}}(\tau_m)-\hat{\boldsymbol{g}}(\check{\boldsymbol{x}}(\tau_m,\boldsymbol{w}),\boldsymbol{w}))\|\\
&=\|(\tilde{\boldsymbol{y}}(\tau_m)-\check{\boldsymbol{y}}(\tau_m))-(\hat{\boldsymbol{g}}(\hat{\boldsymbol{x}}(\tau_m,\boldsymbol{w}),\boldsymbol{w})-\hat{\boldsymbol{g}}(\check{\boldsymbol{x}}(\tau_m,\boldsymbol{w}),\boldsymbol{w}))\|\\
&\leqslant\|\tilde{\boldsymbol{y}}(\tau_m)-\check{\boldsymbol{y}}(\tau_m)\|+\|\hat{\boldsymbol{g}}(\hat{\boldsymbol{x}}(\tau_m,\boldsymbol{w}),\boldsymbol{w})-\hat{\boldsymbol{g}}(\check{\boldsymbol{x}}(\tau_m,\boldsymbol{w}),\boldsymbol{w})\|\\
&=O(\bar{\Delta}t^{r_2})+O(\Delta t^{r_1})=O(\bar{\Delta}t^{\min\{r_1,r_2\}})
\end{aligned}\tag{5.31}$$

因此，误差估计具有 min $\{r_1, r_2\}$ 阶精度。

利用式(5.29)、式(5.31)以及 Frobenius 范数是子可乘的（submultiplicative），并考虑到所有这些量都是有界的，我们得到

$$\begin{aligned}
&|e(\tilde{\boldsymbol{y}}(\tau_m),\hat{\boldsymbol{x}}(\tau_m,\boldsymbol{w}),\boldsymbol{w})-e(\check{\boldsymbol{y}}(\tau_m),\check{\boldsymbol{x}}(\tau_m,\boldsymbol{w}),\boldsymbol{w})|=O(\bar{\Delta}t^{\min\{r_1,r_2\}})\\
&\left\|\frac{\partial e(\tilde{\boldsymbol{y}}(\tau_m),\hat{\boldsymbol{x}}(\tau_m,\boldsymbol{w}),\boldsymbol{w})}{\partial \boldsymbol{w}}-\frac{\partial e(\check{\boldsymbol{y}}(\tau_m),\check{\boldsymbol{x}}(\tau_m,\boldsymbol{w}),\boldsymbol{w})}{\partial \boldsymbol{w}}\right\|=O(\bar{\Delta}t^{\min\{r_1,r_2\}})\\
&\left\|\frac{\partial e(\tilde{\boldsymbol{y}}(\tau_m),\hat{\boldsymbol{x}}(\tau_m,\boldsymbol{w}),\boldsymbol{w})}{\partial \hat{\boldsymbol{x}}}-\frac{\partial e(\check{\boldsymbol{y}}(\tau_m),\check{\boldsymbol{x}}(\tau_m,\boldsymbol{w}),\boldsymbol{w})}{\partial \check{\boldsymbol{x}}}\right\|=O(\bar{\Delta}t^{\min\{r_1,r_2\}})\\
&\left\|\frac{\partial^2 e(\tilde{\boldsymbol{y}}(\tau_m),\hat{\boldsymbol{x}}(\tau_m,\boldsymbol{w}),\boldsymbol{w})}{\partial \boldsymbol{w}^2}-\frac{\partial^2 e(\check{\boldsymbol{y}}(\tau_m),\check{\boldsymbol{x}}(\tau_m,\boldsymbol{w}),\boldsymbol{w})}{\partial \boldsymbol{w}^2}\right\|=O(\bar{\Delta}t^{\min\{r_1,r_2\}})
\end{aligned}$$

$$\left\|\frac{\partial^2 e(\hat{\boldsymbol{y}}(\tau_m),\hat{\boldsymbol{x}}(\tau_m,\boldsymbol{w}),\boldsymbol{w})}{\partial \boldsymbol{w}\partial\hat{\boldsymbol{x}}}-\frac{\partial^2 e(\check{\boldsymbol{y}}(\tau_m),\check{\boldsymbol{x}}(\tau_m,\boldsymbol{w}),\boldsymbol{w})}{\partial \boldsymbol{w}\partial\check{\boldsymbol{x}}}\right\|=O(\bar{\Delta t}^{\min\{r_1,r_2\}})$$

$$\left\|\frac{\partial^2 e(\hat{\boldsymbol{y}}(\tau_m),\hat{\boldsymbol{x}}(\tau_m,\boldsymbol{w}),\boldsymbol{w})}{\partial \hat{\boldsymbol{x}}^2}-\frac{\partial^2 e(\check{\boldsymbol{y}}(\tau_m),\check{\boldsymbol{x}}(\tau_m,\boldsymbol{w}),\boldsymbol{w})}{\partial\check{\boldsymbol{x}}^2}\right\|=O(\bar{\Delta t}^{\min\{r_1,r_2\}}) \quad (5.32)$$

下面，我们分析方程(5.8)、方程(5.12)、方程(5.13)中被积函数的估计误差。考虑到所有项都是有界的，且 Frobenius 范数是子可乘的，并考虑方程(5.28)、方程(5.32)，我们得到相同的精度阶 $\min\{r_1,r_2\}$。

记最大积分步长为 $\max\limits_{m=1,\cdots,M}(\tau_m-\tau_{m-1})$。由于真被积函数具有对积分变量的 r 阶连续导数，且 $r_3\leqslant r$，因此假如真被积函数值用于计算，那么由 r_3 阶数值积分方法给出的定积分估算将具有 $O(\bar{\Delta\tau}^{r_3})$ 形式的全局误差。根据该定理的假设，数值积分方法线性依赖于被积函数的值。记这一线性组合的权重为 ω_m^I，则有

$$\left\|\int_0^{\bar{t}} e(\hat{\boldsymbol{y}}(t),\hat{\boldsymbol{x}}(t,\boldsymbol{w}),\boldsymbol{w})\mathrm{d}t-\sum_{m=0}^{M}\omega_m^I e(\hat{\boldsymbol{y}}(\tau_m),\hat{\boldsymbol{x}}(\tau_m,\boldsymbol{w}),\boldsymbol{w})\right\|=O(\bar{\Delta\tau}^{r_3}) \quad (5.33)$$

以及

$$\begin{aligned}
&\left\|\sum_{m=0}^{M}\omega_m^I e(\hat{\boldsymbol{y}}(\tau_m),\hat{\boldsymbol{x}}(\tau_m,\boldsymbol{w}),\boldsymbol{w})-\sum_{m=0}^{M}\omega_m^I e(\check{\boldsymbol{y}}(\tau_m),\check{\boldsymbol{x}}(\tau_m,\boldsymbol{w}),\boldsymbol{w})\right\|\\
\leqslant&\sum_{m=0}^{M}|\omega_m^I|\,\|e(\hat{\boldsymbol{y}}(\tau_m),\hat{\boldsymbol{x}}(\tau_m,\boldsymbol{w}),\boldsymbol{w})-e(\check{\boldsymbol{y}}(\tau_m),\check{\boldsymbol{x}}(\tau_m,\boldsymbol{w}),\boldsymbol{w})\|\\
\leqslant&(M+1)\max_{m=1,\cdots,M}|\omega_m^I|\,\|e(\hat{\boldsymbol{y}}(\tau_m),\hat{\boldsymbol{x}}(\tau_m,\boldsymbol{w}),\boldsymbol{w})-e(\check{\boldsymbol{y}}(\tau_m),\check{\boldsymbol{x}}(\tau_m,\boldsymbol{w}),\boldsymbol{w})\|\\
=&O(\bar{\Delta t}^{\min\{r_1,r_2\}-1})
\end{aligned} \quad (5.34)$$

按三角形不等式，由式(5.33)、式(5.34)可得

$$\begin{aligned}
&\left\|\int_0^{\bar{t}} e(\hat{\boldsymbol{y}}(t),\hat{\boldsymbol{x}}(t,\boldsymbol{w}),\boldsymbol{w})\mathrm{d}t-\sum_{m=0}^{M}\omega_m^I e(\check{\boldsymbol{y}}(\tau_m),\check{\boldsymbol{x}}(\tau_m,\boldsymbol{w}),\boldsymbol{w})\right\|\\
\leqslant&\left\|\int_0^{\bar{t}} e(\hat{\boldsymbol{y}}(t),\hat{\boldsymbol{x}}(t,\boldsymbol{w}),\boldsymbol{w})\mathrm{d}t-\sum_{m=0}^{M}\omega_m^I e(\hat{\boldsymbol{y}}(\tau_m),\hat{\boldsymbol{x}}(\tau_m,\boldsymbol{w}),\boldsymbol{w})\right\|+\\
&\left\|\sum_{m=0}^{M}\omega_m^I e(\hat{\boldsymbol{y}}(\tau_m),\hat{\boldsymbol{x}}(\tau_m,\boldsymbol{w}),\boldsymbol{w})-\sum_{m=0}^{M}\omega_m^I e(\check{\boldsymbol{y}}(\tau_m),\check{\boldsymbol{x}}(\tau_m,\boldsymbol{w}),\boldsymbol{w})\right\|\\
=&O(\bar{\Delta\tau}^{r_3})+O(\bar{\Delta t}^{\min\{r_1,r_2\}-1})\\
=&O(\bar{\Delta t}^{\min\{r_1-1,r_2-1,r_3\}})
\end{aligned} \quad (5.35)$$

对式(5.12)、式(5.13)中的定积分使用相同的论证，我们得到单个轨迹的最终结果，即

$$\begin{gathered}
\|E(\boldsymbol{w})-\check{E}(\boldsymbol{w})\|=O(\bar{\Delta t}^{\min\{r_1-1,r_2-1,r_3\}})\\
\left\|\frac{\partial E(\boldsymbol{w})}{\partial\boldsymbol{w}}-\frac{\partial\check{E}}{\partial\boldsymbol{w}}\right\|=O(\bar{\Delta t}^{\min\{r_1-1,r_2-1,r_3\}})\\
\left\|\frac{\partial^2 E(\boldsymbol{w})}{\partial\boldsymbol{w}^2}-\frac{\partial^2\check{E}(\boldsymbol{w})}{\partial\boldsymbol{w}^2}\right\|=O(\bar{\Delta t}^{\min\{r_1-1,r_2-1,r_3\}})
\end{gathered} \quad (5.36)$$

□

为了说明这一理论结果，让我们考虑一些数值方法特定组合的渐近误差。例如，初始值问题可以使用显式单步龙格-库塔方法族来求解，即

$$\boldsymbol{x}(t_{k+1})=\boldsymbol{x}(t_k)+\Delta t\sum_{i=1}^{s}b_i\boldsymbol{r}^{k,i}$$

$$\boldsymbol{r}^{k,i}=\boldsymbol{f}^{\boldsymbol{u}}\left(t_k+c_i\Delta t,\boldsymbol{x}(t_k)+\Delta t\sum_{j=1}^{i-1}a_{i,j}\boldsymbol{r}^{k,j}\right)\tag{5.37}$$

式中，s 是步数，c_i 是定义中间节点位置的系数，$a_{i,j}$ 和 b_i 是相应的权重，$\boldsymbol{f}^{\boldsymbol{u}}(t,\boldsymbol{x}(t))\equiv\boldsymbol{f}(\boldsymbol{x}(t),\boldsymbol{u}(t))$。四阶显式龙格-库塔法具有如下形式：

$$\boldsymbol{r}^{k,1}=\boldsymbol{f}^{\boldsymbol{u}}(t_k,\boldsymbol{x}(t_k))$$

$$\boldsymbol{r}^{k,2}=\boldsymbol{f}^{\boldsymbol{u}}\left(t_k+\frac{\Delta t}{2},\boldsymbol{x}(t_k)+\frac{\Delta t}{2}\boldsymbol{r}^{k,1}\right)$$

$$\boldsymbol{r}^{k,3}=\boldsymbol{f}^{\boldsymbol{u}}\left(t_k+\frac{\Delta t}{2},\boldsymbol{x}(t_k)+\frac{\Delta t}{2}\boldsymbol{r}^{k,2}\right)$$

$$\boldsymbol{r}^{k,4}=\boldsymbol{f}^{\boldsymbol{u}}(t_k+\Delta t,\boldsymbol{x}(t_k)+\Delta t\boldsymbol{r}^{k,3})$$

$$\boldsymbol{x}(t_{k+1})=\boldsymbol{x}(t_k)+\frac{\Delta t}{6}(\boldsymbol{r}^{k,1}+2\boldsymbol{r}^{k,2}+2\boldsymbol{r}^{k,3}+\boldsymbol{r}^{k,4})\tag{5.38}$$

可以使用样条法实现插值。特别地，具有非节点末端条件的三次样条提供了四阶精度。定积分可以使用复合牛顿-科茨法则族计算，它在各个子段$[a,b]$上近似积分

$$\int_a^b f(x)\,\mathrm{d}x\approx\sum_{m=0}^{M}\omega_m^I f(x_m)\tag{5.39}$$

式中 $x_m=a+m\dfrac{b-a}{M}$，且 ω_m^I 是相应的权重。例如，梯形法则

$$\int_a^b f(x)\,\mathrm{d}x\approx\frac{b-a}{2}(f(a)+f(b))\tag{5.40}$$

具有二阶精度。因此，显式四阶龙格-库塔法、三次样条插值和梯形复合法则相组合，提供的误差函数及其导数的估计值具有渐近误差

$$O(\Delta t^{\min\{4-1,4-1,2\}})=O(\Delta t^2)$$

5.4 半经验 ANN 模型同伦延拓训练方法

我们已经在第2章讨论了递归神经网络训练困难的一些原因。这些困难包括梯度消失和爆炸问题、递归神经网络中的分岔以及误差函数图像中的伪低谷。因此，传统基于梯度的方法通常无法找到足够好的解，除非对参数值的初始猜测非常接近参数值。

但是，如果我们考虑寻找接近这样好的解的初始猜测的问题，那会怎样？我们可以进一步假设，这个初始猜测本身就是另一个与原始问题非常类似的优化问题的精确解。按照这个逻辑，我们可以构造一系列优化问题，使得第一个问题很容易解决，每个后续问题都与前一个问题相似，从而它们的解彼此接近，并且问题序列收敛到原始的困难的优化问题。在极限情况下，对于施加给优化问题的无穷小扰动，我们期望有一个连续的解曲线。

我们可以将这些考虑视为对同伦延拓法[28-29]背后思想的非正式解释，该方法用于求解非线性方程组

$$\boldsymbol{F}(\boldsymbol{w})=0\tag{5.41}$$

式中 $\boldsymbol{F}:\mathbb{R}^{n_w}\to\mathbb{R}^{n_w}$ 是光滑向量值函数。首先，我们选取光滑向量值函数 $\boldsymbol{G}:\mathbb{R}^{n_w}\to\mathbb{R}^{n_w}$ 使得方程组 $\boldsymbol{G}(\boldsymbol{w})=0$ 易于求解。例如，我们可以构造一个有唯一解的线性方程组。接下来，我们在函数 $\boldsymbol{G}$ 和 $\boldsymbol{F}$ 之间引入一个同伦，即连续映射 $\boldsymbol{H}:[0,1]\times\mathbb{R}^{n_w}\to\mathbb{R}^{n_w}$，使得

$$\boldsymbol{H}(0,\boldsymbol{w})=\boldsymbol{G}(\boldsymbol{w}),\quad \boldsymbol{H}(1,\boldsymbol{w})=\boldsymbol{F}(\boldsymbol{w}) \tag{5.42}$$

我们记 $\boldsymbol{H}(\tau,\boldsymbol{w})=0$ 的解集为 Γ。在一定条件下，集合 Γ 包含连续曲线 $\gamma\subset[0,1]\times\mathbb{R}^{n_w}$，它将简单方程组 $\boldsymbol{G}(\boldsymbol{w})=0$ 的某些解与原始困难方程组 $\boldsymbol{F}(\boldsymbol{w})=0$ 的解联系起来（见图 5-10）。在这种情况下，就有可能从简单的方程组求解开始，对该曲线进行数值跟踪，以找到困难方程组的解。这种方法存在使用向量附加参数 $\boldsymbol{\tau}$ 代替标量 τ 的变体，但本书中不考虑。

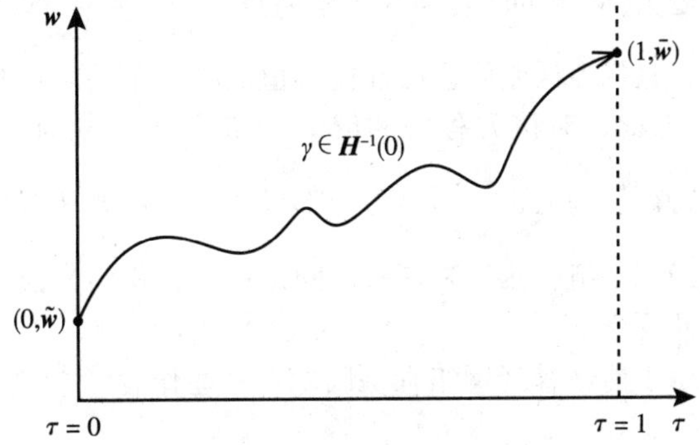

图 5-10 $\boldsymbol{H}(\tau,\boldsymbol{w})=0$ 的连续解曲线示例

首先，我们讨论上述解曲线的存在条件。方便起见，我们重申下述标准定义。

定义 1 如果在每个点 $\boldsymbol{u}\in\boldsymbol{f}^{-1}(\boldsymbol{v})$ 处 $\boldsymbol{f}$ 的雅可比矩阵具有满秩 n，向量 $\boldsymbol{v}\in\mathbb{R}^n$ 称为可微向量值函数 $\boldsymbol{f}:\mathbb{R}^m\to\mathbb{R}^n$（$n\leqslant m$）的正则值。否则，该向量称为向量值函数的奇异点。

根据隐函数理论，如果零向量 $\boldsymbol{0}\in\mathbb{R}^n$ 是如上定义的光滑映射 $\boldsymbol{H}$ 的正则值，那么解集 $\Gamma=\boldsymbol{H}^{-1}(\boldsymbol{0})$ 是 $[0,1]\times\mathbb{R}^{n_w}$ 中光滑的一维流形。所以我们需要确保零向量是 $\boldsymbol{H}$ 的正则值。

为此，我们采用以概率 1 全局收敛的同伦方法[30-31]，它依赖参数化 Sard 定理。

定理 5 设 $\mathcal{V}$ 是 $\mathbb{R}^q$ 的开子集，$\mathcal{U}$ 是 $\mathbb{R}^m$ 的开子集。假设向量值函数 $\boldsymbol{f}:\mathcal{V}\times\mathcal{U}\to\mathbb{R}^p$ 是 C^r 光滑的（$r>\max\{0,m-p\}$）。如果零向量 $\boldsymbol{0}\in\mathbb{R}^p$ 是 $\boldsymbol{f}$ 的正则值，那么对于几乎所有（勒贝格测度意义下）$\boldsymbol{a}\in\mathcal{V}$，它也是向量值函数 $\boldsymbol{f}_a(\cdot)=\boldsymbol{f}(\boldsymbol{a},\cdot)$ 的正则值。

特别地，如果我们在同伦 $\boldsymbol{H}$ 中纳入 n_w 个附加参数 $\boldsymbol{a}\in\mathbb{R}^{n_w}$，得到 $\boldsymbol{H}:\mathbb{R}^{n_w}\times[0,1]\times\mathbb{R}^{n_w}\to\mathbb{R}^{n_w}$，并且我们还确保 $\boldsymbol{H}$ 是 C^2 光滑的以及零向量是其正则值，那么对于几乎所有的 $\boldsymbol{a}$ 值，零向量也将是 $\boldsymbol{H}_a(\tau,\boldsymbol{w})=\boldsymbol{H}(\boldsymbol{a},\tau,\boldsymbol{w})$ 的正则值。实现该条件的一个简单办法是利用下述凸同伦：

$$\boldsymbol{H}(\boldsymbol{a},\tau,\boldsymbol{w})=(1-\tau)(\boldsymbol{w}-\boldsymbol{a})+\tau\boldsymbol{F}(\boldsymbol{w}) \tag{5.43}$$

正是由于这些附加参数 $\boldsymbol{a}$，$\boldsymbol{H}$ 的雅可比矩阵对所有 $\tau\in[0,1)$ 满秩。

下述定理[31] 为概率 1 同伦方法提供了理论依据。

定理 6 设 $\boldsymbol{H}:\mathbb{R}^{n_w}\times[0,1)\times\mathbb{R}^{n_w}\to\mathbb{R}^{n_w}$ 是 C^2 光滑的向量值函数，$\boldsymbol{H}_a:[0,1)\times\mathbb{R}^{n_w}\to\mathbb{R}^{n_w}$ 是满足 $\boldsymbol{H}_a(\tau,\boldsymbol{w})=\boldsymbol{H}(\boldsymbol{a},\tau,\boldsymbol{w})$ 的向量值函数。假设零向量 $\boldsymbol{0}\in\mathbb{R}^{n_w}$ 是 $\boldsymbol{H}$ 的正则值。最后假设对于附加参数 $\boldsymbol{a}\in\mathbb{R}^{n_w}$ 的每个值，方程组 $\boldsymbol{H}_a(\tau,\boldsymbol{w})=0$ 有唯一解 $\hat{\boldsymbol{w}}$。那么，对于几乎所有的 $\boldsymbol{a}\in\mathbb{R}^{n_w}$，存在

C^2 光滑的曲线 $\gamma\subset[0,1)\times\mathbb{R}^{n_w}$，源自$(0,w)$且满足 $H_a(\tau,w)=0,\forall(\tau,w)\in\gamma$。如果曲线 γ 是有界的，则它有一个聚点$(1,\bar{w})$，其中 $\bar{w}\in\mathbb{R}^{n_w}$。进一步地，如果 H_a 的雅可比矩阵在点$(1,\bar{w})$处满秩，则曲线 γ 具有有限弧长。

由于零向量是正则值，H 的雅可比矩阵在曲线 γ 的所有点处都满秩，因此该曲线没有自相交或与 H_a 的其他解曲线相交。此外，由于方程组 $H_a(\tau,w)=0$ 具有唯一解，故曲线 γ 不能返回去穿过超平面 $\tau=0$。对于任意 C^2 光滑的函数 F，凸同伦(5.43)满足定理6中的所有条件，且有 $\bar{w}\equiv a$。为了保证 γ 的有界性，我们可以要求方程组 $H_a(\tau,w)=0$ 没有无穷远处的解。这可以通过正则化实现。

虽然这种方法是为求解非线性方程组而设计的，但它也可以应用于优化问题。为此，我们将误差函数最小化问题 $\bar{E}(w)\to\min\limits_{w}$ 替换为求解驻点$\dfrac{\partial\bar{E}(w)}{\partial w}=0$，即求解非线性方程组的问题。应该说明，这些方程只代表误差函数局部极小值的必要条件。这些条件是不充分的，除非误差函数是伪凸的。因此，对该方程组的解 w^* 还应该额外验证。例如，如果黑塞矩阵$\dfrac{\partial^2\bar{E}(w^*)}{\partial w^2}$满秩且其所有特征值均为正，则解为局部极小值。还要注意，我们有两种可能，要么我们将优化问题转化为方程组，然后为其构造同伦；要么我们为误差函数构造同伦，然后对其微分来获得方程组的同伦。

同伦延拓方法已应用于前馈神经网络训练问题。一些作者[32-33] 将凸同伦（5.43）以及如下形式的所谓“全局”同伦

$$H(a,\tau,w)=F(w)+(1-\tau)F(a) \tag{5.44}$$

应用于误差平方和的目标函数。Gorse、Shepherd 和 Taylor[34] 提出了一种同伦，将训练集目标输出从 $\tau=0$ 处的平均值缩放到 $\tau=1$ 处的原始值。Coetzee[35] 提出了一种“自然”同伦，将神经元激活函数从线性转换为非线性($\varphi(\tau,n)=(1-\tau)n+\tau\mathrm{th}\,n$)，从而使问题从线性回归变形为非线性回归。Coetzee 还建议使用正则化来保持解曲线 γ 有界。[32，35] 的作者还研究了能搜索问题的多个解的同伦延拓方法，但在本书中我们只关注单个解的搜索。

然而，对于递归神经网络训练问题，这些同伦的效率较低，因为单个轨迹误差函数(5.8)对参数 w 的敏感性随时间指数增长。因此，即使对于中等的预测时域 $\bar{t}$，误差函数图像也变得相当复杂。例如，如果我们使用凸同伦（5.43）且没有选择一个好的参数初始猜测 $w^{(0)}$，那么即使 τ 稍有增加，误差函数值的增长也会非常快。为了避免这个问题，我们给控制预测时域值的误差函数提出如下同伦：

$$\bar{E}(a,\tau,w)=(1-\tau)\frac{\|w-a\|^2}{2}+\sum_{p=1}^{P}E^{(p)}(\tau,w) \tag{5.45}$$

$$E^{(p)}(\tau,w)=\int_0^{\tau\bar{t}^{(p)}}e^{(p)}(\tilde{y}^{(p)}(t),\hat{x}^{(p)}(t,w),w)\,\mathrm{d}t \tag{5.46}$$

因此，对于 $\tau=0$ 误差函数有唯一驻点，即全局最小值 $w=a$。训练集每条轨迹的预测时域随参数 τ 增加线性增长，使得对于 $\tau=1$，单个轨迹误差函数(5.46)与函数(5.8)等同。

相应的总误差函数梯度同伦具有如下形式：

$$H(a,\tau,w)=\frac{\partial\bar{E}(a,\tau,w)}{\partial w}=(1-\tau)(w-a)+\sum_{p=1}^{P}\frac{\partial E^{(p)}(\tau,w)}{\partial w} \tag{5.47}$$

如前一节所述，单个轨迹误差函数梯度可以通过时间前向或时间后向方法来计算。事实上，相应的表达式(5.12)、表达式(5.25)对于$\frac{\partial E(\tau,\boldsymbol{w})}{\partial \boldsymbol{w}}$几乎保持不变，唯一的区别是积分上限需要从 $\bar{t}$ 改为 $\tau\bar{t}$。

总误差函数梯度同伦(5.47)对 τ 和 $\boldsymbol{w}$ 的导数如下：

$$
\begin{aligned}
\frac{\partial \boldsymbol{H}(\boldsymbol{a},\tau,\boldsymbol{w})}{\partial \tau} &= \frac{\partial^2 \bar{E}(\boldsymbol{a},\tau,\boldsymbol{w})}{\partial \boldsymbol{w}\partial \tau} = -(\boldsymbol{w}-\boldsymbol{a}) + \sum_{p=1}^{P} \frac{\partial^2 E^{(p)}(\tau,\boldsymbol{w})}{\partial \boldsymbol{w}\partial \tau} \\
\frac{\partial \boldsymbol{H}(\boldsymbol{a},\tau,\boldsymbol{w})}{\partial \boldsymbol{w}} &= \frac{\partial^2 \bar{E}(\boldsymbol{a},\tau,\boldsymbol{w})}{\partial \boldsymbol{w}^2} = (1-\tau)\boldsymbol{I} + \sum_{p=1}^{P} \frac{\partial^2 E^{(p)}(\tau,\boldsymbol{w})}{\partial \boldsymbol{w}^2}
\end{aligned} \tag{5.48}
$$

同样，单个轨迹误差函数黑塞矩阵表达式(5.13)、表达式(5.26)可适用于计算$\frac{\partial^2 E(\tau,\boldsymbol{w})}{\partial \boldsymbol{w}\partial \tau}$，只需将积分上限从 $\bar{t}$ 换为 $\tau\bar{t}$。为了推导$\frac{\partial^2 E(\tau,\boldsymbol{w})}{\partial \boldsymbol{w}\partial \tau}$的表达式，应用莱布尼茨积分法则，可得

- 时间前向方法：

$$
\frac{\partial^2 E(\tau,\boldsymbol{w})}{\partial \boldsymbol{w}\partial \tau} = \bar{t}\left[\frac{\partial e(\tilde{\boldsymbol{y}}(\tau\bar{t}),\hat{\boldsymbol{x}}(\tau\bar{t},\boldsymbol{w}),\boldsymbol{w})}{\partial \boldsymbol{w}} + \frac{\partial \hat{\boldsymbol{x}}(\tau\bar{t},\boldsymbol{w})}{\partial \boldsymbol{w}}^{\mathrm{T}} \frac{\partial e(\tilde{\boldsymbol{y}}(\tau\bar{t}),\hat{\boldsymbol{x}}(\tau\bar{t},\boldsymbol{w}),\boldsymbol{w})}{\partial \hat{\boldsymbol{x}}}\right] \tag{5.49}
$$

- 时间反向方法：

$$
\frac{\partial^2 E(\tau,\boldsymbol{w})}{\partial \boldsymbol{w}\partial \tau} = \bar{t}\left[\frac{\partial e(\tilde{\boldsymbol{y}}(\tau\bar{t}),\hat{\boldsymbol{x}}(\tau\bar{t},\boldsymbol{w}),\boldsymbol{w})}{\partial \boldsymbol{w}} + \frac{\partial \hat{\boldsymbol{f}}(\hat{\boldsymbol{x}}(\tau\bar{t},\boldsymbol{w}),\boldsymbol{u}(\tau\bar{t}),\boldsymbol{w})}{\partial \boldsymbol{w}}^{\mathrm{T}} \boldsymbol{\lambda}(\tau\bar{t},\boldsymbol{w})\right] \tag{5.50}
$$

现在，我们讨论能够跟踪解曲线 $\gamma \subset [0,1]\times\mathbb{R}^{n_w}$ 的数值方法。我们将曲线 γ 关于某些参数 $s\in\mathbb{R}$参数化，使得 $\gamma(s)=\begin{pmatrix}\tau(s)\\ \boldsymbol{w}(s)\end{pmatrix}$，然后求方程组 $\boldsymbol{H}_a(\tau(s),\boldsymbol{w}(s))=0$ 对参数 s 的微分，将得到下述微分方程组：

$$
\frac{\partial \boldsymbol{H}_a(\tau(s),\boldsymbol{w}(s))}{\partial \tau}\frac{\mathrm{d}\tau(s)}{\mathrm{d}s} + \frac{\partial \boldsymbol{H}_a(\tau(s),\boldsymbol{w}(s))}{\partial \boldsymbol{w}}\frac{\mathrm{d}\boldsymbol{w}(s)}{\mathrm{d}s} = 0 \tag{5.51}
$$

如果我们引入如下形式的附加约束

$$
\frac{\mathrm{d}\tau(s)}{\mathrm{d}s}^2 + \frac{\mathrm{d}\boldsymbol{w}(s)}{\mathrm{d}s}^{\mathrm{T}}\frac{\mathrm{d}\boldsymbol{w}(s)}{\mathrm{d}s} = 1 \tag{5.52}
$$

那么参数 s 将代表 γ 的弧长。因此，我们可以通过求解下述初始值问题来跟踪 $\gamma(s)$：

$$
\begin{gathered}
\begin{pmatrix}
\frac{\partial \boldsymbol{H}_a(\tau,\boldsymbol{w})}{\partial \tau} & \frac{\partial \boldsymbol{H}_a(\tau,\boldsymbol{w})}{\partial \boldsymbol{w}} \\
\frac{\mathrm{d}\tau(s)}{\mathrm{d}s} & \frac{\mathrm{d}\boldsymbol{w}(s)}{\mathrm{d}s}^{\mathrm{T}}
\end{pmatrix}
\begin{pmatrix}
\frac{\mathrm{d}\tau(s)}{\mathrm{d}s} \\
\frac{\mathrm{d}\boldsymbol{w}(s)}{\mathrm{d}s}
\end{pmatrix}
= \begin{pmatrix}0\\1\end{pmatrix} \\
\tau(0)=0,\boldsymbol{w}(0)=\boldsymbol{a}
\end{gathered} \tag{5.53}
$$

如 [29] 所示，从线性方程关联系统具有最小的可能条件数的意义上说，曲线 γ 弧长的参数化是最优的。

可以用各种方法求解初始值问题，包括显式的和隐式的。注意，虽然初始值问题解的全

局截断误差在我们跟踪曲线时不可避免地会累积，但我们可以通过应用收敛于解曲线 γ 的迭代校正过程来显著减小它。这个校正过程基于 γ 上的每个点都满足方程组 $\boldsymbol{H}_a(\tau,\boldsymbol{w})=0$ 的事实。因此，给定一个位于 γ 邻域的点$(\tilde{\tau},\tilde{\boldsymbol{w}})$，我们可以通过求解下述优化问题找到 γ 上的最近点：

$$\min_{\tau,\boldsymbol{w}}\{(\tilde{\tau}-\tau)^2+\|\tilde{\boldsymbol{w}}-\boldsymbol{w}\|^2|\boldsymbol{H}_a(\tau,\boldsymbol{w})=0\} \tag{5.54}$$

需要说明的是，上述数值延拓方法要求在每一步都计算误差函数黑塞矩阵(5.48)，这会带来很大的计算负担。拟牛顿法允许更快地估计误差函数黑塞矩阵，但这些估计的精度可能不够。很不幸，不能利用高斯-牛顿近似，因为它假设了黑塞矩阵的正半定性。然而，在附加假设误差函数黑塞矩阵$\dfrac{\partial \boldsymbol{H}_a(\tau,\boldsymbol{w})}{\partial \boldsymbol{w}}$在解曲线 γ 的所有点处都满秩的情况下，以下性质成立。首先，黑塞矩阵$\dfrac{\partial \boldsymbol{H}_a(\tau,\boldsymbol{w})}{\partial \boldsymbol{w}}$的所有特征值沿 γ 曲线不会变号。由于所有特征值在$(0,\boldsymbol{a})$处均为正，因此它们在 γ 上的所有点处仍为正（见[36]）。这意味着 γ 上的所有点，包括原始问题的解$(1,\boldsymbol{w}^*)$，实际上代表了各个固定 τ 下误差函数的局部极小值。因此，当保持 τ 固定时，迭代校正过程可以实现为误差函数关于 $\boldsymbol{w}$ 最小化的过程，并且可以利用高效的高斯-牛顿-黑塞近似。最后，参数 τ 沿曲线 γ 单调增加（即曲线没有关于 τ 的转折点）。因此，解曲线可以通过用 τ 代替弧长 s 来参数化。在这种情况下，同伦延拓是通过求解 Davidenko ODE 方程组初始值问题来实现的，即

$$\boldsymbol{w}(0)=\boldsymbol{a}$$

$$\frac{\mathrm{d}\boldsymbol{w}}{\mathrm{d}\tau}=-\frac{\partial \boldsymbol{H}_a(\tau,\boldsymbol{w})}{\partial \boldsymbol{w}}^{-1}\frac{\partial \boldsymbol{H}_a(\tau,\boldsymbol{w})}{\partial \tau} \tag{5.55}$$

同伦延拓训练算法的简单版本（见算法 5.1）总结如下。迭代校正过程以 Levenberg-Marquardt 方法实现，保持 τ 固定并关于参数 $\boldsymbol{w}$ 最小化误差函数(5.45)。它使用当前参数值作为初始猜测。Levenberg-Marquardt 方法在算法描述中记为 LM。延拓算法还包含某种形式的步长自适应，当模型参数变化的范数超过 $\bar{\delta}$ 时，减小预测器步长 $\Delta\tau$，并重新评估校正步长。反之，当模型参数变化的范数不超过 $\underline{\delta}$ 时，增加步长。参数 $\boldsymbol{a}$ 的初始猜测值随机选取。

算法 5.1　半经验 ANN 模型（5.2）的简单同伦延拓训练算法

Require: $\underline{\delta}$, $\bar{\delta}$, $\Delta\tau^{\min}$, $\Delta\tau$

```
a ~ U(W)
w ← a
τ ← 0
while τ < 1 and Δτ > Δτ^min do
    τ̃ ← min{τ + Δτ, 1}
    w̃ ← LM (E, a, w, τ̃)
    if ‖w̃ - w‖ < δ̄ then
        w ← w̃
        τ ← τ̃
        if ‖w̃ - w‖ < δ̲ then
            Δτ ← 2Δτ
        end if
```

```
    else
        Δτ ← (1/2)Δτ
    end if
end while
```

注意，[37-40] 中提出了在概念上类似的方法，用以解决一系列预测范围不断扩大的问题，已经证明是非常成功的。使用该算法训练 F-16 高机动飞机运动半经验 ANN 模型的计算实验结果将在第 6 章给出。

5.5 半经验 ANN 模型实验最优设计

2.4.3 节介绍的获取动态系统 ANN 模型训练数据集的间接方法，也可以受益于所模拟系统的理论知识。回想一下，我们需要设计参考机动集合，以最大化训练集的代表性。这样的机动集合可以由专业领域的专家来人工设计，虽然这个过程相当耗时，且结果常常趋于次优。自动化该过程的方法构成了实验最优设计的研究课题[41]。实验最优设计的经典理论大多致力于研究线性回归模型。[42-43] 建议将该理论扩展使用到为前馈神经网络主动选择最具信息量的训练样本上。最近，这些结果经扩展，用于为递归神经网络主动选择能提供最具信息量训练样本的控制[44]，但主要关注的是一步超前预测的贪婪优化。所有上述方法交替进行以下三个步骤：搜索最具信息量的训练样本，以包含当前模型估计引导下的数据集；获取所选定的训练样本；使用新的训练集重新训练或调整模型。由于这种方法依赖于模型的特定形式，且涉及在纳入每个训练样本后的模型训练，故其更适合于在线调整现有模型，而不是从头设计新的模型。

在本节中，我们将讨论一种受控动态系统半经验神经网络模型的参考机动的最优设计方法。该动态系统根据无关于网络形式，同时允许给控制和状态变量施加约束的最优性指标，以离线的方式进行设置。我们假设给定参考机动的总数 P 以及它们的持续时间 $\bar{t}^{(p)}$。因此，我们需要找到下述形式的最优参考机动集合：

$$\{\langle\bar{\boldsymbol{x}}^{(p)}(0),\bar{\boldsymbol{u}}^{(p)}\rangle\}_{p=1}^{P} \tag{5.56}$$

式中$\bar{\boldsymbol{x}}^{(p)}(0)\in\mathcal{X}$ 和$\boldsymbol{u}^{(p)}:[0,\bar{t}^{(p)}]\to\mathcal{U}$ 分别是第 p 个参考轨迹的初始状态和控制信号。

对应的真实参考轨迹集合形式为$\{\boldsymbol{x}^{(p)}\}_{p=1}^{P}$，其中$\boldsymbol{x}^{(p)}:[0,\bar{t}^{(p)}]\to\mathcal{X}$ 满足$\frac{\mathrm{d}\boldsymbol{x}^{(p)}(t)}{\mathrm{d}t}=\boldsymbol{f}(\boldsymbol{x}^{(p)}(t),\boldsymbol{u}^{(p)}(t))$以及$\boldsymbol{x}^{(p)}(0)=\bar{\boldsymbol{x}}^{(p)}(0)$。然而，真实函数$\boldsymbol{f}$是未知的。此外，我们还没有实验数据集来建立经验或半经验模型。因此，我们利用系统的理论模型 $\hat{\boldsymbol{f}}$ 来获得一组预测参考轨迹$\{\hat{\boldsymbol{x}}^{(p)}\}_{p=1}^{P}$。如前所述，该理论模型可能是未知系统的粗略近似。幸运的是，参考机动设计问题的精度要求不太严格：相关的参考轨迹只需要到达状态空间中一定的感兴趣区域即可。

现在，我们需要定义预测参考轨迹集的最优性指标。我们将各个点$\langle\bar{\boldsymbol{u}}^{(p)}(t),\hat{\boldsymbol{x}}^{(p)}(t)\rangle$视为$(n_u+n_x)$维随机向量 $\boldsymbol{\xi}$ 的采样点，并假设我们希望它在 $\mathcal{U}\times\mathcal{X}$ 上均匀分布。由于在 $\mathcal{U}\times\mathcal{X}$ 上的所有连续分布中，在紧集 $\mathcal{U}\times\mathcal{X}$ 上均匀分布的随机向量达到的微分熵最大，因此采用微分熵作为预测参考轨迹集的最优性判据似乎是合理的，即

$$h(\boldsymbol{\xi})=-\int_{\mathcal{U}\times\mathcal{X}}\boldsymbol{p}(z)\ln\boldsymbol{p}(z)\,\mathrm{d}z \tag{5.57}$$

式中 $\boldsymbol{p}$ 是 $\boldsymbol{\xi}$ 的概率密度函数。[45-46] 中提出并分析了这一指标。

由于概率密度函数 $\boldsymbol{p}$ 未知，因此我们无法使用式(5.57)计算微分熵。作为代替，我们使用 Kozachenko-Leonenko 方法[47]，通过样本 $\mathcal{Z}=\{\boldsymbol{z}_i\}_{i=1}^{n_z}$ 进行估算，即

$$\hat{h}(\boldsymbol{\xi})=\frac{n_{\boldsymbol{u}}+n_{\boldsymbol{x}}}{n_z}\sum_{i=1}^{n_z}\ln\rho_i+\ln(n_z-1)+\ln\left(\frac{\pi^{\frac{n_{\boldsymbol{u}}+n_{\boldsymbol{x}}}{2}}}{\Gamma\left(\frac{n_{\boldsymbol{u}}+n_{\boldsymbol{x}}}{2}+1\right)}\right)+\gamma,$$
$$\rho_i=\min_{\substack{j=1,\cdots,n_z\\ j\neq i}}\rho(\boldsymbol{z}_i,\boldsymbol{z}_j) \tag{5.58}$$

式中，ρ_i 是第 i 个采样点与其最近邻居点之间的距离（根据某种度量 ρ），Γ 是伽马函数，γ 是 Euler-Mascheroni 常数。利用理论模型 $\hat{\boldsymbol{f}}$ 和参考机动集(5.56)，通过数值求解一组预测参考轨迹 $\hat{\boldsymbol{x}}^{(p)}$ 的初始值问题，来获得样本 $\mathcal{Z}$。

于是，参考机动的最优设计问题可以看作一个最优控制问题，即

$$\begin{aligned}&\min_{\{(\bar{\boldsymbol{x}}^{(p)}(0),\bar{\boldsymbol{u}}^{(p)})\}_{p=1}^{P}} && -\hat{h}\\ &\text{s. t.} && \bar{\boldsymbol{u}}^{(p)}(t)\in\mathcal{U},t\in[0,\bar{t}^{(p)}],p=1,\cdots,P\\ & && \hat{\boldsymbol{x}}^{(p)}(t)\in\mathcal{X},t\in[0,\bar{t}^{(p)}],p=1,\cdots,P\end{aligned} \tag{5.59}$$

为了数值求解这个问题，我们用一个有限维参数向量 $\boldsymbol{\theta}\in\mathbb{R}^{n_{\boldsymbol{\theta}}}$ 对参考机动集(5.56)进行参数化，即

$$\boldsymbol{\theta}=\begin{pmatrix}\boldsymbol{\theta}^{(1)}\\ \vdots\\ \boldsymbol{\theta}^{(P)}\end{pmatrix},\quad \bar{\boldsymbol{x}}^{(p)}(0)=\begin{pmatrix}\boldsymbol{\theta}_1^{(p)}\\ \vdots\\ \boldsymbol{\theta}_{n_{\boldsymbol{x}}}^{(p)}\end{pmatrix},\quad \bar{\boldsymbol{u}}^{(p)}(t)=\begin{pmatrix}\boldsymbol{\theta}_{n_{\boldsymbol{x}}+kn_{\boldsymbol{u}}+1}^{(p)}\\ \vdots\\ \boldsymbol{\theta}_{n_{\boldsymbol{x}}+(k+1)n_{\boldsymbol{u}}}^{(p)}\end{pmatrix}$$
$$t\in[\Delta t^{(p)}k,\Delta t^{(p)}(k+1)),\quad k=0,\cdots,K^{(p)}-1 \tag{5.60}$$

式中，$\Delta t^{(p)}=\dfrac{\bar{t}^{(p)}}{K^{(p)}}$ 和 $K^{(p)}\in\mathbb{N}$ 给定。因此，各个控制信号 $\bar{\boldsymbol{u}}^{(p)}$ 是时间的分段常值函数，定义在持续时段 $\Delta t^{(p)}$ 上，并由相应的阶跃值集合来参数化。参数的总数等于 $n_{\boldsymbol{\theta}}=n_{\boldsymbol{x}}P+n_{\boldsymbol{u}}\sum_{i=1}^{P}K^{(p)}$。

导出的非线性不等式约束优化问题可以使用罚函数法替换为一系列无约束问题。我们还采用同伦延拓方法，以与 5.4 节所述算法类似的方式，逐渐增加每条轨迹的预测时域。

由于目标函数不连续，故只能通过零阶算法进行优化。数值实验表明，粒子群方法[48-51]不太适合这个问题，因为对于长的预测时域，系统将出现病态。因此，**协方差矩阵自适应进化策略**（CMA-ES，Covariance Matrix Adaptation Evolution Strategy）方法[52-55] 看起来更适合该任务。

CMA-ES 算法是一种求解实变量非线性非凸函数的随机局部优化方法。该算法属于一种进化策略算法，因此迭代搜索过程依赖于变异、选择和重组机制。实变量向量的变异相当于增加一个从均值为零、协方差矩阵为 $\boldsymbol{C}\in\mathbb{R}^{n_{\boldsymbol{\theta}}\times n_{\boldsymbol{\theta}}}$ 的多元正态分布中提取的随机向量样本。因此，参数向量的当前值可被视为该正态分布的平均向量。利用变异获取 $\lambda\geqslant2$ 个候选参数向量（种群）。然后，进行选择和重组：新的参数向量值是 $\mu\in[1,\lambda]$ 个最优个体的加权线性组合，其中最优个体（即目标函数值最小的候选解）使似然最大。显然，协方差矩阵 $\boldsymbol{C}$ 的元素（也

称为策略参数）大小对算法的效率有重大影响。然而，导致有效搜索的策略参数值是先验未知的，且在搜索过程中通常会发生变化。因此，为了最大化成功搜索的似然，在搜索期间，有必要为策略参数提供某种形式的自适应（因此称为**协方差矩阵自适应**）。协方差矩阵自适应按增量方式进行，即它不仅基于当前种群，而且基于存储在向量$\boldsymbol{p}_c \in \mathbb{R}^{n_\theta}$中的搜索历史（称为搜索路径）。类似地，搜索路径$\boldsymbol{p}_\sigma \in \mathbb{R}^{n_\theta}$用于步长$\sigma$的自适应。主动 CMA-ES 算法扩展了基本算法，它将最不成功的搜索步骤（具有负权重）的信息合并到协方差矩阵自适应步骤中。注意，在凸二次目标函数的情况下，协方差矩阵自适应会导致矩阵正比于黑塞矩阵的逆，就像拟牛顿方法那样。该优化算法具有缩放和旋转不变性。它的收敛性尚未针对一般情况得到证明，但在许多实际问题中得到了实验验证。下面我们给出主动 CMA-ES 算法基本版本的伪代码（见算法 5.2）。

算法 5.2 主动 CMA-ES

Require：$E: \mathbb{R}^{n_\theta} \to \mathbb{R}$ ▷待最小化的目标函数

Require：$\theta^+ \in \mathbb{R}^{n_\theta}$ ▷参数向量初始猜测

Require：$\sigma \in \mathbb{R} > 0$ ▷初始步长

Require：$\lambda \geqslant 2$ ▷种群规模

1:   $\mu \leftarrow \left[\dfrac{\lambda}{4}\right]$ ▷待重组的个体数量

2:   $c_c \leftarrow \dfrac{4}{n_\theta + 4}$ ▷搜索路径$\boldsymbol{p}_c$的学习率

3:   $c_\sigma \leftarrow c_c$ ▷搜索路径$\boldsymbol{p}_\sigma$的学习率

4:   $d_\sigma \leftarrow 1 + \dfrac{1}{c_\sigma}$ ▷步长衰减系数

5:   $c_{\text{cov}} \leftarrow \dfrac{2}{\left(n_\theta + \sqrt{2}\right)^2}$ ▷基于搜索历史的$\boldsymbol{C}$的学习率

6:   $c_\mu \leftarrow \dfrac{4\mu - 2}{\left(n_\theta + 12\right)^2 + 4\mu}$ ▷基于当前种群的$\boldsymbol{C}$的学习率

7:   $\boldsymbol{C} \leftarrow \boldsymbol{I}$ ▷协方差矩阵初始猜测

8:   $\boldsymbol{p}_\sigma = 0$ ▷搜索路径初始值

9:   $\boldsymbol{p}_c = 0$

10:   $\chi_{n_\theta} \leftarrow \sqrt{2} \dfrac{\Gamma\left(\dfrac{n_\theta + 1}{2}\right)}{\Gamma\left(\dfrac{n_\theta}{2}\right)}$ ▷$M\left[\|N(0, \boldsymbol{I})\|\right]$

11: **repeat**

12:    $\boldsymbol{C} = \boldsymbol{BD}(\boldsymbol{BD})^{\mathrm{T}}$ ▷协方差矩阵的特征分解

13:    **for** $i = 1, \cdots, \lambda$ **do**

14:      $\boldsymbol{\zeta}_i \sim N(\boldsymbol{0}, \boldsymbol{I})$

15:      $v_i \leftarrow \boldsymbol{\theta}^+ + \sigma \boldsymbol{BD} \boldsymbol{\zeta}_i$ ▷$v_i \sim N(\boldsymbol{\theta}^+, \sigma^2 \boldsymbol{C})$

16:      $E_i \leftarrow E(v_i)$

17:    **end for**

18:    $\boldsymbol{\zeta}_{1,\cdots,\lambda} \leftarrow \text{argsort}(E_{1,\cdots,\lambda})$ ▷根据目标函数值$E(v_i)$对$\boldsymbol{\zeta}_i$排序

19:    $\bar{\boldsymbol{\zeta}} \leftarrow \dfrac{1}{\mu} \sum_{i=1}^{\mu} \boldsymbol{\zeta}_i$

$$\boldsymbol{\theta}^{+} \leftarrow \boldsymbol{\theta}^{-} + \sigma \boldsymbol{BD}\bar{\boldsymbol{\zeta}}$$

$$\boldsymbol{p}_{\sigma} \leftarrow (1-c_{\sigma})\,\boldsymbol{p}_{\sigma} + \sqrt{\mu c_{\sigma}(2-c_{\sigma})}\,\boldsymbol{B}\,\bar{\boldsymbol{\zeta}}$$

$$\boldsymbol{p}_{c} \leftarrow (1-c_{\sigma})\,\boldsymbol{p}_{c} + \sqrt{\mu c_{c}(2-c_{c})}\,\boldsymbol{BD}\,\bar{\boldsymbol{\zeta}}$$

$$\boldsymbol{C} \leftarrow (1-c_{\mathrm{cov}})\,\boldsymbol{C} + c_{\mathrm{cov}}\,\boldsymbol{p}_{c}\,\boldsymbol{p}_{c}^{\mathrm{T}} + c_{\mu}\boldsymbol{BD}\left(\frac{1}{\mu}\sum\nolimits_{i=1}^{\mu}\boldsymbol{\zeta}_{i}\boldsymbol{\zeta}_{i}^{\mathrm{T}} - \frac{1}{\mu}\sum\nolimits_{i=\lambda-\mu+1}^{\lambda}\boldsymbol{\zeta}_{i}\boldsymbol{\zeta}_{i}^{\mathrm{T}}\right)(\boldsymbol{BD})^{\mathrm{T}}$$

$$\sigma \leftarrow \sigma \exp\frac{\|\boldsymbol{p}_{\sigma}\| - \chi_{n_{\boldsymbol{\theta}}}}{d_{\sigma}\,\chi_{n_{\boldsymbol{\theta}}}}$$

until $\|\boldsymbol{\theta}^{+} - \boldsymbol{\theta}^{-}\| > \varepsilon$

有效训练集的另一个重要作用是为单个训练样本对误差函数的贡献选择权重（所谓的误差权重）。注意，当 $\bar{n}$ 个训练样本的输入值都位于输入空间的一个小区域时，与给该区域的某个平均样本分配权重 $\bar{n}$ 时具有类似的效果。因此，训练样本在 $\mathcal{U}\times\mathcal{X}$ 中的非均匀分布，可能导致输入空间某些区域的模型精度较高，而代价是其他区域的精度较低。为了避免这种影响，我们需要对单个训练样本进行适当加权。特别地，训练样本的权重可以取得反比于其固定半径邻域内的训练样本数。

本节介绍的算法的高效软件实现应该利用存储训练点集使用的特殊数据结构，以快速搜索最近邻居点以及固定半径内所有邻居点。一个合理的候选方案是 k-d 树结构，可以近似最近邻居搜索，例如 FLANN 库中实现的数据结构[56-57]。

5.6 参考文献

[1] Bohlin T. Practical grey-box process identification: Theory and applications. London: Springer-Verlag; 2006.

[2] Dreyfus G. Neural networks: Methodology and applications. Berlin ao.: Springer; 2005.

[3] Oussar Y, Dreyfus G. How to be a gray box: Dynamic semi-physical modeling. Neural Netw 2001;14(9):1161–72.

[4] Kozlov DS, Tiumentsev YV. Neural network based semi-empirical models for dynamical systems described by differential-algebraic equations. Opt Memory Neural Netw (Inf Opt) 2015;24(4):279–87.

[5] Kozlov DS, Tiumentsev YV. Neural network based semi-empirical models for dynamical systems represented by differential-algebraic equations of index 2. Proc Comput Sci 2018;123:252–7.

[6] Kozlov DS, Tiumentsev YV. Neural network based semi-empirical models of 3d-motion of hypersonic vehicle. In: Kryzhanovsky B, et al., editors. Advances in neural computation, machine learning, and cognitive research. Studies in computational intelligence, vol. 799. Berlin: Springer Nature; 2019. p. 196–201.

[7] Tarkhov DA, Vasilyev AN. New neural network technique to the numerical solution of mathematical physics problems. I: Simple problems. Opt Memory Neural Netw (Inf Opt) 2005;14(1):59–72.

[8] Tarkhov DA, Vasilyev AN. New neural network technique to the numerical solution of mathematical physics problems. II: Complicated and nonstandard problems. Opt Memory Neural Netw (Inf Opt) 2005;14(2):97–122.

[9] Kainov NU, Tarkhov DA, Shemyakina TA. Application of neural network modeling to identification and prediction problems in ecology data analysis for metallurgy and welding industry. Nonlinear Phenom Complex Syst 2014;17(1):57–63.

[10] Vasilyev AN, Tarkhov DA. Mathematical models of complex systems on the basis of artificial neural networks. Nonlinear Phenom Complex Syst 2014;17(3):327–35.

[11] Budkina EM, Kuznetsov EB, Lazovskaya TV, Tarkhov DA, Shemyakina TA, Vasilyev AN. Neural network approach to intricate problems solving for ordinary differential equations. Opt Memory Neural Netw (Inf Opt) 2017;26(2):96–109.

[12] Lazovskaya TN, Tarkhov DA, Vasilyev AN. Parametric neural network modeling in engineering. Recent Patents Eng 2017;11(1):10–5.

[13] Lazovskaya TN, Tarkhov DA, Vasilyev AN. Multilayer solution of heat equation. Stud Comput Intell 2018;736:17–22.

[14] Vasilyev AN, Tarkhov DA, Tereshin VA, Berminova MS, Galyautdinova AR. Semi-empirical neural network model of real thread sagging. Stud Comput Intell 2018;736:138–46.

[15] Antonov V, Tarkhov D, Vasilyev A. Unified approach to constructing the neural network models of real objects. Part 1. Math Models Methods Appl Sci 2018;48(18):1–8.

[16] Sontag ED. Mathematical control theory: Deterministic finite dimensional systems. 2nd ed. New York, NY, USA: Springer-Verlag New York, Inc.. ISBN 0-387-98489-5, 1998.

[17] Sontag ED. Neural nets as systems models and controllers. In: Proc. Seventh Yale Workshop on Adaptive and Learning Systems; 1992. p. 73–9.

[18] Wang YJ, Lin CT. Runge–Kutta neural network for identification of dynamical systems in high accuracy. IEEE Trans Neural Netw 1998;9(2):294–307.

[19] Scott LR. Numerical analysis. Princeton and Oxford: Princeton University Press; 2011.
[20] Dreyfus G, Idan Y. The canonical form of nonlinear discrete-time models. Neural Comput 1998;10:133–64.
[21] Nerrand O, Roussel-Ragot P, Personnaz L, Dreyfus G. Neural networks and non-linear adaptive filtering: Unifying concepts and new algorithms. Neural Comput 1993;5(2):165–97.
[22] Pearlmutter BA. Learning state space trajectories in recurrent neural networks. In: International 1989 Joint Conference on Neural Networks, vol. 2; 1989. p. 365–72.
[23] Sato MA. A real time learning algorithm for recurrent analog neural networks. Biol Cybern 1990;62(3):237–41.
[24] Özyurt DB, Barton PI. Cheap second order directional derivatives of stiff ODE embedded functionals. SIAM J Sci Comput 2005;26(5):1725–43.
[25] Griewank A, Walther A. Evaluating derivatives: Principles and techniques of algorithmic differentiation. 2nd ed. Philadelphia, PA, USA: Society for Industrial and Applied Mathematics. ISBN 0898716594, 2008.
[26] CppAD, a package for differentiation of C++ algorithms. https://www.coin-or.org/CppAD/.
[27] Walther A, Griewank A. Getting started with ADOL-C. In: Naumann U, Schenk O, editors. Combinatorial scientific computing. Chapman-Hall CRC computational science; 2012. p. 181–202. Chap. 7.
[28] Allgower E, Georg K. Introduction to numerical continuation methods. Philadelphia, PA, USA: Society for Industrial and Applied Mathematics. ISBN 089871544X, 2003.
[29] Shalashilin VI, Kuznetsov EB. Parametric continuation and optimal parametrization in applied mathematics and mechanics. Dordrecht, Boston, London: Kluwer Academic Publishers; 2003.
[30] Chow SN, Mallet-Paret J, Yorke JA. Finding zeros of maps: Homotopy methods that are constructive with probability one. Math Comput 1978;32:887–99.
[31] Watson LT. Theory of globally convergent probability-one homotopies for nonlinear programming. SIAM J Optim 2000;11(3):761–80.
[32] Chow J, Udpa L, Udpa SS. Homotopy continuation methods for neural networks. In: IEEE International Symposium on Circuits and Systems, vol. 5; 1991. p. 2483–6.
[33] Lendl M, Unbehauen R, Luo FL. A homotopy method for training neural networks. Signal Process 1998;64(3):359–70.
[34] Gorse D, Shepherd AJ, Taylor JG. The new era in supervised learning. Neural Netw 1997;10(2):343–52.
[35] Coetzee FM. Homotopy approaches for the analysis and solution of neural network and other nonlinear systems of equations. Ph.D. thesis, Carnegie Mellon University; 1995.
[36] Allgower EL, Georg K. Numerical path following. In: Techniques of scientific computing (Part 2). Handbook of numerical analysis, vol. 5. Elsevier; 1997. p. 3–207.
[37] Elman JL. Learning and development in neural networks: the importance of starting small. Cognition 1993;48(1):71–99.
[38] Ludik J, Cloete I. Incremental increased complexity training. In: Proc. ESANN 1994, 2nd European Sym. on Artif. Neural Netw.; 1994. p. 161–5.
[39] Suykens JAK, Vandewalle J. Learning a simple recurrent neural state space model to behave like Chua's double scroll. IEEE Trans Circuits Syst I, Fundam Theory Appl 1995;42(8):499–502.
[40] Bengio Y, Louradour J, Collobert R, Weston J. Curriculum learning. In: Proceedings of the 26th Annual International Conference on Machine Learning, ICML '09. New York, NY, USA: ACM. ISBN 978-1-60558-516-1, 2009. p. 41–8.
[41] Fedorov VV. Theory of optimal experiments. New York: Academic Press; 1972.
[42] MacKay DJC. Information-based objective functions for active data selection. Neural Comput 1992;4(4):590–604.
[43] Cohn DA. Neural network exploration using optimal experiment design. Neural Netw 1996;9(6):1071–83.
[44] Póczos B, Lőrincz A. Identification of recurrent neural networks by Bayesian interrogation techniques. J Mach Learn Res 2009;10:515–54.
[45] Shewry MC, Wynn HP. Maximum entropy sampling. J Appl Stat 1987;14(2):165–70.
[46] Wynn HP. Maximum entropy sampling and general equivalence theory. In: Di Bucchianico A, Läuter H, Wynn HP, editors. mODa 7 — Advances in model-oriented design and analysis. Heidelberg: Physica-Verlag HD; 2004. p. 211–8.
[47] Kozachenko L, Leonenko N. Sample estimate of the entropy of a random vector. Probl Inf Transm 1987;23:95–101.
[48] Kennedy J, Eberhart R. Particle swarm optimization. In: Proceedings of ICNN'95 – IEEE International Conference on Neural Networks, vol. 4. ISBN 0-7803-2768-3, 1995. p. 1942–8.
[49] van den Bergh F, Engelbrecht A. A new locally convergent particle swarm optimiser. In: IEEE International Conference on Systems, Man and Cybernetics, vol. 3; 2002. p. 6.
[50] Peer ES, van den Bergh F, Engelbrecht AP. Using neighbourhoods with the guaranteed convergence PSO. In: Proceedings of the SIS '03 – IEEE Swarm Intelligence Symposium; 2003. p. 235–42.
[51] Clerc M. Particle swarm optimization. Newport Beach, CA, USA: ISTE. ISBN 9781905209040, 2010.
[52] Hansen N, Ostermeier A. Adapting arbitrary normal mutation distributions in evolution strategies: The covariance matrix adaptation. In: Proceedings of the IEEE Conference on Evolutionary Computation. ISBN 0-7803-2902-3, 1996. p. 312–7.
[53] Hansen N, Ostermeier A. Completely derandomized self-adaptation in evolution strategies. Evol Comput 2001;9(2):159–95.
[54] Jastrebski G, Arnold D. Improving evolution strategies through active covariance matrix adaptation. Evol Comput 2006:2814–21.
[55] Hansen N. The CMA evolution strategy: A comparing review. In: Towards a new evolutionary computation. Studies in fuzziness and soft computing, vol. 192. 2007. p. 75–102.
[56] Friedman JH, Bentley JL, Finkel RA. An algorithm for finding best matches in logarithmic expected time. ACM Trans Math Softw 1977;3(3):209–26. http://doi.acm.org/10.1145/355744.355745.
[57] Muja M, Lowe DG. Scalable nearest neighbor algorithms for high dimensional data. IEEE Trans Pattern Anal Mach Intell 2014;36(11):2227–40.

飞行器运动神经网络半经验建模

6.1 飞行器气动特性辨识与运动建模问题

我们在构建飞行器运动模型的过程中，需要解决一个非常重要的实际问题。对象的初始理论模型通常包含一些因素，如果不考虑建立在所建模对象行为上的实验数据，那么由于对对象缺乏认识，我们将无法以所需的精度确定这些因素。对于飞行器来说，最常见的就是气动力和力矩对刻画飞行器运动的参数的非线性依赖关系。根据可用实验数据（例如基于飞行器的飞行试验结果）重建这些关系的形式，是传统的系统辨识任务。本书中提出的方法，作为半经验 ANN 模型构建过程的一部分，还原了模型中所含的未知（或不足够了解的）关系。我们在参考文献［1-2］中提出了解决这一问题的这个方法，它基于非线性动态控制系统的半经验 ANN 模型（介绍见参考文献［3-6］）。

在航空界，典型的系统辨识问题都将飞行器运动模型用作刚体。这种模型一般由 ODE 或 DAE 组描述。

在多数情况下，飞行器的运动模型由下列 ODE 方程组描述：

$$\begin{aligned}&\dot{\boldsymbol{x}}=f(\boldsymbol{x},\boldsymbol{u},t),\quad \boldsymbol{x}=(x_1,\cdots,x_n),\boldsymbol{u}=(u_1,\cdots,u_m)\\&\boldsymbol{y}=h(\boldsymbol{x},t),\quad \boldsymbol{y}=(y_1,\cdots,y_p)\end{aligned}\tag{6.1}$$

飞行器运动方程的右端项，包括气动力（纵向、横向和法向）

$$X=C_x\bar{q}S,\quad Y=C_y\bar{q}S,\quad Z=C_z\bar{q}S,\quad \bar{q}=\frac{\rho V^2}{2}$$

以及气动力矩（滚动、俯仰和偏航）

$$L=C_l\bar{q}Sb,\quad M=C_m\bar{q}Sb,\quad N=C_n\bar{q}Sb$$

飞行器运动模型的典型特征取决于作用在飞行器上的气动力和力矩，即

$$\begin{aligned}&X=C_x\bar{q}S,\quad Y=C_y\bar{q}S,\quad Z=C_z\bar{q}S\\&L=C_l\bar{q}Sb,\quad M=C_m\bar{q}Sb,\quad N=C_n\bar{q}Sb\end{aligned}\tag{6.2}$$

气动力和力矩的无量纲系数是若干变量的非线性函数。在典型情况下，例如

$$\begin{aligned}C_x&=C_x(\alpha,\beta,\delta_e,q,M_0)\\C_y&=C_y(\alpha,\beta,\delta_r,\delta_a,p,r,M_0)\\C_z&=C_z(\alpha,\beta,\delta_e,q,M_0)\\C_l&=C_l(\alpha,\beta,\delta_r,\delta_a,p,r,M_0)\\C_m&=C_m(\alpha,\beta,\delta_e,q,M_0)\\C_n&=C_n(\alpha,\beta,\delta_r,\delta_a,p,r,M_0)\end{aligned}\tag{6.3}$$

这种情况下的辨识问题需要通过可用实验数据来还原 C_x、C_y、C_z、C_l、C_m、C_n 的未知关系。

如果我们接受所有参数相对于初始（参考）运动的变化较小这个假设，那么飞行器运动方程组（6.1）可以大大简化。满足该条件，就可不使用原非线性运动模型，而采用相对参考运动的线性模型。

借助这种方法（这是飞行模拟问题的传统做法[7-12]），可以以相对于参考飞行状态的参数增量的幂指数形式，用泰勒级数表示作用在飞行器上的气动力和力矩的依赖关系，展开式中保留不超过一次的项。例如，对于法向力系数 $C_z=C_z(\alpha,\delta_e)$，有

$$C_z = C_{z_0} + \frac{\partial C_z}{\partial \alpha}\Delta\alpha + \frac{\partial C_z}{\partial \delta_e}\Delta\delta_e = C_{z_0} + C_{z_\alpha}\Delta\alpha + C_{z_{\delta_e}}\Delta\delta_e \tag{6.4}$$

用这种方法，从实验数据中还原的对象包括偏导数集 $C_{z_\alpha},C_{z_{\delta_e}},\cdots,C_{m_\alpha},\cdots$。

在某些情况下，当参数的小变化假设不满足时，我们在力和力矩的表达式中保留二次展开项。换句话说，此时我们在力和力矩系数的表达式中引入了非线性关系。

与基于气动力和力矩关系线性化的传统方法相比，在用于动态系统建模和辨识的半经验方法中，我们在参数整个变化范围内，总体上复现了非线性函数 C_x,C_y,C_z,C_l,C_m,C_n（6.3）。在传统方法中，则仅复现了偏导数集 $C_{z_\alpha},C_{z_{\delta_e}},\cdots,C_{m_\alpha},\cdots$。

6.2 机动飞行器纵向短周期运动半经验建模

在本章中，我们将说明半经验 ANN 模型（灰箱模型）可以高效求解应用问题。本节将机动飞行器的纵向短周期（转动）运动建模作为第一个例子。这些模型都基于 ODE 方程组形式的飞行器运动的传统理论模型。在这个具体例子中，设计的半经验 ANN 模型包括两个黑箱模块单元。这些单元描述了法向力和俯仰力矩对状态变量（攻角、俯仰角速度和受控稳定舵的偏转角）的依赖关系，这些变量初始未知，要根据动态系统受观测的状态变量相关的可用实验数据获得。

本例中，我们考虑的飞行器纵向角运动理论模型是飞行器飞行动态中传统的模型[13-19]。我们列写该模型如下：

$$\begin{aligned}\dot{\alpha} &= q - \frac{\bar{q}S}{mV}C_L(\alpha,q,\delta_e) + \frac{g}{V}\cos\theta\\ \dot{q} &= \frac{\bar{q}S\bar{c}}{I_y}C_m(\alpha,q,\delta_e)\\ T^2\ddot{\delta}_e &= -2T\zeta\dot{\delta}_e - \delta_e + \delta_{e_{\text{act}}}\end{aligned} \tag{6.5}$$

式中，α 是攻角(°)，θ 是俯仰角(°)，q 是俯仰角速度(°/s)，δ_e 是控制舵偏角(°)，C_L 是升力系数，C_m 是俯仰力矩系数，m 是飞行器质量(kg)，V 是空速(m/s)，$\bar{q}=\rho V^2/2$ 是动压(kg/m·s²)，ρ 是空气密度(kg/m³)，g 是重力加速度(m/s²)，S 是翼面积(m²)，$\bar{c}$ 是平均气动弦长(m)。I_y 是飞行器相对横轴的惯性矩(kg·m²)，无量纲系数 C_L 和 C_m 为其参数的非线性函数，T 和 ζ 是执行器的时间常数和相对阻尼系数，$\delta_{e_{\text{act}}}$ 是控制器给执行器的指令信号（限制为±25°）。模型（6.5）中，变量 α、q、δ_e、$\dot{\delta}_e$ 是控制对象的状态，变量 $\delta_{e_{\text{act}}}$ 是控制。这里，$g(H)$ 和 $\rho(H)$ 是描述环境状态的变量（分别为重力场和大气），其中 H 是飞行高度；m、S、$\bar{c}$、I_z、T、ζ 是所模拟对象的常值参数，C_L 和 C_m 是所模拟对象的可变参数。

作为具体的所模拟对象例子，考虑机动 F-16 飞机，其源数据取自参考文献［20-21］。用模型（6.5）在时间区间 $t\in[0, 20]$s 上以采样步长 $\Delta t=0.02$s 进行计算实验，部分观测的状态向量为 $\boldsymbol{y}(t)=[\alpha(t);q(t)]^{\mathrm{T}}$，它受均方差为 $\sigma=0.01$ 的加性高斯噪声污染。

如前所述，在经验和半经验 ANN 模型开发过程中出现的一个关键问题，是如何获取适当描述所建模系统行为的训练集。我们通过为所模拟对象开发适当的测试控制信号并评估对象对此信号的响应，来获得这一训练数据集。

我们来分析测试控制信号类型对实验数据集（用作 ANN 模型训练集）代表性的影响。我们对典型激励（阶跃、脉冲、双态及随机信号）与专门设计的多谐信号进行比较。比较基于各种试验机动的模拟结果进行，包括水平匀速直线飞行和攻角单调递增飞行。

在解决所考虑类型的问题时，最关键的任务之一是生成一个富有信息量的（代表性的）数据集。要求该数据集在描述动态系统的变量以及它们的导数（变化率）的整个取值范围内，表征所模拟动态系统的行为。如 2.2.2 节所述，可以将专门设计的测试激励作用到所模拟动态系统上，来得到生成 ANN 模型所需的训练数据。计算实验表明，仅使用 2.2.2 节给出的测试信号中的随机和多谐信号（图 6-1），就可以为所考虑的问题提供有足够信息的训练集。

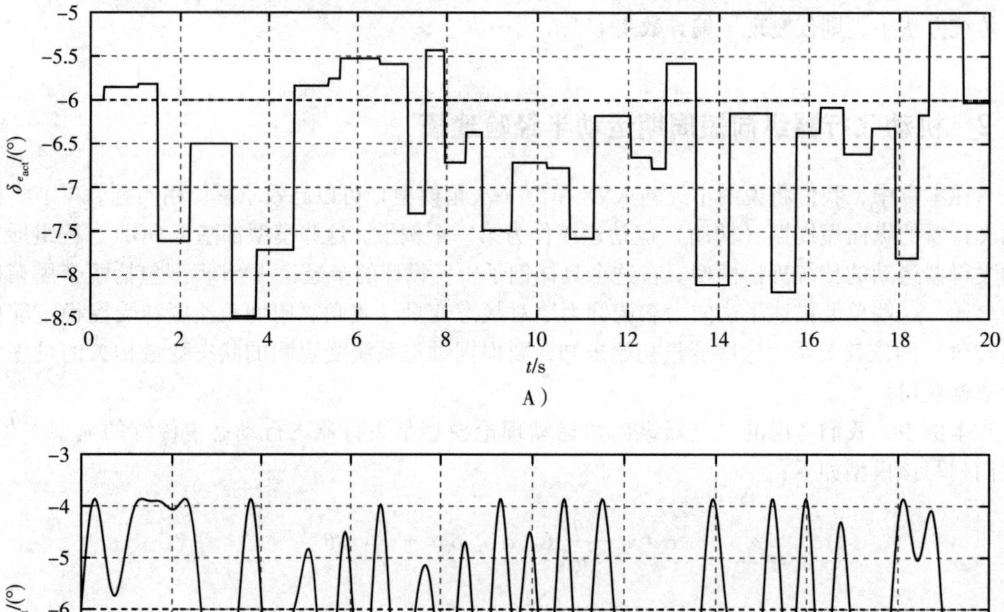

A）

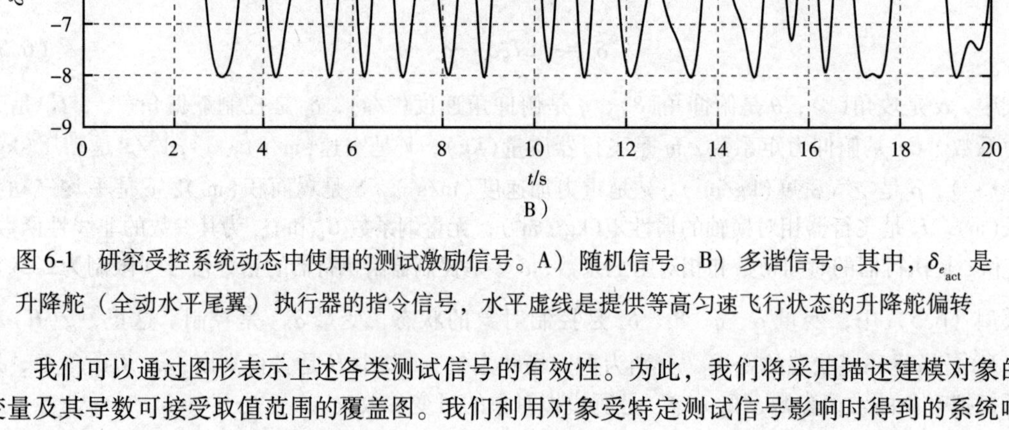

B）

图 6-1　研究受控系统动态中使用的测试激励信号。A）随机信号。B）多谐信号。其中，$\delta_{e_{act}}$ 是升降舵（全动水平尾翼）执行器的指令信号，水平虚线是提供等高匀速飞行状态的升降舵偏转

我们可以通过图形表示上述各类测试信号的有效性。为此，我们将采用描述建模对象的变量及其导数可接受取值范围的覆盖图。我们利用对象受特定测试信号影响时得到的系统响

应数据来构建这些图。对应于问题（6.5），这些变量及导数包括 α、$\dot{\alpha}$、q、$\dot{q}$、δ_e、$\dot{\delta}_e$、$\ddot{\delta}_e$。

覆盖图让我们可以比较将各种测试激励作用于建模对象时所获训练集的代表性。训练集越好，对状态和控制变量所需取值范围的覆盖就越密集和均匀。然而，所示变量列表定义的七维空间中的原始表示不适合可视化。为此，我们采用两两变量组合$(\alpha,\dot{\alpha})$，(α,q)，$(\alpha,\dot{q})$，(α,δ_e)，$(q,\dot{q})$，(δ_e,q)给出的二维表示，从所考虑任务的角度来看，它们是最具信息量的。例如，图 6-2 给出了广泛使用的一种测试信号（双态信号）以及按照特定程序产生的多谐信号（图 6-3）的覆盖图$(\alpha,\dot{\alpha})$。根据训练样本落点的密度和均匀性，可看出多谐信号的优势非常明显。

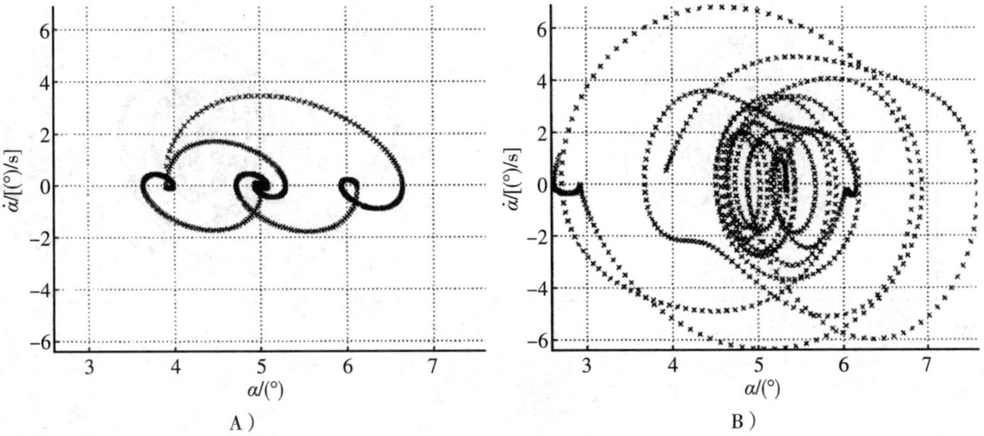

图 6-2　具有相同训练样本数量（1000）的两种信号的训练集覆盖图（α，$\dot{\alpha}$）。A）双态信号。B）多谐信号

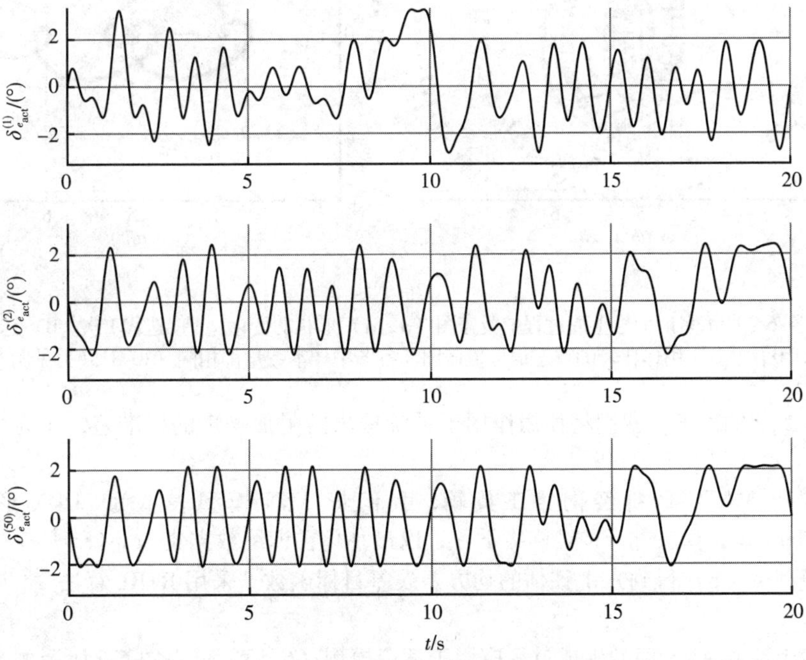

图 6-3　多谐信号产生过程（另见图 6-4）

在 2.2.2 节中，我们给出了实现最小峰值因子值的多谐信号的生成算法。在描述动态系统状态的变量的可接受值范围内，覆盖图可以可视化峰值因子对覆盖均匀性的影响（图 6-4）。此外，我们还可以对训练样本的最终分布与广泛使用的一种测试信号（即双态信号）给出的分布进行比较。显然，对于含相同信息的训练数据集，双态信号明显弱于多谐信号。类似地，我们可以看到，在训练集信息量方面，上面列出的所有其他类型的控制信号也都弱于多谐信号。

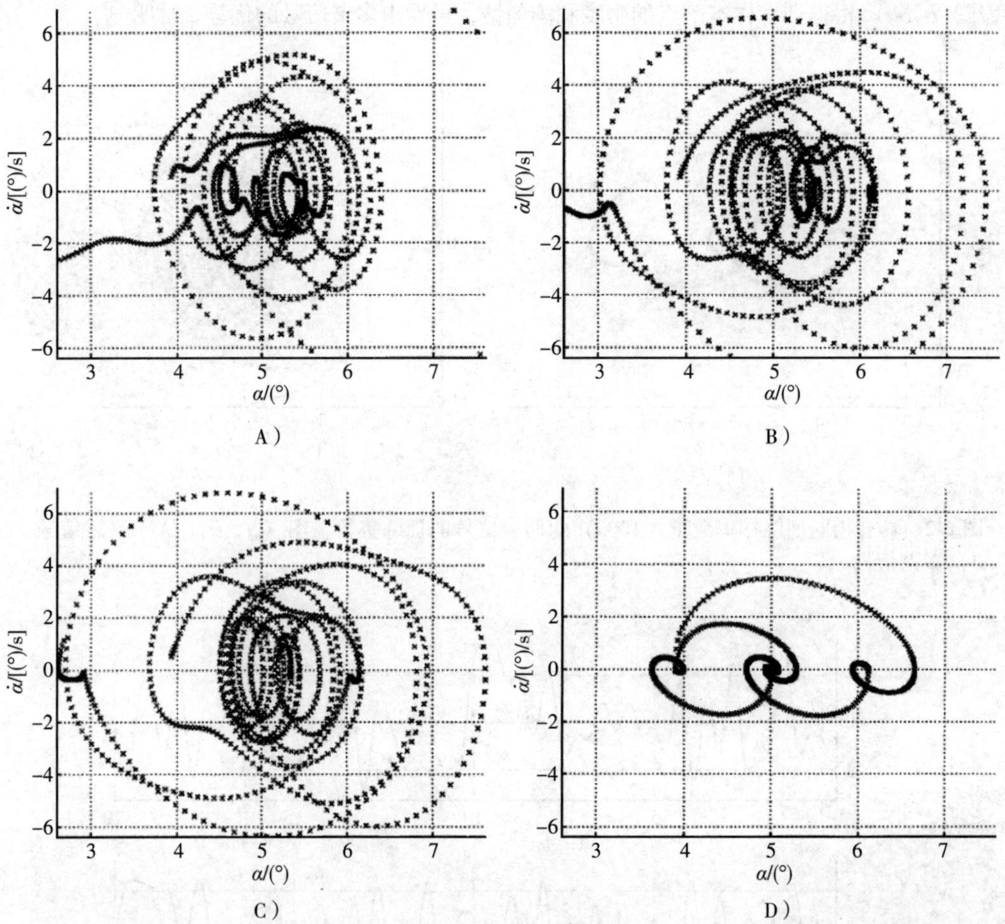

图 6-4　图 6-3 所示多谐信号生成过程中覆盖图（α, $\dot{\alpha}$）形状的变化。A）迭代 1 次。B）迭代 2 次。C）迭代 50 次。D）用作比较的双态信号覆盖图。各图中样本数量都相同（1000）（另见图 6-3）

如同 5.5 节的例子，我们将使用作用于系统输出的附加噪声的标准差，作为模拟误差的目标值。

为了利用 **MATLAB 神经网络工具箱**，我们将 ANN 模型表示为 LDDN 形式。使用 Levenberg-Marquardt 算法进行神经网络学习，以最小化在训练数据集 $\{y_i\}$ $(i=1,\cdots,N)$（利用初始理论模型（6.5）得到）上评估的均方差误差目标函数。采用 RTRL 算法[22] 计算雅可比矩阵。

将上述半经验 ANN 模型生成过程应用于理论模型（6.5），可得图 6-5 所示的半经验模型结构（离散时间模型是使用欧拉有限差分方法获得的）。为了进行比较，图 6-6 给出了同一建模问题（6.5）的纯经验 NARX 模型结构。

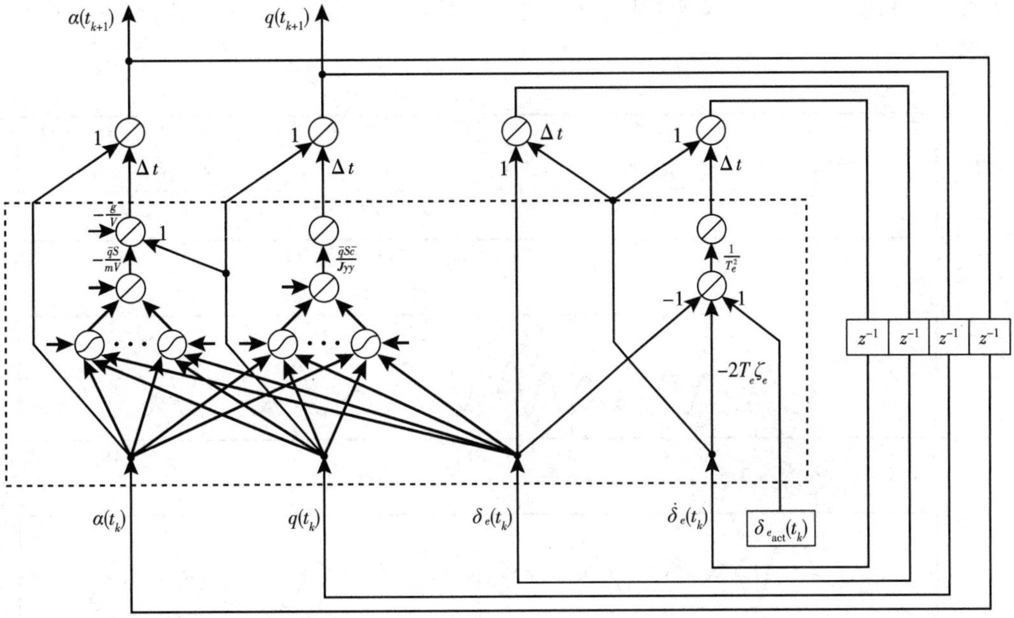

图 6-5 飞行器纵向角运动的半经验（灰箱）ANN 模型（基于欧拉差分方法）

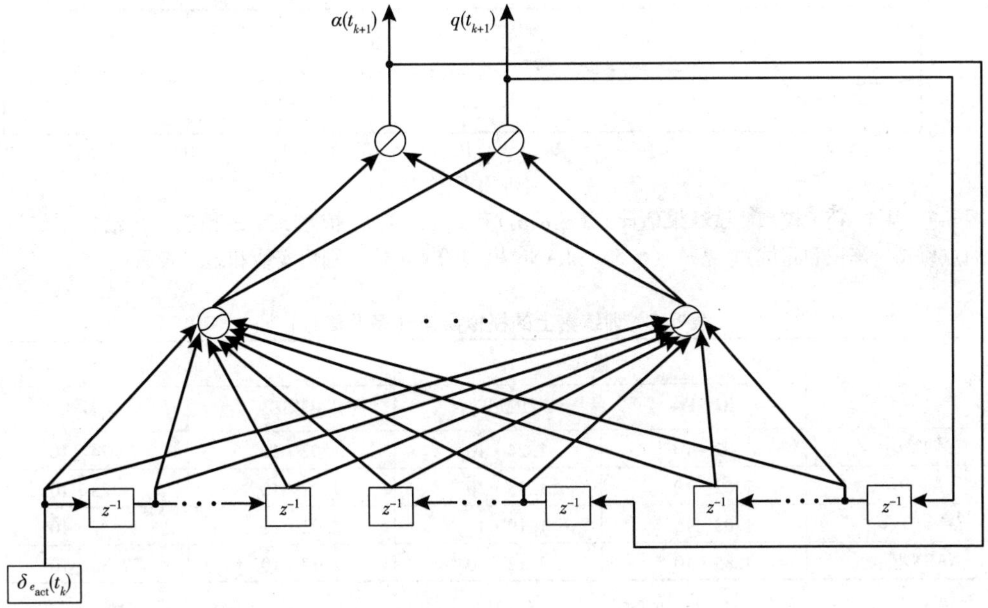

图 6-6 飞行器纵向角运动的纯经验（黑箱）ANN 模型（NARX）

为了比较上述所有测试信号对两种测试机动——水平匀速直线飞行（“点模式”）和攻角单调递增飞行（单调模式）的效率，我们进行了大量的计算实验。作为一个典型的例子，图 6-7 给出了是如何精确近似非线性函数 $C_L(\alpha,q,\delta_e)$ 和 $C_m(\alpha,q,\delta_e)$ 的未知依赖关系的。通过比较由该模型预测的轨迹与由原始系统（6.5）给出的轨迹，我们还评估了整个半经验 ANN 模型的精度，该模型包含上述对 $C_L(\alpha,q,\delta_e)$ 和 $C_m(\alpha,q,\delta_e)$ 的近似。这些轨迹非常接近，以致图上的曲线实际上重合在一起了。对所得到模型精度的定量估计在表 6-1（训练集上模型精度的估计）和表 6-2（ANN 模型泛化特性的估计）中给出，随之一并给出了纯经验 NARX 模型的结果。

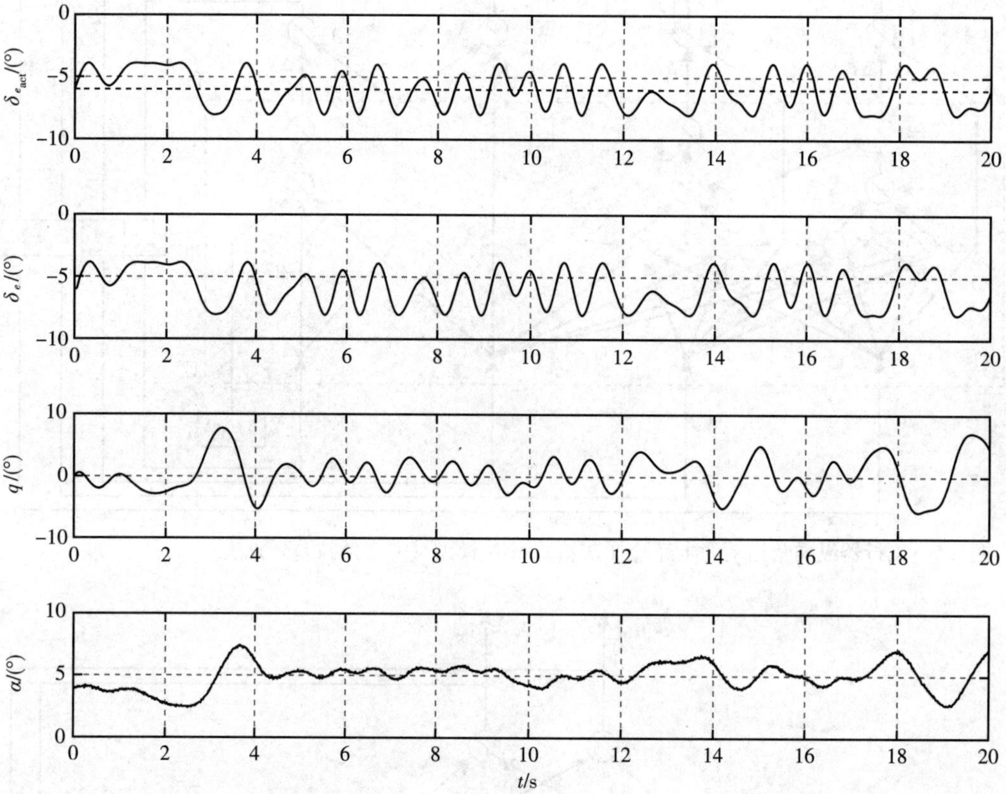

图 6-7　基于 ANN 模型测试结果估计 $C_L(\alpha,q,\delta_e)$ 和 $C_m(\alpha,q,\delta_e)$ 依赖关系的精度（多谐控制信号的点模式、辨识和测试）。系统（6.5）和 ANN 模型的输出值分别用实线和虚线表示

表 6-1　训练集上的模拟误差（多谐信号）

问题	点模式		单调模式	
	$RMSE_\alpha$	$RMSE_q$	$RMSE_\alpha$	$RMSE_q$
调整 C_L	$1.02\cdot10^{-3}$	$1.24\cdot10^{-4}$	$1.02\cdot10^{-3}$	$1.24\cdot10^{-4}$
学习 C_L	$1.02\cdot10^{-3}$	$1.23\cdot10^{-4}$	$1.02\cdot10^{-3}$	$1.23\cdot10^{-4}$
学习 C_L、C_m	$1.02\cdot10^{-3}$	$1.19\cdot10^{-4}$	$1.02\cdot10^{-3}$	$1.27\cdot10^{-4}$
NARX 模拟	$1.85\cdot10^{-3}$	$3.12\cdot10^{-3}$	$1.12\cdot10^{-3}$	$7.36\cdot10^{-3}$

表 6-2　测试集上的模拟误差（多谐信号）

问题	点模式		单调模式	
	$RMSE_\alpha$	$RMSE_q$	$RMSE_\alpha$	$RMSE_q$
调整 C_L	$1.02\cdot10^{-3}$	$1.59\cdot10^{-4}$	$1.02\cdot10^{-3}$	$1.17\cdot10^{-4}$
学习 C_L	$1.02\cdot10^{-3}$	$1.59\cdot10^{-4}$	$1.02\cdot10^{-3}$	$1.17\cdot10^{-4}$
学习 C_L、C_m	$1.02\cdot10^{-3}$	$1.32\cdot10^{-4}$	$1.02\cdot10^{-3}$	$1.59\cdot10^{-4}$
NARX 模拟	$2.32\cdot10^{-2}$	$4.79\cdot10^{-2}$	$3.16\cdot10^{-2}$	$5.14\cdot10^{-2}$

在表 6-3 中，我们比较了用于生成飞机纵向角运动半经验模型训练数据集的各种激励信号预测误差的大小。显然，经验模型给出的结果精度相当低。例如，在多谐激励信号的情况下，NARX 模型的 $RMSE_\alpha = 1.3293°$，$RMSE_q = 2.7445°/s$。

表 6-3 半经验模型及三种激励信号在测试集上的模拟误差

问题	点模式		单调模式	
	$RMSE_\alpha$	$RMSE_q$	$RMSE_\alpha$	$RMSE_q$
双态	0.0202	0.0417	8.6723	34.943
随机	0.0041	0.0071	0.0772	0.2382
多谐	0.0029	0.0076	0.0491	0.1169

在表 6-1、表 6-2 及表 6-3 中，术语"点模式"表示水平匀速直线飞行，术语"单调模式"表示攻角单调递增飞行。另外，关于气动系数的术语"学习"，表示"从零开始"复现对应未知函数的问题，即假设没有关于这些系数可能取值的信息。术语"调整"指的是改进相应系数初始近似值（例如来自风洞试验）的任务。

如上所述，在许多情况下，我们不仅需要复现未知函数（在本问题中是 $C_L(\alpha,q,\delta_e)$ 和 $C_m(\alpha,q,\delta_e)$），还需要复现它们对状态变量的导数，例如 C_{L_α}、C_{m_α}。当半经验模型的训练完成后，可以从该模型中提取表示函数 C_L、C_m 近似结果的 ANN 模块。然后，我们可以估计函数 C_L、C_m 对 α、q、δ_e 的导数，通过计算相应的 ANN 模块输出对其输入的导数。我们可以通过类似前向传播的算法来计算这些导数，该算法最初是设计来计算网络输出相对于其权重和偏置的导数的。

使用微分链式法则，我们可以将第 m 层（输出层）第 k 个神经元的输出 a_k^m 相对于输入 p_i 的导数用灵敏度 $s_{k,j}^{m,l}$ 来表示，即

$$\frac{\partial a_k^m}{\partial n_j^l} = \sum_{(j,l)\in IC_i} s_{k,j}^{m,l} \cdot \frac{\partial n_j^l}{\partial p_j}, \quad s_{k,j}^{m,l} = \frac{\partial a_k^m}{\partial n_j^l}$$

式中，n_j^l 是第 l 层第 j 个神经元的加权输入；IC_i 是编号对 $\langle j,\ l\rangle$ 的集合，定义了第 l 层中与第 i 个输入 p_i 有连接的神经元的数量 j。此时，灵敏度 $s_{k,j}^{m,l}$ 在前向传播算法的执行期间计算，导数 $(\partial n_j^l/\partial p_j)$ 等于对应输入连接的权重（对于以加权和作为输入映射的神经元）。

例如，对应于点模式（$q=0$），以及稳定舵偏转角 δ_e 和攻角 α 的平衡值，应用该算法可得以下导数值 C_{L_α} 和 C_{m_α}：$C_{L_\alpha}=0.5$ 和 $C_{m_\alpha}=-0.5$。以类似的方式，我们可以计算函数 C_L、C_m 对任何其他参数取值组合的导数。

基于这些结果，我们可以得出结论：半经验神经网络建模方法，它结合了专业领域的知识与经验以及计算数学方法，是一种有前途的强大工具，潜在适用于解决描述和分析飞行器受控运动的复杂问题。比较采用半经验方法与传统（黑箱）ANN 建模（NARX 模型）方法获得的结果，表明半经验模型具有显著的优势。

6.3 飞行器三轴旋转运动半经验建模

在上一节中，通过应用于机动飞行器的纵向角运动问题，我们表明了半经验方法在动态系统 ANN 建模中的有效性。这一任务相对简单，因为它维度低，更重要的是使用了单通道控制（俯仰通道，采用了单个控制面，即全动稳定舵）。在本节中，我们将解决一个复杂得多

的问题。我们将设计三轴旋转运动的 ANN 模型（同时使用三个控制装置，分别是稳定舵、方向舵和副翼），并对六个未知气动系数中的五个进行辨识。

如同前一种情况，所解决问题的理论模型是对应的传统飞行器运动模型，其中包含一些不确定性因素。为了消除存在的不确定性，我们构建了半经验 ANN 模型，包含了五个黑箱模块，表示法向力和侧向力系数以及俯仰、偏航和滚动力矩系数，每一个都非线性依赖于若干飞行器运动参数。这五个依赖关系需要从动态系统观测变量的可用实验数据中提取（复现），即需要解决飞行器气动特性的辨识问题。

所提出的飞行器气动特性辨识方法本质上不同于解决该类问题的传统公认方法，传统方法[7-11,23-29]需要使用飞行器扰动运动的线性化模型。这种情况下，作用在飞行器上的气动力和力矩的依赖关系表示为泰勒级数展开，展开式在一次项后截断（极少数情况下在二次项后截断）。此时，求解辨识问题简化为利用实验数据重建泰勒级数展开的系数。在该展开式中，主导项是气动力和力矩的无量纲系数关于飞行器各种运动参数的偏导数（C_{z_α}、C_{y_β}、C_{m_α}、C_{m_q}等）。与此不同，半经验方法实现了对力系数 C_x、C_y、C_z 和力矩系数 C_l、C_n、C_m 与相应参数之间的整体依赖关系的重建。进行重建时，不依赖于对气动系数的泰勒级数展开。也就是说，是估计函数 C_x、C_y、C_z、C_l、C_n、C_m 本身，而不是对它们的级数展开的系数。我们将每个依赖关系表示为嵌入半经验模型的单独 ANN 模块。如果解决某些问题（例如飞行器稳定特性和可控性分析）需要 C_{z_α}、C_{y_β}、C_{m_α}、C_{m_q} 等导数，则使用在半经验 ANN 模型生成过程中获得的恰当 ANN 模块可以很容易地估计它们（另见上一节末）。

用于开发半经验 ANN 模型的飞行器完整角运动初始理论模型，是一组 ODE 方程，参见传统的飞行器飞行动力学[13-19]。该模型形式如下：

$$\begin{cases}\dot{p}=(c_1r+c_2p)q+c_3\overline{L}+c_4\overline{N}\\ \dot{q}=c_5pr-c_6(p^2-r^2)+c_7\overline{M}\\ \dot{r}=(c_8p-c_2r)q+c_4\overline{L}+c_9\overline{N}\end{cases}\tag{6.6}$$

$$\begin{cases}\dot{\phi}=p+q\tan\theta\sin\phi+r\tan\theta\cos\phi\\ \dot{\theta}=q\cos\phi-r\sin\phi\\ \dot{\psi}=q\dfrac{\sin\phi}{\cos\theta}+r\dfrac{\cos\phi}{\cos\theta}\end{cases}\tag{6.7}$$

$$\begin{cases}\dot{\alpha}=q-(p\cos\alpha+r\sin\alpha)\tan\beta+\dfrac{1}{mV\cos\beta}(-L+mg_3)\\ \dot{\beta}=p\sin\alpha-r\cos\alpha+\dfrac{1}{mV}(Y+mg_2)\end{cases}\tag{6.8}$$

$$\begin{cases}T_e^2\ddot{\delta}_e=-2T_e\zeta_e\dot{\delta}_e-\delta_e+\delta_e^{\text{act}}\\ T_a^2\ddot{\delta}_a=-2T_a\zeta_a\dot{\delta}_a-\delta_a+\delta_a^{\text{act}}\\ T_r^2\ddot{\delta}_r=-2T_r\zeta_r\dot{\delta}_r-\delta_r+\delta_r^{\text{act}}\end{cases}\tag{6.9}$$

该模型使用了以下记号：p、r、q 为滚动、偏航和俯仰角速度(°/s)；φ、ψ、θ 是滚动、偏航和俯仰角(°)；α、β 是攻角和侧滑角(°)；δ_e、δ_r、δ_a 是受控稳定舵、方向舵和副翼的偏转角(°)；$\dot{\delta}_e$、$\dot{\delta}_a$、$\dot{\delta}_r$ 是受控稳定舵、方向舵和副翼的偏转角速度(°/s)；V 是空速（m/s）；δ_e^{act}、δ_a^{act}、δ_r^{act} 是受

控稳定舵、方向舵和副翼执行器的指令信号(°)；T_e、T_a、T_r 是受控稳定舵、方向舵和副翼执行器的时间常数（s）；ζ_e、ζ_a、ζ_r 是受控稳定舵、方向舵和副翼执行器的相对阻尼系数；D、L、Y 是阻力、升力和侧向力；$\bar{L}$、$\bar{M}$、$\bar{N}$ 是滚动、俯仰和偏航力矩；m 是飞行器的质量（kg）。

式（6.6）中的系数 $c_1,\cdots,c_9$ 定义如下：

$$
\begin{gathered}
c_0=I_xI_z-I_{xz}^2,\\
c_1=[(I_y-I_z)I_z-I_{xz}^2]/c_0,\\
c_2=[(I_x-I_y+I_z)I_{xz}]/c_0,\\
c_3=I_z/c_0,\\
c_4=I_{xz}/c_0,\\
c_5=(I_z-I_x)/I_y,\\
c_6=I_{xz}/I_y,\\
c_7=1/I_y,\\
c_8=[I_x(I_x-I_y)+I_{xz}^2]/c_0,\\
c_9=I_x/c_0,
\end{gathered}
$$

式中，I_x、I_y、I_z 是飞行器相对于纵轴、横轴和法向轴的惯性矩（$\mathrm{kg\cdot m^2}$）；I_{xz}、I_{xy}、I_{yz} 是飞行器的离心惯性矩（$\mathrm{kg\cdot m^2}$）。

式（6.7）中的气动力 D、L、Y 和气动力矩 $\bar{L}$、$\bar{M}$、$\bar{N}$ 由以下形式的关系定义：

$$
\begin{cases}
D=-\bar{X}\cos\alpha\cos\beta-\bar{Y}\sin\beta-\bar{Z}\sin\alpha\cos\beta\\
Y=-\bar{X}\cos\alpha\sin\beta+\bar{Y}\cos\beta-\bar{Z}\sin\alpha\sin\beta\\
L=\bar{X}\sin\alpha-\bar{Z}\cos\alpha
\end{cases}
\tag{6.10}
$$

$$
\begin{cases}
\bar{X}=q_pSC_x(\alpha,\beta,\delta_e,q)\\
\bar{Y}=q_pSC_y(\alpha,\beta,\delta_r,\delta_a,p,r)\\
\bar{Z}=q_pSC_z(\alpha,\beta,\delta_e,q)
\end{cases}
\tag{6.11}
$$

$$
\begin{cases}
\bar{L}=q_pSbC_l(\alpha,\beta,\delta_e,\delta_r,\delta_a,p,r)\\
\bar{M}=q_pS\bar{c}C_m(\alpha,\beta,\delta_e,q)\\
\bar{N}=q_pSbC_n(\alpha,\beta,\delta_e,\delta_r,\delta_a,p,r)
\end{cases}
\tag{6.12}
$$

式（6.8）中需要的变量 g_1、g_2、g_3 是重力加速度在风速系各轴上的投影（$\mathrm{m/s^2}$），即

$$
\begin{cases}
g_1=g(-\sin\theta\cos\alpha\cos\beta+\cos\phi\cos\theta\sin\alpha\cos\beta+\sin\phi\cos\theta\sin\beta)\\
g_2=g(\sin\theta\cos\alpha\sin\beta-\cos\phi\cos\theta\sin\alpha\sin\beta+\sin\phi\cos\theta\cos\beta)\\
g_3=g(\sin\theta\sin\alpha+\cos\phi\cos\theta\cos\alpha)
\end{cases}
\tag{6.13}
$$

在式（6.11）、式（6.12）中我们使用了以下记号：$\bar{X}$、$\bar{Y}$、$\bar{Z}$ 是气动轴向力、侧向力和法向力；S 是飞行器的翼面积（$\mathrm{m^2}$）；b、$\bar{c}$ 是飞行器的翼展和平均气动弦长（m）；q_p 是动压（$\mathrm{kg\cdot m^{-1}s^{-2}}$）。此外，$C_x$、$C_y$、$C_z$ 表示轴向、侧向和法向力的无量纲系数，C_l、C_m、C_n 表示滚动、俯仰和偏航力矩的无量纲系数。所有这些气动系数都是其参数的非线性函数，如式

(6.11)、式(6.12)所示。

应注意，气动力系数，尤其是气动力矩系数，与其各自参数的依赖关系在感兴趣的范围内是高度非线性的，这使机动飞行器的气动特性辨识过程非常复杂。例如，在图6-8中我们展示了由函数 $C_m=C_m(\alpha,\beta,\delta_e,q)$ 给出的超曲面在 $\delta_e\in\{-25,0,25\}$° 和 $q=0°/s$ 下、在 $\alpha\in[-10,45]$° 和 $\beta\in[30,30]$° 范围内的横截面。

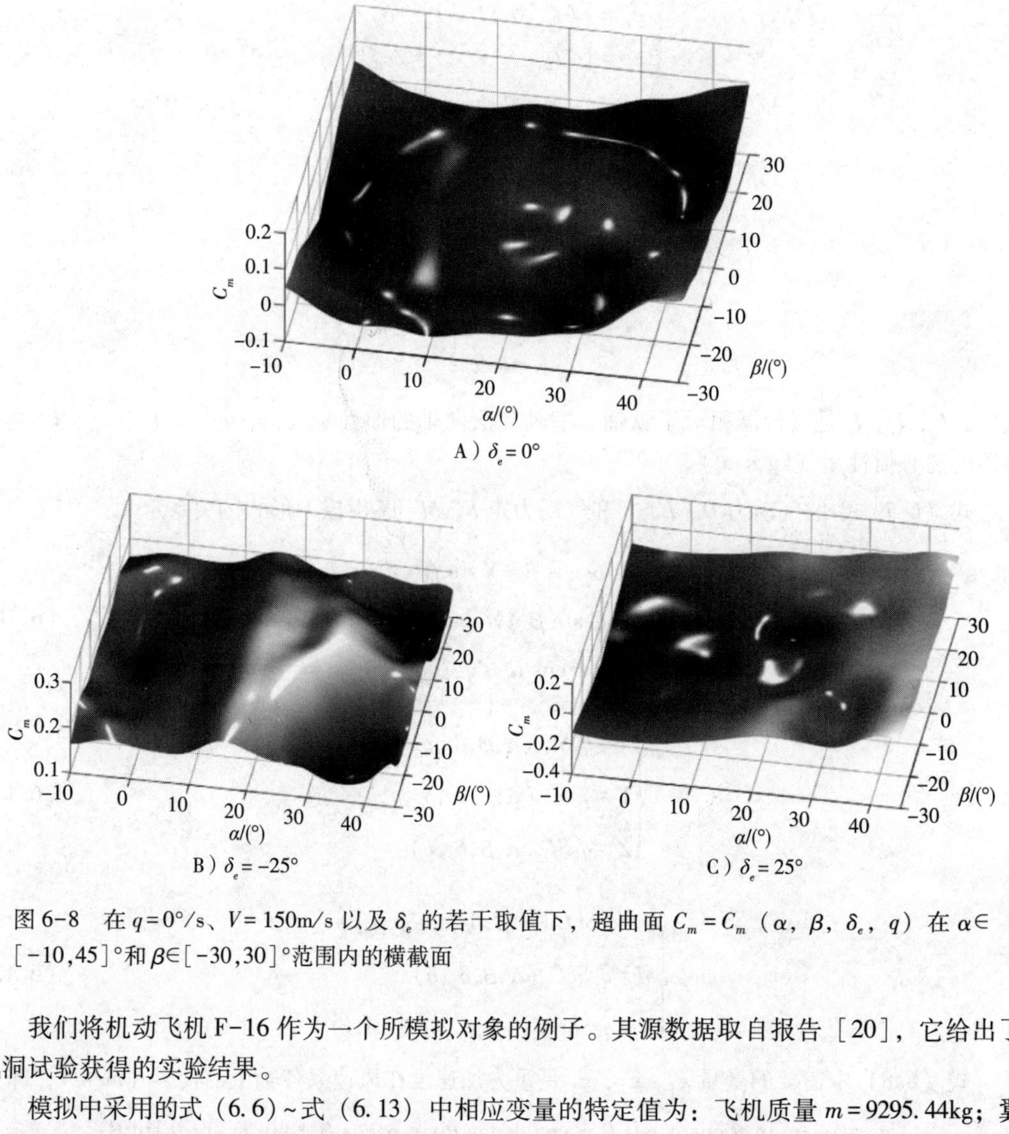

图6-8 在 $q=0°/s$、$V=150m/s$ 以及 δ_e 的若干取值下，超曲面 $C_m=C_m(\alpha,\beta,\delta_e,q)$ 在 $\alpha\in[-10,45]$° 和 $\beta\in[-30,30]$° 范围内的横截面

我们将机动飞机F-16作为一个所模拟对象的例子。其源数据取自报告[20]，它给出了风洞试验获得的实验结果。

模拟中采用的式(6.6)~式(6.13)中相应变量的特定值为：飞机质量 $m=9295.44kg$；翼展 $b=9.144m$；翼面积 $S=27.87m^2$；机翼平均气动弦长为 $\bar{c}=3.45m$；惯性矩 $I_x=12\,874.8kg\cdot m^2$，$I_y=75\,673.6kg\cdot m^2$，$I_z=85\,552.1kg\cdot m^2$，$I_{xz}=1331.4kg\cdot m^2$，$I_{xy}=I_{yz}=0kg\cdot m^2$；重心位于平均气动弦长的5%处；执行器的时间常数 $T_e=T_r=T_a=0.025s$；执行器的相对阻尼系数为 $\zeta_e=\zeta_r=\zeta_a=0.707$。

在飞机角运动的过渡过程中，空速 V 和飞行高度 H 没有显著变化。因此，我们假设它们是常数，并不在模型中包括描述平动的相应方程。在所进行的实验中，我们使用以下常值：海平面高度 $H=3000m$，空速 $V=147.86m/s$。相应地，仅取决于常数 V、H 的其他变量具有以下值：重力加速度 $g=9.8066\mathrm{m/s^2}$，空气密度 $\rho=0.8365\mathrm{kg/m^3}$，当地声速 $a=328.5763\mathrm{m/s}$，自由流马赫数 $M_0=0.45$，动压 $q_p=9143.6389\mathrm{kg\cdot m^{-1}s^{-2}}$。

在模型（6.6）~模型（6.9）中，14 个变量 p、q、r、φ、θ、ψ、α、β、δ_e、δ_r、δ_a、$\dot{\delta}_e$、$\dot{\delta}_r$、$\dot{\delta}_a$ 代表受控对象的状态，其他三个变量 δ_e^{act}、δ_r^{act}、δ_a^{act} 代表控制。控制变量的值限制在以下范围内：受控稳定舵、方向舵和副翼的执行器的指令信号分别为 $\delta_e^{act}\in[-25,25]°$、$\delta_r^{act}\in[-30,30]°$、$\delta_a^{act}\in[-21.5,21.5]°$。

在训练集的生成过程以及最终半经验 ANN 模型的测试过程中，所有三个通道（升降舵、方向舵、副翼）的控制同时作用于飞机。我们使用多谐激励信号 δ_e^{act}、δ_r^{act}、δ_a^{act} 生成训练集，使用随机激励信号生成测试集。

模型（6.6）~模型（6.9）的计算实验在 ANN 模型训练阶段是在时间区间 $t\in[0,20]\mathrm{s}$ 内进行，在测试阶段是在时间区间 $t\in[0,40]\mathrm{s}$ 内进行。这两种情况下，我们都采用了采样周期 $\Delta t=0.02\mathrm{s}$ 以及部分观测的状态向量 $\boldsymbol{y}(t)=[\alpha(t);\beta(t);p(t);q(t);r(t)]^{\mathrm{T}}$。系统输出 $\boldsymbol{y}(t)$ 受标准差为 $\sigma_\alpha=\sigma_\beta=0.02°$、$\sigma_p=0.1°/\mathrm{s}$、$\sigma_q=\sigma_r=0.05°/\mathrm{s}$ 的加性高斯噪声污染。

如同前一个例子（6.2 节），我们将使用影响系统输出的加性噪声标准差作为模拟误差的目标值。我们使用 Levenberg-Marquardt 算法训练 LDDN 神经网络，在使用初始理论模型（6.6）~模型（6.9）得到的数据集 $\{y_i\}(i=1,\cdots,N)$ 上，最小化训练目标函数的均方误差。采用 RTRL 算法计算雅可比矩阵[22]。ANN 模型的学习策略基于训练集分割技术。

系统（6.6）~系统（6.9）对应的半经验模型的结构图相当烦琐，因此未在此展示。该图在概念上类似于图 6-5，但包含了多得多的元素以及其间的连接。这些元素大多数对应初始理论模型中的附加项，且不包含任何未知的可调参数。此外，系统（6.6）~系统（6.9）的 ANN 模型包含五个黑箱型 ANN 模块，表示气动力和力矩系数（C_y、C_z、C_l、C_n、C_m）的未知依赖关系，而系统（6.5）只包含两个模块（C_z、C_m）。

重点强调，对于我们考虑的飞机短周期角运动建模问题，可以假定高度 H 和空速 V 恒定（这些变量在过渡过程阶段没有显著改变）。这个假设使我们可以通过消去飞机平动微分方程以及描述发动机动态的方程来简化初始理论模型。然而，这也导致缺乏利用发动机推力或减速板偏转来有效控制飞机速度的可能性。因此，我们无法仅使用稳定舵、方向舵和副翼偏转来获得轴向力系数 C_x 的代表性训练集。为了克服这个困难，我们首先直接使用风洞数据[20]训练 C_x 的 ANN 模块，而与整个模型分开。然后，我们将该 ANN 模块嵌入半经验模型，并"冻结"其参数（即在模型训练期间禁止修改其参数）。最后，我们对半经验模型进行训练，同时近似未知函数 C_y、C_z、C_l、C_n、C_m㊀。

如果我们通过添加飞机平动运动方程以及描述发动机动态的方程来扩展初始理论模型（6.6）~模型（6.9），那么就可能通过训练半经验 ANN 模型来重建所有六个函数 C_x、C_y、C_z、C_l、C_n、C_m。这个问题在概念上是类似的，虽然维度增加使得模型训练会稍微多耗一些时间。

如前所述，为确保所建立半经验 ANN 模型的充分性，我们需要一个有代表性的（富含信息的）训练集，以描述所模拟对象对给定范围内的控制信号的响应。这些对控制信号大小的约束转而形成了对描述系统的状态变量大小的约束。所设计模型的充分性㊁只能在由上述约束形成的控制和状态变量的相应取值范围内得到保证。

在计算实验中，训练阶段（多谐控制信号）和测试阶段（随机控制信号）的控制变量

㊀ 函数 C_y、C_z、C_l、C_n、C_m 以及函数 C_x 的所有 ANN 模块均由带有一个隐藏层的 S 型前馈神经网络表示。

㊁ 即模型应能足够好地泛化，在整个运行范围内提供所需的模拟精度。

δ_e^{act}、δ_r^{act}、δ_a^{act} 都在表 6-4 中规定的区间内取值。表 6-4 中还包括状态变量值 p、q、r、φ、θ、ψ、α、β 的对应区间。

表 6-4　模型（6.6）~模型（6.9）中的变量范围

变量	训练集		测试集	
	最小值	最大值	最小值	最大值
α	3.8405	6.3016	3.9286	5.8624
β	−1.9599	1.7605	−0.4966	0.9754
p	−16.0310	18.1922	−10.1901	11.8683
q	−3.0298	3.1572	−1.2555	3.6701
r	−4.6205	4.1017	−0.9682	4.1661
δ_e	−7.2821	−4.7698	−7.2750	−5.0549
$\dot{\delta}_e$	−8.1746	8.0454	−39.4708	36.8069
δ_a	−1.2714	1.2138	−2.0423	1.0921
$\dot{\delta}_a$	−8.6386	8.7046	−56.8323	48.9997
δ_r	−2.5264	1.7844	−1.7308	1.4222
$\dot{\delta}_r$	−20.4249	17.8579	−48.6391	58.5552
ϕ	−22.3955	7.7016	0	59.6928
θ	0	5.3013	−20.8143	3.8094
ψ	−11.9927	0	−0.0099	98.5980
δ_e^{act}	−7.2629	−4.7886	−7.0105	−5.3111
δ_a^{act}	−1.2518	1.1944	−1.4145	0.7694
δ_r^{act}	−2.4772	1.7321	−1.3140	1.0044

为了将这些控制和状态变量值的范围扩大到所模拟系统的整个运行区域，我们必须开发用于模型生成的合适算法。一种解决这个问题的方法依赖于 ANN 模型的增量学习方法[30-31]。在这种方法中，开始只设计模型的核心，在运行区域一定的子空间内提供所需的精度；然后不断地迭代扩展模型有效域，同时保留前面子区域内的行为。

该算法已成功地应用于含五个未知系数 C_y、C_z、C_l、C_n、C_m 的气动系数辨识问题（预测时域含 1000 个时间步）。该问题的计算实验结果如表 6-5 和图 6-9、图 6-10 所示。

表 6-5　不同学习阶段半经验模型在测试集上的模拟误差

预测时域	MSE_α ⊖	MSE_β	MSE_p	MSE_r	MSE_q
2	0.1376	0.2100	1.5238	0.4523	0.4517
4	0.1550	0.0870	0.5673	0.2738	0.4069
6	0.1647	0.0663	0.4270	0.2021	0.3973
9	0.1316	0.0183	0.1751	0.0530	0.2931
14	0.0533	0.0109	0.1366	0.0300	0.1116
21	0.0171	0.0080	0.0972	0.0193	0.0399
1000	0.0171	0.0080	0.0972	0.0193	0.0399

⊖ MSE（Mean Square Error，均方误差）。

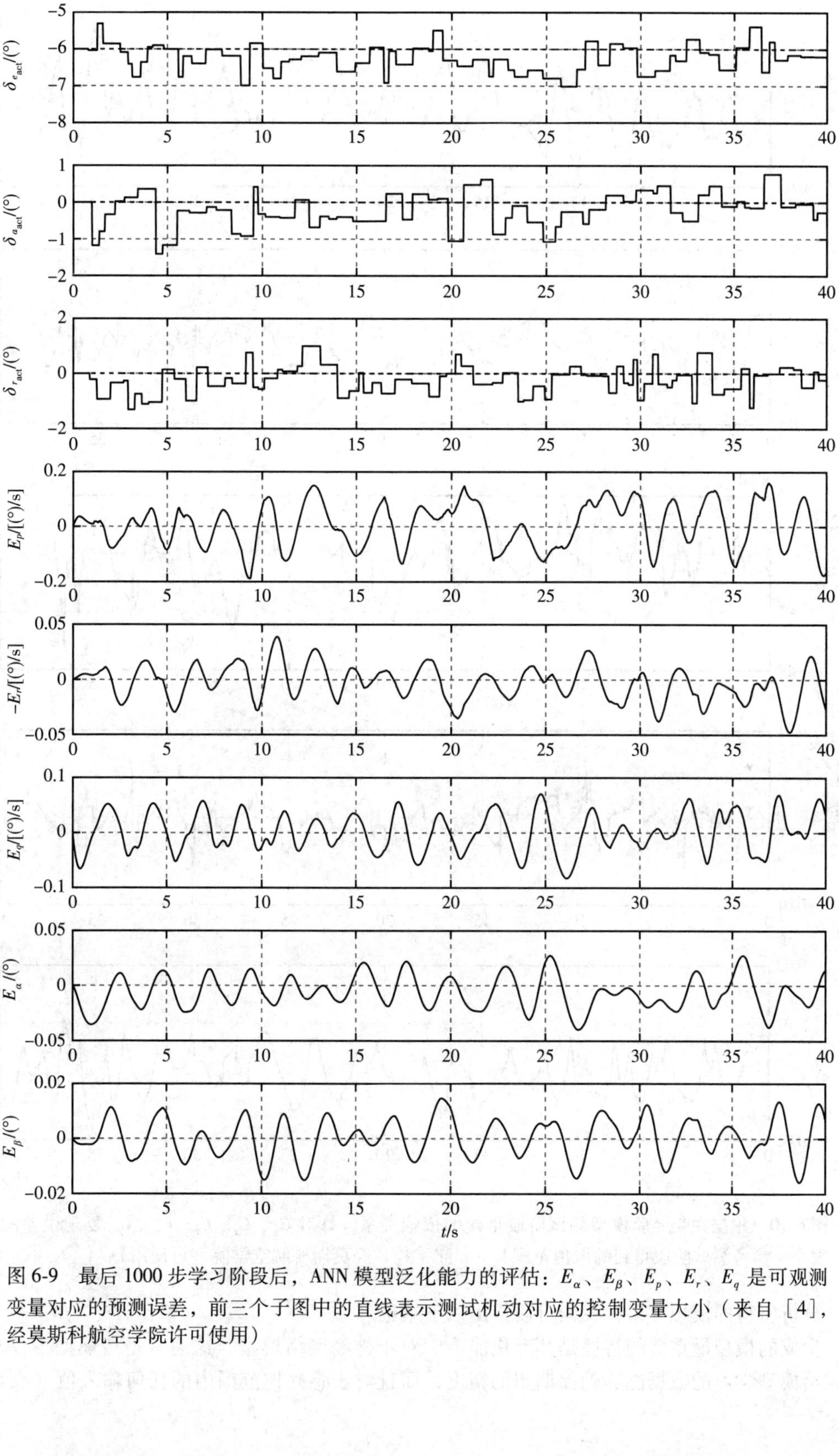

图 6-9 最后 1000 步学习阶段后，ANN 模型泛化能力的评估：E_α、E_β、E_p、E_r、E_q 是可观测变量对应的预测误差，前三个子图中的直线表示测试机动对应的控制变量大小（来自［4］，经莫斯科航空学院许可使用）

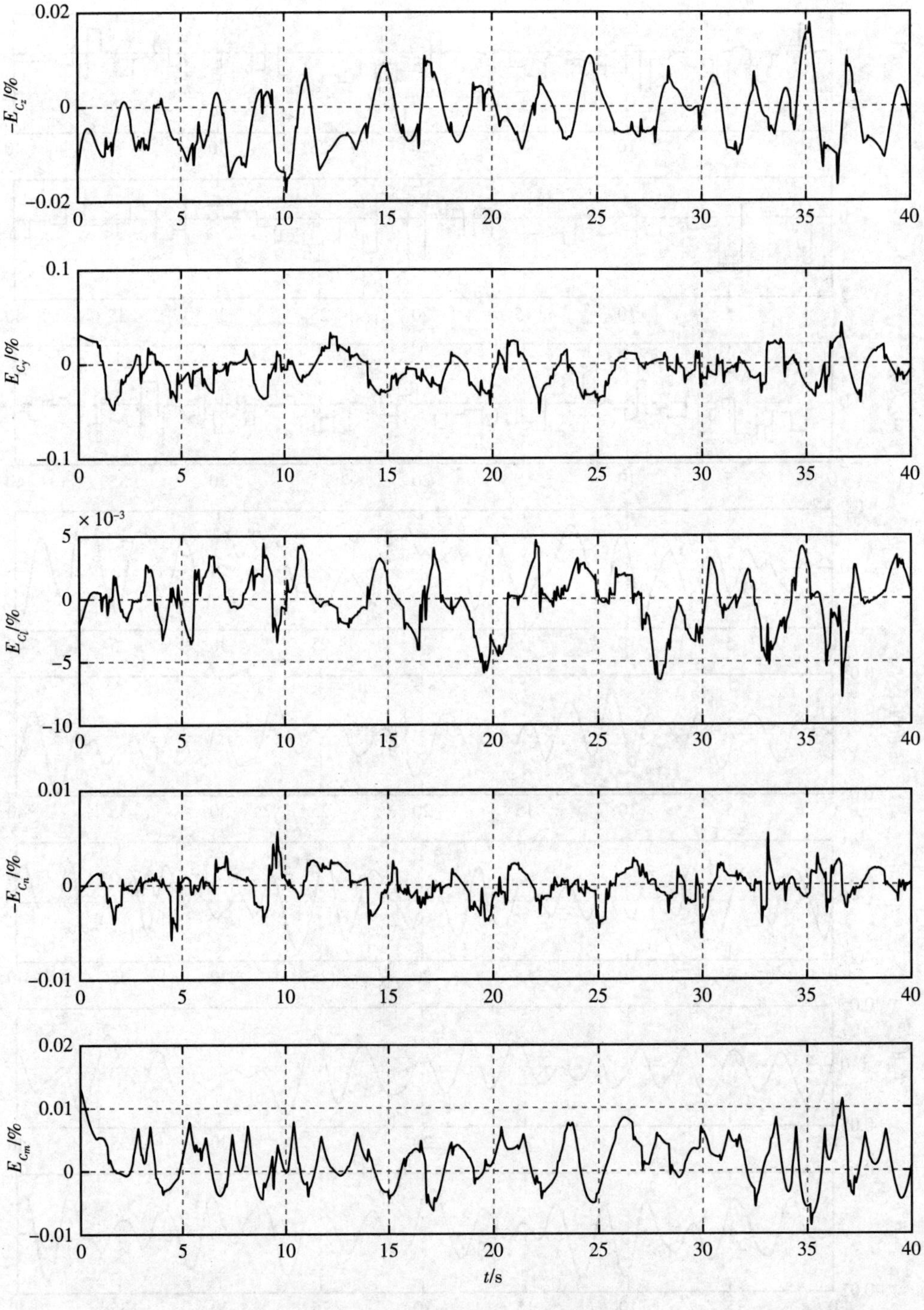

图 6-10　根据在半经验模型测试阶段重建的依赖关系，针对 C_y、C_z、C_l、C_n、C_m 复现误差的大小（参考测试阶段得到的取值范围）（来自［4］，经莫斯科航空学院许可使用）

分析所得的模拟结果，我们可以得出以下结论。

生成的模型最重要的特性是其泛化能力。对于神经网络模型，这通常是指模型不仅对于用来给模型学习的数据能够确保期望的精度，而且对于感兴趣范围内的任何输入值（在该情况下为控制和状态变量）都能确保预期的精度。这种验证是在覆盖上述范围且与训练数据集不一致的测试数据集上进行的。

成功解决建模和辨识问题，首先应该确保在模型的整个感兴趣范围内达到所需的建模精度，其次确保对飞行器气动特性的近似达到所需精度。

由图 6-9 和表 6-5 所示的结果，我们可以说这些问题中的第一个已成功解决了。图 6-9 表明，所有观测变量的预测误差都微不足道，且这些误差随时间流逝增长非常缓慢，这表明了 ANN 模型的良好泛化特性。也就是说，该模型在足够大的预测时域内都不会“跑飞”。

测试是针对 40s 的预测时域进行的，这对于飞行器短周期运动建模问题来说是足够长的时间间隔。需要强调，模型是在相当严格的条件下测试的。我们可以从图 6-9 中看到，飞行器的控制面（受控稳定舵、方向舵、副翼）工作非常活跃，表现为控制面执行器指令信号值 δ_e^{act}、δ_r^{act}、δ_a^{act} 频繁变化。此时，随机生成的指令信号相邻值之间差异显著。这种测试数据集生成方法的作用是为所模拟系统提供大范围变化的状态（为了尽可能均匀和密集地覆盖系统的整个状态空间），以及时间上相邻状态的变化（为了在 ANN 模型中真实反映所模拟系统的动态）。另一个复杂的因素是，在前面一个或多个干扰的过渡过程消失之前，后续输入干扰就会影响飞行器。

图 6-9 描述了训练过程完成后的最终模型。表 6-5 中给出的数据使我们可以在训练期间分析该模型的精度动态特性。

模型的精度取决于表示飞行器气动特性的非线性函数重构的精度。图 6-9 中的数据描述了这些函数近似误差对模型给出的轨迹预测精度的总体影响。这些结果可以说是完全令人满意的。不过，分析如何精确地解决了气动特性辨识问题也是很有意义的。

为了回答这个问题，我们需要提取近似函数 C_y、C_z、C_l、C_n、C_m 对应的 ANN 模块，然后将它们生成的数值与可用的实验数据[20] 做对比。例如，可以通过 RMSE 函数来获得精度的积分估计。在上述实验中，我们有以下误差估计：$\mathrm{RMSE}_{C_y} = 5.4257 \cdot 10^{-4}$、$\mathrm{RMSE}_{C_z} = 9.2759 \cdot 10^{-4}$、$\mathrm{RMSE}_{C_l} = 2.1496 \cdot 10^{-5}$、$\mathrm{RMSE}_{C_m} = 1.4952 \cdot 10^{-4}$、$\mathrm{RMSE}_{C_n} = 1.3873 \cdot 10^{-5}$。在半经验模型测试阶段，函数 C_y、C_z、C_l、C_n、C_m 每个时刻的复现误差如图 6-10 所示。

6.4 机动飞行器纵向平动与角运动半经验建模

本节我们考虑机动飞行器纵向运动建模及气动特性（例如轴向和法向气动力系数、俯仰力矩系数）辨识问题。我们解决这个问题的方式与解决前两节中问题的相同，都是使用一类结合了理论建模和神经网络建模潜力的半经验动态模型。

由于在获取寻找轴向力系数 C_x 所需数据集时遇到的困难，同时重构所有六个气动力和力矩的依赖关系是不现实的。因此，总的气动特性辨识问题被拆分为两个子问题。6.3 节中考虑了第一个子问题，即在三轴旋转运动下对五个系数 C_y、C_z、C_l、C_n、C_m 的辨识问题。本节考虑第二个子问题，相当于在纵向运动（平动加角运动）下确定余下的轴向力系数 C_x。此外，在［3-4］中，为了降低所解决问题的计算复杂性，没有针对所考虑动态系统的状态变量和控制变量可能取值的全部范围去求解建模和辨识问题，而是仅限于部分范围（在每个变量取值范围的百分之几量级上）。在本节中，我们将在更加宽泛的取值范围内提取系数 C_x、C_z、C_m 对其参数的依赖关系（式（6.11）、式（6.12）列出了这些参数）。

对作为对应参数非线性函数的轴向气动力 $\overline{X}$ 的辨识问题，其求解在传统上很有挑战性（例如见［32-33］）。类似地，求解飞行器发动机推力 F_T 大小也很困难[32-33]。我们需要从在飞行试验中测得的合力 R_X 中提取 $\bar{X}$。ANN 建模方法看来是解决这一问题很有前景的工具，就像它用于其他气动特性辨识一样。这一猜测得到了理论结果的支撑（例如见［34-36］），理论分析表明 ANN 具有万有近似器的性质，即它可以以任意预设的精度表示从 n 维输入到 m 维输出的任意映射。针对稍微复杂的应用问题，本节的一个目的是验证该猜测的有效性。针对机动飞行器典型的宽参数取值范围，我们考虑从实验数据中提取系数 C_x、C_z、C_m 对参数依赖关系的问题。众所周知[22]，为了成功解决这个问题，必须为 ANN 学习算法提供具有所需信息量、有代表性的数据集（训练样本）。获取这样充分描述所模拟系统行为的数据集，是设计 ANN 模型中出现的关键问题之一。如［3-6］所示，可以通过为建模对象开发合适的测试控制动作，并估计对象对这些激励的响应，来解决该问题。考虑到在上一节中，仅针对描述飞行器运动的状态变量和控制变量可能取值范围的一小部分解决了问题，这里必须让训练样本覆盖所需的整个区域。

进一步，我们本节中将使用机动飞行器纵向运动数学模型，作为需要建立相应半经验 ANN 模型的对象，它也用于生成训练集。我们将提出一种生成训练集的算法，使训练样本足够均匀和密集地覆盖机动飞行器状态和控制变量的可能取值范围。接下来，我们将构建飞行器纵向受控运动的半经验 ANN 模型，包括实现系数 C_x、C_z、C_m 的函数性依赖关系的 ANN 模块。在所得 ANN 模型的学习过程中，解决这些系数的辨识问题。最后给出整体上表征所生成 ANN 模型精度的计算实验结果，并说明解决飞行器气动特性辨识问题的有效性。

为求解这一问题，我们需要建立飞行器纵向运动数学模型。这里，我们考虑飞行器飞行动态传统使用的非线性 ODE 方程组[13-19]，即

$$\begin{cases}\dot{V}=\dfrac{1}{m}R_x\\ \dot{\gamma}=\dfrac{1}{mV}R_z\\ \dot{x}_E=V\cos\gamma\\ \dot{q}=\dfrac{1}{J_y}\overline{M}\\ \dot{\theta}=q\\ \dot{P}_a=\dfrac{1}{\tau_{\text{eng}}}(P_c-P_a)\\ T^2\ddot{\delta}_e=-2T\zeta\dot{\delta}_e-\delta_e+\delta_{e_{\text{act}}}\end{cases}\tag{6.14}$$

在模型（6.14）中，采用了以下记号：V 是空速（m/s）；γ 是飞行轨迹角(°)；h 是飞行高度(m)；x_E 是飞行器质心在地球固连参考系中的位置(m)；q 是俯仰角速度(°/s)；θ 是俯仰角(°)；δ_e 是受控全动稳定舵的偏转角(°)；$\delta_{e_{\text{act}}}$ 是稳定舵执行器的指令信号(°)；T、ζ 是受控稳定舵执行器的时间常数(s) 和相对阻尼系数；R_x、R_z 是总阻力和总升力(N)；$\overline{M}$ 是总俯仰力矩(N·m)；P_c、P_a 是发动机相对推力的指令值和当前值(%)；τ_{eng} 是发动机时间常数(s)；m 是飞行器质量(kg)；g 是重力加速度(m/s²)；J_y 是飞行器相对横轴的惯性矩(kg·m²)。

式（6.14）中合力 R_x、R_z 和合力矩 $\overline{M}$ 由下面形式的关系式给出：

$$\begin{cases} R_x = F_T(h, M, P_c)\cos\alpha - \bar{q}SC_x(V, \alpha, \phi, q) - mg\sin\gamma \\ R_z = F_T(h, M, P_c)\sin\alpha + \bar{q}SC_z(V, \alpha, \phi, q) - mg\cos\gamma \\ \overline{M} = q_p S\bar{c}C_m(V, \alpha, \phi, q) \end{cases} \tag{6.15}$$

式中 α 是攻角(°)；V 是空速(m/s)；S 是翼面积(m^2)；$\bar{c}$ 是平均气动弦长(m)；$q_p=(\rho V^2)/2$ 是动压(N/m^2)；M 是马赫数。其中 C_x、C_z 是轴向力和法向力的无量纲系数，C_m 是俯仰力矩系数，它们是式（6.15）中所列参数的非线性函数。此外，F_T 是描述发动机推力对高度 H、马赫数 M 和相对推力当前值 P_a 依赖关系的非线性函数。

使用［20-21］中的数据，得到决定发动机高度-速度和油门特性的函数 F_T（h，M，P_c）。数学模型（6.14）还包含了描述发动机动态的方程，由实际相对推力值 P_a 的微分方程表示，且取决于对应的指令值 P_c 以及发动机油门的相对位置 δ_{th}。我们有

$$P_c^* = \begin{cases} 64.94\delta_{th}, & 当\ 0 \leqslant \delta_{th} < 0.77 \\ 217.38\delta_{th} - 117.38, & 当\ 0.77 \leqslant \delta_{th} \leqslant 1.0 \\ P_c^*, & 其他 \end{cases} \tag{6.16}$$

发动机时间常数 τ_{eng} 对相对推力实际值 P_a 和指令值 P_c 的依赖由下列方程确定：

$$P_c = \begin{cases} 64.94, & 当 P_c^* \geqslant 50 且 P_a < 50 \\ 40, & 当 P_c^* < 50 且 P_a \geqslant 50 \\ P_c^*, & 其他 \end{cases} \tag{6.17}$$

$$\frac{1}{\tilde{\tau}_{eng}} = \begin{cases} 1.0, & 当 (P_c - P_a) < 25 \\ 0.1, & 当 (P_c - P_a) \geqslant 25 \\ 1.9 - 0.036(P_c - P_a), & 其他 \end{cases} \tag{6.18}$$

$$\frac{1}{\tau_{eng}} = \begin{cases} 5, & 当 P_a \geqslant 50 \\ \dfrac{1}{\tilde{\tau}_{eng}}, & 其他 \end{cases} \tag{6.19}$$

［20］中给出了式（6.15）中的函数 F_T（h，M，P_c），如下：

$$F_T = \begin{cases} T_{idle} + (T_{mil} - T_{idle})(P_a/50), & 当 P_a < 50 \\ T_{mil} + (T_{max} - T_{mil})((P_a - 50)/50), & 当 P_a \geqslant 50 \end{cases} \tag{6.20}$$

式中，T_{idle}、T_{mil}、T_{max} 分别是发动机在空转模式、军用模式和最大模式下的推力。这些量是飞行高度和马赫数的函数，由［20］给出的实验数据插值。例如，当 $H=3000$m 且 $M=0.4$ 时，这些值为 $T_{idle}=111.2$N、$T_{mil}=41421.9$N、$T_{max}=74997.0$N。

模型（6.14）~模型（6.20）所需的在给定高度 H 的大气参数值（空气密度 ρ 和当地声速 a）采用**国际标准大气**（ISA）模型估算。假设 g 为常数，等于海平面的重力加速度。

我们考虑以机动飞机 F-16 作为具体所模拟对象的例子。［20］中给出了该飞机的风洞试验数据，［21］中给出了一些额外数据。

模型（6.14）~模型（6.20）中用于模拟的相关变量具体值如下：飞机质量 $m=9295.44$kg，翼面积 $S=27.87\ m^2$，机翼平均气动弦长 $\bar{c}=3.45$m，惯性矩 $I_y=75\ 673.6\ kg\cdot m^2$，重心位于平均气动弦长 5%处，稳定舵执行器的时间常数 $T_\phi=0.025$s，相对阻尼系数 $\zeta=$

0.707。实验中，我们考虑的高度范围为1000m~9000m，马赫数范围为0.1~0.6。

在解决这类问题时，最关键的一个任务就是生成具有代表性的数据集，它可以在描述给定对象的变量的足够大取值范围内，表现所模拟动态系统的行为。该任务对于获得可靠的系统模型至关重要，但没有简单的解决办法。我们可以使用专门构造的测试激励信号作用于所模拟的动态系统，为生成的ANN模型收集所需的训练数据。

本节中，我们为综合控制作用提出了一种自动的流程，对描述动态系统的变量取值变化范围提供了足够稠密的覆盖。该技术假设了动态系统某些初始理论模型的可利用性。模型的精度可能较低，或者由于其他原因无法满足最终模型的要求。然而，它可以用来综合状态空间中充分不同的轨迹对应的控制信号。

然后，我们将得到的控制动作集应用于所模拟对象，并用导出的轨迹填充训练集。类似地，生成测试集。算法6.1描述了这一过程。

算法6.1 测试机动的生成

Require：状态变量 $\mathcal{X}\subset\mathbb{R}^{n_x}$ 和控制变量 $\mathcal{U}\subset\mathbb{R}^{n_u}$ 允许值的集合

Require：最大机动数 P，机动持续时间的允许限制 $[K_{\min}, K_{\max}]$

Require：最大候选轨迹段数 Q，候选轨迹段的最小允许质量 $d_{\min}$，候选轨迹段持续时间的允许限制 $[S_{\min}, S_{\max}]$ 以及试验次数 R

Require：动态系统模型等号右端函数 $\boldsymbol{f}: \mathcal{X}\times\mathcal{U}\to\mathbb{R}^{n_x}$

Require：向量集比较的度量 ρ

Ensure：包含成对 $\langle \boldsymbol{x}_0, \{\boldsymbol{u}_k\}_{k=1}^{K}\rangle$ 的测试机动集 M，其中 $\boldsymbol{x}_0\in\mathcal{X}$ 是初始状态，$\boldsymbol{u}_k\in\mathcal{U}$ 是控制序列；

Ensure：所选轨迹的函数 $\boldsymbol{f}$ 的参数值集合 A，其包含向量 $\boldsymbol{a}\in\mathbb{R}^{n_x+n_u}$

```
M ← ∅
A ← ∅
p ← 1
while p ≤ P and S_max > S_min do
    r ← 1
    while r ≤ R do
        Ā ← A
        x_0^p = U(𝒳)
        K^p ← 0
        while K^p ≤ K_max do
            S ← min{S_max, K_max − K^p}
            在𝒰内生成一个候选机动段集合{u_k^{p,q}}_{k=K^p}^{K^p+S−1}(q=1,…,Q)，例如振幅和频率均匀分布的一
            系列步；
            利用动态系统模型对相应初始值问题进行数值求解，得到候选轨迹段{x_k^{p,q}}_{k=K^p}^{K^p+S}(q=1,…,Q)
            Ã^{p,q} ← {(x_k^{p,q}, u_k^{p,q})^T}_{k=K^p}^{K^p+S−1}(q=1,…,Q)
            评估各个候选机动段的适应度
```

$$d^{p,q}=\begin{cases}0, & \text{若}\,\exists\, k\in[K^p+1, K^p+S]: \boldsymbol{x}_k^{p,q}\notin\mathcal{X}\\ 0, & \text{若}\,\mathrm{cov}(\tilde{A}^{p,q})\text{的最大特征值过小}(q=1,\cdots,Q)\\ \rho(\bar{A},\tilde{A}^{p,q}), & \text{其他情形}\end{cases}$$

```
            求取最佳候选机动段 q* ← argmax_q d^{p,q}，其适应度为 d* ← max_q d^{p,q}
            if d* > d_min then
```

18: $\qquad\qquad \boldsymbol{u}_k^{p} \leftarrow \boldsymbol{u}_k^{p,q^{*}}$ ($k = K^p, \cdots, K^p + S - 1$)

19: $\qquad\qquad \boldsymbol{x}_k^{p} \leftarrow \boldsymbol{x}_k^{p,q^{*}}$ ($k = K^p + 1, \cdots, K^p + S$)

20: $\qquad\qquad \overline{A} \leftarrow \overline{A} \cup \tilde{A}^{p,q^{*}}$

21: $\qquad\qquad K^p = K^p + S$

22: $\qquad\qquad$ **break**

23: $\qquad\quad$ **else**

24: $\qquad\qquad r \leftarrow 1$

25: $\qquad\quad$ **end if**

26: $\qquad$ **end while**

27: $\qquad$ **if** $r < R$ **then**

28: $\qquad\quad A \leftarrow \overline{A}$

29: $\qquad\quad$ **break**

30: $\qquad$ **else**

31: $\qquad\quad$ 适当减小 $S_{\max}$

32: $\qquad$ **end if**

33: $\quad$ **end while**

34: **end while**

除了具有代表性的训练集外，我们还使用训练集中单个样本的权重来改善神经网络模型的泛化误差。该过程基于以下考虑：如果训练集中 K 个样本的参数位于一个小邻域中，那么这种情况等同于给该域内的某典型样本分配权重 K。因此，样本的不均匀分布可能导致模型在输入空间的某些区域内精度高，而在其他区域的精度低得多。为避免这种情况，在综合训练集的最后阶段，我们为其元素赋予权重。对每个元素 $\lambda \in \Lambda$，找出位于其 ε 邻域内的各元素 $\tilde{\lambda} \in \Lambda$。然后，为 Q 中每个样本赋予一个权重，它反比于为该样本找到的相邻元素数量。

在计算机上实现此算法时，应选择表示数据集 Λ、$\overline{\Lambda}$、$\overline{\Lambda}_m$ 的适当数据结构，确保最近邻元素搜索、给定区域内的邻元素搜索以及添加新条目的有效操作。这种结构的一个例子是 k 维树，例如 FLANN 库中对该结构的实现[37]。

该算法已成功应用于为机动飞机纵向运动生成半经验模型训练集，考虑的变量范围如下：

$$\delta_{e_{\text{act}}} \in [-25, 25]°, \quad \delta_e \in [-25, 25]°, \quad \delta_{\text{th}} \in [0, 1], \quad P_c \in [0, 100]\%,$$

$$\theta \in [-90, 90]°, \quad q \in [-100, 100]°/\text{s}, \quad V \in [35, 180]\text{m/s}, \quad \alpha \in [-20, 90]°$$

对于描述所模拟对象的变量及其导数的可接受取值范围，该算法的有效性可以使用覆盖图来估计[38]。当对对象施加测试信号时，使用获得的样本来评估。对通过施加各种测试激励到建模对象获得的训练集的代表性（信息量），可以用这些图（覆盖图）来评估。如果训练集能够均匀且稠密地覆盖描述对象行为所需的取值范围，那么它就比较好。原始的表示是多维的，为清晰，我们使用二维横截面。例如，图 6-11、图 6-12 分别给出了两个最重要的变量对 (α, V) 和 (α, q) 的图。图上，一个叉形点表示训练集的一个样本。每个图中的总样本数为 70 000。

文献 [3-6] 中描述了可控动态系统半经验 ANN 模型设计的一般方法。在 [1-2] 中，它被应用于解决飞机三维旋转运动问题中的气动特性 C_y、C_z、C_l、C_n、C_m 的辨识问题。本节中，我们基于理论模型（6.14）~模型（6.20），开发了纵向运动的半经验 ANN 模型。该 ANN 模型允许我们在自变量非常大的范围内近似系数 C_x、C_z、C_m。

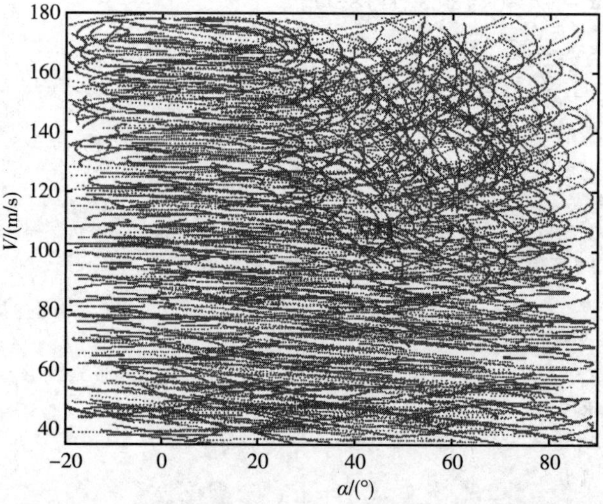

图6-11 训练集覆盖图（α,V）（来自［38］，经莫斯科航空学院许可使用）

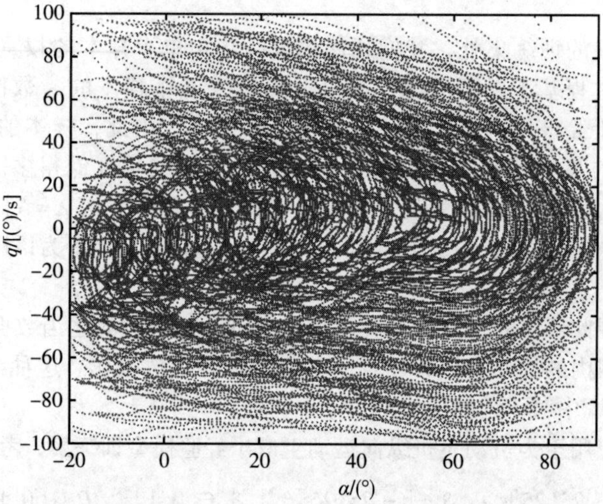

图6-12 训练集覆盖图（α,q）（来自［38］，经莫斯科航空学院许可使用）

在模型（6.14）~模型（6.20）中，变量 V、h、γ、x_E、q、θ、P_a、δ_e、$\dot{\delta}_e$ 是受控对象的状态，变量 $\delta_{e_{\text{act}}}$、δ_{th} 是控制。控制大小有约束：$\delta_{e_{\text{act}}}\in[-25,25]°,\delta_{\text{th}}\in[0,1]$。训练集和测试集按照上节描述的流程生成，采样周期为 $\Delta t=0.01\text{s}$。状态向量是部分可观测的，$\boldsymbol{y}(t)=[V(t),\theta(t)q(t)]^{\mathrm{T}}$。系统的输出 $\boldsymbol{y}(t)$ 受到标准差为 $\sigma_V=0.01\text{m/s}$、$\sigma_\theta=0.01°$、$\sigma_q=0.005°/\text{s}$ 的加性高斯噪声的影响。

用第2章描述的算法来进行半经验 ANN 模型的学习。使用 **MATLAB 神经网络工具箱**（Neural Network Toolbox）实现这些算法，依赖于 Levenberg-Marquardt 算法（为了最小化 LDDN 形式神经网络的均方误差目标函数）。使用 RTRL 算法[22] 计算雅可比矩阵。

用S型前馈 ANN 表示函数 C_x、C_z、C_m 的 ANN 模块。变量 α、δ_e、q/V 用作各个模块的输入。函数 C_x、C_z 的 ANN 模块有两个隐藏层，第一层包含10个神经元，第二层包含20个神经元。函数 C_m 的 ANN 模块有三个隐藏层，第一层包含 10 个神经元，第二层包含 15 个神经元，第三层包含 20 个神经元。

得到的机动飞机纵向运动半经验 ANN 模型，在测试集上的模拟误差是 $\mathrm{RMSE}_V=0.0026\mathrm{m/s}$、$\mathrm{RMSE}_\alpha=0.183°$、$\mathrm{RMSE}_q=0.0071°/\mathrm{s}$。

气动力系数 C_x、C_z、C_m 的辨识精度如图 6-13、图 6-14、图 6-15 中的数据所示。

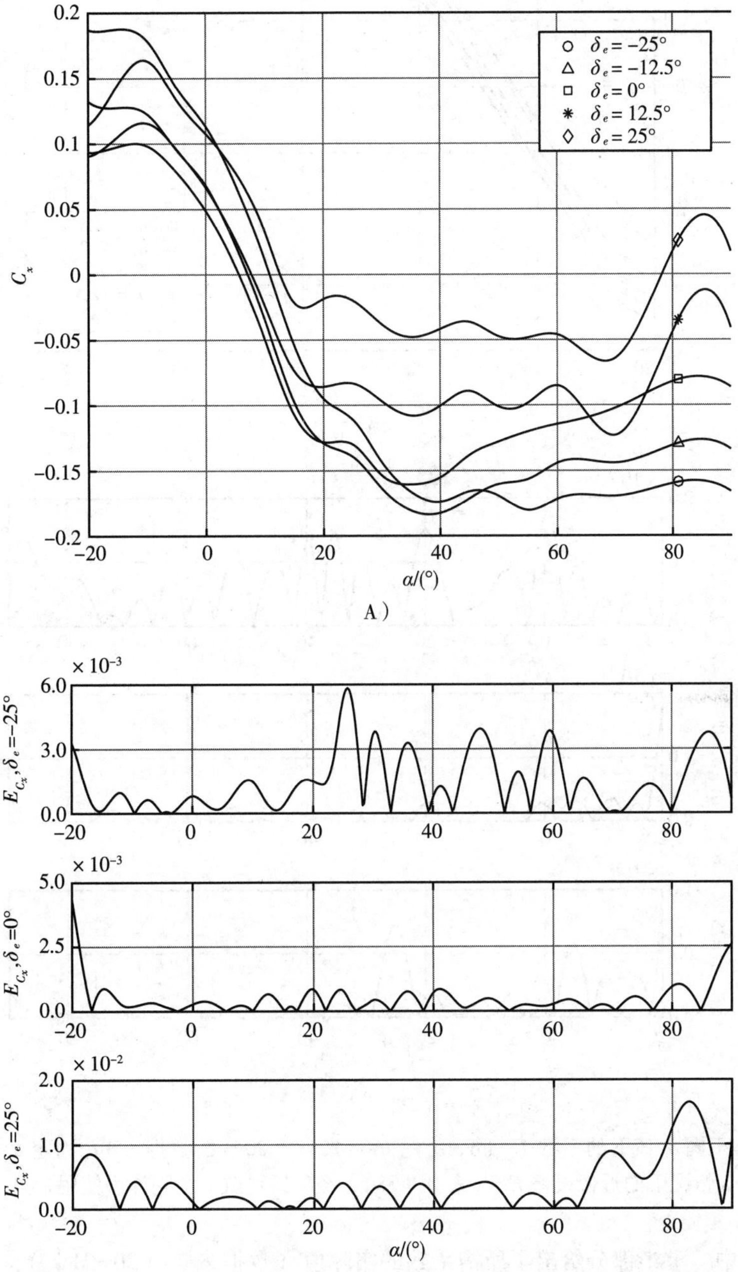

图 6-13　不同 δ_e 值下的系数 $C_x(\alpha,\delta_e)$。A）来自［20］的数据。B）固定 $q=0°/\mathrm{s}$ 及 $V=150\mathrm{m/s}$ 情况下的近似误差 E_{C_x}（来自［38］，经莫斯科航空学院许可使用）

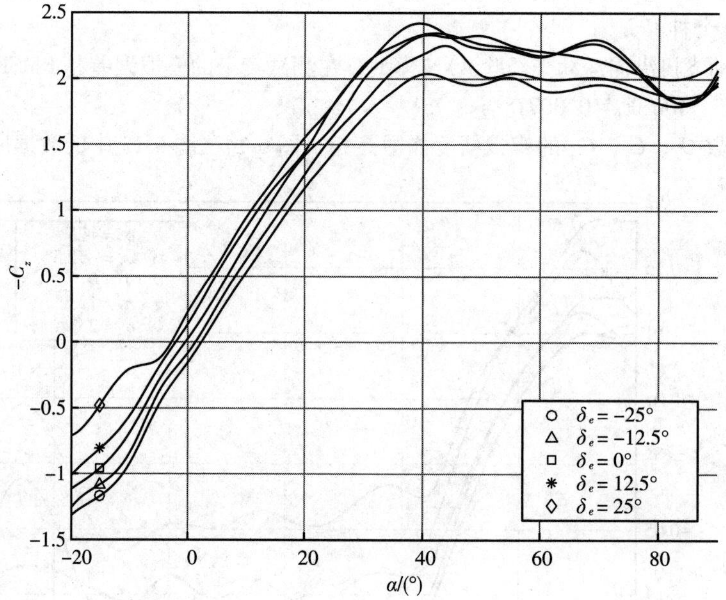

A）

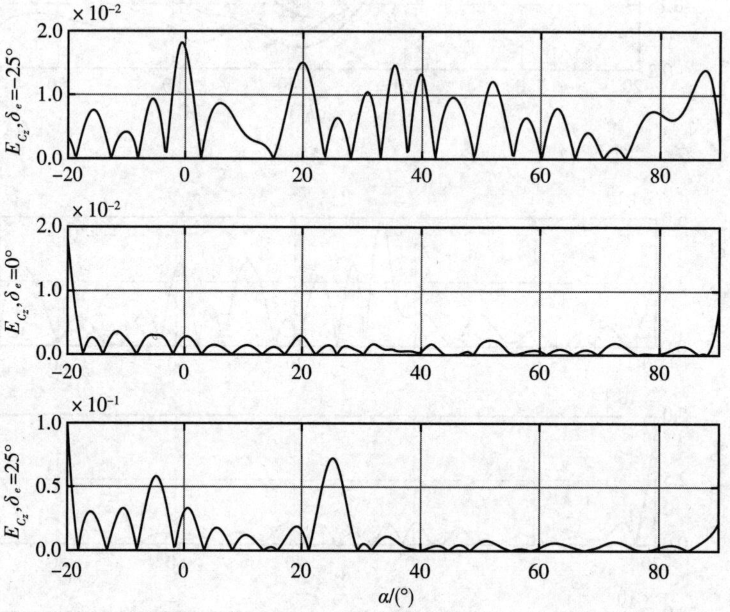

B）

图 6-14　不同 δ_e 值下的系数 C_z（α，δ_e）。A）来自［20］的数据。B）固定 $q = 0°/s$ 及 $V = 150m/s$ 情况下的近似误差 E_{C_z}（来自［38］，经莫斯科航空学院许可使用）

在每张图中，上半部分给出了所需系数的实际值（数据来自［20−21］），它们与攻角 α 和受控稳定舵的偏转角 δ_e 有关。下半部分给出了对应 ANN 模块的近似误差。可以看出，达到的精度非常高。

从以上给出的结果，可以得出下述结论。

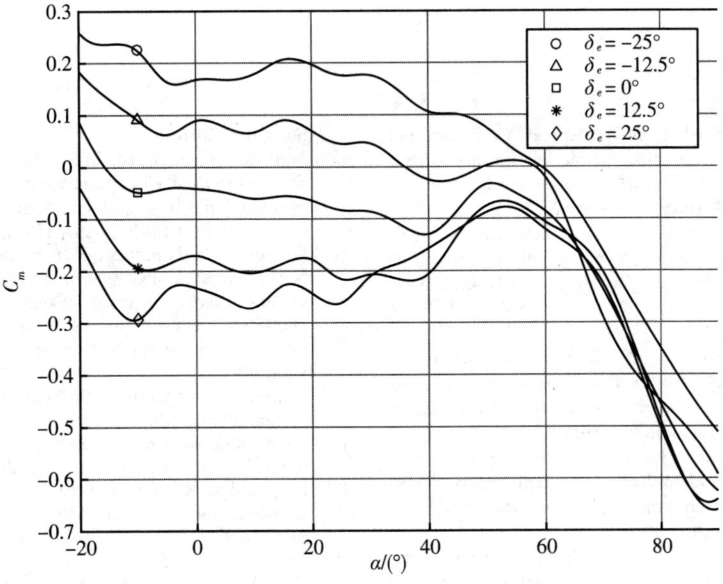

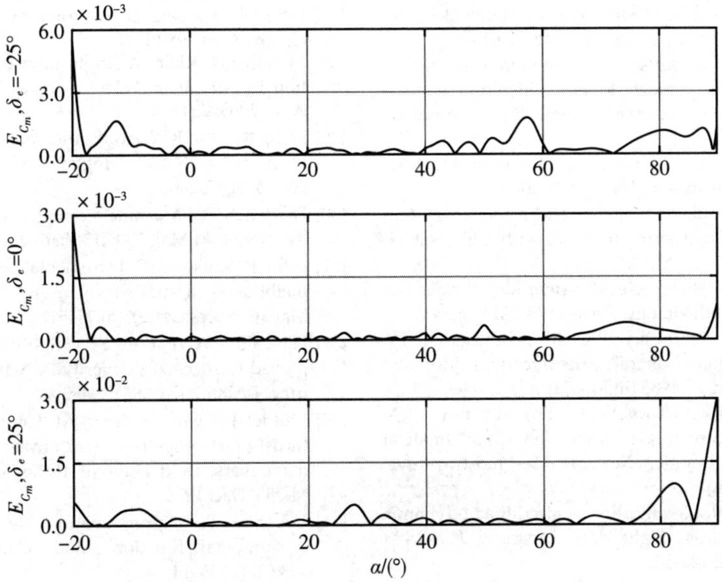

图 6-15 不同 δ_e 值下的系数 C_m（α，δ_e）。A）来自［20］的数据。B）固定 $q = 0°/s$ 及 $V = 150m/s$ 情况下的近似误差 E_{C_m}（来自［38］，经莫斯科航空学院许可使用）

对于上一节和［1-2］中描述的气动系数 C_y、C_z、C_l、C_n、C_m 辨识问题，在给定发动机模型下，半经验 ANN 建模方法成功解决了轴向力系数 C_x 的辨识问题。如果没有发动机模型，那么求解辨识问题可以近似总轴向力系数，这同样与控制变量 δ_{th} 有关。从式（6.14）和式（6.15）可知，这足以模拟飞机的运动。

从所得的结果得出的另一个重要结论是，只要有所需信息量的训练集，半经验模型的“表示能力”就足以近似复杂且自变量在大范围内取值的非线性函数关系。

计算实验结果表明，所得到的飞机纵向运动和对应气动特性的 ANN 模型都具有很高的精度。

6.5 参考文献

[1] Egorchev MV, Kozlov DS, Tiumentsev YV. Neural network adaptive semi-empirical models for aircraft controlled motion. In: 29th Congress of the International Council of the Aeronautical Sciences; 2014.

[2] Egorchev MV, Tiumentsev YV. Learning of semi-empirical neural network model of aircraft three-axis rotational motion. Opt Memory Neural Netw (Inf Opt) 2015;24(3):210–7. https://doi.org/10.3103/S1060992X15030042.

[3] Egorchev MV, Kozlov DS, Tiumentsev YV, Chernyshev AV. Neural network based semi-empirical models for controlled dynamical systems. Her Comput Inf Technol 2013;(9):3–10 (in Russian).

[4] Egorchev MV, Kozlov DS, Tiumentsev YV. Aircraft aerodynamic model identification: A semi-empirical neural network based approach. Her Mosc Aviat Inst 2014;21(4):13–24 (in Russian).

[5] Egorchev MV, Tiumentsev YV. Neural network semi-empirical modeling of the longitudinal motion for maneuverable aircraft and identification of its aerodynamic characteristics. Studies in computational intelligence, vol. 736. Springer Nature; 2018. p. 65–71.

[6] Egorchev MV, Tiumentsev YV. Semi-empirical neural network based approach to modelling and simulation of controlled dynamical systems. Proc Comput Sci 2017;123:134–9.

[7] Klein V, Morelli EA. Aircraft system identification: Theory and practice. Reston, VA: AIAA; 2006.

[8] Tischler M, Remple RK. Aircraft and rotorcraft system identification: Engineering methods with flight-test examples. Reston, VA: AIAA; 2006.

[9] Jategaonkar RV. Flight vehicle system identification: A time domain methodology. Reston, VA: AIAA; 2006.

[10] Berestov LM, Poplavsky BK, Miroshnichenko LY. Frequency domain aircraft identification. Moscow: Mashinostroyeniye; 1985 (in Russian).

[11] Vasilchenko KK, Kochetkov YA, Leonov VA, Poplavsky BK. Structural identification of mathematical model of aircraft motion. Moscow: Mashinostroyeniye; 1993 (in Russian).

[12] Ovcharenko VN. Identification of aircraft aerodynamic characteristics from flight data. Moscow: The MAI Press; 2017 (in Russian).

[13] Etkin B, Reid LD. Dynamics of flight: Stability and control. 3rd ed. New York, NY: John Wiley & Sons, Inc.; 2003.

[14] Boiffier JL. The dynamics of flight: The equations. Chichester, England: John Wiley & Sons; 1998.

[15] Roskam J. Airplane flight dynamics and automatic flight control. Part I. Lawrence, KS: DAR Corporation; 1995.

[16] Roskam J. Airplane flight dynamics and automatic flight control. Part II. Lawrence, KS: DAR Corporation; 1998.

[17] Cook MV. Flight dynamics principles. Amsterdam: Elsevier; 2007.

[18] Hull DG. Fundamentals of airplane flight mechanics. Berlin: Springer; 2007.

[19] Stevens BL, Lewis FL, Johnson E. Aircraft control and simulation: Dynamics, control design, and autonomous systems. 3rd ed. Hoboken, New Jersey: John Wiley & Sons, Inc.; 2016.

[20] Nguyen LT, Ogburn ME, Gilbert WP, Kibler KS, Brown PW, Deal PL. Simulator study of stall/post-stall characteristics of a fighter airplane with relaxed longitudinal static stability. NASA TP-1538; Dec. 1979.

[21] Sonneveld L. Nonlinear F-16 model description. The Netherlands: Control & Simulation Division, Delft University of Technology; June 2006.

[22] Haykin S. Neural networks: A comprehensive foundation. 2nd ed. Upper Saddle River, NJ, USA: Prentice Hall; 1998.

[23] Hamel PG, Jategaonkar RV. Evolution of flight vehicle system identification. J Aircr 1996;33(1):9–28.

[24] Hamel PG, Kaletka J. Advances in rotorcraft system identification. Prog Aerosp Sci 1997;33(3–4):259–84.

[25] Jategaonkar RV, Fischenberg D, von Gruenhagen W. Aerodynamic modeling and system identification from flight data — recent applications at DLR. J Aircr 2004;41(4):681–91.

[26] Klein V. Estimation of aircraft aerodynamic parameters from flight data. Prog Aerosp Sci 1989;26(1):1–77.

[27] Iliff KW. Parameter estimation for flight vehicles. J Guid Control Dyn 1989;12(5):609–22.

[28] Morelli EA, Klein V. Application of system identification to aircraft at NASA Langley Research Center. J Aircr 2005;42(1):12–25.

[29] Wang KC, Iliff KW. Application of system identification to aircraft at NASA Langley Research Center. J Aircr 2004;41(4):752–64.

[30] Dietterich TG. Machine-learning research: Four current directions. AI Mag 1997;18(7):97–136.

[31] Joshi P, Kulkarni P. Incremental learning: Areas and methods — a survey, vol. 2. Int J Data Min Knowl Manag Process 2012;2(5):43–51.

[32] Niewald PW, Parker SL. Flight-test techniques employed to successfully verify F/A-18E in-flight lift and drag. J Aircr 2000;37(2):194–200.

[33] Mulder JA, van Sliedregt JM. Estimation of drag and thrust of jet-propelled aircraft by non-steady flight-test maneuvers. Delft Univ. of Technology, Memorandum M-255, Dec. 1976.

[34] Cybenko G. Approximation by superposition of a sigmoidal function. Math Control Signals Syst 1989;2(4):303–14.

[35] Hornik K, Stinchcombe M, White H. Multilayer feedforward networks are universal approximators. Neural Netw 1989;2(5):359–66.

[36] Gorban AN. Generalized approximation theorem and computational capabilities of neural networks. Sib J Numer Math 1998;1(1):11–24 (in Russian).

[37] Muja M, Lowe DG. Scalable nearest neighbor algorithms for high dimensional data. IEEE Trans Pattern Anal Mach Intell 2014;36(11):2227–40.

[38] Egorchev MV, Tiumentsev YV. Neural network based semi-empirical approach to the modeling of longitudinal motion and identification of aerodynamic characteristics for maneuverable aircraft. Tr MAI 2017;(94):1–16 (in Russian).

自适应系统的计算实验结果

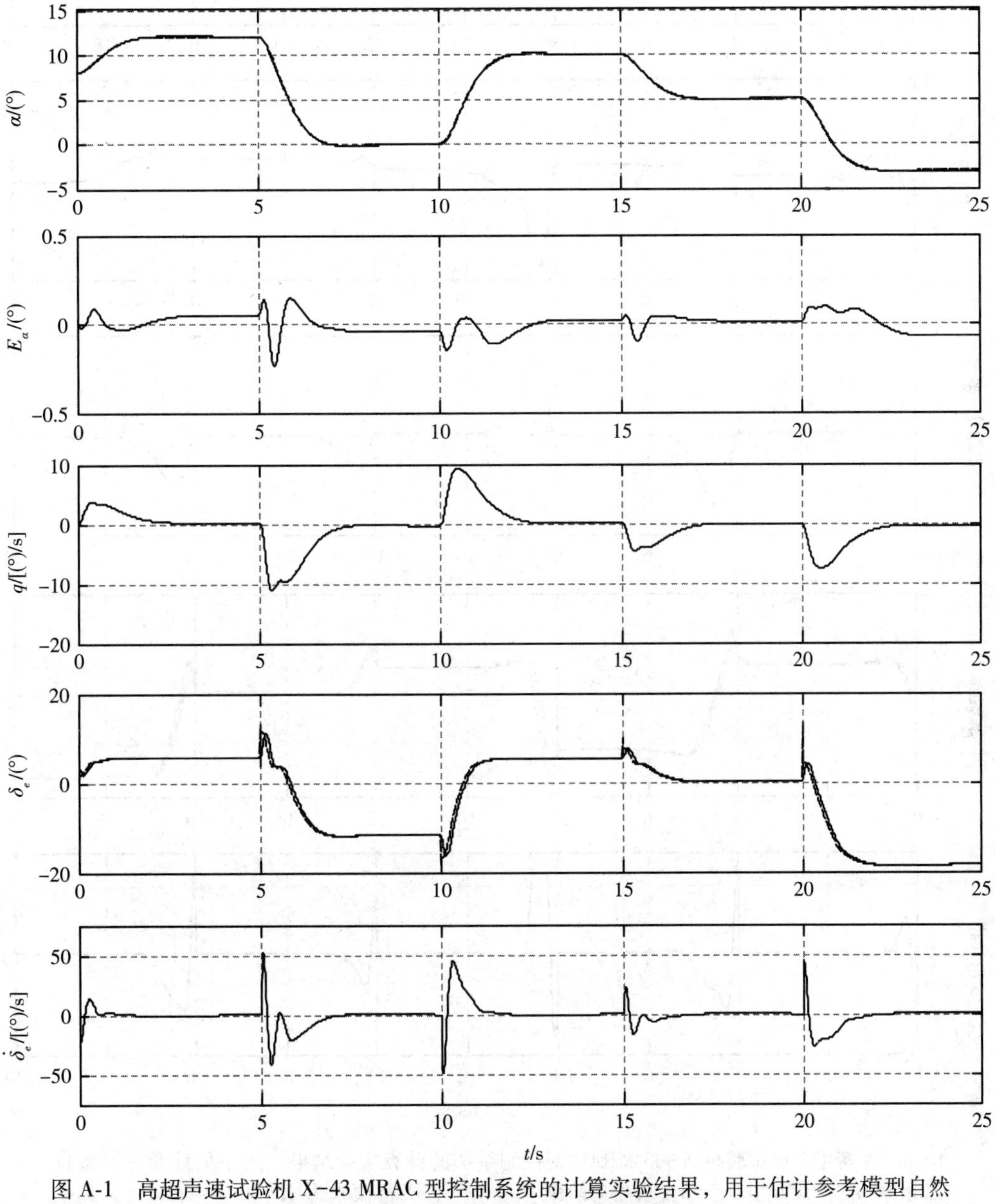

图 A-1 高超声速试验机 X-43 MRAC 型控制系统的计算实验结果，用于估计参考模型自然频率 ω_{rm} 的影响（$\omega_{rm}=2$；攻角为阶跃参考信号；飞行模式为 $M=6$、$H=30$km）。其中 α 是攻角（°）（虚线是参考模型，实线是对象）；E_α 是攻角跟踪误差（°）；q 是俯仰角速度（°/s）；δ_e 是执行器的指令信号（虚线）和升降舵的偏转角（实线）；$\dot{\delta}_e=\mathrm{d}\delta_e/\mathrm{d}t$ 是升降舵的偏转角速度（°/s）；t 是时间（s）

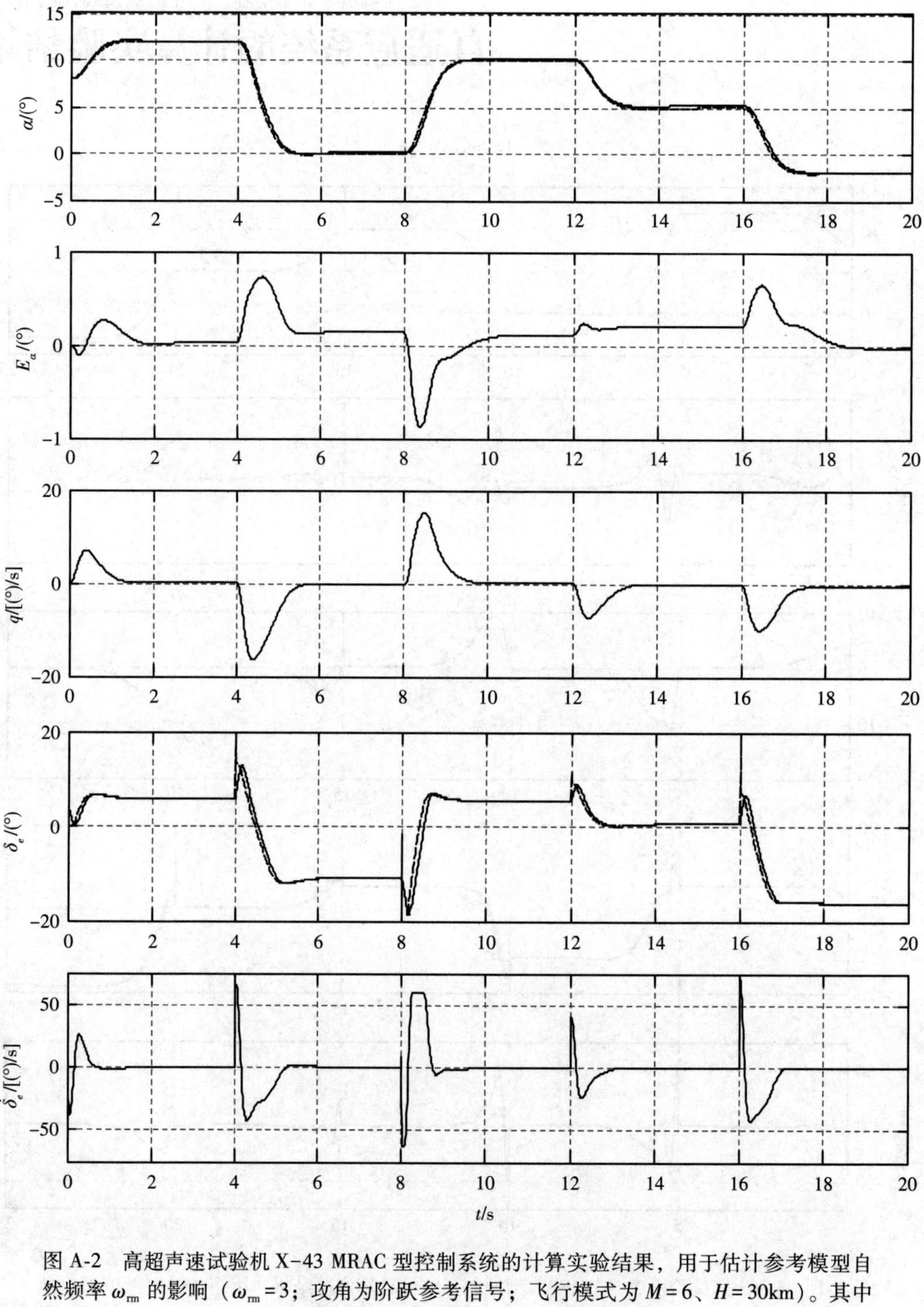

图 A-2　高超声速试验机 X-43 MRAC 型控制系统的计算实验结果，用于估计参考模型自然频率 ω_{rm} 的影响（$\omega_{rm}=3$；攻角为阶跃参考信号；飞行模式为 $M=6$、$H=30$km）。其中 α 是攻角（°）（虚线是参考模型，实线是对象）；E_α 是攻角跟踪误差（°）；q 是俯仰角速度（°/s）；δ_e 是执行器的指令信号（虚线）和升降舵的偏转角（实线）；$\dot{\delta}_e=\mathrm{d}\delta_e/\mathrm{d}t$ 是升降舵的偏转角速度（°/s）；t 是时间（s）

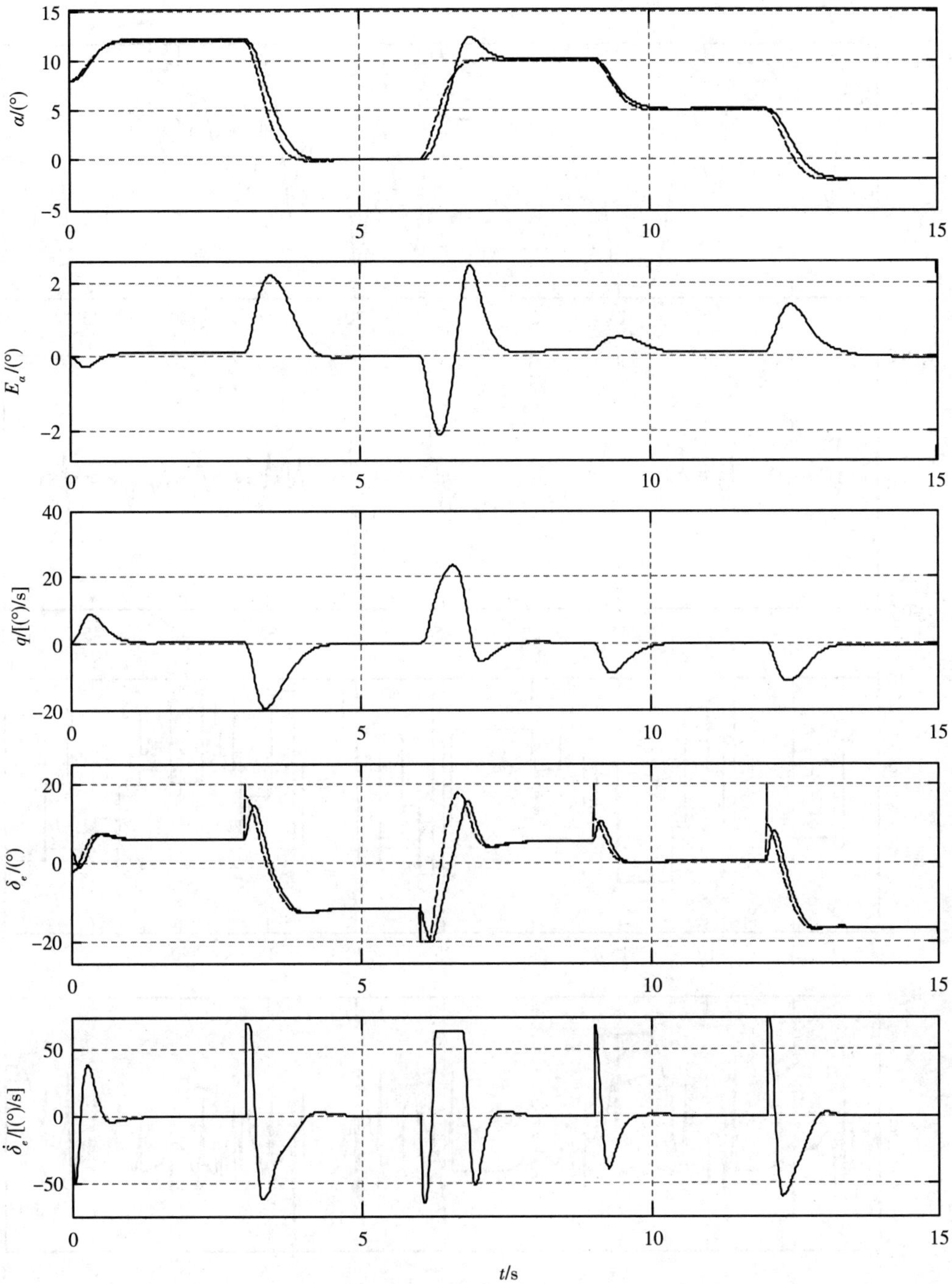

图 A-3 高超声速试验机 X-43 MRAC 型控制系统的计算实验结果，用于估计参考模型自然频率 ω_{rm} 的影响（$\omega_{rm}=4$；攻角为阶跃参考信号；飞行模式为 $M=6$、$H=30$km）。其中 α 是攻角（°）（虚线是参考模型，实线是对象）；E_α 是攻角跟踪误差（°）；q 是俯仰角速度（°/s）；δ_e 是执行器的指令信号（虚线）和升降舵的偏转角（实线）；$\dot{\delta}_e=\mathrm{d}\delta_e/\mathrm{d}t$ 是升降舵的偏转角速度（°/s）；t 是时间（s）

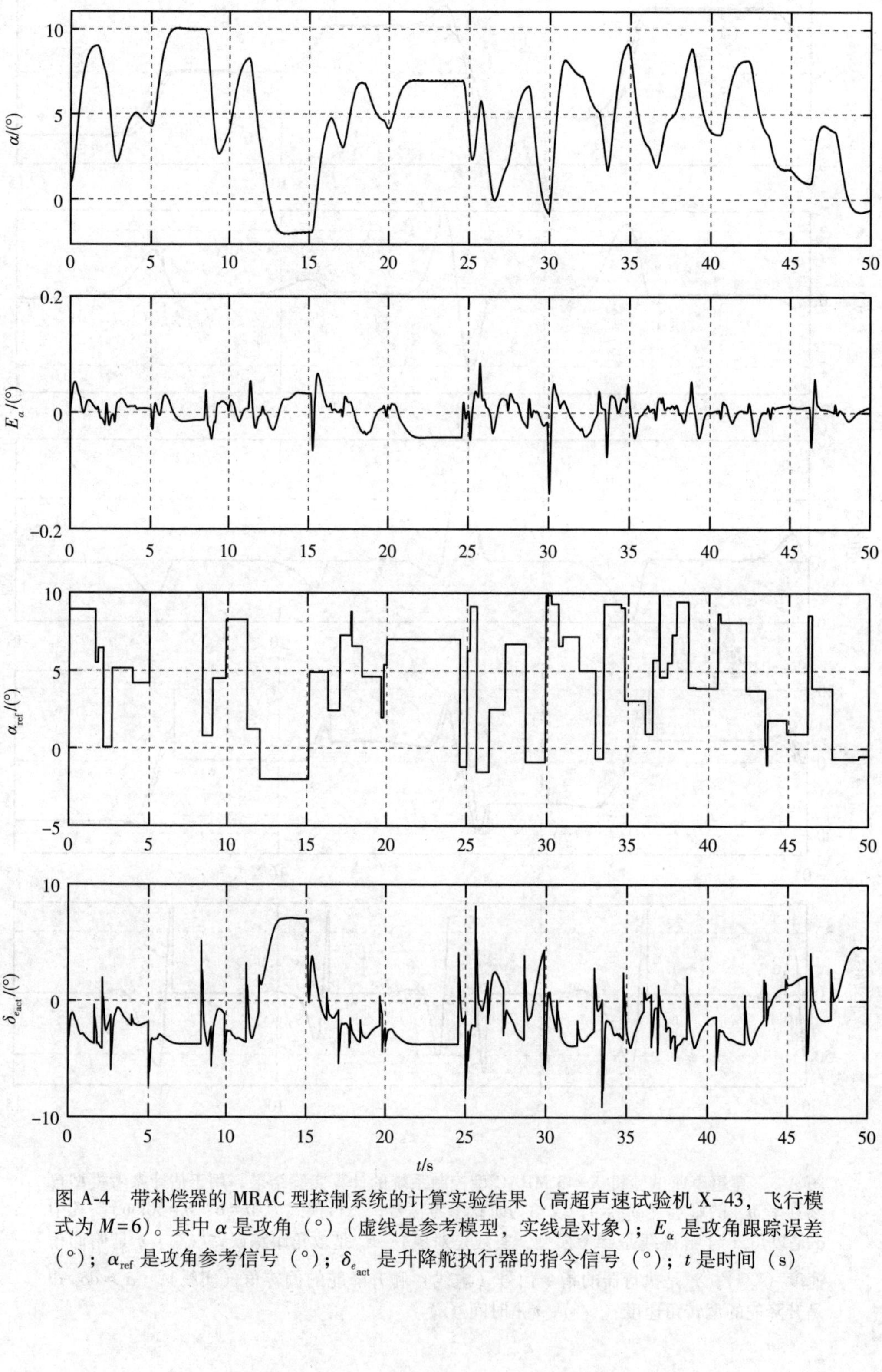

图 A-4 带补偿器的 MRAC 型控制系统的计算实验结果（高超声速试验机 X-43，飞行模式为 $M=6$）。其中 α 是攻角（°）（虚线是参考模型，实线是对象）；E_α 是攻角跟踪误差（°）；α_{ref} 是攻角参考信号（°）；$\delta_{e_{act}}$ 是升降舵执行器的指令信号（°）；t 是时间（s）

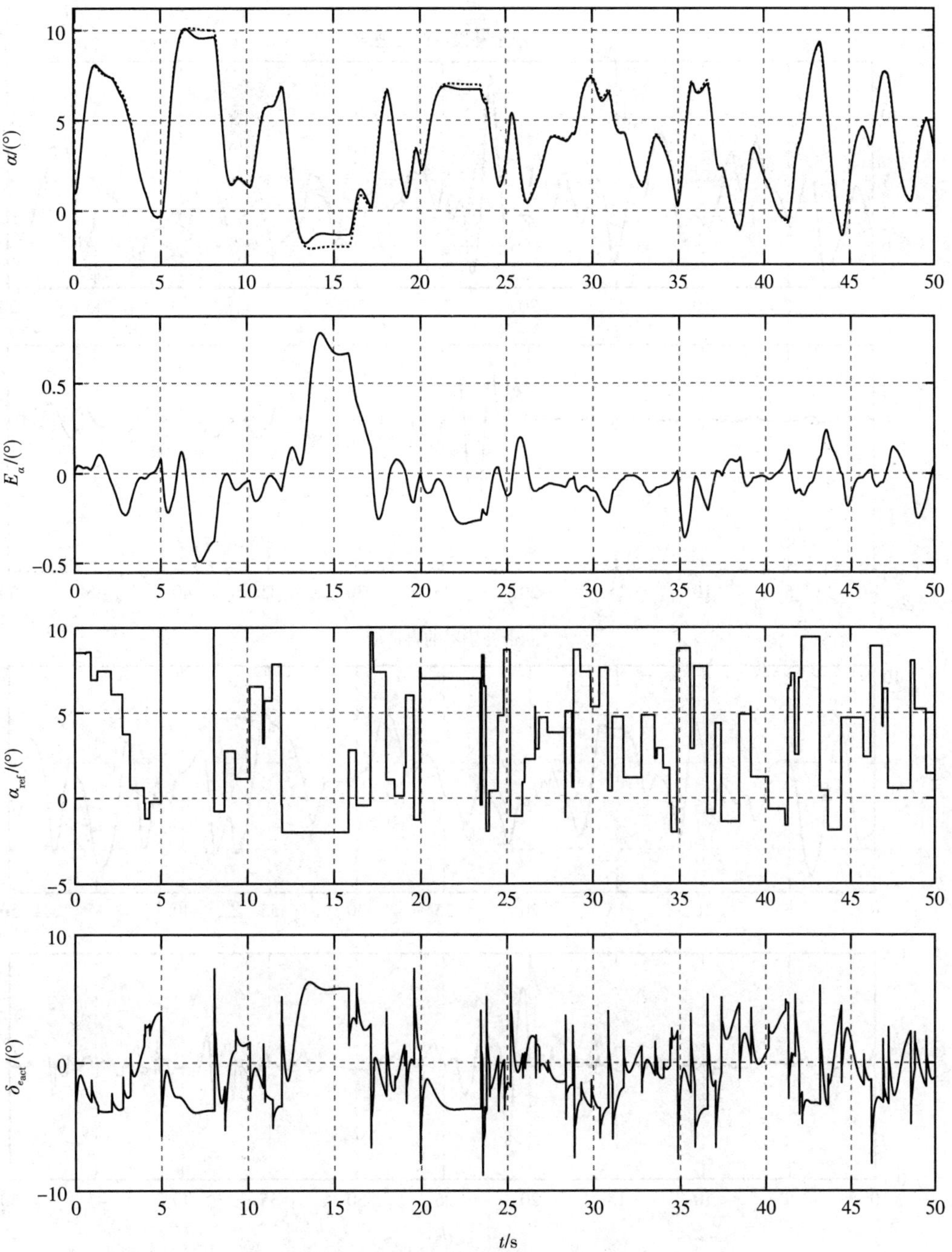

图 A-5　不带补偿器的 MRAC 型控制系统的计算实验结果（高超声速试验机 X-43，飞行模式为 $M=6$）。其中 α 是攻角（°）（虚线是参考模型，实线是对象）；E_α 是攻角跟踪误差（°）；α_{ref} 是攻角参考信号（°）；$\delta_{e_{act}}$ 是升降舵执行器的指令信号（°）；t 是时间（s）

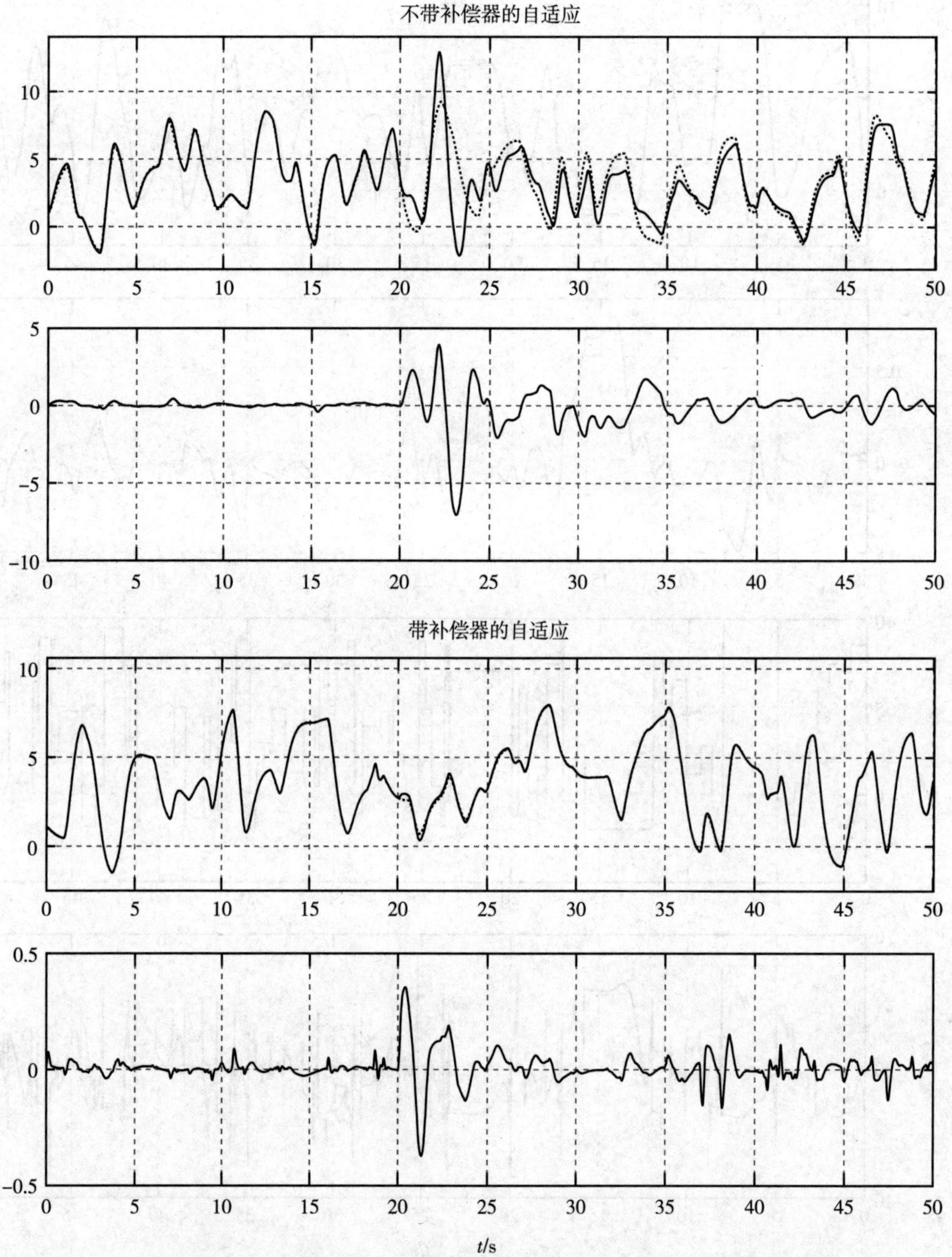

图 A-6 不带补偿器（前两幅图）和带补偿器（后两幅图）的 MRAC 型控制系统的计算实验结果，高超声速试验机 X-43，飞行模式为 $M=6$，在 $t=20$s 时刻发生故障（飞行器重心后移 5%）。其中 α 是攻角（°）（虚线是参考模型，实线是对象）；E_α 是攻角跟踪误差（°）；t 是时间（s）（相关的 α_{ref} 和 $\delta_{e_{act}}$ 信号见图 A-7）

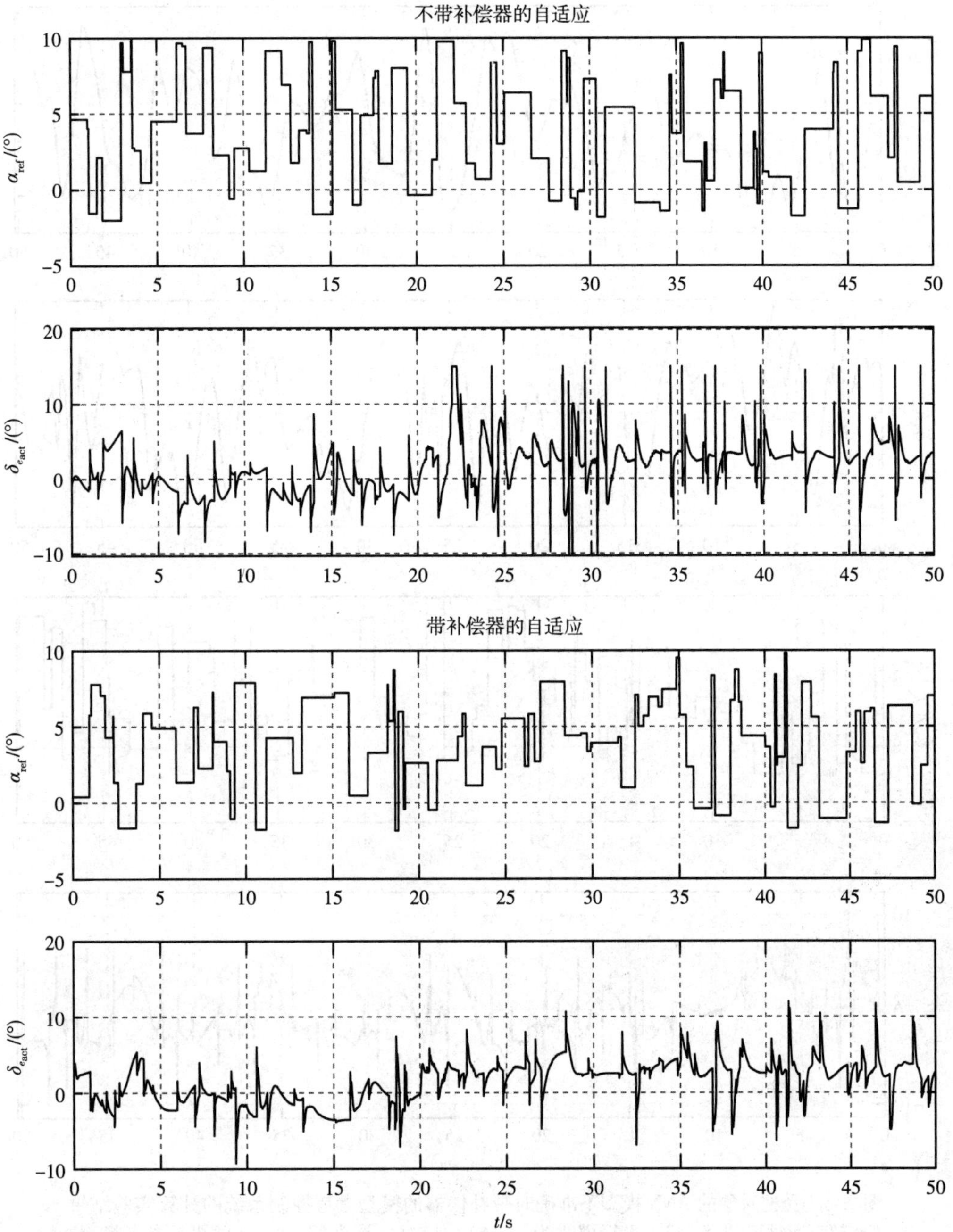

图 A-7 不带补偿器（前两幅图）和带补偿器（后两幅图）的 MRAC 型控制系统的计算实验结果，高超声速试验机 X-43，飞行模式为 $M=6$，在 $t=20$s 时刻发生故障（飞行器重心后移 5%）。α_{ref} 是攻角参考信号（°）；$\delta_{e_{act}}$ 是升降舵执行器的指令信号（°）；t 是时间（s）

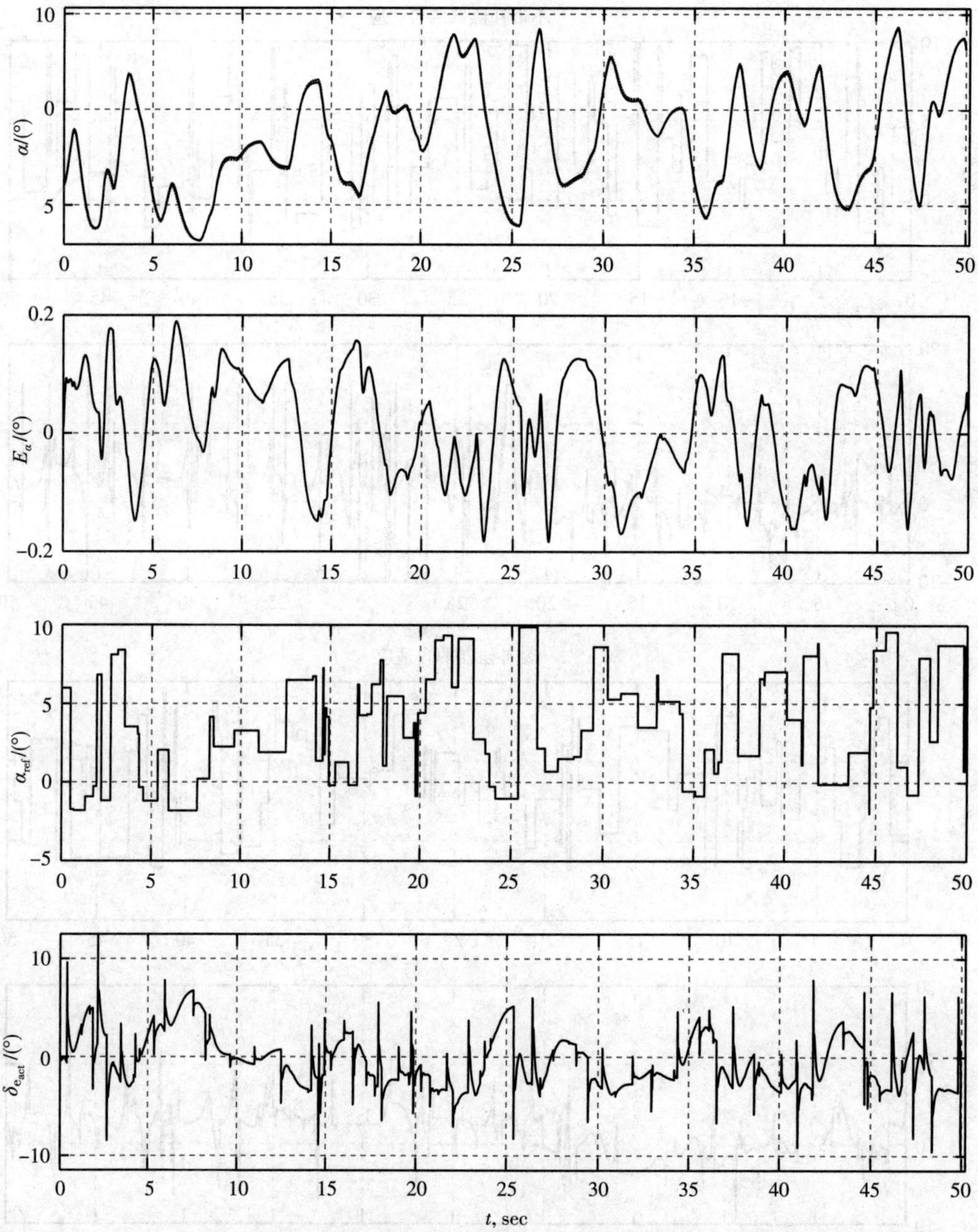

图 A-8 受控对象的ANN模型不准确时带补偿器的模型参考控制系统的计算实验结果（高超声速试验机 X-43，飞行模式为 $M=6$）。其中 α 是攻角（°）（虚线是参考模型，实线是对象）；E_α 是攻角跟踪误差（°）；α_{ref} 是攻角参考信号（°）；$\delta_{e_{act}}$ 是升降舵执行机构的指令信号（°）；t 是时间（s）

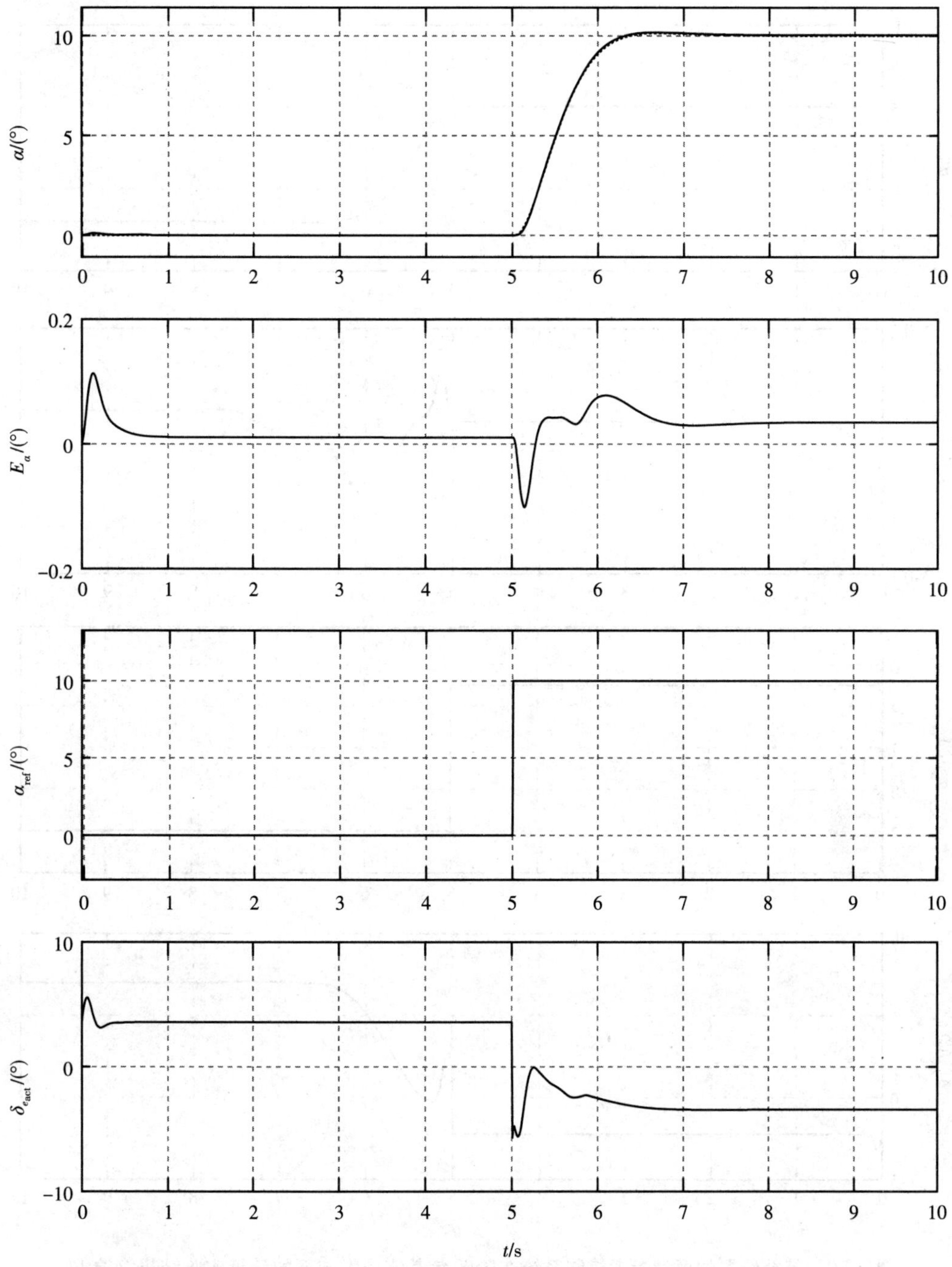

图 A-9　带补偿器的模型参考控制系统在阶跃参考信号作用下的计算实验结果（高超声速试验机 X-43，飞行模式为 $M=6$）。其中 α 是攻角（°）（虚线是参考模型，实线是对象）；E_α 是攻角跟踪误差（°）；α_{ref} 是攻角参考信号（°）；$\delta_{e_{act}}$ 是升降舵执行机构的指令信号（°）；t 是时间（s）

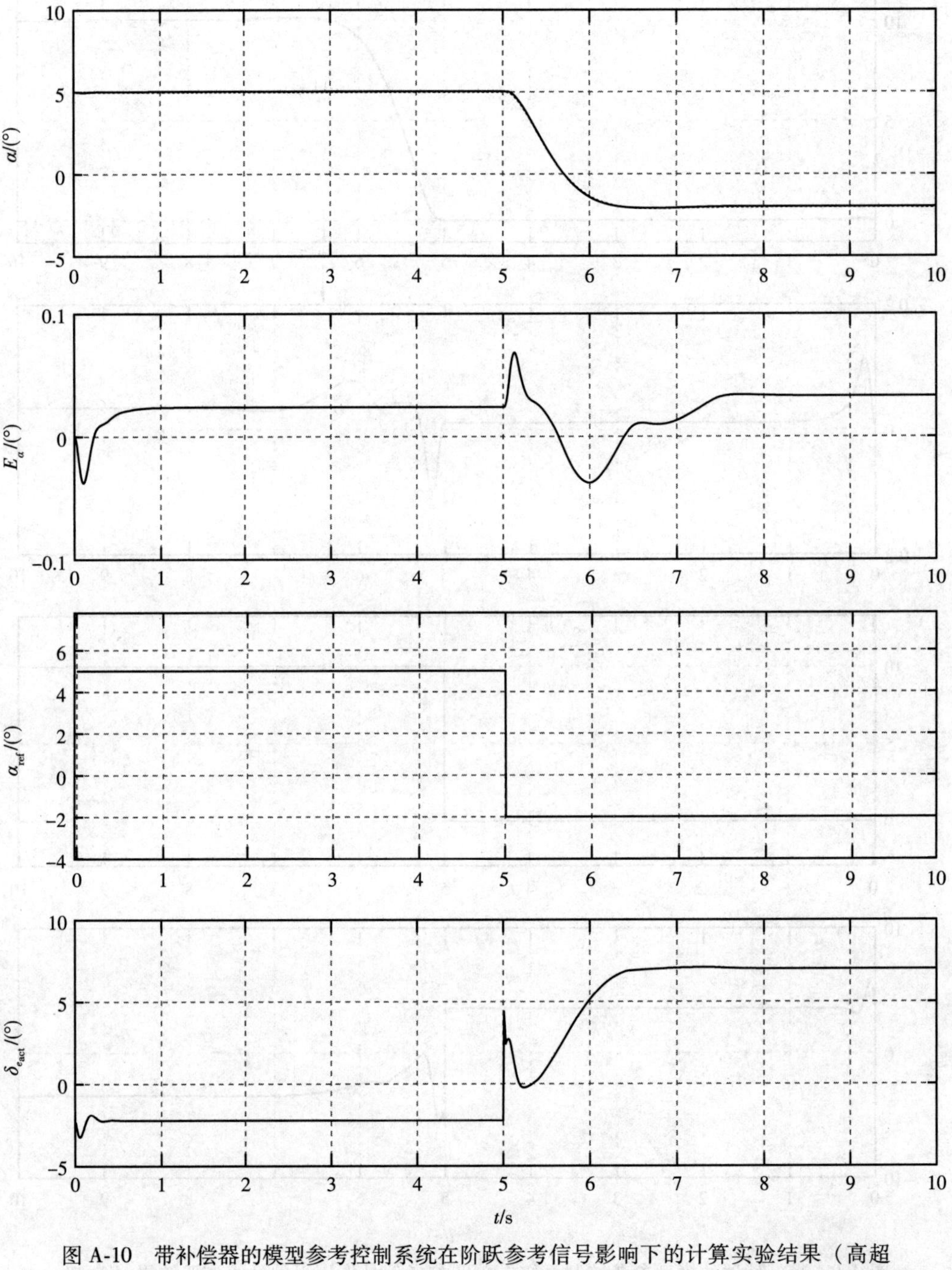

图 A-10　带补偿器的模型参考控制系统在阶跃参考信号影响下的计算实验结果（高超声速试验机 X-43，飞行模式为 $M=6$，变体 2）。其中 α 是攻角（°）（虚线是参考模型，实线是对象）；E_α 是攻角跟踪误差（°）；α_{ref} 是攻角参考信号（°）；$\delta_{e_{act}}$ 是升降舵执行器的指令信号（°）；t 是时间（s）

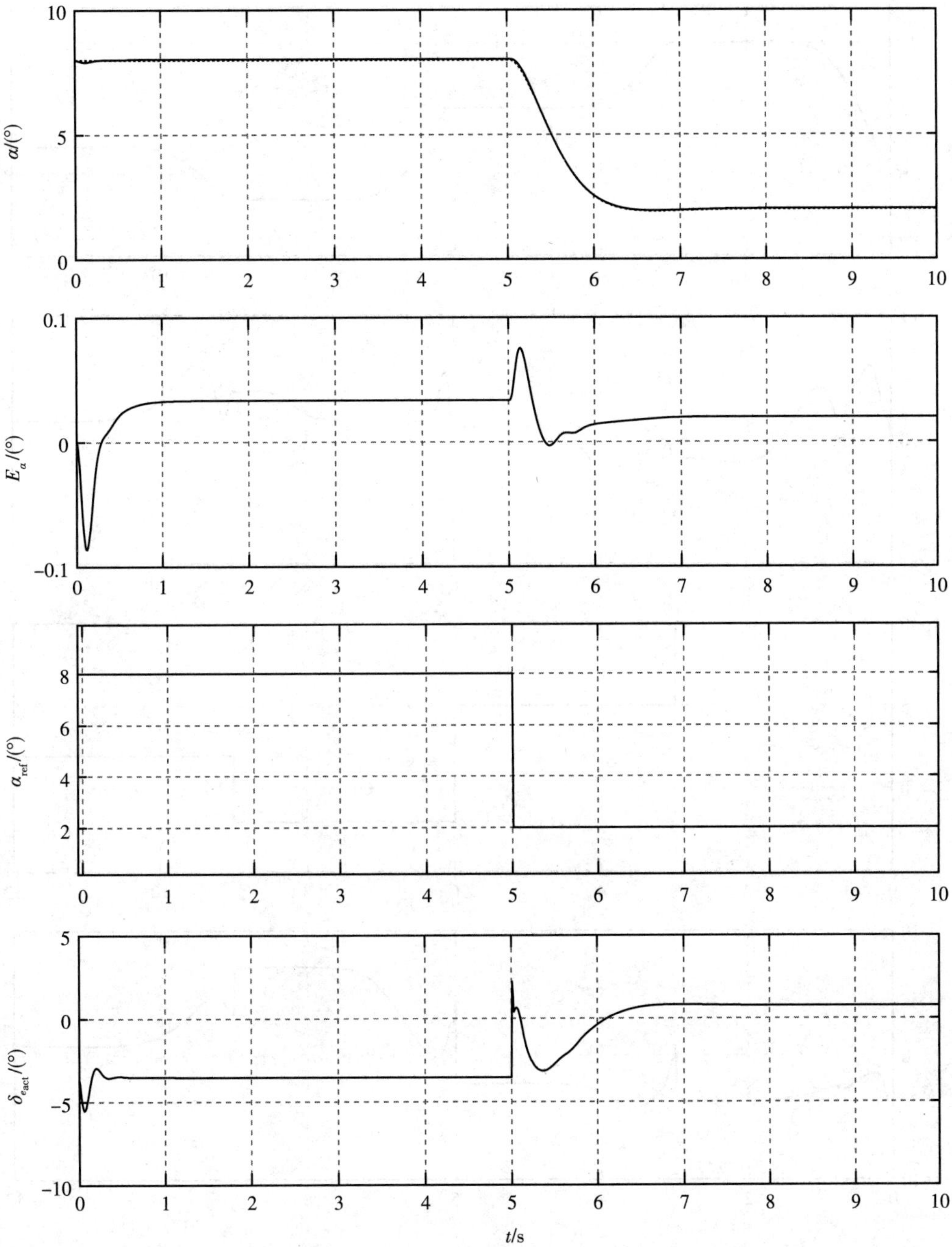

图 A-11 带补偿器的模型参考控制系统在阶跃参考信号影响下的计算实验结果（高超声速试验机 X-43，飞行模式为 $M=6$，变体 3）。其中 α 是攻角（°）（虚线是参考模型，实线是对象）；E_α 是攻角跟踪误差（°）；α_{ref} 是攻角参考信号（°）；$\delta_{e_{act}}$ 是升降舵执行器的指令信号（°）；t 是时间（s）

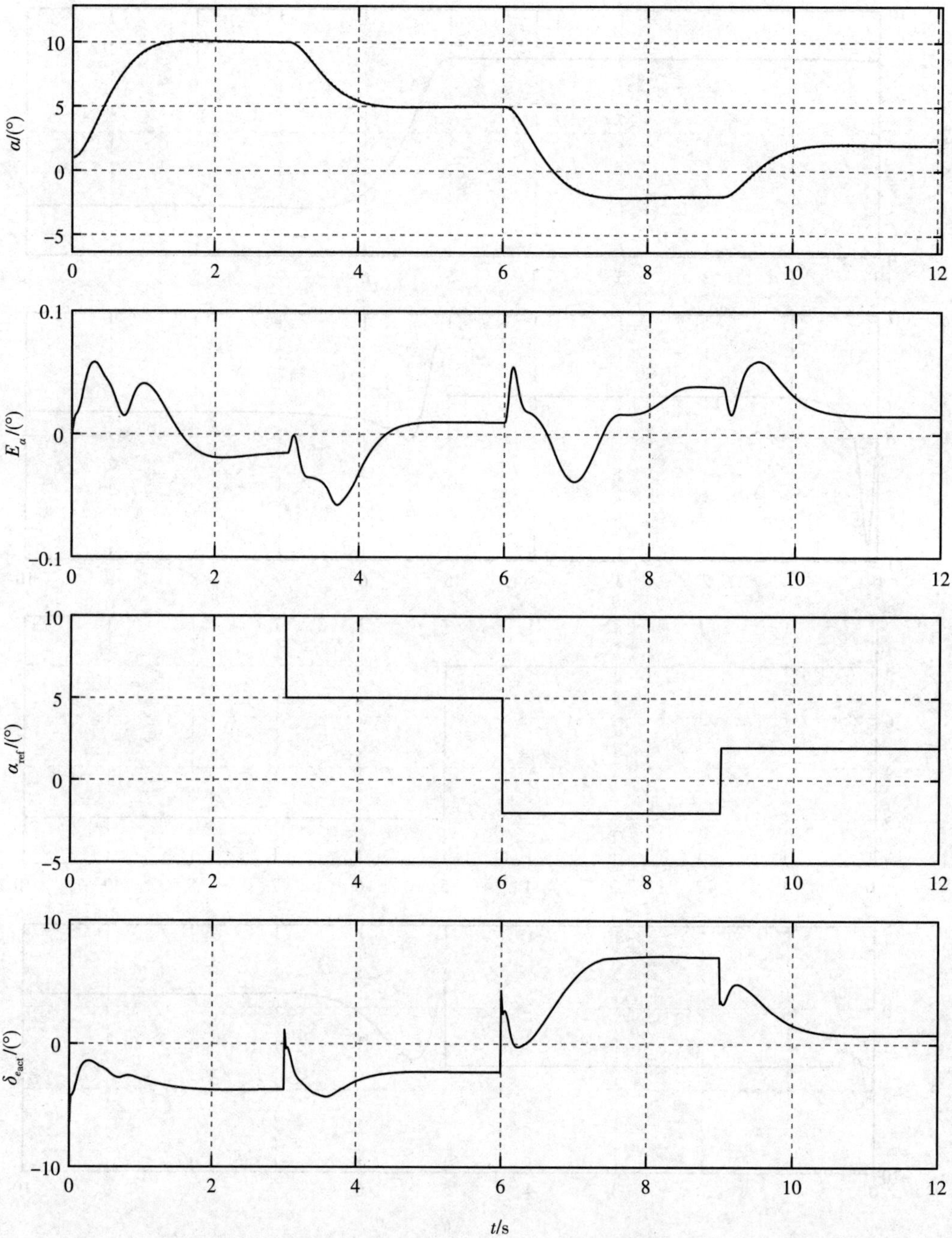

图 A-12　带补偿器的模型参考控制系统在一系列阶跃参考信号影响下的计算实验结果（高超声速试验机 X-43，飞行模式为 $M=6$，变体 3）。其中 α 是攻角（°）（虚线是参考模型，实线是对象）；E_α 是攻角跟踪误差（°）；α_{ref} 是攻角参考信号（°）；$\delta_{e_{act}}$ 是升降舵执行器的指令信号（°）；t 是时间（s）

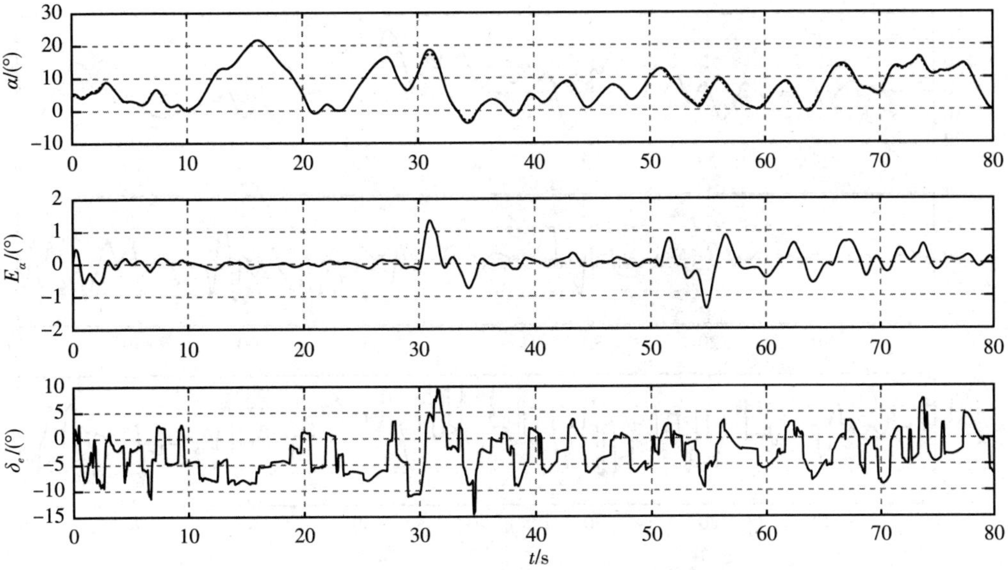

图 A-13　带补偿器的 MRAC 型控制系统的计算实验结果（F-16 飞机，测试速度 V_{ind} = 300km/h 的飞行模式）。自适应受控对象动态变化：中心后移 10%（t = 30s）；控制效率降低 50%（t = 50s）。其中 α 是攻角（°）；E_α 是攻角跟踪误差（°）；δ_e 是稳定舵的偏转角（°）；t 是时间（s）

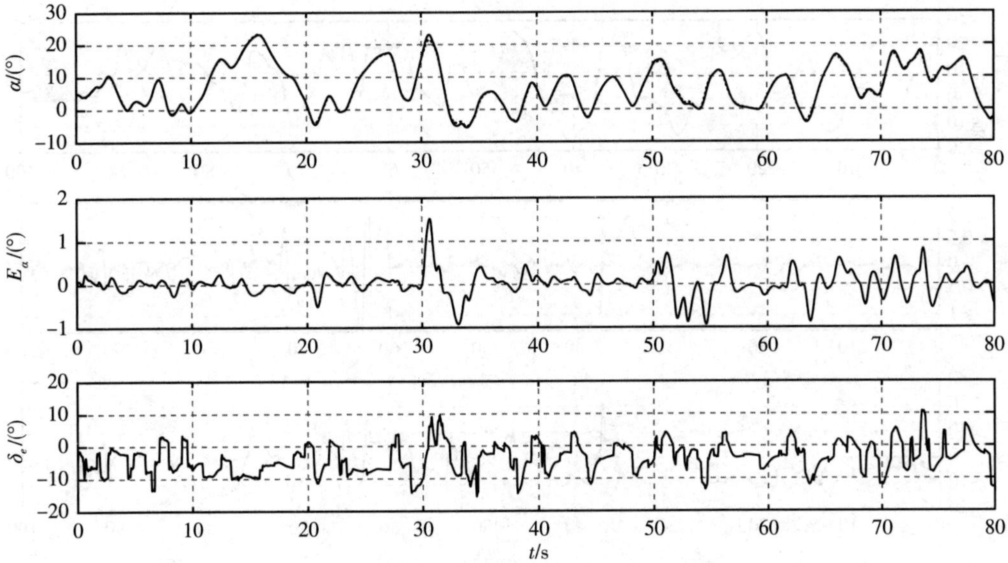

图 A-14　带补偿器的 MRAC 型控制系统的计算实验结果（F-16 飞机，测试速度 V_{ind} = 400km/h 的飞行模式）。自适应受控对象动态变化：中心后移 5%（t = 30s）；控制效率降低 50%（t = 50s）。其中 α 是攻角（°）；E_α 是攻角跟踪误差（°）；δ_e 是稳定舵的偏转角（°）；t 是时间（s）

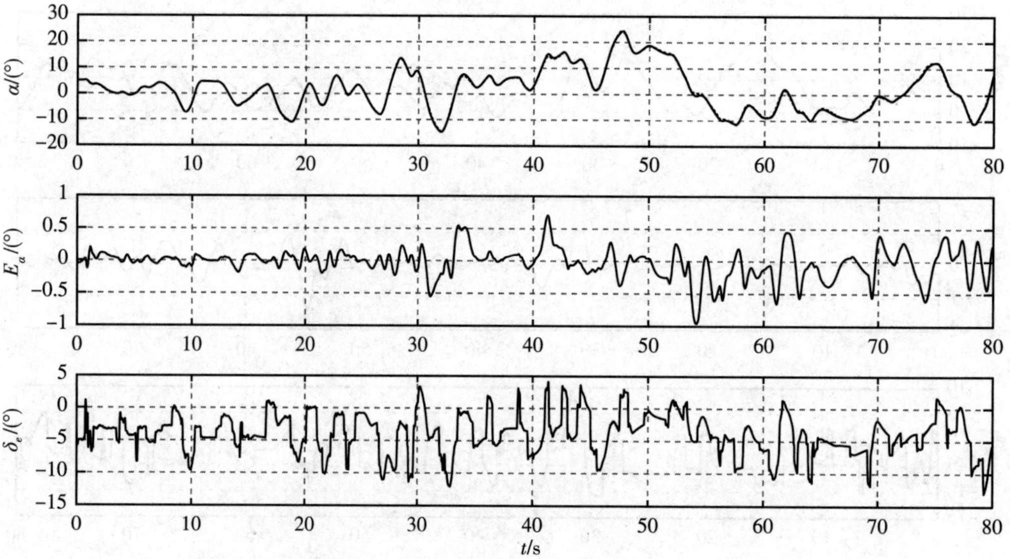

图 A-15　带补偿器的 MRAC 型控制系统的计算实验结果（F-16 飞机，测试速度 V_{ind} = 500km/h 的飞行模式）。自适应受控对象动态变化：中心后移 5%（t=30s）；控制效率降低 50%（t=50s）。其中 α 是攻角（°）；E_α 是攻角跟踪误差（°）；δ_e 是稳定舵的偏转角（°）；t 是时间（s）

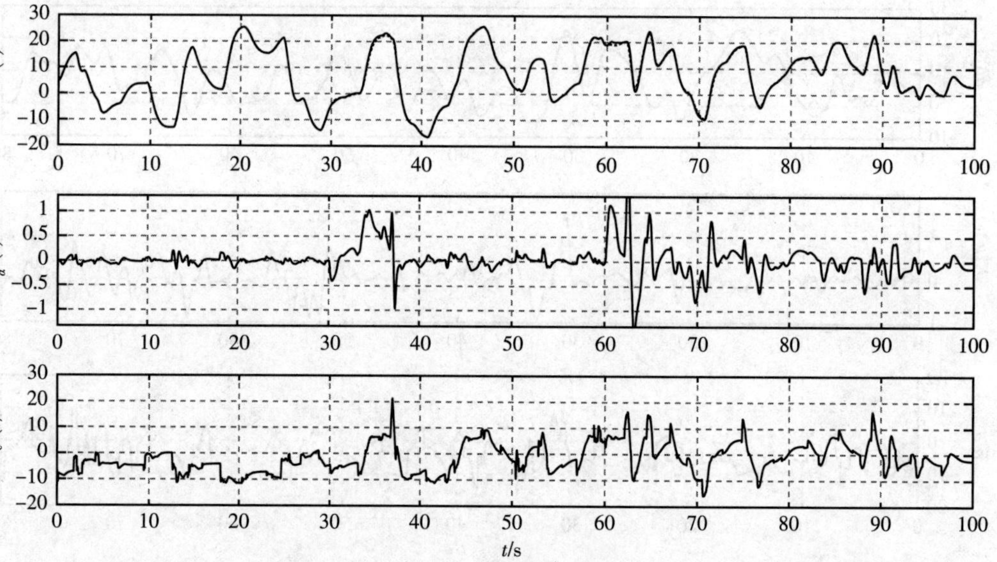

图 A-16　带补偿器的 MRAC 型控制系统的计算实验结果（F-16 飞机，测试速度 V_{ind} = 700km/h 的飞行模式）。自适应受控对象动力学变化：中心后移 10%（t=30s）；控制效率降低 50%（t=50s）。其中 α 是攻角（°）；E_α 是攻角跟踪误差（°）；δ_e 是稳定舵的偏转角（°）；t 是时间（s）

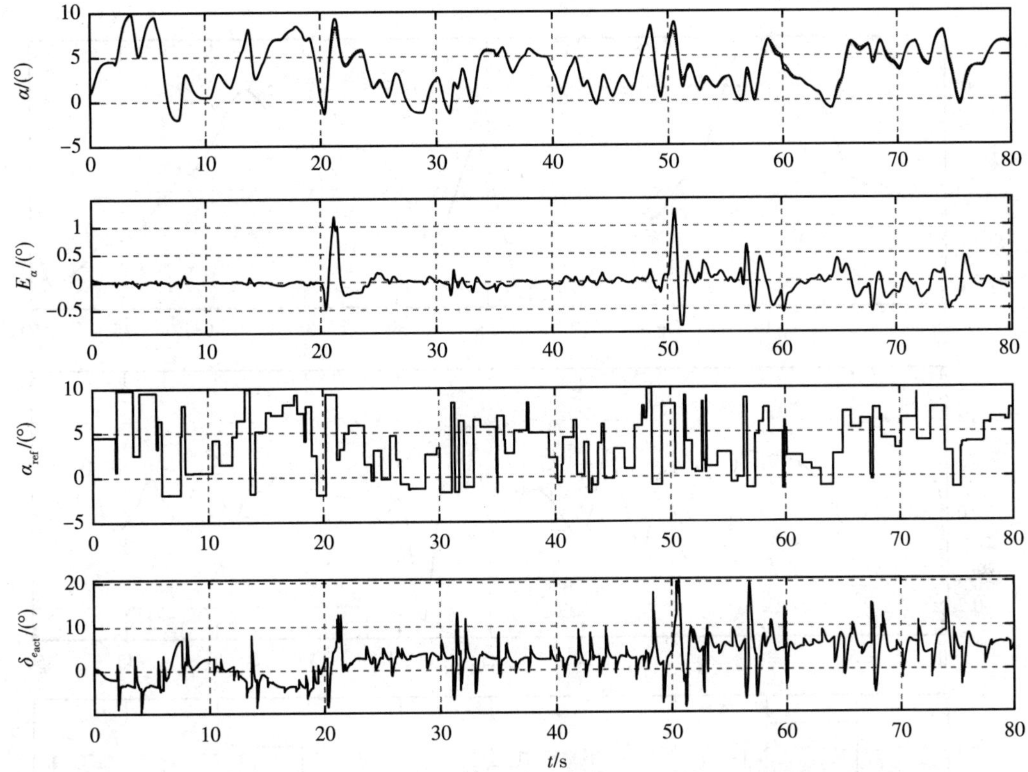

图 A-17 带补偿器的 MRAC 型控制系统的计算实验结果（高超声速试验机 X-43，$M=6$ 的飞行模式）。自适应受控对象动态变化：中心后移 5%（$t=20$s）；控制效率降低 50%（$t=50$s）。其中 α 是攻角（°）（虚线是参考模型，实线是对象）；E_α 是攻角跟踪误差（°）；α_{ref} 是攻角参考信号（°）；$\delta_{e_{act}}$ 是升降舵执行器的指令信号（°）；t 是时间（s）

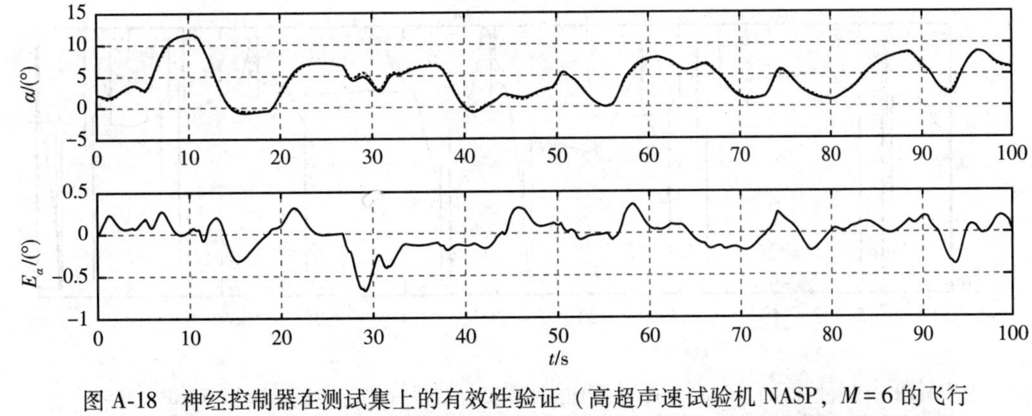

图 A-18 神经控制器在测试集上的有效性验证（高超声速试验机 NASP，$M=6$ 的飞行模式），其中 α 是攻角（°）（虚线是参考模型，实线是对象）；E_α 是攻角跟踪误差（°）；t 是时间（s）

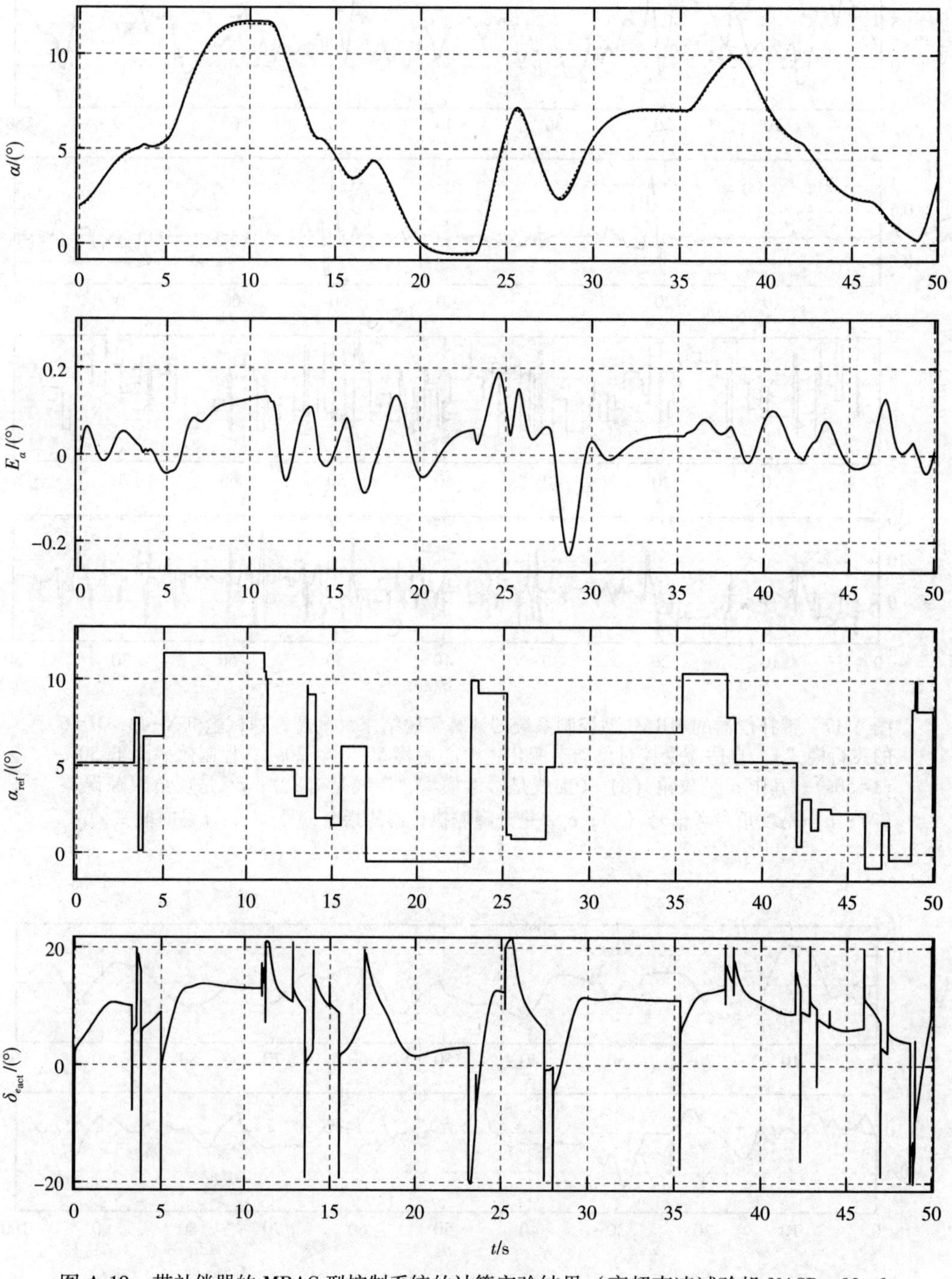

图 A-19 带补偿器的 MRAC 型控制系统的计算实验结果（高超声速试验机 NASP，$M=6$ 的飞行模式）。其中 α 是攻角（°）（虚线是参考模型，实线是对象）；E_α 是攻角跟踪误差（°）；α_{ref} 是攻角参考信号（°）；$\delta_{e_{act}}$ 是升降舵执行器的指令信号（°）；t 是时间（s）

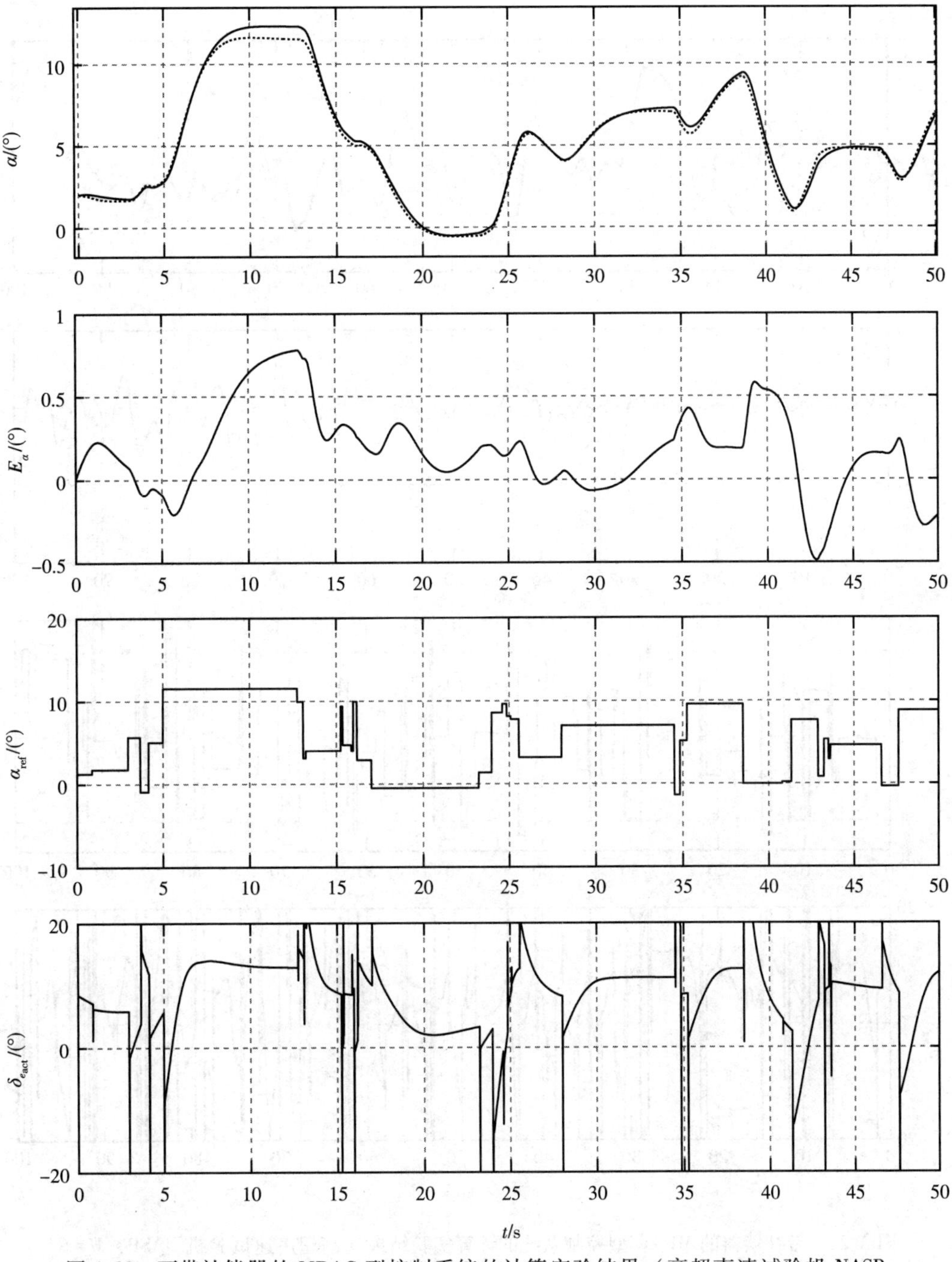

图 A-20　不带补偿器的 MRAC 型控制系统的计算实验结果（高超声速试验机 NASP，$M=6$ 的飞行模式）。其中 α 是攻角（°）（虚线是参考模型，实线是对象）；E_α 是攻角跟踪误差（°）；α_{ref} 是攻角参考信号（°）；$\delta_{e_{act}}$ 是升降舵执行机构的指令信号（°）；t 是时间（s）

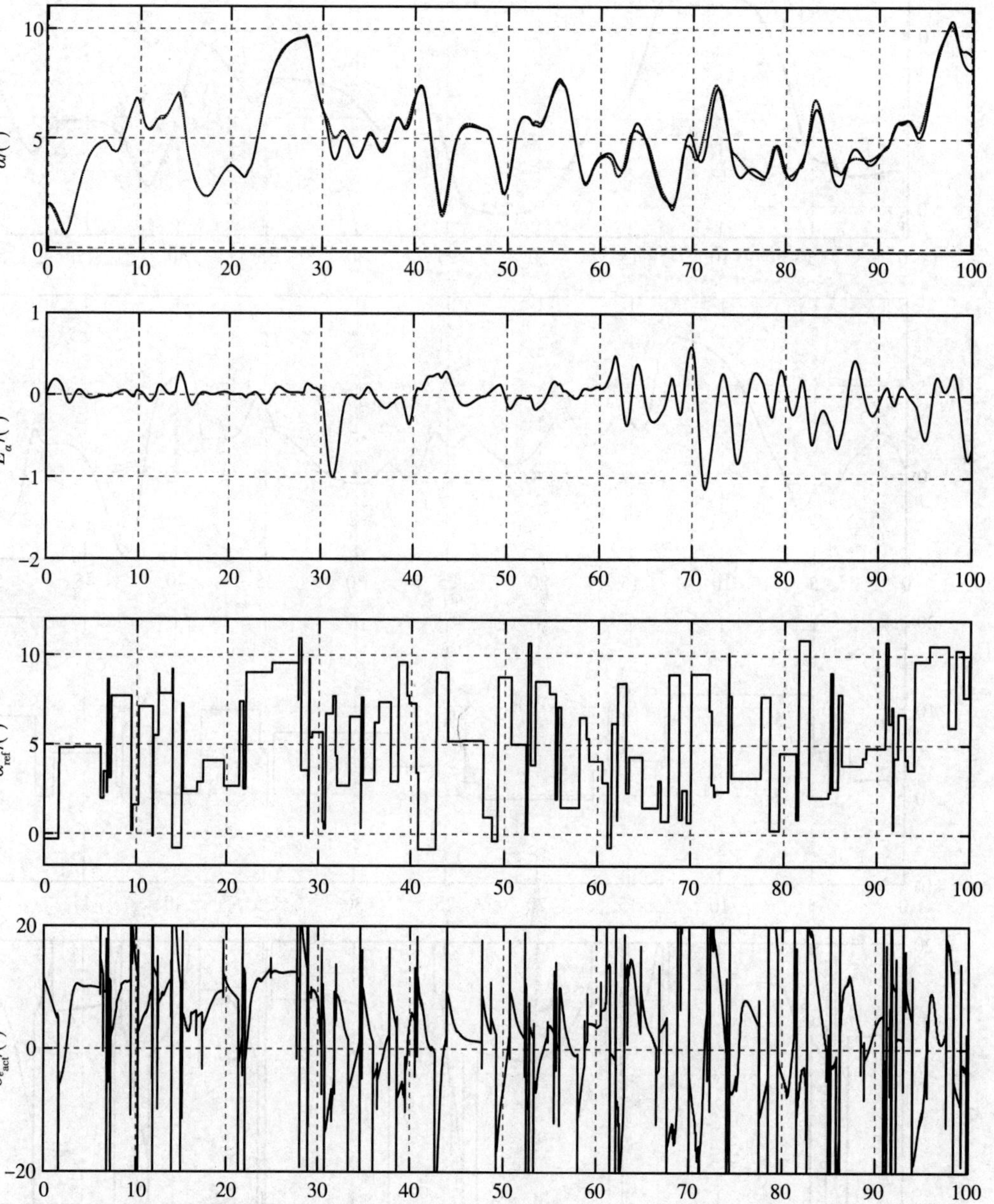

图 A-21 带补偿器的 MRAC 型控制系统的计算实验结果（高超声速试验机 NASP，$M=6$ 的飞行模式）。自适应受控对象动态变化：中心后移 5%（$t=30$s）；控制效率降低 50%（$t=60$s）。其中 α 是攻角（°）（虚线是参考模型，实线是对象）；E_α 是攻角跟踪误差（°）；α_{ref} 是攻角参考信号（°）；$\delta_{e_{act}}$ 是升降舵执行机构的指令信号（°）；t 是时间（s）

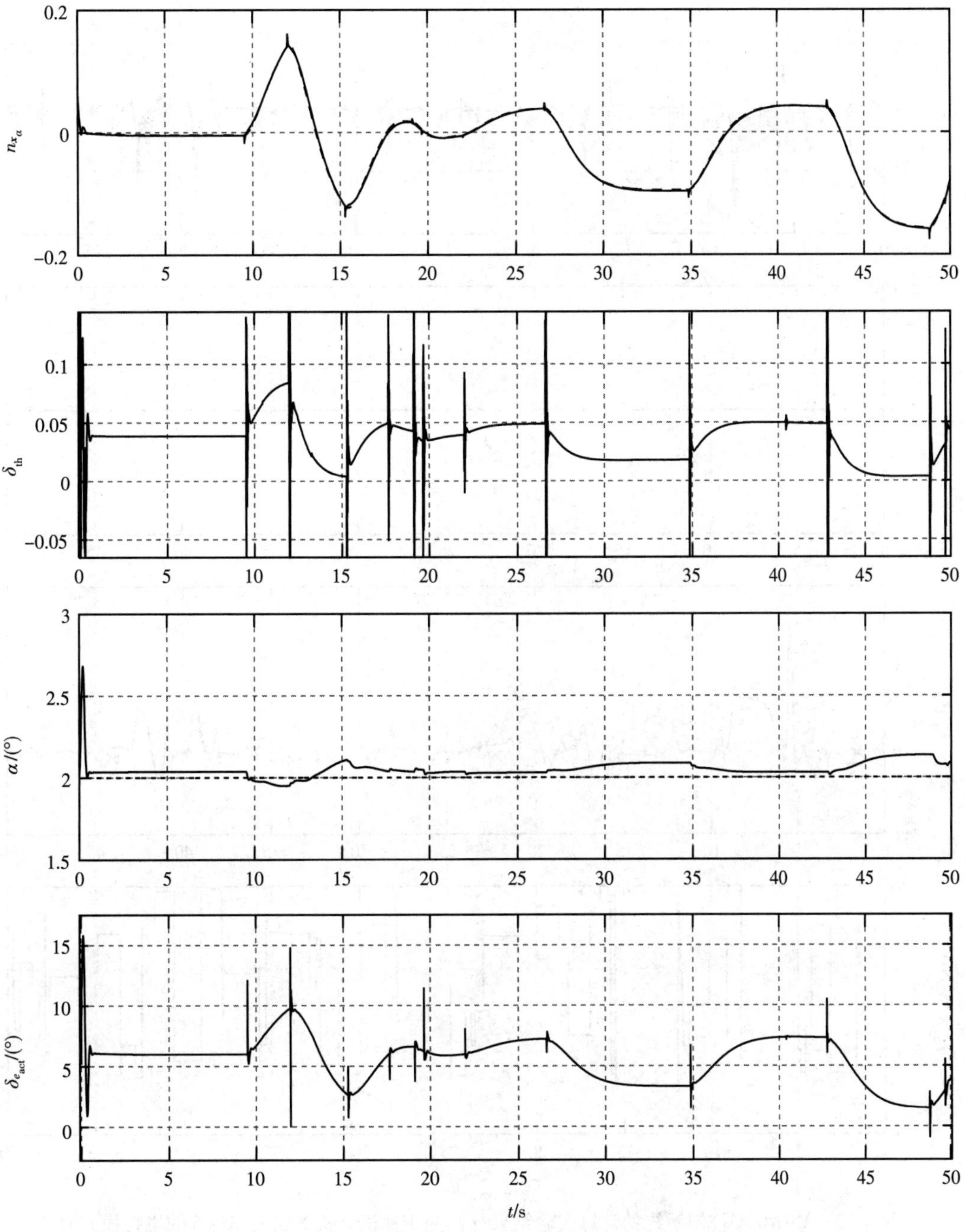

图 A-22　MRAC 型控制系统的计算实验结果（高超声速试验机 X-43，$M=6$ 的飞行模式）。常值过载 $n_{x_\alpha}=0$，随机参考攻角，双通道补偿。I：对象和参考模型的行为。其中 n_{x_α} 是切向过载；δ_{th} 是发动机控制指令信号；α 是攻角（°）（虚线是参考模型，实线是对象）；$\delta_{e_{act}}$ 是升降舵执行机构的指令信号（°）；t 是时间（s）

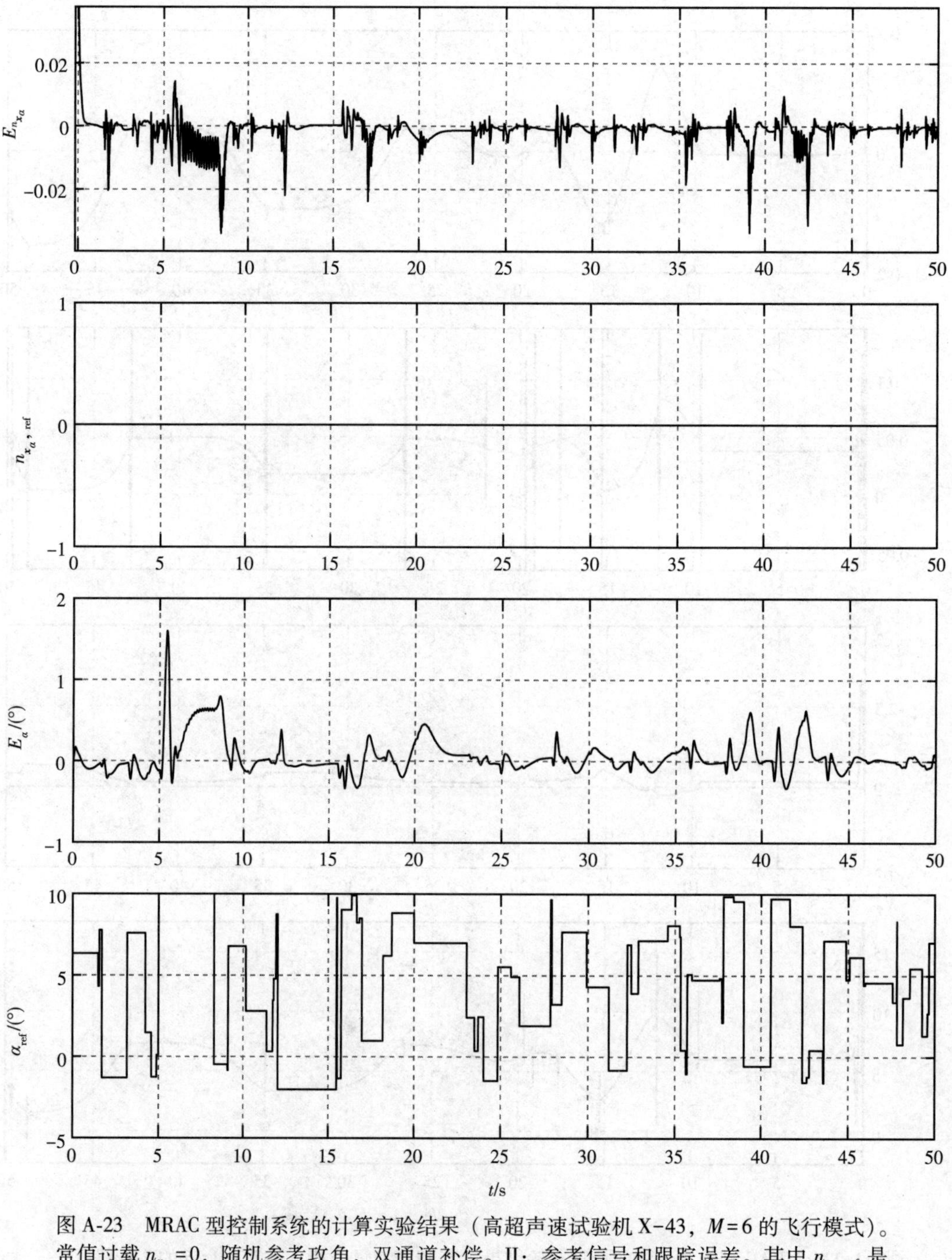

图 A-23　MRAC 型控制系统的计算实验结果（高超声速试验机 X-43，$M=6$ 的飞行模式）。常值过载 $n_{x_\alpha}=0$，随机参考攻角，双通道补偿。II：参考信号和跟踪误差。其中 $n_{x_\alpha,\text{ref}}$ 是切向过载的参考信号；$E_{n_{x_\alpha}}$ 是切向过载跟踪误差(°)；E_α 是攻角跟踪误差(°)；α_{ref} 是攻角参考信号(°)；t 是时间（s）

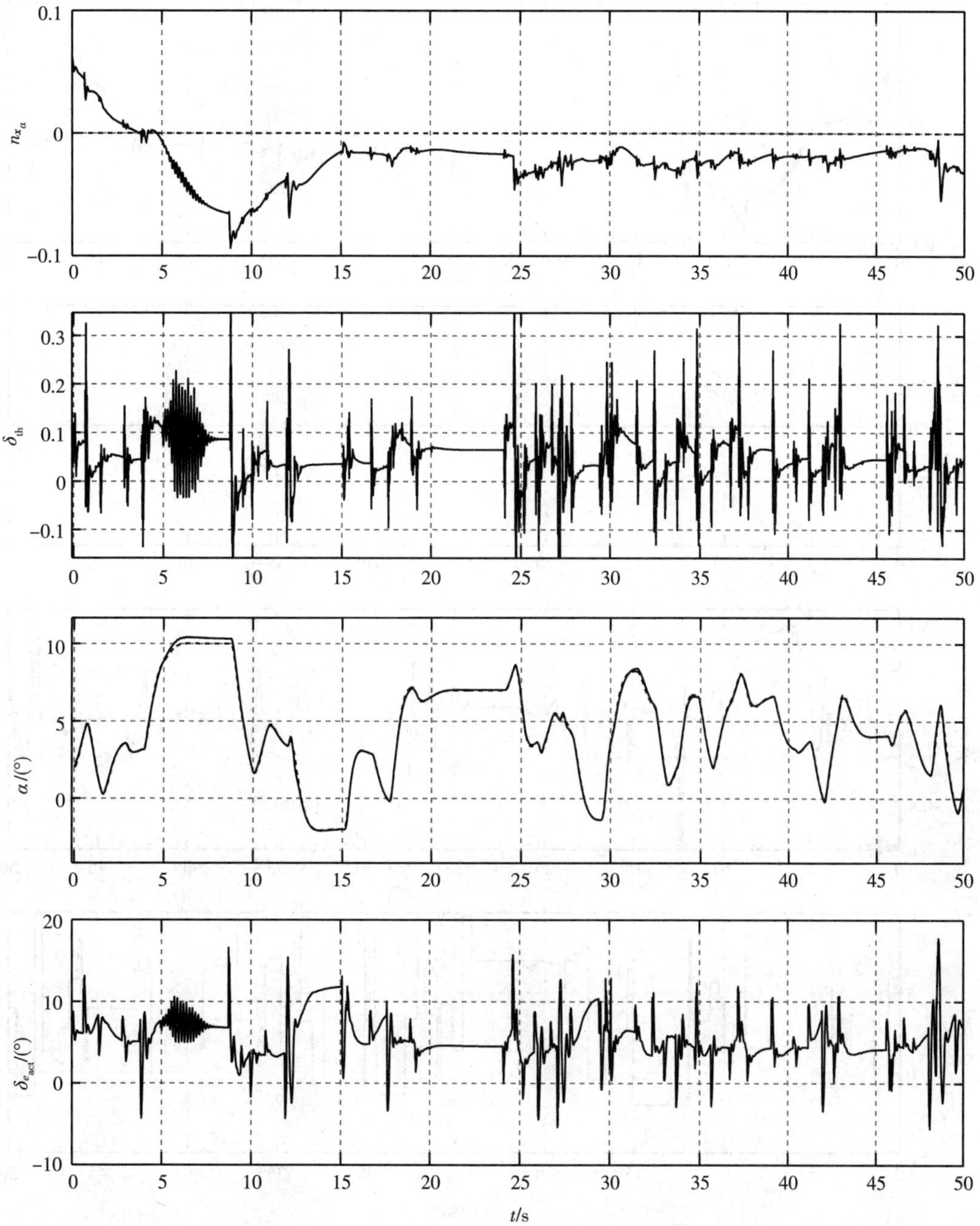

图 A-24 MRAC 型控制系统的计算实验结果（高超声速试验机 X-43，$M=6$ 的飞行模式）。常值过载 $n_{x_\alpha}=0$，随机参考攻角，过载通道无补偿。I：对象和参考模型的行为。其中 n_{x_α} 是切向过载；δ_{th} 是发动机控制指令信号；α 是攻角（°）（虚线是参考模型，实线是对象）；$\delta_{e_{act}}$ 是升降舵执行机构的指令信号（°）；t 是时间（s）

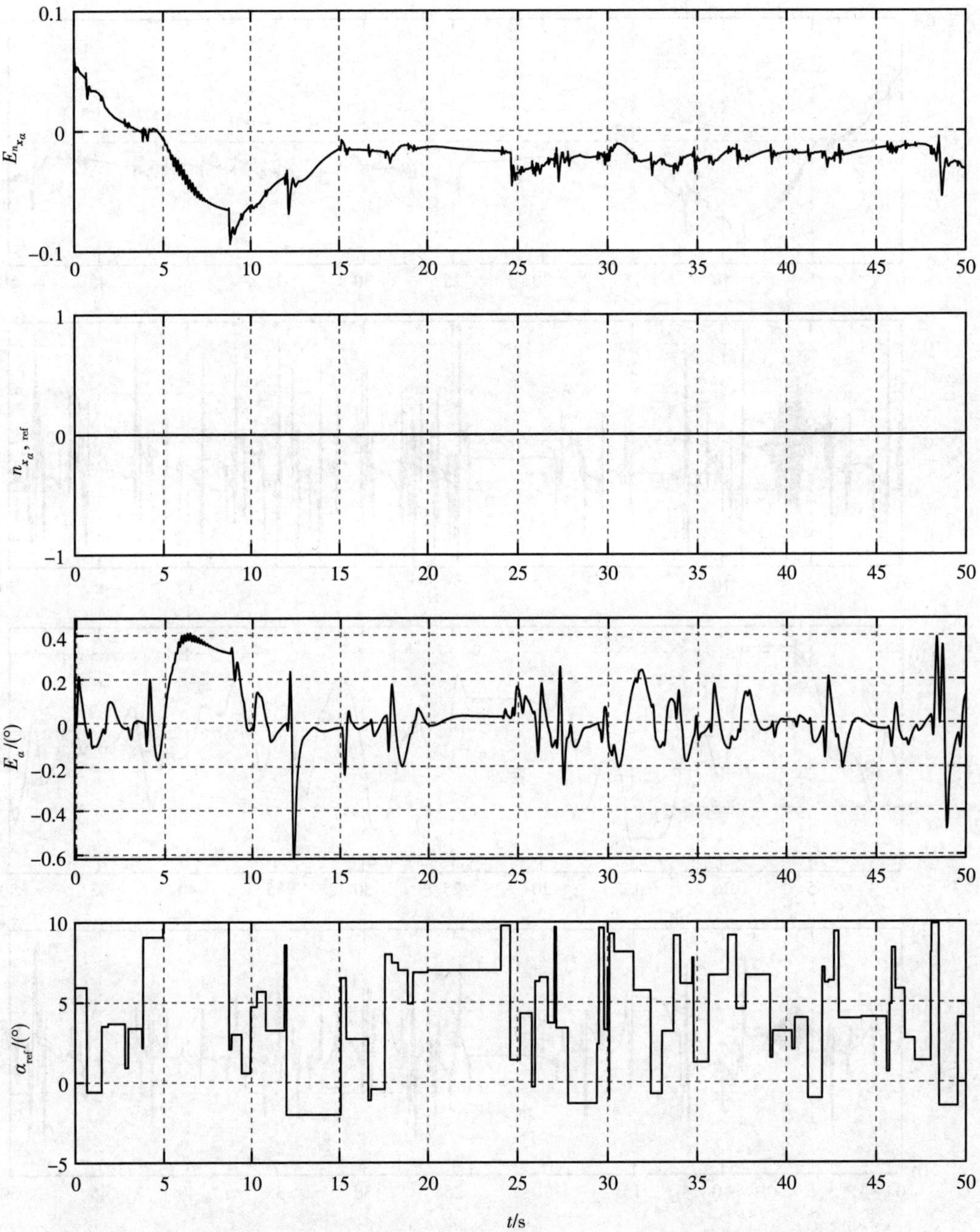

图 A-25 MRAC 型控制系统的计算实验结果（高超声速试验机 X-43，$M=6$ 的飞行模式）。常值过载 $n_{x_\alpha}=0$，随机参考攻角，过载通道无补偿。II：参考信号和跟踪误差。其中 $n_{x_\alpha,\mathrm{ref}}$ 是切向过载的参考信号；$E_{n_{x_\alpha}}$ 是切向过载跟踪误差（°）；E_α 是攻角跟踪误差（°）；α_{ref} 是攻角参考信号（°）；t 是时间（s）

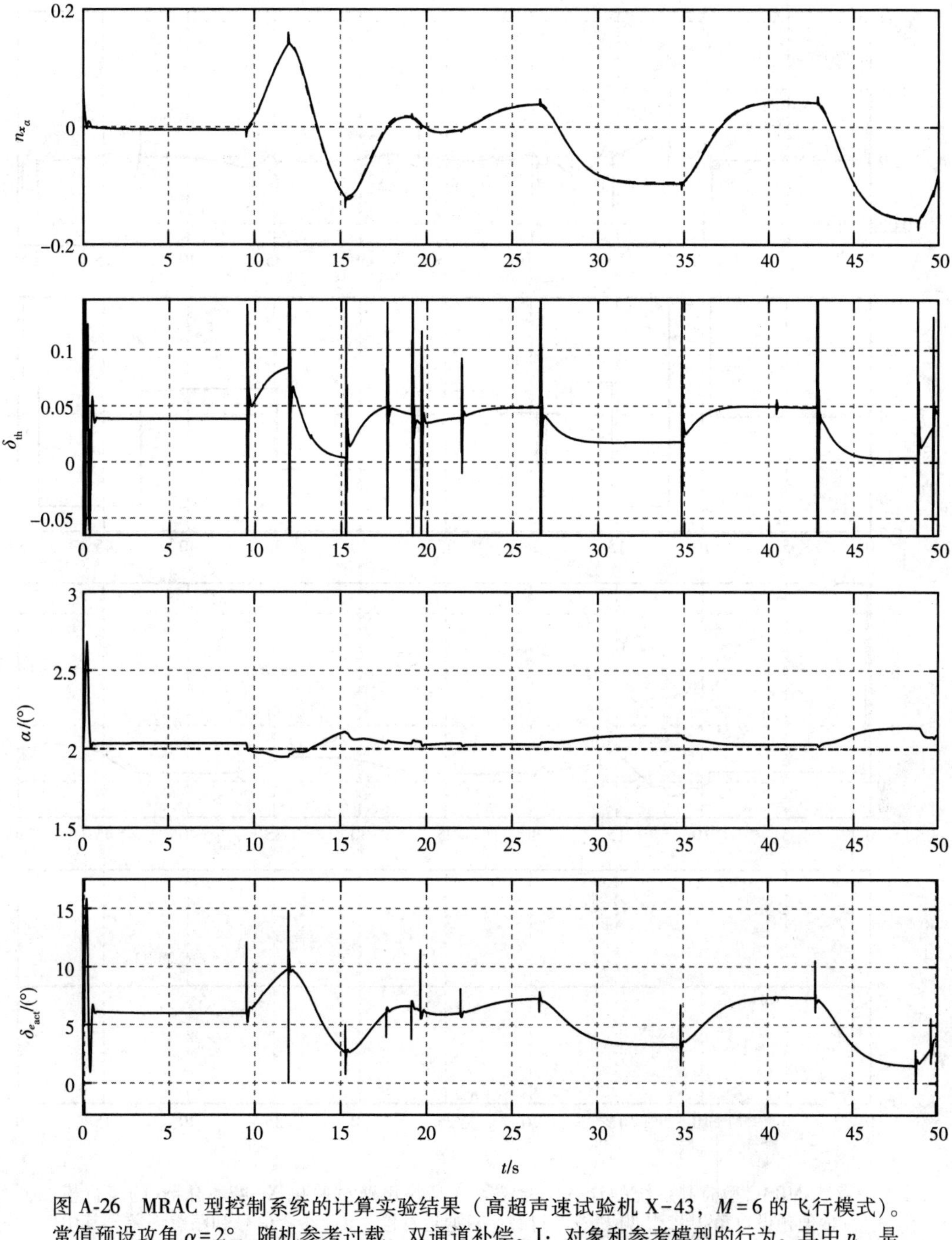

图 A-26 MRAC 型控制系统的计算实验结果（高超声速试验机 X-43，$M=6$ 的飞行模式）。常值预设攻角 $\alpha=2°$，随机参考过载，双通道补偿。I：对象和参考模型的行为。其中 n_{x_α} 是切向过载；δ_{th} 是发动机控制指令信号；α 是攻角（°）（虚线是参考模型，实线是对象）；$\delta_{e_{act}}$ 是升降舵执行机构的指令信号（°）；t 是时间（s）。

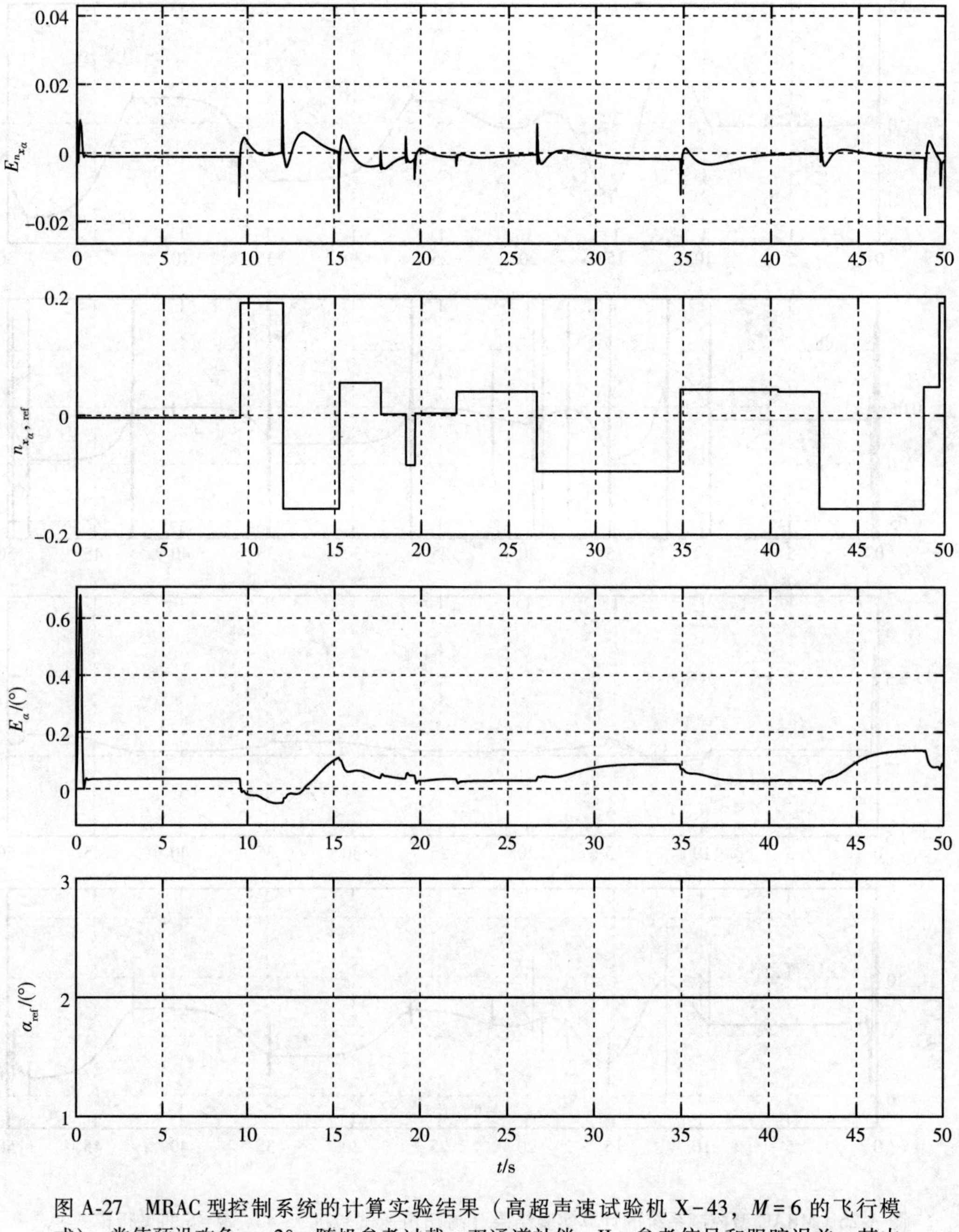

图 A-27 MRAC 型控制系统的计算实验结果（高超声速试验机 X-43，$M=6$ 的飞行模式）。常值预设攻角 $\alpha=2°$，随机参考过载，双通道补偿。II：参考信号和跟踪误差。其中 $n_{x_\alpha,\text{ref}}$ 是切向过载的参考信号；$E_{n_{x_\alpha}}$ 是切向过载跟踪误差（°）；E_α 是攻角跟踪误差（°）；α_{ref} 是攻角参考信号（°）；t 是时间（s）

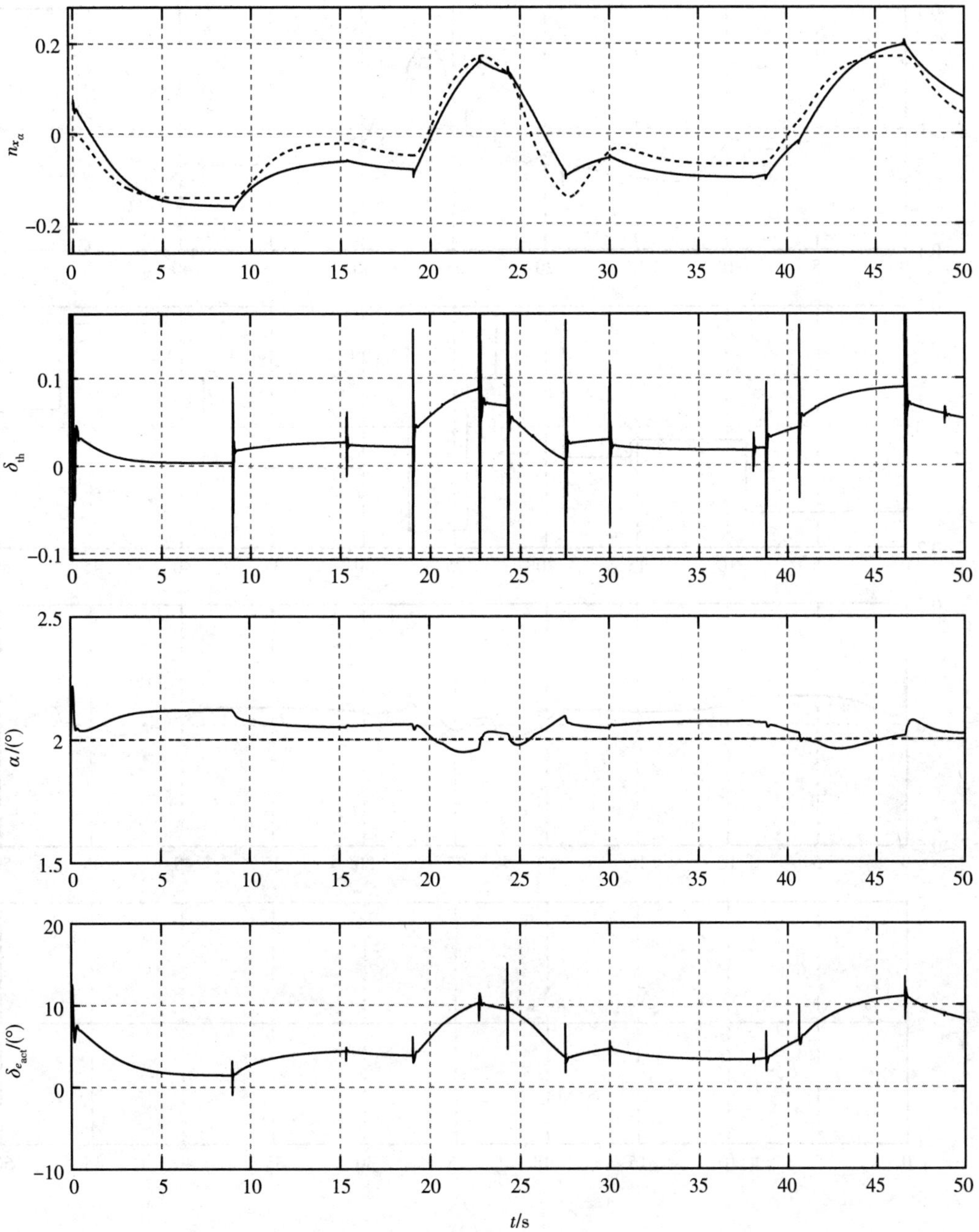

图 A-28　MRAC 型控制系统的计算实验结果（高超声速试验机 X-43，$M=6$ 的飞行模式）。常值预设攻角 $\alpha=2°$，随机参考过载，过载通道无补偿。I：对象和参考模型的行为。其中 n_{x_α} 是切向过载；δ_{th} 是发动机控制指令信号；α 是攻角（°）（虚线是参考模型，实线是对象）；$\delta_{e_{\text{act}}}$ 是升降舵执行机构的指令信号（°）；t 是时间（s）

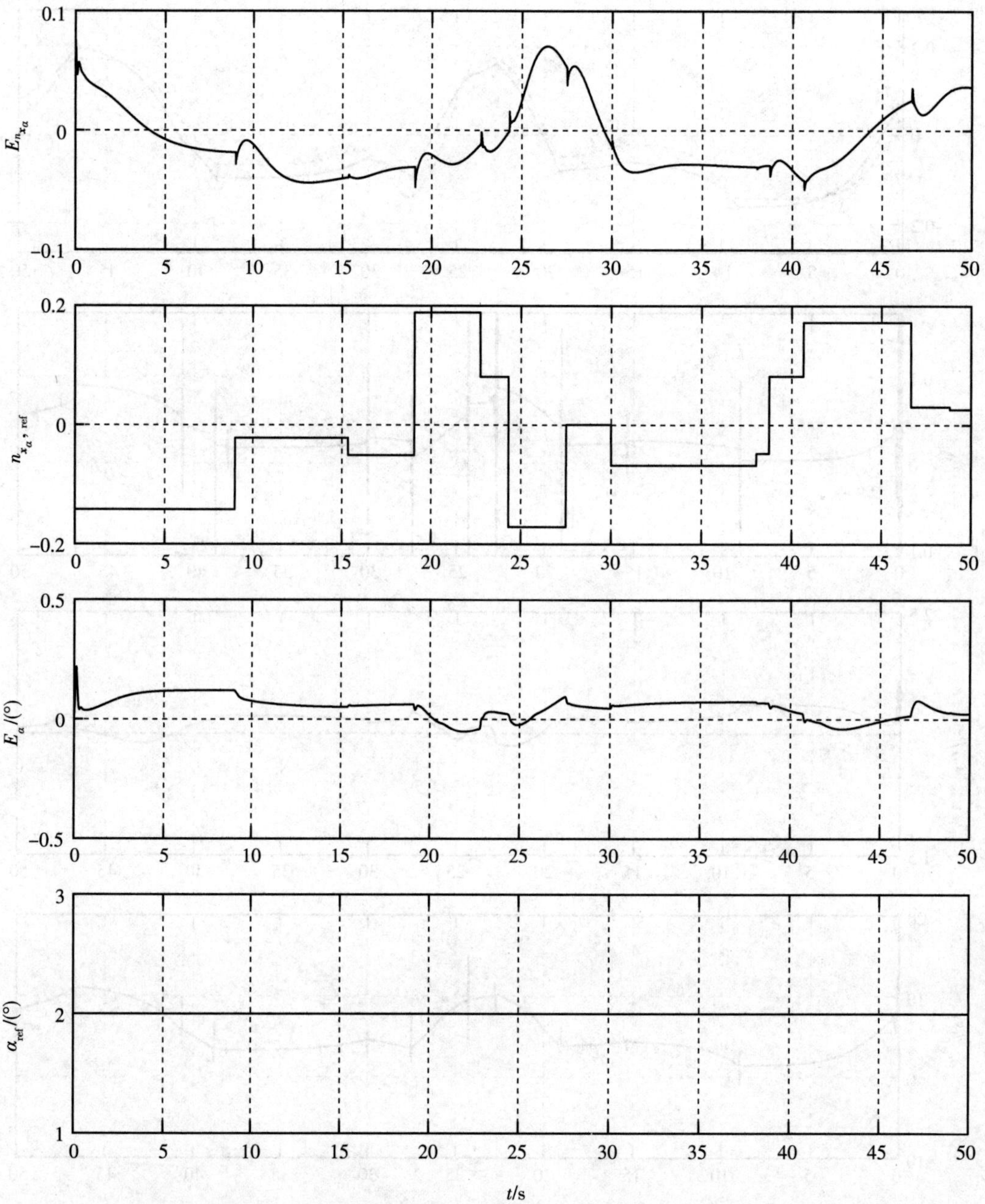

图 A-29 MRAC 型控制系统的计算实验结果（高超声速试验机 X-43，$M=6$ 的飞行模式）。常值预设攻角 $\alpha=2°$，随机参考过载，过载通道无补偿。II：参考信号和跟踪误差。其中 $n_{x_\alpha,\mathrm{ref}}$ 是切向过载的参考信号；$E_{n_{x_\alpha}}$ 是切向过载跟踪误差（°）；E_α 是攻角跟踪误差（°）；α_{ref} 是攻角参考信号（°）；t 是时间（s）

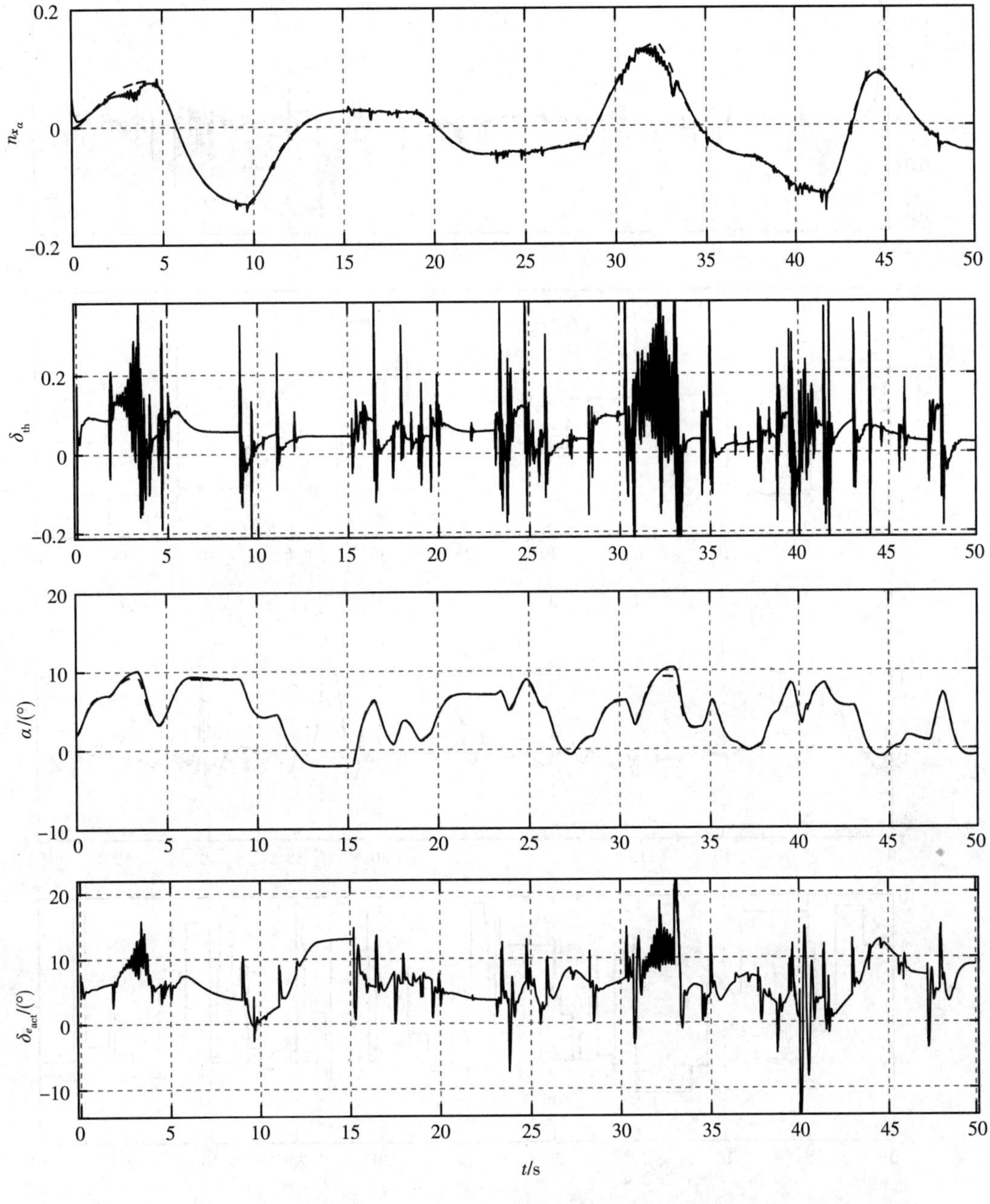

图 A-30 MRAC 型控制系统的计算实验结果（高超声速试验机 X-43，$M=6$ 的飞行模式）。两个参考信号都是随机的，双通道补偿。I：对象和参考模型的行为。其中 n_{x_α} 是切向过载；δ_{th} 是发动机控制指令信号；α 是攻角（°）（虚线是参考模型，实线是对象）；$\delta_{e_{act}}$ 是升降舵执行器的指令信号（°）；t 是时间（s）

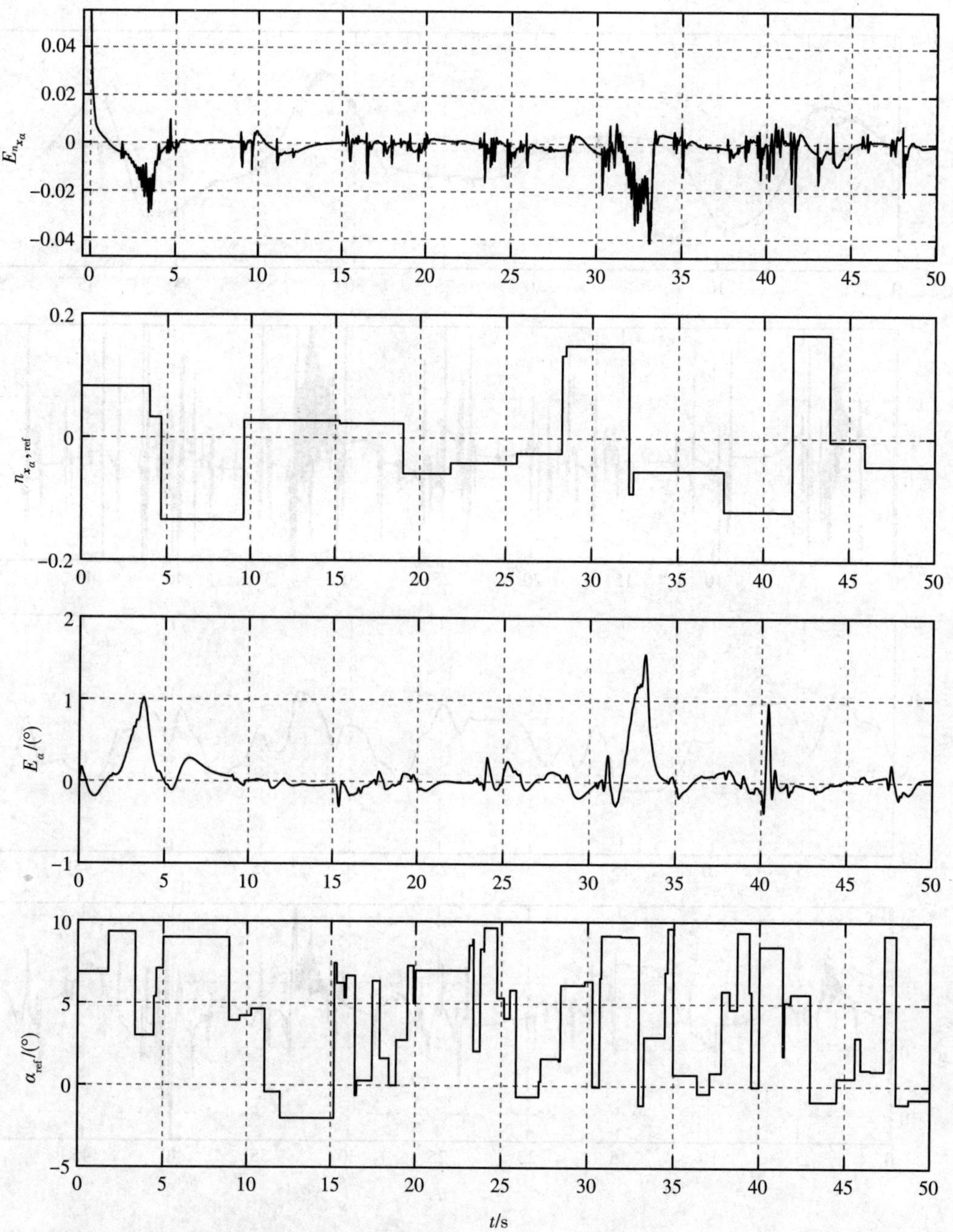

图 A-31 MRAC 型控制系统的计算实验结果（高超声速试验机 X-43，$M=6$ 的飞行模式）。两个参考信号都是随机的，双通道补偿。II：参考信号和跟踪误差。其中 $n_{x_\alpha,\mathrm{ref}}$ 是切向过载的参考信号；$E_{n_{x_\alpha}}$ 是切向过载跟踪误差（°）；E_α 是攻角跟踪误差（°）；α_{ref} 是攻角参考信号（°）；t 是时间（s）

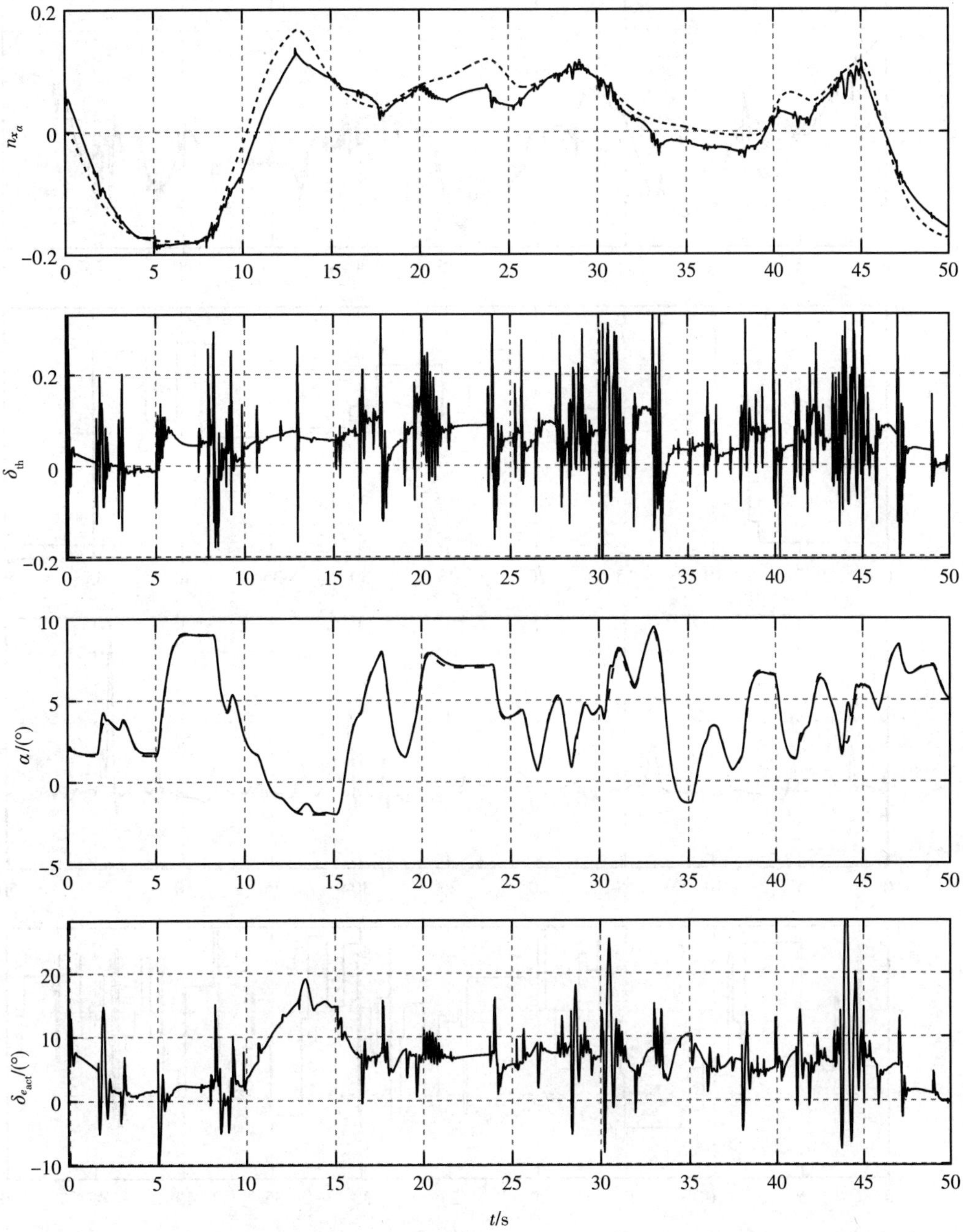

图 A-32 MRAC 型控制系统的计算实验结果（高超声速试验机 X-43，$M=6$ 的飞行模式）。两个参考信号都是随机阶跃，过载通道无补偿。I：对象和参考模型的行为。其中 n_{x_α} 是切向过载；δ_{th} 是发动机控制指令信号；α 是攻角（°）（虚线是参考模型，实线是对象）；$\delta_{e_{act}}$ 是升降舵执行器的指令信号（°）；t 是时间（s）

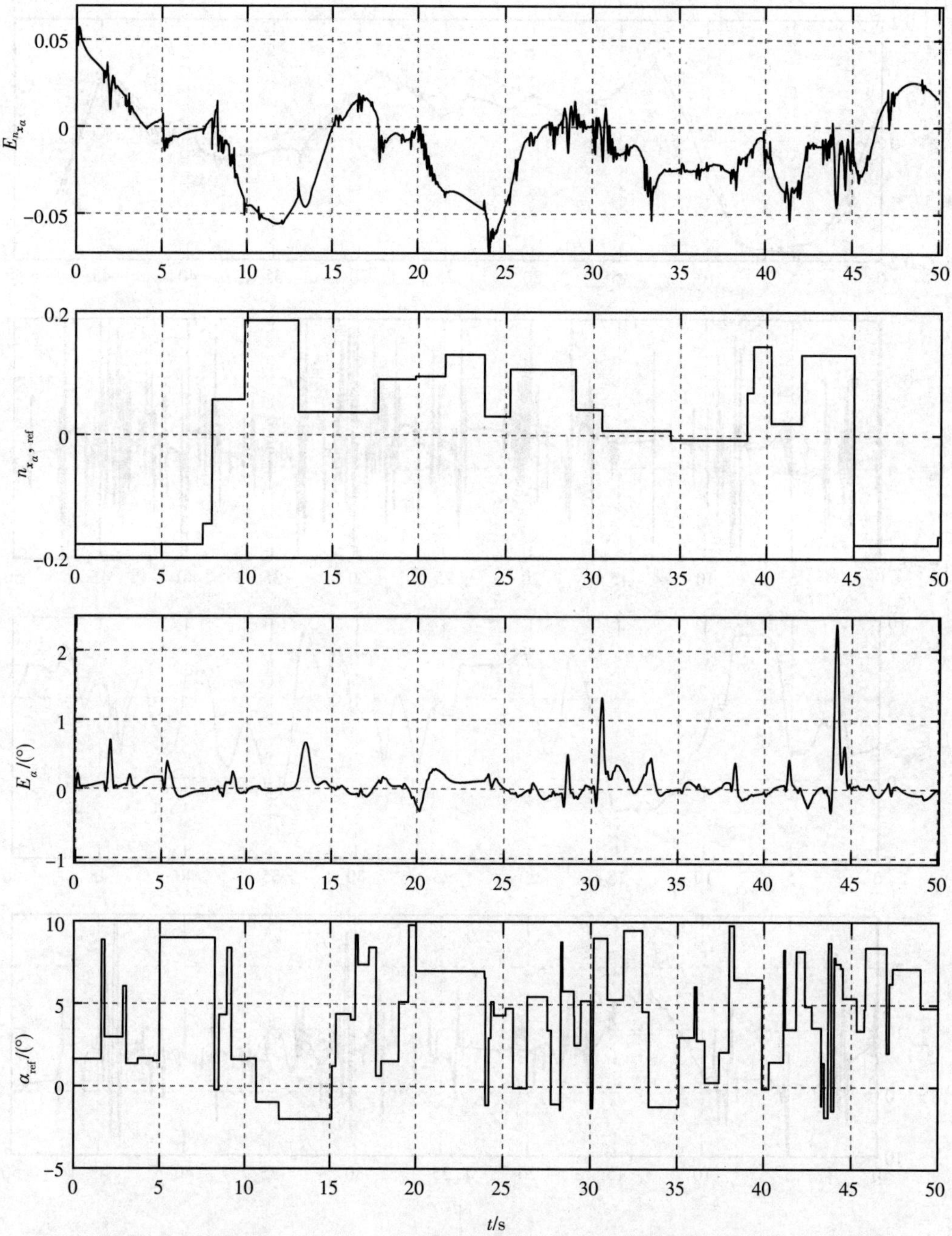

图 A-33 MRAC 型控制系统的计算实验结果（高超声速试验机 X-43，$M=6$ 的飞行模式）。两个参考信号都是随机阶跃，过载通道无补偿。II：参考信号和跟踪误差。其中 $n_{x_\alpha,\mathrm{ref}}$ 是切向过载的参考信号；$E_{n_{x_\alpha}}$ 是切向过载跟踪误差（°）；E_α 是攻角跟踪误差（°）；α_{ref} 是攻角参考信号（°）；t 是时间（s）

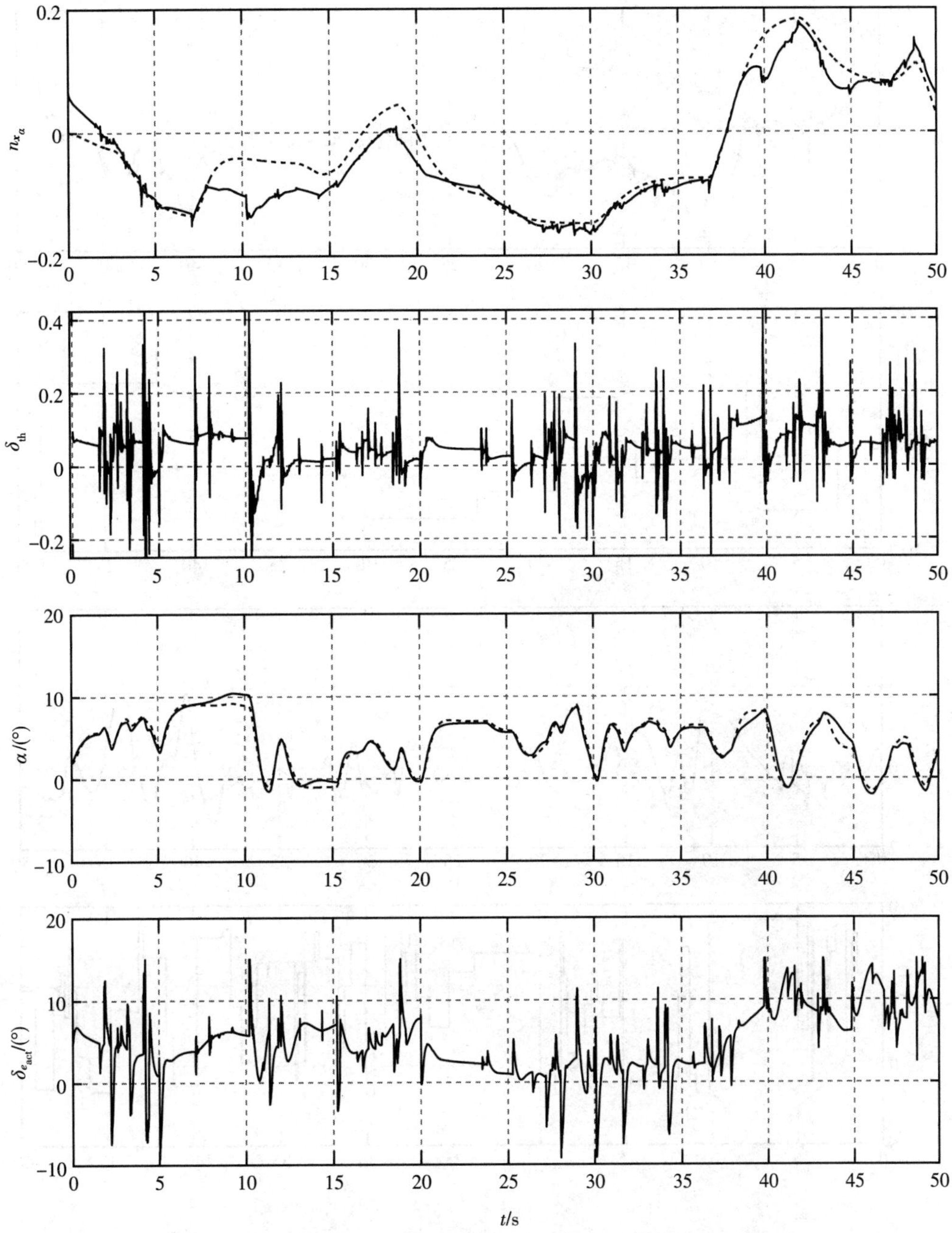

图 A-34 MRAC 型控制系统的计算实验结果（高超声速试验机 X-43，$M=6$ 的飞行模式）。两个参考信号都是随机阶跃，双通道都无补偿。I：对象和参考模型的行为。其中 n_{x_α} 是切向过载；δ_{th} 是发动机控制指令信号；α 是攻角（°）（虚线是参考模型，实线是对象）；$\delta_{e_{act}}$ 是升降舵执行器的指令信号（°）；t 是时间（s）

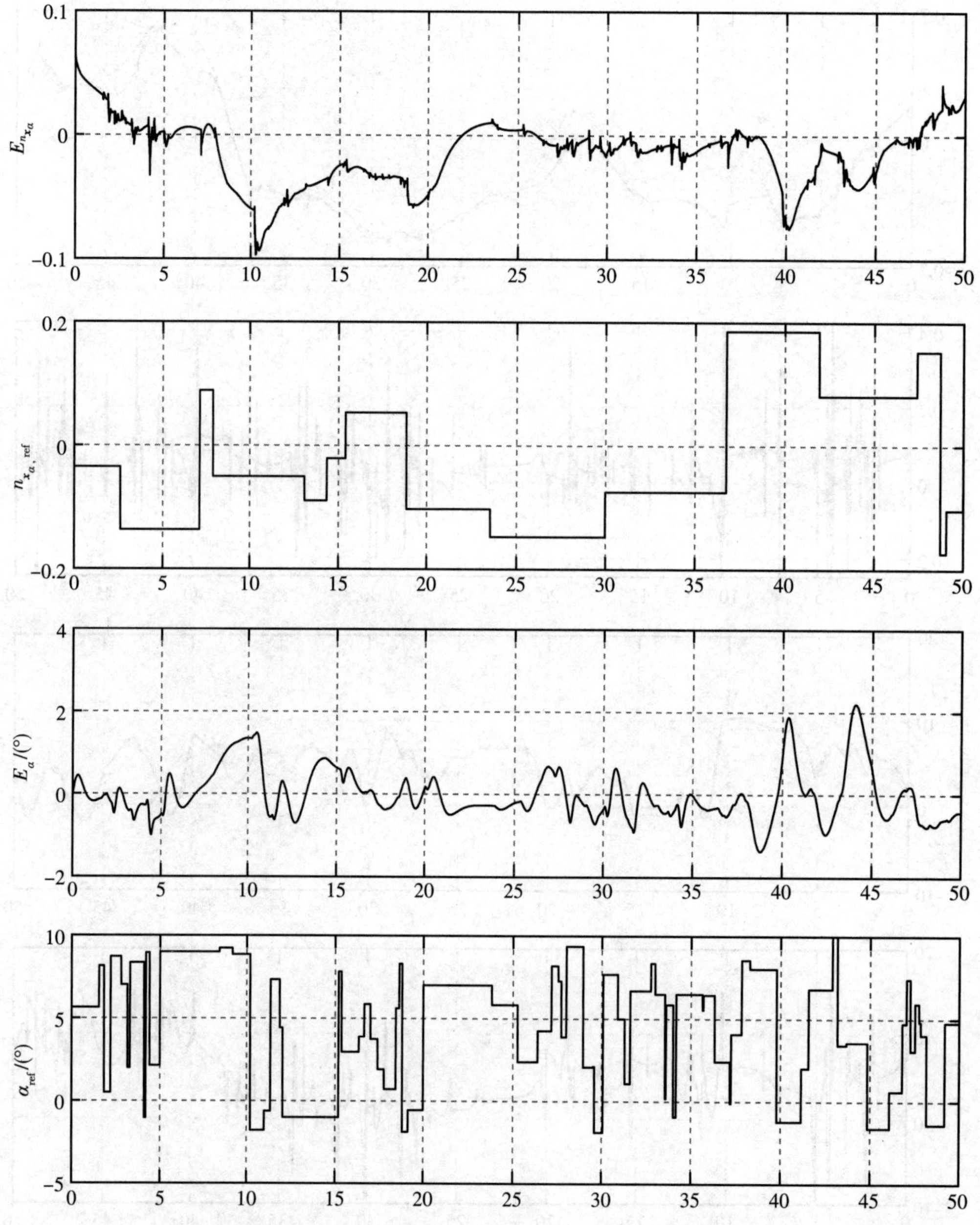

图 A-35 MRAC 型控制系统的计算实验结果（高超声速试验机 X-43，$M=6$ 的飞行模式）。两个参考信号都是随机阶跃，双通道都无补偿。II：参考信号和跟踪误差。其中 $n_{x_\alpha,\mathrm{ref}}$ 是切向过载的参考信号；$E_{n_{x_\alpha}}$ 是切向过载跟踪误差（°）；E_α 是攻角跟踪误差（°）；α_{ref} 是攻角参考信号（°）；t 是时间（s）

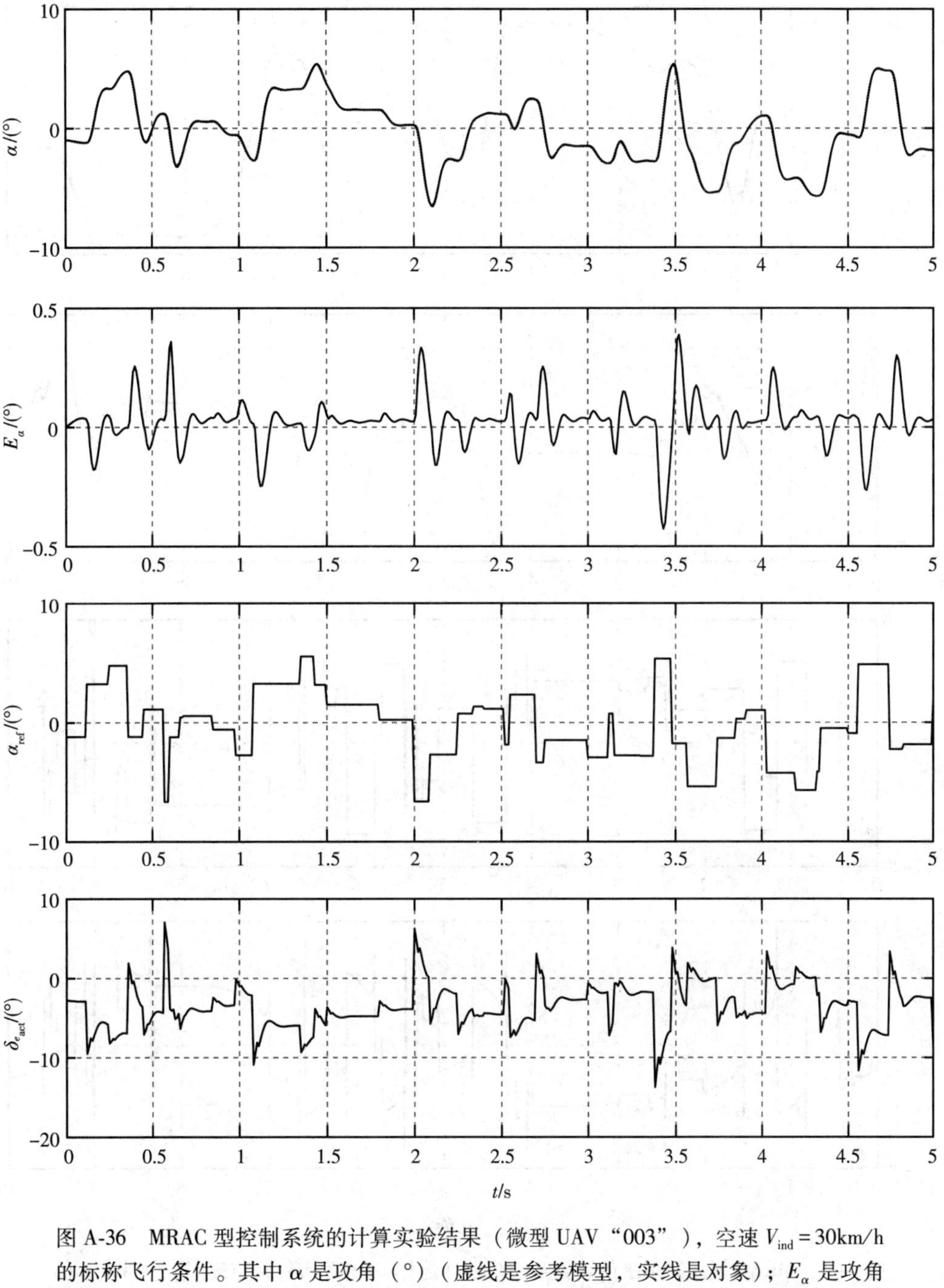

图 A-36 MRAC 型控制系统的计算实验结果（微型 UAV“003”），空速 $V_{ind}=30\text{km/h}$ 的标称飞行条件。其中 α 是攻角（°）（虚线是参考模型，实线是对象）；E_α 是攻角跟踪误差（°）；α_{ref} 是攻角参考信号（°）；$\delta_{e_{act}}$ 是升降舵执行器的指令信号（°）；t 是时间（s）

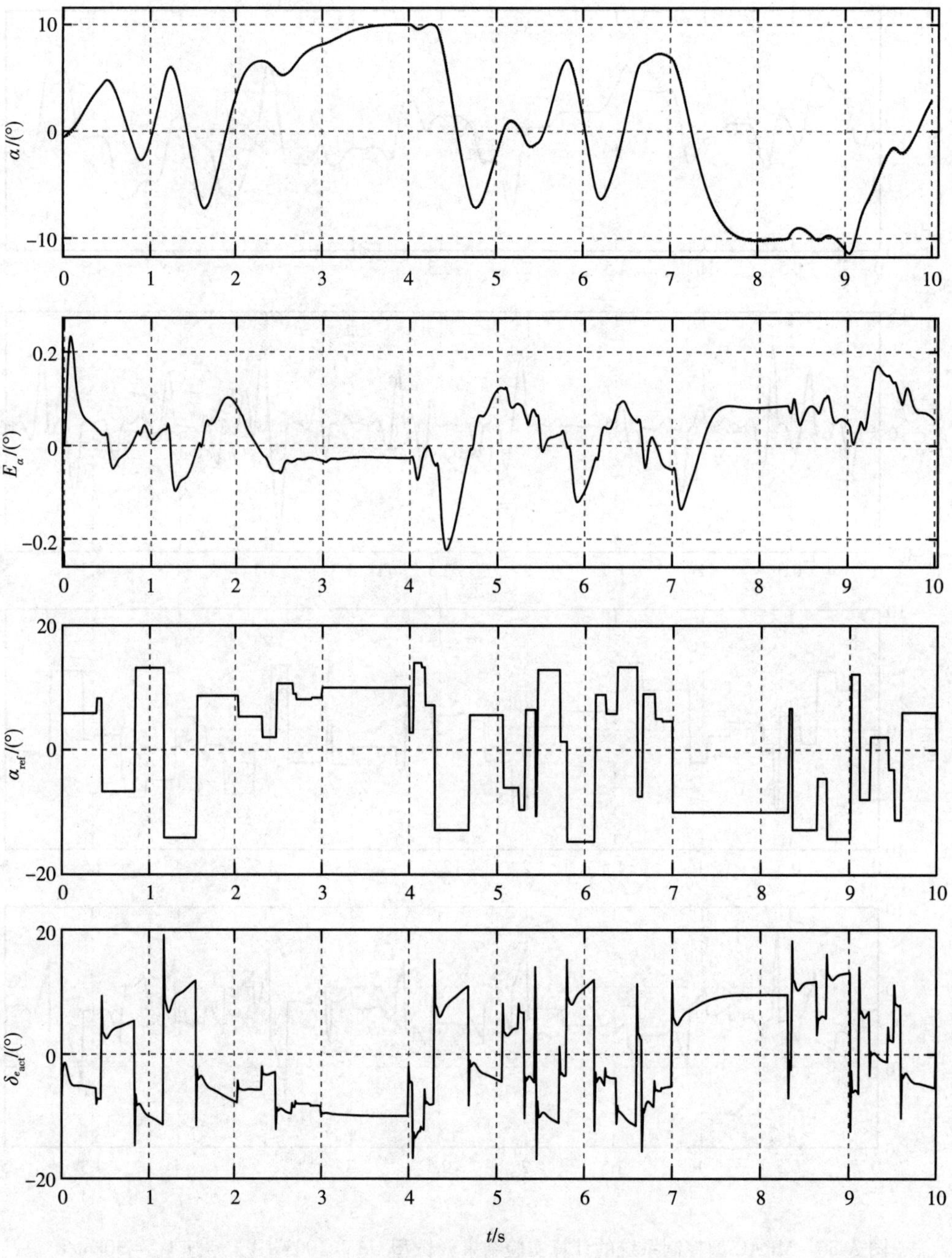

图 A-37　MRAC 型控制系统的计算实验结果（迷你 UAV X-04），空速 $V_{ind}=70$km/h 的标称飞行条件。其中 α 是攻角（°）（虚线是参考模型，实线是对象）；E_α 是攻角跟踪误差（°）；α_{ref} 是攻角参考信号（°）；$\delta_{e_{act}}$ 是升降舵执行器的指令信号（°）；t 是时间（s）

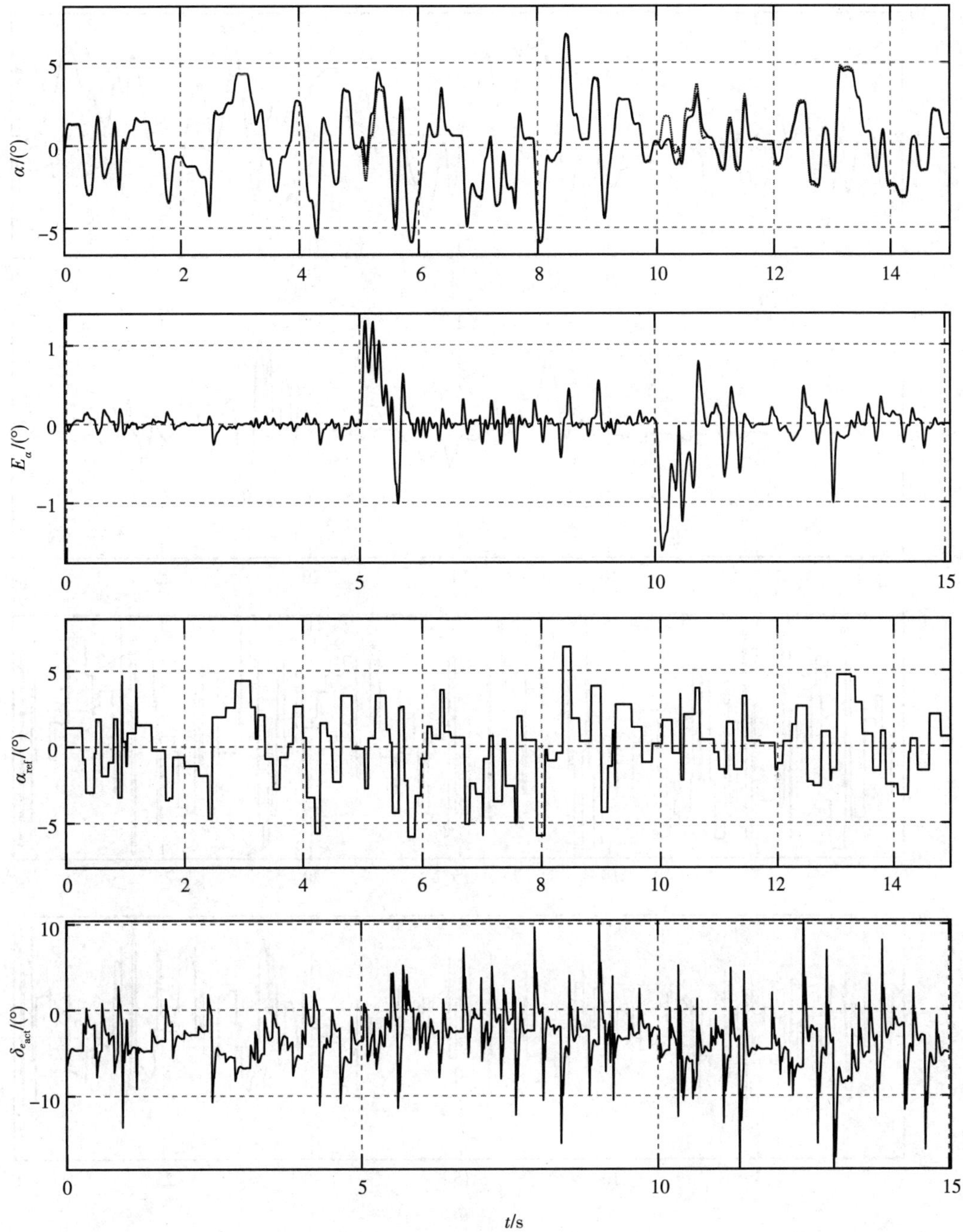

图 A-38 MRAC 型控制系统的计算实验结果（微型 UAV“003”），以空速 $V_{ind}=30$km/h 飞行，故障发生在 $t=5$s（重心后移 10%）和 $t=10$s（纵向控制结构效率降低 50%）。其中 α 是攻角（°）（虚线是参考模型，实线是对象）；E_α 是攻角跟踪误差（°）；α_{ref} 是攻角参考信号（°）；$\delta_{e_{act}}$ 是升降舵执行器的指令信号（°）；t 是时间（s）

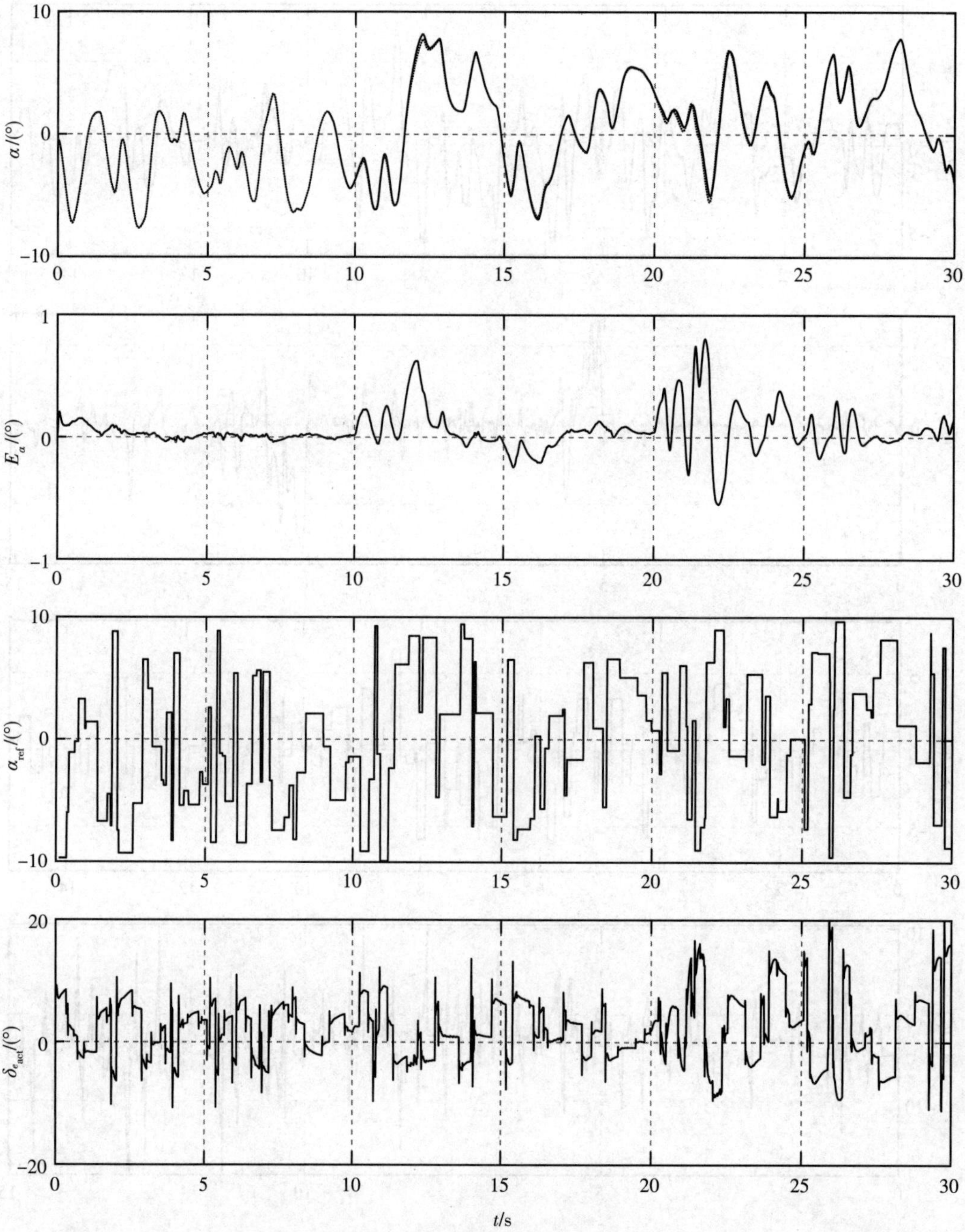

图 A-39 MRAC 型控制系统的计算实验结果（迷你 UAV X-04），以空速 $V_{ind}=70$km/h 飞行，故障发生在 $t=10$s（重心后移 10%）和 $t=20$s（纵向控制结构效率降低 50%）。其中 $α$ 是攻角（°）（虚线是参考模型，实线是对象）；$E_α$ 是攻角跟踪误差（°）；$α_{ref}$ 是攻角参考信号（°）；$δ_{e_{act}}$ 是升降舵执行机构的指令信号（°）；t 是时间（s）

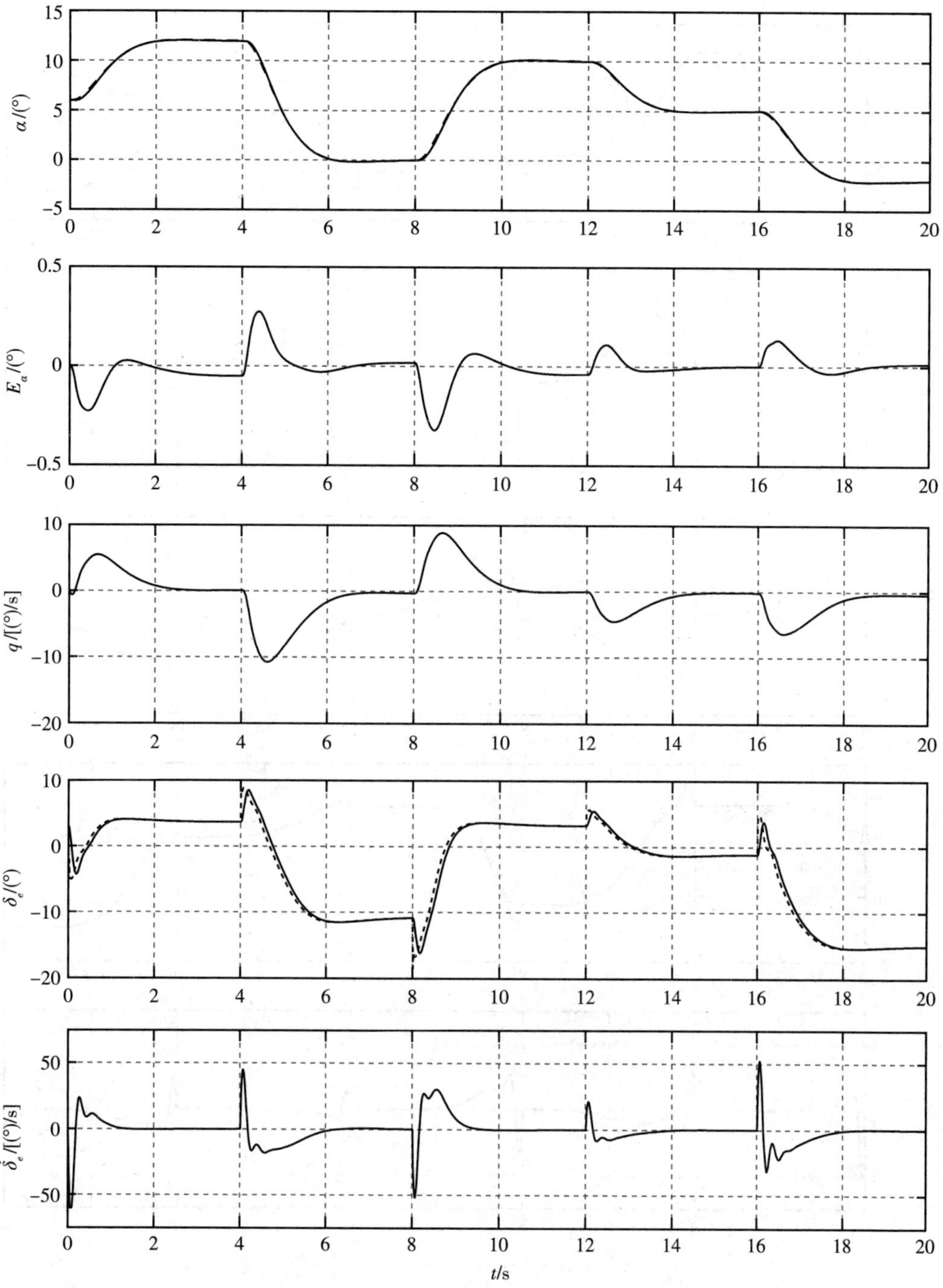

图 A-40 高超声速试验机 MPC 型控制系统在攻角阶跃参考信号下的计算实验结果（飞行模式为 $M=5$、$H=28$km）。其中 α 是攻角（°）（虚线是参考模型，实线是对象）；E_α 是攻角跟踪误差（°）；q 是俯仰角速度（°/s）；δ_e 是升降舵执行器指令信号（虚线）和偏转角（实线）；$\dot{\delta}_e = d\delta_e/dt$ 是升降舵的偏转角速度（°/s）；t 是时间（s）

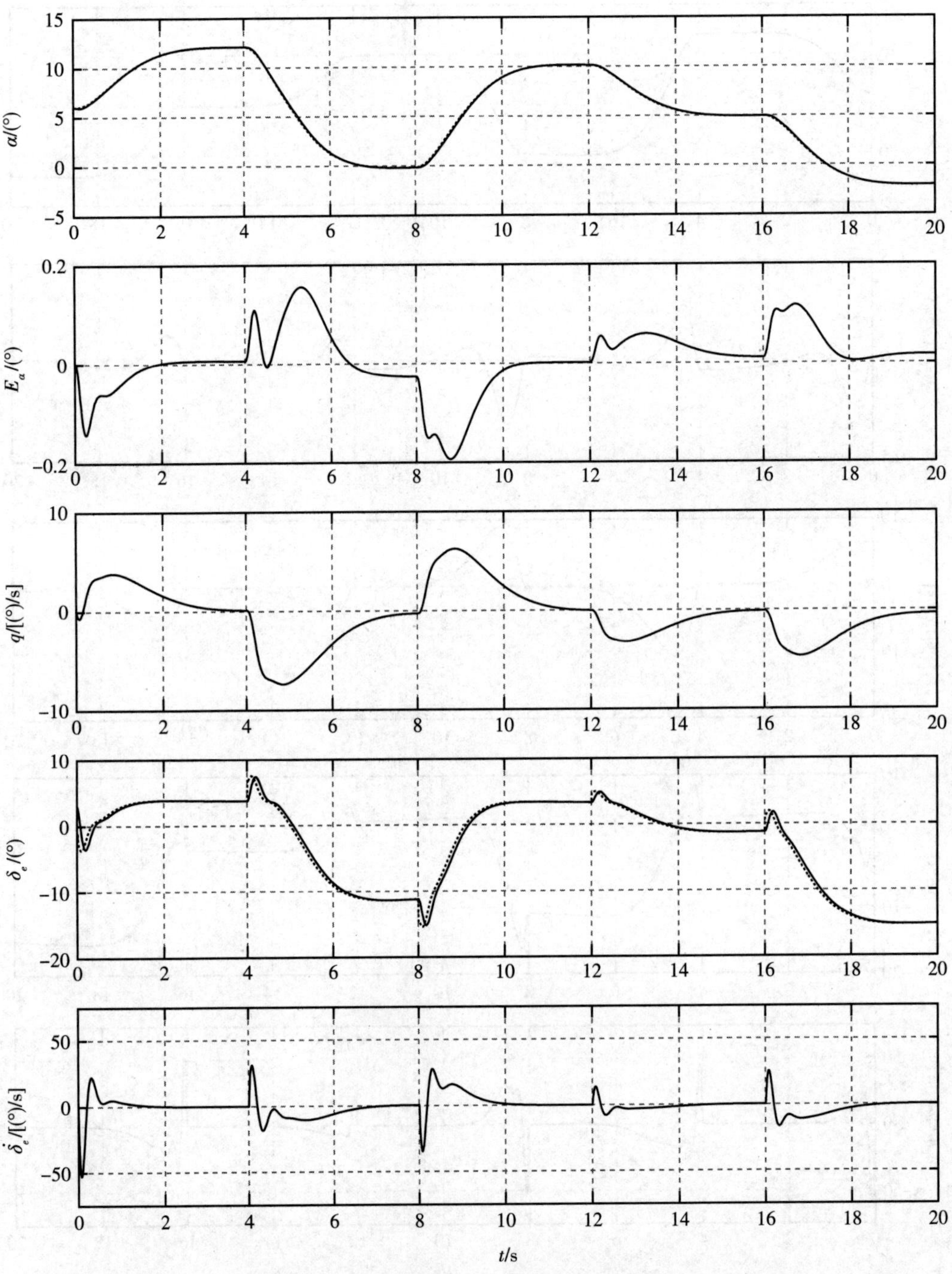

图 A-41 高超声速试验机 MPC 型控制系统在攻角阶跃参考信号下的计算实验结果（飞行模式为 $M=5$、$H=30\text{km}$）。其中 α 是攻角（°）（虚线是参考模型，实线是对象）；E_α 是攻角跟踪误差（°）；q 是俯仰角速度（°/s）；δ_e 是升降舵的执行器指令信号（虚线）和偏转角（实线）；$\dot{\delta}_e=\mathrm{d}\delta_e/\mathrm{d}t$ 是升降舵的偏转角速度（°/s）；t 是时间（s）

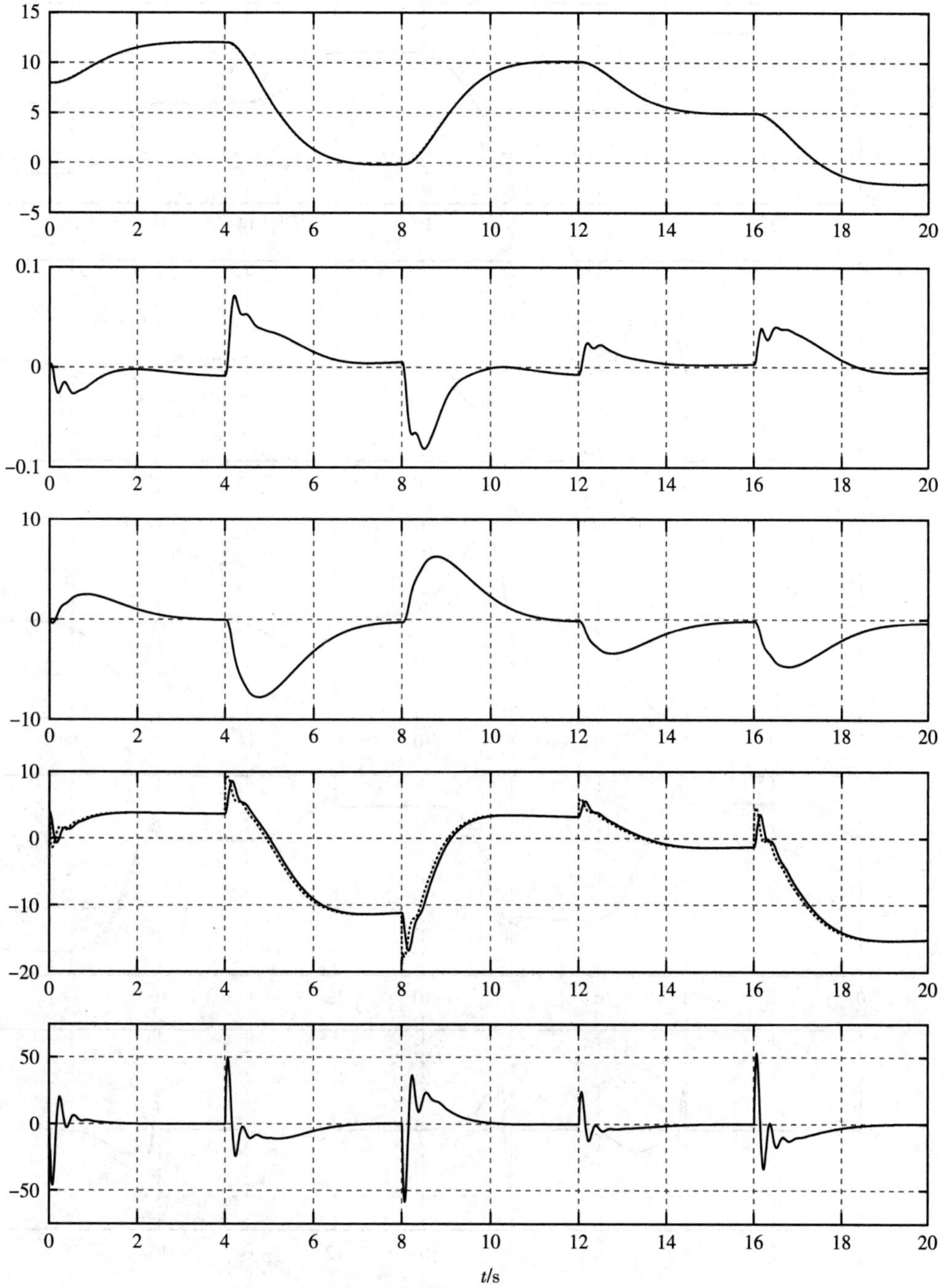

图 A-42　高超声速试验机 MPC 型控制系统在攻角阶跃参考信号下的计算实验结果（飞行模式为 $M=5$、$H=32$km）。其中 α 是攻角（°）（虚线是参考模型，实线是对象）；E_α 是攻角跟踪误差（°）；q 是俯仰角速度（°/s）；δ_e 是升降舵的执行器指令信号（虚线）和偏转角（实线）；$\dot{\delta}_e = \mathrm{d}\delta_e/\mathrm{d}t$ 是升降舵的偏转角速度（°/s）；t 是时间（s）

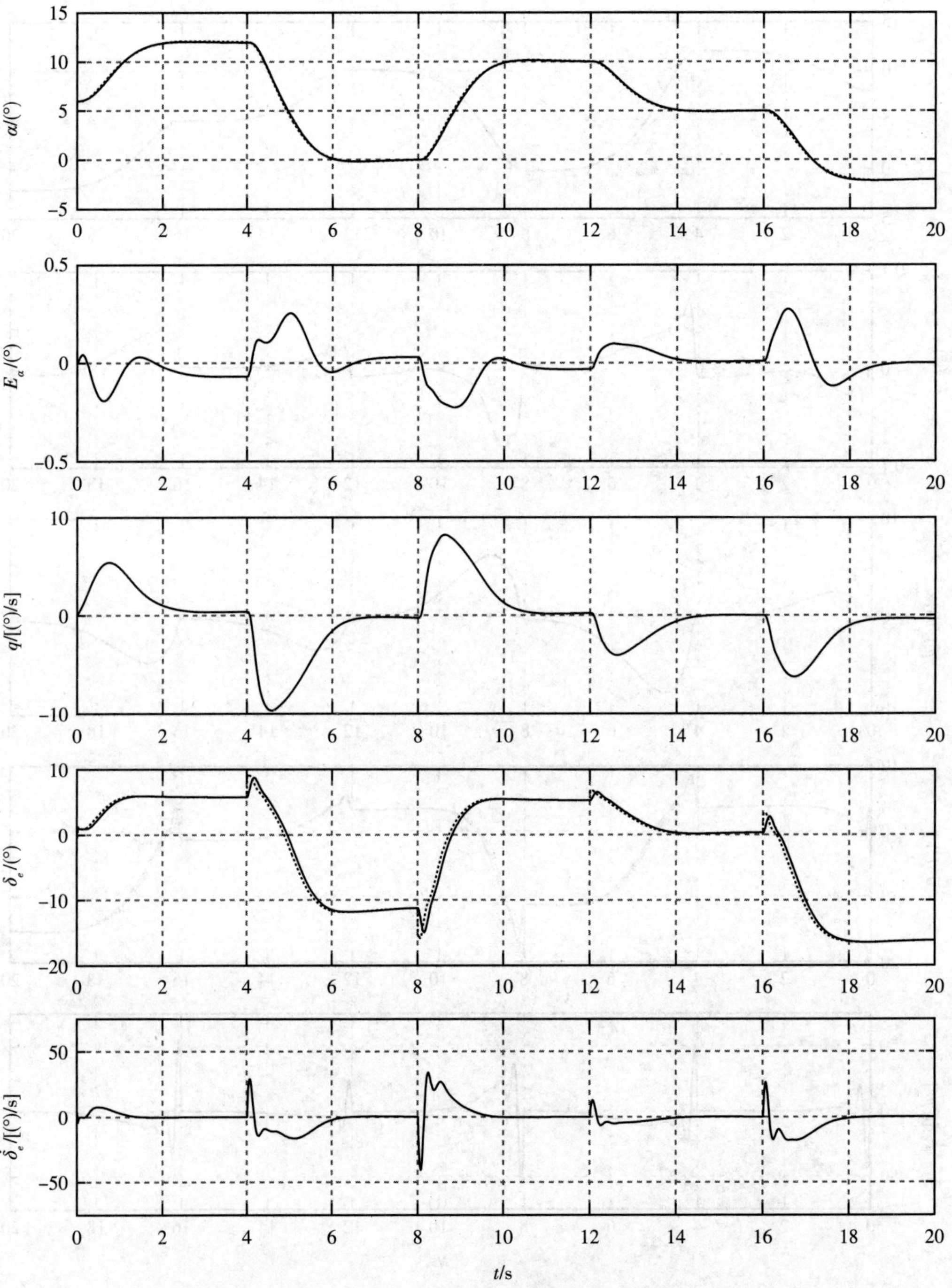

图 A-43 高超声速试验机 MPC 型控制系统在攻角阶跃参考信号下的计算实验结果（飞行模式为 $M=6$、$H=28\text{km}$）。其中 α 是攻角（°）（虚线是参考模型，实线是对象）；E_α 是攻角跟踪误差（°）；q 是俯仰角速度（°/s）；δ_e 是升降舵的执行器指令信号（虚线）和偏转角（实线）；$\dot{\delta}_e=\mathrm{d}\delta_e/\mathrm{d}t$ 是升降舵的偏转角速度（°/s）；t 是时间（s）

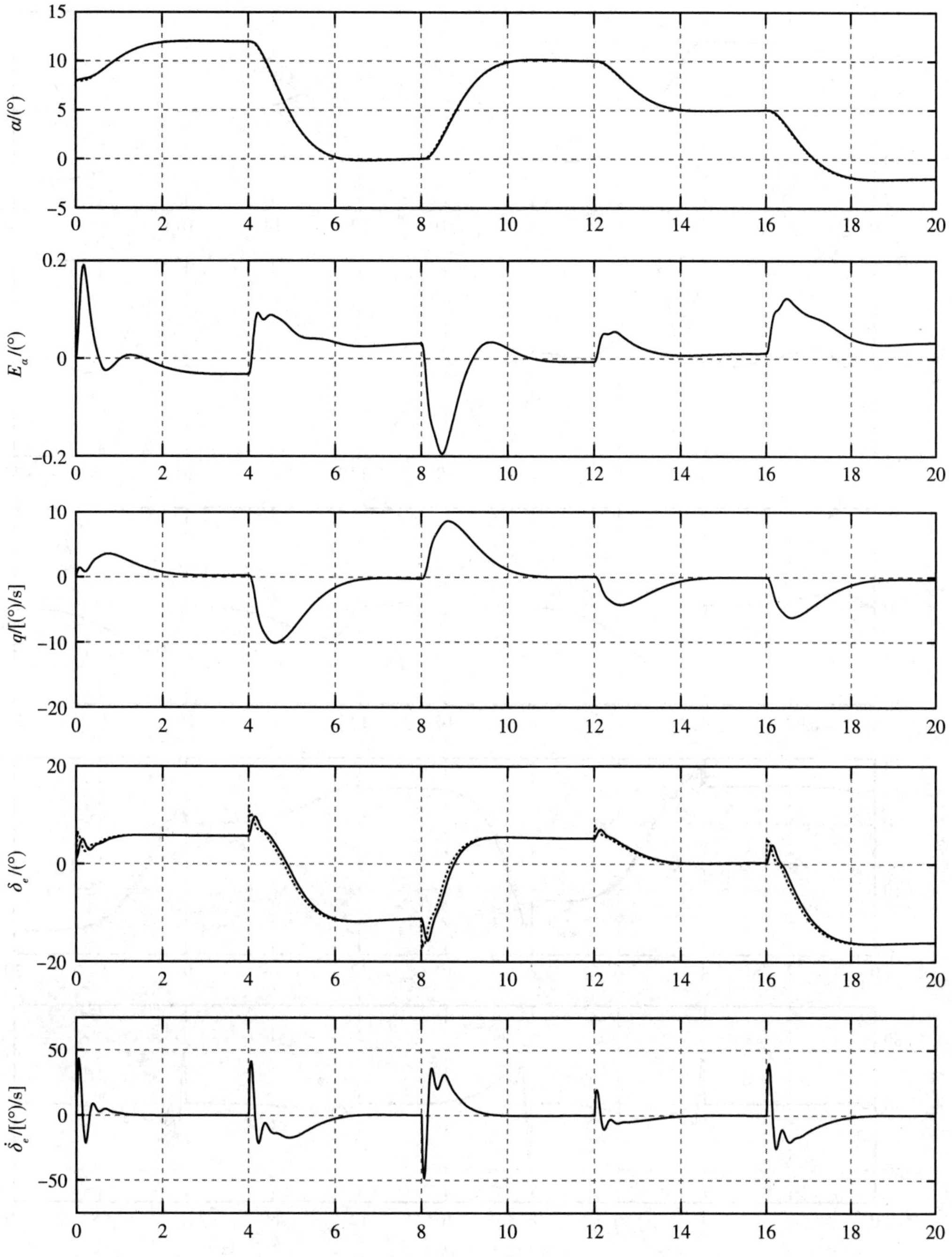

图 A-44　高超声速试验机 MPC 型控制系统在攻角阶跃参考信号下的计算实验结果（飞行模式为 $M=6$、$H=30\mathrm{km}$）。其中 α 是攻角（°）（虚线是参考模型，实线是对象）；E_α 是攻角跟踪误差（°）；q 是俯仰角速度（°/s）；δ_e 是升降舵的执行器指令信号（虚线）和偏转角（实线）；$\dot{\delta}_e=\mathrm{d}\delta_e/\mathrm{d}t$ 是升降舵的偏转角速度（°/s）；t 是时间（s）

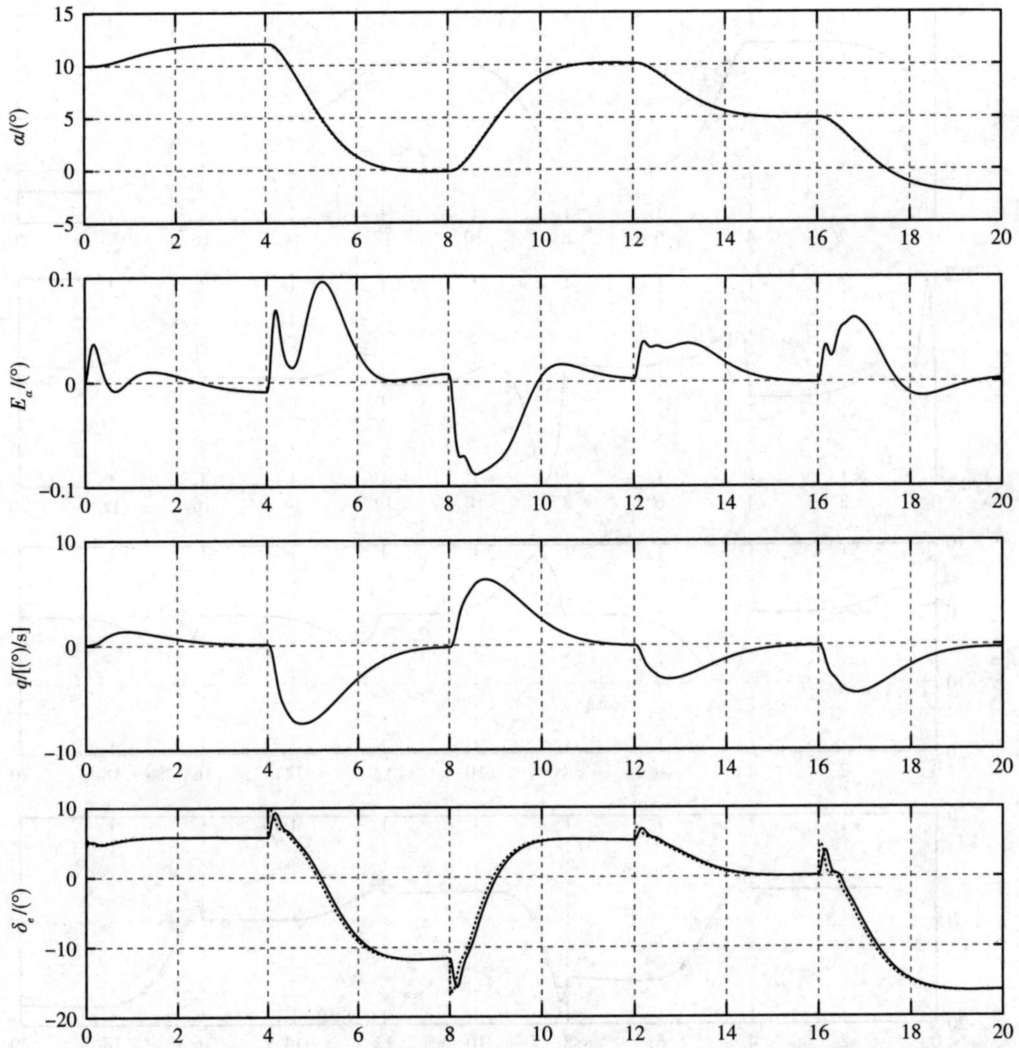

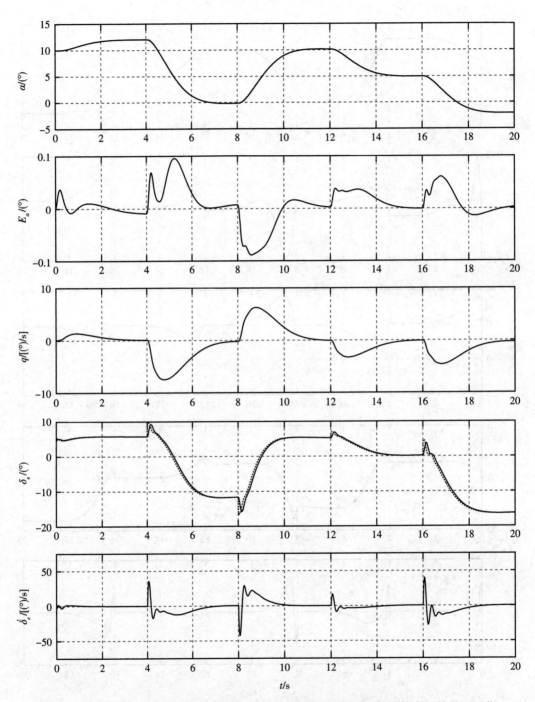

图 A-45　高超声速试验机 MPC 型控制系统在攻角阶跃参考信号下的计算实验结果（飞行模式为 $M=6$、$H=32$km）。其中 α 是攻角（°）（虚线是参考模型，实线是对象）；E_α 是攻角跟踪误差（°）；q 是俯仰角速度（°/s）；δ_e 是升降舵的执行器指令信号（虚线）和偏转角（实线）；$\dot{\delta}_e = \mathrm{d}\delta_e/\mathrm{d}t$ 是升降舵的偏转角速度（°/s）；t 是时间（s）

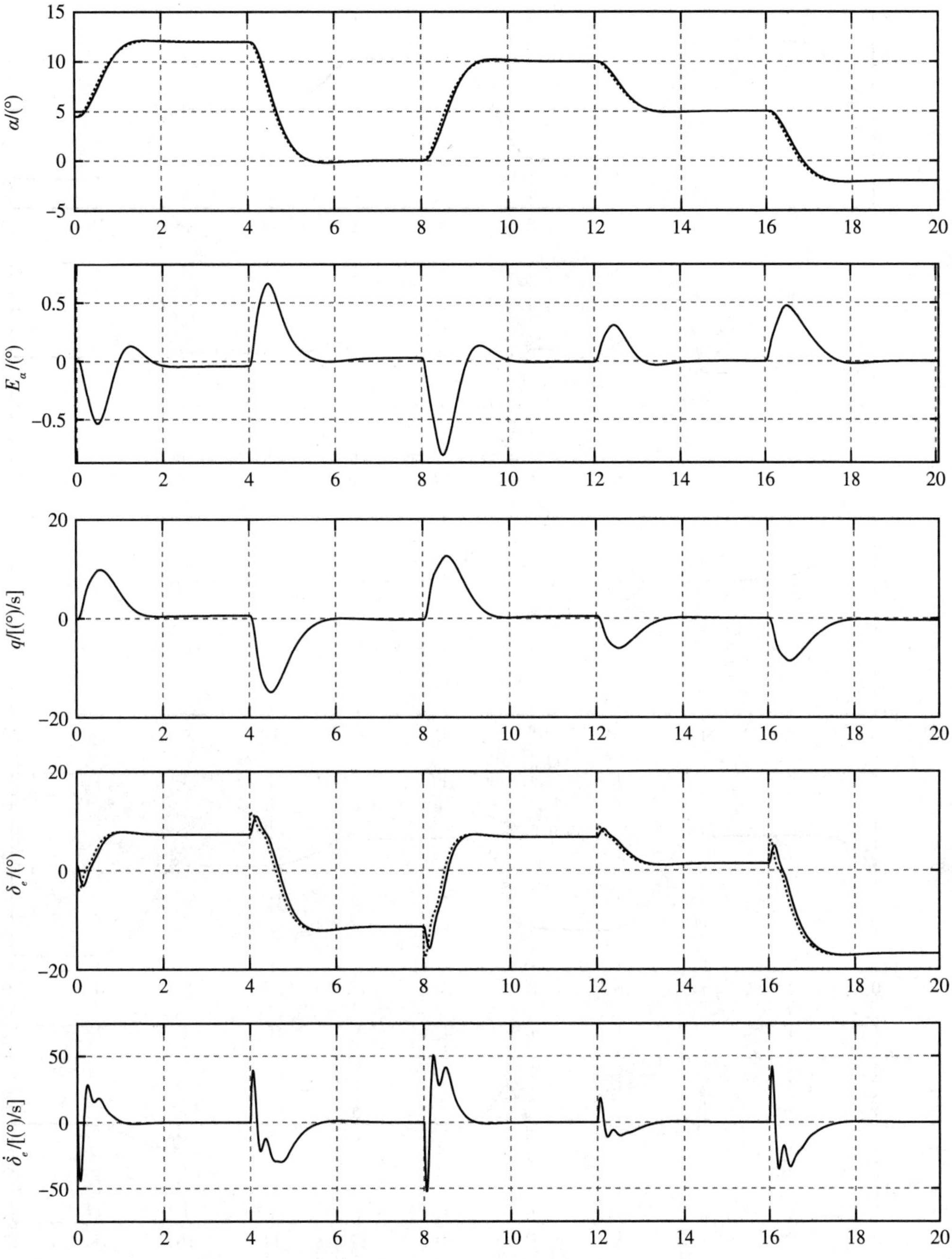

图 A-46　高超声速试验机 MPC 型控制系统在攻角阶跃参考信号下的计算实验结果（飞行模式为 $M=7$、$H=28$km）。其中 α 是攻角（°）（虚线是参考模型，实线是对象）；E_α 是攻角跟踪误差（°）；q 是俯仰角速度（°/s）；δ_e 是升降舵的执行器指令信号（虚线）和偏转角（实线）；$\dot{\delta}_e=\mathrm{d}\delta_e/\mathrm{d}t$ 是升降舵的偏转角速度（°/s）；t 是时间（s）

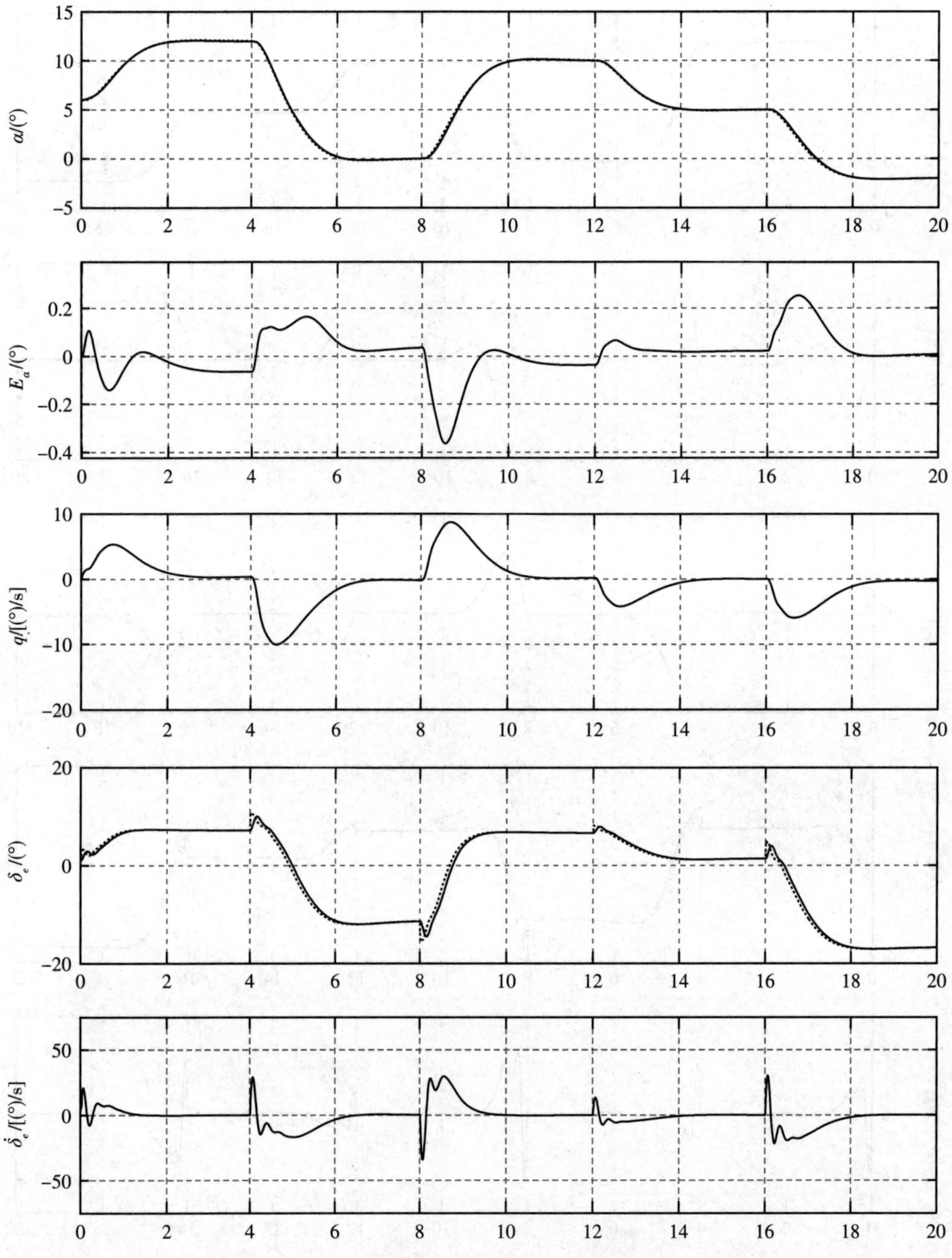

图 A-47　高超声速试验机 MPC 型控制系统在攻角阶跃参考信号下的计算实验结果（飞行模式为 $M=7$、$H=30\text{km}$）。其中 α 是攻角（°）（虚线是参考模型，实线是对象）；E_α 是攻角跟踪误差（°）；q 是俯仰角速度（°/s）；δ_e 是升降舵的执行器指令信号（虚线）和偏转角（实线）；$\dot{\delta}_e = \mathrm{d}\delta_e/\mathrm{d}t$ 是升降舵的偏转角速度（°/s）；t 是时间（s）

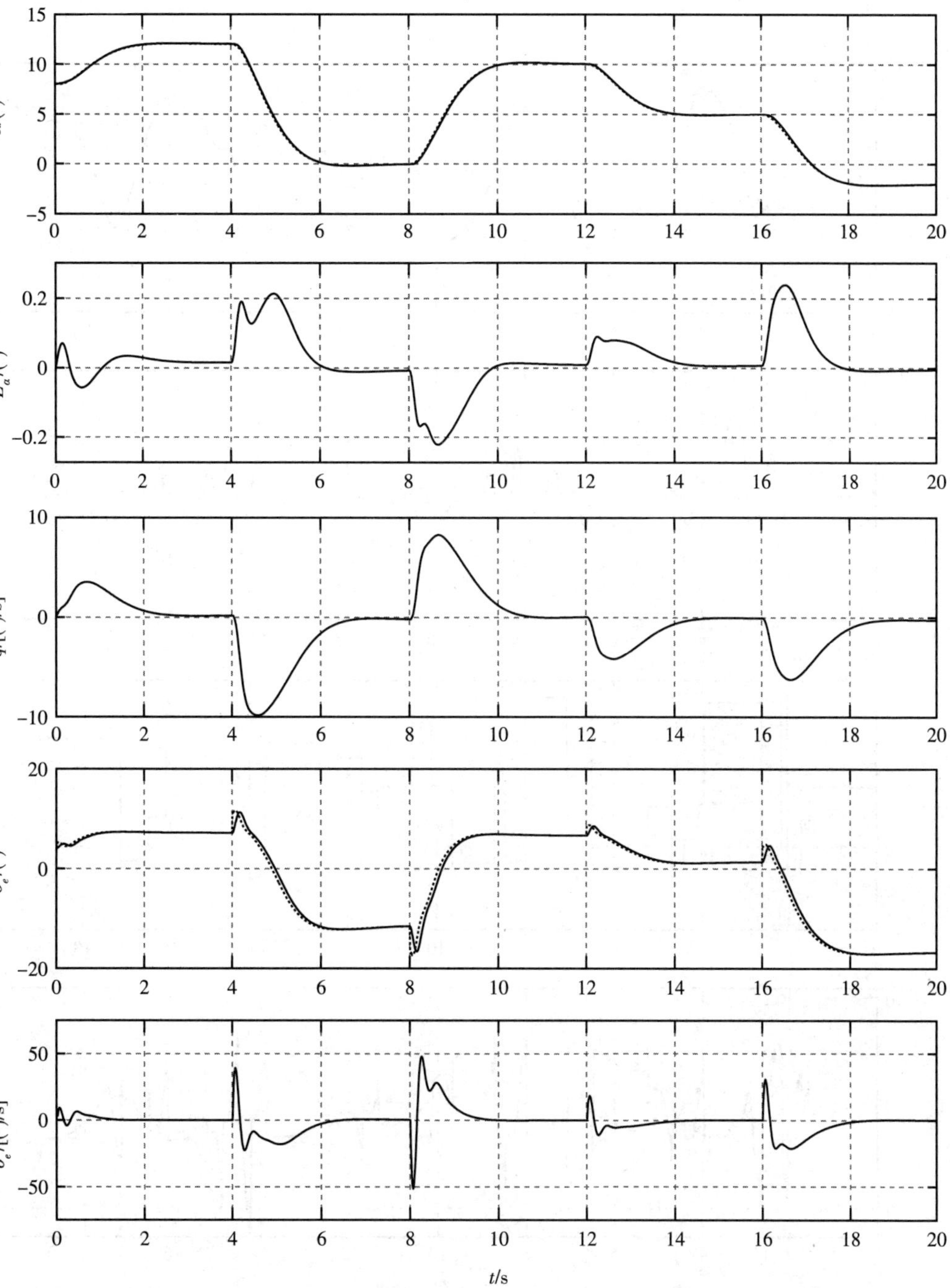

图 A-48 高超声速试验机 MPC 型控制系统在攻角阶跃参考信号下的计算实验结果（飞行模式为 $M=7$、$H=32\text{km}$）。其中 α 是攻角（°）（虚线是参考模型，实线是对象）；E_α 是攻角跟踪误差（°）；q 是俯仰角速度（°/s）；δ_e 是升降舵的执行器指令信号（虚线）和偏转角（实线）；$\dot{\delta}_e = \mathrm{d}\delta_e/\mathrm{d}t$ 是升降舵的偏转角速度（°/s）；t 是时间（s）

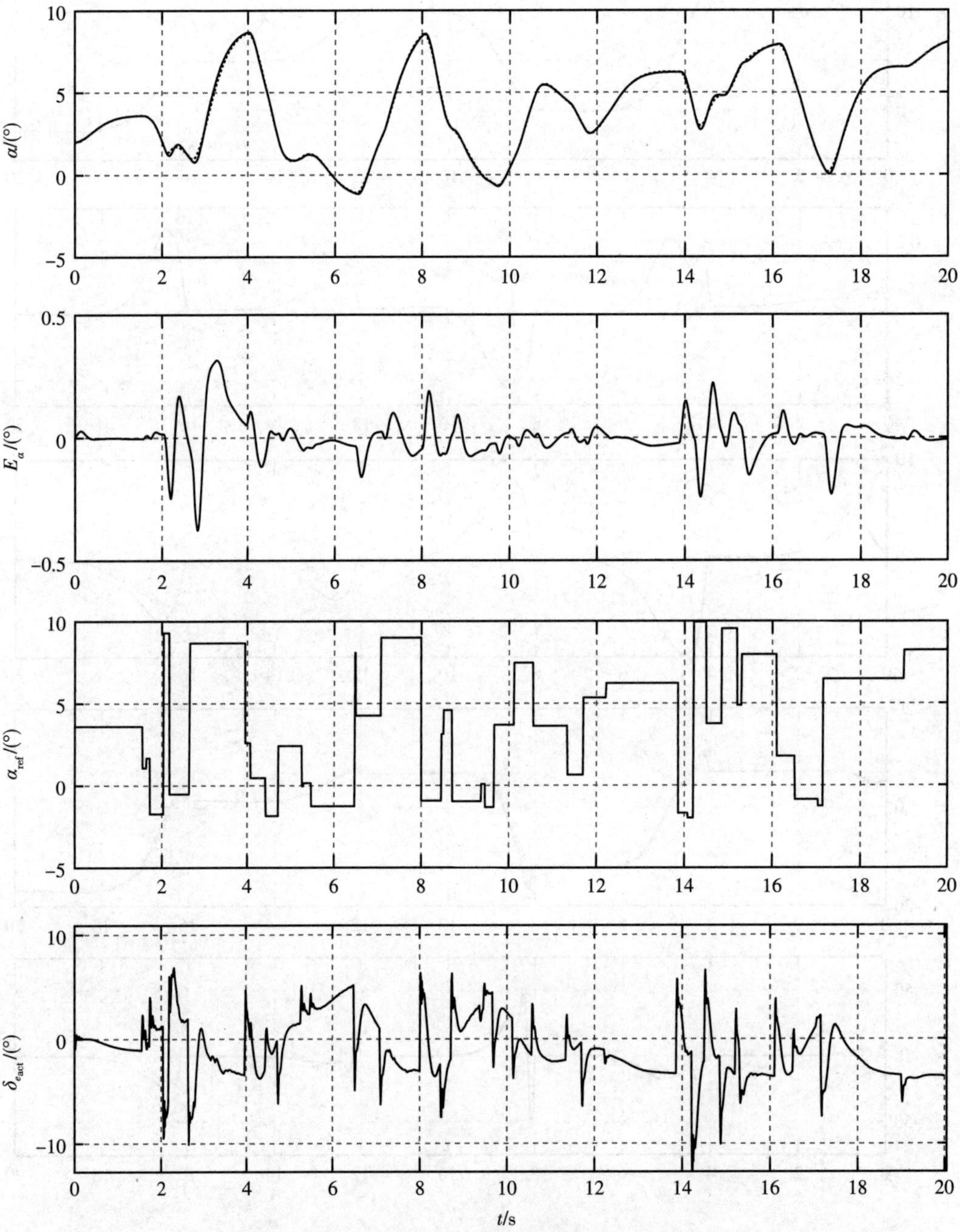

图 A-49 带补偿器的 MPC 型控制系统的计算实验结果（高超声速试验机 X-43，$M=6$ 的飞行模式）。其中 α 是攻角（°）（虚线是参考模型，实线是对象）；E_α 是攻角跟踪误差（°）；α_{ref} 是攻角参考信号（°）；$\delta_{e_{act}}$ 是升降舵执行器的指令信号（°）；t 是时间（s）

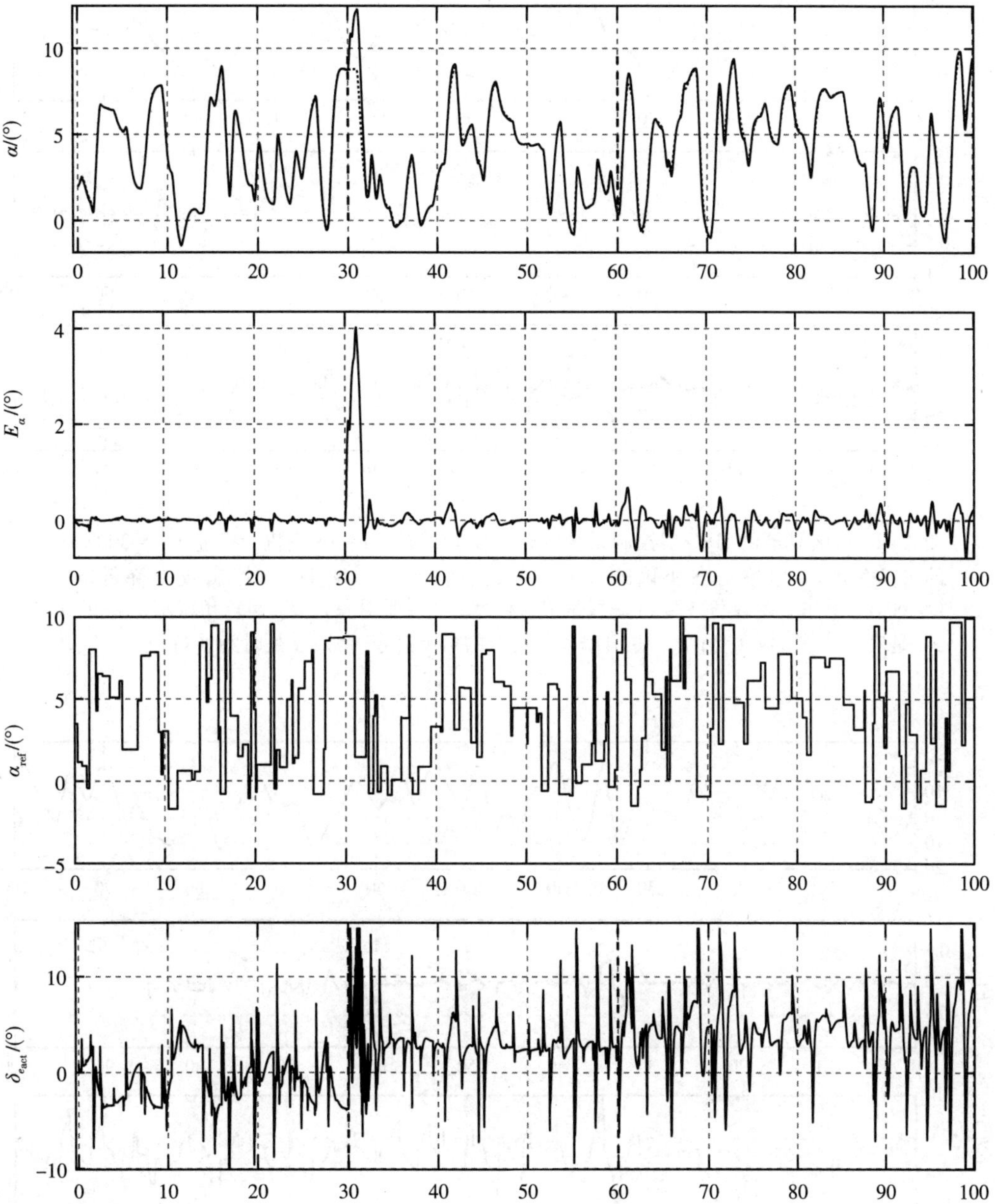

图 A-50 带补偿器的 MPC 型控制系统的计算实验结果（高超声速试验机 X-43，M=6 的飞行模式）。导致动态变化的故障：中心后移 5%（t=30s）；控制效率降低 30%（t=60s）。其中 α 是攻角（°）（虚线是参考模型，实线是对象）；E_α 是攻角跟踪误差（°）；α_{ref} 是攻角参考信号（°）；$\delta_{e_{act}}$ 是升降舵执行器的指令信号（°）；t 是时间（s）

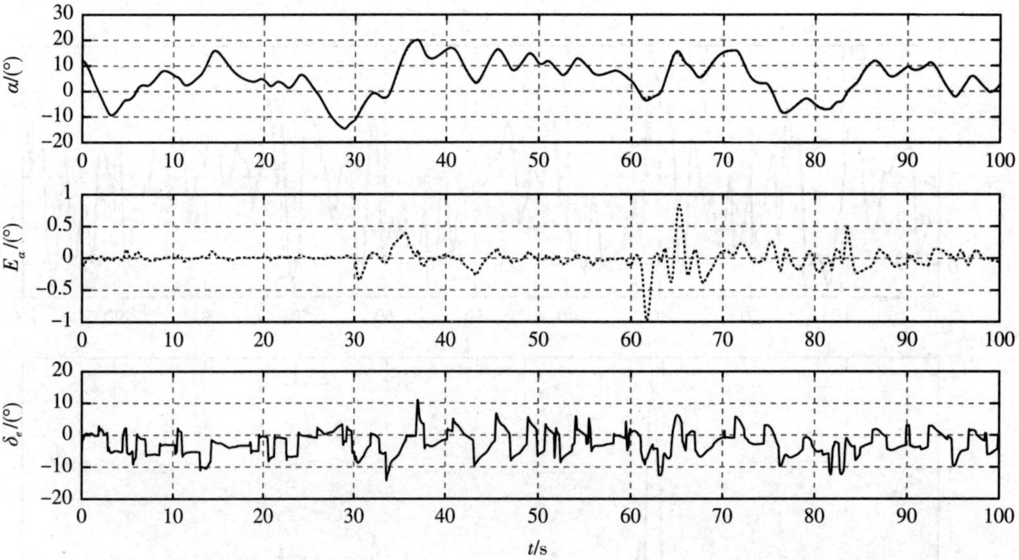

图 A-51　带补偿器的 MPC 型控制系统的计算实验结果（F-16 飞机，空速 V_{ind} = 300km/h 的飞行模式）。导致动态变化的故障：中心后移 5%（t = 30s）；控制效率降低 50%（t=60s）。其中 α 是攻角（°）（虚线是参考模型，实线是对象）；E_α 是攻角跟踪误差（°）；α_{ref} 是攻角参考信号（°）；$\delta_{e_{act}}$ 是升降舵执行器的指令信号（°）；t 是时间（s）

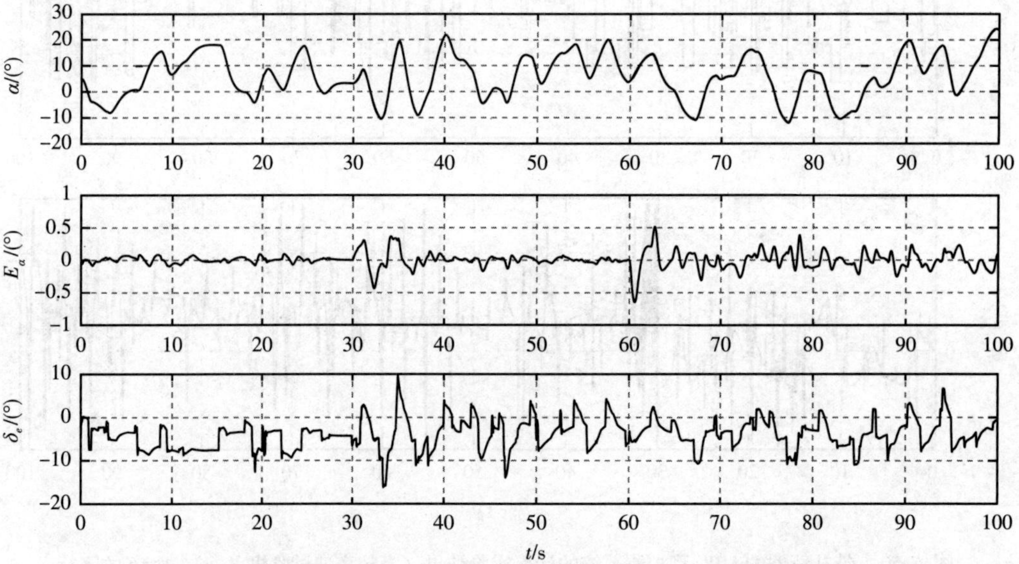

图 A-52　带补偿器的 MPC 型控制系统的计算实验结果（F-16 飞机，空速 V_{ind} = 500km/h 的飞行模式）。导致动态变化的故障：中心后移 5%（t = 30s）；控制有效性降低 50%（t=60s）。其中 α 是攻角（°）（虚线是参考模型，实线是对象）；E_α 是攻角跟踪误差（°）；α_{ref} 是攻角参考信号（°）；$\delta_{e_{act}}$ 是升降舵执行器的指令信号（°）；t 是时间（s）

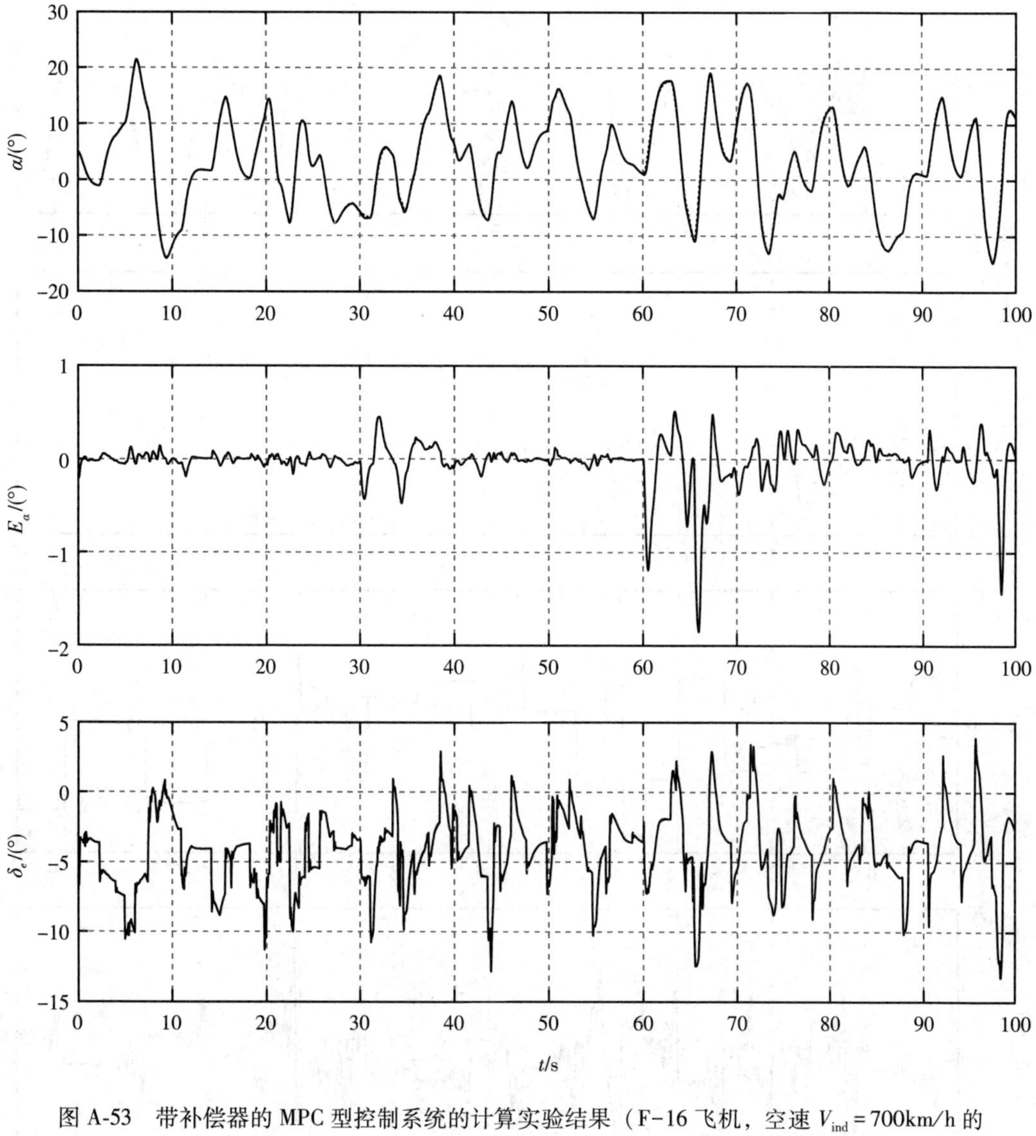

图 A-53　带补偿器的 MPC 型控制系统的计算实验结果（F−16 飞机，空速 $V_{\text{ind}}=700\text{km/h}$ 的飞行模式）。导致动态变化的故障：中心后移 5%（$t=30\text{s}$）；控制效率降低 50%（$t=60\text{s}$）。其中 α 是攻角（°）（虚线是参考模型，实线是对象）；E_α 是攻角跟踪误差（°）；α_{ref} 是攻角参考信号（°）；$\delta_{e_{\text{act}}}$ 是升降舵执行器的指令信号（°）；t 是时间（s）

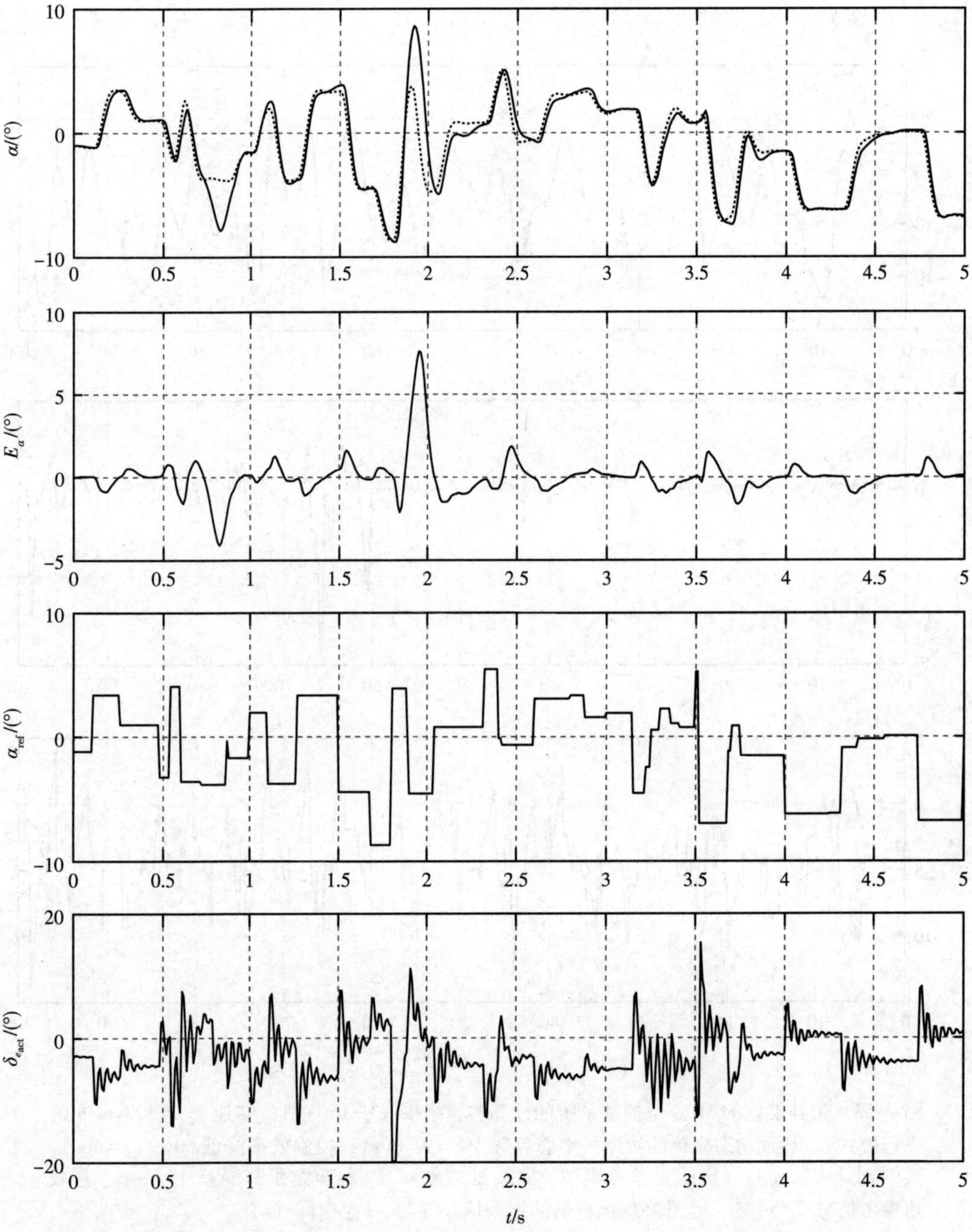

图 A-54 MPC 型控制系统的计算实验结果（微型 UAV“003”），以空速 $V_{ind}=30$km/h 正常飞行。其中 α 是攻角（°）（虚线是参考模型，实线是对象）；E_α 是攻角跟踪误差（°）；α_{ref} 是攻角参考信号（°）；$\delta_{e_{act}}$ 是升降舵执行器的指令信号（°）；t 是时间（s）

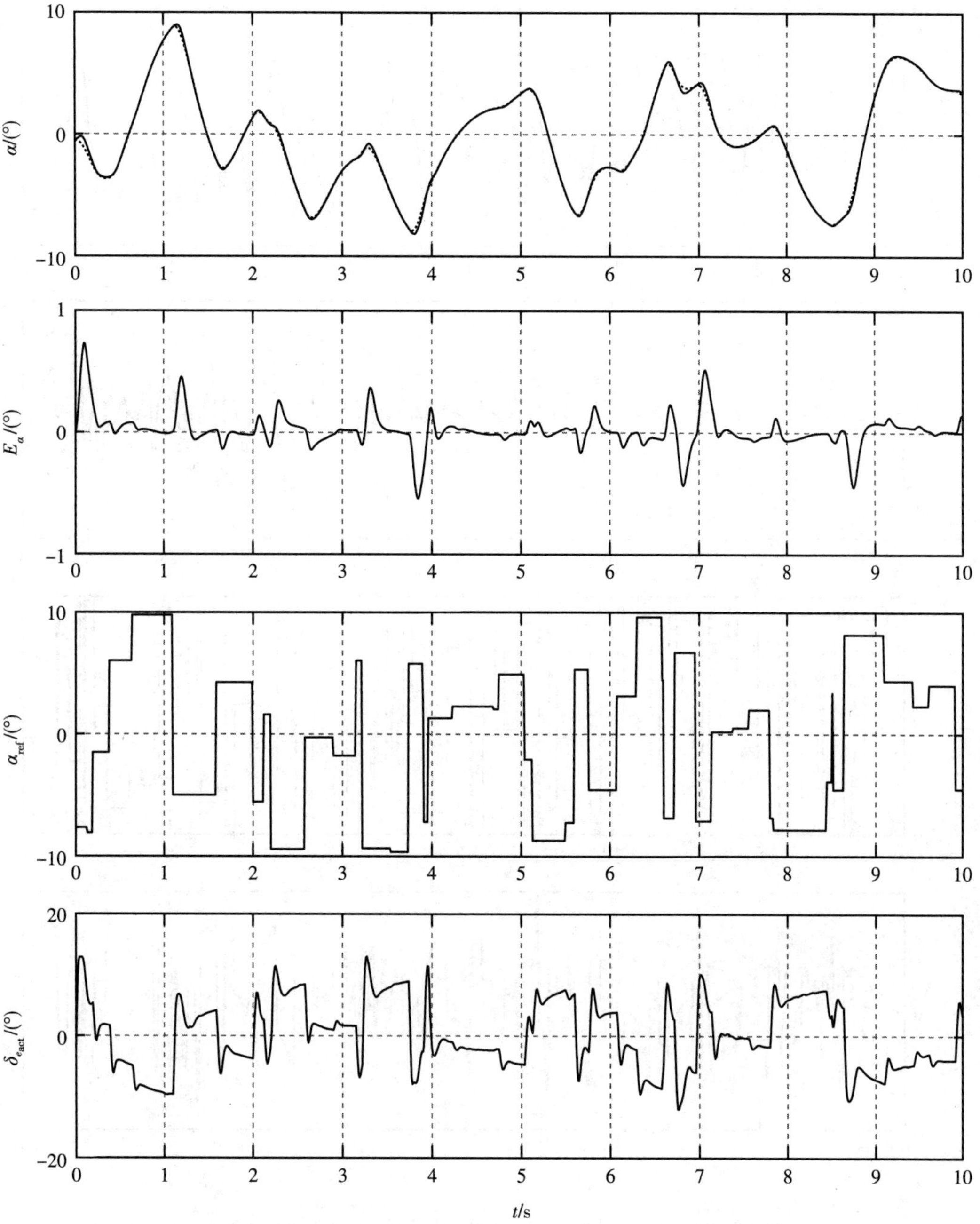

图 A-55　MPC 型控制系统的计算实验结果（迷你 UAV X-04），以空速 $V_{ind}=70\text{km/h}$ 正常飞行。其中 α 是攻角（°）（虚线是参考模型，实线是对象）；E_α 是攻角跟踪误差（°）；α_{ref} 是攻角参考信号（°）；$\delta_{e_{act}}$ 是升降舵执行器的指令信号（°）；t 是时间（s）

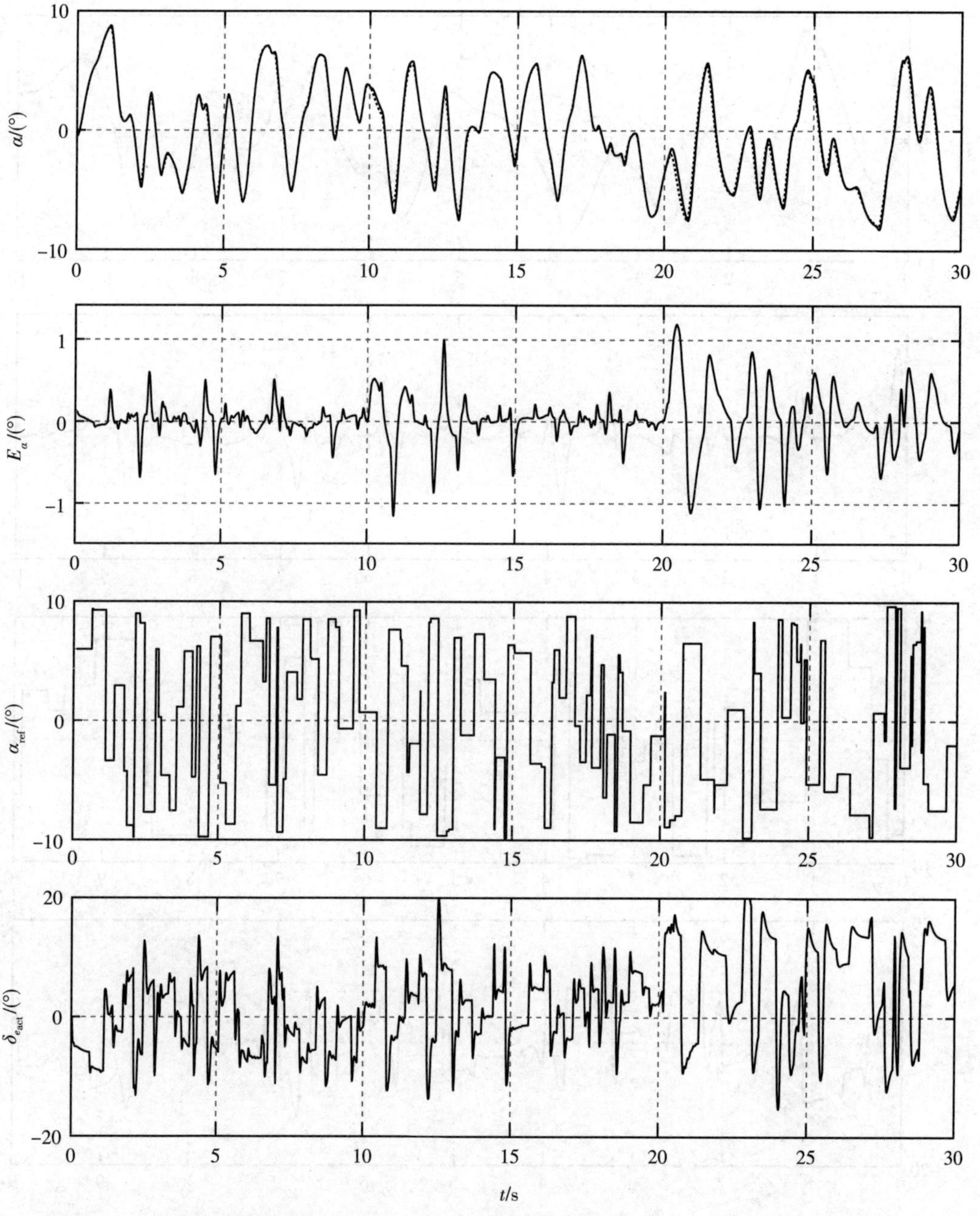

图 A-56 MPC 型控制系统的计算实验结果（迷你 UAV X-04），以空速 $V_{ind}=70\text{km/h}$ 飞行，故障发生在 $t=10\text{s}$（重心后移 10%）和 $t=20\text{s}$（纵向控制效率降低 50%）。其中 α 是攻角（°）（虚线是参考模型，实线是对象）；E_α 是攻角跟踪误差（°）；α_{ref} 是攻角参考信号（°）；$\delta_{e_{act}}$ 是升降舵执行器的指令信号（°）；t 是时间（s）

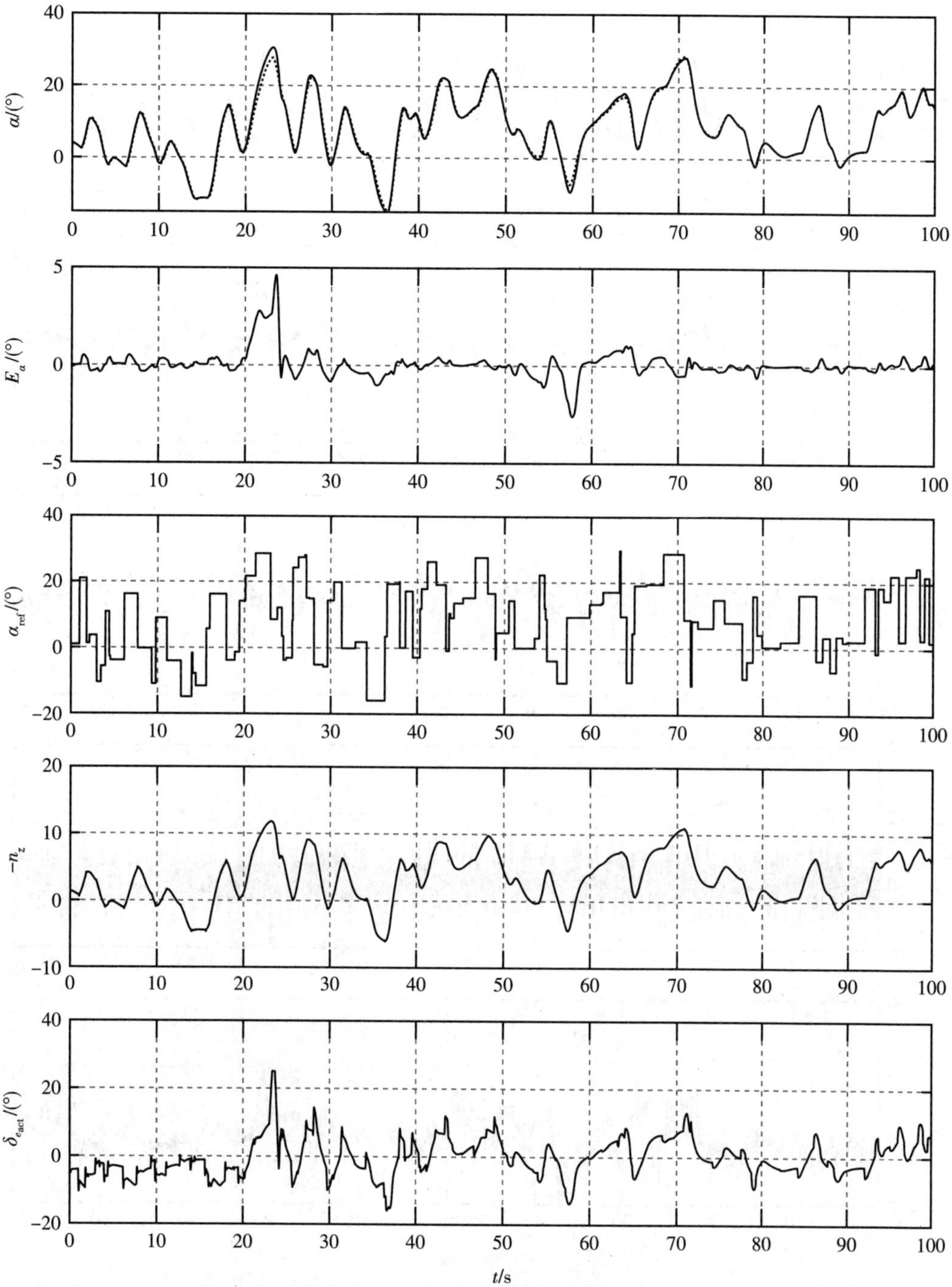

图 A-57 评估大气湍流对受控系统影响的计算实验结果：带 PD 补偿器的 MRAC 型控制系统，无摄动作用，飞行模式为 $H=100$m、$V=600$km/h。其中 α 是攻角（°）（虚线是参考模型，实线是对象）；E_α 是攻角跟踪误差（°）；α_{ref} 是攻角参考信号（°）；n_z 是法向过载；$\delta_{e_{act}}$ 是升降舵执行器的指令信号（°）；t 是时间（s）

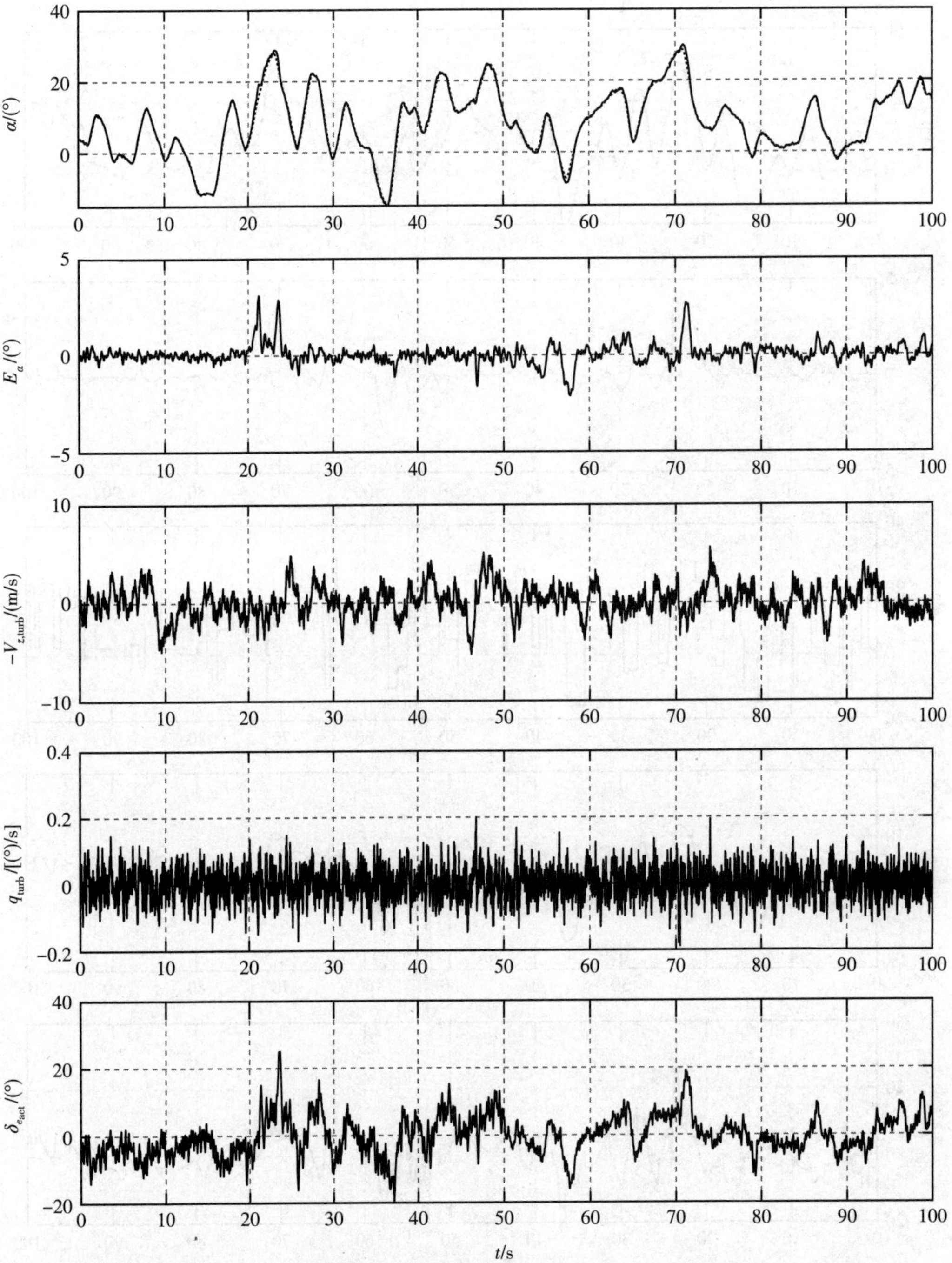

图 A-58 评估大气湍流对控制系统影响的计算实验结果：带 PD 补偿器的 MRAC 型控制系统，有摄动作用——$V_{y,\mathrm{turb}}$ 在±10m/s 内、Δq_{turb} 在±2°/s 内，飞行模式为 $H=100\mathrm{m}$、$V=600\mathrm{km/h}$。其中 α 是攻角（°）（虚线是参考模型，实线是对象）；E_α 是攻角跟踪误差（°）；$V_{z,\mathrm{turb}}$ 是法向速度摄动，m/s；q_{turb} 是俯仰角速度摄动（°/s）；$\delta_{e_{\mathrm{act}}}$ 是升降舵执行器的指令信号（°）；t 是时间（s）

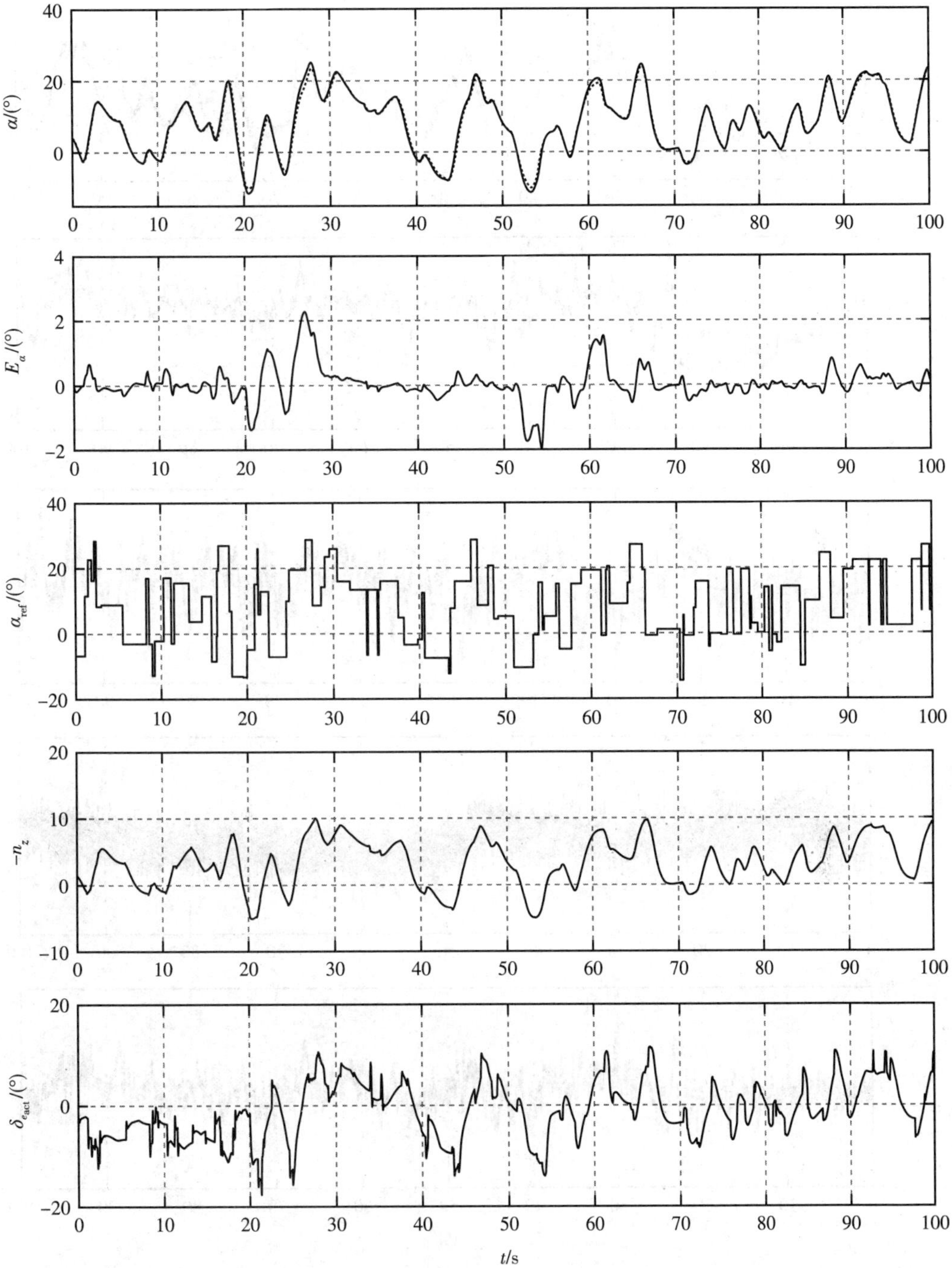

图 A-59 评估大气湍流对控制系统影响的计算实验结果：带 PD 补偿器的 MRAC 型控制系统，无摄动作用，飞行模式为 $H=100$m、$V=600$km/h。其中 α 是攻角（°）（虚线是参考模型，实线是对象）；E_α 是攻角跟踪误差（°）；α_{ref} 是攻角参考信号（°）；n_z 是法向过载；$\delta_{e_{act}}$ 是升降舵执行器的指令信号（°）；t 是时间（s）

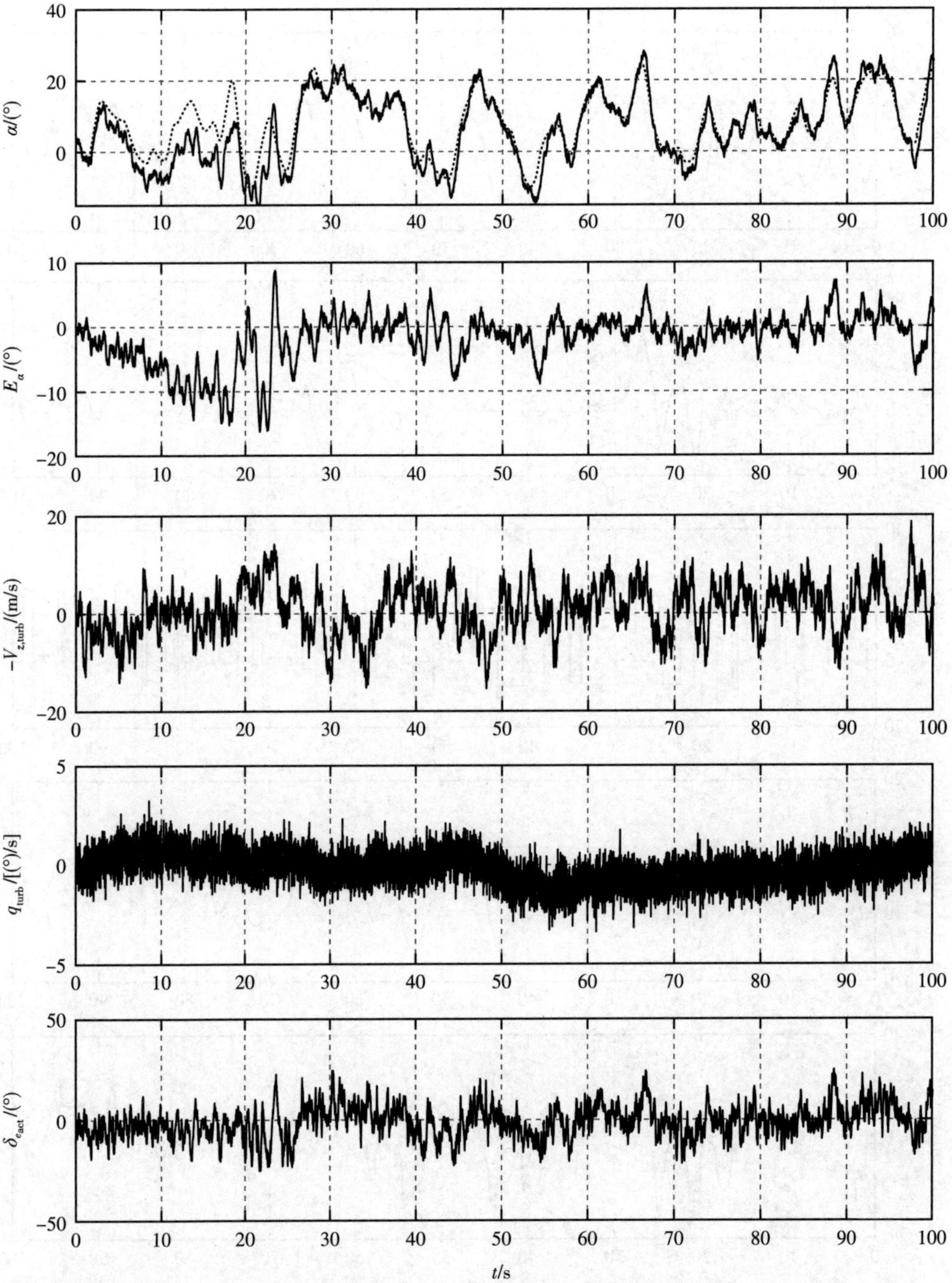

图 A-60 评估大气湍流对控制系统影响的计算实验结果：带 PD 补偿器的 MRAC 型控制系统，有摄动作用——$V_{y,turb}$ 在±20m/s 内、Δq_{turb} 在±2°/s 内，飞行模式为 $H=100$m、$V=600$km/h。其中 α 是攻角（°）（虚线是参考模型，实线是对象）；E_α 是攻角跟踪误差（°）；$V_{z,turb}$ 是法向速度摄动（m/s）；q_{turb} 是俯仰角速度摄动（°/s）；$\delta_{e_{act}}$ 是升降舵执行器的指令信号（°）；t 是时间（s）

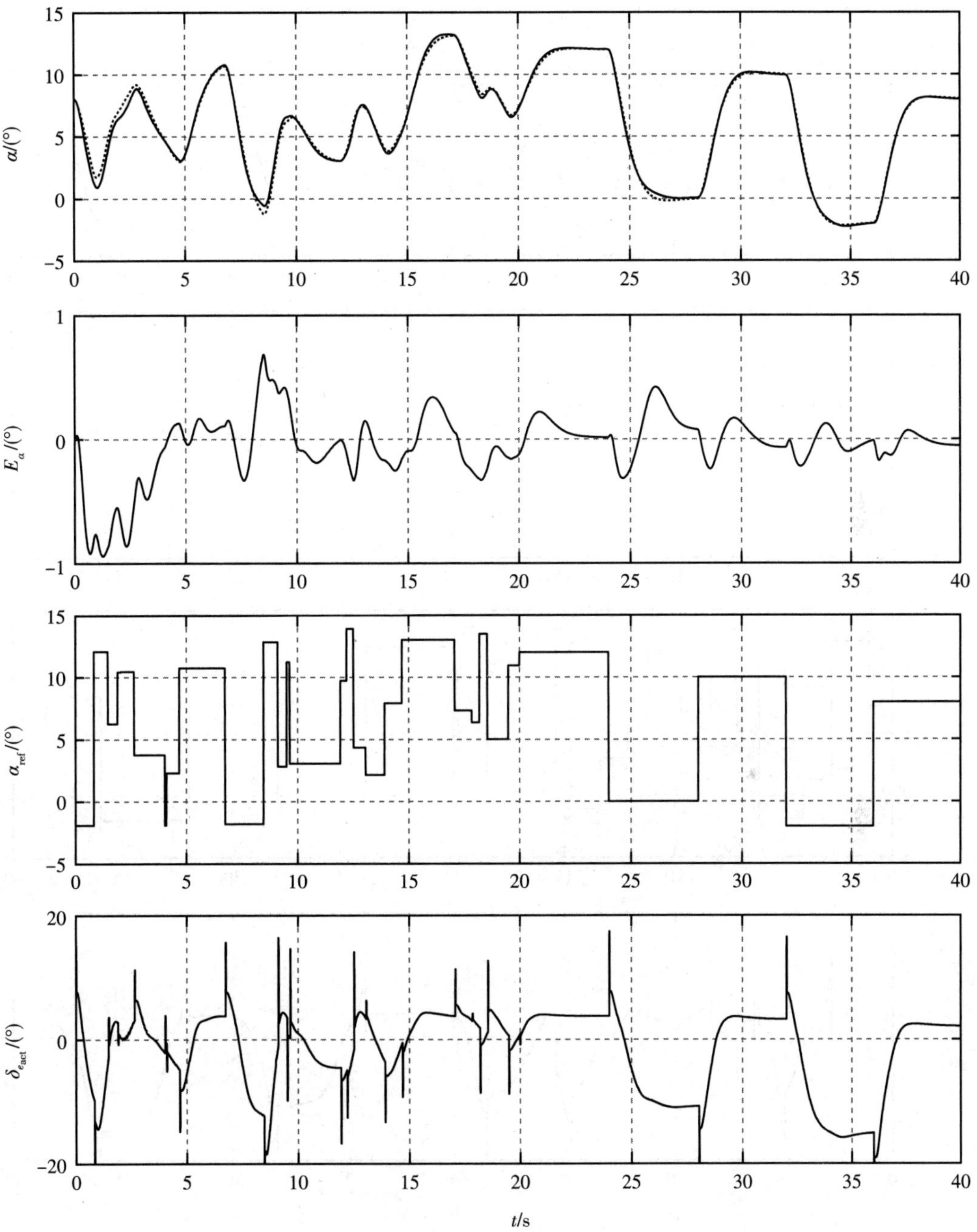

图 A-61 高超声速试验机 X-43 MRAC 控制系统计算实验结果：对源数据不确定性的自适应（飞行模式为 $M=5$、$H=28$km、$\omega_{rm}=2$）。其中 α 是攻角（°）（虚线是参考模型，实线是对象）；E_α 是攻角跟踪误差（°）；α_{ref} 是攻角参考信号（°）；$\delta_{e_{act}}$ 是升降舵执行器的指令信号（°）；t 是时间（s）

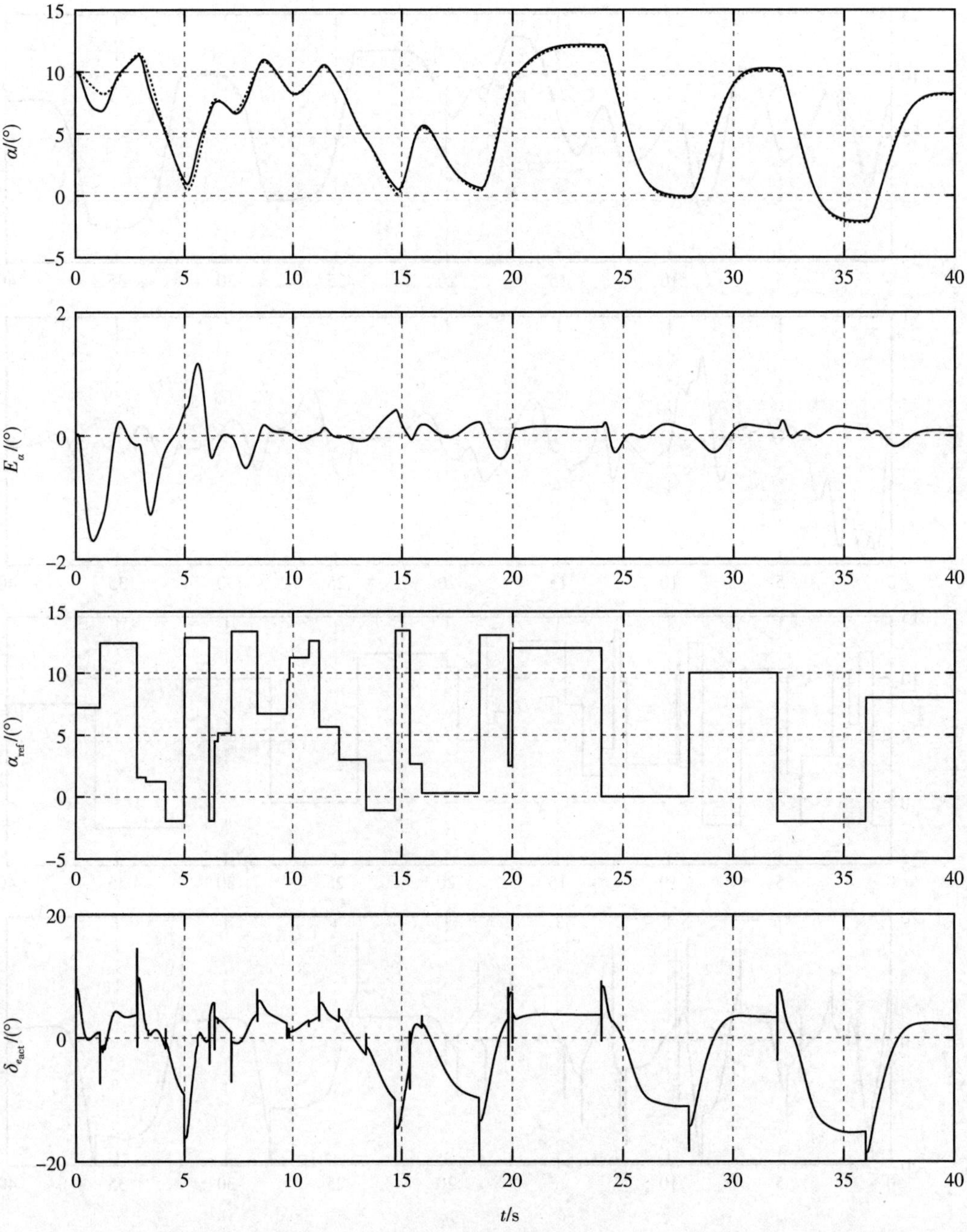

图 A-62 高超声速试验机 X-43 MRAC 控制系统计算实验结果：对源数据不确定性的自适应（飞行模式为 $M=5$、$H=30\text{km}$、$\omega_{rm}=1.5$）。其中 α 是攻角（°）（虚线是参考模型，实线是对象）；E_α 是攻角跟踪误差（°）；α_{ref} 是攻角参考信号（°）；$\delta_{e_{act}}$ 是升降舵执行器的指令信号（°）；t 是时间（s）

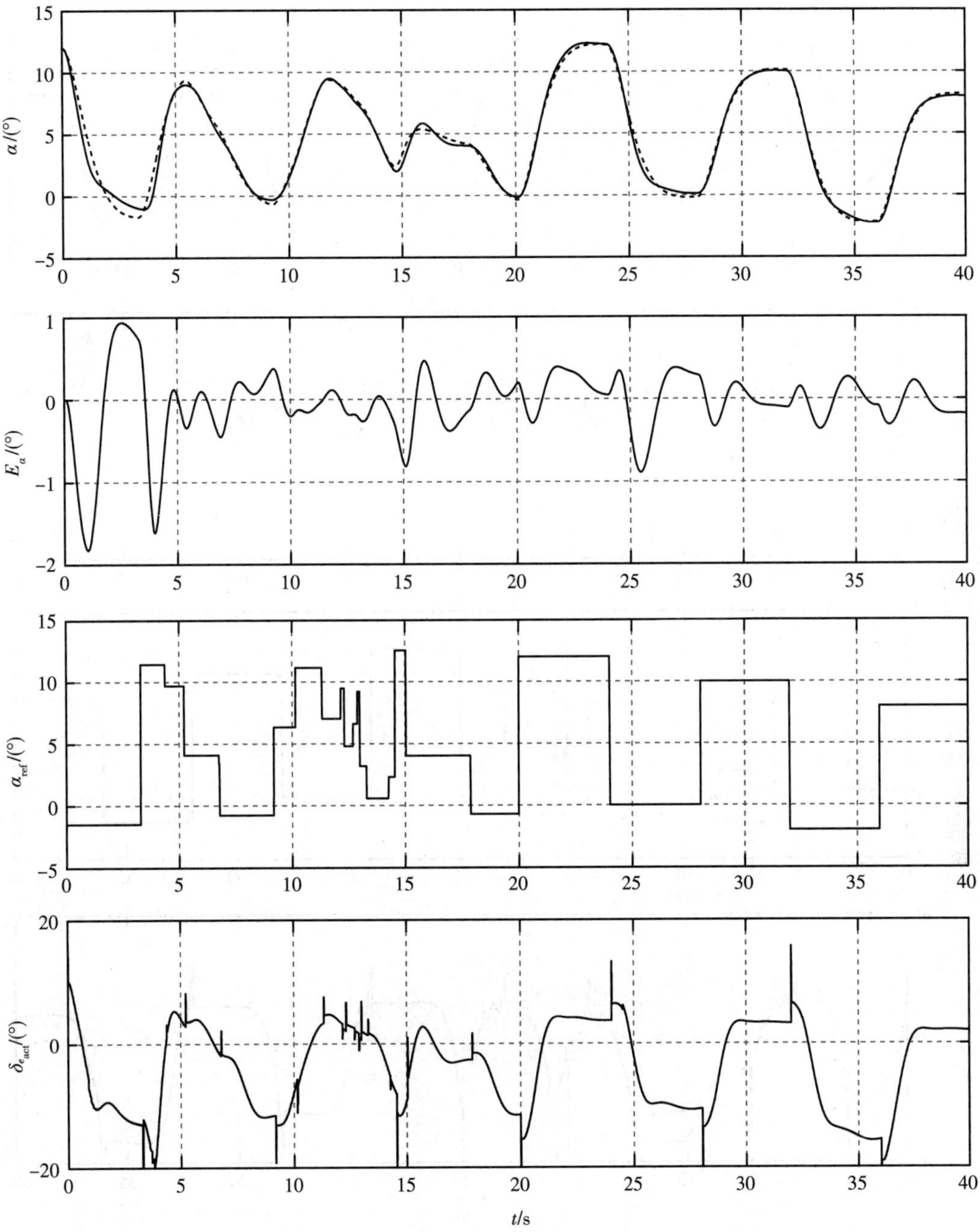

图 A-63 高超声速试验机 X-43 MRAC 控制系统计算实验结果：对源数据不确定性的自适应（飞行模式为 $M=5$、$H=32\text{km}$、$\omega_{rm}=1.5$）。其中 α 是攻角（°）（虚线是参考模型，实线是对象）；E_α 是攻角跟踪误差（°）；α_{ref} 是攻角参考信号（°）；$\delta_{e_{act}}$ 是升降舵执行器的指令信号（°）；t 是时间（s）

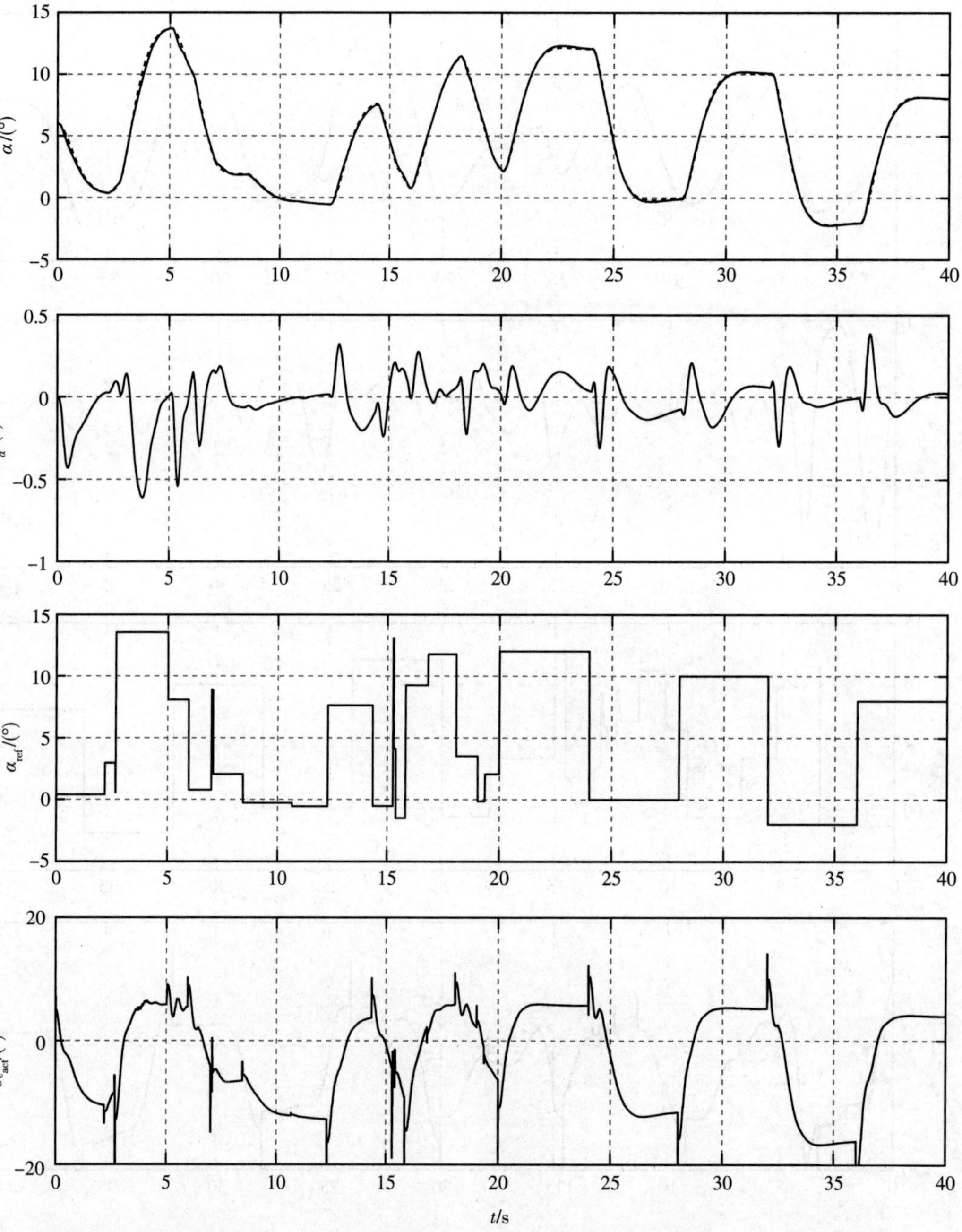

图 A-64　高超声速试验机 X−43 MRAC 控制系统计算实验结果：对源数据不确定性的自适应（飞行模式为 $M=6$、$H=28\text{km}$、$\omega_{rm}=2$）。其中 α 是攻角（°）（虚线是参考模型，实线是对象）；E_α 是攻角跟踪误差（°）；α_{ref} 是攻角参考信号（°）；$\delta_{e_{act}}$ 是升降舵执行器的指令信号（°）；t 是时间（s）

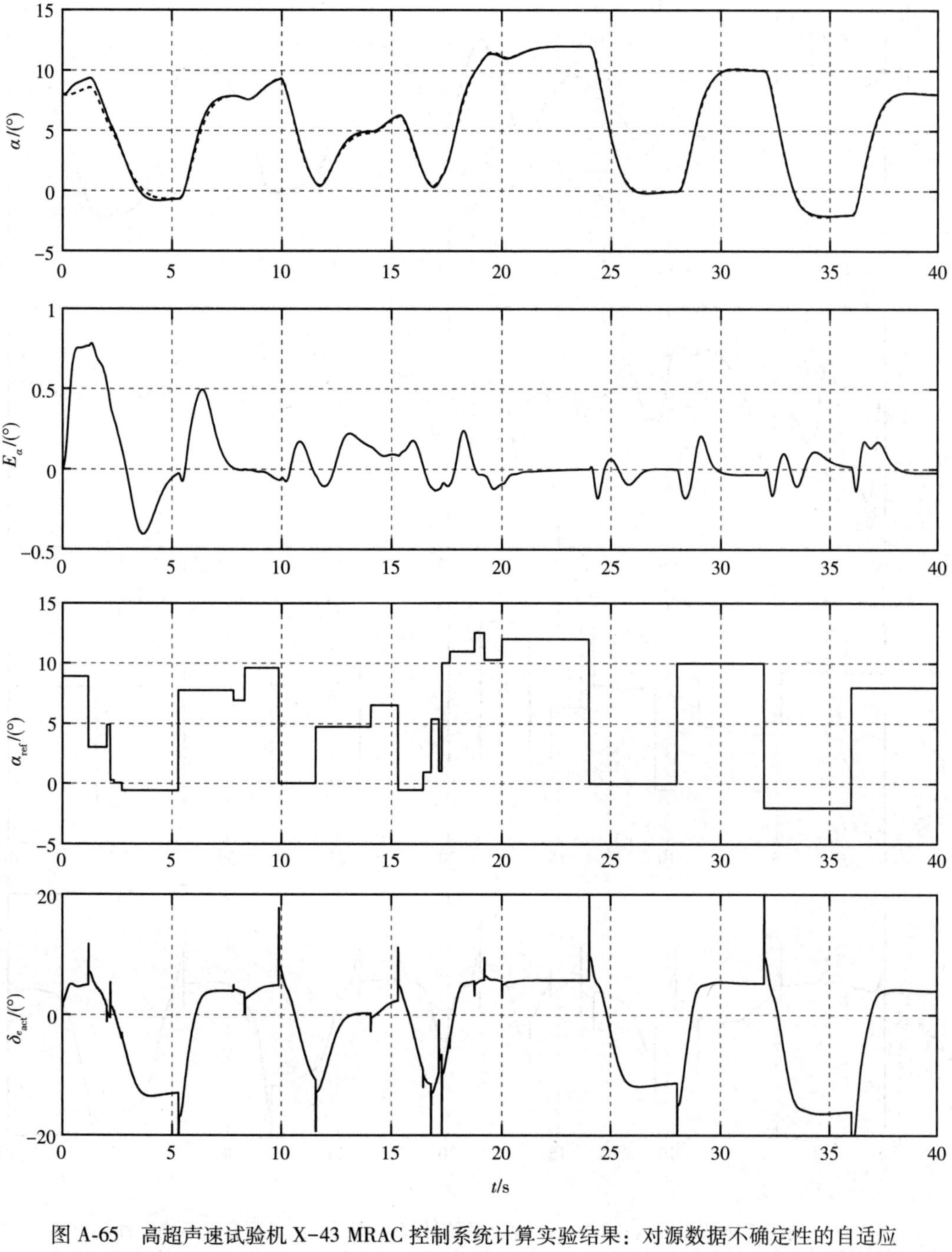

图 A-65 高超声速试验机 X-43 MRAC 控制系统计算实验结果：对源数据不确定性的自适应（飞行模式为 $M=6$、$H=30$km、$\omega_{rm}=2$）。其中 α 是攻角（°）（虚线是参考模型，实线是对象）；E_α 是攻角跟踪误差（°）；α_{ref} 是攻角参考信号（°）；$\delta_{e_{act}}$ 是升降舵执行器的指令信号（°）；t 是时间（s）

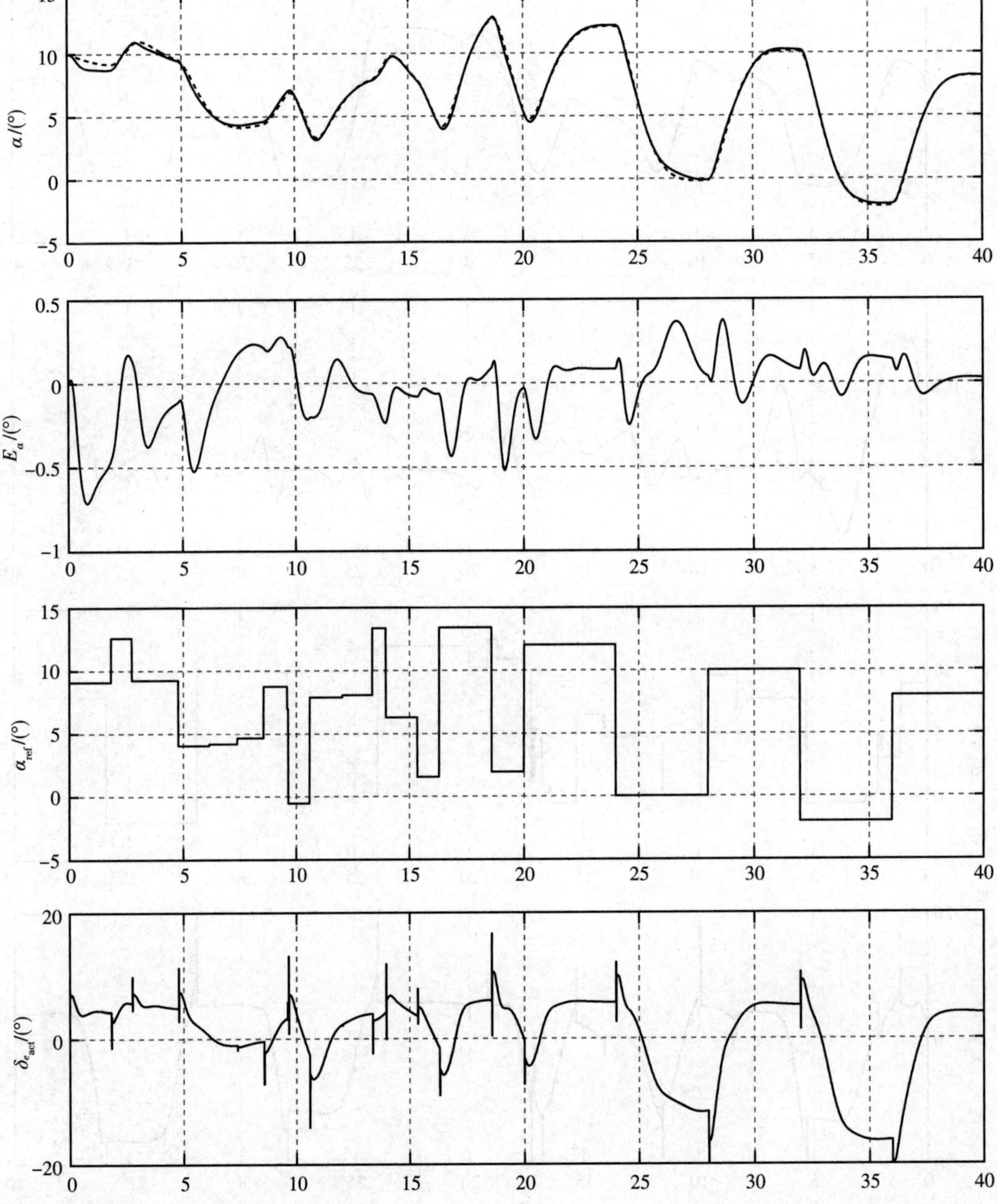

图 A-66 高超声速试验机 X-43 MRAC 控制系统计算实验结果：对源数据不确定性的自适应（飞行模式为 $M=6$、$H=32\text{km}$、$\omega_{rm}=1.5$）。其中 α 是攻角（°）（虚线是参考模型，实线是对象）；E_α 是攻角跟踪误差（°）；α_{ref} 是攻角参考信号（°）；$\delta_{e_{act}}$ 是升降舵执行器的指令信号（°）；t 是时间（s）

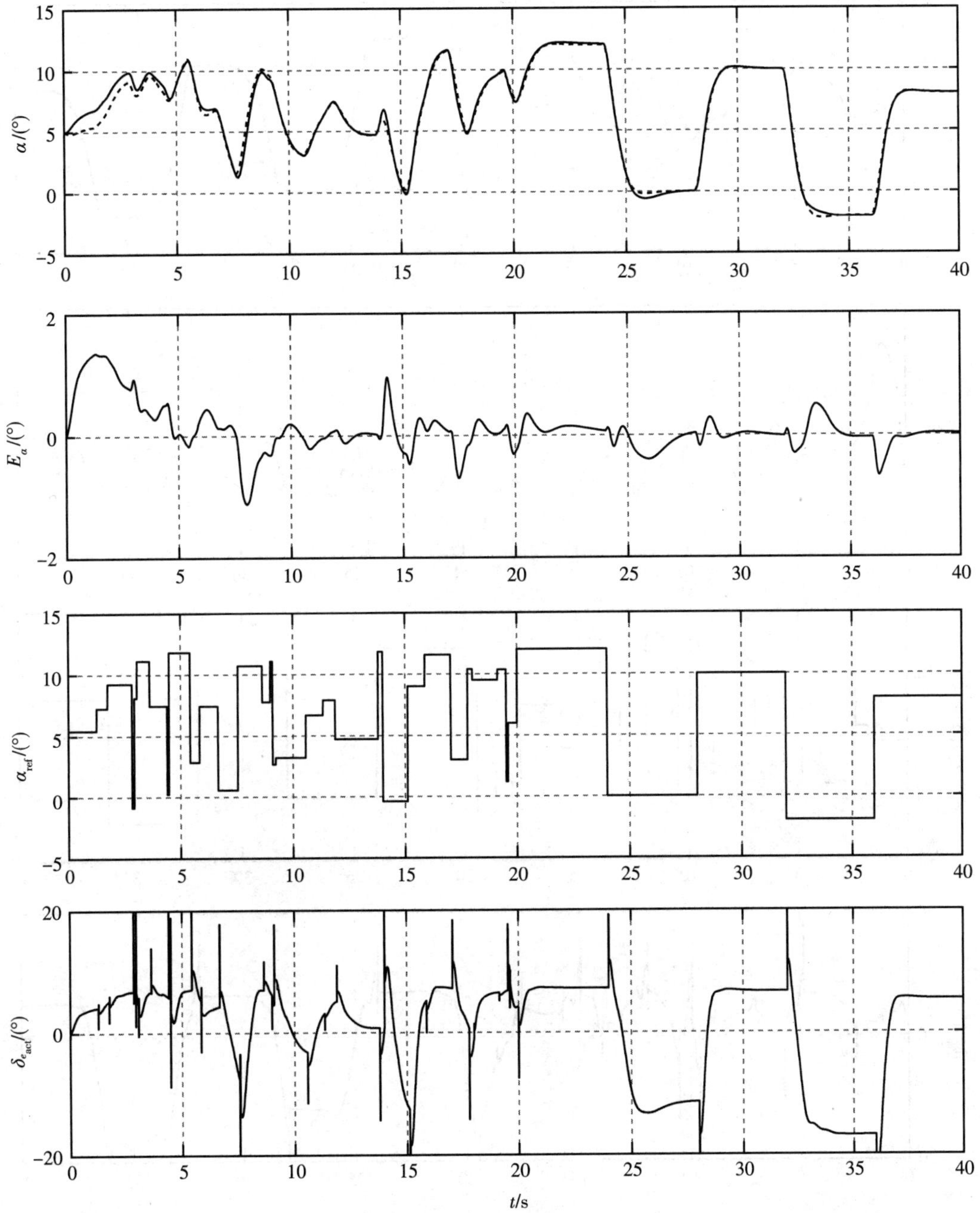

图 A-67 高超声速试验机 X-43 MRAC 控制系统计算实验结果：对源数据不确定性的自适应（飞行模式为 $M=7$、$H=28$km、$\omega_{rm}=3$）。其中 α 是攻角（°）（虚线是参考模型，实线是对象）；E_α 是攻角跟踪误差（°）；α_{ref} 是攻角参考信号（°）；$\delta_{e_{act}}$ 是升降舵执行器指令信号（°）；t 是时间（s）

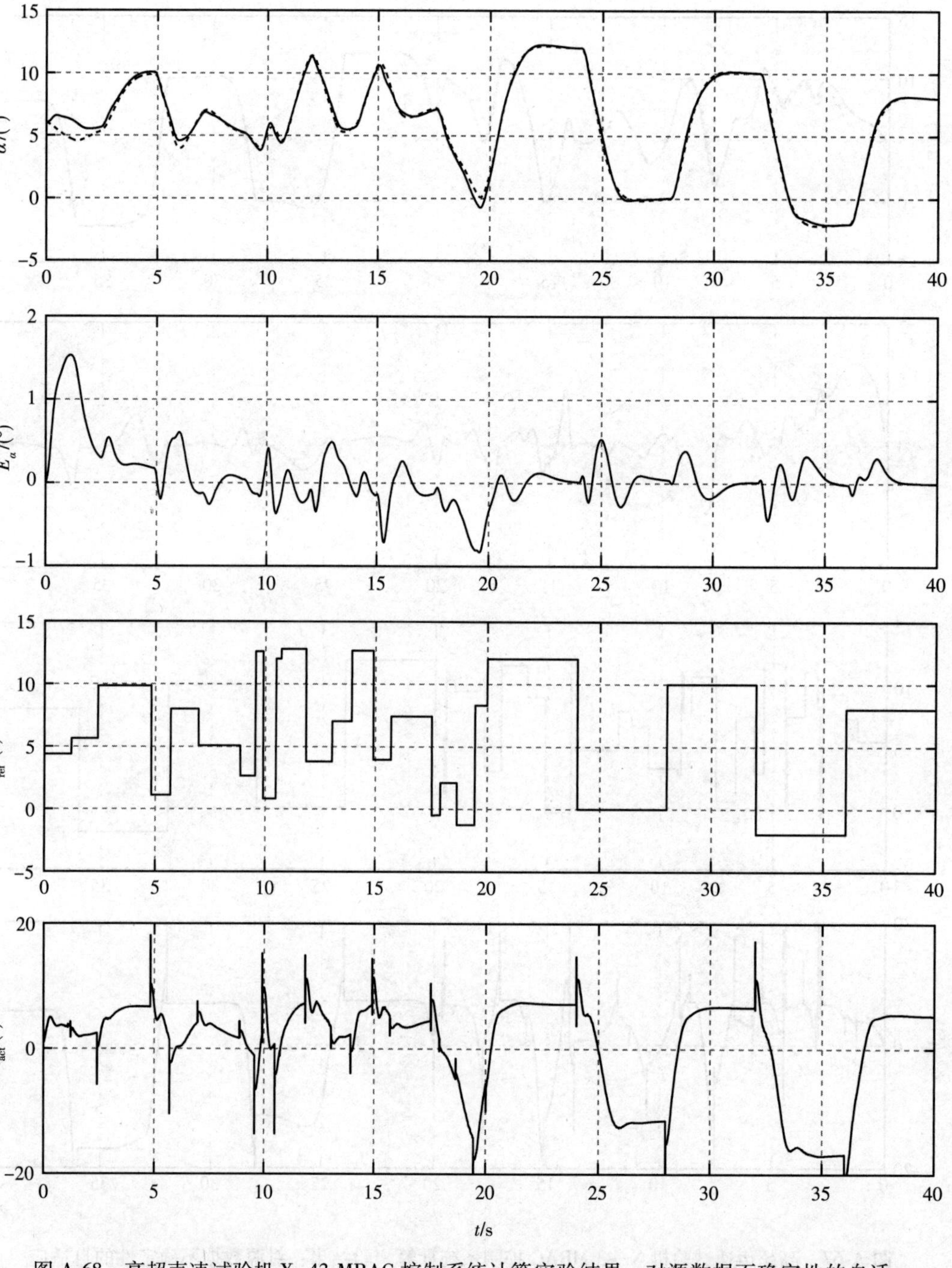

图 A-68 高超声速试验机 X-43 MRAC 控制系统计算实验结果：对源数据不确定性的自适应（飞行模式为 $M=7$、$H=30\mathrm{km}$、$\omega_{rm}=2$）。其中 α 是攻角（°）（虚线是参考模型，实线是对象）；E_α 是攻角跟踪误差（°）；α_{ref} 是攻角参考信号（°）；$\delta_{e_{act}}$ 是升降舵执行器的指令信号（°）；t 是时间（s）

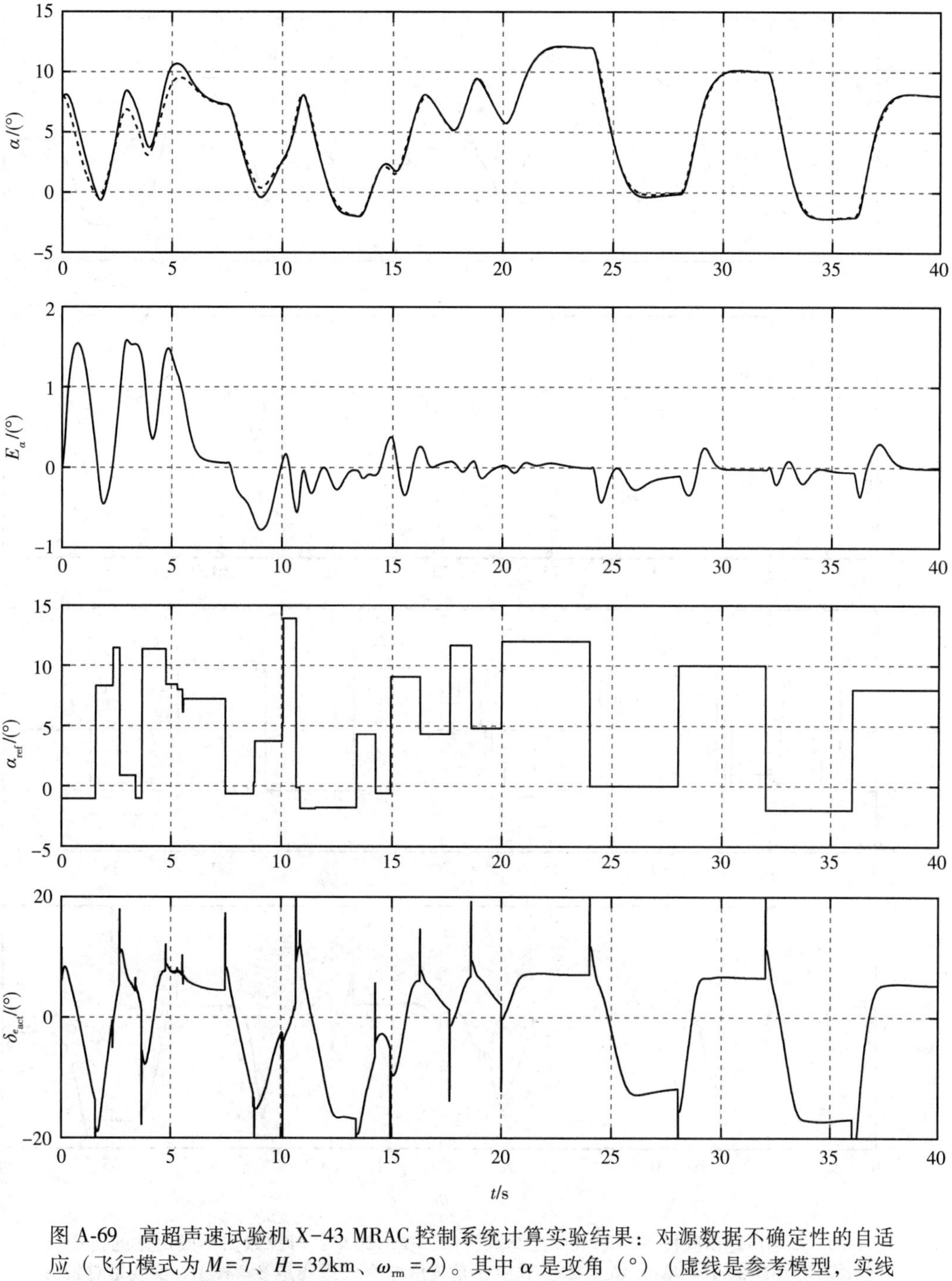

图 A-69 高超声速试验机 X−43 MRAC 控制系统计算实验结果：对源数据不确定性的自适应（飞行模式为 $M=7$、$H=32$km、$\omega_{rm}=2$）。其中 α 是攻角（°）（虚线是参考模型，实线是对象）；E_α 是攻角跟踪误差（°）；α_{ref} 是攻角参考信号（°）；$\delta_{e_{act}}$ 是升降舵执行器的指令信号（°）；t 是时间（s）

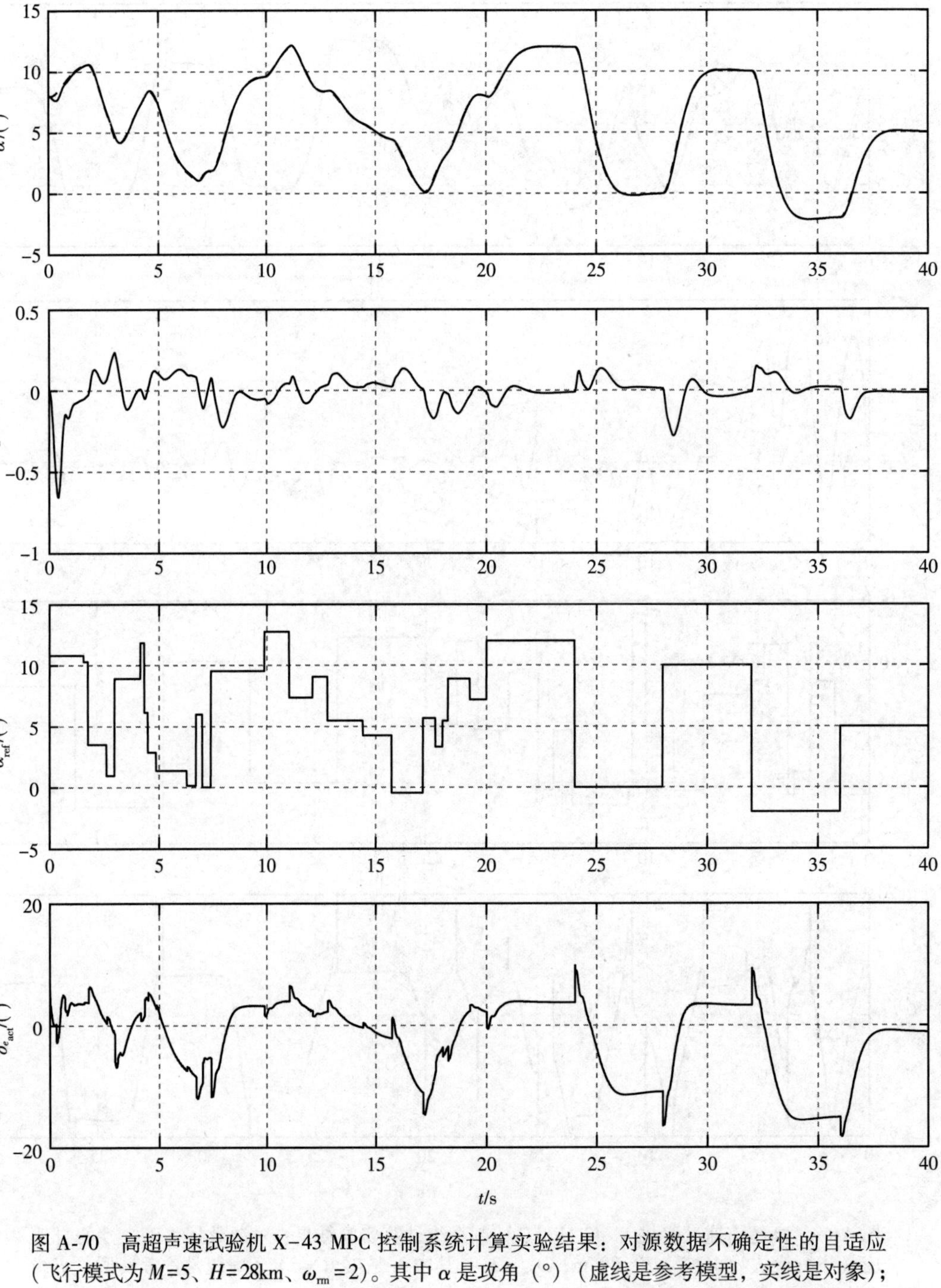

图 A-70　高超声速试验机 X-43 MPC 控制系统计算实验结果：对源数据不确定性的自适应（飞行模式为 $M=5$、$H=28\text{km}$、$\omega_{rm}=2$）。其中 α 是攻角（°）（虚线是参考模型，实线是对象）；E_α 是攻角跟踪误差（°）；α_{ref} 是攻角参考信号（°）；$\delta_{e_{act}}$ 是升降舵执行器的指令信号（°）；t 是时间（s）

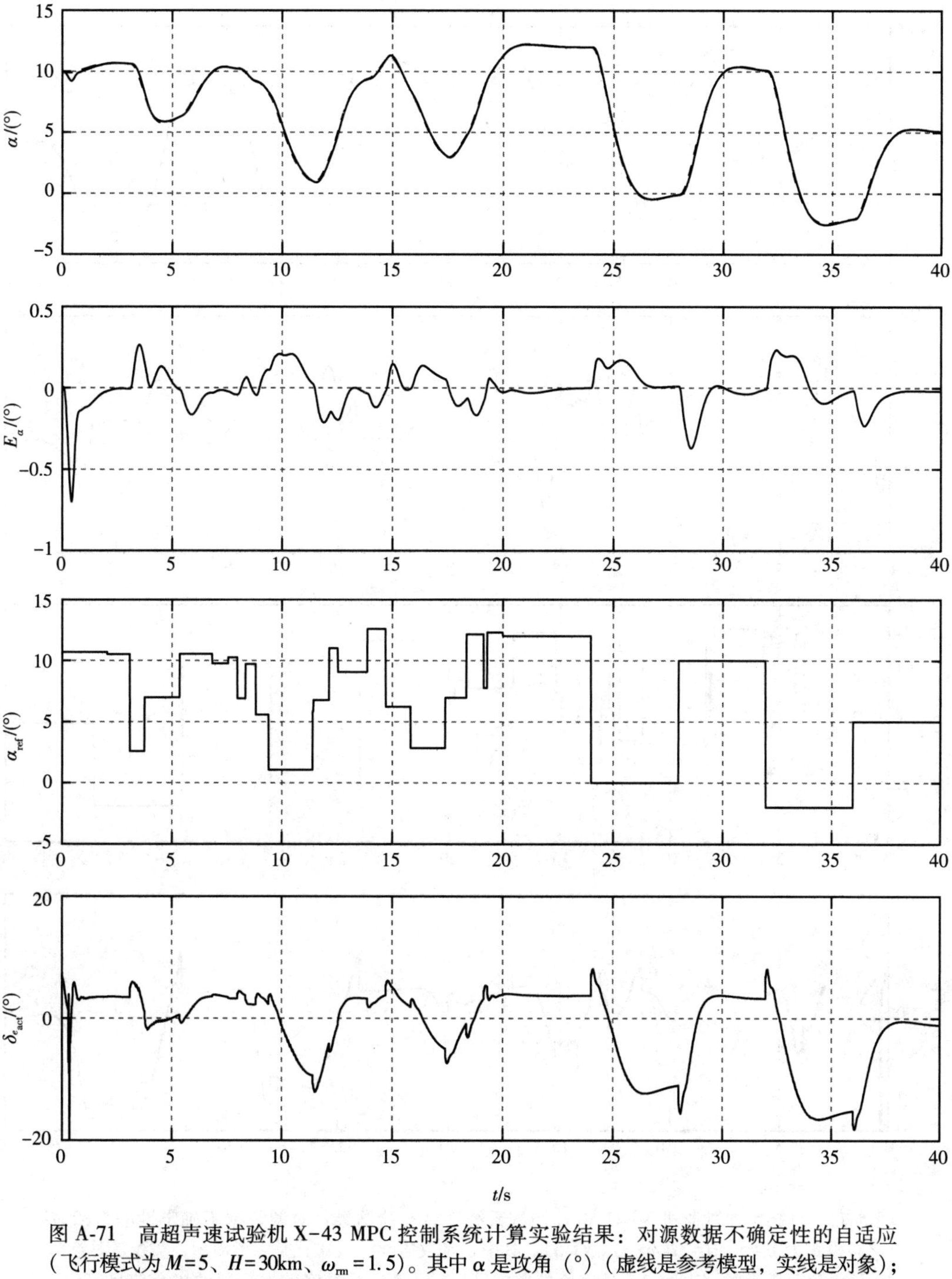

图 A-71　高超声速试验机 X-43 MPC 控制系统计算实验结果：对源数据不确定性的自适应（飞行模式为 $M=5$、$H=30\text{km}$、$\omega_{rm}=1.5$）。其中 α 是攻角（°）（虚线是参考模型，实线是对象）；E_α 是攻角跟踪误差（°）；α_{ref} 是攻角参考信号（°）；$\delta_{e_{act}}$ 是升降舵执行器的指令信号（°）；t 是时间（s）

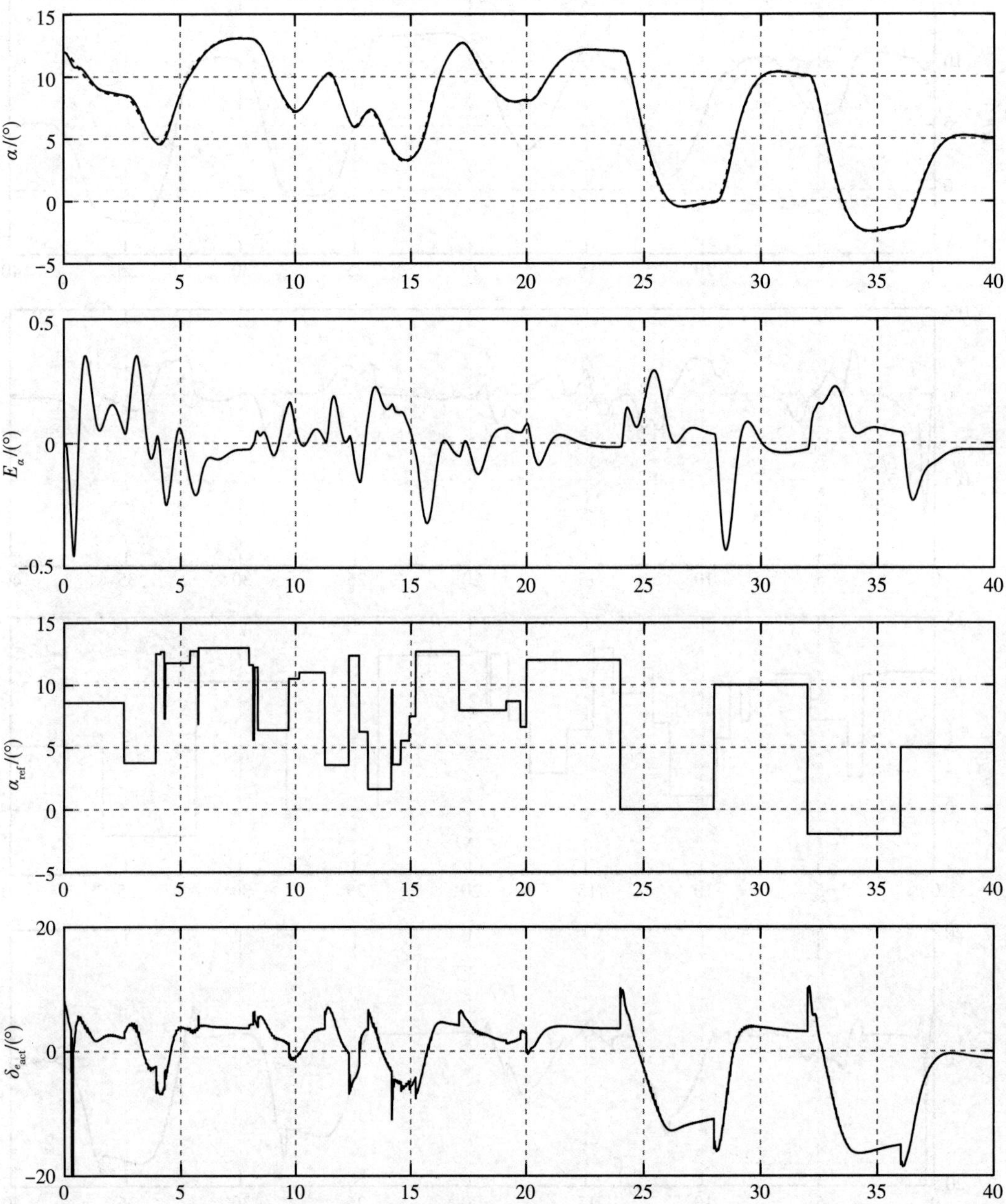

图 A-72　高超声速试验机 X-43 MPC 控制系统计算实验结果：对源数据不确定性的自适应（飞行模式为 $M=5$、$H=32$km、$\omega_{rm}=1.5$）。其中 α 是攻角（°）（虚线是参考模型，实线是对象）；E_α 是攻角跟踪误差（°）；α_{ref} 是攻角参考信号（°）；$\delta_{e_{act}}$ 是升降舵执行器的指令信号（°）；t 是时间（s）

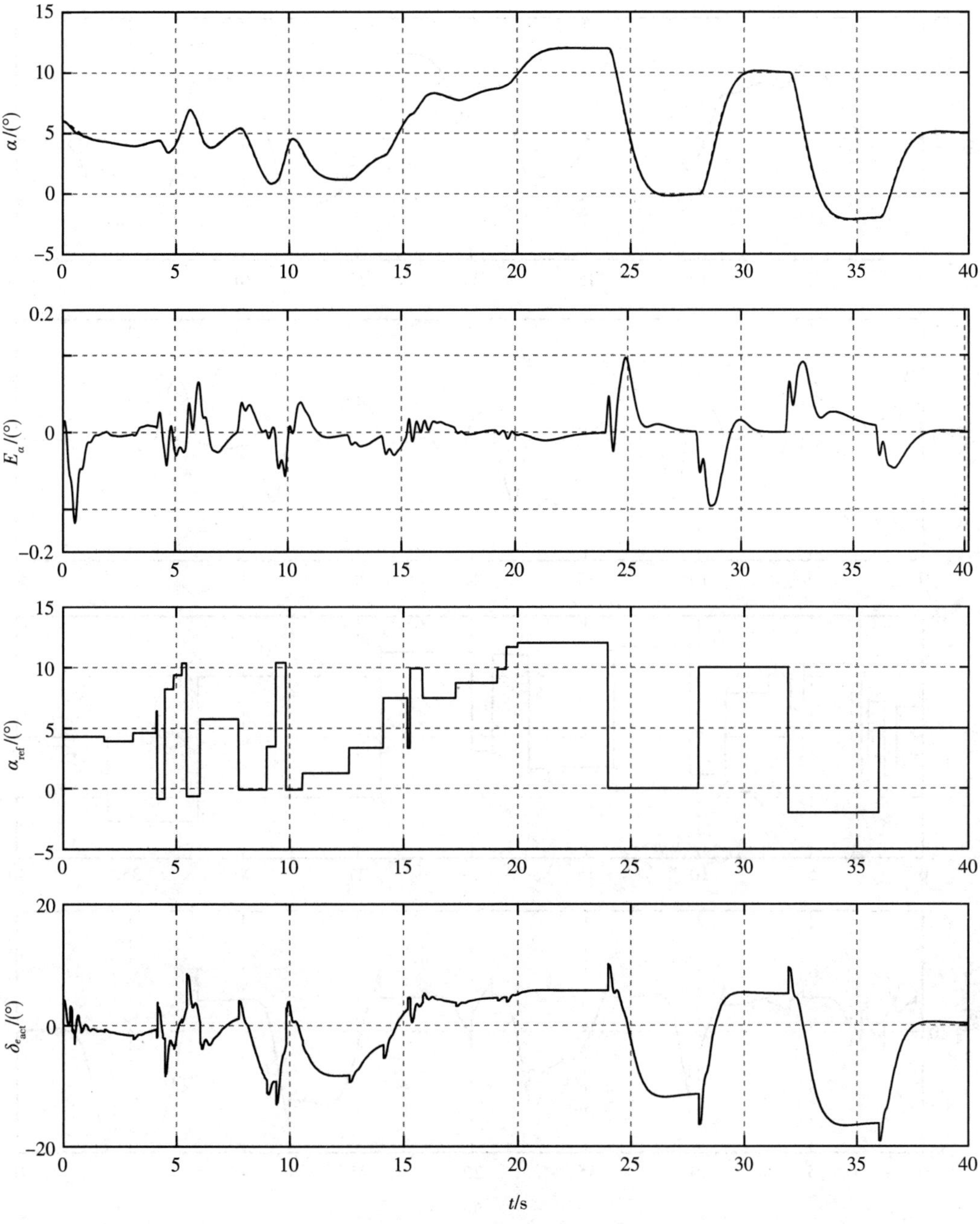

图 A-73　高超声速试验机 X-43 MPC 控制系统计算实验结果：对源数据不确定性的自适应（飞行模式为 $M=6$、$H=28\text{km}$、$\omega_{rm}=2$）。其中 α 是攻角（°）（虚线是参考模型，实线是对象）；E_α 是攻角跟踪误差（°）；α_{ref} 是攻角参考信号（°）；$\delta_{e_{act}}$ 是升降舵执行器的指令信号（°）；t 是时间（s）

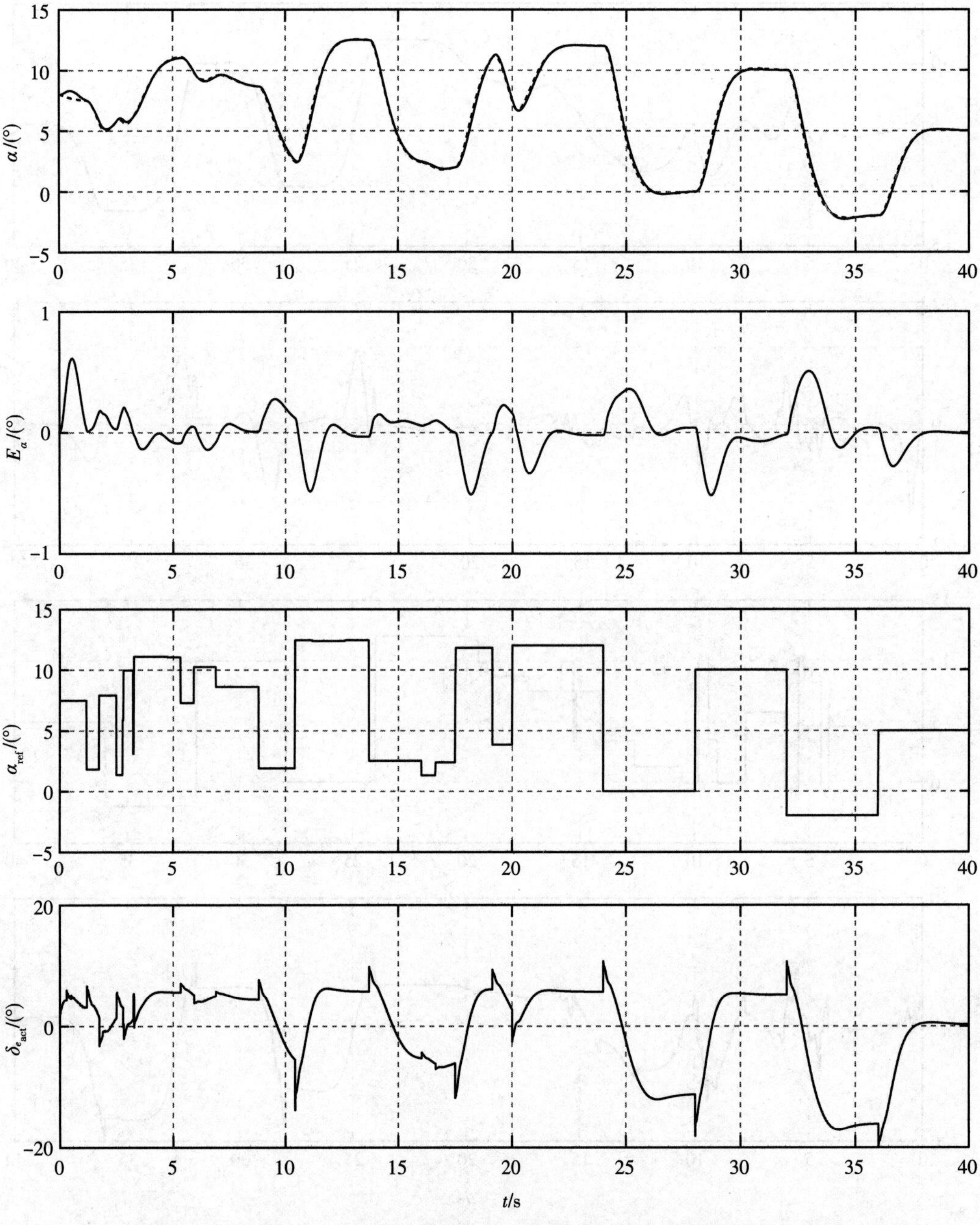

图 A-74 高超声速试验机 X-43 MPC 控制系统计算实验结果：对源数据不确定性的自适应（飞行模式为 $M=6$、$H=30$km、$\omega_{rm}=2$）。其中 α 是攻角（°）（虚线是参考模型，实线是对象）；E_α 是攻角跟踪误差（°）；α_{ref} 是攻角参考信号（°）；$\delta_{e_{act}}$ 是升降舵执行器的指令信号（°）；t 是时间（s）

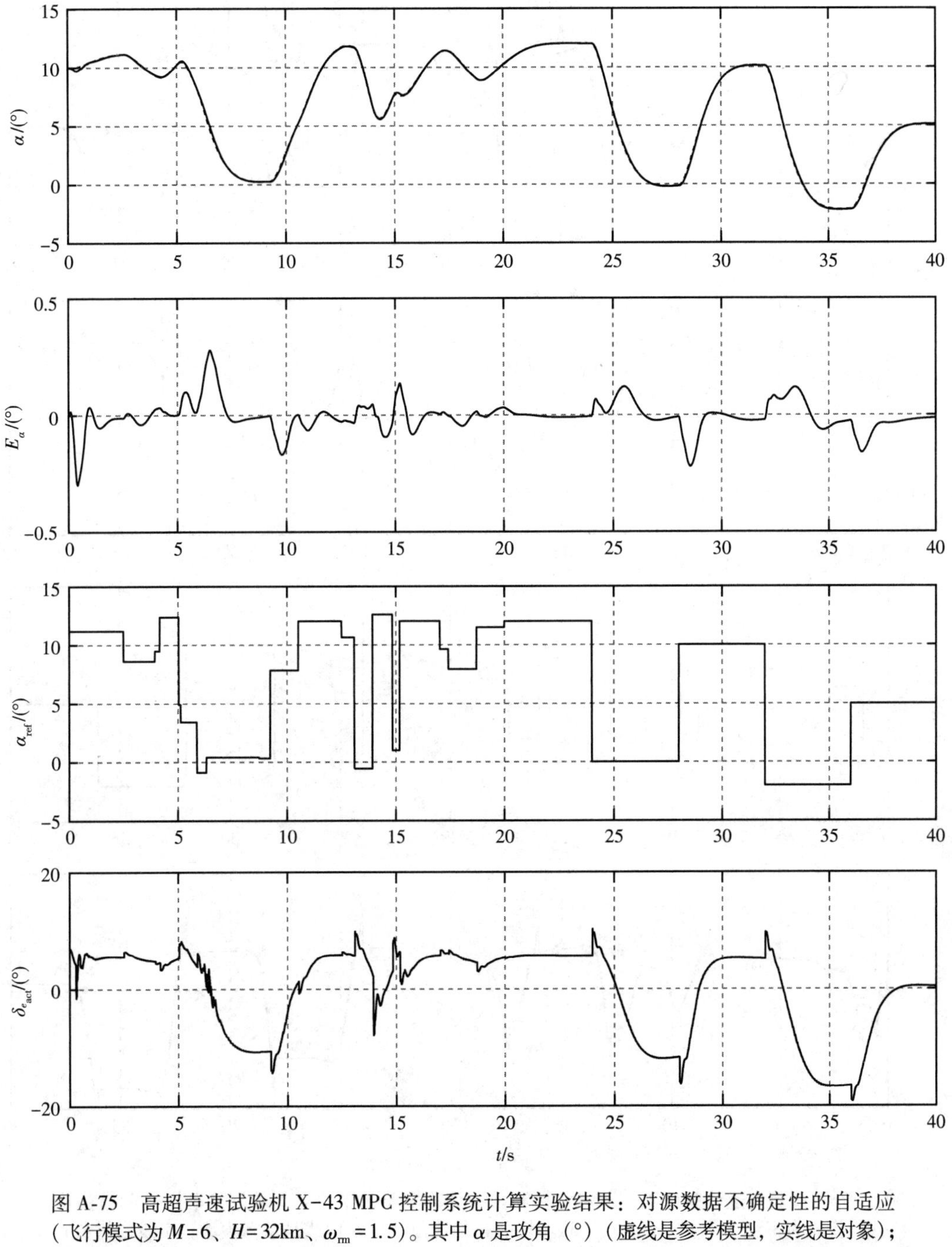

图 A-75 高超声速试验机 X-43 MPC 控制系统计算实验结果：对源数据不确定性的自适应（飞行模式为 $M=6$、$H=32$km、$\omega_{rm}=1.5$）。其中 α 是攻角（°）（虚线是参考模型，实线是对象）；E_α 是攻角跟踪误差（°）；α_{ref} 是攻角参考信号（°）；$\delta_{e_{act}}$ 是升降舵执行器的指令信号（°）；t 是时间（s）

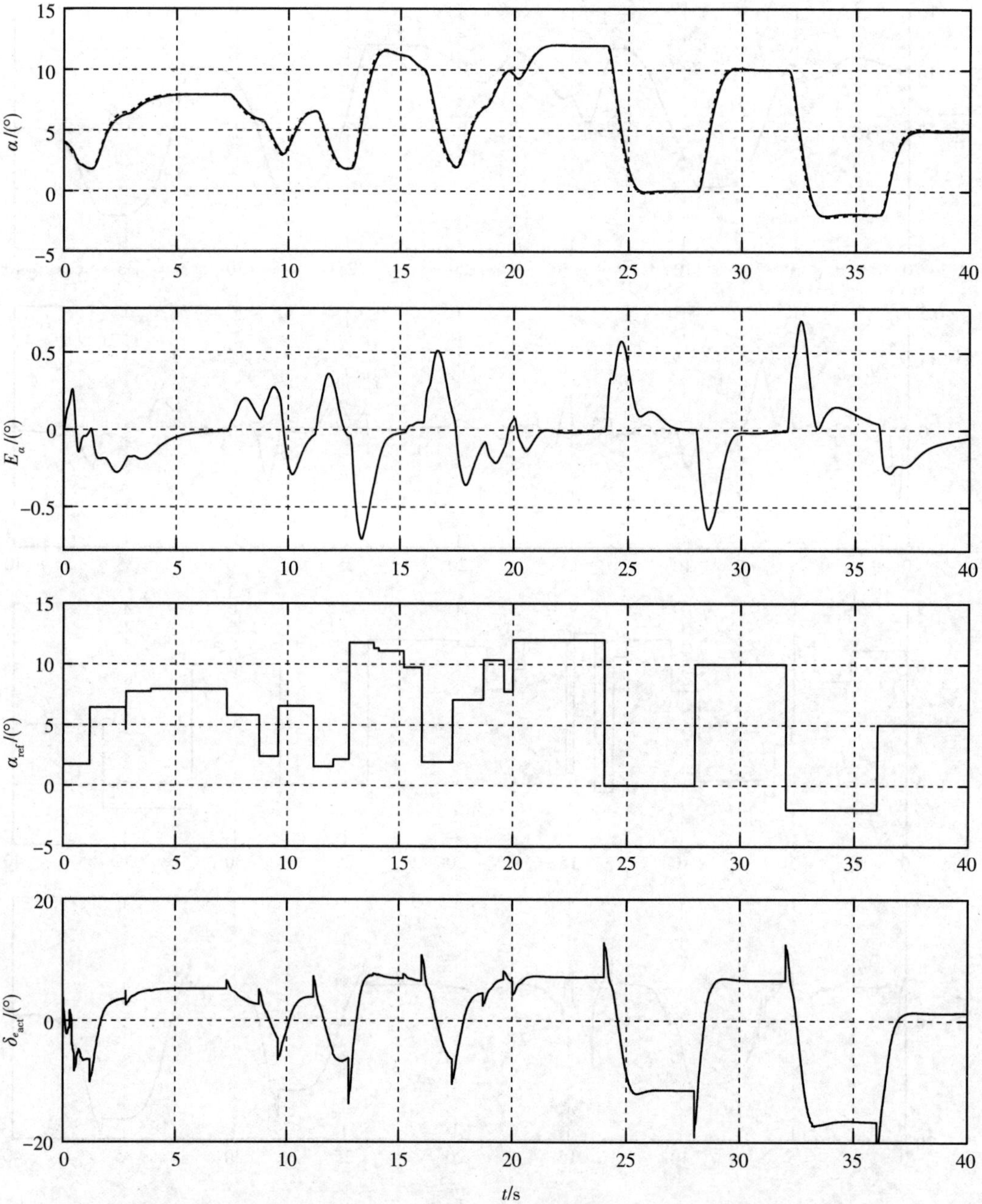

图 A-76　高超声速试验机 X-43 MPC 控制系统计算实验结果：对源数据不确定性的自适应（飞行模式为 M=7、H=28km、ω_{rm}=3）。其中 α 是攻角（°）（虚线是参考模型，实线是对象）；E_α 是攻角跟踪误差（°）；α_{ref} 是攻角参考信号（°）；$\delta_{e_{act}}$ 是升降舵执行器的指令信号（°）；t 是时间（s）

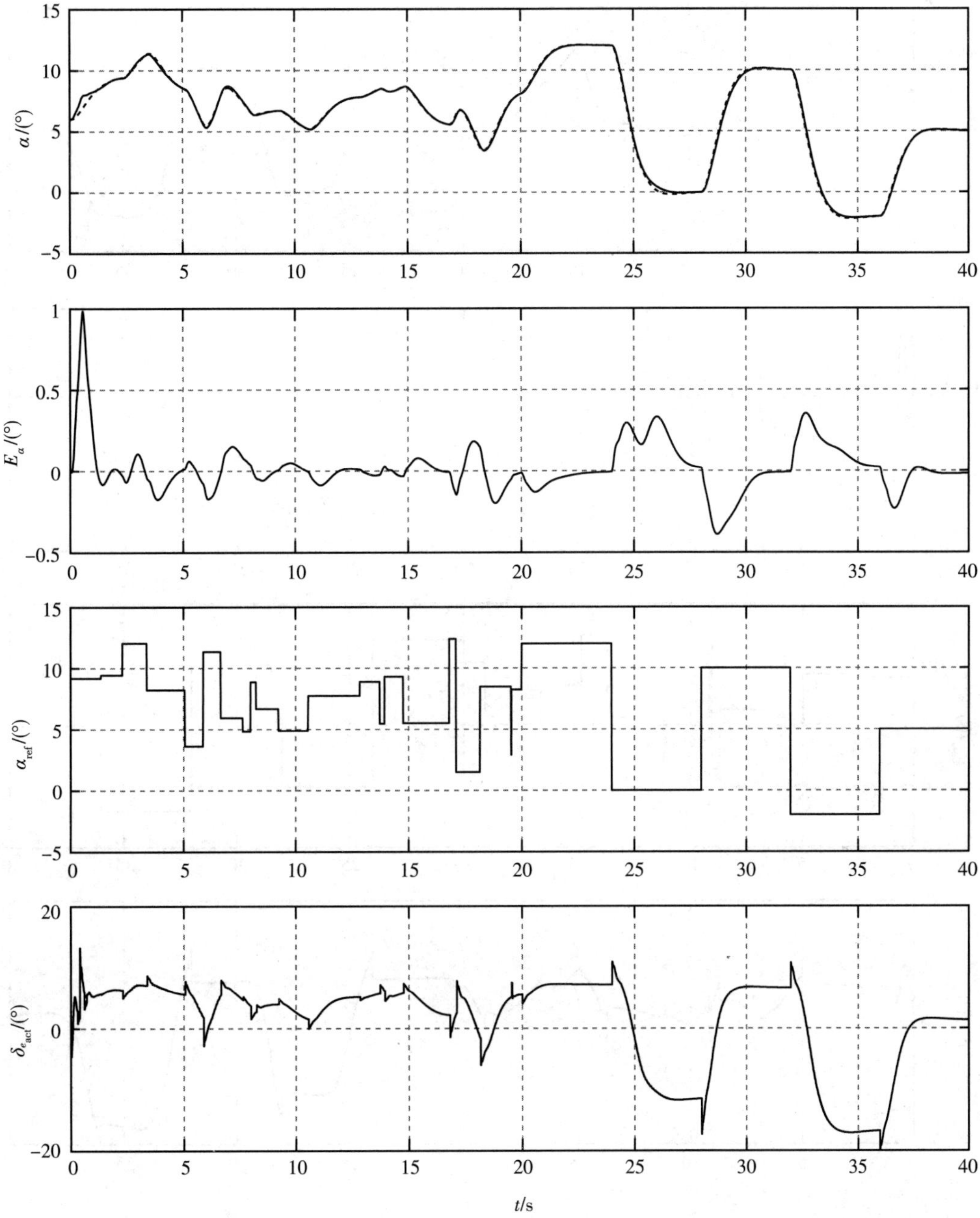

图 A-77 高超声速试验机 X-43 MPC 控制系统计算实验结果：对源数据不确定性的自适应（飞行模式为 $M=7$、$H=30$km、$\omega_{rm}=2$）。其中 α 是攻角（°）（虚线是参考模型，实线是对象）；E_α 是攻角跟踪误差（°）；α_{ref} 是攻角参考信号（°）；$\delta_{e_{act}}$ 是升降舵执行器的指令信号（°）；t 是时间（s）

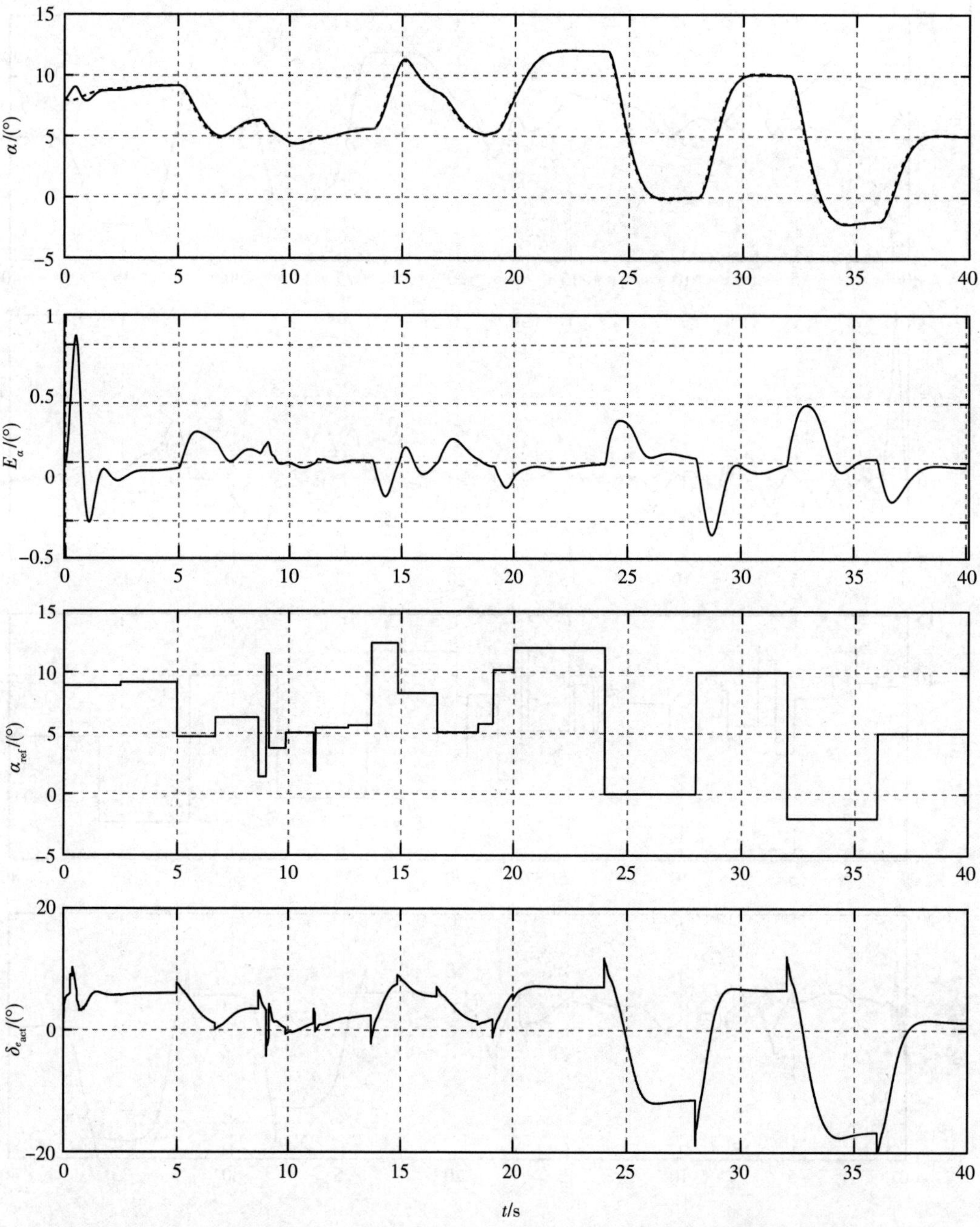

图 A-78 高超声速试验机 X-43 MPC 控制系统计算实验结果：对源数据不确定性的自适应（飞行模式为 $M=7$、$H=32$km、$\omega_{rm}=2$）。其中 α 是攻角（°）（虚线是参考模型，实线是对象）；E_α 是攻角跟踪误差（°）；α_{ref} 是攻角参考信号（°）；$\delta_{e_{act}}$ 是升降舵执行器的指令信号（°）；t 是时间（s）

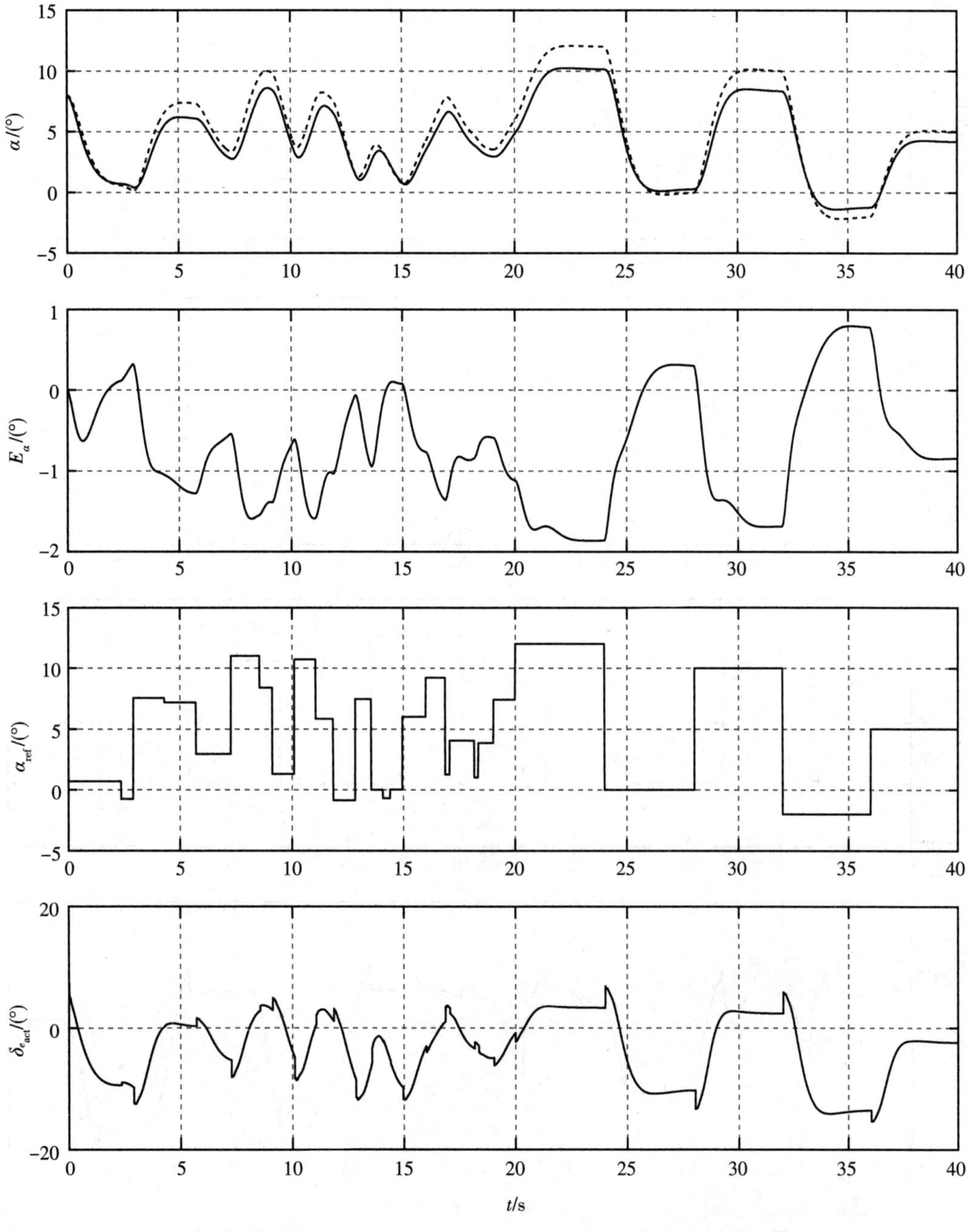

图 A-79 评估高超声速试验机 X−43 MPC 控制系统中自适应机制重要性的计算实验结果（飞行模式为 $M=5$、$H=28\text{km}$、$\omega_{\text{rm}}=2$）。其中 α 是攻角（°）（虚线是参考模型，实线是对象）；E_α 是攻角跟踪误差（°）；α_{ref} 是攻角参考信号（°）；$\delta_{e_{\text{act}}}$ 是升降舵执行器的指令信号（°）；t 是时间（s）

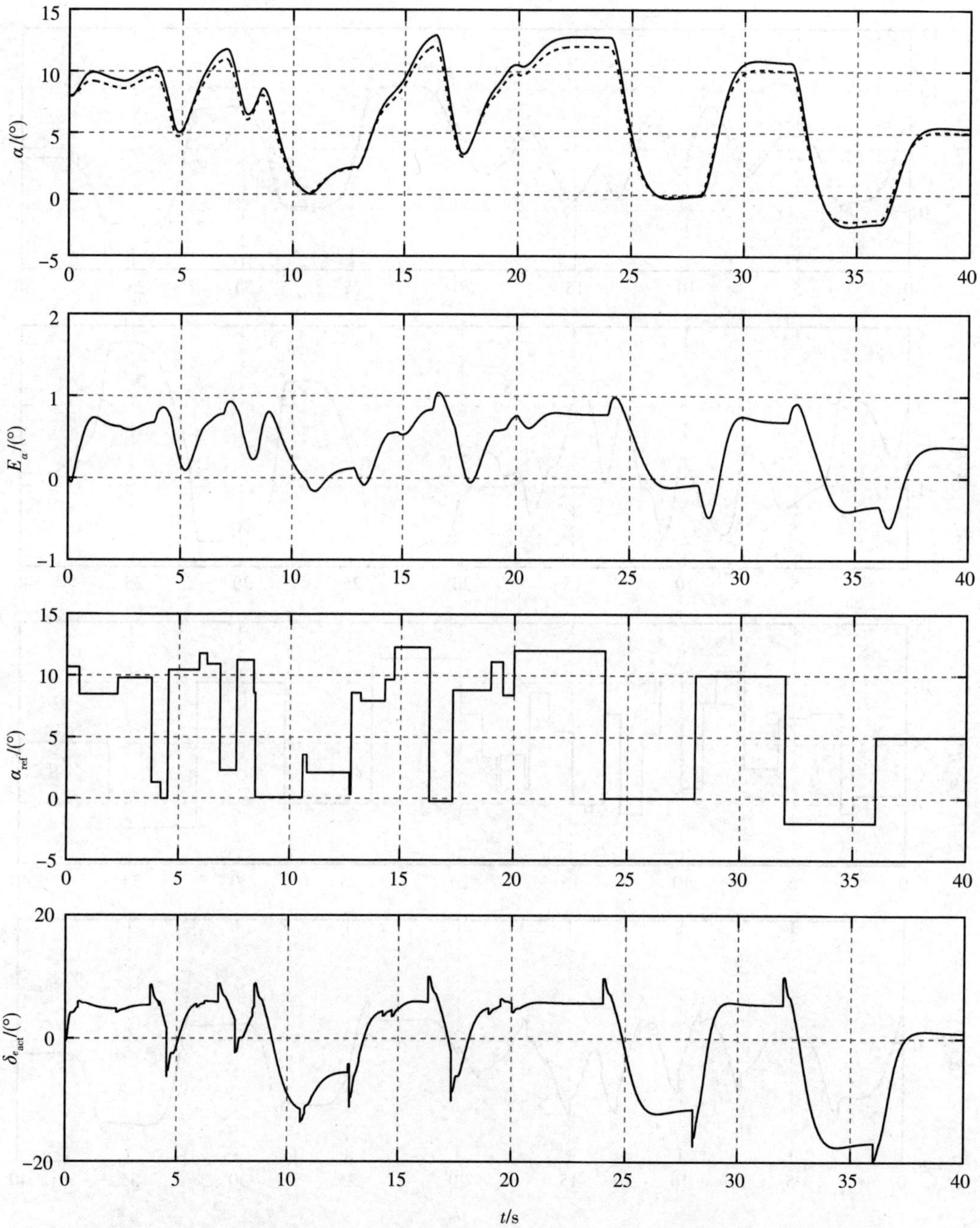

图 A-80　评估高超声速试验机 X-43 MPC 控制系统中自适应机制重要性的计算实验结果（飞行模式为 $M=6$、$H=30$km、$\omega_{rm}=2$）。其中 α 是攻角（°）（虚线是参考模型，实线是对象）；E_α 是攻角跟踪误差（°）；α_{ref} 是攻角参考信号（°）；$\delta_{e_{act}}$ 是升降舵执行器的指令信号（°）；t 是时间（s）

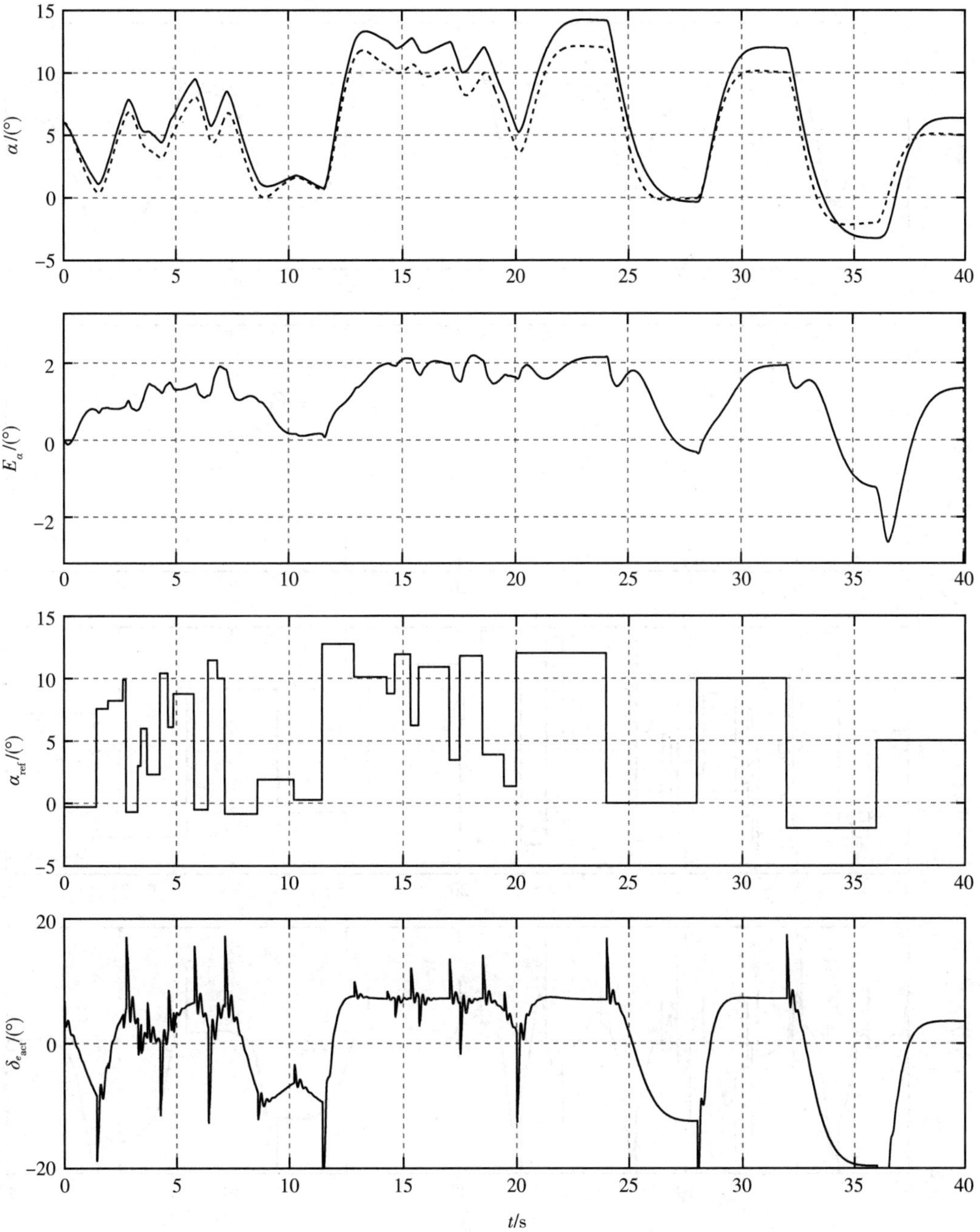

图 A-81 评估高超声速试验机 X-43 MPC 控制系统中自适应机制重要性的计算实验结果（飞行模式为 $M=7$、$H=30$km、$\omega_{rm}=2$）。其中 α 是攻角（°）（虚线是参考模型，实线是对象）；E_α 是攻角跟踪误差（°）；α_{ref} 是攻角参考信号（°）；$\delta_{e_{act}}$ 是升降舵执行机构指令信号（°）；t 是时间（s）

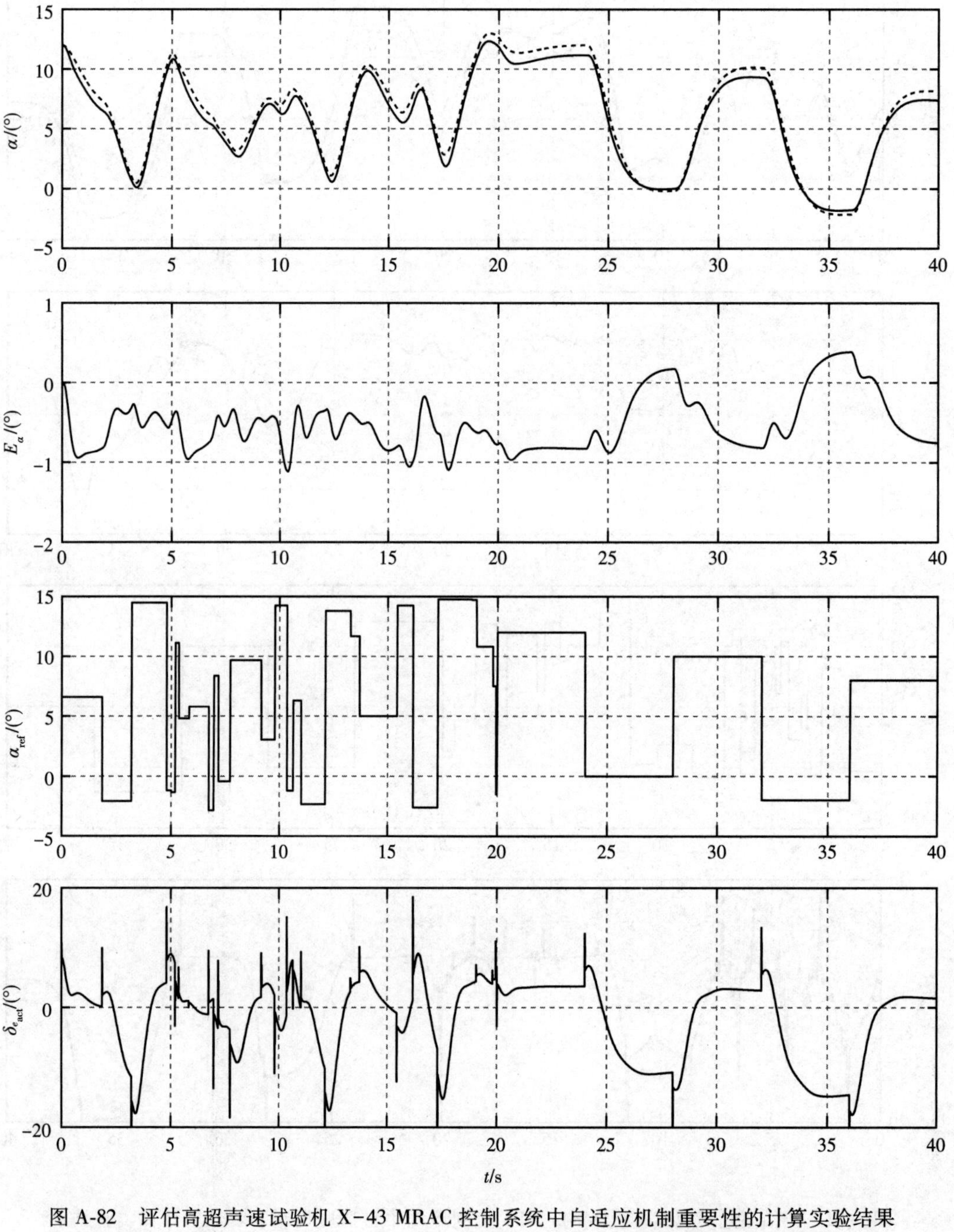

图 A-82 评估高超声速试验机 X−43 MRAC 控制系统中自适应机制重要性的计算实验结果（飞行模式为 M=5、H=32km、ω_{rm}=1.5）。其中 α 是攻角（°）（虚线是参考模型，实线是对象）；E_α 是攻角跟踪误差（°）；α_{ref} 是攻角参考信号（°）；$\delta_{e_{act}}$ 是升降舵执行器的指令信号（°）；t 是时间（s）

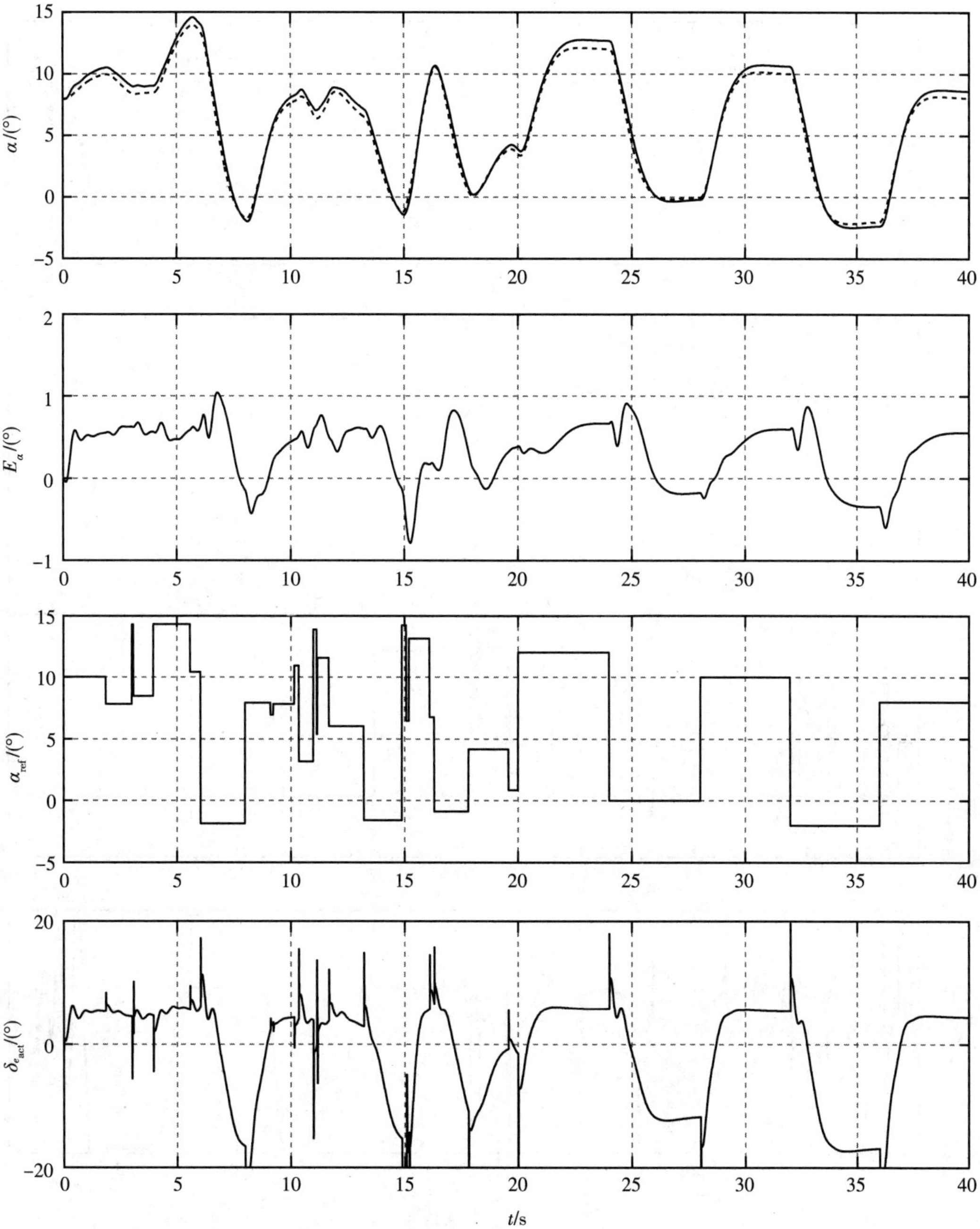

图 A-83 评估高超声速试验机 X−43 MRAC 控制系统中自适应机制重要性的计算实验结果（飞行模式为 $M=6$、$H=30$km、$\omega_{rm}=2$）。其中 α 是攻角（°）（虚线是参考模型，实线是对象）；E_α 是攻角跟踪误差（°）；α_{ref} 是攻角参考信号（°）；$\delta_{e_{act}}$ 是升降舵执行器的指令信号（°）；t 是时间（s）

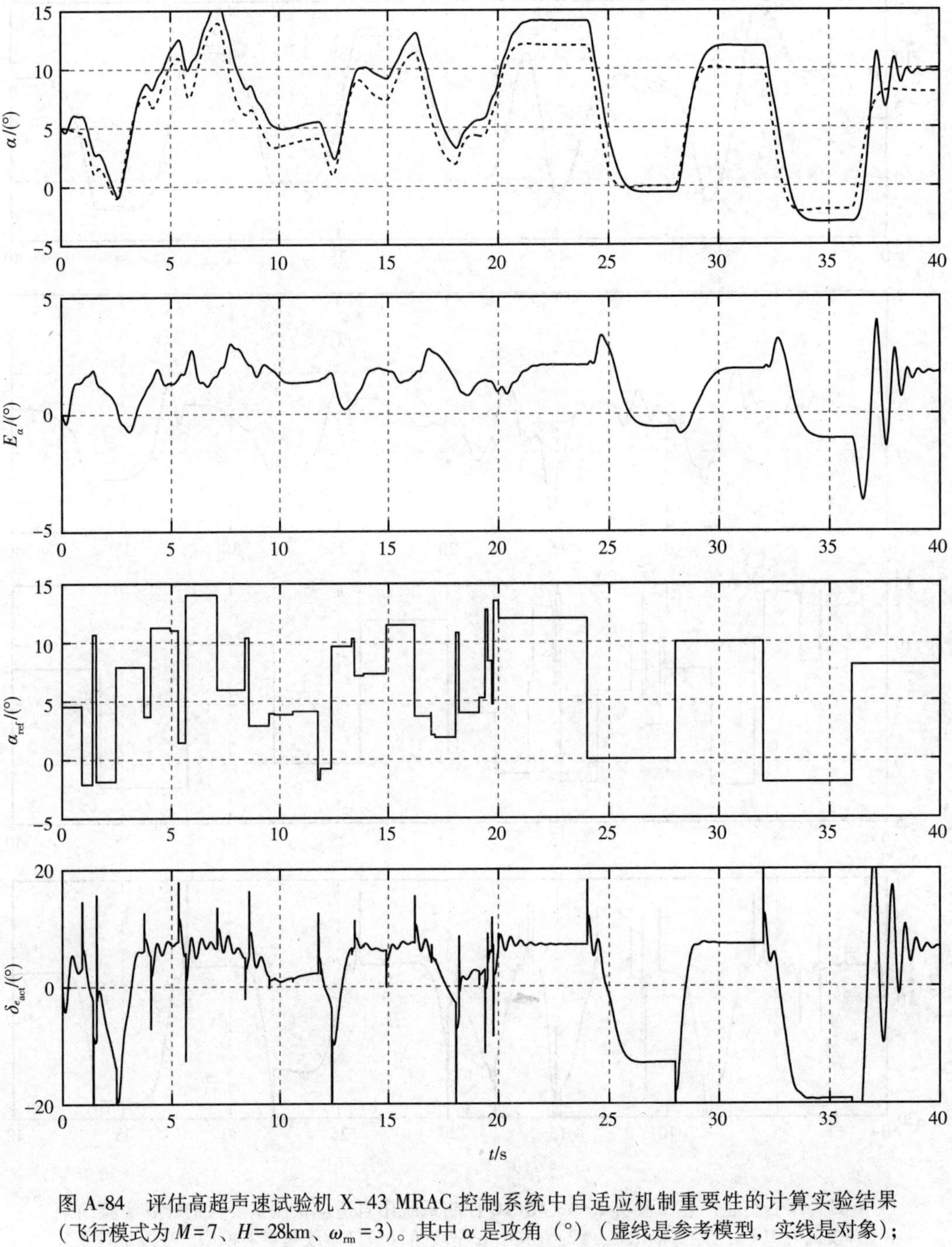

图 A-84　评估高超声速试验机 X-43 MRAC 控制系统中自适应机制重要性的计算实验结果（飞行模式为 $M=7$、$H=28\text{km}$、$\omega_{rm}=3$）。其中 α 是攻角（°）（虚线是参考模型，实线是对象）；E_α 是攻角跟踪误差（°）；α_{ref} 是攻角参考信号（°）；$\delta_{e_{act}}$ 是升降舵执行器的指令信号（°）；t 是时间（s）